EIXO INTESTINO--CÉREBRO

TEORIA E APLICAÇÕES CLÍNICAS

EIXO INTESTINO--CÉREBRO

TEORIA E APLICAÇÕES CLÍNICAS

COORDENADORES
Marcus Vinicius Zanetti
Carla Romano Taddei
Emeran Anton Mayer

manole
editora

Produção editorial: Rosana Arruda da Silva
Projeto gráfico: Departamento de arte da Editora Manole
Editoração eletrônica e ilustrações: Estúdio Castellani
Capa: Ricardo Yoshiaki Nitta Rodrigues
Imagem de capa: www.freepik.com

CIP-BRASIL. CATALOGAÇÃO NA PUBLICAÇÃO
SINDICATO NACIONAL DOS EDITORES DE LIVROS, RJ

E37

Eixo intestino-cérebro: teoria e aplicações clínicas / coordenação Marcus Vinicius Zanetti, Carla Romano Taddei, Emeran Mayer. - 1. ed. - Barueri [SP] : Manole, 2024.
640 p. ; 23 cm.

ISBN 9788520463840

1. Intestinos. 2. Sistema gastrointestinal. 3. Aparelho digestivo. 4. Microbiologia. 5. Sistema gastrointestinal - Doenças - Aspectos psicossomáticos. I. Zanetti, Marcus Vinicius. II. Taddei, Carla Romano. III. Mayer, Emeran.

CDD: 612.33
24-93695 CDU: 612.33

Meri Gleice Rodrigues de Souza - Bibliotecária - CRB-7/6439

Editora Manole Ltda.
Alameda Rio Negro, 967, cj. 717
06454-000 – Barueri – SP – Brasil
Tel.: (11) 4196-6000
www.manole.com.br
https://atendimento.manole.com.br

Impresso no Brasil
Printed in Brazil

Dedicatórias

Dedico este livro à minha filha, Paola, minha mãe, Evanilde e à minha grande mentora, parceira e amiga Marina Baquerizo.

Carla Romano Taddei

Dedico este livro à minha querida esposa e companheira de décadas, Simone, às minhas amadas filhas, Melissa e Nicole, aos meus pais, Florisvaldo e Darlei, e a todos os professores e mentores que me inspiraram ao longo dos anos, com especial destaque ao meu orientador e amigo Geraldo Busatto Filho.

Marcus Vinicius Zanetti

Dedico este livro para minha esposa, Minou, seu apoio tem sido o pilar da minha carreira, e aos maravilhosos pacientes, alunos e colegas, os quais compartilham sua experiência e sabedoria ao longo dos anos.

Emeran Anton Mayer

Agradecimentos

Agradecemos a todos os amigos autores e à fantástica equipe da Manole, que dedicaram o seu valioso tempo e inestimável conhecimento a fim de tornar este projeto possível.

Coordenadores

Marcus Vinicius Zanetti
Médico Psiquiatra e Doutor em Ciências pela Faculdade de Medicina da Universidade de São Paulo (FMUSP). Foi preceptor da residência médica do Departamento e Instituto de Psiquiatria (IPq) da FMUSP de 2006 a 2009, coordenador do curso de Psicopatologia para os residentes da mesma instituição em 2009 e 2010, além de Vice-coordenador da disciplina Bases Fisiológicas da Prática Médica – Capítulo de Psiquiatria para os alunos de graduação da FMUSP em 2013 e 2014. De 2009 a 2016, dedicou-se à pesquisa translacional em transtornos psicóticos e do humor no Laboratório de Neuroimagem em Psiquiatria (LIM-21) da FMUSP, onde em 2015 ajudou a criar um grupo de trabalho que colabora com o Consórcio ENIGMA (https://enigma.ini.usc.edu/), a maior iniciativa multicêntrica de imagem cerebral e dados genéticos do mundo. Desde 2017 é docente da Faculdade Sírio-Libanês (antigo Instituto de Ensino e Pesquisa), onde desenvolve linhas de pesquisa na avaliação de tomada de decisões em situações médicas complexas e na interface entre nutrição, eixo intestino-cérebro e saúde mental. Coordenador Científico do Ambulatório de Depressão Resistente ao Tratamento, Autolesão e Suicidalidade do Instituto de Psiquiatria do Hospital das Clínicas da FMUSP (Pro-DRAS) desde 2024. Organizador do Gut-Brain Congress.

Carla Romano Taddei
Farmacêutica graduada pela Faculdade de Ciências Farmacêuticas da Universidade de São Paulo (FCF-USP). Doutora em Ciências pelo Instituto de Ciências Biomédicas (ICB) da USP. Pós-Doutorado em Bacteriologia pelo Instituto Butantan. Professora Associada do Departamento de Microbiologia do ICB-USP.

Emeran Anton Mayer
Médico Gastroenterologista pela Faculdade de Medicina da Universidade Ludwig Maximilian em Munique, com residência pela University of California, Los Angeles (UCLA). Professor pesquisador nos Departamentos de Medicina, Fisiologia e Psiquiatria da David Geffen School of Medicine da UCLA. Diretor Executivo do Centro G. Oppenheimer de Neurobiologia do Estresse e Resiliência. Diretor Fundador do UCLA Goodman-Luskin Microbiome Center.

Autores

Adriana Trejger Kachani
Nutricionista graduada pelo Centro Universitário São Camilo. Mestre e Doutora pela Faculdade de Medicina da Universidade de São Paulo (FMUSP). Especialista em Nutrição Funcional pela parceria entre Faculdade de Ciências Médicas da Santa Casa de São Paulo (FCMSCSP) e Faculdade Valéria Paschoal (FVP). Especialista em vegetarianismo pela FVP. Coordenadora da Equipe de Nutrição do Programa da Mulher Dependente Química do Instituto de Psiquiatria do Hospital das Clínicas (PROMUD-IPq-HC) da FMUSP.

Alessandro Conrado Silveira
Farmacêutico-bioquímico pela Universidade Federal de Santa Maria, Mestrado em Ciências Farmacêuticas pela Universidade Vale do Itajaí, Doutorado em Ciências da Saúde pela Universidade Federal de Ciências da Saúde de Porto Alegre. Pós-doutorado em Análises Clínicas pela Universidade Federal de Santa Catarina. Professor Titular de Microbiologia Clínica da Universidade Regional de Blumenau. Consultor do Departamento de Assistência Farmacêutica do Ministério da Saúde (DAF/CGAFME/SECTICS). Membro da Câmara Técnica de Resistência Microbiana – CATREM (ANVISA). Autor do livro *O Lado Bom das Bactérias*.

Amanda Sodré Mota
Biomédica graduada pela Universidade Federal do Pará (UFPA). Especialista em Farmacologia e Fisiologia Humana pela UFPA. Mestre em Neurociências e Biologia Celular pela UFPA. Doutora em Ciências (Fisiopatologia) pela Faculdade de Ciências Farmacêuticas da Universidade de São Paulo (FCF-USP).

Ana Valéria Ramirez
Graduada em Medicina pela Faculdade de Medicina de Catanduva do Centro Universitário Padre Albino (Fameca-Unifipa), com especialização em Cardiologia pelo Instituto Domingo Braile e Nutrologia pela Associação Brasileira de Nutrologia (ABRAN). Professora de Nutrologia na Fameca-Unifipa e da Pós-Graduação de Nutrologia na ABRAN.

Andrea Bonvini
Bacharel em Nutrição pelo Centro Universitário Faculdade de Medicina do ABC (FMABC). Doutora em Ciências pela Universidade de São Paulo (USP). Pós-graduada em Genômica Nutricional pela Faculdade Unyleya. Pós-graduada em Fitoterapia Clínica pela IPGS. Docente dos cursos de graduação e pós-graduação em Nutrição Clínica e Esportiva, e Medicina Esportiva da Universidade Anhembi Morumbi.

Annete Bressan Rente Ferreira Marum
Graduação em Nutrição pelo Centro Universitário São Camilo. Especialista em Nutrição e Metabolismo na Infância e Adolescência, Mestre e Doutora pela Universidade Federal de São Paulo (Unifesp).

Antonio Herbert Lancha Jr.
Educador Físico graduado pela Escola de Educação Física e Esporte da Universidade de São Paulo (EEFE-USP). Mestre em Nutrição pela Faculdade de Ciências Farmacêuticas (FCF) da USP. Doutor em Nutrição pela FCF-USP. Professor Titular de Nutrição na EEFE-USP. Pós-Doutorado em Medicina Interna pela Washington University. Professor Visitante do centro AgroParisTech-INRAE. *Personal/Professional Coach* formado pela Sociedade Brasileira de Coaching. *Wellness Coach* formado pela WellCoaches do American College of Sports Medicine (ACSM). Certificação em *Mindfulness* pelo grupo Mindfulness e Movimentos de Integração.

Bianca Besteti Fernandes Damiano
Médica graduada pela Faculdade de Ciências da Saúde de Barretos Dr. Paulo Prata (FACISB), com residência em psiquiatria pela Faculdade de Medicina de São José do Rio Preto (FAMERP). Co-coordenadora do Ambulatório de Depressão Resistente ao Tratamento, Autolesão e Suicidalidade do Instituto de Psiquiatria do Hospital das Clínicas da Faculdade de Medicina da Universidade de São Paulo (IPq-HC-FMUSP). Aprimoramento em Transtornos Alimentares no IPq-HC-FMUSP.

Bruno Cassis Antunes Rodrigues
Médico graduado pela Universidade de São Paulo (USP). Médico Assistente no Pronto-Socorro da Santa Casa de Misericórdia de São Paulo. Residência médica em Neurologia. Especialista em Neuroimunologia pela Santa Casa de Misericórdia de São Paulo.

Bruno Zylbergeld
Biólogo pela Universidade Presbiteriana Mackenzie. Capacitação profissional no Institut für Mikroökologie, Herborn, Alemanha. Cofundador do Instituto de Microecologia do Brasil, CEO da Microbiota Scientific Solutions, CSO da Stool Market Therapeutics, Coordenador da pós-graduação em Gastroenterologia e Saúde Intestinal na Nutrição Clínica (FAPES Saúde) e Organizador do Gut Brain Congress.

Camila de Siqueira Cardinelli
Nutricionista graduada pela Universidade Presidente Antônio Carlos (Unipac). Pós-graduada em Nutrição Clínica pelo Ganep Nutrição Humana. Pós-graduada em Política e Pesquisa em Saúde Coletiva pela Universidade Federal de Juiz de Fora (UFJF). Doutora em Ciências pelo Departamento de Gastroenterologia da Faculdade de Medicina da Universidade de São Paulo (FMUSP).

Carla Romano Taddei
Farmacêutica graduada pela Faculdade de Ciências Farmacêuticas da Universidade de São Paulo (FCF-USP). Doutora em Ciências pelo Instituto de Ciências Biomédicas (ICB) da USP. Pós-Doutorado em Bacteriologia pelo Instituto Butantan. Professora Associada do Departamento de Microbiologia do ICB-USP.

Cristiano Coutinho Rudge Barbosa
Médico Gastroenterologista graduado pela Faculdade de Medicina da Universidade de São Paulo de Ribeirão Preto (FMUSP-RP). Especialista em Nutrição Enteral e Parenteral pela Sociedade Brasileira de Nutrição Parenteral e Enteral (Braspen). Pós-graduado em Fitoterapia pela Faculdade Unyleya. Certificado em Dieta *low*-FODMAP pela Monash University (Austrália).

Daniela Fojo Seixas
Nutricionista graduada pela Universidade Federal do Paraná (UFPR). Mestre e Doutora em Ciências Bioquímicas pela UFPR. Pós-doutorado pela Escola de Educação Física e Esporte da Universidade de São Paulo (EEFE-USP). Pós-doutorado pela Faculdade de Ciências Farmacêuticas (FCF) da USP.

Pós-doutorado pelo Scripps Research Institute (EUA). Docente de cursos de Pós-Graduação em Nutrição Clínica e Esportiva na Faculdade de Medicina de Ribeirão Preto da Universidade de São Paulo (FMUSP-RP). Organizadora do Gut-Brain Congress.

Didia Bismara Cury
Médica graduada pela Universidade Católica de Pelotas, Especialista em Gastroenterologia pela Universidade Federal de São Paulo (Unifesp). Mestre em Gastroenterologia pela Universidade de São Paulo (USP). Doutora em Doenças Inflamatórias Intestinais pela Universidade Federal de São Paulo (Unifesp) e pela Harvard Medical School (EUA). Pós-doutorado em Doenças Inflamatórias Intestinais pela Harvard Medical School (EUA). Membro Titular da Federação Brasileira de Gastroenterologia (FBG). Diretora do Centro de Doenças Inflamatórias Intestinais da Clínica Scope.

Elizabeth Aparecida Ferraz da Silva Torres
Engenheira Agrônoma e Mestre em Ciência dos Alimentos pela Universidade Federal Rural do Rio de Janeiro (UFRRJ). Doutorado e Pós-Doutorado em Ciência dos Alimentos na Universidade de São Paulo (USP). Coordenadora da Força-Tarefa Alimentação Saudável do International Life Sciences Institute (ILSI) Brasil. Coordenadora do Grupo de Pesquisa sobre Alimentos, Nutrição e Saúde Mental no Instituto de Estudos Avançados da Universidade de São Paulo (IEA-USP).

Filippo Pedrinola
Médico Endocrinologista e Doutor em Endocrinologia pela Faculdade de Medicina da Universidade de São Paulo (FMUSP). *Fellow* do Cedars Sinai Medical Center da University of California, Los Angeles (UCLA, EUA). Membro da Sociedade Brasileira de Endocrinologia e Metabologia (SBEM) e da Associação Brasileira para o Estudo da Obesidade e Síndrome Metabólica (Abeso). Certificado em *Body Mind Medicine* pela Harvard University. Integrante do Corpo Clínico do Hospital Israelita Albert Einstein. Integrante do Corpo Clínico da Beneficência Portuguesa. Organizador do Gut-Brain Congress.

Gabriela Viegas Stump
Médica graduada pela Faculdade de Medicina da Universidade de São Paulo (FMUSP). Residência médica em Psiquiatria no Instituto de Psiquiatria do Hospital das Clínicas (IPq-HC) da FMUSP. Especialista em Psiquiatria da Infância e Adolescência pelo IPq-HC-FMUSP. Médica Supervisora da residência médica do Ambulatório Protea do Serviço de Psiquiatria de Infância

e Adolescência (Sépia) do IPq-HC-FMUSP. Médica Psiquiatra da Infância e Adolescência do Hospital Sírio-Libanês (HSL). Coordenadora Científica da Pós-Graduação em Saúde Mental do HSL.

Gabriela Correa
Nutricionista pela Universidade Anhanguera. Mestre em Ciências da Saúde pelo Instituto Fernandes Figueira (IFF) e pela Fundação Oswaldo Cruz (Fiocruz). Pós-graduada em Nutrição Clínica Funcional pela Faculdade Cruzeiro do Sul e pela Faculdade Valéria Paschoal (FVP). Pós-graduada em Nutrição em Neuropsiquiatria pela Faculdade Unyleya. Pós-graduada em Nutrição (TEA, TDAH e T21) pelo Centro de Estudos, Avaliação e Pesquisa de Goiás (CEAPG).

Jéssica Reis Santos
Nutricionista graduada pelo Centro Universitário São Camilo. Mestre em Ciências pela Faculdade de Medicina da Universidade de São Paulo (FMUSP). Especialista em Oncologia pelo Hospital Israelita Albert Einstein. Nutricionista Clínica em Telemedicina do Hospital Israelita Albert Einstein.

Juliana Carneiro de Castro
Nutricionista pelo Centro Universitário Una (Una.br). Formada no Curso de Extensão Universitária em Nutrição Funcional no Centro Universitário UNIFACEAR, Curitiba. Formada em Modulação Intestinal 1 e 2 pelo Portal Murilo Pereira. Pós-graduada em Nutrição Clínica em Gastrenterologia pela Faculdade Valéria Paschoal.

Karina Al Assal
Nutricionista graduada pelo Centro Universitário São Camilo. Especialista em Nutrição Clínica pelo Hospital Sírio-Libanês (HSL). Especialista em Nutrição Funcional pelo Centro de Ensino e Pesquisa Valéria Paschoal. Mestre em Ciências pela Faculdade de Medicina da Universidade de São Paulo (FMUSP). Especialista em Fitoterapia pela FMUSP. Certificada em Dieta *low*-FODMAP pela Monash University (Austrália).

Laís de Deus Murta Nery
Nutricionista clínica graduada pela Universidade Nove de Julho (UNINOVE). Mestre em Ciências da Saúde pelo Hospital Sírio-Libanês (HSL). Pós-graduada em Fisiologia do Exercício pela Escola Paulista de Medicina da Universidade Federal de São Paulo (EPM-Unifesp). Pós-graduada em Nutrição Clínica Funcional pela Faculdade VP. Certificada em Nutrição e Saúde Mental pela

Psychiatry Academy do Massachusetts General Hospital (EUA). Membro da International Society of Nutritional Psychiatry Research (ISNPR). Organizadora do Gut-Brain Congress.

Lara Cristiane Natacci
Nutricionista e Pós-doutora em Nutrição pela Faculdade de Saúde Pública da Universidade de São Paulo (USP), com foco no estudo da Nutrição em Saúde Mental. Mestre e Doutora pela Faculdade de Medicina da USP, com estudo do comportamento alimentar. Certificada em Coaching de Saúde e Bem-estar pelo American College of Spports and Medicine (ACSM). Especializações em Transtornos Alimentares na Université Paris Cité, em Bases Fisiológicas da Nutrição no Esporte pela Universidade Federal de São Paulo (Unifesp) e em Nutrição Clínica Funcional pela Universidade Ibirapuera (UNIB). Membro do comitê consultivo do Entre Solos, iniciativa do Pacto Global da Organização das Nações Unidas (ONU). Membro da diretoria da Sociedade Brasileira de Alimentação e a Nutrição (SBAN). Diretora Clínica da Dietnet Nutrição, Saúde e Bem Estar. Autora de 6 livros e 10 e-books de nutrição. Colunista da revista *Veja Saúde*.

Leandro da Costa Lane Valiengo
Médico Psiquiatra e Doutor em Ciências pela Faculdade de Medicina da Universidade de São Paulo (FMUSP). Coordenador do Serviço Interdisciplinar de Neuromodulação do Instituto de Psiquiatria do Hospital das Clínicas (IPq-HC) da FMUSP. Coordenador do Centro de Cetamina do IPq-HC-FMUSP. Coordenador do Ambulatório de Psicogeriatria do LIM-27 do IPq-HC-FMUSP.

Liana Cristina Bismara Cury
Acadêmica do quarto ano de Medicina da Universidade UNIDERP Anhanguera. Pesquisadora do Centro de Doenças Inflamatórias Intestinais da Clínica Scope.

Luca Atroch Barbuti
Acadêmico de Medicina da Universidade Santo Amaro (Unisa).

Luciana Oquendo Pereira Lancha
Nutricionista graduada pela Faculdade de Saúde Pública da Universidade de São Paulo (FSP-USP). Bacharel em Esporte pela Escola de Educação Física e Esporte (EEFE) da USP. Mestre em Biologia Celular pelo Instituto de Biologia da Universidade Estadual de Campinas (Unicamp). Doutor em Ciências pelo Instituto de Ciências Biomédicas da USP. Pós-doutorado no Institut de la Recherche Agronomique (França). Formada em Nutrition &

Troubles Alimentaires les Attitudes, les Comportements et les Outils pela Symbiofi-Innovations en Psycho-Santé (França). *Personal/Professional Coach* formada pela Sociedade Brasileira de Coaching. *Wellness Coach* formado pela WellCoaches do American College of Sports Medicine (ACSM). Certificação em *Mindfulness* pelo grupo Mindfulness e Movimentos de Integração. Diretora do Instituto de Bem-Estar e Saúde (Ibes).

Marcelo Macedo Rogero
Nutricionista graduado pela Faculdade de Saúde Pública da Universidade de São Paulo (FSP-USP). Especialista em Nutrição em Esporte pela Associação Brasileira de Nutrição (Asbran). Mestre e Doutor em Ciência dos Alimentos pela Faculdade de Ciências Farmacêuticas (FCF) da USP. Pós-doutorado em Ciência dos Alimentos pela FCF-USP. Pós-doutorado pela Faculdade de Medicina da University of Southampton (Inglaterra). Professor Associado do Departamento de Nutrição da FSP-USP. Coordenador do Laboratório de Genômica Nutricional e Inflamação da FSP-USP.

Marcus Vinicius Zanetti
Médico Psiquiatra e Doutor em Ciências pela Faculdade de Medicina da Universidade de São Paulo (FMUSP). Foi preceptor da residência médica do Departamento e Instituto de Psiquiatria (IPq) da FMUSP de 2006 a 2009, coordenador do curso de Psicopatologia para os residentes da mesma instituição em 2009 e 2010, além de Vice-coordenador da disciplina Bases Fisiológicas da Prática Médica – Capítulo de Psiquiatria para os alunos de graduação da FMUSP em 2013 e 2014. De 2009 a 2016, dedicou-se à pesquisa translacional em transtornos psicóticos e do humor no Laboratório de Neuroimagem em Psiquiatria (LIM-21) da FMUSP, onde em 2015 ajudou a criar um grupo de trabalho que colabora com o Consórcio ENIGMA (https://enigma.ini.usc.edu/), a maior iniciativa multicêntrica de imagem cerebral e dados genéticos do mundo. Desde 2017 é docente da Faculdade Sírio-Libanês (antigo Instituto de Ensino e Pesquisa), onde desenvolve linhas de pesquisa na avaliação de tomada de decisões em situações médicas complexas e na interface entre nutrição, eixo intestino-cérebro e saúde mental. Coordenador Científico do Ambulatório de Depressão Resistente ao Tratamento, Autolesão e Suicidalidade do Instituto de Psiquiatria do Hospital das Clínicas da FMUSP (Pro-DRAS) desde 2024. Organizador do Gut-Brain Congress.

Mauro Batista de Morais
Graduação em Medicina (1977), Residência Médica em Pediatria (1979), Mestrado em Pediatria (1984), Doutorado em Medicina (1985) e Livre-Docência

em Gastroenterologia Pediátrica (1999) pela Escola Paulista de Medicina – Universidade Federal de São Paulo (Unifesp). Pós-doutorado no Baylor College of Medicine (EUA). Professor Titular da Disciplina de Gastroenterologia Pediátrica da EPM-Unifesp. Orientador do Programa de Pós-graduação em Pediatria e Ciências Aplicadas a Pediatria da EPM-Unifesp. Orientador do Programa de Nutrição da EPM-Unifesp.

Nathalia Ferrazzo Naspolini
Nutricionista e Mestre em Bioquímica pela Universidade Federal de Santa Catarina (UFSC). Doutora em Saúde Pública e Meio Ambiente pela Fundação Oswaldo Cruz (ENSP/Fiocruz). Pós-doutora pela Universidade de São Paulo (USP). Possui *expertise* em bioinformática para o estudo do microbioma humano, com ênfase no efeito da exposição a poluentes no microbioma e no eixo microbioma-cérebro-intestino.

Paulo Alfonso Schuroff
Biomédico formado pela Universidade Estadual de Londrina (UEL). Mestrado em Microbiologia pela UEL. Doutorado em Ciências (Microbiologia) pelo Instituto de Ciências Biomédicas da Universidade de São Paulo (USP). Pós-doutorado na USP, com *expertise* em bioinformática para o estudo do microbioma humano, com ênfase em relação patógeno hospedeiro.

Pedro Augusto Ramos Vanzele
Biomédico pelo Centro Universitário do Sul de Minas (UNIS/MG). Mestre em Ciências pelo Programa de Pós-Graudação em Farmácia (Fisiopatologia e Toxicologia) da Faculdade de Ciências Farmacêuticas da Universidade de São Paulo (FCF-USP). Possui *expertise* em bioinformática aplicada no estudo do microbioma humano com ênfase no efeito da amamentação no desenvolvimento do microbioma nos primeiros 1.000 dias de vida.

Rafael Latorraca
Médico graduado pela Escola Paulista de Medicina da Universidade Federal de São Paulo (EPM-Unifesp). Residência Médica em Psiquiatria pela EPM-Unifesp. Certificação Internacional em Medicina do Estilo de Vida pelo International Board of Lifestyle Medicine. Mestrando no Instituto de Ensino e Pesquisa do Hospital Sírio-Libanês (IEP-HSL). Pós-graduado em Dependência Química pela Unidade de Pesquisa em Álcool e Drogas (Uniad) da EPM-Unifesp. Diretor Técnico da Clínica Íntegra. Membro do Conselho Curador da Fundação Espírita Américo Bairral de Psiquiatria. Membro Ativo da Associação Médico-Espírita de São Paulo (AME-SP).

Rafael Paternó Castello Dias Carneiro
Médico graduado pela Faculdade de Ciências Médicas da Santa Casa de São Paulo (FCMSCSP). Residência em Neurologia pela FCMSCSP. Mestre pela Universidade Estadual de Campinas (Unicamp). Neurologista do Ambulatório de Neuroimunologia da SCSP.

Ricardo Corrêa Barbuti
Médico graduado pela Faculdade de Ciências Médicas da Santa Casa de São Paulo (FCMSCSP). Possui residência médica e Doutorado em Gastroenterologia Clínica pela Faculdade de Medicina da Universidade de São Paulo (FMUSP). Médico assistente do Departamento de Gastroenterologia do Hospital das Clínicas da Faculdade de Medicina da Universidade de São Paulo (HCFMUSP).

Ricardo Aparecido Baptista Nucci
Biólogo e Mestre em Ciências do Envelhecimento pela Universidade São Judas Tadeu (USJT). Doutor em Patologia pela Faculdade de Medicina da Universidade de São Paulo (FMUSP). Pós-doutorando em Neurociências no Instituto de Ensino e Pesquisa do Hospital Sírio-Libanês (IEP-HSL).

Rodolfo Furlan Damiano
Médico graduado pela Faculdade de Ciências Médicas e da Saúde da PUC-SP. Psiquiatra pela Faculdade de Medicina da Universidade de São Paulo (FMUSP). Doutor pelo Programa Especial Tripartite USP, Universidade Federal de São Paulo (Unifesp) e Universidade Federal do Rio Grande do Sul (UFRGS). Coordenador do Ambulatório de Depressão Resistente ao Tratamento, Autolesão e Suicidalidade do Instituto de Psiquiatria do Hospital das Clínicas (IPq-HC) da FMUSP. Editor Associado do *Brazilian Journal of Psychiatry*.

Rosana de Lima Pagano
Bióloga graduada pela Universidade Presbiteriana Mackenzie. Mestre em Patologia pela Faculdade de Medicina Veterinária e Zootecnia da Universidade de São Paulo (FMVZ-USP). Doutora em Ciências pela FMVZ-USP pela UFF. Pós-Doutorado em Neurociências pelo Instituto de Ciências Biomédicas (ICB) da USP. Pesquisadora Científica e Docente do Programa de Pós-Graduação do Hospital Sírio-Libanês (HSL). Bolsista de produtividade em pesquisa do Conselho Nacional de Desenvolvimento Científico e Tecnológico (CNPq).

Sylvia Maria Nicolau Campos
Nutricionista graduada pela Universidade Federal Fluminense (UFF). Mestre e Doutora em Imunopatologia (Alergias Alimentares e Inflamação Intestinal) pela

UFF. Pós-graduada em Nutrição Clínica Funcional e Fitoterapia Funcional pela Faculdade Valéria Paschoal. Professora dos cursos de Pós-graduação em Nutrição Clínica Funcional, Nutrição Materno-Infantil e Fitoterapia Funcional da Faculdade Valéria Paschoal. Atendimento em consultório particular. Sócia-proprietária e palestrante do Curso Clínica do Intestino.

Táki Athanássios Cordás
Médico graduado pela Faculdade de Medicina do ABC, com residência médica em Psiquiatria, Mestrado e Doutorado pela Faculdade de Medicina da Universidade de São Paulo (FMUSP). Coordenador da Assistência Clínica do Instituto de Psiquiatria do Hospital das Clínicas da Faculdade de Medicina da Universidade de São Paulo (IPq-HC-FMUSP). Coordenador do Programa de Transtornos Alimentares (AMBULIM) do IPq-HC-FMUSP. Professor dos Programas de Pós-Graduação do Departamento de Psiquiatria da FMUSP, do Programa de Neurociências e Comportamento do Instituto de Psicologia (IP) da USP e do Programa de Fisiopatologia Experimental da FMUSP.

Thiago Fernando da Silva
Médico graduado pela Faculdade de Medicina da Universidade de São Paulo (FMUSP). Residência em Psiquiatria e Psiquiatria Forense pelo Instituto de Psiquiatria do Hospital das Clínicas (IPq-HC) da FMUSP. Doutor em Ciências da Saúde pelo Instituto de Ensino e Pesquisa do Hospital Sírio-Libanês (IEP-HSL). Psiquiatra do Núcleo de Psiquiatria Forense e Psicologia Jurídica (NUFOR) do IPq-HC-FMUSP.

Tomas Navarro-Rodriguez
Graduado em Medicina pela Faculdade de Ciências Médicas de Santos (FCMS) da Universidade Lusíada, com Residência Médica, Mestrado e Doutorado em Gastroenterologia Clínica na Faculdade de Medicina da Universidade de São Paulo (FMUSP). Pós-doutorado na Universidade do Arizona no Southern Arizona Veterans Affairs Health Care System (SAVAHCS). Professor Livre-docente pela FMUSP. Membro da Federação Brasileira de Gastroenterologia (FBG).

Vanderli Marchiori
Nutricionista pela Faculdade de Ciências da Saúde São Camilo, com especialização em Fitomedicina – Fundação Herbarium e Associação Argentina de Fitomedicina em 2004. Especialista em Nutrição Clínica Funcional – CVPE. Pós-Graduação em Psicologia Transpessoal pela Associação Luso Brasileira de Transpessoal em 2010 e Especialista em Fitoterapia Integrativa pela FAMATEC em 2015. Fitoterapeuta pelo Medicina Natural Alternativa no Manchester Institute of Medicine.

Sumário

SEÇÃO 3
O IMPACTO DA ALIMENTAÇÃO E ATIVIDADE FÍSICA NA MICROBIOTA INTESTINAL

SEÇÃO 4
EXAMES LABORATORIAIS

SEÇÃO 5
TRATAMENTOS FOCADOS NO EIXO INTESTINO-CÉREBRO

SEÇÃO 6
DISTÚRBIOS DA INTERAÇÃO INTESTINO-CÉREBRO

SEÇÃO 7
ALTERAÇÕES DO MICROBIOMA INTESTINAL NOS TRANSTORNOS NEUROPSIQUIÁTRICOS

Prefácio

Reunindo uma lista impressionante de colaboradores com ampla experiência, desde a ciência do microbioma até a nutrição, da ciência básica e bioinformática até as aplicações clínicas, este livro busca trazer ao leitor uma revisão abrangente e atual do campo (em rápido crescimento) das interações intestino-cérebro e o papel central que o microbioma intestinal possui nessas interações na saúde e na doença. Para qualquer pessoa que queira obter uma compreensão profunda deste campo, este é o livro para ler!

Embora o conceito de interações intestino-cérebro não seja novo e tenha sido aplicado à fisiopatologia da síndrome do intestino irritável e à regulação da ingestão de alimentos por décadas, o surgimento da ciência do microbioma e, em particular, a demonstração das interações cérebro-microbioma intestinal revolucionaram nossa compreensão acerca da fisiologia humana na saúde e na doença. Essa revolução não só gerou novos campos, como a Psiquiatria Nutricional (Seção 3), mas também forneceu explicações biológicas plausíveis para a epidemia de doenças crônicas não contagiosas em desenvolvimento. Embora não sejam óbvias à primeira vista, diabetes tipo 2, obesidade, síndrome metabólica, doenças cardiovasculares, distúrbios neurodegenerativos e do neurodesenvolvimento, e até mesmo câncer de cólon e doenças inflamatórias intestinais foram todos associados a um envolvimento desadaptativo do sistema imunológico. Como o intestino contém cerca de 70% das células imunológicas do corpo, e os microrganismos intestinais estão interagindo intimamente com nossos alimentos e com o sistema imunológico associado ao intestino, a estreita ligação entre dieta, microbioma intestinal, nosso sistema imunológico e várias de nossas doenças crônicas mais comuns não é mais surpreendente.

Com a ciência em rápido crescimento enfatizando a estreita interconexão bidirecional do cérebro, intestino, microbioma, sistema imunológico e metabolismo, a fisiologia tradicional não é mais a melhor maneira de entender esse campo. A biologia de sistemas, a visão biológica de que todas as nossas células e órgãos estão interconectados, tornou-se a melhor maneira de conceituar e estudar essa complexidade que agora está sendo chamada de sistema cérebro-intestino-microbioma em vez de um "eixo" linear entre o intestino e o cérebro. As abordagens de bioinformática, algumas das quais são descritas nos capítulos 3 e 4, que estão sendo cada vez mais usadas para quantificar e prever o comportamento desse sistema, incluem abordagens de aprendizado de máquina, integração multiômica, e até mesmo inteligência artificial. A combinação dessas novas abordagens analíticas e sua aplicação para interrogar grandes bancos de dados (como o *UK Biobank*) e conjuntos de dados de consórcios internacionais provavelmente revolucionará ainda mais nossa compreensão atual.

Em vista do entusiasmo atual e da propagação de uma grande quantidade de mitos em torno do campo nas mídias sociais e por influenciadores, este livro é uma fonte muito necessária de informações baseadas em evidências fornecidas por especialistas científicos e clínicos na área. Embora haja uma quantidade considerável de evidências científicas e clínicas apoiando o importante papel do sistema nervoso central na modulação da função intestinal, a evidência mais convincente para um papel causal importante do microbioma intestinal vem em grande parte de estudos pré-clínicos em camundongos de laboratório. Em contraste, a grande maioria dos estudos humanos são correlacionais, comparando o microbioma intestinal de grupos de indivíduos com diferentes apresentações clínicas e doenças com o microbioma de indivíduos saudáveis, e não permitem fazer inferências causais entre micróbios intestinais ou seus metabólitos e doenças humanas. Uma exceção a essa lacuna em nosso conhecimento são as interações há muito conhecidas entre os hormônios produzidos e liberados por células especializadas no intestino, as chamadas células enteroendócrinas, que regulam nosso apetite, como grelina e insulina, e saciedade, como GLP-1, CCK e PYY (revisados no capítulo 10). Por exemplo, a magnitude inesperada do sucesso terapêutico relatado por milhões de pessoas usando agonistas do receptor GLP-1, como semaglutida ou tirzepatida na redução de peso e controle de distúrbios relacionados à obesidade, de repente colocou o destaque nas interações cérebro-intestino. Esse desenvolvimento inesperado tornou o eixo intestino-cérebro o alvo mais promissor no desenvolvimento moderno de medicamentos.

Os 38 capítulos deste livro são apresentados em 7 seções principais abordando diferentes aspectos das interações cérebro-intestino, que incluem Microbiologia e Metodologias Ômicas, o Eixo Microbiota-Intestino Cerebral, o Impacto da

Alimentação e Atividade Física na Microbiota Intestinal, Exames Laboratoriais, Tratamentos Focados no Eixo Intestino-Cérebro, Distúrbios da Interação Intestino-Cérebro e Alterações do Microbioma Intestinal nos Transtornos Neuropsiquiátricos. Cada uma dessas seções fornece informações científicas e práticas valiosas. A ampla gama de tópicos relacionados às interações intestino-cérebro ilustra a extensão pela qual os trilhões de microrganismos invisíveis que vivem em nosso intestino estão interagindo com nossa fisiologia humana, desde a programação de nosso sistema imunológico na infância (capítulo 12), modulando nossos comportamentos alimentares (capítulo 10), influenciando nosso humor (capítulo 34), mediando o desenvolvimento de neuroinflamação no cérebro e participando do metabolismo de medicamentos que tomamos. Igualmente fascinantes são os efeitos do nosso cérebro no ecossistema microbiano intestinal. Estresse e emoções negativas demonstraram modificar a composição e a função microbiana intestinal por meio do sistema nervoso autônomo, com ciclos de *feedback* para o cérebro e o intestino.

Minha visão pessoal desse campo foi influenciada e modificada pelo rápido progresso da ciência do microbioma durante a última década, e tenho certeza de que evoluirá ainda mais com o tempo. Uma das principais razões para essa visão em evolução está relacionada ao rápido progresso no desenvolvimento de novas técnicas de análise para funções microbianas, transitando de análises de DNA de curso (sequenciamento de *16 sRNA*) e apontando nossos dedos para grupos bons e ruins de microrganismos, para sequenciamento de metagônica e metabolômica não direcionada (capítulo 3). Minha apreciação do profundo efeito dos padrões alimentares no microbioma e na saúde do cérebro, e as tecnologias emergentes de quantificação de padrões alimentares por análise metabolômica de alimentos ingeridos (*foodomics*) aumentaram muito, e em retrospecto é difícil acreditar em quantos estudos anteriores sobre microbioma foram feitos sem levar em conta o papel da dieta e as limitações dos questionários de frequência alimentar. Da excitação inicial dos estudos com roedores de que os padrões alimentares desempenham um papel causal importante em transtornos de humor e afeto, agora vejo a dieta como uma parte desses transtornos complexos com tamanhos de efeito relativamente pequenos. Por outro lado, o papel das influências microbianas intestinais ao longo da vida em doenças degenerativas do sistema nervoso central (capítulo 36) parece uma hipótese muito mais plausível. O mesmo poderia ser dito sobre o potencial terapêutico de megadoses de probióticos, que podem beneficiar alguns indivíduos com um microbioma comprometido, mas os probióticos em cápsulas não devem ser vistos como uma estratégia terapêutica importante para melhorar nossa saúde intestinal e cerebral. A recomendação de uma dieta amplamente baseada em vegetais com uma grande variedade de frutas e vegetais, e incluindo uma variedade de alimentos fermentados naturalmente, é uma estratégia mais plausível para a saúde intestinal e cerebral.

Para leitores que não estão familiarizados com esse novo e emocionante campo do conhecimento, com profundas implicações na saúde, bem-estar e doenças, este livro será um recurso inestimável para aprender mais sobre ele. Para especialistas em diferentes aspectos da ciência do microbioma, o livro fornecerá uma excelente maneira de ampliar seus conhecimentos. E tenho certeza de que todos os leitores sairão com uma nova perspectiva de visualização dos tópicos de tendência da saúde intestinal e cerebral.

Emeran Anton Mayer, MD
Professor de Medicina, Fisiologia e Psiquiatria
Diretor, G Oppenheimer Family Center for Neurobiology of Stress and Resilience
Diretor fundador, Goodman Luskin Microbiome Center na UCLA
UCLA Vatche e Tamar Manoukian Division of Digestive Diseases
David Geffen School of Medicine na UCLA

Apresentação

O eixo intestino-cérebro é reconhecido atualmente como um sistema fisiológico fundamental para a regulação homeostática do corpo humano. Compõem esse eixo três centros principais (conectoma cerebral, conectoma intestinal e microbioma intestinal) e uma extensa e complexa rede de comunicação entre eles. Imunidade, metabolismo, ciclo circadiano e comportamento são modulados pelo eixo intestino-cérebro, com papel central na integração fisiológica do organismo.

Alterações nesse sistema vêm sendo consistentemente documentadas nos distúrbios da interação entre cérebro e intestino, assim como em diferentes transtornos neuropsiquiátricos. Por sua vez, intervenções focadas em diferentes alvos dentro do eixo intestino-cérebro têm sido propostas como novas possibilidades terapêuticas para essas condições.

Este livro aborda aspectos importantes para o melhor entendimento da integração do eixo intestino-cérebro, com base em conhecimento científico, a saber:

- Descrição da microbiota e de sua integração com o hospedeiro, bem como das principais abordagens metodológicas usadas para a sua caracterização.
- Descrição do sistema nervoso central e da neuromodulação, bem como sua relação com o conectoma intestinal e a microbiota.
- Impacto da alimentação e do exercício físico na microbiota e no eixo intestino-cérebro em diferentes momentos da vida.
- Fundamentos científicos sobre os testes laboratoriais usados na caracterização do eixo intestino-cérebro.

- Fundamentos científicos do tratamento focado no eixo intestino-cérebro, como uso de prebióticos e probióticos, transplante de microbiota fecal e suplementos.
- Descrição dos distúrbios gastrointestinais, inflamatórios e intolerâncias alimentares com impacto no eixo intestino-cérebro.
- Caracterização dos principais transtornos neuropsiquiátricos e de sua relação com o microbioma no contexto do eixo intestino-cérebro.

Os coordenadores

Seção 1

Microbiologia e metodologias ômicas

1

Microbioma

Carla Romano Taddei
Karina Al Assal

PONTOS-CHAVE

- Definições de microbiota e microbioma.
- Nova nomenclatura de bactérias.
- Barreira intestinal e *crossfeeding*.
- Principais gêneros e espécies bacterianas.

INTRODUÇÃO

O trato gastrointestinal humano é um complexo ecossistema no qual diversas interações estão envolvidas, como aquelas entre as bactérias, bactérias e hospedeiro, bactérias e nutrientes, e nutrientes e hospedeiro. "Microbiota intestinal" é o nome dado a toda a comunidade de microrganismos que habita mucosas e pele no hospedeiro humano. Diferentes estimativas sugerem haver entre 40 e 100 trilhões de microrganismos simbiontes vivendo no organismo humano, a imensa maioria na microbiota colônica, em uma relação de aproximadamente 1,3 com o número de células do corpo.[1,2] Já o termo "microbioma" (Quadro 1) representa a coleção de material genético encontrada nesse ecossistema e os produtos microbianos (metabólitos e componentes estruturais), sendo que o microbioma intestinal excede o genoma humano por um fator de quase 1 mil (mais de 22 milhões de genes identificados no microbioma intestinal *versus* 23 mil genes no genoma humano), incluindo a codificação de sistemas enzimáticos e metabólicos (p. ex., digestão de celulose) inexistentes no organismo humano, mas que podem beneficiar o corpo humano por meio de interações simbióticas.[1,2,4]

QUADRO 1 Principais definições sobre o estudo do microbioma

Microbiota: conjunto de microrganismos, incluindo bactérias, fungos, protozoários e vírus, vivendo em um ambiente definido, como pele e mucosas do organismo humano
Microbioma: coleção de genoma de todos os microrganismos de um nicho, incluindo também estruturas e elementos microbianos, metabólitos e condições ambientais
Metagenômica: análise genômica da estrutura e da função de sequências isoladas de organismos de uma comunidade ou amostra, realizada por meio de técnicas independentes de cultivo (ver Capítulo 3 – Ômicas no estudo do microbioma)
Ecossistema: comunidade composta por uma ou mais espécies de bactérias vivendo em um ambiente físico definido. Seu desenvolvimento usualmente envolve uma sucessão de populações, iniciando-se com a colonização de um hábitat por uma população pioneira que ocupa um nicho e envolvendo modificações desse hábitat que permitem que novas populações possam se estabelecer e se desenvolver
Comunidade microbiana: assembleias multiespécies nas quais os organismos vivem juntos em um ambiente contíguo e interagem entre si
Clímax: estágio em que não há nenhum nicho disponível para novas populações (estabilidade)
Diversidade: abundância e uniformidade de uma comunidade, definindo a proporção de cada espécie bacteriana com relação ao total de espécies de uma comunidade analisada (ver Capítulo 4 – Bioinformática no estudo do microbioma).

Fonte: adaptado de Konopka, 2009; e Hou et al, 2022.[5,6]

As bactérias que colonizam o intestino humano e fazem parte da microbiota incluem:

- Simbiontes: realizam trocas de efeitos positivos com as células do hospedeiro e mucosas, como digestão de carboidratos da dieta, produção de vitaminas, produção de ácidos graxos de cadeia curta (AGCCs) etc.
- Comensais: não trazem nada diretamente ao hospedeiro, porém realizam interações importantes com as demais bactérias, incluindo as simbiontes.
- Patobiontes: têm potencial patogênico e, em situação de disbiose,[a] podem causar malefícios à saúde do hospedeiro.

[a]O termo disbiose tem sido usado com cautela na literatura nos últimos anos, uma vez que diferentes condições, resultados de exames e indíces que a determinam podem variar entre indivíduos de diferentes idades, localidades geográficas e padrões de dieta. Dessa forma, o que pode ser considerado disbiose para um pode não ser para outro. Neste livro, o termo é utilizado como um sinal de desequilíbrio da microbiota, com base em alterações de barreira intestinal e inflamação.

As principais funções atribuídas ao microbioma intestinal são:

- Modulação imunológica: permite que o sistema imunológico torne-se capaz de reagir contra bactérias patogênicas e, ao mesmo tempo, se manter tolerante com relação aos membros do microbioma.
- Resistência à colonização ou efeito de barreira: produz substratos que podem inibir o crescimento das bactérias patogênicas (antagonismo) e competir por nutrientes e sítios de adesão.
- Nutrição e metabolismo do hospedeiro: aumento da capacidade de digestão de polissacarídeos da dieta, produção de AGCCs e alterações de motilidade e pH intestinal favorecendo a absorção de íons e água.
- Modulação do sistema nervoso central (SNC) relacionada ao desenvolvimento do eixo intestino-cérebro: esse eixo diz respeito à comunicação neural com o trato gastrointestinal. Entre suas variadas funções, o nervo vago é capaz de ser sensibilizado pelos metabólitos da microbiota intestinal e transmitir essa informação para o cérebro. Alguns compostos neuroativos podem ser liberados por bactérias da microbiota intestinal, como o ácido gama-aminobutírico (GABA), monoaminas e acetilcolina, que alcançam o cérebro por intermédio das fibras aferentes do nervo vago.

Os AGCCs são produzidos na região do cólon e do ceco no hospedeiro como resultado da fermentação anaeróbica de fibras (carboidratos complexos encontrados principalmente nas plantas) não digeríveis por bactérias do tipo sacarolíticas. Sua estrutura é composta por dois a seis atómos de carbono. Concentrações de cerca de 60, 20 e 20 mM, respectivamente, de acetato, propionato e butirato são detectadas no lúmen intestinal e absorvidos pelo epitélio do cólon para atingir concentrações sanguíneas de até 150 µm para o acetato e apenas 1 a 10 mcM para o propionato e o butirato. Uma vez na circulação, podem ser usados para síntese de novo de lipídios ou glicose.[7]

BARREIRA INTESTINAL

A arquitetura do epitélio intestinal consiste em uma camada de muco, células epiteliais e lâmina própria, que exercem um efeito de barreira. As células epiteliais são revestidas por um gel mucoso composto predominantemente por glicoproteínas, como as mucinas secretadas por células caliciformes. Essas mucinas formam uma camada de muco protetora que se estende até 150 µm a partir da superfície do epitélio, com uma face interna resistente à penetração de bactérias (uma zona estéril) que protege a superfície do epitélio intestinal contra a invasão por microrganismos.[8] Essa camada de muco evita também o excesso de translocação de metabólitos bacterianos e moléculas, como lipopolissacarídeos (LPS), para a circulação do hospedeiro, auxiliando na segregação de membros do microbioma das células do epitélio intestinal, além de permitir o reconhecimento da presença de bactérias por células imunológicas da lâmina própria.[9]

As bactérias ficam distribuídas, então, por toda a camada exterior, tendo na camada de muco uma fonte direta de carboidratos, peptídeos e nutrientes exógenos, incluindo vitaminas e minerais. Alguns microrganismos, em particular os patogênicos, estão equipados com fatores de virulência que facilitam a sua penetração nas camadas de muco e permitem sua ligação específica à superfície das células epiteliais. Essa adesão da microbiota intestinal à camada de muco externa permite a competição com bactérias patogênicas por sítios de adesão e nutrientes, exercendo o efeito de resistência à colonização e protegendo a mucosa intestinal. A esse conjunto de células epiteliais, muco, microbiota e lâmina própria, dá-se o nome de barreira intestinal, com importante papel na manutenção da homeostase do tecido intestinal (Figura 1).[10]

O estabelecimento da ontogenia intestinal é um processo influenciado por fatores internos (intrínsecos ao hospedeiro) e externos. Os fatores externos incluem composição do microbioma materno, forma de nascimento (cesárea ou parto normal), contaminação ambiental, alimentação e uso de medicamentos. Os fatores internos são relacionados à fisiologia, como anatomia do trato gastrointestinal, peristaltismo, ácidos biliares, potencial hidrogeniônico (pH) intestinal e resposta imunológica. Dessa forma, a competição entre microrganismos por receptores da mucosa e as interações entre microrganismo e hospedeiro modulam sua composição e função, tornando o microbioma intestinal único e interpessoal.

CROSSFEEDING INTESTINAL

O termo "*crosfeeding*" (traduzido literalmente como "alimentação cruzada") é definido como a troca de metabólitos, como fontes de energia e nutrientes, entre diferentes espécies de microrganismos, permitindo que a interação entre alguns membros do microbioma tenha impacto no crescimento de outros e modulando, portanto, o *fitness* microbiano.[11] Esse processo que ocorre na microbiota intestinal tem um papel importante para a modulação, a estabilidade e a resiliência da comunidade microbiana.

Essencialmente, no processo de *crossfeeding*, degradadores primários quebram polissacarídeos da dieta em oligo e monossacarídeos. Esses degradadores primários incluem gêneros diversos, mas os membros do filo Bacteroidota são os principais degradadores de polissacarídeos vegetais, que não são degradados

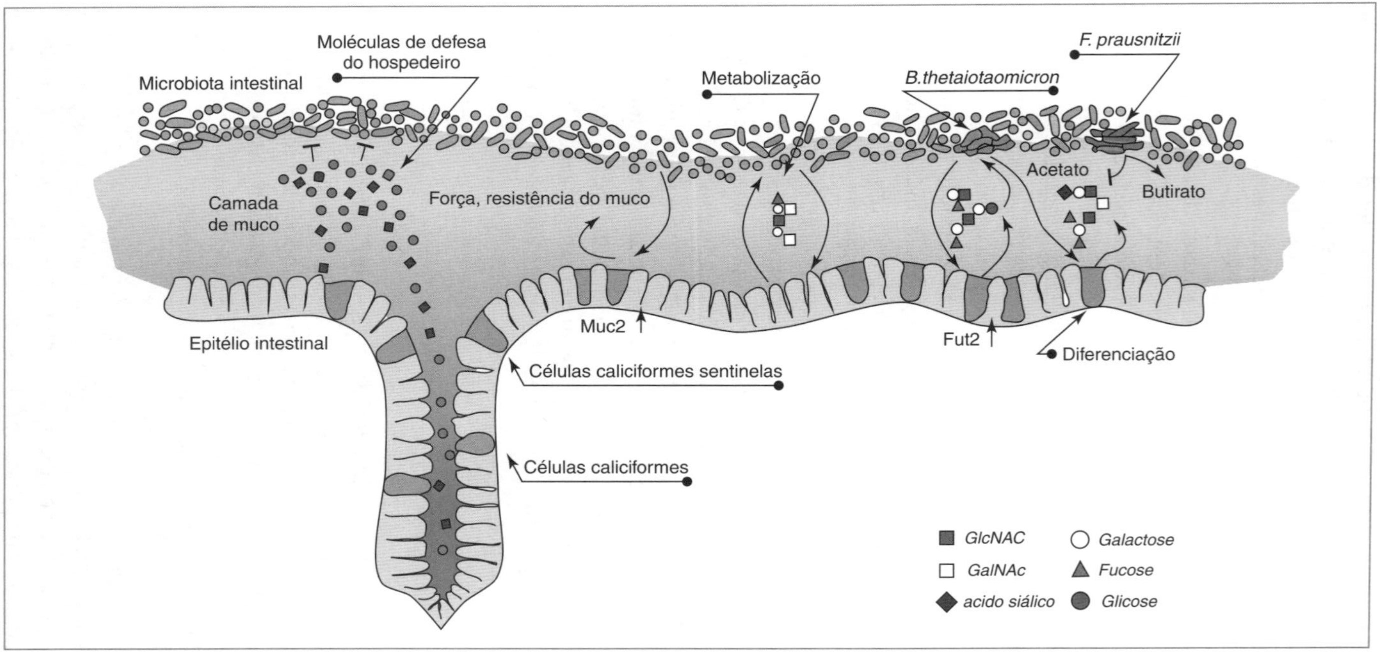

FIGURA 1 Representação esquemática da barreira intestinal formada por uma camada epitelial, uma camada de muco interna contendo pouca quantidade de bactéria e uma camada de muco externa na qual a microbiota intestinal estabelece residência, permanente ou não. Células caliciformes, presentes intercaladas aos enterócitos na camada de células epiteliais, secretam constantemente a mucina, componente da camada de muco. A mucina tem como principais componentes os oligossacarídeos, como ácido siálico, fucose, galactose e glicose. A secreção de oligossacarídeos é controlada pela expressão do gene Fut2, que, por sua vez, é modulada pela produção de ácidos graxos de cadeia curta pelas bactérias do microbioma.

Fonte: adaptada de Schroeder, 2019.[9]

por enzimas digestivas do trato gastrointestinal. Fermentadores primários quebram, então, os oligo e monossacarídeos pela via de degradação de hexoses ou pentoses, produzindo piruvato. Degradadores secundários transformam o piruvato em ácidos orgânicos, como fumarato, succinato e lactato, entre outros, que são metabolizados pelos fermentadores secundários e sintetizam, assim, AGCCs como o butirato, o propionato e o acetato (Figura 2). Nesse processo, o hidrogênio molecular (H_2) produzido por fermentadores primários e secundários é usado como doador de elétrons para bactérias redutoras de sulfato (SRB,

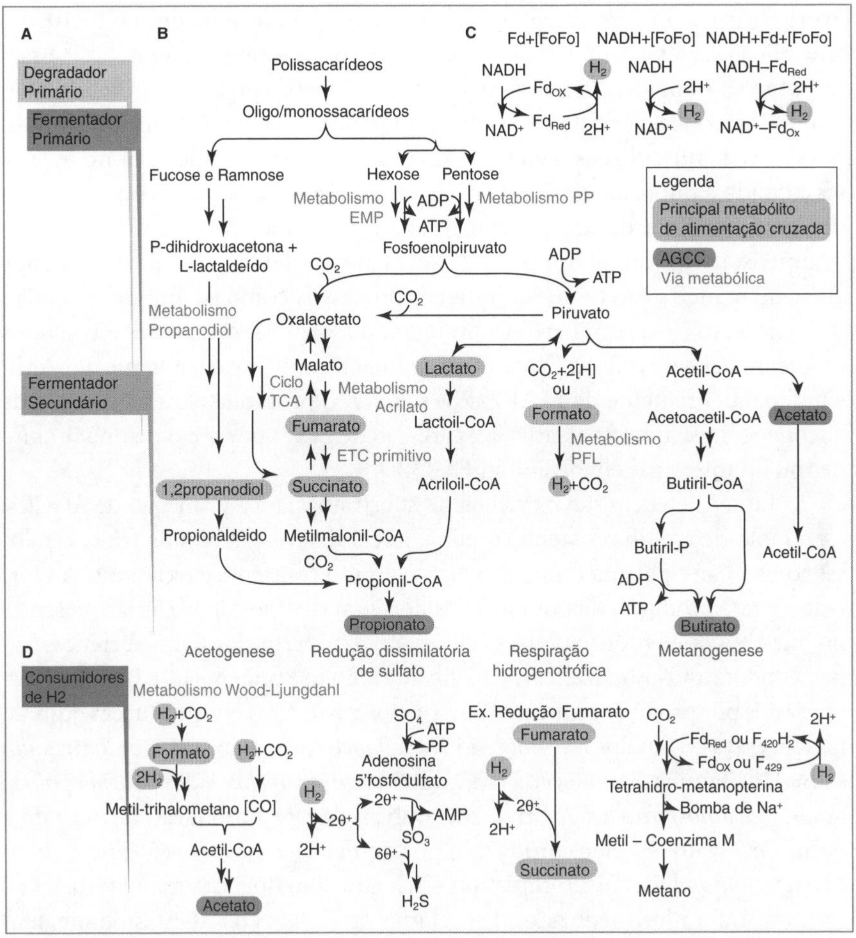

FIGURA 2 Esquema do *crossfeeding*, nome dado à rota de degradação de substratos e geração de metabólitos por bactérias intestinais. Os principais metabólitos que participam do *crossfeeding* são os ácidos orgânicos e o hidrogênio molecular (H_2).
Fonte: adaptada de Culp e Goodman, 2023.[2]

do inglês *sulfate-reducing bacteria*), metanógenos e acetógenos. Assim, pode-se afirmar que os principais metabólitos bacterianos envolvidos no *crossfeeding* são os ácidos orgânicos e o H_2.[2]

Os AGCCs, em geral, podem ser absorvidos por difusão passiva nas células intestinais ou por transportadores específicos. Além disso, atuam como ligantes para os receptores acoplados à proteína G (GPCR, do inglês G *protein-coupled receptors*), incluindo os receptores de ácidos graxos livres (FFAR, do inglês *free fatty acid receptor*) 2 e 3 (antigamente chamados de GPR43 e GPR41, respectivamente) e o ácido receptor hidroxicarboxílico (HCAR2, do inglês *hydroxycarboxylic acid receptor 2*, antigamente conhecido como GPR109A), ativando cascatas de sinalização anti-inflamatórias e antiproliferativas.[12] Esses receptores foram identificados em diversas células do organismo, incluindo as células intestinais, do sistema nervoso simpático, do fígado, do tecido adiposo branco, dos músculos esqueléticos, do pâncreas e dos tecidos imunológicos, ressaltando a importância dos AGCCs em nível sistêmico. O butirato, em particular, é uma fonte de energia primária para os colonócitos e também mantém a homeostase intestinal por meio de ações anti-inflamatórias. Ele ainda pode atuar de maneira direta ou indireta em processos como proliferação celular, diferenciação e expressão gênica, induzindo a expressão de genes envolvidos na gliconeogênese intestinal por meio de um mecanismo dependente de cAMP e independentemente de FFAR2. Por sua vez, o propionato, um substrato da gliconeogênese intestinal, ativa a expressão de genes por meio de um circuito neural do intestinal envolvendo FFAR3.[12]

As fibras dietéticas são os principais substratos para a produção de AGCCs, a exemplo de amido resistente, inulina, farelo de aveia, farelo de trigo, celulose, goma guar e pectina (em particular, o amido resistente é uma fonte importante para a produção de butirato). Os dois grandes filos de bactérias presentes no intestino que produzem esses ácidos graxos a partir das fibras dietéticas são Bacteroidota, que produzem principalmente acetato e propionato, e Bacillota, responsáveis por produzir butirato.[13] As principais bactérias que produzem butirato pertencentes ao filo dos Bacillota são *Faecalibacterium prausnitizii* e *Clostridium leptum*, da família *Ruminococcaceae*, e *Eubacterium rectale* e *Roseburia* spp., da família *Lachnospiraceae*. Além disso, também ocorre a produção de butirato a partir de lactato e acetato produzido por outras bactérias (*crossfeeding*), como *Eubacterium hallii* e *Anaerostipes* spp. Pacientes com doença inflamatória intestinal mostram níveis reduzidos de bactérias produtoras de AGCCs dominantes (como *Faecalibacterium prausnitzii* e *Roseburia intestinalis*) na mucosa intestinal e nas fezes. A produção de outros AGCCs, como acetato e lactato, a partir de carboidratos, é mediada pelas *Bifidobacterium* , enquanto *Akkermansia muciniphila* produz propionato e acetato a partir da degradação de mucina.

As bactérias produtoras de butirato são estritamente anaeróbicas, por isso as baixas concentrações de oxigênio no cólon promovem um ambiente favorável a elas. Além disso, o butirato é absorvido e metabolizado pelo epitélio, o que consome oxigênio e estabiliza o fator de hipóxia induzível (HIF, do inglês *hypoxia-induced factor*), um fator de transcrição que coordena a proteção da barreira. Em virtude da presença de produtos ácidos originados dos processos fermentativos, o pH luminal é, aproximadamente, 5,5. Esse ambiente levemente acidificado permite a competição entre as bactérias produtoras de butirato e aquelas que utilizam carboidratos, como *Bacteroides*, além de estimular a produção de butirato. A diminuição desse pH dificulta a permanência de bactérias do gênero *Eubacterium*, utilizadoras de lactato e, com isso, permite acúmulo de ácido lático. Assim, a interação entre os membros do microbioma intestinal induz a transformação do lactato em butirato, evitando a acidificação do meio e modulando ambiente intestinal.[14] Estudos mostram, por exemplo, que o consumo de antibióticos reduz as bactérias produtoras de butirato e faz com que aumentem os níveis de nitrato, que favorece o crescimento de *Enterobacteriaceae*, mudando a composição da microbiota intestinal.

FILOS E GÊNEROS DA MICROBIOTA INTESTINAL

Classicamente, cinco principais filos que representam a maior parcela da microbiota intestinal de adultos: Firmicutes, Bacteroidetes, Proteobacteria, Verrucomicrobia e Actinobacteria; mas também é possível encontrar outros filos, como Tenericutes, Spirocheaetes, Fusobacteria, Archea e outros. Em 2022, uma nova nomenclatura foi adotada e alguns nomes de filos, gêneros e espécies envolvidos nesse contexto foram modificados.[15] Assim, segundo a nomenclatura atual os principais filos encontrados na microbota humana passaram a ser Bacillota, Bacteroidota, Pseudomonadota, Verrucromicrobiota e Actinomycetota. Os Quadros 2 e 3 apresentam a correspondência entre algumas nomenclaturas antigas e atuais.

A proporção entre esses filos depende de fatores como a eubiose do indivíduo, estilo de vida e alimentação. Na maioria da população, espera-se que em indivíduos saudáveis a microbiota seja composta por aproximadamente 60-65% de Bacillota (antes Firmicutes), seguidos de 20-25% de Bacteroidota (antes Bacteroidetes), 5-10% de Pseudomonota (antes Proteobacteria), 3% de Actinomycedota (antes Actinobacteria) e 1-5% de Verrucromicrobiota (antes Verrucomicrobia).[16] Muito se discute, ainda, sobre a proporção Bacillota/ Bacteoidota. Os primeiros trabalhos a avaliar essas abundâncias em indivíduos obesos e magros apontam que não há especificamente uma proporção ideal,

QUADRO 2 Alteração na nomenclatura de filos bacterianos

Nome anterior	Nome atual
Firmicutes	Bacillota
Proteobacteria	Pseudomonadota
Actinobacteria	Actinomycetota
Bacteroidetes	Bacteroidota
Fusobacterium	Fusobacteriota
Mycoplasma	Mycoplasmatota
Spirocheta	Spirochaetota
Verrucomicrobium	Verrucomicrobiota

Fonte: adaptado de Oren e Garrity, 2021.[15]

QUADRO 3 Alteração na nomenclatura de gêneros e espécies bacterianas

Nome anterior	Nome atual
Clostridium difficile	*Clostridioides difficile*
Lactobacillus rhamnosus	*Lacticaseibacillus rhamnosus*
Lactobacillus casei	*Lacticaseibacillus casei*
Lactobacillus reuteri	*Limosilactobacillus reuteri*
Lactobacillus fermentum	*Limosilactobacillus fermentum*
Lactobacillus paracasei	*Lacticaseibacillus paracasei*
Lactobacillus plantarum	*Lactiplantibacillus plantarum*

Fonte: Zheng et al., 2020; Cruz-Morales et al. 2019.[5,6]

mas que a diferença entre as abundâncias de cada filo não deve ser elevada, isto é, quanto maior a diferença entre as abundâncias desses filos, maiores são a disbiose e, consequentemente, a obesidade do paciente.[17]

Apesar disso, uma revisão recente avaliou os trabalhos descrevendo as abundâncias entre esses filos e concluiu que, por conta da heterogeneidade da microbiota entre os pacientes e das diferenças metodológicas no estudo da microbiota, não há um valor preditivo de saúde/doença relacionado à razão entre as abundâncias desses filos.[18] Além disso, a partir do conhecimento específico sobre cada filo, conclui-se que, em razão da complexidade do filo Bacillota, pode-se esperar encontrar uma maior abundância desse filo na microbiota intestinal. Assim, mais do que a razão Bacillota/Bacteroidota, deve-se considerar a abundância dos gêneros como um todo na comunidade bacteriana.

Filo Bacillota

O filo Bacillota foi proposto inicialmente para agrupar bactérias Gram-positivas, formadoras de esporos e com baixa proporção de C+G (Citosina + Guanina) na sua composição molecular. Apesar disso, neste filo estão incluídas também as bactérias Gram-negativas, várias não formadoras de esporos e algumas com alta proporção de C+G, o que o caracteriza como o filo de maior diversidade bacteriana (mais de 270 gêneros bacterianos descritos até o momento). Trata-se também do filo com maior representação e mais diverso no microbioma intestinal, incluindo gêneros bacterianos importantes na modulação do microbioma, como *Roseburia* e *Eubacterium*, importantes produtores de AGCCs, e até mesmo gêneros potencialmente patogênicos, como *Clostridioides* (anteriormente conhecido como *Clostridium)* e *Listeria*. Também pertencem a esse filo bactérias que transformam lactato em butirato ou propionato, prevenindo o excesso de acidez pelo acúmulo de lactato, o que demonstra sua importância na regulação da homeostase do microbioma intestinal.

Apenas algumas das espécies desse filo estão envolvidas na degradação de amido resistente, fibras insolúveis (*Ruminococcus*) e trigo (*Lactobacillus*), por isso mudanças bruscas na dieta afetam diretamente esses gêneros (p. ex., dieta com baixo teor de carboidratos – *low-carb* e redução do consumo de fibras, que diminuem bactérias produtoras de butirato). Essa produção de butirato e de propionato é realizada, muitas vezes, por meio da conversão de lactato, levando à estabilização da mucosa pela diminuição de lactato e pelo consequente excesso de acidez. Os maiores produtores de butirato são os gêneros *Roseburia*, *Faecalbacterium* e *Eubacterium* (15% da produção de butirato).

O Quadro 4 apresenta os gêneros do filo Bacillota com maior relevância clínica na microbiota intestinal e descreve sua relação com o hospedeiro.

Filo Bacteroidota

O filo Bacteroidota compreende os bacilos Gram-negativos anaeróbicos e alguns aerotolerantes que habitam o ambiente e o trato digestivo de animais e humanos. Os gêneros que compõem a família Bacteroidales são encontrados no microbioma intestinal humano com maior representatividade, destacando-se *Bacteroides, Prevotella, Alistipes* e *Parabacteroides. Bacteroides* estão relacionados com a degradação de polissacarídeos da dieta em carboidratos metabólitos, que depois são absorvidos pelas células epiteliais. *Prevotella* são produtores de propionato, um importante AGCC.

O Quadro 5 apresenta os gêneros do filo Bacteroidota com maior relevância clínica na microbiota intestinal e descreve sua relação com o hospedeiro.

QUADRO 4 Principais gêneros do filo Bacillota com relevância clínica na microbiota intestinal

Gênero	Relação com hospedeiro
Lactobacillus	Mais abundante no íleo Produtor de lactato Importante na criança com dieta à base de leite Frequentemente encontrado na microbiota de adulto
Leuconostoc	Bactérias ácido-láticas Usado na fermentação de alimentos Frequentemente encontrado na microbiota de adulto
Roseburia	Bactérias simbiontes intestinais Produtor de ácidos graxos de cadeia curta, principalmente butirato Pode afetar a motilidade colônica, a manutenção da imunidade e a atividade anti-inflamatória Diminuição na sua abundância está relacionada com patologias como síndrome do intestino irritável, alergias, obesidade, diabetes tipo 2 e outras
Eubacterium	Bactérias simbiontes intestinais Produtor de butirato a partir de metabólitos de fermentação, como o lactato Não degrada oligo e polissacarídeos da alimentação Frequentemente encontrado na microbiota de adulto
Faecalibacterium prausnitzii	Uma das principais bactérias produtoras de butirato Frequentemente encontrado na microbiota de adulto Controla o metabolismo e a resposta imunológica e protege o cólon Sua diminuição em caso de disbiose contribui para a etiologia das doenças do intestino grosso, como doença inflamatória intestinal e doença de Crohn Considerado como biomarcador não só da saúde humana, mas também para diagnóstico ou acompanhamento de tratamento
Clostridioides	Bactéria patobionte Crescimento controlado principalmente por bactérias produtoras de butirato Desequilíbrio da comunidade bacteriana propicia seu crescimento, frequentemente associado a disbiose Identificação de gêneros e espécies relacionadas a *Clostridium* ainda está em andamento Bancos de dados usados em análise de bioinformática frequentemente associam sequências de *Clostridium* a *clusteres* (Figura 3); os *clusteres* XIVa e IV são frequentemente reportados na microbiota de indivíduos saudáveis *Clostridium sensu stricto* 1 é frequentemente encontrado na microbiota de crianças amamentadas com leite materno

continua

QUADRO 4 Principais gêneros do filo Bacillota com relevância clínica na microbiota intestinal (*Continuação*)

Gênero	Relação com hospedeiro
Veillonella	Fermentação de lactato em propionato e acetato Associado a eventos disbióticos inflamatórios tanto em crianças como em adultos; já foi proposto como biomarcador de inflamação Sua interpretação deve ser associada ao contexto da microbiota do paciente Existe uma relação de *Veillonella* com desempenho em maratonistas, tendo-se observado um aumento dessas bactérias no intestino de maratonistas e melhora do tempo de corrida associada à conversão metabólica induzida por exercício de lactato em propionato
Butyrivibrio	Degradação de polissacarídeos e fermentação dos monossacarídeos liberados para produzir ácidos graxos de cadeia curta, principalmente butirato Encontrado em ruminantes, apresenta um grupo de enzimas (CAZymes) que são degradadoras de carboidratos Produtor também de ácido linoleico conjugado
Blautia	Bactéria anaeróbica estrita Inicialmente relacionado à contaminação ambiental, por conta da presença dessas bactérias em esgoto, atualmente sabe-se que é um importante membro da microbiota intestinal Fermentação de diversos açúcares produzindo ácido lático, ácido acético, succinato e etanol Seu metabolismo está relacionado à biotransformação, o que o coloca em posição de destaque na microbiota intestinal Sua abundância diminuída nas fezes é observada em pacientes obesos e diabéticos, e tem uma relação negativa Uma das principais espécies no intestino humano é a *Blautia producta*
Dialister	Bactéria patogênica oral Relacionado com a periodontite Produtor de butirato no intestino Sua diminuição está relacionada com depressão e menor qualidade de vida
Ruminococcus	Degradação de fibras insolúveis Importante produtor de butirato Frequentemente encontrado na microbiota de adulto A identificação de espécies relacionadas a *Ruminococcus* ainda está em andamento Frequentemente análises de bioinformática utilizam a denominação *Ruminococcaceae*, o que indica que são unidades taxonômicas operacionais filogeneticamente relacionadas a *Ruminococcus*

continua

QUADRO 4 Principais gêneros do filo Bacillota com relevância clínica na microbiota intestinal (*Continuação*)

Gênero	Relação com hospedeiro
Ruminococcus (*Continuação*)	*Ruminococcus gnavus*: encontrado no intestino de pacientes com doença inflamatória intestinal. É mucolítico, pois utiliza glicanos da camada de muco intestinal como fontes de energia. Especula-se que mudança dramática na abundância dessa espécie afeta o delicado equilíbrio da camada de muco, em razão do aumento dramático na fração da comunidade que utiliza a camada de muco. Esse desequilíbrio pode, por sua vez, influenciar a integridade da barreira intestinal e aumentar a permeabilidade intestinal. Por outro lado, também é possível que *R. gnavus* contribua ou exacerbe a resposta imunológica no microbioma intestinal em pacientes com doença inflamatória intestinal. Um estudo mostrou o aumento de *R. gnavus* em crianças com alergia respiratória. *R. bromii*: tem papel central na fermentação de amido resistente no intestino grosso humano. Possui uma capacidade excepcional de colonizar e degradar partículas de amido quando comparada com bactérias amilolíticas previamente estudadas do cólon humano
Coprococcus	Frequentemente associado à produção de butirato. Sua abundância está descrita como diminuída em mulheres com pré-eclâmpsia e pacientes com depressão; mas seu potencial benéfico na microbiota ainda está sendo investigado, uma vez que alguns estudos em animais descreveram esse gênero como associado a situações de inflamação, como artrites

Fonte: elaborado pelas autoras.

QUADRO 5 Principais gêneros e espécies do filo Bacteroidota com relevância clínica na microbiota intestinal

Gênero	Relação com o hospedeiro
Bacteroides	O grupo mais predominante deste filo é de especialistas na fermentação de diversos tipos de polissacarídeos Frequentemente encontrado na microbiota de adulto Relacionado a dietas enriquecidas com diferentes polissacarídeos Capaz de utilizar uma grande variedade de substratos tanto da dieta como do hospedeiro Diferentes espécies exercem uma competição favorável com outros membros da microbiota, pois "sequestram" substratos solúveis do lúmen intestinal

continua

QUADRO 5 Principais gêneros e espécies do filo Bacteroidota com relevância clínica na microbiota intestinal (*Continuação*)

Gênero	Relação com o hospedeiro
Bacteroides (*Continuação*)	Relacionado ao consumo de proteína e gordura Importante produtor de propionato *Bacteroides vulgatus*: é considerada uma bactéria comensal do intestino, mas em proporções desequilibradas pode estar relacionada a processos pró-inflamatórios, aumento de interleucinas e diabetes tipo 2, além de resistência à insulina. Já foi associado a desordens comportamentais *Bacteroides uniformes*: bactéria comensal do intestino com alta afinidade por glicanos, como celulose e oligossacarídeos. Surpreendentemente, o potencial fibrolítico de *B. uniformis* indica que seu papel na degradação da fibra alimentar não se restringe ao cólon, mas se estende às regiões distais do intestino delgado, como o íleo. Alguns estudos mostram melhora no metabolismo com a presença dessa bactéria. O uso de pectina por *B. uniformis* (cepa CECT 7771) potencializa o metabolismo aumentando a produção de butirato e principalmente a produção do neurotransmissor inibitório GABA, que poderiam respectivamente contribuir para fortalecer a barreira intestinal e hipoteticamente desempenhar um papel na saúde mental do intestino *Bacteroides fragilis*: é um anaeróbico obrigatório Gram-negativo comensal que reside no intestino dos mamíferos e pode afetar profundamente a suscetibilidade do hospedeiro a doenças inflamatórias. Frequentemente encontrado na microbiota intestinal. Estudos anteriores identificaram *B. fragilis* como um patógeno oportunista comum em infecções clínicas e sugeriram que pode ser responsável por uma série de doenças envolvendo a permeabilidade da barreira intestinal. Apesar disso, estudos recentes sobre a relação entre *B. fragilis* não toxigênico e o sistema imunológico indicaram que várias cepas de *B. fragilis* podem ser probióticos em potencial e metabolizam polissacarídeos. O polissacarídeo A ou vesículas da membrana externa de *B. fragilis* não toxigênico podem mediar interações benéficas com o hospedeiro, enquanto a toxina ou lipopolissacarídeo de *B. fragilis* enterotoxigênica pode estimular a colite ou mesmo a inflamação sistêmica *Bacteroides thetaiotaomicron*: bactéria capaz de digerir carboidratos complexos, como fibras polissacarídeos, pectina e amido resistente. Produtora de acetato e propionato. Alguns estudos mostram efeitos protetores dessa bactéria com relação à inflamação. Estudos em animais mostraram efeitos benéficos dessa bactéria na doença de Crohn, sugerindo um efeito anti-inflamatório

continua

QUADRO 5 Principais gêneros e espécies do filo Bacteroidota com relevância clínica na microbiota intestinal (*Continuação*)

Gênero	Relação com o hospedeiro
Prevotella	Bactérias Gram-negativas, bacilos anaeróbicos obrigatórios Encontrado em diversas regiões do organismo, como microbiota oral e vaginal, além da intestinal Frequentemente implicado em diversas infecções anaeróbicas do trato respiratório, trato urogenital e trato gastrointestinal Seu metabolismo está envolvido na degradação de carboidratos vegetais A principal espécie encontrada na microbiota intestinal é *Prevotella copri* Estudos com esse gênero e mais recentemente com a espécie *P. copri* demonstraram sua complexidade genética, evidenciando uma plasticidade desta bactéria à dieta e a ambientes disbióticos Seu papel na eubiose e na disbiose ainda é discutido
Alistipes	Alguns estudos indicam que pode estar relacionado a câncer de cólon retal, doenças mentais e sinais de depressão Disbiose intestinal parece ter um papel importante na determinação de sua abundância Resistene à bile Pode produzir indol por meio da fermentação de triptofano e reduz serotonina, alterando o eixo intestino-cérebro e relacionando-se a pacientes com depressão Relacionado à fermentação de proteínas com a produção de metabólitos inflamatórios como indol, sulfato de hidrogênio, cresol, fenol e amônia

Filo Verrucomicrobia

O filo Verrucomicrobia compreende bactérias Gram-negativas. A espécie principal desse filo é a *Akkermansia muciniphila*, encontrada na camada de muco mais próxima aos enterócitos, capaz de degradar mucina e, assim, estimular a produção de muco pelas células caliciformes, aumentando a espessura da camada de muco e melhorando permeabilidade intestinal quando está em equilíbrio. Esta bactéria é frequentemente encontrada na microbiota intestinal de crianças e adultos, além de estar presente no leite materno. Além disso, tem efeito anti-inflamatório, estimulando o aumento de interleucina 10 (IL-10) e AGCCs, apresentando-se reduzida em doenças metabólicas (pode ser um fator de proteção contra obesidade, diabetes e câncer). Seu excesso também não é bom, pois consome mais mucina do que as células são capazes de produzir, levando a prejuízos à barreira intestinal. Deve representa 1-5% da microbiota.

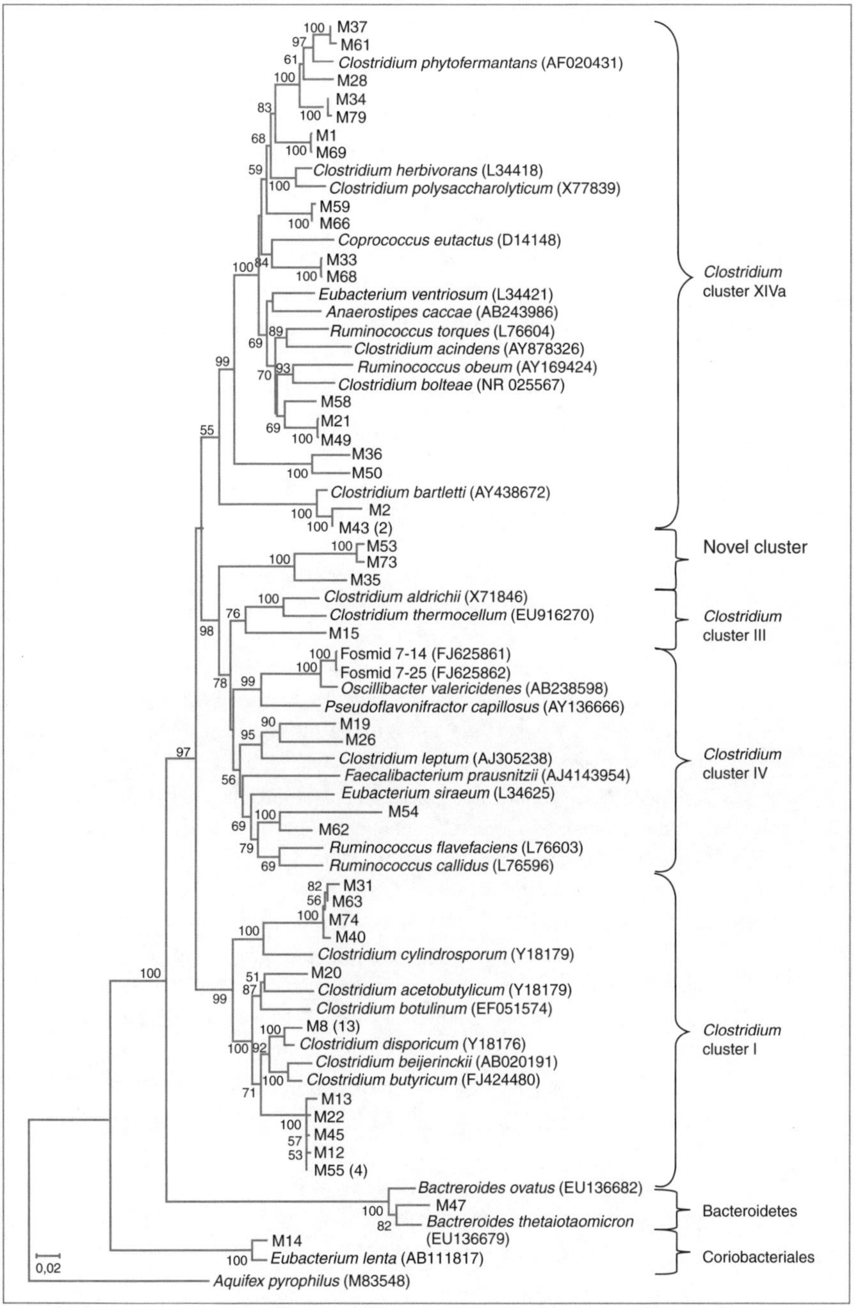

FIGURA 3 *Clusteres* de *Clostridium* e as principais espécies associadas.

Fonte: adaptada de Nelson et al., 2010.[19]

Filo Pseudomonadota

O filo Pseudomonadota é composto por bactérias Gram-negativas que representam em torno de 5% da microbiota. Essas bactérias são consideradas comensais, mas têm potencial para o aumento de bactérias patobiontes. O aumento de sua abundância pode estar relacionado com efeitos disbióticos do intestino, uma vez que podem secretar toxinas e expressar outros fatores de virulência, diminuindo assim a abundância de bactérias simbiontes.

O Quadro 6 apresenta os gêneros e espécies do filo Pseudomonadota com maior relevância clínica na microbiota intestinal e descreve sua relação com o hospedeiro.

QUADRO 6 Principais gêneros e espécies do filo Pseudomonadota com relevância clínica na microbiota intestinal

Escherichia	Maior representante do filo, produtora de vitamina K e considerada uma cepa simbionte/comensal Bebês e crianças no Brasil parecem ter uma alta abundância desta espécie, porém sem representatividade clínica quando não há sinais e sintomas associados. Alguns trabalhos mostram que essa alta abundância está relacionada ao ambiente em que a criança está inserida, principalmente nas populações de baixo nível socioeconômico. Na literatura, baseada em dados de países desenvolvidos, a abundância desta espécie é reportada como baixa nessa faixa etária A diversidade genética de *Escherichia coli* não é avaliada nos estudos de sequenciamento de microbioma e patótipos potencialmente patogênicos podem estar presentes, coabitando o trato intestinal com as simbiontes/comensais. A diferenciação entre esses patobiontes e cepas comensais deve ser acessada em testes de coprocultura em laboratórios clínicos Observação importante: análises de bioinformática não diferenciam satisfatoriamente os genes *16S* de *Escherichia coli* de *Shigella*, classificando algumas sequências como *Escherichia/Shigella*. Isso significa que foram encontrados genes *16S* de *Eschericia* e não necessariamente de *Shigella*. Quando o paciente tiver sintomas de desconforto abdominal e disenteria, solicitar exames de coprocultura
Klebsiella	Bactéria comensal Apesar do seu envolvimento em infecções extraintestinais, são raros os relatos de patogeniciade de *Klebsiella* no intestino
Pseudomonas	Bactéria comensal Apesar do seu envolvimento em infecções extraintestinais, são raros os relatos de patogeniciade de *Pseudomonas* no intestino

continua

QUADRO 6 Principais gêneros e espécies do filo Pseudomonadota com relevância clínica na microbiota intestinal (*Continuação*)

Haemophillus	Bactéria comensal Apesar do seu envolvimento em infecções extraintestinais, não há descrição de alterações da microbiota relacionados a este gênero

Há alguns gêneros, ainda, que não são considerados comensais e não habitam frequentemente o intestino humano (*Campylobacter* sp., *Vibrio* sp., *Shigella* sp., *Yersina* sp., *Salmonella* sp.). Caso algum desses gêneros seja detectado na microbiota, a conduta é determinada pela correlação entre a clínica (queixas de dores abdominais, diarreia, vômitos) e exames de coprocultura solicitados em laboratórios clínicos. Os indivíduos com histórico de infecção intestinal por *Salmonella* podem ser portadores assintomáticos por até 2 anos após o episódio infecioso.

Filo Actinomycetota

A bactérias do filo Actinobacteria são algumas das primeiras a colonizar o intestino, pois fermentam os oligossacarídeos presentes no leite materno por meio da expressão da enzima lacto-N-biosidade. São Gram-positivas, produtoras de acetato e lactato, e possuem efeitos diferentes a depender da espécie presente. Além disso, são importantes no processo de *crossfeeding* da microbiota, fermentando alguns carboidratos com consequente disponibilização de monossacarídeos ou outros metabólitos para gêneros de outros filos, como os Bacillota.

O Quadro 7 apresenta os gêneros e espécies do filo Actinomycetota com maior relevância clínica na microbiota intestinal e descreve sua relação com o hospedeiro.

QUADRO 7 Principais gêneros e espécies do filo Actinomycetota com relevância clínica na microbiota intestinal

Bifidobacterium	Bactéria anaeróbia Principal componente da microbiota de bebês e crianças com dieta à base de leite, sendo a principal bactéria envolvida na quebra de oligossacarídeos do leite humano Presente no adulto em quantidades nem sempre detectadas pelo sequenciamento do gene *16S rRNA* Algumas cepas são consideradas probióticos Produtora de acetato e lactato; não produz butirato, mas pode induzir a produção de butirato por outras bactérias, com a quebra inicial de oligossacarídeos e a disponibilização de monossacarídeos

continua

QUADRO 7 Principais gêneros e espécies do filo Actinomycetota com relevância clínica na microbiota intestinal (*Continuação*)

Rothia	Frequentemente associado à microbiota oral e eventualmente encontrada no estômago Relacionada a casos de disbiose intestinal, como infecções
Eggerthella	Bacilo Gram-positivo, não esporulado e anaeróbico Tem grande potencial patogênico, frequentemente associado a infeções sistêmicas, geniturinárias e abdominais A espécie *Eggerthella lenta* é a mais bem-caracterizada do gênero. Maiores abundâncias dela têm sido associadas a pacientes com ansiedade e sintomas depressivos

CONSIDERAÇÕES FINAIS

Como vimos ao longo do capitulo, a literatura sobre microbiota e microbioma é vasta e complexa. Os mecanismos bioquímicos que envolvem a degradação de carboidratos e os processos de cross-feeding entre os metabolitos secundários são a chave para o entendimento da relação entre microbiota e hospedeiro, bem como os processos envolvendo desequilíbrios nesta interação.

A inclusão de novas abordagens de análise de microbioma, descritas no capitulo 3, como metaboloma, proteoma e transcriptoma, aliados a novas metodologias de identificação dos membros da microbiota, permitirão uma compreensão aprimoradas da interação da microbiota com o hospedeiro.

REFERÊNCIAS BIBLIOGRÁFICAS

1. Clemente JC, Ursell LK, Parfrey LW, 1. Knight R The impact of the gut microbiota on human health: an integrative view. Cell 2012, 148(6):1258-70.
2. Dalile B, Van Oudenhove L, Vervliet B, Verbeke K. The role of short-chain fatty acids in microbiota-gut-brain communication. Nat Rev Gastroenterol Hepatol 2019; 16(8): 461-478.
3. Krautkramer KA, Fan J, Bäckhed F. Gut microbial metabolites as multi-kingdom intermediates. Nat Rev Microbiol. 2021; 19(2) :77-94.
4. Sender R, Fuchs S, Milo R. Are We Really Vastly Outnumbered? Revisiting the Ratio of Bacterial to Host Cells in Humans. Cell. 2016; 164(3): 337-40.
5. Zheng J, Wittouck S, Salvetti E, Franz CMAP, Harris HMB, Mattarelli P, O'Toole PW, Pot B, Vandamme P, Walter J, Watanabe K, Wuyts S, Felis GE, Gänzle MG, Lebeer S. A taxonomic note on the genus Lactobacillus: Description of 23 novel genera, emended description of the genus Lactobacillus Beijerinck 1901, and union of Lactobacillaceae and Leuconostocaceae. Int J Syst Evol Microbiol. 2020 Apr;70(4):2782-2858.
6. Cruz-Morales P, Orellana CA, Moutafis G, Moonen G, Rincon G, Nielsen LK, Marcellin E. Revisiting the Evolution and Taxonomy of Clostridia, a Phylogenomic Update. Genome Biol Evol. 2019 Jul 1;11(7):2035-2044.
7. Peterson LA, Artis D. Intestinal epithelial cells: regulators of barrier function and immune homeostasis. *Nature Reviews Immunology* 14, 141-146 (2014).

8. Schroeder BO. Fight them or feed them: how the intestinal mucus layer manages the gut microbiota. Gastroenterol Rep (Oxf). 2019 Feb;7(1):3-12. Epub 2019 Feb 13. PMID: 30792861; PMCID: PMC6375348.
9. McCallum G, Tropini C. The gut microbiota and its biogeography. Nat Rev Microbiol. 2024 Feb;22(2):105-118. Epub 2023 Sep 22. PMID: 37740073.
10. Germerodt S, Bohl K, Luck A, Pande S, Schro € ¨ ter A, Kaleta C, Schuster S and Kost C. Pervasive selection for cooperative cross-feeding in bacterial communities. PLoS Comput. Biol. 12, e1004986. 2016. https://doi.org/10.1371/journal.pcbi.1004986.
11. Flint HS, Duncan SH, Scott KP and Louis P. Links between diet, gut microbiota composition and gut metabolismo. Proceedings of the Nutrition Society. 2015;74, 13–22
12. Parada Venegas D, De la Fuente MK, Landskron G, González MJ, Quera R, Dijkstra G, Harmsen HJM, Faber KN, Hermoso MA. Short Chain Fatty Acids (SCFAs)-Mediated Gut Epithelial and Immune Regulation and Its Relevance for Inflammatory Bowel Diseases. Front Immunol. 2019 Mar 11;10:277.
13. Oren A, Garrity GM. Valid publication of the names of forty-two phyla of prokaryotes. Int J Syst Evol Microbiol. 2021 Oct;71(10). PMID: 34694987.
14. Culp EJ, Goodman AL. Cross-feeding in the gut microbiome: Ecology and mechanisms. Cell Host Microbe. 2023 Apr 12;31(4):485-499. PMID: 37054671; PMCID: PMC10125260.
15. Ley RE, Bäckhed F, Turnbaugh P, Lozupone CA, Knight RD and Gordon JI. Obesity alters gut microbial ecology. PNAS 2005;102 (31) 11070-11075.
16. Magne F, Gotteland M, Gauthier L, Zazueta A, Pesoa S, Navarrete P, Balamurugan R. The Firmicutes/Bacteroidetes Ratio: A Relevant Marker of Gut Dysbiosis in Obese Patients? *Nutrients 2020, 12,* 1474. https://doi.org/10.3390/nu12051474.
17. Nelson DM, Cann IK, Altermann E, Mackie RI. Phylogenetic evidence for lateral gene transfer in the intestine of marine iguanas. PLoS One. 2010 May 24;5(5):e10785. PMID: 20520734; PMCID: PMC2875401.
18. Konopka A. What is microbial community ecology? ISME J. 2009 Nov;3(11):1223-30. Epub 2009 Aug 6. PMID: 19657372.
19. Hou K, Wu ZX, Chen XY, Wang JQ, Zhang D, Xiao C, Zhu D, Koya JB, Wei L, Li J, Chen ZS. Microbiota in health and diseases. Signal Transduct Target Ther. 2022 Apr 23;7(1):135. PMID: 35461318; PMCID: PMC9034083.
20. Gérard C, Vidal H. Impact of Gut Microbiota on Host Glycemic Control. Front Endocrinol (Lausanne). 201.

2

Micobioma, viroma e a saúde humana

Amanda Sodré Mota
Carla Romano Taddei

PONTOS-CHAVE

- O termo "micobioma" é utilizado para as comunidades de microrganismos fúngicos da microbiota e o termo "viroma" diz respeito ao conjunto de vírus presentes na microbiota.
- Micobioma intestinal adulto é dominado majoritariamente por leveduras *Saccharomyces*, seguidas por *Candida* e *Cladosporium*.
- A literatura mostra uma importante relação entre espécies de fungos e vírus com o hospedeiro, em situações de saúde e doença.
- Entre os vírus que compõem o viroma humano, estão incluídos os que infectam células humanas e aqueles que infectam células de outros membros da mcrobiota.

INTRODUÇÃO

No vasto e complexo universo de microrganismos que coexistem com o ser humano, há bactérias, fungos e vírus. Análises recentes utilizando sequenciamento *shotgun* demonstram que os fungos representam apenas 0,1 a 0,5% da comunidade microbiana do intestino humano, enquanto os vírus são um pouco mais abundantes, chegando a 5%. Ambas são muito inferiores à comunidade bacteriana, que constitui mais de 90% da microbiota intestinal humana. Apesar disso, todos esses microrganismos fazem parte de um ecossistema fundamental para a manutenção da saúde e para o funcionamento do organismo humano. Estudos ainda em estágio inicial mostram, ainda, que a interação entre fungos, vírus e bactérias é extremamente benéfica para o ser humano.

As funções e as contribuições dessas comunidades para a saúde humana, no entanto, ainda estão sendo desvendadas.[1-3] Nesse contexto, o termo "micobioma" é utilizado para as comunidades de microrganismos fúngicos que integram esse ecossistema e o termo "viroma" diz respeito ao conjunto de vírus presentes na microbiota.

Este capítulo aborda os principais estudos sobre micobioma e viroma, apresenta seus principais representantes, discute os impactos que eles geram na saúde do hospedeiro e explica suas ligações com o eixo intestino-cérebro.

MICOBIOMA

O reino Fungi é composto por microrganismos eucariontes que podem ser unicelulares ou pluricelulares, com representações diversas que vão desde as hifas até as leveduras. Por serem heterotróficos, os fungos precisam estabelecer uma relação simbiótica com outras células eucariontes para se alimentar, por isso geralmente se associam a indivíduos do reino vegetal, ou, em alguns casos, estabelecem interações mutualísticas com células do reino animal.[4-6] Além disso, fazem parte desse amplo espectro de interações as relações entre os fungos e outros componentes da microbiota, como bactérias e vírus, e a interação deles com o próprio hospedeiro.

Para a identificação dos fungos presentes no micobioma, utilizam-se o sequenciamento pela metodologia *shotgun* e a amplificação do gene *18S rRNA*, em especial das regiões ITS1 e ITS2 – para comparação, no caso das bactérias, o método mais utilizado é a amplificação do gene *16S rRNA*[7,8] (ver Capítulo 3 – Ômicas no estudo do microbioma). A hipótese de composição inicial dessa comunidade ainda está sendo elucidada e não possui tantos estudos quanto a já conhecida transmissão vertical entre mãe e bebê que acontece com os gêneros bacterianos. Estima-se, no entanto, que os fungos também possuem um papel fundamental nos estágios iniciais de colonização microbiológica.

Segundo Gutierrez et al.,[9] os primeiros gêneros fúngicos a colonizar o bebê são *Candida*, *Malassezia*, *Cladosporium* e *Saccharomyces*. Estudos com bebês prematuros, por sua vez, também verificaram a presença de *Cryptococcus*, *Eurotiales*, *Botryosphaeriales* e *Filosbasidiales* nas amostras fecais de bebês com 2 semanas de vida. A forma de parto parece modular a colonização inicial, já que os bebês que nascem por parto vaginal têm maior abundância dos gêneros *Candida* e *Rhodotorulla*, enquanto bebês que nascem por cesariana possuem uma abundância maior dos gêneros *Malassezia* e *Alternaria*. Depois, por volta dos 3 meses de vida, essa comunidade sofre alterações decorrentes das exposições associadas à amamentação e ao contato pele a pele e com o ambiente. Assim, evidencia-se nesse período um aumento dos gêneros *Debaryomyces*, *Candida*,

Malassezia e *Cladosporium*. Já por volta do primeiro ano de vida, a composição do micobioma intestinal muda novamente, observando-se dominância do gênero *Saccharomyces* e aumento do gênero *Rhodotorulla*.[10-12]

Há evidências também de que, de forma muito parecida com o que ocorre com a microbiota bacteriana, o micobioma também é modulado por fatores como estilo de vida, idade, uso de medicações, regionalidade e, principalmente, dieta e índice de massa corporal. O consumo de manteigas e gordura animal, por exemplo, está associado positivamente ao aumento dos gêneros *Saccharomyces* e *Hannaella*. Já o gênero *Fusarium*, identificado em vegetarianos, apresenta-se com abundância menor em onívoros. Sabe-se, ainda, que a diversidade alfa do micobioma intestinal diminui ao longo do tempo de vida, em um movimento contrário do que é observado em bactérias.[10-12]

É importante destacar também que a composição do micobioma difere a depender de sua localização. O micobioma oral apresenta uma das maiores diversidades e variabilidades interindividuais influenciado, principalmente, pela dieta, que atua como uma de suas principais moduladoras. Alimentos que envolvem o uso de fungos em sua fabricação e composição proporcionam uma via para o contato com a micobiota residente. Observa-se nesse ambiente também uma interação significativa entre os microrganismos dos diferentes reinos, com papel crucial na manutenção da homeostase do corpo. Os gêneros mais predominantes no micobioma oral de adultos incluem *Candida*, *Aspergillus*, *Penicillium*, *Cladosporium*, *Phoma*, *Malassezia*, *Aerobasidium*, *Saccharomyces*, *Alternaria*, *Rhodotorulla*, *Fusarium*, *Cryptococcus* e *Trichoderma*.

A disbiose desse micobioma está intimamente relacionada com patologias dentárias, como carie, periodontite, líquen plano oral, câncer bucal e candidíase orofaríngea. O desequilíbrio envolvendo uma abundância do gênero *Candida*, por sua vez, já foi associado a doenças oportunistas, principalmente em pacientes imunocomprometidos. Esse gênero é conhecido pela formação do biofilme e por uma preferência por lactato e glicose como fontes de carboidrato, o que faz com que esse fungo cresça em ambientes ricos em carboidrato e se correlacione com bactérias acidogênicas sacarolíticas encontradas na placa dental. Essa interação parece ser benéfica tanto para esse fungo quanto para a bactérias envolvida, pois facilita a retenção de fungos enquanto promove o crescimento bacteriano.[13,14]

Por sua vez, o micobioma intestinal adulto é dominado majoritariamente por leveduras *Saccharomyces*, seguidas por *Candida* e *Cladosporium* do filo *Ascomycota*. Em comparação com o microbioma bacteriano nesse ambiente, o micobioma tem uma diversidade menor, é mais instável e possui maior variabilidade interindividual, muito provavelmente por ser altamente influenciável pelo consumo de alimentos à base de fungos. Outro gênero também identificado com bastante frequência nessa comunidade é *Malassezia* e, com o avançar da idade, são encontradas maiores quantidades dos gêneros *Penicillium*, *Crypotococcus*, *Pneumocystirs* e *Aspergillus*. Sabe-se, ainda, que o micobioma intestinal está intimamente ligado com o sistema imune, tanto por conta da interação com macrófagos do colón distal que promove a proteção da camada epitelial, quanto pela influência direta no sistema imune adaptativo, mais especificamente pela resposta do tipo Th17, que promove a homeostase da relação entre micobioma e hospedeiro.[7,8,10]

A disbiose desse micobioma está intimamente relacionada com doenças metabólicas e inflamações, como obesidade, diabetes melito, esteatose hepática não alcoólica e síndrome do intestino irritável, e na grande maioria dos casos observa-se o consumo de glicose e colesterol pelos próprios membros do micobioma. Rodríguez et al.[15] relataram mudanças no micobioma intestinal de indivíduos obesos que apresentavam uma menor abundância relativa do gênero *Mucor*, revertida a partir da perda de peso desses indivíduos. Os pesquisadores observaram que o filo bacteriano Bateroidota apresentou um aumento análogo ao do gênero fúngico *Mucor* durante a perda de peso dos pacientes, sugerindo que pode haver uma interação entre os componentes fúngicos e bacterianos. Além disso, os pacientes com maiores índices de massa corporal apresentaram aumento na abundância relativa de fungos dos gêneros *Candida*, *Aspergillus*, *Rhodotorulla* e *Pichia*, enquanto pacientes diagnosticados com diabetes melito apresentaram um aumento expressivo nos gêneros *Candida* e *Aspergillus*. Estes últimos são considerados gêneros oportunistas, pois podem crescer demasiadamente e ter comportamento patogênico como a ativação do sistema imune e a produção de prostaglandinas.[8,15,16]

Também há relação entre a disbiose do micobioma intestinal e doenças neurológicas, o que levanta suspeitas de que haja uma conexão entre o micobioma e o eixo intestino-cérebro. Um exemplo dessa íntima relação é a diminuição da diversidade fúngica em amostras de pacientes diagnosticadas com anorexia, além do aumento na abundância de *Candida* relatada em estudos com pacientes autistas. Além disso, já foi relatado o aumento de *Candida* e *Saccharomyces* em amostras de fezes de pacientes diagnosticados com esquizofrenia. Ainda que escassos, os estudos existentes apresentam hipóteses de que o micobioma se relacione com o eixo intestino-cérebro via mediadores imunológicos e endócrinos, mas pouco se sabe sobre seus mecanismos e suas influências.[17-19]

VIROMA

O estudo da constituição do viroma vem ganhando destaque como área de pesquisa. Sua relevância na compreensão da diversidade viral e do impacto desses micorganismos nos ecossistemas e na saúde humana, animal e vegetal, bem como o entendimento da sua interação com os hospedeiros têm sido reconhecidos como aspectos cruciais. Além disso, já se sabe que a distinção entre simbionte e patógeno pode ser delicada quando se trata de vírus, pois uma pequena mudança no ambiente em que estão inseridos pode ser suficiente para que desempenhem um papel diferente.

Por conta dessas características, entre os vírus que compõem o viroma humano, estão incluídos todos que habitam o corpo humano, tanto os que infectam células humanas quanto aqueles que infectam células de outros membros da microbiota. Esses vírus abrangem categorias como bacteriófagos, vírus eucarióticos e retrovírus endógenos.[20,21] Diferentemente do microbioma bacteriano e do micobioma, o viroma humano estabelece sua estabilidade já no primeiro mês de vida, em parte em decorrência da presença de profagos latentes que acompanham os primeiros colonizadores bacterianos. Esse fato indica uma estreita relação entre a comunidade viral e os demais microrganismos do microbioma.

Os vírus apresentam usualmente dois ciclos de reprodução: o lítico, caracterizado pela rápida replicação dentro da célula hospedeira, seguida pela lise da célula e pela liberação de novas partículas virais; e o lisogênico, no qual o DNA viral se integra ao DNA do hospedeiro, permitindo a replicação conjunta durante a divisão celular, sem a necessidade de causar a lise. Assim, o viroma humano pode ser dividido em três componentes distintos:

- Vírus ambientais e alimentares: penetram no organismo humano de maneira sistemática a partir do ambiente, da dieta e do estilo de vida; no entanto, não são capazes de se replicar em células humanas.
- Vírus que infectam a microbiota: têm a capacidade de infectar os microrganismos presentes na microbiota humana, sejam eles eucariontes ou procariontes, desempenhando um papel crucial na dinâmica microbiana do corpo humano.
- Vírus que se replicam nas células humanas: infectam células humanas e se multiplicam dentro delas, podendo persistir no organismo. São vírus capazes de causar uma grande variedade de condições, incluindo desde infecções agudas até doenças crônicas, a depender de seu tipo e da resposta imunológica do hospedeiro.[21,22]

Acredita-se que os vírus, de maneira geral, têm a capacidade de se tornarem patogênicos por si mesmos, ou de contribuir para a patogenicidade de outros membros da microbiota quando modulam componentes que estão em desequilíbrio ou quando ativam a resposta imunológica do hospedeiro. Os estudos com viroma, no entanto, ainda estão em estágio inicial e atribuir causalidade direta para esses vírus ainda é uma realidade distante.

No que diz respeito à composição do viroma humano, Liang e Bushman[21] conduziram uma abrangente revisão que destacou os principais representantes já documentados em cada local do organismo. No viroma oral de adultos saudáveis foram identificados fagos das famílias *Siphoviridae*, *Podoviridae* e *Myoviridae* juntamente com vírus eucarióticos como *Herpesviridae*, *Redondoviridae*, *Anelloviridae* e *Papillomaviridae*. No viroma do trato gastrointestinal, em comparação, a diversidade observada foi superior – como era esperado. As principais famílias foram os fagos *Siphoviridae*, *Podviridae*, *Myoviridae*, *Microviridae* e *Inoviridae*, e entre os vírus eucarióticos destacaram-se *Anelloviridae*, *Adenoviridae*, *Caliciviridae*, *Picornaviridae*, *Herpesviridae*, *Circoviridae* e *Virgaviridae*.[22,23]

Alguns estudos, por sua vez, já demonstraram diferenças na composição do viroma em algumas doenças. Na síndrome do intestino irritável em pacientes pediátricos foram observados um aumento de *Caudovirales* e uma diminuição de *Microviridae* no viroma intestinal quando esses pacientes foram comparados com indivíduos saudáveis.[22,23] O aumento na abundância de *Caudovirales* também foi observado em pacientes adultos diagnosticados com doença de Crohn. Alterações também foram encontradas em doenças metabólicas como diabetes do tipo 1 e do tipo 2, obesidade e esteatose hepática, no entanto, diferentemente do que ocorre nas doenças intestinais, há resultados diferentes entre os pacientes com disfunções metabólicas. Por fim, em doenças virais, como as infecções pelo SARS-CoV-2 e pelo HIV, o viroma humano mostrou mudanças significativas, especialmente relacionadas ao aumento de vírus eucarióticos, com destaque para o aumento de *Anelloviridae*. Alguns estudos também observaram uma correlação negativa entre o aumento da abundância de *Anelloviridae* e a diminuição das células CD8 ativas.[22,24,25]

Para além desses achados, dois estudos recentes realizados em animais trouxeram novas informações também sobre a participação do viroma no eixo intestino-cérebro. Esses estudos demonstraram mudanças no viroma fecal de animais relacionadas a doenças neurológicas. Enquanto Ritz et al.[26] conseguiram evidenciar que alterações no viroma causadas pelo estresse podem afetar também o comportamento do animal, Stockdale et al.[27] descreveram uma mudança no viroma intestinal de ratos submetidos a um modelo de Parkinson. Embora a generalização dos resultados para os humanos seja dificultada pelas diferenças nos vírus presentes, essas pesquisas fornecem hipóteses valiosas sobre o potencial impacto do viroma na saúde neurológica e indicam que ainda há muito a ser compreendido sobre o papel específico do viroma nesse eixo. É necessário realizar mais pesquisas, preferencialmente em humanos, para entender melhor como o viroma pode influenciar a comunicação entre o cérebro e o intestino e compreender seu potencial papel nas doenças neurológicas.

CONSIDERAÇÕES FINAIS

Os mecanismos envolvendo a relação entre microrganismos e hospedeiro está em constante descoberta na literatura científica. O uso de novas metodologias de sequenciamento, aliada ao uso de novas ferramentas de bioinformática, tem permitido a descoberta de novos fungos e vírus de importância na saúde humana. Desta forma, além da composição da comunidade de microrganismos em geral que um ecossistema habita, seremos capazes também de descrever suas funções e interações entre si e com as células do hospedeiro. Este conhecimento será importante para o desenvolvimento de medidas terapêuticas na busca de um organismo mais saudável.

REFERÊNCIAS BIBLIOGRÁFICAS

1. Qin J, Li R, Raes J, Arumugam M, Burgdorf KS, Manichanh C, et al. A human gut microbial gene catalogue established by metagenomic sequencing. Nature. 2010;464(7285):59-65.
2. Arumugam M, Raes J, Pelletier E, Paslier D Le, Yamada T, Mende DR, et al. Enterotypes of the human gut microbiome. Nature. 2011;473(7346):174-80.
3. Kong HH, Morris A. The emerging importance and challenges of the human mycobiome. Virulence. 2017;8(3):310-2.
4. Reis JBA, Lorenzi AS, Vale HMM. Methods used for the study of endophytic fungi: a review on methodologies and challenges, and associated tips. Arch Microbiol. 2022;204(11):675.
5. Köhler JR, Hube B, Puccia R, Casadevall A, Perfect JR. Fungi that infect humans. Microbiol Spectr. 2017;5(3).
6. Pawlowska TE, Gaspar ML, Lastovetsky OA, Mondo SJ, Real-Ramirez I, Shakya E, et al. Biology of fungi and their bacterial endosymbionts. Annu Rev Phytopathol. 2018;56:289-309.
7. Yadav A, Yadav R, Sharma V, Dutta U. A comprehensive guide to assess gut mycobiome and its role in pathogenesis and treatment of inflammatory bowel disease. Indian J Gastroenterol. 2024;43(1): 0112-28.
8. Wang L, Zhang K, Zeng Y, Luo Y, Peng J, Zhang J, et al. Gut mycobiome and metabolic diseases: the known, the unknown, and the future. Pharmacol Res. 2023;193:106807.
9. Gutierrez MW, Mercer EM, Moossavi S, Laforest-Lapointe I, Reyna ME, Becker AB, et al. Maturational patterns of the infant gut mycobiome are associated with early-life body mass index. Cell Rep Med. 2023;4(2):100928.
10. Gutierrez MW, Arrieta MC. The intestinal mycobiome as a determinant of host immune and metabolic health. Curr Opin Microbiol. 2021;62:8-13. DOI: 10.1016/j.mib.2021.04.004.
11. Seed PC. The human mycobiome. Cold Spring Harb Perspect Med. 2015;5(5):a019810.
12. Wang YR, Zhu T, Kong FQ, Duan YY, Galzote C, Quan ZX. Infant mode of delivery shapes the skin mycobiome of prepubescent children. Microbiol Spectr. 2022;10(5):e0226722.
13. El-Jurdi N, Ghannoum MA. The mycobiome: impact on health and disease states. Microbiol Spectr. 2017;5(3).
14. Witherden EA, Shoaie S, Hall RA, Moyes DL. The human mucosal mycobiome and fungal community interactions. J Fungi (Basel). 2017;3(4):56.
15. Rodríguez MM, Pérez D, Chaves FJ, Esteve E, Marin-Garcia P, Xifra G, et al. Obesity changes the human gut mycobiome. Sci Rep. 2015;5:14600.
16. Musumeci S, Coen M, Leidi A, Schrenzel J. The human gut mycobiome and the specific role of Candida albicans: where do we stand, as clinicians? Clin Microbiol Infect. 2022;28(1):58-63.

17. Enaud R, Vandenborght LE, Coron N, Bazin T, Prevel R, Schaeverbeke T, et al. The mycobiome: a neglected component in the microbiota-gut-brain axis. Microorganisms. 2018;6(1):22.
18. van Thiel I, de Jonge W, van den Wijngaard R. Fungal feelings in the irritable bowel syndrome: the intestinal mycobiome and abdominal pain. Gut Microbes. 2023;15(1):2168992.
19. Gu Y, Zhou G, Qin X, Huang S, Wang B, Cao H. The potential role of gut mycobiome in irritable bowel syndrome. Front Microbiol. 2019;10:1894.
20. Bai GH, Lin SC, Hsu YH, Chen SY. The human virome: viral metagenomics, relations with human diseases, and therapeutic applications. Viruses. 2022;14(2):278.
21. Liang G, Bushman FD. The human virome: assembly, composition and host interactions. Nat Rev Microbiol. 2021;19(8):514-27.
22. Bushman F, Liang G. Assembly of the virome in newborn human infants. Curr Opin Virol. 2021;48: 17-22.
23. Koonin EV, Dolja VV, Krupovic M. The healthy human virome: from virus-host symbiosis to disease. Curr Opin Virol. 2021;47:86-94.
24. Liang G, Gao H, Bushman FD. The pediatric virome in health and disease. Cell Host Microbe. 2022;30(5):639-49.
25. Tun HM, Peng Y, Massimino L, Sin ZY, Parigi TL, Facoetti A, et al. Gut virome in inflammatory bowel disease and beyond. Gut. 2024;73(2):350-60.
26. Ritz NL, Draper LA, Bastiaanssen TFS, Turkington CJR, Peterson VL, van de Wouw M, et al. The gut virome is associated with stress-induced changes in behaviour and immune responses in mice. Nat Microbiol. 2024;9(2):359-76.
27. Stockdale SR, Draper LA, O'Donovan SM, Barton W, O'Sullivan O, Volpicelli-Daley LA, et al. Alpha-synuclein alters the faecal viromes of rats in a gut-initiated model of Parkinson's disease. Commun Biol. 2021;4(1):1140.

3

Ômicas no estudo do microbioma

Carla Romano Taddei
Alessandro Conrado Silveira

PONTOS-CHAVE

- Metodologias de análise de microbioma independentes de cultivo hoje usam técnicas de alta eficiência (*high-throughput*) permitem o sequenciamento por síntese de uma grande quantidade de fitas de DNA de uma mesma amostra, o que aumenta a profundidade de análise.
- O termo ômicas é adotado como sufixo para identificar as metodologias moleculares utilizadas para o estudo de genes, proteínas, metabólitos ou RNA mensageiros: na análise da composição, função e/ou interação da microbiota com hospedeiro.

INTRODUÇÃO

Até o final dos anos 1990, o microbioma intestinal humano era tradicionalmente avaliado pela análise de isolados a partir de métodos de cultura de anaeróbios estritos e facultativos. As bactérias cultiváveis representam, no entanto, apenas 20 a 30% do total de bactérias encontradas na mucosa intestinal. Além disso, entre os fatores limitantes desses métodos, é possível citar a baixa sensibilidade, a baixa reprodutibilidade e o longo tempo consumido para as análises e para a recuperação apenas das espécies cultiváveis. Em consequência, os dados obtidos podem ter quantidades superestimadas de algumas espécies presentes no meio e quantidades subestimadas de outras espécies.

A partir do final da década de 1990, a microbiologia ambiental desenvolveu técnicas voltadas ao estudo genético de populações de microrganismos, que atualmente é largamente utilizado na microbiologia clínica e no estudo da relação entre patógeno e hospedeiro. Essas técnicas moleculares contribuíram para a aplicação de métodos rápidos e independentes de cultivo e permitiram revelar, desde então, uma grande diversidade no microbioma das amostras analisadas na área clínica, tanto humana como animal.

Análises filogenéticas baseadas em reação em cadeia da polimerase (PCR, do inglês *polymerase chain reaction*) têm sido utilizadas para caracterizar o microbioma de amostras humanas e de animais em geral. Por sua vez, a biblioteca do gene *16S rRNA* (gene do DNA que codifica o RNA ribossômico – rRNA) tem se mostrado uma ótima ferramenta para evidenciar a composição do microbioma.

METODOLOGIAS DE ANÁLISE PARA IDENTIFICAÇÃO DO MICROBIOMA

Os ribossomos são organelas celulares responsáveis pela síntese de proteínas da célula. Eles se acoplam ao RNA mensageiro (transcrito do gene presente no DNA da célula) e traduzem a informação genética, unindo os aminoácidos correspondentes aos códigos genéticos que o RNA mensageiro carrega. Tanto as células eucariontes como as procariontes possuem ribossomos, porém há diferenças na composição desses ribossomos. Ribossomos procariontes contêm duas subunidades: a 50S, que contém 34 proteínas e as moléculas de rRNA 23S e 5S; e a 30S, que contém 21 proteínas e a molécula de rRNA 16S (Figura 1A).

A molécula de rRNA 16S é transcrita do DNA da célula e existe exclusivamente em células procariontes; assim o estudo do gene *16S rRNA* permite uma análise precisa para a identificação de bactérias. O gene *16S rRNA* apresenta regiões de consenso, que são identificadas em todas as bactérias, e regiões de variabilidade específicas de grupos e espécies. Dentro dessas regiões variáveis há também pequenas áreas de hipervariabilidade que podem ser únicas para diferentes cepas de um mesmo organismo (Figura 1B). Assim, a alta especificidade da sequência do gene que codifica o gene *16S rRNA* pode ser usada para identificar gêneros e espécies diferentes, o que fez com que a análise da sequência de RNA ribossômico tenha se tornado uma ferramenta poderosa para a identificação dos microrganismos.

Após o sequenciamento do gene *16S rRNA*, ferramentas de bioinformática permitem a análise e a interpretação dos achados. Os bancos de dados de sequências de RNA ribossômico públicos e disponíveis na internet, por sua vez, viabilizam a avaliação da filogenia das sequências (classificação de filos, famílias e gêneros na análise de similaridade de diferentes sequências), auxiliando na descoberta e no reconhecimento dessa biodiversidade. Para mais detalhes sobre a

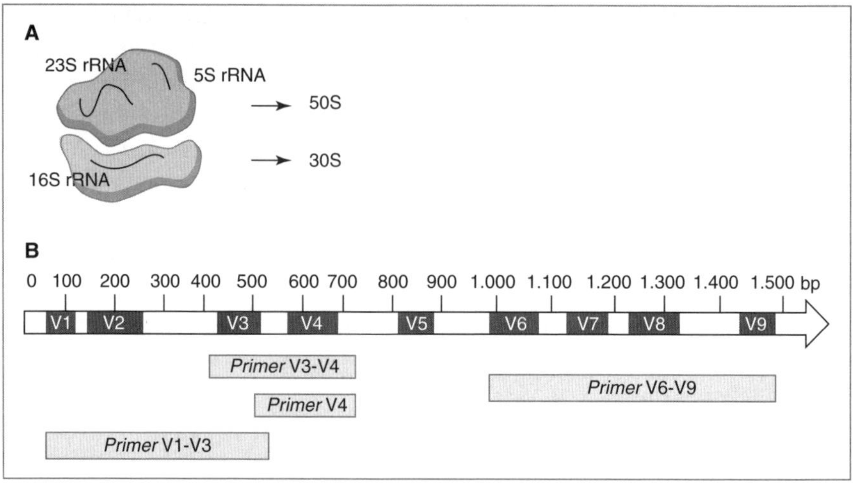

FIGURA 1 Caracterização do RNA ribossômico de células procariontes. A: esquema da estrutura do RNA ribossômico composta pela subunidade 50S, que contém as moléculas de rRNA 23S rRNA e 5S rRNA, e pela subunidade 30S, que contém a molécula 16S rRNA; B: esquema da estrutura do gene *16S rRNA* do DNA bacteriano, que contém nove regiões de hipervariabilidade (V1 a V9), identificando as posições dos principais *primers* descritos na literatura.

Fonte: elaborada pelos autores.

filogenia e a avaliação de índices de diversidade alfa e beta a partir da análise de comunidades bacterianas e da comparação dos resultados com outras amostras e até populações (ver o Capítulo 4 – Bioinformática no estudo do microbioma).

ANÁLISE DE ALTA EFICIÊNCIA

Nos últimos anos, uma nova abordagem de análise do gene *16S rRNA* vem reescrevendo a maneira como se entende o microbioma intestinal. As metodologias de alta eficiência (*high-throughput*) permitem o sequenciamento por síntese de uma grande quantidade de *amplicons* de uma mesma amostra, o que aumenta a profundidade de análise. Assim, a partir de uma única amostra clínica, são amplificadas mais de 100 mil sequências do gene *16S rRNA* e várias amostras são analisadas ao mesmo tempo, em uma única corrida. As plataformas Illumina (da fabricante Illumina Inc®) e Ion Torrent (da fabricante Thermo Fischer®), amplamente utilizadas no estudo do microbioma na literatura científica, permitem a análise de até 96 e 384 amostras, respectivamente, em uma mesma placa de sequenciamento. Quanto maior a quantidade de amostras em uma mesma placa, menor é a profundidade da análise, pois menos sequências são lidas por amostra.[1]

TERMINOLOGIA

Com o avanço das tecnologias de sequenciamento e a descrição de novas abordagens, novas terminologias tornaram-se necessárias para definir tantas possibilidades de análise.

O termo em inglês *next generation sequencing* (NGS), traduzido para o português como sequenciamento de nova geração, é utilizado para designar as metodologias de sequenciamento que usam abordagens de alta eficiência (*high-throughput*), nas quais centenas de milhares de sequências de DNA são lidas de uma mesma amostra, podendo ser sequenciadas dezenas de amostras clínicas diferentes em uma única corrida de sequenciamento. Além dele, mais recentemente o novo termo *third generation sequencing* (TGS), traduzido para o português como sequenciamento de terceira geração, foi proposto e tem ganhado força na comunidade científica e médica. Essa abordagem se refere à plataforma Nanopore, na qual uma única amostra pode ser sequenciada em um curto espaço de tempo, com o mínimo de reagentes e equipamentos, o que torna seu uso na prática clínica muito convidativo.

O termo ômicas, por sua vez, é adotado como sufixo para identificar as metodologias moleculares utilizadas para o estudo de genes, proteínas, metabólitos ou RNA mensageiros: genômica, metagenômica, transcriptômica, proteômica, metabolômica, resistômica. O custo de cada reação ainda dificulta a aplicabilidade das ômicas, limitando os trabalhos científicos a um *n* amostral menor do que o necessário para os estudos de grandes populações.[2]

ÔMICAS

Metagenômica

Metagenômica é o estudo do metagenoma (coleção de genes de uma amostra) por meio de técnicas variadas.

O sequenciamento do gene *16S rRNA* é uma das técnicas da metagenômica.[3] Nele, iniciadores da região flanqueadora da região do gene que se quer sequenciar são usados na PCR inicial (Figura 1B). Por exemplo, se o alvo a ser sequenciado é a região V4 do gene *16S rRNA*, os iniciadores utilizados se baseiam nas sequências imediatamente anterior (iniciador *forward*) e posterior (iniciador *reverse*) à região V4, ambas regiões de consenso para as quais a quase totalidade das bactérias apresentam similaridade de nucleotídeos. Assim, os *amplicons* do produto da PCR que serão sequenciados apresentarão uma abundância relativa representativa da amostra clínica em questão.

Além disso, a metagenômica compreende também o sequenciamento *shotgun*. Nessa abordagem, o DNA total da amostra clínica é extraído e prepara-se uma biblioteca para o sequenciamento com pequenos fragmentos do DNA de cada amostra. Essa metodologia é poderosa, pois uma quantidade de sequências obtidas é muito maior e tem uma profundidade maior. O resultado obtido com essa abordagem permite o estudo do DNA do hospedeiro e do DNA bacteriano, bem como de sua relação metabólica preditiva, com maior acurácia (ver Capítulo 4 – Bioinformática no estudo do microbioma). Essa técnica é a mais utilizada nos estudos de composição de comunidades microbianas, além de análises de composição de microbioma em amostras humanas, tanto para fins de pesquisa como clínicos.

Transcriptômica

Transcriptômica é o estudo da composição de RNA mensageiros de uma amostra. No momento da coleta, um tampão de estabilidade de RNA é colocado na amostra e homogeneizado, o que permite que os RNA mensageiros que estiverem sendo transcritos sejam preservados. Em seguida, o RNA total é extraído e o RNA mensageiro é convertido em DNA complementar com o uso da enzima transcriptase reversa. Então, esse DNA complementar é sequenciado e o resultado é analisado com base em um banco de dados de RNA mensageiros. Essa técnica permite a detecção de genes que estejam sendo transcritos *in situ*, fornecendo informação que pode ser muito útil em estudos de intervenção, estudos de caso-controle e no estudo da interação entre bactéria e hospedeiro.

Proteômica

Proteômica é o estudo do conjunto completo de proteínas expressas em uma célula, tecido ou microrganismo. Para tanto, podem ser utilizados espectrometria de massa e microarranjos de proteínas.[4,5] Esse estudo tem o potencial de ser bastante complexo, já que podem ocorrer modificações pós-traducionais (glicosilação, fosforilação, acetilação, ubiquitilação e muitas outras) nos aminoácidos que compõem as proteínas e estas podem ter diferentes configurações espaciais e localizações intracelulares, bem como interagir com outras proteínas e moléculas. Para que essas alterações sejam detectadas, a complexidade dos testes proteômicos se relaciona às modificações pós-traducionais das proteínas. De maneira diferente do que ocorre com os transcritos de RNA, as proteínas não possuem parceiros de ligação complementares óbvios, o que torna a identificação e a caracterização dos agentes de captura primordiais para o sucesso dos arranjos proteicos.[6] Essa metodologia é empregada em estudos de interação entre diferentes microrganismos e entre microrganismos e o hospedeiro.

Metabolômica

Metabolômica compreende a avaliação dos metabólitos (microbianos e do hospedeiro) que efetivamente atuam nos sistemas biológicos. Assim, pode-se considerar que enquanto as avaliações microbiômicas e genômicas dizem respeito a propriedades potenciais, que necessitam da expressão gênica, a metabolômica envolve uma propriedade real, já que as substâncias metabolicamente ativas são mensuradas e sua ação fisiológica está diretamente implicada.

Não existem testes comerciais disponíveis no Brasil para avaliação da metabolômica das fezes, sendo aplicados apenas em pesquisas. Esse fato decorre de algumas limitações metodológicas, como: a dificuldade de extração dos compostos por causa da heterogeneidade (química, física e biológica) das fezes; a presença de milhares de metabólitos (muitos deles bastante semelhantes entre si) com alguma relevância clínica, limitando o isolamento e a quantificação de cada um deles; a complexidade da validação analítica e clínica; e o fato de os métodos serem caros e laboriosos, envolvendo equipamento de grande porte (espectrometria de massa, cromatografia gasosa e ressonância magnética nuclear).

Uma alternativa mais viável e disponível comercialmente no Brasil é a utilização de amostra de urina. Nessa técnica, a amostra líquida com presença de analitos hidrossolúveis, baixa biomassa e características físico-químicas bem estáveis, a identificação e a quantificação dos compostos são mais facilitadas. A desvantagem de sua utilização é a necessidade de correção de resultados em pacientes com hepatopatias, já que disfunções hepáticas diminuem a taxa de metabolização dos metabólitos, tornando-os menos hidrossolúveis e, consequentemente, diminuindo sua taxa de eliminação urinária. Outras condições que merecem atenção são as nefropatias, lesões glomerulares e/ou tubulares que podem afetar a filtração e a reabsorção, respectivamente, pois nesses casos há alteração da quantidade de metabólitos presente na urina.

Uma fonte acurada e muito extensa de informações sobre metabolômica nas fezes e nos líquidos biológicos é o banco de dados The Human Metabolome Database, um banco de dados eletrônico gratuito que contém informações detalhadas sobre os metabólitos encontrados no corpo humano. Ele foi projetado para armazenar ou vincular dados químicos, clínicos e de biologia/bioquímica moleculares.

Resistômica

Resistômica consiste na avaliação dos genes de resistência a antimicrobianos (GRA) presentes na microbiota intestinal. Essa metodologia pode ser empregada tanto em pesquisas como no diagnóstico, apesar de ainda ser bem específica.[7]

Quando ocorre pressão seletiva pelo uso de antibióticos, esses genes podem se espalhar rapidamente no microbioma intestinal por meio de transferência horizontal (plasmídeos, bacteriófagos, *transposons*), o que torna os comensais importantes agentes disseminadores dos genes de resistência, permitindo que patógenos e patobiontes se adaptem rapidamente ao tratamento com antibióticos. Além disso, entramos naturalmente em contato com outros microrganismos que possuem genes de resistência, que estão disseminados pelo ambiente. As principais fontes de contato com esses genes são: antibióticos prescritos na clínica médica, principalmente os de amplo espectro; consumo de carne e/ou produtos de origem animal, visto que antibióticos são usualmente adicionados à ração de animais de produção para ganho de peso mais rápido; dieta, principalmente por conta de alimentos que são manuseados pelo homem e não são cozidos (comida japonesa, confeitaria etc.); e consumo de água, especialmente em locais onde as condições sanitárias não são adequadas e também quando são utilizadas fontes naturais não tratadas (poços artesianos, "bicas" etc.).

Atualmente, sabe-se que a exposição a antibióticos no período gestacional e/ou nos primeiros meses de vida tem impacto significativo no desenvolvimento metabólico e cognitivo do bebê. O uso de antibióticos diminui a resiliência do microbioma, tornando-o mais suscetível a patobiontes e patógenos (Figura 2), e está associado à disbiose com predomínio de proteobactérias.[8]

VIRULOMA

Viruloma é o conjunto de genes de virulência presentes nos microrganismos em um determinado ambiente. São esses genes que determinam as estratégias utilizadas pelos microrganismos para evadir os mecanismos de resposta imune e causar doença. A avaliação da virulência dos microrganismos pode ser feita por meio de testes moleculares como os descritos para as ômicas.

Helicobacter pylori é um exemplo interessante. Apesar de sua associação usual com a doença estomacal, essa bactéria pode colonizar a mucosa gástrica e intestinal sem gerar danos e até mesmo trazer benefícios ao hospedeiro. A presença de genes de virulência como *vacA* (citotoxina vacuolizante), *cagA* (principal fator de virulência) e outros é um fator fundamental para, em condições específicas do hospedeiro (p. ex., uso de anti-inflamatórios não esteroides, estresse, sedentarismo, uso de álcool), ocorrer o desenvolvimento de gastrite com evoluções desfavoráveis.

Outro microrganismo extremamente relevante e que pode desempenhar vários papéis no ecossistema intestinal é *Escherichia coli*. Apesar de participar de uma microbiota saudável, a bactéria também pode ser adquirida pela ingestão de água e alimentos contaminados, com características clínicas bem-definidas:

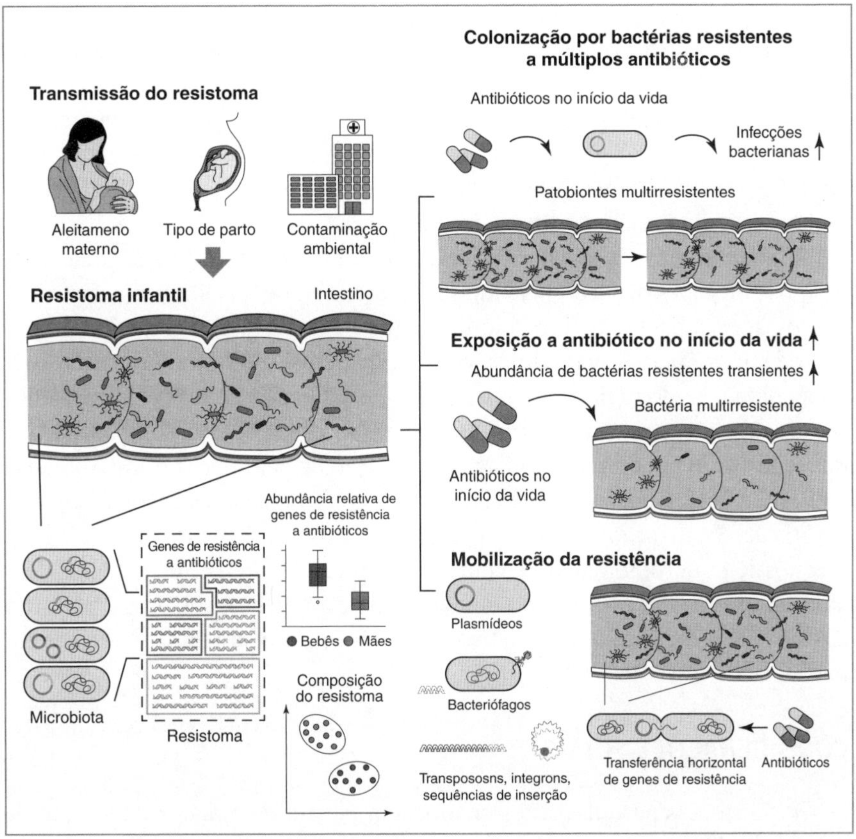

FIGURA 2 Fontes de contato e espalhamento do resistoma em neonatos. Contato com a pele, parto cesáreo e longa permanência em ambiente hospitalar são importantes formas de contato com microrganismos e genes de resistência. O uso de antibióticos em infecções neonatais aumenta a possibilidade de infecções bacterianas, a colonização com bactérias multirresistentes (MDR) e a disseminação de genes de resistência.
Fonte: adaptada de Thänert et al., 2024.[9]

- *E. coli* enteropatogênica clássica (EPEC): causa diarreia em crianças de até 1 ano de idade, mas após essa idade passa a ser "controlada" pelo sistema imune.
- *E. coli* êntero-hemorrágica (EHEC): conhecida como O157:H7, tem distribuição mundial (reservatórios animais), causando um quadro grave chamado síndrome hemolítico-urêmica.
- *E. coli* enteroinvasora (EIEC): relevante em locais com condições sanitárias deficitárias, invade a mucosa intestinal, causando infecção sistêmica grave.

- *E. coli* enterotoxigênica (ETEC): causa patologia conhecida como diarreia "dos viajantes", caracterizada por fezes líquidas e dor abdominal, com ou sem febre.

Os testes utilizados para avaliar a presença das linhagens patogênicas de *E. coli* podem ser moleculares, com os quais são pesquisados esses genes, mas também é possível lançar mão de metodologias fenotípicas, mais acessíveis e rápidas, principalmente os testes imunológicos.

Também merece destaque a pesquisa de *Clostridioides difficile*. Trata-se da pesquisa de genes de virulência mais relevante na prática clínica em gastroenterologia. Essa bactéria é um colonizante da microbiota intestinal que, com o uso de clindamicina, penicilinas, cefalosporinas ou quinolona pode induzir uma colite pseudomembranosa. Contribuem para essa evolução mecanismos como a destruição de microrganismos comensais, diminuindo a competitividade por espaço e nutrientes; a restrição da produção de peptídeos antimicrobianos naturais; a geração de ambiente anaeróbio, que favorece o desenvolvimento de *C. difficile*; e a ativação da expressão dos genes produtores de toxina A e B. Para diagnóstico microbiológico de colite pseudomembranosa, é necessário, além da detecção de *C. difficile* (PCR ou detecção de antígeno), verificar a presença das toxinas A e B (imunoenzimático), que irão definitivamente diferenciar colonização de infecção.

CONSIDERAÇÕES FINAIS

O avanço das pesquisas moleculares tem permitido a maior integração de múltiplas informações ômicas para melhorar a compreensão das conexões biológicas entre microrganismos e células do hospedeiro. Isso nos permitirá retratar uma visão mais completa de mecanismos bioquímicos e moleculares na modulação e estabelecimento do microbioma humano.

REFERÊNCIAS BIBLIOGRÁFICAS

1. Jo J, Oh J, Park C. Microbial community analysis using high-throughput sequencing technology: a beginner's guide for microbiologists. J Microbiol. 2020;58(3):176-92.
2. Bedia C. Experimental approaches in omic sciences. In: Jaumot J, Bedia C, Tauler R (eds.). Comprehensive analytical chemistry. vol. 82. Philadelphia: Elsevier; 2018. p. 13-36.
3. Thomas T, Gilbert J, Meyer F. Metagenomics: a guide from sampling to data analysis. Microb Informatics Exp. 2012(1);2:3.
4. Ahrens CH, Brunner E, Qeli E, Basler K, Aebersold R. Generating and navigating proteome maps using mass spectrometry. Nat Rev Mol Cell Biol. 2010;11(11):789-801.
5. Locasale JW, Wolf-Yadlin A. Maximum entropy reconstructions of dynamic signaling networks from quantitative proteomics data. PLoS ONE. 2009;4(8):e6522.
6. Committee on the Review of Omics-Based Tests for Predicting Patient Outcomes in Clinical Trials; Board on Health Care Services; Board on Health Sciences Policy; Institute of Medicine; Micheel

CM, Nass SJ, Omenn GS, (eds.). Evolution of Translational Omics: Lessons Learned and the Path Forward. Washington (DC): National Academies Press (US); 2012 Mar 23. 2, Omics-Based Clinical Discovery: Science, Technology, and Applications. Available from: https://www.ncbi.nlm.nih.gov/books/NBK202165/.

7. Fredriksen S, Warle S, van Baarlen P, Boekhorst J, Wells JM. Resistome expansion in disease-associated human gut microbiomes. Microbiome. 2023;11(1):166.
8. Patangia DV, Grimaud G, O'Shea CA, Ryan CA, Dempsey E, Stanton C, et al. Early-life exposure of infants to benzylpenicillin and gentamicin is associated with a persistent amplification of the gut resistome. Microbiome. 2024;12(1):19.
9. Thänert R, Sawhney SS, Schwartz DJ, Dantas G. The resistance within: antibiotic disruption of the gut microbiome and resistome dynamics in infancy. Cell Host Microbe. 2022;30(5):675-83.

4

Bioinformática no estudo do microbioma

Nathalia Ferrazzo Naspolini
Paulo Alfonso Schuroff
Pedro Augusto Ramos Vanzele
Carla Romano Taddei

PONTOS-CHAVE

- As técnicas de identificação do microbioma mais utlizadas até o momento, baseiam-se no sequenciamento do gene 16S rRNA.
- Novas tecnologias têm sido descritas com aumento da eficiência e rendimento do sequenciamento, como por exemplo: o sequenciamento metagenômico por shotgun.
- Toda análise de sequencimento do microbioma envolve o uso de ferramentas de bioinformática, a fim de analisar as sequências obtidas comparando-as com bancos de dados disponíveis digitalmente.
- Há diversas métricas descritivas para análise do microbioma e o uso da melhor ferramente depende da pergunta norteadora do teste em questão.

INTRODUÇÃO

O conhecimento da diversidade das comunidades microbianas e de seu material genético expandiu com o avanço das técnicas independentes de cultivo, as quais tornaram possível a identificação de microrganismos não cultiváveis ou daqueles presentes em baixa quantidade num determinado nicho. Estima-se que apenas 1% da verdadeira diversidade microbiana é acessada por métodos dependentes de cultivo. Já os métodos independentes de cultivo, apesar de dispendiosos, tornaram a metodologia muito mais rápida e revelaram a existência de microrganismos desconhecidos anteriormente.

A pesquisa de microbiota, juntamente com o avanço das técnicas de identificação microbiana, possibilitou um novo campo de estudo para diversas áreas, permitindo uma melhor compreensão da relação simbiótica entre a microbiota e o hospedeiro e também o entendimento de diversas doenças crônicas.[1,2]

ESTUDO DA MICROBIOTA

Para estudar a comunidade microbiana total de um determinado nicho, é necessário o uso de técnicas que sejam capazes de identificar tanto os microrganismos cultiváveis como os não cultiváveis.

As técnicas de biologia molecular permitem a caracterização das comunidades microbianas sem a necessidade de cultivo e isolamento de membros de uma comunidade. Aquelas que se baseiam no sequenciamento do DNA utilizam frequentemente o gene que codifica a molécula 16S da subunidade 30S do ribossomo procarionte (gene *16S rRNA*) como o principal marcador filogenético utilizado para a caracterização de bactérias e arqueas; no entanto, diferentes alvos podem ser utilizados para a identificação de outros tipos de microrganismos, como a região ITS (do inglês *internal transcribed spacer*) para fungos e o gene *18S rRNA* (molécula 18S do ribossomo eucarionte) para fungos e protozoários. Além dessas, há técnicas mais recentes de sequenciamento que permitem a análise genômica mais ampla e mais completa do microbioma, caracterizando além de sua composição, como o sequenciamento metagenômico *shotgun*. Em todas essas técnicas, as ferramentas da bioinformática são empregadas para as análises dos dados obtidos com o sequenciamento, possibilitando caracterizar a composição (descrição taxonômica) e a função (descrição de vias metabólicas) do conjunto de genes microbianos que compõem a microbiota de determinado nicho.[1,3]

SEQUENCIAMENTO DO GENE *16S rRNA*

Uma das técnicas de biologia molecular mais empregadas na caracterização de microbiomas é o sequenciamento direcionado do gene *16S rRNA*. Essa metodologia baseia-se no sequenciamento de *amplicons*, que são fragmentos amplificados do gene, por meio da reação em cadeia da polimerase (PCR, do inglês *polymerase chain reaction*). A opção pelo gene *16S rRNA* decorre da sua distribuição universal em bactérias e arqueas, o que o torna uma ótima ferramenta para se identificar a composição microbiana de um dado local. Como desvantagem, o sequenciamento desse gene limita a detecção apenas a esses esses grupos de microrganismos.

A estrutura do gene *16S rRNA* contém tanto regiões altamente conservadas comuns a todas as espécies quanto regiões variáveis, o que possibilita a identificação de domínios gerais e também de outros altamente específicos, no nível taxonômico de cepa. As regiões variáveis, que se estendem de V1 a V9, são selecionadas e isoladas por PCR de acordo com o tipo de amostra e o objetivo do estudo, podendo ser usadas de maneira singular (p. ex., apenas a região V4) ou combinada (p. ex., a região V3-V4). As regiões isoladas por esse processo compõem, então, bibliotecas do gene.

Entre as inúmeras formas de preparo de bibliotecas para sequenciamento do gene *16S rRNA*, há um grande destaque para a plataforma Illumina (da fabricante Illumina Inc®), que utiliza a tecnologia de sequenciamento de nova geração (NGS, do inglês *next generation sequencing*) conhecida como *sequencing by synthesis* (sequenciamento por síntese). Ela tem capacidade de gerar, em uma única corrida, até 15 GB de dados, 25 milhões de *single-end reads* (leituras de fita simples) e 50 milhões de *paired-end reads* (leituras de fita dupla). Uma vez que os *amplicons* passam pelo processo de sequenciamento, as sequências oriundas são posteriormente analisadas por um *software* de bioinformática.[4]

Análises de bioinformática

O sequenciamento de *16S rRNA* fornece sequências de DNA no formato FASTQ, um arquivo de texto que contém as sequências de nucleotídeos e seus respectivos escores de qualidade, que podem ser analisadas em diferentes etapas utilizando recursos da *bioinformática*. Entre as opções existentes para análise desses dados, podem ser citados os *softwares* QIIME2 (sigla para *Quantitative Insights into Microbial Ecology*), USEARCH e mothur.[5-7] De maneira geral, as etapas de análise são similares para os diferentes *softwares*. Inicialmente, as sequências em formato FASTQ são importadas para a ferramenta a ser utilizada. É imprescindível também que haja um arquivo com todas as informações clínicas de cada indivíduo estudado que possam ser relevantes para a análise (metadados). Os dados importados passam, então, por uma etapa de demultiplexação (caso os arquivos não tenham passado anteriormente por esse processo). Essa etapa consiste na remoção de sequências adaptadoras, que são inseridas durante o sequenciamento para identificação de cada amostra. Além disso, durante esse pré-processamento, o *software* também avalia a qualidade da corrida do sequenciamento. Essa informação influencia diretamente os parâmetros a serem utilizados nas etapas seguintes, pois os ciclos da corrida que apresentarem baixa qualidade serão desconsiderados. Assim, após essa verificação, o controle de qualidade é realizado com a aplicação das ferramentas DADA2 ou Deblur, responsáveis por remover ruídos do sequenciamento (técnica de *denoising*). Como resultado dessas análises iniciais (*upstream stage*), o *software* gera uma tabela contendo todas as informações sobre as entidades taxonômicas presentes nas amostras, bem como as quantidades de cada uma delas, além de outros dados a respeito da qualidade do sequenciamento, como o percentual de leituras que foram aproveitados ou removidos.[8,9] As etapas seguintes, denominadas *downstream stage*, englobam desde a criação de árvores filogenéticas, que permitem identificar a proximidade entre as entidades taxonômicas encontradas, até as análises de diversidade alfa e beta, a atribuição taxonômica e a análise de abundância diferencial. A Figura 1 ilustra o fluxo de trabalho no *software* QIIME2.

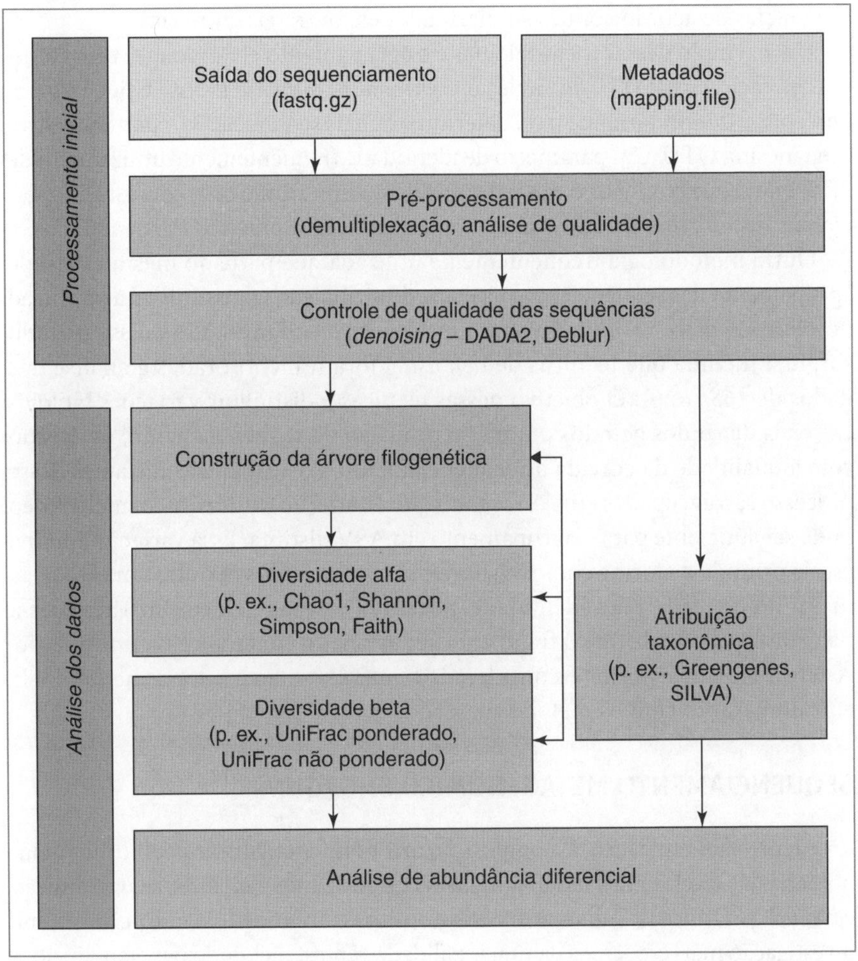

FIGURA 1 Fluxo de trabalho da análise de bioinformática utilizando o *software* QIIME2.

Fonte: adaptada de Bai J et al., 2019.[10]

Atribuição taxonômica

Uma das principais etapas na análise dos resultados do sequenciamento do gene *16S rRNA* é a atribuição taxonômica, etapa na qual as sequências genéticas encontradas em determinada amostra são pareadas com algum banco de dados de referência que contenha inúmeras sequências já identificadas e mapeadas (p. ex., Greengenes, SILVA), o que permite caracterizar a composição do microbioma da amostra. Como cada amostra contém milhares de sequências, esse processo envolve um grande custo computacional, tornando necessário o emprego de metodologias que visem reduzir esse custo e facilitar o processo de identificação taxonômica, como a criação de agrupamentos (ou *clusters*) de sequências de acordo com as similaridades encontradas entre elas.

Um exemplo dessas metodologias é o agrupamento em unidades taxonômicas operacionais (OTU, do inglês *operational taxonomic units*). Utiliza-se um percentual de similaridade para determinar quais sequências são pertencentes a uma mesma OTU. Um parâmetro de identidade frequentemente utilizado é o de 97%, que reduz o tamanho dos dados brutos, diminuindo os recursos computacionais necessários à análise, mas também garante a precisão dos resultados.[11]

Outra metodologia frequentemente utilizada que parte do mesmo ideal de agrupamento das sequências para a etapa de atribuição taxonômica é a produção de *exact sequence variants* ou *amplicon sequence variants* (ASV). Esse método surgiu à medida que técnicas de *denoising* foram incorporadas à análise dos dados de *16S rRNA*. O objetivo dessas técnicas é distinguir variações biológicas reais de ruídos gerados durante o processo de sequenciamento, de acordo com a qualidade da corrida de sequenciamento. As sequências restantes desse processo são agrupadas em ASV, sendo que a variação de um único nucleotídeo pode ser suficiente para o agrupamento em ASV distinta. Essa variação em fina escala oriunda da forma como os *clusters* são construídos permite uma acurácia maior do que 97% para identidade, portanto, é capaz de detectar variações a nível de cepas, desde que o fragmento sequenciado contenha essa informação. A sensibilidade superior é considerada a maior vantagem dessa metodologia em comparação com os métodos baseados em OTU.[12]

SEQUENCIAMENTO METAGENÔMICO *SHOTGUN*

Além da identificação da composição taxonômica em um ambiente microbiano, uma das tarefas mais desafiadoras nos últimos anos é analisar a contribuição em nível genômico de cada táxon dentro de uma comunidade, o que permite uma investigação mais específica da funcionalidade gênica, incluindo o metabolismo, a virulência e a resistência microbiana. O sequenciamento metagenômico *shotgun* tem sido a estratégia mais adequada para esse objetivo. A técnica consiste no sequenciamento de regiões cromossômicas e plasmidiais microbianas que são quebradas aleatoriamente em fragmentos menores, da mesma forma que uma espingarda (em inglês, *shotgun*) quebraria algo em vários pedaços. Esses pedaços fragmentados de DNA são sequenciados e as sequências são reconstruídas usando ferramentas de bioinformática para identificar as espécies e genes presentes na amostra.[13]

Diferentemente do sequenciamento de *16S rRNA*, o sequenciamento metagenômico *shotgun* é capaz de ler todo o DNA genômico em uma amostra em vez de apenas uma região. Para estudos sobre o microbioma, isso implica poder identificar e caracterizar uma variedade de microrganismos, incluindo bactérias, fungos, vírus, protozoários e diversos outros, simultaneamente. Além disso, à medida que os genomas são sequenciados, também é possível determinar e caracterizar os genes microbianos presentes na amostra, obtendo-se informações adicionais sobre o potencial funcional do microbioma. O Quadro 1 destaca as principais diferenças entre o sequenciamento do gene *16S rRNA* e o sequenciamento metagenômico *shotgun*.[13]

QUADRO 1 Principais diferenças entre o sequenciamento 16S rRNA e o sequenciamento *shotgun*

Características	Sequenciamento do gene *16S rRNA*	Sequenciamento metagenômico *shotgun*
Custo por amostra	Custos menores quando comparado ao metagenômico *shotgun*, pois a profundidade do sequenciamento necessária para gerar um conjunto de dados utilizável para a classificação taxonômica é muito menor	Custos superiores quando comparado ao sequenciamento 16S rRNA; o preço depende da profundidade de sequenciamento desejada
Modo de preparo das amostras	Amplificação de uma região específica do gene *16S rRNA* e sequenciamento dessa região	Fragmentação do DNA genômico total presente na amostra e sequenciamento dos fragmentos
Tipos de amostras recomendados	Todos os tipos de amostras; aquelas com baixa biomassa microbiana são melhor sequenciadas	Todos os tipos de amostras; aquelas com alta biomassa microbiana são melhor sequenciadas
Resolução taxonômica	Gênero bacteriano (às vezes espécies) – depende da(s) região(ões) sequenciada(s)	Espécies bacterianas (às vezes cepas) – depende da profundidade do sequenciamento

continua

QUADRO 1 Principais diferenças entre o sequenciamento 16S rRNA e o sequenciamento *shotgun* (*Continuação*)

Características	Sequenciamento do gene *16S rRNA*	Sequenciamento metagenômico *shotgun*
Cobertura taxonômica (reinos)	Bactérias e arqueas	Todos os reinos microbianos, incluindo bactérias, arqueas, fungos, vírus e protistas
Perfil funcional (perfil de genes microbianos)	Não fornece, mas pode indicar o perfil funcional "previsto"	Fornece, revelando genes funcionais e vias presentes na comunidade microbiana (metabolismo, virulência e resistência)
Sensibilidade à contaminação do DNA do hospedeiro	Baixa; o sucesso da PCR depende da ausência de inibidores e da presença de um microbioma detectável	Alta; varia com o tipo de amostra e a quantidade de DNA do hospedeiro presente
Quantidade mínima de DNA	Reações bem-sucedidas ocorrem com quantidades de DNA inferiores a 1 ng	Reações bem-sucedidas ocorrem com quantidades de DNA superiores a 1 ng/µL; no entanto, técnicas adicionais para amostras de baixa biomassa podem ser utilizadas

PCR: reação em cadeia da polimerase (do inglês *polymerase chain reaction*).
Fonte: elaborado pelos autores.

Desde a década de 2010, a utilização do sequenciamento metagenômico *shotgun* passou a permitir uma investigação mais aprofundada e em larga escala de sistemas microbianos complexos, incluindo genes de resistência a antimicrobianos (GRA) em bactérias intestinais comensais, marcadores de virulência bacterianos associados a condições disbióticas, comportamento endossimbiótico de bactérias ambientais, monitoramento de cepas específicas associadas a diversas perturbações intestinais, e muitas outras possibilidades.

Um estudo metagenômico *shotgun* geralmente envolve quatro etapas, que são executadas de acordo com o planejamento inicial da pesquisa (Figura 2):

- Coleta, processamento e sequenciamento das amostras.
- Pré-processamento das leituras de sequenciamento.
- Análise das sequências para identificar e caracterizar taxonomicamente e funcionalmente o microbioma.
- Análise estatística e biológica após o processamento dos dados.

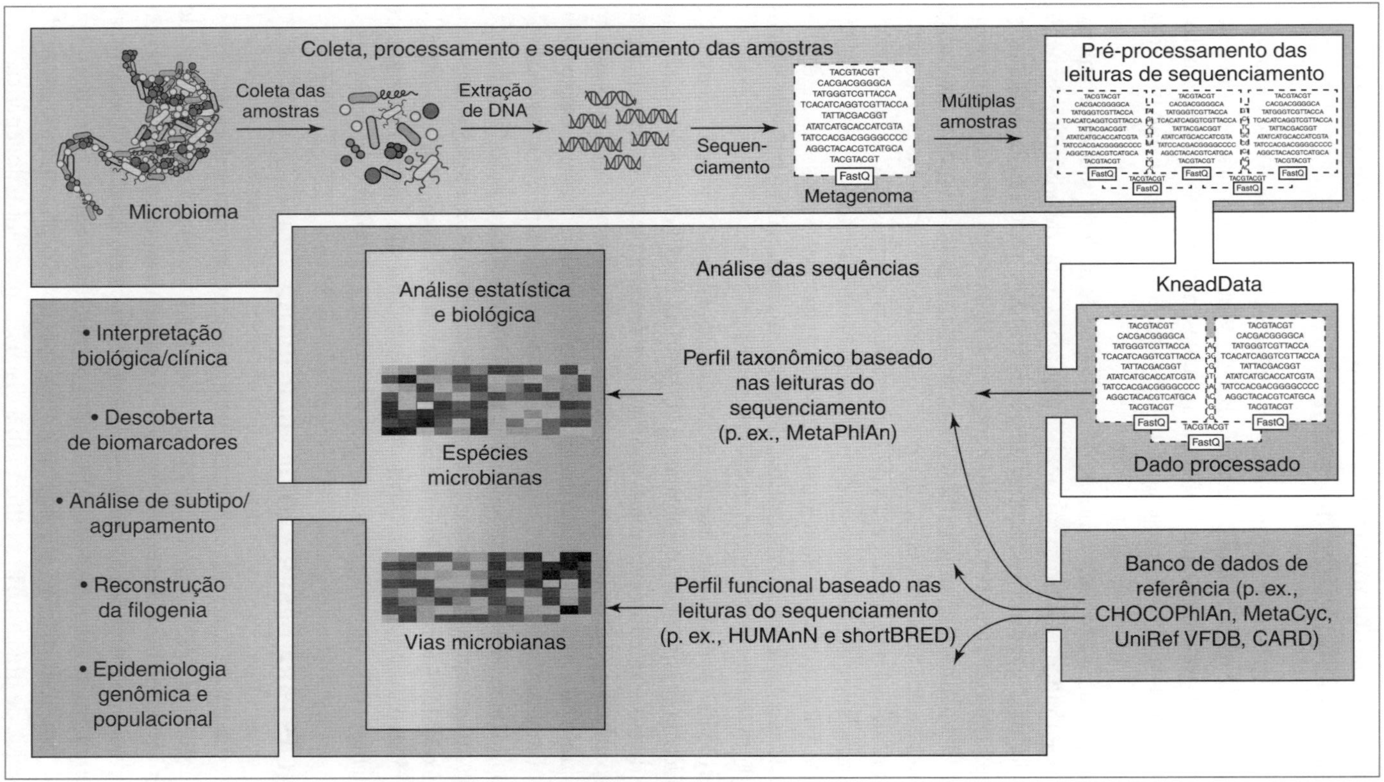

FIGURA 2 Fluxo de trabalho de um sequenciamento metagenômico *shotgun*.

Fonte: adaptada de Quince et al., 2017.[13]

Ferramentas de bioinformática para pré-processamento e análise das sequências de *shotgun*

Diversas ferramentas de análise de sequências metagenômicas *shotgun* já foram descritas e utilizadas. A coleção bioBakery Workflows contém ferramentas utilizadas para executar análises em comunidades microbianas com parâmetros padronizados e validados que serão detalhadas neste capítulo.[14] Estão incluídas:

- KneadData: usado para controle de qualidade de dados de sequenciamento metagenômico, esse programa realiza algumas tarefas de pré-processamento das leituras genômicas sequenciadas, incluindo a remoção de sequências adaptadoras e daquelas cuja qualidade está abaixo de um limite pré-determinado, além da separação de sequências microbianas de outras "contaminantes", sejam elas do hospedeiro ou de outras fontes definidas pelo usuário.
- MetaPhlAn: empregado para a determinação da composição taxonômica da comunidade microbiana, usando para isso o banco de dados CHOCOPhlAn.
- HUMAnN: na análise funcional, é utilizado para gerar abundância de vias funcionais e a anotação de famílias de genes microbianas a partir dos bancos de dados MetaCyc e UniRef, respectivamente.
- shortBRED: para uma análise funcional mais específica, incluindo os fatores de virulência e resistência microbianos, é utilizado na identificação e na quantificação desses marcadores em metagenomas. Essa ferramenta analisa um conjunto de sequências de proteínas presentes em um banco de dados, reduzindo-as a um conjunto de cadeias de identificação únicas ("marcadores") para, em seguida, procurar esses marcadores em dados metagenômicos e determinar a presença e a abundância dessas sequências de interesse. Diferentes bancos de dados para fatores de virulência e resistência microbianas vêm sendo utilizados, com destaque para o VFDB (do inglês, Virulence Factor Database) para fatores de virulência de bactérias patogênicas e o CARD (do inglês, Comprehensive Antibiotic Resistance Database) para os genes de resistência bacteriana a antimicrobianos.[15-17]

MÉTRICAS PARA DESCRIÇÃO DA MICROBIOTA

A avaliação da diversidade bacteriana geralmente combina dois conceitos: riqueza de espécies (número de espécies/táxons diferentes) e equitabilidade (distribuição de abundância relativa dos táxons). A riqueza pode ser inferida por meio da identificação da composição taxonômica em nível de espécie (para o sequenciamento *shotgun*) ou OTU (para o sequenciamento 16s rRNA). Há, ainda, a possibilidade de incorporar a informação evolutiva na avaliação de diversidade de uma amostra utilizando a distância na árvore filogenética.

A Figura 3 ilustra uma árvore filogenética cujas ramificações correspondem aos grupos de organismos que compartilham um mesmo ancestral. De maneira simplificada, os membros de um mesmo ramo são da mesma espécie, os de um mesmo galho pequeno (linha ·······) pertencem ao mesmo gênero, aqueles unidos por galhos maiores (linha –·–·) compõem uma mesma família e assim por diante, de forma que todos aqueles relacionados em um nível ainda mais profundo pertencem ao mesmo filo (linha - - - -). As linhas horizontais representam as "distâncias genéticas" entre os pontos de ramificação da árvore. Espécies, gêneros e famílias indicam graus crescentes de divergência de sequências de nucleotídeos ou aminoácidos. Os triângulos denotam divergência de sequência dentro das espécies (ou seja, no nível de cepa).[1]

Todos os animais com espinha dorsal, como cobras, dinossauros e o homem, estão incluídos em um único filo (*Chordata*), enquanto todas as bactérias conhecidas até agora estão agrupadas em cerca de 30 filos formalmente reconhecidos, sendo que 37 outros grupos são candidatos ao reconhecimento. Esses números ilustram a grande diversidade das bactérias.[1]

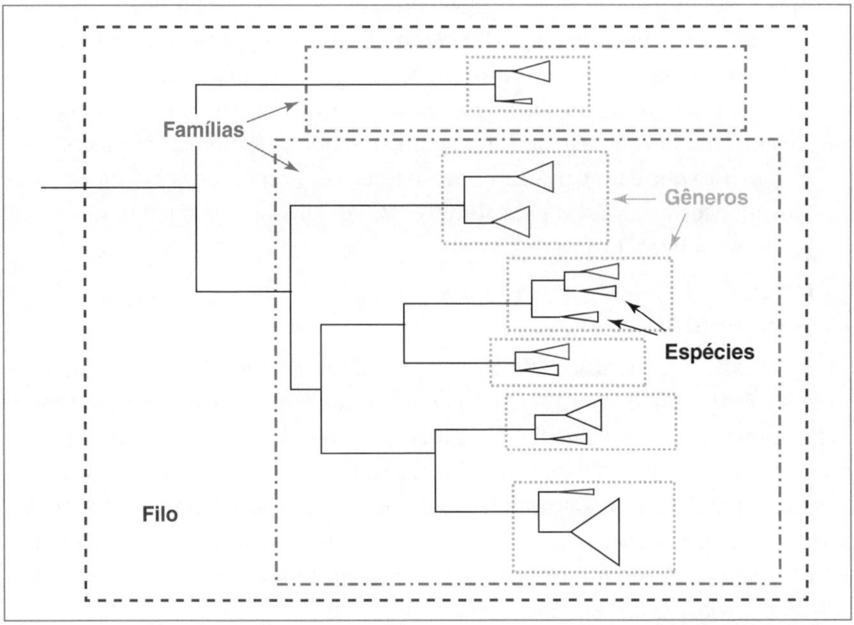

FIGURA 3 Representação esquemática da árvore filogenética de um filo bacteriano. A linha tracejada larga representa o filo; a tracejada com pontos representa as famílias; a tracejada estreita representa os gêneros e os triângulos representam as espécies. o filo; as vermelhas representam as famílias; as verdes, os gêneros; e os triângulos, as espécies.
Fonte: adaptada de Flint, 2020.[1]

Diversidade alfa

A diversidade alfa é aquela presente em um único ecossistema, que descreve sua comunidade microbiana com relação a riqueza, uniformidade ou ambos. Os diversos sítios do corpo humano abrigam comunidades microbianas bem definidas, como a do trato gastrointestinal (TGI), assim a diversidade alfa pode ser estimada para fins de comparação e associação com diferentes condições. Além disso, a análise da diversidade alfa determina quais e quantos tipos diferentes de táxons estão presentes em determinado nicho de participantes de um estudo.

Existem diversos índices utilizados para se avaliar a diversidade alfa de microbiomas. Os principais exemplos são:[18-21]

- Índice de Chao1: estima o número total de táxons presentes em uma comunidade, baseando-se, portanto, na riqueza.
- Índice de Shannon: prevê a soma da proporção de cada táxon com relação ao número total na comunidade em análise; portanto, explica a abundância e a uniformidade.
- Índice de Simpson: reflete a probabilidade de dois indivíduos escolhidos ao acaso na comunidade pertencerem ao mesmo táxon, variando de 0 a 1. Quanto mais alto for o índice, maior é a probabilidade de os indivíduos serem do mesmo táxon, ou seja, maior a dominância e menor a diversidade.
- Diversidade filogenética de Faith: é uma medida quantitativa da diversidade filogenética que define o comprimento total mínimo de todas as ramificações filogenéticos necessárias para abranger um determinado conjunto de táxons na árvore filogenética.

Curvas de rarefação

As curvas de rarefação fazem uma estimativa da cobertura do sequenciamento e determinam a proporção da comunidade microbiana que foi descoberta com relação à progressão do sequenciamento. Por exemplo, a curva pode ser construída utilizando-se um eixo x representando o número de amostras coletadas em determinada população e um eixo y composto pelo número de unidades taxonômicas únicas que foram observadas nas amostras coletadas. A análise da rarefação indica se a amostragem foi suficiente para cobrir a diversidade microbiana existente na amostra.

Diversidade beta

A diversidade beta é uma medida de diversidade microbiana que faz uma comparação de duas ou mais amostras ou ecossistemas. Para tanto, são contados os números totais de táxons exclusivos de cada um dos ecossistemas comparados e constrói-se uma matriz para a análise de similaridade ou das distâncias. Para descrever a diversidade beta, frequentemente se utiliza a métrica UniFrac (do inglês *unique fraction*), medida de distância filogenética que se divide em duas categorias: UniFrac não ponderado (ou *unweighted* UniFrac), qualitativo, que usa a presença ou a ausência de dados para comparar a composição da comunidade; e UniFrac ponderado (ou *weighted* UniFrac), quantitativo, que inclui na análise da abundância relativa de cada táxon. As métricas UniFrac são amplamente utilizadas, pois, além de serem importantes para construir a filogenia bacteriana, permitem a combinação de métricas qualitativas e quantitativas no mesmo conjunto de dados, podendo levar a conclusões diferentes sobre os principais fatores que estruturam aquela comunidade microbiana e fornecendo uma visão também sobre a natureza das diferenças da comunidade.[22]

ANÁLISE ESTATÍSTICA NO ESTUDO DA MICROBIOTA

A análise estatística possibilita testar hipóteses que motivam a realização de um estudo científico, além de permitir o cálculo da força da evidência e da proporção de erro associada a essa evidência. Os testes estatísticos auxiliam, portanto, na descrição das associações e correlações entre grupos e eventos, mensuram a chance de ocorrência de um evento e dimensionam a taxa de erro de cada uma dessas medidas. Assim, quando realizadas de forma adequada, essas análises permitem reduzir a descrição de achados que na realidade são inexistentes ou espúrios. Há, também, testes estatísticos multivariados que incorporam à associação de interesse principal de um estudo o efeito de outras variáveis que também podem afetar essa hipótese. Essas variáveis secundárias, conhecidas como covariáveis, geralmente são fatores clínicos (modo de parto, amamentação, uso de antibióticos etc.) e sociodemográficos (sexo, etnia, renda familiar, escolaridade etc.) que quando levados em consideração na descrição de medidas estatísticas falam a favor da robustez da análise.

Diversos testes estatísticos podem ser empregados para descrever as medidas de associação e correlação, assim a escolha do teste apropriado geralmente depende da natureza das variáveis e do tamanho amostral do estudo. Os testes mais comumente utilizados em estudos do microbioma são os não paramétricos ou de distribuição não normal, como os testes de Wilcoxon e Kruskal-Wallis. Para as análises da diversidade beta, frequentemente se emprega a análise de variância multivariada permutacional (PERMANOVA), testada com 999 permutações e visualizada com a análise de coordenadas principais (PCoA). Essa análise também relata o tamanho do efeito (R^2) e o valor de p. Por conta das múltiplas comparações em estudos genômicos como os de microbioma, aplica-se uma correção ao valor de p que visa controlar a taxa de erro do tipo I, denominada taxa de falsa descoberta (em inglês, *false discovery rate*). Para tanto, o método frequentemente utilizado é o método de Benjamini e Hochberg.

Diversos pacotes já foram especificamente desenvolvidos na linguagem R para a realização dessas análises, como *Qiime2R*, *Phyloseq*, *Microbiome*, *Vegan* e *Maaslin2*.[23] Abordagens estatísticas mais sofisticadas, incluindo a obtenção de *clusters* microbianos, descrições por meio de mapas de calor (*heatmaps*), diagramas de rede, além de métodos não tradicionais de aprendizado de máquina, como *random forest*, também vêm sendo amplamente empregados em estudos de microbioma humano. Para uma análise mais detalhada e aprofundada sobre esses pacotes e programas, recomenda-se a leitura do trabalho de Wen et al.[18]

CONSIDERAÇÕES FINAIS

Foram abordados neste capítulo alguns dos princípios básicos para análise do microbioma humano. O avanço das técnicas moleculares teve um papel importante no estudo do microbioma, sua relação com o hospedeiro e com o processo de saúde e doença. Enquanto anteriormente o sequenciamento microbiano podia identificar apenas no nível de famílias ou gêneros microbianos, agora é possível identificar milhares de espécies e cepas microbianas em uma amostra e, simultaneamente, examinar sua funcionalidade gênica, incluindo o metabolismo, a virulência e a resistência microbiana.

Porém, com maior detalhamento, vêm maiores custos e maior complexidade analítica. As técnicas moleculares e as análises de bioinformática necessárias para a caracterização da microbiota são altamente complexas e necessitam de conhecimento multidisciplinar e da aplicação de diversos softwares.

Por outro lado, a caracterização do microbioma humano pode ter implicações diretas no diagnóstico e tratamento de doenças, incluindo doenças inflamatórias intestinais, obesidade, diabetes e até doenças psicossociais. Além disso, permite o desenvolvimento de terapias como os probióticos e auxilia na busca por biomarcadores na detecção precoce de doenças e no monitoramento de tratamentos.

REFERÊNCIAS BIBLIOGRÁFICAS

1. Flint HJ. Why gut microbes matter. Cham: Springer International Publishing; 2020.
2. BYNDLOSS, M. X.; BÄUMLER, A. J. The germ-organ theory of non-communicable diseases. Nat Rev Microbiol, 16, n. 2, p. 103-110, 02 2018.
3. Earth Microbiome Project (EMP) standard protocols described on the website (http://press.igsb.anl.gov/earthmicrobiome/protocols-and-standards/)
4. Ravi, R.K., Walton, K., Khosroheidari, M. (2018). MiSeq: A Next Generation Sequencing Platform for Genomic Analysis. In: DiStefano, J. (eds) Disease Gene Identification. Methods in Molecular Biology, vol 1706. Humana Press, New York, NY.

5. Bolyen E, Rideout JR, Dillon MR, Bokulich NA, Abnet CC, Al-Ghalith GA, et al. Reproducible, interactive, scalable and extensible microbiome data science using QIIME 2. Nat Biotechnol. 2019;37(8):852-7.
6. Edgar RC. Search and clustering orders of magnitude faster than BLAST. Bioinformatics. 2010;26(19):2460-1.
7. Schloss PD, Westcott SL, Ryabin T, Hall JR, Hartmann M, Hollister EB, et al. Introducing mothur: open-source, platform-independent, community-supported software for describing and comparing microbial communities. Appl Environ Microbiol. 2009;75(23):7537-41.
8. Callahan BJ, McMurdie PJ, Rosen MJ, Han AW, Johnson AJA, Holmes SP. DADA2: high-resolution sample inference from Illumina amplicon data. Nat Methods. 2016;13(7):581-3.
9. Amir A, McDonald D, Navas-Molina JA, Kopylova E, Morton JT, Xu ZZ, et al. Deblur rapidly resolves single-nucleotide community sequence patterns. mSystems. 2017;2(2):e00191-. Bai J, Jhaney I, Wells J. Developing a reproducible microbiome data analysis pipeline using the Amazon Web Services cloud for a cancer research group: proof-of-concept study. JMIR Med Inform. 2019;7(4):e14667.
10. Bai J, Jhaney I, Wells J. Developing a reproducible microbiome data analysis pipeline using the Amazon Web Services cloud for a cancer research group: proof-of-concept study. JMIR Med Inform. 2019;7(4):e14667.
11. He, Y., Caporaso, J.G., Jiang, XT. et al. Stability of operational taxonomic units: an important but neglected property for analyzing microbial diversity. Microbiome 3, 20 (2015).
12. Chiarello M, McCauley M, Villéger S, Jackson CR (2022) Ranking the biases: The choice of OTUs vs. ASVs in 16S rRNA amplicon data analysis has stronger effects on diversity measures than rarefaction and OTU identity threshold. PLoS ONE 17(2): e0264443.
13. Quince C, Walker AW, Simpson JT, Loman NJ, Segata N. Shotgun metagenomics, from sampling to analysis. Nat Biotechnol. 2017;35(9):833-44.
14. Beghini F, McIver LJ, Blanco-Míguez A, Dubois L, Asnicar F, Maharjan S, et al. Integrating taxonomic, functional, and strain-level profiling of diverse microbial communities with bioBakery 3. eLife. 2021;10:e65088.
15. Kaminski J, Gibson MK, Franzosa EA, Segata N, Dantas G, Huttenhower C. High-specificity targeted functional profiling in microbial communities with ShortBRED. PLoS Comput Biol. 2015;11(12):e1004557.
16. Chen L, Yang J, Yu J, Yao Z, Sun L, Shen Y, et al. VFDB: a reference database for bacterial virulence factors. Nucleic Acids Res. 2005;33:D325-8.
17. Jia B, Raphenya AR, Alcock B, Waglechner N, Guo P, Tsang KK, et al. CARD 2017: expansion and model-centric curation of the comprehensive antibiotic resistance database. Nucleic Acids Res. 2017;45(D1):D566-73.
18. Chao A, Bunge J. Estimating the number of species in a stochastic abundance model. Biometrics. 2002;58(3):531-9.
19. Shannon CE. A mathematical theory of communication. Bell System Technical J. 1948;27(3):379-423.
20. Simpson EH. Measurement of diversity. Nature. 1949;163(4148):688.
21. Faith DP. Conservation evaluation and phylogenetic diversity. Biol Conserv. 1992;61(1):1-10.
22. Lozupone C, Knight R. UniFrac: a new phylogenetic method for comparing microbial communities. Appl Environ Microbiol. 2005;71(12):8228-35.
23. Wen T, Niu G, Chen T, Shen Q, Yuan J, Liu Y. The best practice for microbiome analysis using R. Protein Cell. 2023;14(10):713-25.

Seção 2

O eixo microbiota-intestino-cérebro

5

Nervo vago e sistema nervoso entérico

Rafael Latorraca
Marcus Vinicius Zanetti

PONTOS-CHAVE

- Interação entre o sistema nervoso entérico e o nervo vago.
- Papel do nervo vago na comunicação entre microbiota e cérebro.
- Por ter a maior superfície voltada para o mundo externo, o intestino é uma das principais fontes de informações sensoriais do corpo humano, transmitidas para o cérebro por meio das fibras aferentes vagais.
- Ação do nervo vago na permeabilidade intestinal.
- Modulação do tônus vagal na restauração da homeostase do eixo intestino-cérebro.

INTRODUÇÃO

O sistema nervoso autônomo, essencial para a regulação de funções corporais involuntárias, é dividido em três: parassimpático, simpático e entérico. O simpático e o parassimpático têm suas bases na anatomia, sendo o nervo vago o elemento central do sistema parassimpático, que inclui também os nervos oculomotor, facial e glossofaríngeo.[1] Já o entérico se estende desde o esôfago até o ânus, formando uma rede neural intricada que permeia a parede intestinal com um número total de neurônios superior ao da medula espinal que produzem mais de 30 diferentes neurotransmissores.[7,8]

O cérebro envia comandos diretamente para o sistema digestivo por meio do sistema nervoso entérico, que recebe projeções neuronais simpáticas e parassimpáticas do sistema nervoso autônomo.[2] O sistema nervoso entérico se localiza na parede de todo o trato digestivo e é organizado em dois plexos principais: mioentérico (ou plexo de Auerbach), situado entre as camadas muscular circular interna e muscular externa e responsável pela motilidade gastrointestinal; e submucoso (ou plexo de Meissner), que fica dentro da camada submucosa e inerva o epitélio gastrointestinal (Figura 1). Entre esses dois plexos, uma rede intricada de fibras nervosas permite uma comunicação eficiente que assegura a coordenação e o controle dos processos digestivos.

NERVO VAGO

O nervo vago, originado no bulbo raquidiano, começa seu percurso passando pelo sulco lateral entre a oliva e o pedúnculo cerebelar inferior e prossegue atravessando o forame jugular; na região cervical, inerva os músculos da deglutição e da vocalização; desce para o tórax, onde assume uma função parassimpática predominante sobre o coração, modulando a frequência cardíaca;[3] e chega ao sistema gastrointestinal, com atuação imprescindível para a gestão das contrações musculares e atividades secretoras (Figura 2).

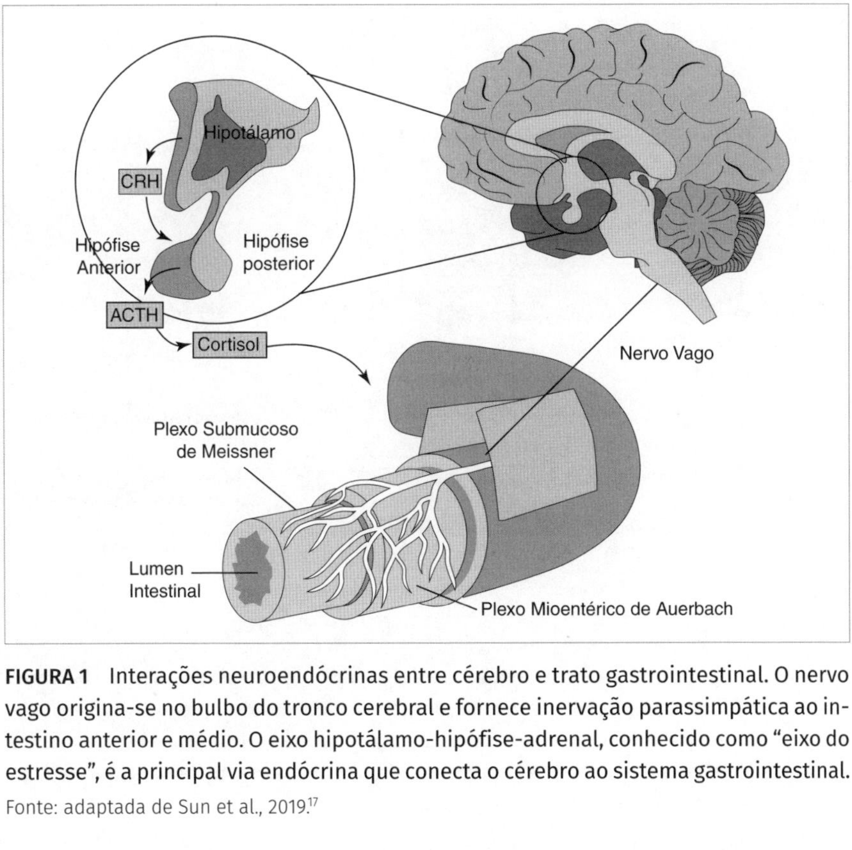

FIGURA 1 Interações neuroendócrinas entre cérebro e trato gastrointestinal. O nervo vago origina-se no bulbo do tronco cerebral e fornece inervação parassimpática ao intestino anterior e médio. O eixo hipotálamo-hipófise-adrenal, conhecido como "eixo do estresse", é a principal via endócrina que conecta o cérebro ao sistema gastrointestinal.
Fonte: adaptada de Sun et al., 2019.[17]

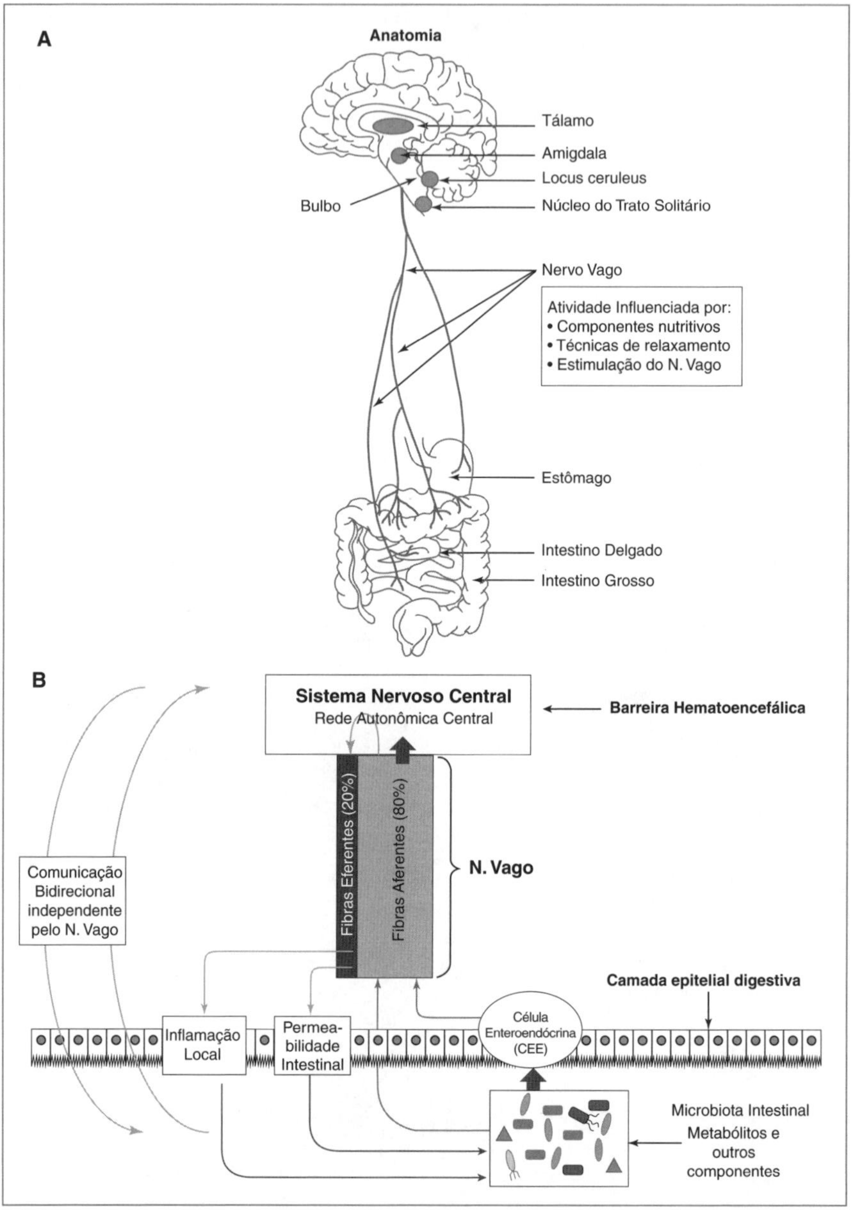

FIGURA 2 Representações esquemáticas do trajeto e do funcionamento do nervo vago. A: visão geral da anatomia básica do nervo vago; B: comunicação bidirecional entre a microbiota intestinal e o sistema nervoso central (SNC) por meio das fibras eferentes (aproximadamente 20%) e aferentes (aproximadamente 80%) do nervo vago.
Fonte: adaptada de Breit et al., 2018[1] e Bonaz et al., 2018.[4]

Os neurônios pré-ganglionares parassimpáticos, originários do núcleo motor dorsal do nervo vago, estendem suas fibras eferentes tanto às camadas musculares quanto à mucosa intestinal, afetando a lâmina própria e a camada muscular externa. O ramo celíaco do nervo vago estende sua influência desde o duodeno até o segmento distal do cólon descendente, desempenhando um papel crucial na função digestiva.[3] Por sua vez, os aferentes vagais derivados do abdome, sendo formados por uma variedade de receptores, incluindo mecanorreceptores na mucosa, quimiorreceptores e os receptores de estiramento localizados no esôfago, no estômago e na parte inicial do intestino delgado, além de terminações nervosas que servem ao fígado e ao pâncreas. Os corpos celulares desses neurônios sensoriais localizam-se nos gânglios nodosos, situados próximo ao forame jugular, de onde transmitem informações sensoriais para o núcleo do trato solitário, no tronco cerebral. Este, por sua vez, se comunica com diversas áreas do sistema nervoso central.[3]

Pode-se afirmar, portanto, que o nervo vago é um elemento-chave da modulação das funções viscerais, influenciando a digestão, o controle do ritmo cardíaco, a respiração, a regulação vasomotora e diversos reflexos, como tosse, espirro, deglutição e vômito. Sua estimulação promove a liberação de acetilcolina nas sinapses, que atua sobre células, fibras e músculos lisos, com efeitos em receptores nicotínicos e muscarínicos, induzindo as contrações musculares típicas do parassimpático e a secreção de sucos digestivos.[5]

Há que se destacar, ainda, que estudos experimentais demonstram uma notável capacidade regenerativa do nervo vago. Após uma vagotomia, observa-se um declínio funcional temporário seguido de recuperação dos aferentes centrais e indução de plasticidade sináptica. Em algumas semanas, foi constatada a regeneração dos aferentes vagais, porém notou-se que a reinervação eferente do trato gastrointestinal pode permanecer incompleta mesmo vários meses após a intervenção.[6]

SISTEMA NERVOSO ENTÉRICO

O sistema nervoso entérico é uma estrutura complexa e autônoma que se origina a partir de células da crista neural e se estende desde o esôfago até o ânus, formando uma rede neural intricada que permeia a parede intestinal. Caracteriza-se por uma densidade neuronal impressionante, contendo quantidade de neurônios superior à da medula espinal, o que justifica ser chamado de "segundo cérebro".[7] Tem também uma rica diversidade química, já que produz mais de 30 neurotransmissores diferentes e libera hormônios e peptídeos que circulam pelo sangue com capacidade de influenciar até o cérebro, atuando em processos como a modulação da fome e da ingestão alimentar.[8] Também merece destaque a interação dinâmica e recíproca entre o nervo vago e o sistema nervoso entérico, já que este tem a capacidade de operar de forma autônoma, mesmo sem o controle vagal, graças a seus próprios circuitos reflexos compostos por neurônios sensoriais e motores.[2]

Entre suas funções estão não apenas coordenar a atividade muscular e a motilidade gastrointestinal, mas também modular diferentes funções da barreira mucosa, incluindo a detecção de nutrientes, a circulação microvascular e a secreção de fluidos e peptídeos bioativos, sendo, por isso, essencial na manutenção da barreira epitelial.[2] Além disso, a interação direta entre os neurônios do sistema nervoso entérico e as células do sistema imunológico associado ao intestino (GALT) evidencia um impacto desse sistema nas funções imunes. O declínio na função e na densidade celular do sistema nervoso entérico decorrente do avanço da idade tem sido associado, ainda, a uma série de desordens gastrointestinais que podem ser graves, especialmente quando afetam intestino delgado e intestino grosso.[1]

A doença de Hirschsprung, caracterizada pela ausência de neurônios entéricos em parte do intestino, e a doença de Chagas, que resulta em degeneração neuronal e pode levar a complicações como o megacólon, exemplificam as consequências de disfunções nesse sistema. Outras neuropatias entéricas graves que também podem impactar a função motora do trato digestivo são acalasia, gastroparesia, estenose pilórica hipertrófica e pseudo-obstrução intestinal. Em contraste, a desconexão entre o sistema nervoso entérico e o sistema nervoso central (SNC) geralmente resulta em complicações menos graves.[9]

VIA DE COMUNICAÇÃO FÍSICA DO EIXO INTESTINO-CÉREBRO

O nervo vago é um elo muito importante da ligação entre o sistema nervoso central e o entérico, conectando o lúmen intestinal diretamente com o tronco cerebral em apenas uma sinapse. Ele é a principal via física de comunicação do eixo intestino-cérebro.

Junto com o sistema nervoso entérico e as células enteroendócrinas, esse nervo forma um circuito neuroepitelial capaz de "sentir" os metabólitos produzidos pela microbiota intestinal, transmitindo essa informação ao sistema nervoso central.[1,4] Essa atuação como condutor de informações sensoriais do intestino para o cérebro decorre de sua constituição, em que 80 a 90% das fibras são aferentes e 10 a 20% são eferentes, inervando o trato digestivo.

A grande importância dessa via decorre do fato de que, por ter a maior superfície voltada para o mundo externo, o intestino é uma das principais fontes de informação sensorial para o cérebro.[1,4] As fibras aferentes vagais estão implicadas, entre outras atividades, na ativação e na regulação do eixo hipotálamo-hipófise-adrenais (HPA), fundamental para o sistema de resposta do corpo a estressores. Esse eixo é ativado por estresse ambiental e pela ação de citocinas pró-inflamatórias, desencadeando a liberação de fator liberador de corticotrofina (CRF) pelo hipotálamo, que, por sua vez, estimula a glândula pituitária a secretar o hormônio adrenocorticotrófico (ACTH), culminando na liberação de cortisol pelas glândulas adrenais.[10,11]

A comunicação entre o cérebro e o trato gastrointestinal é realizada, portanto, tanto por meio das vias diretas neurais quanto por vias indiretas metabólicas e hormonais. O nervo vago e o eixo hipotálamo-pituitária-adrenais colaboram para influenciar as atividades de células intestinais essenciais, como as células imunológicas e epiteliais, além de neurônios entéricos, células musculares lisas, células intersticiais de Cajal e células enterocromafins. A microbiota intestinal exerce um papel significativo nesse eixo, não só interagindo localmente com células intestinais e o sistema nervoso entérico, mas também afetando os sistemas neuroendócrino e metabólico. Além disso, ela influencia comportamentos relacionados a estresse, ansiedade e depressão. Estudos realizados em animais livres de microrganismos demonstraram que a microbiota influencia a reatividade ao estresse e o comportamento semelhante à ansiedade e regula o ponto de ajuste da atividade do eixo hipotálamo-pituitária-adrenais. Esses animais geralmente mostram uma resposta ao estresse aumentada com níveis elevados de ACTH e cortisol.[12]

O mapeamento detalhado das terminações aferentes vagais revelou que elas se dividem em subtipos distribuídos de forma estratégica ao longo do intestino, sensíveis tanto a estímulos químicos quanto mecânicos[13] (Figura 3). É importante salientar, no entanto, que as fibras aferentes vagais distribuem-se por todas as camadas da parede digestiva, mas não atravessam a camada epitelial – portanto, não entram em contato direto com a microbiota luminal. Elas detectam os sinais da microbiota indiretamente, seja pela difusão de compostos bacterianos ou pela transmissão de sinais por outras células localizadas no epitélio. São as células enteroendócrinas, que compõem cerca de 1% das células epiteliais intestinais, que desempenham papel central no mecanismo de detecção e resposta aos nutrientes do lúmen intestinal, modulando funções gastrointestinais como motilidade e ingestão alimentar.[14] Um estudo recente em ratos demonstrou que essas células podem se conectar diretamente com os neurônios vagais, transmitindo sinais do lúmen intestinal para o cérebro em milissegundos, por apenas uma sinapse, usando o glutamato como neurotransmissor, o que sugere a existência de um caminho neuroepitelial direto que permite ao cérebro detectar estímulos intestinais.

A conexão entre as células enteroendócrinas e os neurônios vagais é possivelmente também um meio de interação direta entre o sistema nervoso central e a microbiota ou substâncias por ela produzidas.[15] Nesse sentido, outro estudo

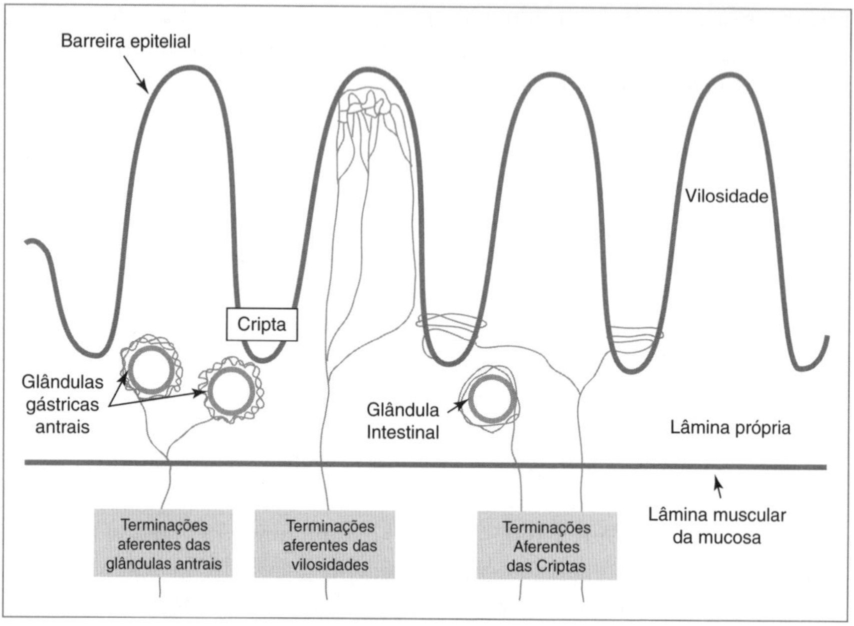

FIGURA 3 Distribuição das terminações aferentes vagais.
Fonte: adaptada de Powley et al., 2011.[13]

em modelo animal demonstrou que a alfa-sinucleína, componente proteico dos corpúsculos de Lewy (proteína neuropatológica considerada central na doença de Parkinson), foi transportada pelo nervo vago desde o intestino até o núcleo motor dorsal dentro do tronco cerebral por um mecanismo dependente de microtúbulos. Apesar de esse fenômeno ainda não ter sido estudado para outras proteínas, o achado sugere a possibilidade de que proteínas patogênicas e moléculas com potencial neuroativo produzidas pela microbiota intestinal sejam capazes de evitar o filtro da barreira hematoencefálica (BHE) e ser carreadas para dentro do sistema nervoso central diretamente pelo nervo vago.[16] Com relação à doença de Alzheimer, estudos têm ressaltado uma influência do microbioma intestinal no desequilíbrio de metabolismo e eliminação da beta-amiloide, na alteração da integridade da barreira hematoencefálica, na modulação das respostas neuroinflamatórias e na supressão da formação de novos neurônios no hipocampo.[17]

As células neuroendócrinas conectam-se diretamente com o sistema nervoso central por meio das fibras aferentes vagais, via liberação de serotonina (ou 5-hidroxitriptamina – 5-HT) ou de hormônios gastrointestinais, como a colecistocinina (CCK), o peptídeo semelhante ao glucagon do tipo 1 (GLP-1) e o peptídeo YY (PYY). Além disso, essas células possuem receptores do tipo *toll* (TLR, do inglês *toll-like receptors*) que detectam produtos bacterianos, como lipopolissacarídeos, e metabólitos da microbiota, como ácidos graxos de cadeia curta (AGCC ou SCFA, do inglês *short chain fatty acids*), influenciando a motilidade gastrointestinal, a secreção ao longo do trato digestivo e a ingestão alimentar.[18]

As funções interoceptiva e de detecção de metabólitos da microbiota intestinal por meio das fibras aferentes justifica que alguns autores considerem o nervo vago como um "sexto sentido". Após a integração das informações trazidas por ele, o sistema nervoso central transmite respostas ao sistema nervoso autônomo que podem ser tanto adaptativas, que visem a manutenção da homeostase, quanto mal-adaptativas, que têm o potencial de perpetuar condições patológicas gastrointestinais ou contribuir para o desenvolvimento de distúrbios neurodegenerativos.[19-21]

ESTRESSE, NERVO VAGO E MICROBIOTA INTESTINAL

As fibras eferentes do nervo vago têm um papel anti-inflamatório significativo e atuam também na manutenção da integridade da barreira intestinal por meio de mecanismos que influenciam tanto a resposta imunológica local quanto a função da barreira epitelial.[1,4]

Sabe-se que a estimulação vagal eferente ativa os macrófagos M2, que possuem propriedades anti-inflamatórias, enquanto inibe os macrófagos M1 pró-inflamatórios. O equilíbrio entre macrófagos M1 e M2 é essencial para a modulação da inflamação e da permeabilidade intestinal. A interação das fibras eferentes do nervo vago com os macrófagos ocorre por meio da liberação de neurotransmissores como a acetilcolina, que se liga a receptores nicotínicos a7 (a7nAChR) presentes nos macrófagos, inibindo a liberação de citocinas pró-inflamatórias como o fator de necrose tumoral alfa (TNF-alfa).[4] Dessa forma, o nervo vago facilita um caminho anti-inflamatório conhecido como via anti-inflamatória colinérgica, por meio do qual a acetilcolina liberada pelas fibras eferentes inibe a produção de TNF-alfa por macrófagos, reduzindo a inflamação. Esse mecanismo é evidente na modulação da inflamação tanto local quanto sistêmica, destacando a importância do nervo vago na prevenção da disfunção da barreira intestinal e na mitigação da resposta inflamatória.[4]

Além disso, estudos têm demonstrado que a estimulação do nervo vago melhora a expressão e a localização de proteínas das *tight junctions* (ou junções oclusivas), como a ocludina e a ZO-1, que são cruciais para a integridade da barreira epitelial intestinal. Esse aspecto é observado particularmente em modelos de lesão por queimadura e endotoxemia, nos quais a estimulação vagal promove a preservação da barreira intestinal por meio da redução de sua permeabilidade, a protegendo contra disfunções.[4]

O mecanismo exato pelo qual as fibras eferentes vagais protegem a barreira epitelial, no entanto, ainda não é completamente compreendido. Sugere-se que a comunicação do nervo vago com o sistema nervoso entérico e as células da glia entérica desempenhe um papel fundamental. As células da glia entérica, por meio da sinalização colinérgica nicotínica, podem aumentar a expressão de proteínas das *tight junctions* e, assim, fortalecer a barreira contra insultos bacterianos intestinais.[4]

É importante salientar, ainda, que a capacidade das fibras eferentes do nervo vago de modular a permeabilidade intestinal e a inflamação tem implicações diretas no desenvolvimento de doenças inflamatórias intestinais e síndrome do intestino irritável, nas quais a disfunção da barreira intestinal e a inflamação são características proeminentes. Tônus vagal diminuído foi descrito tanto na síndrome do intestino irritável como nas doenças inflamatórias intestinais.[1,4] Dessa forma, a estimulação do nervo vago utilizando métodos como a estimulação nervosa vagal (ENV) emerge como uma estratégia terapêutica potencial para restaurar a função da barreira intestinal e mitigar a inflamação.[4]

A existência de mecanismos específicos por meio dos quais as fibras eferentes do nervo vago influenciam a saúde intestinal demonstram a complexidade da interação entre o sistema nervoso e o trato gastrointestinal. Compreendê-los pode abrir novos caminhos para o desenvolvimento de intervenções terapêuticas focadas no nervo vago para o tratamento de distúrbios gastrointestinais inflamatórios, reforçando a importância de abordagens integradas que considerem a interconexão entre sistemas neurais e imunológico na manutenção da saúde intestinal.[1,4]

CONSIDERAÇÕES FINAIS

O nervo vago desempenha um papel reconhecido na interação entre a microbiota intestinal e o cérebro. Um tom vagal reduzido, indicativo de disautonomia, foi observado em condições como a síndrome do intestino irritável e a doença inflamatória intestinal, ambas associadas a uma barreira intestinal comprometida e disbiose. Pode-se afirmar, portanto, que o monitoramento do tom vagal pode ser um marcador valioso do eixo intestino-cérebro.[5]

Embora ainda não existam publicações definitivas sobre os efeitos da estimulação do nervo vago na microbiota intestinal, é plausível que, por sua contribuição na permeabilidade intestinal e na imunidade local, o nervo vago possa, de fato, influenciar a composição da microbiota.[1]

Para restaurar a homeostase do eixo intestino-cérebro, abordagens que monitorem e influenciem o tônus vagal, como a estimulação elétrica do nervo vago, a modulação da microbiota com o uso de prebióticos e probióticos, transplante de microbiota fecal, dieta, fármacos que atuam no sistema colinérgico e práticas complementares de saúde (p. ex., hipnose, meditação, terapia cognitivo-comportamental, respiração profunda e exercícios físicos moderados e sustentados), podem ser estratégias promissoras.[1]

REFERÊNCIAS BIBLIOGRÁFICAS

1. Breit S, Kupferberg A, Rogler G, Hasler G. Vagus nerve as modulator of the brain-gut axis in psychiatric and inflammatory disorders. Front Psychiatry. 2018;9:44.
2. Furness JB. Integrated neural and endocrine control of gastrointestinal function. Adv Exp Med Biol. 2016;891:159-73.
3. Berthoud HR, Neuhuber WL. Functional and chemical anatomy of the afferent vagal system. Auton Neurosci. 2000;85(1-3):1-17.
4. Bonaz B, Bazin T, Pellissier S. The vagus nerve at the interface of the microbiota-gut-brain axis. Front Neurosci. 2018;12:49.
5. Bonaz B, Sinniger V, Pellissier S. Anti-inflammatory properties of the vagus nerve: potential therapeutic implications of vagus nerve stimulation. J Physiol. 2016;594(20):5781-90.
6. Peters JH, Gallaher ZR, Ryu V, Czaja K. Withdrawal and restoration of central vagal afferents within the dorsal vagal complex following subdiaphragmatic vagotomy. J Comp Neurol. 2013;521(15):3584-99.
7. Goldstein AM, Hofstra RMW, Burns AJ. Building a brain in the gut: development of the enteric nervous system. Clin Genet. 2013;83(4):307-16.
8. Hagemann D, Meier JJ, Gallwitz B, Schmidt WE. [Appetite regulation by ghrelin: a novel neuro -endocrine gastric peptide hormone in the gut-brain-axis]. Z Gastroenterol. 2003;41(9):929-36.
9. Matsuda NM, Miller SM, Evora PRB. The chronic gastrointestinal manifestations of Chagas disease. Clinics. 2009;64(12):1219-24.
10. Carabotti M, Scirocco A, Maselli MA, Severi C. The gut-brain axis: interactions between enteric microbiota, central and enteric nervous systems. Ann Gastroenterol. 2015;28(2):203-9.
11. Pariante CM, Lightman SL. The HPA axis in major depression: classical theories and new developments. Trends Neurosci. 2008;31(9):464-8.
12. Sudo N, Chida Y, Aiba Y, Sonoda J, Oyama N, Yu XN, et al. Postnatal microbial colonization programs the hypothalamic-pituitary-adrenal system for stress response in mice. J Physiol. 2004;558(Pt 1):263-75.
13. Powley TL, Spaulding RA, Haglof SA. Vagal afferent innervation of the proximal gastrointestinal tract mucosa: chemoreceptor and mechanoreceptor architecture. J Comp Neurol. 2011;519(4):644-60.
14. Wu T, Rayner CK, Young RL, Horowitz M. Gut motility and enteroendocrine secretion. Curr Opin Pharmacol. 2013;13(6):928-34.
15. Kaelberer MM, Buchanan KL, Klein ME, Barth BB, Montoya MM, Shen X, et al. A gut-brain neural circuit for nutrient sensory transduction. Science. 2018;361(6408):eaat5236.
16. Holmqvist S, Chutna O, Bousset L, Aldrin-Kirk P, Li W, Björklund T, et al. Direct evidence of Parkinson pathology spread from the gastrointestinal tract to the brain in rats. Acta Neuropathol. 2014;128(6):805-20.
17. Sun M, Ma K, Wen J, Wang G, Zhang C, Li Q, et al. A review of the brain-gut-microbiome axis and the potential role of microbiota in Alzheimer's disease. J Alzheimers Dis. 2020;73(3):849-65.
18. Strader AD, Woods SC. Gastrointestinal hormones and food intake. Gastroenterology. 2005;128(1):175-91.
19. Zagon A. Does the vagus nerve mediate the sixth sense? Trends Neurosci. 2001;24(1):671-3.
20. Eisenstein M. Microbiome: bacterial broadband. Nature. 2016;533(7603):S104-6.
21. Tse JKY. Gut microbiota, nitric oxide, and microglia as prerequisites for neurodegenerative disorders. ACS Chem Neurosci. 2017;8(7):1438-47.

6

Motilidade intestinal e digestão

Thiago Fernando da Silva

PONTOS-CHAVE

- Os sistemas serotoninérgico, histaminérgico e endocanabinoide são cruciais na regulação da motilidade intestinal e da digestão.
- A microbiota intestinal influencia os sistemas serotoninérgico, histaminérgico e endocanabinoide, afetando, consequentemente, a saúde gastrointestinal e mental.
- As interações entre os sistemas serotoninérgico, histaminérgico e endocanabinoide e a microbiota intestinal têm implicações significativas para a saúde mental e o tratamento de transtornos psiquiátricos.

INTRODUÇÃO

Os sistemas serotoninérgico, histaminérgico e endocanabinoide desempenham papéis cruciais na regulação da motilidade intestinal e da digestão. Esses sistemas neuromoduladores influenciam diversas funções fisiológicas no trato gastrointestinal, incluindo motilidade, secreção, resposta imunológica e homeostase da barreira intestinal. Além disso, a interação entre eles e a microbiota intestinal tem implicações significativas para a saúde mental. Assim, os avanços recentes na compreensão dos mecanismos desses sistemas e das interações entre eles oferecem novas oportunidades terapêuticas no tratamento de distúrbios tanto gastrointestinais quanto psiquiátricos.

Este capítulo explora a influência desses sistemas na motilidade intestinal e na digestão, bem como as implicações terapêuticas mais relevantes.

SISTEMA SEROTONINÉRGICO

Além de ser um neurotransmissor amplamente reconhecido por suas funções no sistema nervoso central (SNC), a serotonina (ou 5-hidroxitriptamina – 5-HT) tem papel igualmente significativo no trato gastrointestinal. A influência do sistema serotoninérgico sobre a motilidade intestinal e a digestão vem sendo amplamente estudada, demonstrando implicações significativas tanto para a saúde gastrointestinal quanto para condições psiquiátricas. Sabe-se, atualmente, que a serotonina desempenha um papel central na regulação da motilidade intestinal, da secreção e da sensibilidade, e que sua disfunção está associada a vários distúrbios gastrointestinais e psiquiátricos. Assim, a interação entre a serotonina, a microbiota intestinal e a neurotransmissão é complexa e fundamental para a homeostase gastrointestinal e do SNC.

A serotonina sintetizada, armazenada e liberada pelas células enterocromafins presentes no revestimento do trato gastrointestinal representa mais de 90% do conteúdo corporal total dessa molécula. Essa liberação ocorre em resposta a estímulos mecânicos e químicos. A serotonina atua, então, sobre os receptores específicos presentes em neurônios entéricos e nas células musculares lisas,[1] como 5-HT4 e 5-HT3. A interação da serotonina com esses receptores desempenha papel essencial na regulação dos complexos motores colônicos e influencia diretamente a motilidade geral do intestino.[2] A ativação dos receptores 5-HT3 pode induzir reflexos peristálticos e secretomotores, facilitando a passagem do conteúdo intestinal.[3] Já os receptores 5-HT4 são conhecidos por promoverem a motilidade ao aumentar a liberação de acetilcolina dos neurônios mioentéricos, melhorando a coordenação das contrações intestinais.[4] Essas interações podem ser, portanto, um alvo terapêutico para distúrbios gastrointestinais.[5]

A regulação da motilidade intestinal pela serotonina envolve tanto mecanismos diretos, ligando-se a receptores na musculatura lisa intestinal para induzir contrações peristálticas, quanto indiretos, influenciando a liberação de outros neurotransmissores e hormônios que afetam a motilidade intestinal. A serotonina também regula funções digestivas, como a secreção de fluidos intestinais e a sensibilidade visceral. As células enterocromafins agem como sensores químicos no intestino, detectando e respondendo a estímulos luminais e modulando a atividade neural sensorial primária via conexões sinápticas, facilitando assim a comunicação entre o intestino e o SNC.[6] A serotonina produzida estimula a secreção de enzimas pancreáticas, essenciais para a digestão adequada dos nutrientes. Esse efeito é mediado principalmente pelos receptores 5-HT3, que, quando ativados, desencadeiam uma série de respostas neurogastrointestinais que culminam na liberação de enzimas.[7]

O eixo intestino-cérebro é a via em que ocorre a interação entre a serotonina e a motilidade intestinal. Por meio dele, a serotonina influencia o cérebro e vice-versa. Essa relação bidirecional possibilita que alterações na serotonina intestinal impactem a função cerebral e que mudanças no cérebro influenciem a motilidade intestinal.[8]

A microbiota intestinal, por sua vez, desempenha um papel crítico na modulação do sistema serotoninérgico. Pesquisas indicam que microrganismos intestinais podem influenciar a produção de serotonina por meio da modulação de genes relacionados à serotonina, a exemplo da interação com os ácidos graxos de cadeia curta (AGCCs). Os AGCCs regulam o transportador de serotonina e receptores específicos como 5-HT1A, 5-HT2B e 5-HT7.[9] Além disso, certas bactérias intestinais podem sintetizar ou degradar serotonina, influenciando diretamente os níveis de serotonina disponíveis no intestino.[10] Estudos têm mostrado que uma microbiota equilibrada pode promover a biossíntese de serotonina e que, por outro lado, a disbiose pode levar a distúrbios na motilidade intestinal.[11] Isso ocorre, pois o estresse e a disbiose podem alterar a composição da microbiota intestinal e a função serotoninérgica. O estresse precoce pode levar a uma disbiose, aumentando o risco de distúrbios intestinais e psiquiátricos, então a modulação da serotonina pode ser uma abordagem terapêutica eficaz para mitigar esses efeitos.[12]

A serotonina é crucial, ainda, no tratamento de transtornos psiquiátricos, como ansiedade e depressão. Inibidores seletivos da recaptação de serotonina são amplamente utilizados para tratar essas condições, aumentando os níveis de serotonina sináptica e melhorando o humor e a função cognitiva.[13] Assim, novos tratamentos antidepressivos e procinéticos podem ter como alvo a atuação dos receptores de serotonina e a interseção entre distúrbios psiquiátricos e gastrointestinais.[3] Assim, novas abordagens terapêuticas incluem o uso de agonistas e antagonistas desses receptores específicos de serotonina para tratar comorbidades entre depressão e distúrbios gastrointestinais. Nesse sentido, os agonistas de 5-HT4 têm demonstrado melhorar a motilidade intestinal e reduzir sintomas depressivos em modelos pré-clínicos.[3] A prucaloprida, por exemplo, é utilizada no tratamento da constipação crônica. Esses medicamentos aumentam a motilidade intestinal ao promoverem a liberação de acetilcolina.[14]

SISTEMA HISTAMINÉRGICO

A influência do sistema histaminérgico na motilidade intestinal e na digestão é um tópico de crescente interesse, principalmente em razão de suas implicações terapêuticas e do seu impacto nos transtornos psiquiátricos. A histamina é uma amina biogênica sintetizada principalmente nos mastócitos e basófilos, mas que também é produzida nas células enterocromafins do trato gastrointestinal a partir da descarboxilação do aminoácido histidina. Ela desempenha um papel crucial na modulação da motilidade intestinal, da secreção e da resposta imunológica, que tem uma interação complexa com a microbiota intestinal e o SNC, sendo fundamental para a homeostase gastrointestinal.[15] Uma discussão aprofundada sobre a histamina pode ser encontrada no Capítulo 32 - Intolerância à histamina.

No trato gastrointestinal, o sistema histaminérgico não atua isoladamente, pois interage extensivamente com o SNC. Por meio do eixo intestino-cérebro, a histamina pode influenciar não apenas funções digestivas, mas também comportamentos e estados emocionais. Por conta disso, a disfunção do sistema histaminérgico tem sido associada a vários transtornos psiquiátricos, como a ansiedade e a depressão. Estudos indicam que a inflamação intestinal e a alteração na motilidade podem afetar a liberação de histamina no cérebro e contribuir para os sintomas psiquiátricos.[16] A modulação da atividade histaminérgica, portanto, tem potencial terapêutico tanto para distúrbios gastrointestinais quanto para transtornos psiquiátricos comórbidos.

A histamina é também um importante modulador neurológico e imunológico no trato gastrointestinal. Seus receptores específicos, como H1, H2, H3 e H4, estão distribuídos ao longo do trato intestinal e desempenham papéis distintos na regulação da motilidade e da secreção, tornando a histamina fundamental para a funcionalidade do cólon, a modulação de ações intestinais e a motilidade intestinal. Os receptores H1 são conhecidos por mediar contrações da musculatura lisa intestinal, aumentando a motilidade.[4] Estudos em modelos animais demonstraram que a ativação dos receptores H1 pela histamina pode resultar em contrações intestinais, promovendo a passagem do conteúdo intestinal.[15] Os receptores H2, por sua vez, estão associados à regulação da secreção gástrica. A estimulação desses receptores pela histamina presente no estômago aumenta a produção de ácido gástrico, que é crucial para a digestão.[17] O aumento na acidez gástrica pode facilitar a quebra dos alimentos e a absorção de nutrientes. Por fim, os receptores H3 e H4 também contribuem para a regulação da motilidade e da secreção intestinal. A ativação dos receptores H3 tem sido associada a efeitos inibitórios na motilidade intestinal, possivelmente modulando a liberação de outros neurotransmissores.[18] Já os receptores H4 têm sido implicados na mediação de respostas inflamatórias no intestino, afetando indiretamente a motilidade por meio da modulação do ambiente inflamatório local.[15]

A compreensão dos mecanismos histaminérgicos abre novas perspectivas terapêuticas para condições como a síndrome do intestino irritável e outros transtornos de motilidade intestinal. Medicamentos que antagonizam os receptores de histamina, como os antagonistas H1 e H2, têm mostrado eficácia no alívio de sintomas como a dor abdominal e a dispepsia.[19]

A regulação da motilidade intestinal pela histamina se dá por meio de mecanismos complexos envolvendo o sistema nervoso entérico e as células gliais entéricas. A enzima histamina N-metiltransferase (HNMT) expressa por células gliais entéricas desempenha um papel crucial na degradação da histamina, influenciando a sensibilidade visceral e a motilidade intestinal.[20] Além disso, a histamina desempenha um papel na secreção de ácidos gástricos e na resposta imunológica do trato gastrointestinal, podendo promover até mesmo transformações celulares oncogênicas no epitélio gástrico por meio de alterações mediadas por redox, indicando relevância dessa molécula na patogênese do câncer gástrico.[21]

A microbiota intestinal, por sua vez, tem um papel significativo na modulação do sistema histaminérgico. Microrganismos intestinais podem produzir histamina por meio da ação da enzima histidina descarboxilase. A histamina derivada de bactérias pode influenciar respostas imunológicas tanto no intestino quanto em locais distantes, como os pulmões, o que evidencia a complexidade das interações entre a microbiota intestinal e o sistema imunológico do hospedeiro.[22] A produção de histamina, por sua vez, influencia diretamente a motilidade e a função digestiva. Por conta disso, a disbiose pode levar a alterações na produção de histamina e, consequentemente, à disfunção gastrointestinal.[23] Estudos recentes têm destacado a importância de moduladores da microbiota, como os probióticos, na regulação dos níveis de histamina e na melhora da saúde intestinal. O uso de probióticos pode regular a produção de histamina pelas bactérias intestinais, com potencial para aliviar sintomas de dismotilidade e inflamação.[24]

Por fim, o eixo intestino-cérebro é fundamental na interação entre a histamina e a motilidade intestinal. A histamina pode influenciar diretamente o cérebro por vias neurais e hormonais. Os neurônios simpáticos extrínsecos do intestino são hiperativados na ausência de microrganismos e a produção de butirato pode suprimir essa atividade simpática.[25] Tanto o estresse quanto a disbiose microbiana podem alterar a composição da microbiota intestinal e a função histaminérgica, sendo que o estresse precoce pode levar a uma disbiose microbiana e aumentar o risco de distúrbios intestinais e psiquiátricos.[12]

SISTEMA ENDOCANABINOIDE

O sistema endocanabinoide (SEC) está presente em todo o corpo humano. No trato gastrointestinal, esse sistema desempenha um papel fundamental na regulação de uma série de processos fisiológicos. Já no cérebro exerce profunda influência sobre a neurotransmissão, representando também uma via relevante de comunicação dentro do eixo intestino-cérebro. O Capítulo 8 – Modulação da neurotransmissão pela microbiota intestinal apresenta uma discussão sobre essa interação no contexto da resposta ao estresse.

Compõem o sistema endocanabinoide os receptores canabinoides, seus ligantes endógenos conhecidos como endocanabinoides, e as enzimas responsáveis por sua síntese e degradação. Nos últimos anos, a pesquisa sobre esse sistema e sua influência na saúde gastrointestinal e em transtornos psiquiátricos tem avançado significativamente. Disfunções no sistema endocanabinoide podem participar da etiologia de diferentes transtornos psiquiátricos, como ansiedade e depressão, em parte por alterar a homeostase intestinal e contribuir para a neuroinflamação.[26] Intervenções terapêuticas tendo como alvo o sistema endocanabinoide podem, portanto, oferecer uma abordagem terapêutica integrada para o tratamento de transtornos gastrointestinais e psiquiátricos comórbidos.[27]

Os receptores CB1 e CB2, primeiros receptores canabinoides descritos e mais extensivamente estudados, são amplamente expressos no trato gastrointestinal, contribuindo para a regulação de diferentes funções intestinais, incluindo motilidade, secreção digestiva, reflexo de vômito, permeabilidade intestinal e imunidade.[28] Polimorfismos no gene que codifica o receptor CB1 (gene CNR1) foram associados a algumas formas de síndrome do intestino irritável, evidenciando a importância do sistema endocanabinoide na patologia intestinal.[29] O sistema endocanabinoide atua na regulação da motilidade intestinal principalmente por meio da ativação dos receptores CB1 e CB2. Os receptores CB1 são predominantes no sistema nervoso entérico e modulam a motilidade intestinal ao influenciar a liberação de neurotransmissores como a acetilcolina e a serotonina.[30] A ativação dos receptores CB1 geralmente resulta na inibição da motilidade intestinal, o que pode ser benéfico em condições de hiperatividade motora, como alguns subtipos da síndrome do intestino irritável.[31] Os receptores CB2, por sua vez, são encontrados principalmente em células imunológicas e estão associados à modulação de respostas inflamatórias no intestino. A ativação dos receptores CB2 pode reduzir a inflamação e, consequentemente, melhorar a motilidade intestinal em condições inflamatórias.[32]

Os endocanabinoides também desempenham um papel central na digestão e no comportamento alimentar por meio da regulação da secreção de ácidos gástricos e enzimas digestivas, além de contribuírem para a sinalização de saciedade no eixo intestino-cérebro.[32,33] Endocanabinoides são liberados no trato gastrointestinal em resposta a estímulos nutricionais e interagem com receptores canabinoides presentes no epitélio intestinal, modulando a secreção de enzimas digestivas e a absorção de nutrientes.[34] A anandamida, por exemplo, é um endocanabinoide com ação agonista parcial CB1, mas que tende a atuar contrabalanceando uma superestimulação deste receptor (e do sistema endocanabinoide) por agonistas mais potentes. Ela pode influenciar a motilidade gástrica e a secreção de ácido, impactando diretamente no processo digestivo.[33]

A microbiota intestinal, por sua vez, interage intimamente com o sistema endocanabinoide, modulando sua atividade e influenciando metabolismo, resposta ao estresse e regulação emocional.[35] Estudos sugerem que a microbiota intestinal influencia o metabolismo de ácidos graxos por meio da sinalização endocanabinoide localmente no intestino e no eixo intestino-cérebro, também modulando a neurotransmissão.[36] Nesse sentido, algumas investigações indicam que probióticos podem modular o sistema endocanabinoide, promovendo a homeostase intestinal e melhorando a motilidade.[37]

Por fim, o estresse crônico pode impactar a composição da microbiota intestinal em parte por meio da ação do sistema endocanabinoide sobre o trato gastrointestinal, conforme discutido em maiores detalhes no Capítulo 34 – Transtornos ansiosos, do humor e psicóticos. Na literatura, já foi proposto até mesmo o conceito de neurogastrocanabinologia como um paradigma alternativo para estudar e tratar distúrbios gastrointestinais que afetam o humor, bem como transtornos de humor que desequilibram a fisiologia digestiva, sugerindo o uso de prebióticos ou probióticos para melhorar o tônus do sistema endocanabinoide.[26]

CONSIDERAÇÕES FINAIS

Os sistemas serotoninérgico, histaminérgico e endocanabinoide são fundamentais na regulação da motilidade intestinal e na digestão, influenciando várias funções fisiológicas, como motilidade, secreção, resposta imunológica e homeostase da barreira intestinal. Esses sistemas e sua interação com a microbiota intestinal possuem implicações significativas para a fisiopatologia dos distúrbios da interação entre cérebro e intestino e mesmo de transtornos mentais, constituindo alvos terapêuticos importantes para o desenvolvimento de novos tratamentos.

REFERÊNCIAS BIBLIOGRÁFICAS

1. Hansen MB, Witte AB. The role of serotonin in intestinal luminal sensing and secretion. Acta Physiol (Oxf). 2008;193(4):311-23.
2. Martin AM, Jones LA, Wei L, Spencer NJ, Sanders KM, Ro S, et al. Distinguishing the contributions of neuronal and mucosal serotonin in the regulation of colonic motility. Neurogastroenterol Motil. 2022;34(8):e14361.
3. Zheng Z, Tang J, Hu Y, Zhang W. Role of gut microbiota-derived signals in the regulation of gastrointestinal motility. Front Med. 2022;9:961703.
4. Shah PA, Park CJ, Shaughnessy MP, Cowles RA. Serotonin as a mitogen in the gastrointestinal tract: revisiting a familiar molecule in a new role. Cell Mol Gastroenterol Hepatol. 2021;12(3):1093-104.
5. Agrawal L, Korkutata M, Vimal SK, Yadav MK, Bhattacharyya S, Shiga T. Therapeutic potential of serotonin 4 receptor for chronic depression and its associated comorbidity in the gut. Neuropharmacology. 2020;166:107969.

6. Bellono NW, Bayrer JR, Leitch DB, Castro J, Zhang C, O'Donnell TA, et al. Enterochromaffin cells are gut chemosensors that couple to sensory neural pathways. Cell. 2017;170(1):185-198.e16.
7. Kanova M, Kohout P. Serotonin: its synthesis and roles in the healthy and the critically ill. Int J Mol Sci. 2021;22(9):4837.
8. O'Mahony SM, Clarke G, Borre YE, Dinan TG, Cryan JF. Serotonin, tryptophan metabolism and the brain-gut-microbiome axis. Behav Brain Res. 2015;277:32-48.
9. Buey B, Forcén A, Grasa L, Layunta E, Mesonero JE, Latorre E. Gut microbiota-derived short-chain fatty acids: novel regulators of intestinal serotonin transporter. Life (Basel). 2023;13(5):1085.
10. Hao M, Song J, Zhai X, Cheng N, Xu C, Gui S, et al. Improvement of loperamide-hydrochloride-induced intestinal motility disturbance by Platycodon grandiflorum polysaccharides through effects on gut microbes and colonic serotonin. Front Cell Infect Microbiol. 2023;13:1105272.
11. Israelyan N, Del Colle A, Li Z, Park Y, Xing A, Jacobsen JPR, et al. Effects of serotonin and slow-release 5-hydroxytryptophan on gastrointestinal motility in a mouse model of depression. Gastroenterol. 2019;157(2):507-1.e4.
12. El Aidy S, Ramsteijn AS, Dini-Andreote F, van Eijk R, Houwing DJ, Salles JF, et al. Serotonin transporter genotype modulates the gut microbiota composition in young rats, an effect augmented by early life stress. Front Cell Neurosci. 2017;11:222.
13. Lin J, Liu W, Guan J, Cui J, Shi R, Wang L, et al. Latest updates on the serotonergic system in depression and anxiety. Front Synaptic Neurosci. 2023;15:1124112.
14. Lu Y, Zhang Z, Liang X, Chen Y, Zhang J, Yi H, et al. Study of gastrointestinal tract viability and motility via modulation of serotonin in a zebrafish model by probiotics. Food Funct. 2019;10(11):7416-25.
15. Fabisiak A, Włodarczyk J, Fabisiak N, Storr M, Fichna J. Targeting histamine receptors in irritable bowel syndrome: a critical appraisal. J Neurogastroenterol Motil. 2017;23(3):341-8.
16. Traina G. The role of mast cells in the gut and brain. J Integr Neurosci. 2021;20(1):185-96.
17. Naganuma S, Shiina T, Yasuda S, Suzuki Y, Shimizu Y. Histamine-enhanced contractile responses of gastric smooth muscle via interstitial cells of Cajal in the Syrian hamster. Neurogastroenterol Motil. 2018;30(4):e13255.
18. Shulpekova YO, Nechaev VM, Popova IR, Deeva TA, Kopylov AT, Malsagova KA, et al. Food intolerance: the role of histamine. Nutrients. 2021;13(9):3207.
19. Rosa AC, Nardini P, Sgambellone S, Gurrieri M, Spampinato SF, Dell'Accio A, et al. CNS-sparing histamine H3 receptor antagonist as a candidate to prevent the diabetes-associated gastrointestinal symptoms. Biomolecules. 2022;12(2):184.
20. McClain JL, Morales-Soto W, Gonzales J, Parmar V, Demireva EY, Gulbransen BD. Sexually dimorphic effects of histamine degradation by enteric glial histamine N-methyltransferase (HNMT) on visceral hypersensitivity. Biomolecules. 2023;13(11):1651.
21. Torres-Román AL, Rodríguez-Flores KL, Hernández-Mora VM, Ruiz-García E, Prospero-García O, Guijosa A, et al. Examining the role of histaminergic, orexinergic, and cannabinergic systems in redox regulation in gastric adenocarcinoma. Mini Rev Med Chem. 2023;23(18):1806-17.
22. Barcik W, Pugin B, Brescó MS, Westermann P, Rinaldi A, Groeger D, et al. Bacterial secretion of histamine within the gut influences immune responses within the lung. Allergy. 2019;74(5):899-909.
23. Chen M, Ruan G, Chen L, Ying S, Li G, Xu F, et al. Neurotransmitter and intestinal interactions: focus on the microbiota-gut-brain axis in irritable bowel syndrome. Front Endocrinol. 2022;13:817100.
24. Fiorani M, Del Vecchio LE, Dargenio P, Kaitsas F, Rozera T, Porcari S, et al. Histamine-producing bacteria and their role in gastrointestinal disorders. Expert Rev Gastroenterol Hepatol. 2023;17(7):709-18.
25. Muller PA, Schneeberger M, Matheis F, Wang P, Kerner Z, Ilanges A, et al. Microbiota modulate sympathetic neurons via a gut-brain circuit. Nature. 2020;583(7816):441-6.
26. Turco F, Brugnatelli V, Abalo R. Neuro-gastro-cannabinology: a novel paradigm for regulating mood and digestive health. Med Cannabis Cannabinoids. 2023;6(1):130-7.
27. Lian J, Casari I, Falasca M. Modulatory role of the endocannabinoidome in the pathophysiology of the gastrointestinal tract. Pharmacol Res. 2022;175:106025.

28. Sharkey KA, Wiley JW. The role of the endocannabinoid system in the brain-gut axis. Gastroenterology. 2016;151(2):252-66.
29. Camilleri M, Kolar GJ, Vazquez-Roque MI, Carlson P, Burton DD, Zinsmeister AR. Cannabinoid receptor 1 gene and irritable bowel syndrome: phenotype and quantitative traits. Am J Physiol Gastrointest Liver Physiol. 2013;304(5):G553-60.
30. Cuddihey H, MacNaughton WK, Sharkey KA. Role of the endocannabinoid system in the regulation of intestinal homeostasis. Cell Mol Gastroenterol Hepatol. 2022;14(4):947-63.
31. Brugnatelli V, Turco F, Freo U, Zanette G. Irritable bowel syndrome: manipulating the endocannabinoid system as first-line treatment. Front Neurosci. 2020;14:371.
32. DiPatrizio NV. Endocannabinoids in the gut. Cannabis Cannabinoid Res. 2016;1(1):67-77.
33. Lee Y, Jo J, Chung HY, Pothoulakis C, Im E. Endocannabinoids in the gastrointestinal tract. Am J Physiol Gastrointest Liver Physiol. 2016;311(4):G655-66.
34. Uranga JA, Vera G, Abalo R. Cannabinoid pharmacology and therapy in gut disorders. Biochem Pharmacol. 2018;157:134-47.
35. Srivastava RK, Lutz B, de Azua IR. The microbiome and gut endocannabinoid system in the regulation of stress responses and metabolism. Front Cell Neurosci. 2022;16:867267.
36. Hasenoehrl C, Taschler U, Storr M, Schicho R. The gastrointestinal tract: a central organ of cannabinoid signaling in health and disease. Neurogastroenterol Motil. 2016;28(12):1765-80.
37. Cherkasova V, Kovalchuk O, Kovalchuk I. Cannabinoids and endocannabinoid system changes in intestinal inflammation and colorectal cancer. Cancers. 2021;13(17):4353.
38. Pesce M, D'Alessandro A, Borrelli O, Gigli S, Seguella L, Cuomo R, et al. Endocannabinoid-related compounds in gastrointestinal diseases. J Cell Mol Med. 2018;22(2):706-15.

7

Conectoma intestinal e microbioma

Bruno Zylbergeld

PONTOS-CHAVE

- O capítulo aborda o complexo inter-relacionamento entre o conectoma intestinal e o microbioma, enfatizando a importância do sistema nervoso entérico (SNE) como uma rede neural essencial para a função gastrointestinal e a comunicação com o sistema nervoso central (SNC). O conectoma intestinal é composto por neurônios entéricos, células gliais e células enteroendócrinas, que, em conjunto, regulam funções críticas como motilidade, secreção e resposta imunológica. Além disso, o microbioma intestinal interage de maneira intrincada com o SNE, influenciando a homeostase corporal, a imunomodulação e várias funções neurológicas por meio da produção de metabólitos e neurotransmissores.
- O capítulo também destaca como essas interações podem impactar sobre condições clínicas, como a síndrome do intestino irritável e doenças neurodegenerativas, pela modulação da inflamação e da função neuronal. A análise também explora o papel do microbioma no desenvolvimento do conectoma intestinal e sua influência em processos como a percepção sensorial de alimentos e a resposta imunológica.
- Por fim, discute-se a relevância dessas descobertas para tratamentos futuros e a conexão entre dieta, microbioma e saúde mental, consolidando a visão de que "nós somos o que comemos" em um contexto científico e clínico.

INTRODUÇÃO

O conectoma intestinal é composto por um complexo mapa de conexões neuronais presentes no sistema digestivo, mais especificamente no sistema nervoso entérico (SNE), e pelas suas interações com outros tipos de células que desempenham papéis sensoriais e regulatórios.[1] Sua atuação envolve a neuromodulação gastrointestinal e as diversas vias de interação entre o sistema nervoso central (SNC) e o trato gastrointestinal (Figura 1).[2]

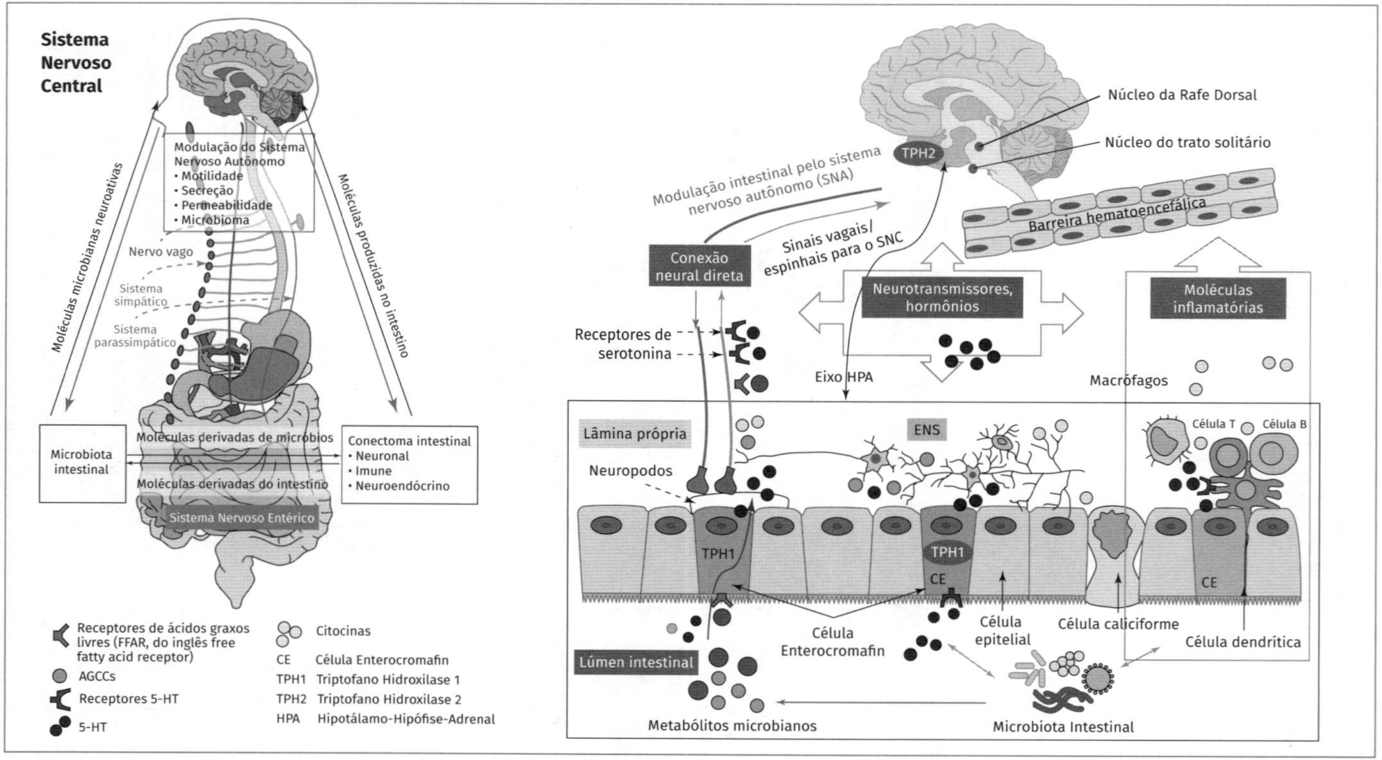

FIGURA 1 Representação esquemática da comunicação bidirecional que ocorre no eixo intestino-cérebro-microbiota relacionada à sinalização da serotonina.
Fonte: adaptada de Martin et al., 2018; Margolis et al., 2021; Yang et al. 2023.[3-5]

O entendimento detalhado do conectoma intestinal abre caminhos para tratamentos mais eficazes de distúrbios gastrointestinais como a síndrome do intestino irritável, doenças inflamatórias intestinais e distúrbios funcionais do trato gastrointestinal.[6] Além disso, poderá fornecer *insights* sobre a conexão entre dieta, microbiota intestinal e saúde mental, tema que chama atenção nos estudos crescentes sobre o eixo intestino-cérebro em condições neurológicas e psiquiátricas.[7]

O conectoma intestinal e o microbioma intestinal interagem com o cérebro através de vias de sinalização neural, endocrinológica e imunológica. As vias neurais diretas incluem os nervos vago e espinal, com terminações nervosas aferentes que se conectam a células enterocromafins. Essas conexões transmitem sinais para o núcleo do trato solitário e outras regiões do sistema nervoso central, como o DRN, que contém muitos neurônios serotoninérgicos. Sinais eferentes do sistema nervoso central influenciam funções intestinais e o ambiente microbiano, incluindo a liberação de serotonina pelas células enterocromafins. A microbiota intestinal também produz metabólitos, como ácidos graxos de cadeia curta, que estimulam a produção de serotonina. Vias não neurais, incluindo sinalização endocrinológica e imunológica, são componentes importantes do eixo intestino-cérebro-microbiota, com a serotonina desempenhando um papel central (Figura 1).

CONECTOMA INTESTINAL

O conceito de conectoma ainda está em expansão à medida que novas tecnologias, como o mapeamento neuronal avançado e a genômica, permitem uma visão mais detalhada da complexidade e da dinâmica do SNE, bem como de suas interações com o resto do corpo.[8]

Nesse cenário, pode-se afirmar que compõem o conectoma:

- Neurônios entéricos: formam a maior parte do SNE, que contém um número de neurônios muito próximo da medula espinal,[9] e são classificados em diferentes tipos com base em suas funções, como motoneurônios, interneurônios e neurônios sensoriais.[1]
- Glia entérica: de maneira similar aos astrócitos no sistema nervoso central, as células gliais no SNE suportam os neurônios, regulam o ambiente iônico, respondem a lesões e participam da sinalização neurotransmissora.[10]
- Células enteroendócrinas: são células epiteliais especializadas que respondem a sinais químicos e mecânicos do lúmen intestinal, liberando hormônios que afetam funções como motilidade, secreção e interações com o sistema imunológico.[11]

- Sensores epiteliais inervados: incluem células enteroendócrinas e outros tipos de células que interagem diretamente com componentes da microbiota intestinal e com substratos dietéticos, influenciando a função neuronal.[12]
- Rede de circuitos neurais: forma de organização dos neurônios e células do SNE que permite o processamento de informação de forma autônoma em cada circuito ou em comunicação com o sistema nervoso central. Esses circuitos são cruciais para funções como a peristalse, a secreção de enzimas e a absorção de nutrientes.[13]

As funções desempenhadas pelo conectoma incluem:

- Percepção e resposta sensorial: recebe e processa sinais do ambiente luminal no SNE, incluindo a detecção de nutrientes, pH, pressão mecânica e a presença de químicos e da microbiota.[14]
- Regulação da motilidade gastrointestinal: coordena os movimentos peristálticos que facilitam o transporte de conteúdo alimentar através do intestino.[15]
- Secreção e absorção: regula a secreção de enzimas digestivas, hormônios e outras substâncias essenciais para a digestão e a absorção.[3]
- Interconexão com o sistema nervoso central: liga o SNE ao cérebro através do nervo vago e outros componentes do sistema nervoso autônomo, permitindo que o cérebro influencie a digestão e vice-versa.[16]
- Interação com a microbiota: interage com a microbiota intestinal, capaz de influenciar funções neurológicas por meio da produção de metabólitos e modular a inflamação e a resposta imunológica.[17]

Interação com o microbioma

Composto por uma vasta rede de neurônios, células gliais e células enteroendócrinas do SNE, o conectoma tem uma relação intrínseca e complexa com o microbioma intestinal. Essa interação participa da homeostase corporal, da modulação da imunidade e da regulação de várias outras funções metabólicas e neurológicas.

A comunicação entre o microbioma e o conectoma intestinal ocorre por várias vias bioquímicas e físicas. Os microrganismos residentes no intestino, por exemplo, produzem uma gama de metabólitos, incluindo ácidos graxos de cadeia curta (AGCCs), peptídeos e neurotransmissores, que podem diretamente interagir com os neurônios entéricos e influenciar suas funções.[18] Os AGCCs (p. ex., butirato, propionato e acetato) são cruciais para a manutenção da saúde do epitélio intestinal e têm efeitos moduladores no SNE. Esses ácidos graxos também afetam a motilidade gastrointestinal ao interagir com receptores específicos nos neurônios entéricos.[19] O butirato, em particular, demonstrou ter um papel protetor ao reduzir a inflamação por meio da inibição do fator de transcrição nuclear kappa B (NF-kappa B) e modular a permeabilidade da barreira intestinal.[2]

O microbioma também pode sintetizar e secretar neurotransmissores que são análogos aos produzidos pelo hospedeiro, como a serotonina, o ácido gama-aminobutírico (GABA) e a noradrenalina, que afetam diretamente a função neuronal no SNE.[20] A serotonina, por exemplo, é um modulador conhecido da motilidade intestinal e é influenciada pela presença de bactérias que podem regular sua síntese no intestino.[21]

Por sua vez, os circuitos neurais do SNE não apenas respondem aos sinais do cérebro e a estímulos locais, mas também são modulados pelo estado do microbioma intestinal. Alterações na composição ou na atividade do microbioma podem levar a modificações significativas nos padrões de atividade neuronal, o que pode resultar em alterações na motilidade, na secreção e na função imunológica do intestino.[22]

Por fim, o microbioma intestinal influencia a sensibilidade dos neurônios entéricos a estímulos, modulando a expressão de receptores e a disponibilidade de neurotransmissores. Estudos demonstraram, por exemplo, que o microbioma pode regular a expressão de canais iônicos e receptores para neurotransmissores em neurônios entéricos, alterando assim sua excitabilidade e sua função.[23]

MECANISMOS DE DEFESA E INTERAÇÃO NEUROIMUNOLÓGICA

As células do SNE participam ativamente das respostas imunológicas intestinais. Elas podem reconhecer padrões moleculares associados a patógenos (PAMP, do inglês *pathogen-associated molecular patterns*) e metabólitos microbianos benéficos, iniciando respostas imunológicas ou tolerogênicas conforme necessário.[24] Essa capacidade é crucial para a manutenção de um ambiente intestinal equilibrado e para a prevenção de doenças inflamatórias.

As células gliais entéricas, em particular, ajudam a manter a integridade do epitélio intestinal e estão envolvidas na resposta imunológica por meio da modulação de citocinas e quimiocinas, facilitando a comunicação entre neurônios entéricos e células imunológicas.[25] Assim, a interação entre células gliais e bactérias pode fortalecer a barreira intestinal contra a invasão patogênica e moderar a inflamação.[26]

CONEXÕES FUNCIONAIS E EXEMPLOS CLÍNICOS

A relação simbiótica entre o conectoma intestinal e o microbioma transcende a simples comunicação química e influencia diretamente a saúde e a doença no hospedeiro. Essa interação pode ser exemplificada por estudos clínicos e experimentais que destacam o papel do eixo microbioma-intestino-cérebro em diversas condições.

Síndrome do intestino irritável

A síndrome do intestino irritável é um exemplo notável de como as interações entre o microbioma e o conectoma intestinal podem afetar a saúde. Pacientes com síndrome do intestino irritável frequentemente exibem alterações na composição do microbioma, bem como na sensibilidade e na função neuronal entérica.[27] Estudos têm mostrado que o tratamento com probióticos pode alterar a microbiota intestinal e reduzir os sintomas dessa síndrome, sugerindo que a modulação do microbioma pode restaurar a função normal do SNE.[28] Esse efeito é, em parte, mediado pela redução da inflamação local e pela modulação da atividade neuronal, evidenciando uma clara conexão entre os microrganismos intestinais e a função neural.

Doenças neurodegenerativas

Há evidências crescentes de que o microbioma intestinal pode influenciar o desenvolvimento de doenças neurodegenerativas, como a doença de Parkinson e a doença de Alzheimer. Pesquisas indicam que certas bactérias intestinais podem produzir substâncias que têm efeitos neuroprotetores ou neurotóxicos capazes de influenciar a patologia dessas doenças.[29] Estudos em modelos animais de Parkinson, por exemplo, mostram que a alteração do microbioma pela ação de antibióticos ou probióticos pode afetar a progressão da doença, alterando a inflamação e a neurotransmissão no SNE e no cérebro.[30]

Diabetes tipo 2

O microbioma também tem um papel crucial no metabolismo da glicose e no desenvolvimento do diabetes tipo 2. Assim, a disbiose intestinal, caracterizada por alteração no equilíbrio dos tipos de bactérias no intestino, tem sido associada à resistência à insulina. Os mecanismos propostos para essa associação incluem a influência do microbioma sobre a produção de AGCCs, que podem melhorar a função da barreira intestinal e modular a inflamação sistêmica, ambos fatores conhecidos por influenciar a sensibilidade à insulina.[31]

Saúde mental

As interações entre o microbioma e o conectoma intestinal também se estendem à saúde mental. Pesquisas recentes sugerem que o microbioma pode afetar o comportamento e as emoções por meio de seus efeitos sobre o SNE e o eixo intestino-cérebro. Certas cepas probióticas, por exemplo, demonstraram reduzir a ansiedade e a depressão em modelos animais e em ensaios clínicos com humanos provavelmente por meio da modulação de neurotransmissores intestinais e inflamação.[32]

RELAÇÃO COM A ALIMENTAÇÃO

"Conte-me o que você come, e eu lhe direi o que você é", escreveu o gastrônomo francês Jean Brillat-Savarin em 1826.[9] Embora àquela época a conexão entre bem-estar e a comida ingerida já fosse clara, somente nos anos recentes foram descobertos os mecanismos pelos quais o intestino percebe os alimentos.

Com todas as suas dobras, vilosidades e microvilosidades, o intestino é, sem dúvida, a maior superfície do corpo. É nele que os alimentos são desmontados em nutrientes, dando origem a sinais que controlam uma série de funções corporais, incluindo o desejo de comer. Em razão da necessidade de estar ciente dos alimentos ingeridos, o corpo possui uma intricada rede de células eletricamente excitáveis cuidadosamente organizadas em circuitos e distribuídas estrategicamente pelo intestino. Esses circuitos convertem alimentos em sinais elétricos que coordenam a motilidade, a secreção, a ingestão de alimentos e até o humor e outros comportamentos.

No passado, o estudo dessa rede estava limitado aos neurônios do SNE, mas atualmente já está claro que ela se estende além dos neurônios entéricos. Essa rede neural é composta por glias entéricas, neurônios de gânglios periféricos que inervam o intestino, neurônios intrínsecos e sensores epiteliais especializados inervados, como as células enteroendócrinas. Todo esse conjunto recebe o nome "conectoma intestinal".

Personagens do conectoma intestinal, as glias e os neurônios entéricos surgem das células da crista neural e chegam ao intestino, viajando a partir do tubo neural. Os instrumentos moleculares que orquestram a migração das células derivadas da crista neural para o intestino são receptores, coatores e ligantes que coordenam meticulosamente a migração e a transformação dos progenitores em gânglios entéricos.[33] Finalmente, mais de 20 tipos distintos de neurônios e glia acompanhante são formados.[34] Esses neurônios são guiados, então, por sinais químicos para desenvolver axônios e estabelecer conexões sinápticas com alvos sensoriais e motores.[35]

O conectoma intestinal é, portanto, uma rede neural construída em torno da percepção de alimentos. Desde o momento em que o feto engole o líquido amniótico, o conteúdo luminal do trato digestivo se torna um fator importante no direcionamento axonal; afinal, a rede precisa encontrar a localização correta para sentir e utilizar os nutrientes. Embora haja relatos de bactérias colonizando órgãos internos, incluindo o intestino, antes do nascimento,[36] o microbioma intestinal, principalmente após o nascimento, serve como um farol no desenvolvimento dessa rede, preparando o sistema imunológico e produzindo quimioativos.[37] Nesse sentido, Kabouridis e Pachnis discutem como o microbioma intestinal aumenta a densidade dos nervos entéricos.[38] Os mecanismos parecem envolver receptores epiteliais, como os da grande família de receptores do tipo *toll* (TLR, do inglês *toll-like receptors*). Em condições normais, os microrganismos no intestino não têm acesso físico aos nervos entéricos; portanto, sua capacidade de alterar o desenvolvimento e a função da rede neural entérica provavelmente é mediada por subprodutos bacterianos que se infiltram através do epitélio para a lâmina própria ou, mais provavelmente, por ativação direta de células sensoriais epiteliais como as células enteroendócrinas. Essas células permanecem em contato direto com o lúmen intestinal e expressam receptores moleculares especificamente ativados por ligantes bacterianos.[39] Se a integridade da barreira epitelial for comprometida por uma infecção, a função da circuitaria neural é afetada.[40]

As células enteroendócrinas são essenciais, portanto, para a vida normal. Na sua ausência, ocorrem diarreia grave e morte precoce.[41] Como células de sabor na língua ou células receptoras olfativas no nariz, as células enteroendócrinas são células epiteliais sensoriais e recentemente seus mecanismos de detecção molecular foram descobertos.[42] Corrobora essa afirmação o fato de que as células enteroendócrinas expressam alguns dos mesmos receptores olfativos e de sabor conhecidos por mediar o sentido do olfato e do paladar.[43,44] Ao contrário de outros sensores epiteliais, acreditava-se que elas não possuíam conexões sinápticas com os nervos e elas eram estudadas exclusivamente como uma fonte de hormônios; no entanto, já se sabe que possuem características típicas de circuitos neurais de células sensoriais, incluindo excitabilidade elétrica, canais de voltagem funcionais, pequenas vesículas sinápticas claras, nutrição de fatores neurotróficos derivados de glia e um neuropodo.[45] A descoberta de que é através dos neuropodos que as células enteroendócrinas se conectam aos nervos[46] abre a possibilidade de o intestino processar sinais sensoriais no lúmen de maneira temporalmente precisa, específica do circuito e finamente ajustada. Jean Brillat-Savarin estava certo, afinal: nós verdadeiramente somos o que comemos.

CONSIDERAÇÕES FINAIS

O estudo do conectoma intestinal e do microbioma revela uma rede intrincada e sofisticada de interações que vão além da digestão e absorção de nutrientes. O SNE, com seus neurônios, células gliais e células enteroendócrinas, formam um verdadeiro "cérebro intestinal", essencial para a regulação de diversas funções fisiológicas. Esta rede não opera de forma isolada, mas em íntima colaboração com o microbioma intestinal, cujas influências bioquímicas e fisiológicas moldam as respostas neurológicas e imunológicas do intestino.

As descobertas recentes sobre os mecanismos de comunicação entre o microbioma e o SNE ampliam nossa compreensão das bases biológicas da saúde e da doença. Por meio de metabólitos, neurotransmissores e outras moléculas bioativas, o microbioma desempenha um papel central na modulação da motilidade intestinal, na secreção de enzimas e hormônios, e até mesmo, na saúde mental por intermédio do eixo intestino-cérebro.

Além disso, a complexidade do conectoma intestinal e sua interação com o microbioma têm implicações clínicas significativas. Distúrbios como a síndrome do intestino irritável, doenças inflamatórias intestinais e condições neurodegenerativas podem estar intimamente ligados a alterações na composição e função da microbiota, bem como nas respostas do SNE. A modulação terapêutica do microbioma, por meio de probióticos, prebióticos e principalmente intervenções dietéticas, emerge como uma estratégia promissora para tratar essas condições.

A profunda interconexão entre o que ingerimos e como nosso corpo responde, enfatiza a importância de uma alimentação equilibrada e de um microbioma saudável. Assim, como sugerido por Brillat-Savarin, a dieta não apenas nutre o corpo, mas também influencia diretamente nossa saúde mental e bem-estar geral. A exploração contínua deste campo promete revelar ainda mais segredos sobre a relação simbiótica entre humanos e seus microrganismos residentes, oferecendo novas perspectivas para a medicina e a nutrição.

REFERÊNCIAS BIBLIOGRÁFICAS

1. Gershon MD, Margolis KG. The gut, its microbiome, and the brain: connections and communications. J Clin Invest. 2021;131(18):e143768.
2. Kelly JR, Kennedy PJ, Cryan JF, Dinan TG, Clarke G, Hyland NP. Breaking down the barriers: the gut microbiome, intestinal permeability and stress-related psychiatric disorders. Front Cell Neurosci. 2015;9, 166028.
3. Martin CR, Osadchiy V, Kalani A, Mayer EA. The brain-gut-microbiome axis. Cell Mol Gastroenterol Hepatol. 2018;6(2):133-48.
4. Margolis KG, Cryan JF & Mayer EA. The microbiota-gut-brain axis: from motility to mood. Gastroenterology, 2021;160(5), 1486-1501.

5. Yang L, Cheng Y, Zhu Y, Cui L, Li X. The serotonergic system and amyotrophic lateral sclerosis: a review of current evidence. Cell Mol Neurobiol. 2023;43(6):2387-414.
6. Mayer EA, Ryu HJ, Bhatt RR. The neurobiology of irritable bowel syndrome. Mol Psychiatry. 2023;28(4):1451-65.
7. Berding K, Vlckova K, Marx W, Schellekens H, Stanton C, Clarke G, et al. Diet and the microbiota-gut-brain axis: sowing the seeds of good mental health. Adv Nutr. 2021;12(4):1239-85.
8. Gong W, Guo P, Li Y, Liu L, Yan R, Liu S, et al. Role of the gut-brain axis in the shared genetic etiology between gastrointestinal tract diseases and psychiatric disorders: a genome-wide pleiotropic analysis. JAMA Psychiatry. 2023;80(4):360-70.
9. Furness JB. The enteric nervous system and neurogastroenterology. Nat Rev Gastroenterol Hepatol. 2012;9(5):286-94.
10. Grubišić V, Gulbransen BD. Enteric glia: the most alimentary of all glia. J Physiol. 2017;595(2):557-70.
11. Engelstoft MS, Egerod KL, Lund ML, Schwartz TW. Enteroendocrine cell types revisited. Curr Opin Pharmacol. 2013;13(6):912-21.
12. Dockray GJ. Luminal sensing in the gut: an overview. J Physiol Pharmacol. 2003;54(Suppl 4):9-17.
13. Costa M, Brookes SH. Architecture of enteric neural circuits involved in intestinal motility. Eur Rev Med Pharmacol Sci. 2008;12(Suppl 1):3-19.
14. Ye L, Liddle RA. Gastrointestinal hormones and the gut connectome. Curr Opin Endocrinol Diabetes Obes. 2017;24(1):9-14.
15. Fountoulakis KN, Nimatoudis I, Gonda X. The human connectome: functional anatomy of the brain. In: Fountoulakis KN, Nimatoudis I (eds.). Psychobiology of behaviour. Springer; 2019. p. 1-48.
16. Bonaz B, Bazin T, Pellissier S. The vagus nerve at the interface of the microbiota-gut-brain axis. Front Neurosci. 2018;12:49.
17. Mayer EA, Nance K, Chen S. The gut-brain axis. Annu Rev Med. 2022;73:439-53.
18. Topping DL, Clifton PM. Short-chain fatty acids and human colonic function: roles of resistant starch and nonstarch polysaccharides. Physiol Rev. 200;81(3):1031-64.
19. Morrison DJ, Preston, T. Formation of short chain fatty acids by the gut microbiota and their impact on human metabolism. Gut Microbes. 2016;7(3):189-200.
20. Clarke G, Stilling RM, Kennedy PJ, Stanton C, Cryan JF, Dinan TG. Minireview: gut microbiota – the neglected endocrine organ. Mol Endocrinol. 2014;28(8):1221-38.
21. Yano JM, Yu K, Donaldson GP, Shastri GG, Ann P, Ma L, et al. Indigenous bacteria from the gut microbiota regulate host serotonin biosynthesis. Cell. 2015;161(2):264-76.
22. Mayer EA, Tillisch K, Gupta A. Gut/brain axis and the microbiota. J Clin Invest. 2015;125(3):926-38.
23. Foster JA, Rinaman L, Cryan JF. Stress & the gut-brain axis: regulation by the microbiome. Neurobiol Stress. 2017;7:124-36.
24. Sampson TR, Mazmanian SK. Control of brain development, function, and behavior by the microbiome. Cell Host Microbe. 2015;17(5):565-76.
25. Bercik P, Collins SM, Verdu EF. Microbes and the gut-brain axis. Neurogastroenterol Motil. 2012;24(5):405-13.
26. Cryan JF, Dinan TG. Mind-altering microorganisms: the impact of the gut microbiota on brain and behaviour. Nat Rev Neurosci. 2012;13(10):701-12.
27. Quigley EM. Prebiotics and probiotics in digestive health. Clin Gastroenterol Hepatol. 2019;17(2):333-44.
28. Ford AC, Quigley EM, Lacy BE, Lembo AJ, Saito YA, Schiller LR, et al. Efficacy of prebiotics, probiotics, and synbiotics in irritable bowel syndrome and chronic idiopathic constipation: systematic review and meta-analysis. Am J Gastroenterol. 2014;109(10):1547-61.
29. Bardenhorst SK, Cereda E, Severgnini M, Barichella M, Pezzoli G, Keshavarzian A, et al. Gut microbiota dysbiosis in Parkinson disease: a systematic review and pooled analysis. Eur J Neurol. 2023;30(11):3581-94.
30. Nowak JM, Kopczyński M, Friedman A, Koziorowski D, Figura M. Microbiota dysbiosis in Parkinson disease: in search of a biomarker. Biomedicines. 2022;10(9):2057.

31. Khan MT, Nieuwdorp M, Bäckhed F. Microbial modulation of insulin sensitivity. Cell Metabolism. 2014;20(5):753-60.
32. Bravo JA, Forsythe P, Chew MV, Escaravage E, Savignac HM, Dinan TG, et al. Ingestion of Lactobacillus strain regulates emotional behavior and central GABA receptor expression in a mouse via the vagus nerve. Proc Natl Acad Sci U S A. 2011;108(38):16050-5.
33. Mayer EA. Gut feelings: the emerging biology of gut-brain communication. Nat Rev Neurosci. 2011;12(8):453-66.
34. Costa M, Brookes SJ, Hennig GW. Anatomy and physiology of the enteric nervous system. Gut. 2000;47(suppl 4):iv15-iv19.
35. Gershon MD. The enteric nervous system: a second brain. Hosp Pract (1995). 1999;34(7):31-42.
36. Walker RW, Clemente JC, Peter I, Loos RJ. The prenatal gut microbiome: are we colonized with bacteria in utero? Pediatr Obes. 2017; 12(Suppl 1):3-17.
37. Molloy MJ, Bouladoux N, Belkaid Y. Intestinal microbiota: shaping local and systemic immune responses. Semin Immunol. 2012;24(1):58-66.
38. Kabouridis PS, Pachnis V. Emerging roles of gut microbiota and the immune system in the development of the enteric nervous system. J Clin Invest. 2015;125(3):956-64.
39. Furness JB, Rivera LR, Cho HJ, Bravo DM, Callaghan B. The gut as a sensory organ. Nat Rev Gastroenterol Hepatol. 2013;10(12):729-40.
40. Mawe GM, Collins SM, Shea-Donohue T. Changes in enteric neural circuitry and smooth muscle in the inflamed and infected gut. Neurogastroenterol Motil. 2004; 16(Suppl 1):133-6.
41. Cortina G, Smart CN, Farmer DG, Bhuta S, Treem WR, Hill ID, et al. Enteroendocrine cell dysgenesis and malabsorption, a histopathologic and immunohistochemical characterization. Hum Pathol. 2007;38(4):570-80.
42. Psichas A, Reimann F, Gribble FM. Gut chemosensing mechanisms. J Clin Invest. 2015;125(3):908-17.
43. Kaji I, Karaki SI, Kuwahara A. Taste sensing in the colon. Curr Pharm Des. 2014;20(16):2766-74.
44. Kitamura A, Tsurugizawa T, Uematsu A, Uneyama H. The sense of taste in the upper gastrointestinal tract. Curr Pharm Des. 2014;20(16):2713-24.
45. Hanani M. Satellite glial cells in sensory ganglia: from form to function. Brain Res Rev. 2005;48(3):457-76.
46. Bohórquez DV, Samsa LA, Roholt A, Medicetty S, Chandra R, Liddle RA. An enteroendocrine cell-enteric glia connection revealed by 3D electron microscopy. PLoS One. 2014;9(2):e89881.

8

Modulação da neurotransmissão pela microbiota intestinal

Rodolfo Furlan Damiano
Bianca Besteti Fernandes Damiano
Marcus Vinicius Zanetti

PONTOS-CHAVE

- A microbiota intestinal regula a neurotransmissão por meio da comunicação entre o trato gastrointestinal e o sistema nervoso central, com implicações diretas em diversos transtornos neuropsiquiátricos, como depressão, ansiedade, esquizofrenia e doença de Alzheimer.
- A produção de neurotransmissores como ácido gama-aminobutírico (GABA), glutamato, serotonina, histamina, dopamina e os ácidos graxos de cadeia curta é modulada pelos metabólitos bacterianos, com destaque para as vias da tetraidrobiopterina e da quinurenina no metabolismo do triptofano e na proteção contra a neurotoxicidade.
- Os ácidos graxos de cadeia curta, resultantes da fermentação de fibras dietéticas pela microbiota, exercem influências significativas na saúde do sistema nervoso central, como a neuroplasticidade e a neurogênese, incluindo efeitos anti-inflamatórios e modulação de neurotransmissores.
- Alterações na expressão de genes relacionados ao transporte e à recepção da dopamina e da serotonina estão associadas à composição da microbiota intestinal, evidenciando um vínculo potencial com transtornos neuropsiquiátricos.
- O glutamato provém do consumo dietético e da produção por várias cepas bacterianas no trato gastrointestinal. Infecções, estresse, antibioticoterapia ou dieta inadequada podem desregular sua produção e a microbiota intestinal pode modular a expressão dos receptores de glutamato, influenciando também o eixo microbiota-intestino-cérebro.

INTRODUÇÃO

A complexa coleção de microrganismos no trato gastrointestinal humano, denominada microbiota intestinal, é um fator determinante na modulação da neurotransmissão.[1] Essa influência se dá por meio do eixo microbiota-intestino-cérebro (EMIC), que funciona como um sistema de comunicação bidirecional entre o trato gastrointestinal e o sistema nervoso central (SNC), integrando sinais neurais, endócrinos, imunológicos e metabólicos.[2]

O entendimento das diversas vias desse eixo é essencial. Há uma crescente gama de evidências que apontam para um papel central do microbioma intestinal na etiopatogenia de diversos transtornos neuropsiquiátricos, como transtornos do humor,[3] transtorno de ansiedade generalizada (TAG),[4] transtorno de ansiedade social,[5] esquizofrenia,[6] doença de Alzheimer[7] e outros. Por conta disso, mesmo ainda incipiente, essas vias vêm sendo consideradas alvos terapêuticos em potencial para o desenvolvimento de novas estratégias no tratamento dos transtornos neuropsiquiátricos.[8,9] Diante desse cenário promissor, a integração de dados moleculares, bioquímicos e comportamentais é essencial para desvendar o complexo entrelaçamento entre a microbiota, a neurotransmissão e as patologias do SNC.

Entre os mecanismos por meio dos quais o EMIC exerce influência sobre a neurotransmissão, já se começa a compreender os seguintes:

- Regulação da síntese de monoaminas (serotonina – 5-HT, dopamina e noradrenalina) e transmissão glutamatérgica por meio da ação de diferentes metabólitos microbianos e citocinas inflamatórias sobre a via da quinurenina (VQ), a expressão da enzima triptofano hidroxilase-1 (TH-1), o ciclo da tetraidrobiopterina (BH4) e o ciclo do carbono-1.[10-12]
- Regulação da relação ácido gama-aminobutírico (GABA)/glutamato no cérebro por mecanismos ainda não totalmente elucidados.[13,14]
- Influência na síntese, na metabolização e na recaptura de dopamina por meio da indução e da inibição de diferentes enzimas e transportadores.[15]
- Alteração do metabolismo de ácidos graxos e produção de endocanabinoides.[16]

Muito se discute, ainda, sobre a capacidade da microbiota intestinal de produzir neurotransmissores idênticos aos humanos, o papel desses neurotransmissores e a possibilidade de exercerem algum efeito, ainda que indireto, sobre o cérebro. Nesse debate, tem relevância o fato de o SNC possuir um funcionamento compartimentalizado em relação ao restante do corpo graças à barreira hematoencefálica (BHE), já que os principais neurotransmissores não a atravessam em condições fisiológicas.

Este capítulo tem como objetivo descrever os principais mecanismos conhecidos pelos quais a microbiota regula a homeostase cerebral e a modulação do comportamento, que envolvem a interação entre metabólitos bacterianos e a neuroquímica cerebral.

INFLUÊNCIAS DO MICROBIOMA INTESTINAL NA NEUROMODULAÇÃO

A microbiota intestinal influencia o sistema imunológico e a resposta inflamatória. Os produtos derivados de sua ação desempenham um papel fundamental na regulação da neurotransmissão, participando de vias que modulam a produção e a liberação de GABA, serotonina, histamina e dopamina, incluindo a via da tetraidrobiopterina e a VQ.

Microbiota intestinal, imunidade e neuroinflamação

O epitélio intestinal é uma barreira física dinâmica que funciona também como um elemento do sistema imunológico por prevenir a exposição a antígenos e patógenos. Componentes estruturais dos microrganismos, conhecidos como padrões moleculares associados a microrganismos (MAMP, do inglês *microbe-associated molecular patterns*), a exemplo dos lipopolissacarídeos (LPS), peptidoglicanos, lipoproteínas bacterianas, betaglucanos, flagelina e outros, promovem uma estimulação tônica do sistema imunológico inato e ao mesmo tempo podem apresentar reação cruzada com antígenos humanos, levando a respostas disfuncionais do sistema imunológico adaptativo.[12,17,18]

Os efeitos dos diversos microrganismos que compõem a microbiota intestinal sobre o sistema imunológico hospedeiro variam a depender dessa diversidade. Há, por exemplo, espécies de bactérias que regulam a diferenciação de linhagens de células mieloides na medula óssea e a atividade dos granulócitos maduros circulantes. Macrófagos detectam a colonização microbiana no lúmen intestinal por meio da ligação de MAMP a diferentes receptores de reconhecimento de padrões, principalmente os receptores do tipo *toll* (TLR, do inglês *toll-like receptors*), levando à liberação de citocinas. Por sua vez, as citocinas modulam a atividade de diferentes células imunológicas, como as células linfoides inatas e células T reguladoras.[18] Os MAMP ou microrganismos intactos podem cair na circulação sistêmica e agir diretamente no SNC, ligando-se a TLR expressos em diferentes células neuronais, incluindo micróglia, astrócitos, oligodendrócitos e neurônios.[12,19] Assim, um aumento da permeabilidade da barreira intestinal e da BHE, bem como estados de disbiose intestinal podem produzir translocação microbiana e excesso de exposição a MAMP, levando a um aumento na produção de citocinas pró-inflamatórias (como as interleucinas IL-1-alfa, IL-1-beta e IL-6 e o fator de necrose tumoral alfa – TNF-alfa) por diferentes células imunológicas tanto no trato gastrointestinal como no SNC, o que, em última instância, provocará inflamação sistêmica e neuroinflamação.[12] Corroborando a existência desse mecanismo, uma ativação aumentada de micróglia foi consistentemente documentada na esclerose múltipla, nas demências e em transtornos mentais graves como depressão, comportamento suicida e esquizofrenia.[8,20,21]

Esse fenômeno tem sido consistentemente estudado com os LPS, presentes nas bactérias Gram-negativas, cuja ação sobre os TLR do tipo 4 vem sendo associada a neuroinflamação, desequilíbrio de neurotransmissores, queda na produção de neurotrofinas (como os fatores neurotróficos derivados do cérebro – BDNF, do inglês *brain derived neutrophic factors*) e depressão.[9,19,22] Marcadores de permeabilidade intestinal aumentada, incluindo níveis elevados de LPS circulantes, já foram documentados em transtornos mentais graves como transtorno depressivo maior, transtorno bipolar, esquizofrenia e doença de Alzheimer.[23,24] Além disso, estudos *post-mortem* detectaram a presença de LPS no cérebro de indivíduos com doença de Alzheimer, colocalizados com beta-amiloide-40/42 em placas amiloides e ao redor dos vasos sanguíneos.[23]

Diversos metabólitos microbianos, incluindo os ácidos graxos de cadeia curta (AGCCs), ácidos biliares secundários, trimetilamina (produzida a partir da colina e da carnitina da dieta) e produtos da degradação do triptofano, atuam regulando a permeabilidade tanto da barreira intestinal como da BHE, com impacto importante na regulação da resposta imunológica tanto sistêmica como cerebral.[25] Além disso, o butirato (AGCC mais importante) e os indóis (metabólitos do triptofano) exercem ação imunomoduladora predominantemente anti-inflamatória ao atuar sobre diferentes receptores presentes nas células imunológicas, incluindo micróglia e astrócitos, o que contribui para prevenir uma resposta inflamatória excessiva.[9,26] Dessa forma, seja por meio da produção de butirato a partir da ingestão de fibras, ou pela geração de metabólitos da degradação do triptofano no intestino, o eixo intestino-cérebro parece exercer importante papel de regulação da atividade da micróglia e reduzir a neurotoxicidade no SNC.

Além desses mecanismos, a influência direta do eixo intestino-cérebro na neuroinflamação é, por si só, um importante modulador de neurotransmissão, já que os fatores inflamatórios podem impactar negativamente a produção de monoaminas (serotonina, dopamina e noradrenalina) no SNC por seu efeito na atividade da VQ e do ciclo da tetraidrobiopterina no cérebro.

Ciclo da tetraidrobiopterina

A tetraidrobiopterina (BH4) desempenha um papel crucial em diversos processos fisiológicos conhecidos, como atividade proliferativa, proteção contra a toxicidade do óxido nítrico, inflamação e regulação da glicose. No SNC, ela atua como regulador-chave da neurotransmissão monoaminérgica (serotonina, dopamina e noradrenalina) e dos comportamentos relacionados a ela, representando um cofator fundamental das enzimas óxido nítrico sintase, fenilalanina hidroxilase, tirosina hidroxilase e triptofano hidroxilase.[27] Sua distribuição no cérebro é heterogênea, já que é sintetizada nos núcleos da rafe, na substância negra e na área tegmentar ventral, todas altamente enriquecidas em neurônios monoaminérgicos.[28] Alguns estudos também mostraram sua presença funcional em células gliais, como astrócitos e micróglias.[27] Além disso, em condições inflamatórias a BH4 é direcionada preferencialmente para a produção de óxido nítrico, com consequente diminuição na síntese de monoaminas (Figura 1).[29]

Estudos recentes têm demonstrado que a BH4 desempenha também outros papéis relevantes no SNC. Seu efeito sobre a atividade da enzima tirosina hidroxilase, por exemplo, oferece proteção contra o processo de morte celular conhecido como ferroptose e atua na neutralização de radicais livres de oxigênio nas mitocôndrias. Adicionalmente, ela contribui para a manutenção da excitabilidade dos neurônios e é vital na promoção da síntese de adenosina trifosfato (ATP) mitocondrial. Essas ações são fundamentais para o reforço da saúde mitocondrial e o incremento da respiração celular, como já evidenciado em diversos estudos com modelos animais voltados para o estudo da doença de Parkinson, bem como em organoides cerebrais dopaminérgicos e células primárias de pacientes que sofrem com essa condição.[30]

Via da quinurerina e metabolismo do triptofano

O triptofano é um aminoácido essencial encontrado em alimentos como carne, peixe e laticínios. Ele desempenha papéis cruciais no organismo ao ser convertido em substâncias essenciais por meio de inúmeras reações enzimáticas. Assim, a partir do triptofano obtido pela dieta, uma mínima parcela (inferior a 5%) é utilizada para a síntese de serotonina e melatonina, enquanto a maior parte é direcionada para a VQ, onde ocorre a conversão em metabólitos como o ácido quinurênico (KYNA) e o ácido quinolínico (QUIN) (Figura 2).[9,29,30]

É a VQ que regula a disponibilidade do triptofano para produção de serotonina e melatonina.[9,29] Sua atividade é limitada pela atuação da primeira enzima da via, triptofano 2,3-dioxigenase (TDO), no fígado, responsável por degradar aproximadamente 90% do triptofano consumido. No restante do corpo, incluindo o

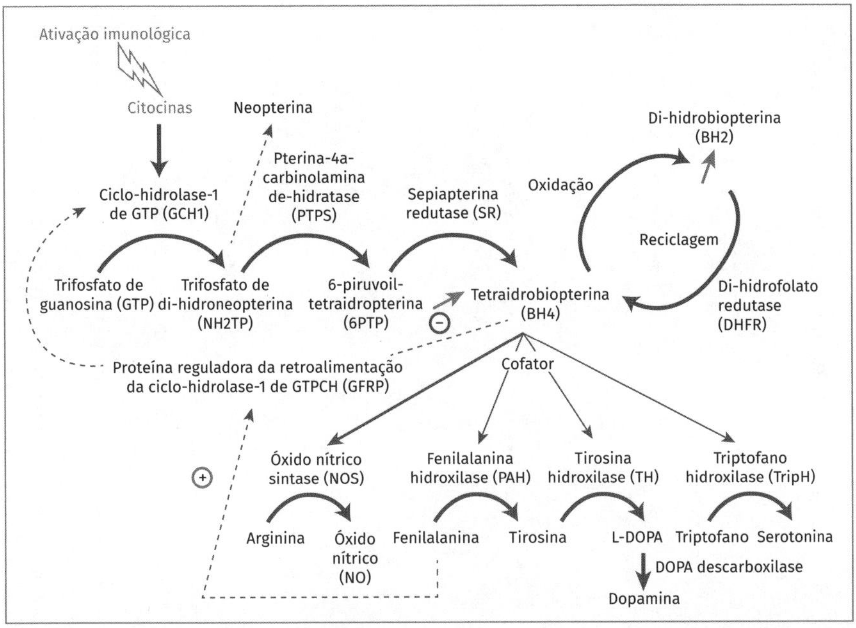

FIGURA 1 Representação esquemática do ciclo da tetraidrobiopterina (BH4), cofator essencial para enzimas como óxido nítrico sintase, fenilalanina hidroxilase, tirosina hidroxilase e triptofano hidroxilase. Em condições inflamatórias, esse ciclo é direcionado para a produção de óxido nítrico (NO), resultando na redução da síntese de monoaminas.

Fonte: adaptada de Vancassel et al., 2018.[29]

SNC, a enzima indoleamina 2,3-dioxigenase (IDO) degrada aproximadamente 5 a 10% do triptofano consumido.[9,29] Enquanto a TDO tem atividade induzida por glucocorticoides, regulada pela disponibilidade de triptofano, ativada por heme (cofator) e inibida (*feedback* negativo) por seu produto final (nicotinamida adenina dinucleotídeo – NAD), a atividade da IDO é induzida por interferon-gama (IFN-gama) e outras citocinas inflamatórias, e inibida por óxido nítrico e também pelo butirato.[9,29]

Há que se considerar, ainda, que a quinurenina formada na periferia atravessa a BHE e pode influenciar a via cerebral.[30] Dessa forma, estados tanto de hipercortisolemia (p. ex., no estresse crônico) como de neuroinflamação podem levar a uma hiperativação da VQ hepática e no SNC, respectivamente, acarretando um desequilíbrio na produção de seus metabólitos, com impacto na neurotransmissão.[9,29,30] A ativação das enzimas dessa via pode ter um impacto duplo, pois limita a disponibilidade de triptofano para a síntese de serotonina e melatonina e modifica o equilíbrio entre a produção de metabólitos com

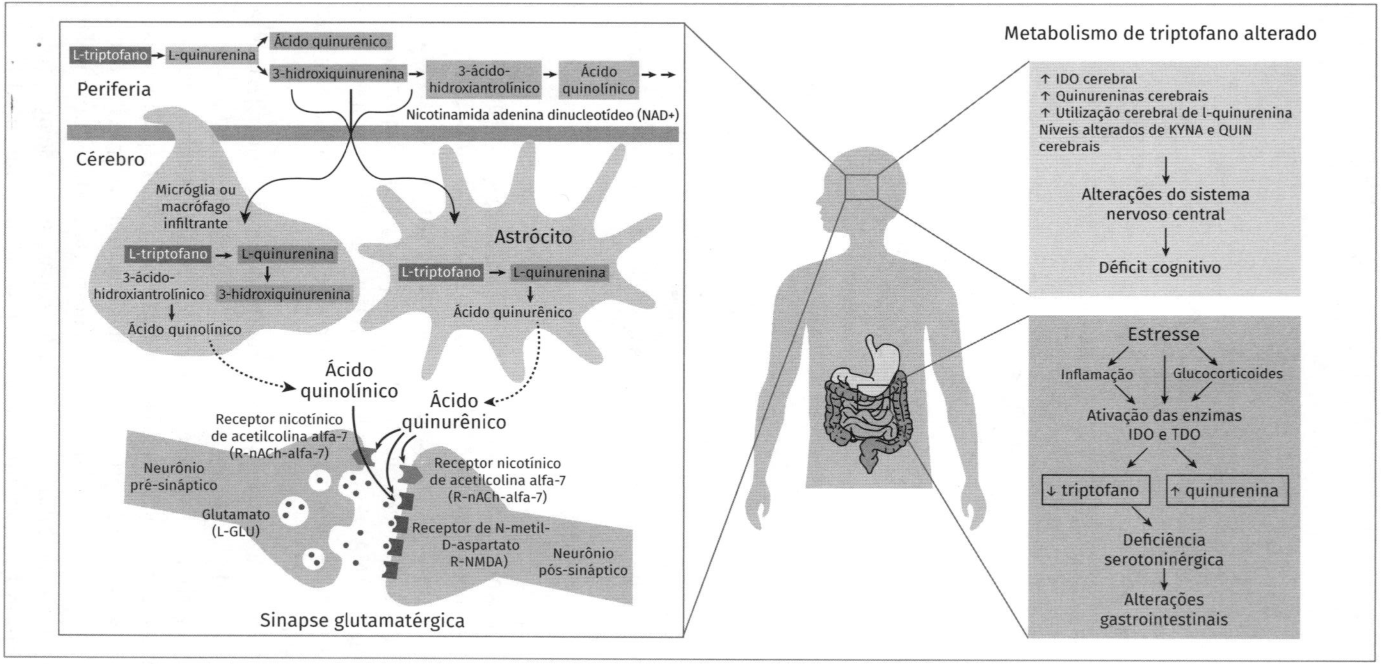

FIGURA 2 Representação esquemática da via da quinurenina. A maior parte do triptofano consumido é processada convertida em metabólitos como o ácido quinurênico (KYNA) e o ácido quinolínico (QUIN). O controle dessa via é feito principalmente pela ação das enzimas triptofano 2,3-dioxigenase (TDO), que atua no fígado e metaboliza aproximadamente 90% do triptofano da dieta, e indoleamina 2,3-dioxigenase (IDO), que funciona em outros tecidos, inclusive no sistema nervoso central. Por sua vez, a atividade dessas enzimas é regulada por fatores como glucocorticoides e citocinas inflamatórias, o que influencia diretamente a produção de serotonina e melatonina e afeta a função neurológica ao modificar o equilíbrio entre metabólitos neuroprotetores e neurotóxicos.

Fonte: adaptada de O'Mahony et al., 2015.[30]

potenciais neurotóxicos e neuroprotetores.[9,29,30] Isso ocorre porque o KYNA, produzido nessa via, é um antagonista do receptor nicotínico de acetilcolina alfa-7 e um antagonista do receptor N-metil-D-aspartato (NMDA) no sítio da glicina, enquanto o QUIN é um agonista do receptor NMDA, podendo se tornar neurotóxico e contribuir para desregulação do humor e comprometimento cognitivo quando anormalmente elevado.[9,29,31] O equilíbrio entre esses dois metabólitos da VQ é importante, portanto, para a manutenção da transmissão glutamatérgica e da homeostase cerebral.

Estudos têm consistentemente documentado alterações na VQ em diferentes transtornos mentais graves, com uma tendência de redução de KYNA e da relação KYNA/QUIN no transtorno depressivo maior, no transtorno bipolar e no comportamento suicida.[32,33]

Seja diretamente, por meio da produção de metabólitos como o butirato, ou indiretamente, modulando a atividade do eixo hipotálamo-hipófise-adrenal e a inflamação cerebral, atualmente se reconhece um importante papel regulatório da microbiota intestinal sobre a VQ.[9,30] Acredita-se que o impacto na neurotransmissão ocasionado por desequilíbrios nessa via associados à neuroinflamação seja um dos principais mecanismos por meio dos quais a disbiose intestinal pode contribuir para um estado de humor deprimido.[22] Além disso, a microbiota intestinal produz uma série de metabólitos a partir da degradação do triptofano da dieta, incluindo os chamados compostos indólicos. Três desses compostos (indol, ácido indol-3-acético e ácido indol-3-propiônico) demonstraram capacidade de se ligar aos receptores de hidrocarboneto de arila (AhR, do inglês *aryl hydrocarbon receptors*) em astrócitos, suprimindo a inflamação no SNC.[9]

Ácidos graxos de cadeia curta

Os AGCCs possuem importantes efeitos locais, sistêmicos e cerebrais, incluindo nutrição das células intestinais e dos hepatócitos (principal fonte de energia), estímulo da produção de muco no intestino e promoção da expressão da enzima triptofano hidroxilase-1, responsável por sintetizar 5-hidroxitriptofano (5-HTP; importante precursor de serotonina e melatonina), nas células enterocromafins.[26] Além disso, o butirato, em particular:

- Aumenta a expressão de *tight junctions* tanto na barreira intestinal como na BHE, contribuindo para a manutenção dessas barreiras e reduzindo a permeabilidade de ambas.
- Exerce um papel imunomodulador com efeito predominantemente anti-inflamatório tanto sistêmico como cerebral (inibição de micróglia e astrócitos) por meio da interação com receptores de ácidos graxos livres (FFAR, do inglês

free fatty acid receptor), receptores de hidrocarboneto de arila e receptores do ácido hidrocarboxílico-2 (HCAR2, do inglês *hydroxycarboxylic acid receptor 2*) expressos em diferentes células imunológicas.

- Estimula a produção de hormônios intestinais (peptídeo semelhante ao glucagon do tipo 1 – GLP-1, peptídeo YY, leptina e grelina) pelas células enteroendócrinas, que irão atuar no cérebro influenciando saciedade, cognição e humor, além de regularem a resposta metabólica e a sensibilidade à insulina sistemicamente.
- Modula negativamente a atividade da VQ cerebral, promovendo desregulação da enzima IDO.
- Inibe histona desacetilases (HDAC) e, assim, regula diversos processos intracelulares, incluindo metabolismo energético, regulação epigenética e síntese de neurotrofinas.

Dessa forma, pode-se afirmar que os AGCCs influenciam a neuroplasticidade e a neurogênese, modulando a produção de neurotrofinas como os BDNF (do inglês *brain-derived neurotrophic factors*), *neurotrophin nerve growth factor* (NGF) e *glial cell-derived neurotrophic factor* (GDNF).[34] Estudos pré-clínicos destacam, em especial, a capacidade do butirato de aumentar os níveis de BDNF e promover efeitos antidepressivos por meio da hiperacetilação de proteínas histonas, demonstrando sua importância na regulação do humor.[34] Essas descobertas destacam a importância dos AGCCs não apenas para a saúde gastrointestinal, mas também para o funcionamento do SNC.

Ácidos biliares secundários

Uma via intrigante pela qual a microbiota intestinal potencialmente influencia a neurotransmissão é a conversão de ácidos biliares primários em secundários. Pouco se sabe ainda sobre o efeito dos ácidos biliares no cérebro, principalmente em populações clínicas; no entanto, diferentes células neuronais expressam receptores de ácidos biliares e sua relação com efeitos modulatórios da ativação desses receptores sobre a neurotransmissão glutamatérgica e GABAérgica, atividade do eixo hipotálamo-hipófise-adrenal, permeabilidade de BHE e metabolismo mitocondrial tem sido documentada.[35,36]

Metabolismo de ácidos graxos e sistema endocanabinoide

O sistema endocanabinoide está presente em todo o corpo humano, tendo papel importante na regulação e na integração de sistemas neurotransmissores, metabólicos, hormonais, de resposta a insultos e de ciclo de vida celular (diferenciação, proliferação e apoptose).[37] Ele é composto por receptores canabinoides, canabinoides endógenos (endocanabinoides) e enzimas responsáveis pela síntese e degradação dos endocanabinoides.[37,38] No SNC, esse sistema desempenha importante papel, pois regula de forma delicada a neurotransmissão e a produção de neurotrofinas e, dessa forma, atua como modulador do neurodesenvolvimento, da plasticidade sináptica e da neurogênese.[38]

Endocanabinoides são lipídios bioativos cuja síntese é fortemente influenciada pela ingestão de seus ácidos graxos precursores e já se sabe que esse processo é modulado de forma bastante dinâmica e complexa pela microbiota intestinal.[16,39,40] Dois estudos de intervenção dietética em humanos observaram rápidas mudanças (após 3 dias) tanto na composição da microbiota intestinal como nos níveis plasmáticos de endocanabinoides em resposta à substituição de um padrão alimentar ocidental por uma dieta mediterrânea.[16,40] Além disso, ambos os estudos encontraram correlações significativas entre os níveis de endocanabinoides e a composição da microbiota intestinal dos participantes.[16,40] Por tudo isso, a modulação do sistema endocanabinoide pela alimentação e pela microbiota intestinal tem sido considerada um importante mecanismo de modulação da neurotransmissão dentro do EMIC.

Há que se destacar, no entanto, que a compreensão da complexa interação entre esses dois sistemas fisiológicos, fundamentais para a regulação homeostática do corpo, ainda é incipiente. Merece destaque, nesse campo, um recente estudo que observou que a disposição de camundongos para se exercitar e a resistência física deles foi mais associada com a composição de sua microbiota intestinal do que com sua genética.[41] Os autores descreveram um intricado mecanismo de conexão entre intestino e cérebro no qual a produção de endocanabinoides por algumas das bactérias da microbiota intestinal dos camundongos e a consequente modulação de receptores canabinoides no epitélio intestinal levam, no cérebro, a uma inibição de expressão da enzima monoamina oxidase (MAO) e a um aumento nos níveis de dopamina no estriado ventral, estrutura fundamental para os mecanismos de recompensa e motivação.[41]

MODULAÇÕES DE NEUROTRANSMISSORES

Glutamato e ácido gama-aminobutírico

O glutamato é um neurotransmissor excitatório essencial no SNC de mamíferos que participa da transmissão e da plasticidade sinápticas.[42] Seu precursor mais abundante no organismo humano é a glutamina, observando-se um equilíbrio homeostático entre a glutamina e o glutamato no SNC que garante o equilíbrio e evita a excitotoxicidade de uma hiperativação glutamatérgica.[43] No sistema nervoso entérico (SNE), o glutamato também desempenha um papel essencial como principal neurotransmissor responsável pela geração de energia para o intestino, além de ser o precursor da biossíntese de arginina, glutationa e prolina.[44] O glutamato dietético, encontrado em proteínas e aditivos alimentares, representa uma fonte importante de glutamato para o trato gastrointestinal.[45] Além dele, o consumo de glutamina aumenta os níveis de glutamato entérico.[46] O metabolismo do glutamato luminal limita sua absorção sistêmica, mesmo que possíveis alterações na permeabilidade intestinal permitam o acesso do glutamato à corrente sanguínea.[46] Essa produção de glutamato por várias cepas bacterianas presentes no trato gastrointestinal[47] faz com que um desequilíbrio causado por infecções, estresse, antibioticoterapia ou uma dieta inadequada desequilibre a homeostase da produção glutamatérgica.[48]

Ainda com relação a essa via, os receptores responsáveis pela transmissão glutamatérgica são os receptores ionotrópicos (iGluRs), de N-metil-D-aspartato, alfa-amino-3-hidroxi-5-metil-4-isoxazol propiônico (AMPA) e Kainato, e os receptores metabotrópicos (mGluRs), divididos em dois grupos.[49] Como mostra a Figura 3, a expressão desses receptores parece ser modulada, pelo menos em parte, pela microbiota intestinal.[50,51]

O GABA é o principal neurotransmissor inibitório do SNC, produzido a partir da descarboxilação do glutamato pela enzima glutamato descarboxilase (GAD) e liberado por interneurônios inibitórios que estão presentes em todo o encéfalo. Esse mecanismo modula de forma delicada a neurotransmissão excitatória dos sistemas neuronais adjacentes. Evidências recentes vêm demonstrando a capacidade da microbiota intestinal de modular a relação ácido gama-aminobutírico/glutamato no SNC. Um estudo seminal conduzido por Olson et al., por exemplo, concluiu que o efeito anticonvulsivante da dieta cetogênica é mediado por rápidas mudanças (em 4 dias) que essa dieta produz na composição da microbiota intestinal e que em última instância irá aumentar a relação GABA/glutamato nos hipocampos.[13] Esse efeito, demonstrado em um modelo animal de epilepsia, parece ser mediado por uma redução na gama-glutaminação de aminoácidos, o que irá limitar a passagem desses aminoácidos pela BHE, diminuindo a disponibilidade de nitrogênio para biossíntese de glutamato.[13] Em outra investigação interessante, foram realizados transplantes de microbiota fecal de cinco pacientes com esquizofrenia para ratos livres de microrganismos, observando-se menores níveis de glutamato e maiores níveis de glutamina e GABA no hipocampo dos roedores, que passaram a manifestar, também, comportamentos consistentes com modelos animais de esquizofrenia.[14]

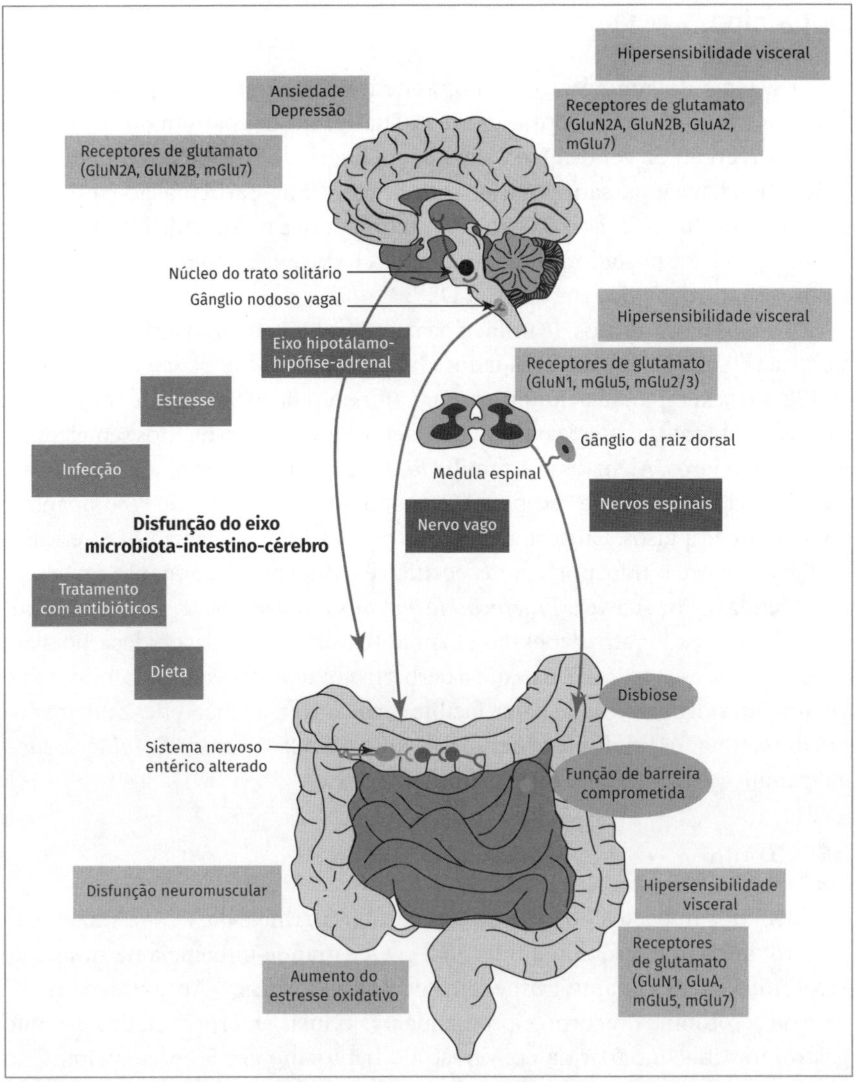

FIGURA 3 Representação esquemática da transmissão glutamatérgica, demonstrando o papel crucial do glutamato na transmissão sináptica e na plasticidade tanto no sistema nervoso central quanto no sistema nervoso entérico. Diversos fatores, incluindo estresse, infecções, tratamento com antibióticos e dieta podem influenciar a estabilidade do eixo microbiota-intestino-cérebro. O desarranjo desse eixo de comunicação bidirecional pode promover o desenvolvimento dos principais sintomas envolvidos na patogênese de doenças gastrointestinais, alterações na função motora e distúrbios neuropsiquiátricos, como ansiedade e depressão.

Fonte: adaptada de Baj et al., 2019.[48]

Dopamina

O sistema dopaminérgico atrai grande interesse por seu papel central em diversos transtornos neuropsiquiátricos. Suas projeções partem dos neurônios da área tegmentar ventral e da substância negra do mesencéfalo para áreas cerebrais-chave e passam por vias específicas.[52] Sua participação é essencial para diversas funções, como cognição, recompensa e motilidade intestinal, que envolvem o transportador de dopamina (DAT, do inglês *dopamine transporter*) e dos receptores de dopamina D1 a D5.[53,54]

Diversos mecanismos de influência da microbiota na transmissão dopaminérgica (Figura 4) já foram estudados.[15] A presença de *Lactobacillus plantarum* PS128, por exemplo, relacionou-se a um aumento na expressão de transportadores de dopamina, amenizando alguns efeitos de comportamentos semelhantes ao tique em ratos. Além disso, a família *Ruminococcaceae* parece se associar com redução na expressão do receptor D2, modulando o sistema de recompensa e controle de impulsos. Curiosamente, *Bacteroides uniformis* aprimora a eficácia da ligação entre o transportador específico e a dopamina, enquanto *Prevotella copri* reduz.[55] Por sua vez, *Enterococcus faecalis* e *Enterococcus faecium* são conhecidos por exibir atividades das enzimas tirosina hidroxilase e decarboxilase de aminoácidos L-aromáticos, com a berberina oral promovendo a produção do cofator tetraidrobiopterina, o que facilita uma conversão mais eficaz de tirosina em dopamina. Além disso, observou-se uma correlação entre *Ruminococcus* e a diminuição da atividade da tirosina hidroxilase.[15]

Serotonina

Além dos impactos do ciclo da tetraidrobiopterina e da VQ na sinalização da serotonina, o microbioma intestinal exerce grande influência na síntese de serotonina no organismo hospedeiro de outras formas.[56] Aproximadamente 95% da serotonina do corpo é produzida nas células enterocromafins do trato gastrointestinal, a partir da conversão do triptofano em 5-hidroxitriptofano (5-HTP) por ação da enzima triptofano hidroxilase-1. O restante é sintetizado nos neurônios serotoninérgicos do SNC, localizados nos núcleos da rafe, pela ação da enzima triptofano hidroxilase-2 (a única outra isoforma conhecida). Apesar disso, a disponibilidade de triptofano no SNC depende da competição por transporte através da BHE com aminoácidos de grande tamanho molecular e a serotonina produzida no trato gastrointestinal não atravessa essa barreira em condições fisiológicas. Assim, há uma dependência relativa do 5-hidroxitriptofano produzido na periferia como substrato para síntese de serotonina no SNC.[57] Yano et al. demonstrou, nesse sentido, que bactérias formadoras

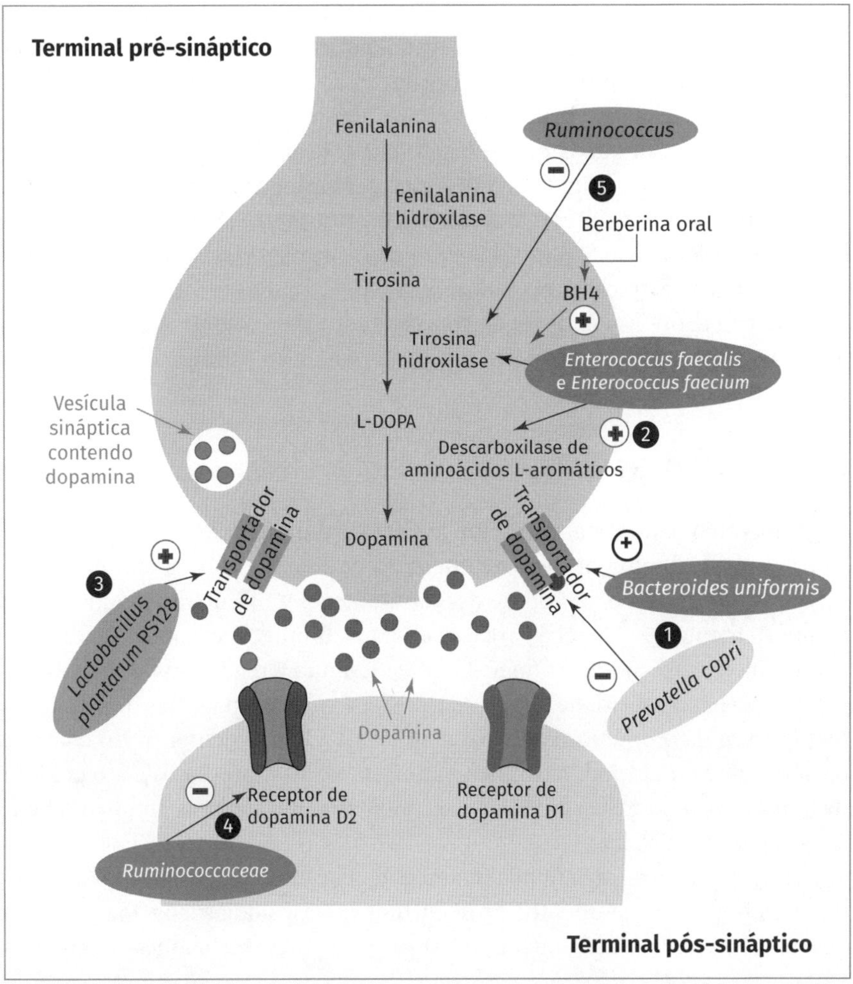

FIGURA 4 Representação esquemática dos mecanismos de influência da microbiota intestinal na fenda sináptica dopaminérgica e no metabolismo da dopamina. 1: *Bacteroides uniformis* aumenta a eficiência de ligação entre o transportador específico e a dopamina, enquanto *Prevotella copri* reduz essa eficiência; 2: *Enterococcus faecalis* e *Enterococcus faecium* demonstram atividade das enzimas tirosina hidroxilase e descarboxilase de aminoácidos L-aromáticos, enquanto a berberina oral sintetiza o cofator tetraidrobiopterina, permitindo uma conversão melhorada de tirosina em dopamina; 3: *Lactobacillus plantarum* PS128 aumenta a expressão do transportador de dopamina; 4: a família *Ruminococcaceae* reduz a expressão do receptor de dopamina D2; 5: *Ruminococcus* está correlacionado com a diminuição da atividade da tirosina hidroxilase.

Fonte: adaptada de Hamamah et al., 2022.[15]

de esporo do intestino aumentam a expressão da triptofano hidroxilase-1 nas células enterocromafins do intestino, influenciando a produção e a disponibilidade de 5-hidroxitriptofano para produção de serotonina no cérebro,[56] um efeito que parece ser mediado pela ação de alguns metabólitos nas células enterocromafins, como deoxicolato (ácido biliar secundário produzido a partir da biotransformação microbiana do colato), alfa-tocoferol, tiramina e PABA, um intermediário da síntese de ácido fólico e nutriente essencial para algumas bactérias.[56] Além disso, um estudo demonstrou que a *Akkermansia muciniphila* e suas vesículas extracelulares induzem a expressão do gene da enzima TH2 e diminuem a expressão do gene do transportador de serotonina (*SLC6A4*) e da MAO no hipocampo de camundongos, aumentando os níveis de serotonina nessa estrutura.[58]

CONSIDERAÇÕES FINAIS

A microbiota intestinal exerce um impacto profundo na homeostase cerebral e no comportamento por meio da interação de seus metabólitos com a neuroquímica cerebral. A compreensão dessas interações moleculares, bioquímicas e comportamentais é essencial para desvendar o complexo relacionamento entre a microbiota e as patologias do SNC, considerando a regulação de neuroinflamação e neuroplasticidade. Nesse sentido, já se destacam as vias de tetraidrobiopterina e da quinurenina e o papel dos AGCCs, que demonstram como as bactérias intestinais podem influenciar diretamente a produção e a regulação de neurotransmissores críticos e, consequentemente, afetar as condições neurológicas e psiquiátricas.

É importante investigar ainda mais o potencial terapêutico dessa modulação da microbiota em tratamentos de distúrbios neuropsiquiátricos. Para tanto, a pesquisa futura deve continuar a investigar essas rotas metabólicas complexas e suas implicações para o desenvolvimento de novas estratégias de tratamento que visem, por meio do restabelecimento do equilíbrio da microbiota intestinal, promover a saúde cerebral e o bem-estar psicológico.

REFERÊNCIAS BIBLIOGRÁFICAS

1. Thursby E, Juge N. Introduction to the human gut microbiota. Biochem J. 2017;474(11):1823-36.
2. Morais LH, Schreiber HL, Mazmanian SK. The gut microbiota-brain axis in behaviour and brain disorders. Nat Rev Microbiol. 2021;19(4):241-55.
3. Radjabzadeh D, Bosch JA, Uitterlinden AG, Zwinderman AH, Ikram MA, van Meurs JBJ, et al. Gut microbiome-wide association study of depressive symptoms. Nat Commun. 2022; 13(1):7128.
4. Jiang HY, Zhang X, Yu ZH, Zhang Z, Deng M, Zhao JH, et al. Altered gut microbiota profile in patients with generalized anxiety disorder. J Psychiatr Res. 2018;104:130-6.

5. Butler MI, Bastiaanssen TFS, Long-Smith C, Morkl S, Berding K, Ritz NL, et al. The gut microbiome in social anxiety disorder: evidence of altered composition and function. Transl Psychiatry. 2023;13(1):95.
6. Szeligowski T, Yun AL, Lennox BR, Burnet PWJ. The gut microbiome and schizophrenia: the current state of the field and clinical applications. Front Psychiatry. 2020;11:156.
7. Seo DO, Holtzman DM. Current understanding of the Alzheimer's disease-associated microbiome and therapeutic strategies. Exp Mol Med. 2024;56(1):86-94.
8. Sun J, Xu J, Ling Y, Wang F, Gong T, Yang C, et al. Fecal microbiota transplantation alleviated Alzheimer's disease-like pathogenesis in APP/PS1 transgenic mice. Transl Psychiatry. 2019;9(1):189.
9. Gao J, Zhao L, Cheng Y, Lei W, Wang Y, Liu X, et al. Probiotics for the treatment of depression and its comorbidities: a systemic review. Front Cell Infect Microbiol. 2023;13:1167116.
10. Gao K, Mu CL, Farzi A, Zhu WY. Tryptophan metabolism: a link between the gut microbiota and brain. Adv Nutr. 2020;11(3):709-23.
11. Krautkramer KA, Fan J, Bäckhed F. Gut microbial metabolites as multi-kingdom intermediates. Nat Rev Microbiol. 2021;19(2):77-94.
12. Mayer EA, Nance K, Chen S. The gut-brain axis. Annu Rev Med. 2022;73:439-53.
13. Olson CA, Vuong HE, Yano JM, Liang QY, Nusbaum DJ, Hsiao EY. The gut microbiota mediates the anti-seizure effects of the ketogenic diet. Cell. 2018;173(7):1728-41.e13.
14. Zheng P, Zeng B, Liu M, Chen J, Pan J, Han Y, et al. The gut microbiome from patients with schizophrenia modulates the glutamate-glutamine-GABA cycle and schizophrenia-relevant behaviors in mice. Sci Adv. 2019;5(2):eaau8317.
15. Hamamah S, Aghazarian A, Nazaryan A, Hajnal A, Covasa M. Role of microbiota-gut-brain axis in regulating dopaminergic signaling. Biomedicines. 2022;10(2):436.
16. Bourdeau-Julien I, Castonguay-Paradis S, Rochefort G, Perron J, Lamarche B, Flamand N, et al. The diet rapidly and differentially affects the gut microbiota and host lipid mediators in a healthy population. Microbiome. 2023;11(1):26.
17. Guo R, Chen LH, Xing C, Liu T. Pain regulation by gut microbiota: molecular mechanisms and therapeutic potential. Br J Anaesth. 2019;123(5):637-54.
18. Fung TC. The microbiota-immune axis as a central mediator of gut-brain communication. Neurobiol Dis. 2019;136:104714.
19. Figueroa-Hall LK, Paulus MP, Savitz J. Toll-like receptor signaling in depression. Psychoneuroendocrinology. 2020;121:104843.
20. Holmes SE, Hinz R, Conen S, Gregory CJ, Matthews JC, Anton-Rodriguez JM, et al. Elevated translocator protein in anterior cingulate in major depression and a role for inflammation in suicidal thinking: a positron emission tomography study. Biol Psychiatry. 2018;83(1):61-9.
21. Marques TR, Ashok AH, Pillinger T, Veronese M, Turkheimer FE, Dazzan P, et al. Neuroinflammation in schizophrenia: meta-analysis of in vivo microglial imaging studies. Psychol Med. 2019; 49(13):2186-96.
22. Varesi A, Campagnoli LIM, Chirumbolo S, Candiano B, Carrara A, Ricevuti G, et al. The brain-gut-microbiota interplay in depression: a key to design innovative therapeutic approaches. Pharmacol Res. 2023;192:106799.
23. Kowalski K, Mulak A. Brain-gut-microbiota axis in Alzheimer's disease. J Neurogastroenterol Motil. 2019;25(1):48-60.
24. Borkent J, Ioannou M, Laman JD, Haarman BCM, Sommer IEC. Role of the gut microbiome in three major psychiatric disorders. Psychol Med. 2022;52(7):1222-42.
25. Aburto MR, Cryan JF. Gastrointestinal and brain barriers: unlocking gates of communication across the microbiota-gut-brain axis. Nat Rev Gastroenterol Hepatol. 2024;21(4):222-47.
26. Dalile B, Van Oudenhove L, Vervliet B, Verbeke K. The role of short-chain fatty acids in microbiota-gut-brain communication. Nat Rev Gastroenterol Hepatol. 2019;16(8):461-78.
27. Fanet H, Capuron L, Castanon N, Calon F, Vancassel S. Tetrahydrobiopterin (BH4) pathway: from metabolism to neuropsychiatry. Curr Neuropharmacol. 2021;19(5):591-609.

28. Wyler SC, Donovan LJ, Yeager M, Deneris E. Pet-1 controls tetrahydrobiopterin pathway and Slc22a3 transporter genes in serotonin neurons. ACS Chem Neurosci. 2015;6(7):1198-205.
29. Vancassel S, Capuron L, Castanon N. Brain kynurenine and BH4 pathways: relevance to the pathophysiology and treatment of inflammation-driven depressive symptoms. Front Neurosci. 2018;12:499.
30. O'Mahony SM, Clarke G, Borre YE, Dinan TG, Cryan JF. Serotonin, tryptophan metabolism and the brain-gut-microbiome axis. Behav Brain Res. 2015;277:32-48.
31. Schwarcz R, Bruno JP, Muchowski PJ, Wu HQ. Kynurenines in the mammalian brain: when physiology meets pathology. Nat Rev Neurosci. 2012;13(7):465-77.
32. Marx W, McGuinness AJ, Rocks T, Ruusunen A, Cleminson J, Walker AJ, et al. The kynurenine pathway in major depressive disorder, bipolar disorder, and schizophrenia: a meta-analysis of 101 studies. Mol Psychiatry. 2021;26(8):4158-78.
33. Brown SJ, Christofides K, Weissleder C, Huang XF, Weickert CS, Lim CK, et al. Sex- and suicide-specific alterations in the kynurenine pathway in the anterior cingulate cortex in major depression. Neuropsychopharmacology. 2024;49(3):584-92.
34. Silva YP, Bernardi A, Frozza RL. The role of short-chain fatty acids from gut microbiota in gut-brain communication. Front Endocrinol (Lausanne). 2020;11:25.
35. Hurley MJ, Bates R, Macnaughtan J, Schapira AHV. Bile acids and neurological disease. Pharmacol Ther. 2022;240:108311.
36. Cuartero MI, García-Culebras A, Nieto-Vaquero C, Fraga E, Torres-López C, Pradillo J, et al. The role of gut microbiota in cerebrovascular disease and related dementia. Br J Pharmacol. 2024;181(6):816-39.
37. Ligresti A, De Petrocellis L, Di Marzo V. From phytocannabinoids to cannabinoid receptors and endocannabinoids: pleiotropic physiological and pathological roles through complex pharmacology. Physiol Rev. 2016;96(4):1593-659.
38. Thursby E, Juge N. Introduction to the human gut microbiota. Biochem J. 2017;474(11):1823-36.
39. Sihag J, Di Marzo V. (Wh)olistic (E)ndocannabinoidome-Microbiome-Axis Modulation through (N)utrition (WHEN) to Curb Obesity and Related Disorders. Lipids Health Dis. 2022;21(1):9.
40. Tagliamonte S, Laiola M, Ferracane R, Vitale M, Gallo MA, Meslier V, et al. Mediterranean diet consumption affects the endocannabinoid system in overweight and obese subjects: possible links with gut microbiome, insulin resistance and inflammation. Eur J Nutr. 2021;60(7):3703-16.
41. Dohnalová L, Lundgren P, Carty JRE, Goldstein N, Wenski SL, Nanudorn P, et al. A microbiome-dependent gut-brain pathway regulates motivation for exercise. Nature. 2022;612(7941):739-47.
42. Meldrum BS. Glutamate as a neurotransmitter in the brain: review of physiology and pathology. J Nutr. 2000;130(4S Suppl):1007S-15S.
43. Pál B. Involvement of extrasynaptic glutamate in physiological and pathophysiological changes of neuronal excitability. Cell Mol Life Sci. 2018;75(16):2917-49.
44. Reeds PJ, Burrin DG, Stoll B, Jahoor F. Intestinal glutamate metabolism. J Nutr. 2000;130(4S Suppl):978S-82S.
45. Tomé D. The roles of dietary glutamate in the intestine. Ann Nutr Metab. 2018;73 Suppl 5:15-20.
46. Watford M. Glutamine and glutamate: nonessential or essential amino acids? Anim Nutr. 2015;1(3):119-22.
47. Sanchez S, Rodríguez-Sanoja R, Ramos A, Demain AL. Our microbes not only produce antibiotics, they also overproduce amino acids. J Antibiot (Tokyo). 2017;70(4):24-39.
48. Baj A, Moro E, Bistoletti M, Orlandi V, Crema F, Giaroni C. Glutamatergic signaling along the microbiota-gut-brain axis. Int J Mol Sci. 2019;20(6):1482.
49. Pal MM. Glutamate: the master neurotransmitter and its implications in chronic stress and mood disorders. Front Hum Neurosci. 2021;15:722323.
50. Sudo N, Chida Y, Aiba Y, Sonoda J, Oyama N, Yu XN, et al. Postnatal microbial colonization programs the hypothalamic-pituitary-adrenal system for stress response in mice. J Physiol. 2004;558(Pt 1):263-75.

51. Neufeld KM, Kang N, Bienenstock J, Foster JA. Reduced anxiety-like behavior and central neurochemical change in germ-free mice. Neurogastroenterol Motil. 2011;23(3):255-64, e119.
52. Luo SX, Huang EJ. Dopaminergic neurons and brain reward pathways: from neurogenesis to circuit assembly. Am J Pathol. 2016;186(3):478-88.
53. Dubol M, Trichard C, Leroy C, Sandu AL, Rahim M, Granger B, et al. Dopamine transporter and reward anticipation in a dimensional perspective: a multimodal brain imaging study. Neuropsychopharmacology. 2018;43(4):820-7.
54. Santocchi E, Guiducci L, Fulceri F, Billeci L, Buzzigoli E, Apicella F, et al. Gut to brain interaction in autism spectrum disorders: a randomized controlled trial on the role of probiotics on clinical, biochemical and neurophysiological parameters. BMC Psychiatry. 2016;16(1):183.
55. Hartstra AV, Schüppel V, Imangaliyev S, Schrantee A, Prodan A, Collard D, et al. Infusion of donor feces affects the gut-brain axis in humans with metabolic syndrome. Mol Metab. 2020;42:101076.
56. Yano JM, Yu K, Donaldson GP, Shastri GG, Ann P, Ma L, et al. Indigenous bacteria from the gut microbiota regulate host serotonin biosynthesis. Cell. 2015;161(2):264-76.
57. Fukuda K. Etiological classification of depression based on the enzymes of tryptophan metabolism. BMC Psychiatry. 2014;14:372.
58. Yaghoubfar R, Behrouzi A, Ashrafian F, Shahryari A, Moradi HR, Choopani S, et al. Modulation of serotonin signaling/metabolism by Akkermansia muciniphila and its extracellular vesicles through the gut-brain axis in mice. Sci Rep. 2020;10(1):22119.

9

Eixo intestino-cérebro na modulação da dor

Laís de Deus Murta Nery
Ricardo Aparecido Baptista Nucci
Rosana de Lima Pagano

PONTOS-CHAVE

- A microbiota intestinal influencia diretamente a percepção da dor.
- O metabolismo do triptofano desempenha um papel crucial na neuroinflamação.
- A dieta mediterrânea promove efeitos anti-inflamatórios que reduzem a dor crônica.
- O equilíbrio do glutamato no sistema nervoso central é fundamental para evitar a superexcitação neuronal, e sua disfunção pode levar à cronificação da dor.
- Dietas específicas reduzem a inflamação sistêmica e apresentam benefícios no manejo da dor crônica.

INTRODUÇÃO

A complexidade é uma característica importante da dor crônica, pois sua ocorrência envolve a interação entre os sistemas nervoso e imunológico, bem como fatores emocionais. Diferentemente da dor aguda, que costuma ser temporária e serve como um alerta de lesão ou doença, a dor crônica persiste por períodos prolongados (3 a 6 meses), muitas vezes superiores ao necessário para que ocorra a cicatrização de tecidos, e pode resultar de uma variedade de causas, como lesões físicas, inflamação, distúrbios neurológicos e/ou condições médicas subjacentes.

O mecanismo que leva à sua ocorrência envolve alterações neuroplásticas do sistema nervoso, incluindo as sensibilizações periférica e central, que resultam em uma amplificação da resposta dolorosa. Essas mudanças podem levar à disfunção dos sistemas de modulação da dor e dificultar seu controle. Além disso, fatores psicossociais, como estresse, ansiedade e depressão, podem contribuir para a percepção e a intensidade dolorosa. Por conta dessas características, o manejo eficaz da dor crônica muitas vezes requer uma abordagem de tratamento multimodal e interdisciplinar personalizada, que pode incluir farmacoterapia, psicoterapia, tratamentos integrativos e procedimentos invasivos.[1]

Entre os diferentes tipos de dor crônica, destacam-se: fibromialgia, dor relacionada ao câncer, dor visceral, dor pós-traumática e pós-cirúrgica, dor de cabeça e orofacial, dor musculoesquelética e dor neuropática.[2]

A dor neuropática, em particular, abrange uma diversidade de condições correlacionadas a lesões ou disfunções do sistema nervoso, sendo objeto de intensa investigação nas últimas duas décadas. Originalmente, em 1994, a International Association for the Study of Pain (IASP) definiu dor neuropática como "dor iniciada ou causada por uma lesão primária ou disfunção no sistema nervoso"; contudo essa definição recebeu críticas pela ambiguidade do termo "disfunção", que implicava incerteza diagnóstica. Partindo dessa definição, condições crônicas como fibromialgia e síndrome do intestino irritável, caracterizadas por disfunções centrais nos sistemas nociceptivos (envolvendo, portanto, sensibilização central e/ou modulação alterada da dor), poderiam ser erroneamente classificadas como neuropáticas. Em razão dessas preocupações, em 2008, um consórcio de especialistas propôs como nova definição "dor que emerge como consequência direta de uma lesão ou doença que afeta o sistema somatossensorial" – adotada pela IASP em 2011.[3] Os tipos mais prevalentes de dor neuropática são a neuropatia diabética, caracterizada por sintomatologia nos membros inferiores; a neuralgia pós-herpética, decorrente da infecção pelo vírus do herpes-zóster; a dor neuropática pós-cirúrgica, resultante de intervenções cirúrgicas que impactam adversamente o sistema nervoso; a dor neuropática induzida por quimioterápicos; a neuropatia associada à esclerose múltipla, originada por lesões no sistema nervoso central; a lesão medular, que desencadeia dor crônica e déficits sensoriais e motores; e a dor neuropática pós-acidente vascular cerebral.[3] Todas essas condições envolvem alterações na transmissão e no processamento de sinais sensoriais que incluem aumento da excitabilidade neuronal, modificações nos canais iônicos e disfunção dos neurônios nociceptivos de segunda ordem. Ademais, a presença de atividade ectópica em fibras aferentes primárias e o comprometimento dos sistemas inibitórios e modulatórios descendentes contribuem significativamente para sua ocorrência. Essas modificações culminam em um estado de hiperexcitabilidade nas vias sensoriais, ocasionando sintomas como alodinia, sensibilização central e alterações na modulação da dor.

Por conta de suas características, a compreensão aprofundada dos mecanismos envolvidos na dor neuropática se revela essencial para o desenvolvimento de terapias eficazes destinadas ao tratamento da dor crônica.[3,4]

Estudos recentes revelaram, por exemplo, que a ativação neuroimune, reconhecida como um dos principais mecanismos subjacentes à sensibilização central da dor crônica, pode ser desencadeada por estímulos periféricos que resultam na ativação neuronal no sistema nervoso central.[5] Alguns desses estímulos envolvem a ativação de células gastrointestinais.[5] A microbiota intestinal exerce influência sobre a ativação das micróglias, células da glia responsáveis pelo controle da resposta imune espinal e encefálica.[6] Assim, pode-se afirmar que a microbiota intestinal é capaz de modular a neuroinflamação ao impactar a atividade de diferentes células, como astrócitos, células endoteliais, micróglia, monócitos, macrófagos, pericitos e células T. Quando estimuladas, essas células iniciam a produção de vários mediadores pró-inflamatórios, como ligante de quimiocina 2 (CCL-2 ou MCP-1), ligante de quimiocina 1 (CXCL-1), interleucina 1 beta (IL-1-beta), interferon gama (IFN-gama), metaloproteinases 2 e 9 (MMP-2 e MMP-9) e fator de necrose tumoral alfa (TNF-alfa). As citocinas e quimiocinas liberadas pelas células da glia, por sua vez, interferem na neurotransmissão sináptica, aumentando os níveis de glutamato e reduzindo os níveis de ácido gama-aminobutírico (GABA) e resultando em hipersensibilidade à dor.[7,8]

A microbiota intestinal emerge, assim, como uma possível protagonista na sensibilização central subjacente à dor crônica associada à neuroinflamação, potencialmente contribuindo para o desenvolvimento de diferentes doenças neurológicas.[9] Em estudos pré-clínicos com ratos, foi demonstrada a relação entre a microbiota intestinal e a dor neuropática induzida por lesão causada pela constrição crônica do nervo isquiático. Chen et al.[10] demonstraram que alterações da microbiota intestinal foram significativamente correlacionadas com as alterações dos níveis séricos de metabólitos, sugerindo que a disbiose da microbiota intestinal é um fator relevante na modulação das perturbações metabólicas no contexto da dor neuropática. Ding et al.,[11] por sua vez, observaram que o uso de antibióticos orais (que altera a microbiota intestinal) atenuou o desenvolvimento dos fenômenos de alodinia mecânica e hiperalgesia térmica, sendo essa resposta mediada pela ação de células T pró-inflamatórias e anti-inflamatórias. Outros pesquisadores demostraram, por fim, que a depleção da microbiota intestinal melhora a dor neuropática induzida por lesão nervosa, quimioterápicos e diabetes em camundongos,[12] reforçando a importância da microbiota intestinal no controle da dor persistente.[13]

MECANISMOS DE MODULAÇÃO PELO EIXO INTESTINO-CÉREBRO

As bactérias presentes no trato gastrointestinal e os metabólitos gerados por elas, incluindo os ácidos graxos de cadeia curta (AGCC), ácidos biliares (AB) e nutrientes como o triptofano, mantêm uma comunicação bidirecional entre o intestino e a percepção da dor. Essa comunicação ocorre por vias endócrinas, imunológicas e neurais, com destaque para a participação de hormônios como a adrenalina e o cortisol, para as interações entre células imunológicas e produção de citocinas, e para a ativação do nervo vago e do sistema nervoso entérico com envolvimento da acetilcolina, como ilustrado na Figura 1.[14] Essa comunicação é conhecida como eixo intestino-cérebro. A homeostase entre

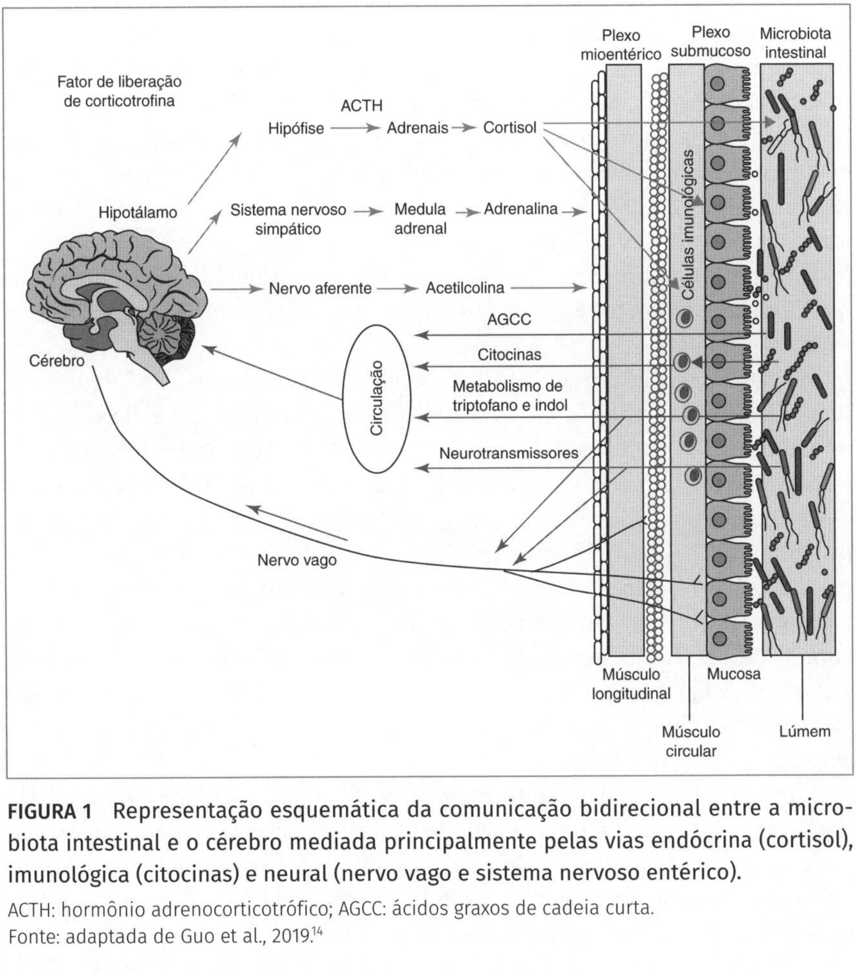

FIGURA 1 Representação esquemática da comunicação bidirecional entre a microbiota intestinal e o cérebro mediada principalmente pelas vias endócrina (cortisol), imunológica (citocinas) e neural (nervo vago e sistema nervoso entérico).

ACTH: hormônio adrenocorticotrófico; AGCC: ácidos graxos de cadeia curta.
Fonte: adaptada de Guo et al., 2019.[14]

a microbiota intestinal e seu hospedeiro, promovida por essa comunicação, é de suma importância para a promoção e a manutenção da saúde humana.[14,15]

O reconhecimento da importância dessa relação tornou a interação entre a microbiota intestinal e as doenças neurológicas, sobretudo no que se refere à dor crônica, objeto de investigação científica intensiva. Assim, atualmente, identificou-se que várias doenças têm como caracterísica comum a ocorrência de alterações na composição das espécies de bactérias comensais, conhecida como disbiose intestinal. A disbiose resulta em disfunção intestinal e alterações nas respostas imunes sistêmicas, particularmente relacionadas à inflamação, e desencadeia a liberação de mediadores pró-inflamatórios por células imunológicas e gliais, contribuindo, assim, para a intensificação da percepção da dor.[9,16] Parada Venegas et al.[17] demonstraram participação significativa dos metabólitos microbianos, em especial os AGCCs que modulam as células T reguladoras, nessa interação. Há evidências que indicam, ainda, um papel crucial dessa interação em uma variedade de outras formas de dor, como a dor visceral, a dor inflamatória e a cefaleia, bem como na modulação da tolerância aos opioides.[14]

A influência da microbiota na percepção da dor, no entanto, é complexa, envolvendo mecanismos diversos e multifacetados. Destacam-se, nesse sentido, além da influência indireta por meio da modulação da resposta inflamatória sobre a atividade das células imunológicas[18] – mecanismo crucial no controle da resposta inflamatória sistêmica –, a interação direta da microbiota com nociceptores periféricos e neurônios pós-sinápticos excitatórios localizados na medula espinal.

Alterações na permeabilidade da barreira epitelial intestinal (*leaky gut*) facilitam a translocação de bactérias e a liberação de substâncias prejudiciais, como os padrões moleculares associados a patógenos (PAMP, do inglês *pathogen-associated molecular patterns*), derivados da microbiota (p. ex., lipopolissacarídeos e peptidoglicanos), identificados pelos receptores celulares de reconhecimento de padrão (PRR, do inglês *pattern recognition receptors*). Esse processo é vital na patogênese da neuropatia, contribuindo para a sensibilização periférica e central ao promover respostas inflamatórias exacerbadas e a liberação de mediadores, como TNF-α, IL-1-beta e IL-6. A contínua ativação dos PRRs em virtude da disfunção da barreira intestinal perpétua à inflamação sistêmica, mantendo um ciclo inflamatório que culmina no agravamento da sensibilização neuronal e que exacerba a dor neuropática.[19]

Outro mecanismo de grande interesse entre os pesquisadores no campo da dor é a síntese da quinurenina a partir do triptofano, pela via glutamatérgica, que pode ser influenciada por modificações no eixo microbiota-intestino-cérebro. Sob a influência da microbiota, o aminoácido essencial L-triptofano é metabolizado por meio de duas vias distintas conhecidas como via da serotonina e via da quinurenina, resultando na síntese de moléculas bioativas como a serotonina (ou 5-hidroxitriptamina – 5-HT) e a quinurenina.[20] A ativação da via da quinurenina resulta na produção de metabólitos com propriedades pró-inflamatórias e pró-nociceptivas, potencialmente contribuindo para o desenvolvimento e a manutenção da dor crônica.[21] Em razão desse papel na modulação da neuroinflamação e da neuroplasticidade, há estudos que sugerem que a quinurenina pode ser uma fonte promissora de biomarcadores para dor crônica.[22] Assim, a compreensão do impacto da microbiota nesse mecanismo apresenta implicações significativas para a sinalização do eixo microbiota-intestino-cérebro e para a compreensão da neurotransmissão, da sensibilização central e da hipersensibilidade à dor.[20]

Por fim, a microbiota impacta também o metabolismo do ácido gama-aminobutírico e do glutamato, que são, respectivamente, os principais neurotransmissores inibitório e excitatório no sistema nervoso central. Há estudos investigando a eficácia da suplementação com cepas específicas de *Bifidobacterium adolescentis* que têm a capacidade de metabolizar o glutamato em ácido gama-aminobutírico, com potencial para reduzir a concentração sérica de glutamato.[23,24] Esse mecanismo é um elemento crucial na cronificação da dor, pois disfunções metabólicas da via glutamatérgica se associam a desequilíbrios na regulação da inibição e da excitação neuronal.[25]

A existência de todas essas vias de interação entre microbiota e percepção da dor faz emergir um papel crucial da nutrição como um componente interdependente nessa intrincada rede de interações que envolvem o eixo intestino-cérebro. Sabe-se, por exemplo, que componentes como as fibras alimentares promovem a proliferação de bactérias benéficas, as quais, por sua vez, produzem os ácidos graxos de cadeias curtas, críticos na modulação da resposta inflamatória e da dor.[18] A dieta parece exercer, ainda, uma influência considerável sobre a via da quinurenina por meio do fornecimento de triptofano e também por mecanismos como a modulação do cortisol e da resposta inflamatória.[22] Além disso, a nutrição influencia a síntese de neurotransmissores como a serotonina, reconhecida por sua participação na regulação do humor e da percepção da dor.[20]

INTERVENÇÕES NUTRICIONAIS

Diferentes estudos têm como objetivos identificar os efeitos de intervenções nutricionais específicas na modulação da microbiota intestinal e avaliar sua associação com o desenvolvimento e/ou a redução da gravidade de diversas doenças. No que diz respeito à dor crônica, aprofundar o entendimento da interação entre nutrição, microbiota e dor pode oferecer implicações substanciais, já que a promoção de uma dieta equilibrada parece contribuir não apenas para a melhora da saúde geral, mas também para o manejo eficaz de quadros de dor crônica, estabelecendo-se, assim, como uma abordagem integrada para o cuidado de pacientes com condições dolorosas.

Entre as diferentes intervenções nutricionais estudadas para o manejo da dor crônica (abordadas a seguir), as mais promissoras são aquelas que promovem a redução do estresse oxidativo e da inflamação, como a dieta mediterrânea e aquelas com restrição de carboidratos e calorias (p. ex., dieta cetogênica e jejum intermitente).[26,27]

Dieta mediterrânea

A nomenclatura "dieta mediterrânea" é utilizada frequentemente para descrever os hábitos alimentares que remetem à costa do Mar Mediterrâneo, em especial na Grécia, no sul da Itália e no sul da Europa. Esse padrão alimentar se baseia no consumo de grãos integrais, legumes, leguminosas, nozes, azeite de oliva, alimentos ricos em ômega 3 e frutas (especialmente as vermelhas), bem como a limitação ao consumo de alimentos de origem animal e daqueles com adição de açúcar.[28,29]

Diferentes estudos evidenciam os benefícios dessa dieta para a saúde no que diz respeito à prevenção e ao tratamento de condições como doenças cardiovasculares, diabetes tipo 2, obesidade, dislipidemia, câncer e transtornos psiquiátricos. Os mecanismos subjacentes a esses efeitos incluem os impactos favoráveis desse padrão alimentar no perfil anti-inflamatório e na diversidade da microbiota intestinal,[30] que são mediados pela composição nutricional (fibras alimentares, carboidratos complexos, polifenóis e ácidos graxos poli-insaturados). Esses componentes da dieta promovem aumento de espécies que produzem AGCCs, como *Clostridium leptum* e *Eubacterium rectale*; aumento de espécies de *Bifidobacterium* e de *Bacteroides*; aumento de *Faecalibacterium prausnitzii*; e redução de espécies de *Firmicutes* e de *Blautia*. Essas alterações na microbiota intestinal estão associadas a melhora do estado inflamatório e oxidativo, menor propensão para malignidades e melhor saúde metabólica geral.[30]

É plausível sugerir, portanto, que o padrão alimentar da dieta mediterrânea pode exercer efeitos positivos sobre a dor, principalmente por meio de suas propriedades anti-inflamatórias, além de reduzir o risco de condições crônicas associadas, como doenças cardiovasculares, diabetes tipo 2, obesidade, depressão e fragilidade.[31,32] Nesse sentido, um ensaio randomizado demonstrou que uma dieta rica em grãos integrais não induz alterações significativas no microbioma intestinal ou na sensibilidade à insulina em comparação com uma dieta de grãos refinados, mas é capaz de reduzir significativamente o peso corporal e a inflamação sistêmica de baixo grau.[33] Por sua vez, outro estudo randomizado constatou que uma dieta rica em grãos integrais aumenta os níveis fecais de butirato e caproato, bem como a frequência de evacuação, indicando que as diferenças entre grãos integrais e refinados afetam tanto a fermentação colônica quanto os hábitos intestinais dos indivíduos avaliados.[34] Além disso, em curto prazo, a ingestão de grãos integrais induziu alterações na composição da microbiota intestinal que coincidiram com melhorias nas disfunções metabólicas do hospedeiro.[35]

Outros estudos indicam, ainda, que a dieta mediterrânea pode reduzir a inflamação sistêmica, aumentar a sensibilidade à insulina e diminuir os níveis séricos de colesterol em indivíduos com sobrepeso e obesidade.[36] Quando associada com restrição calórica por um período de 3 meses, essa dieta também promoveu aumento significativo na diversidade da microbiota intestinal, associada a aumento nos táxons microbianos benéficos e redução nos táxons microbianos relacionados à obesidade e a outras doenças, enquanto, em comparação, a dieta vegetariana com restrição calórica não induziu mudanças relevantes. Também foi possível verificar que a dieta mediterrânea induziu aumento na concentração de AGCCs, que tem correlação negativa com a liberação das citocinas pró-inflamatórias IL-12 e IL-17.[37] No que diz respeito à adesão de longo prazo (6 meses) à dieta, pacientes com doença inflamatória intestinal (doença de Crohn e retocolite ulcerativa) apresentaram redução no índice de massa corporal (IMC) e na circunferência da cintura. Assim, após 6 meses de dieta, um número menor de pacientes com terapia estável apresentava doença ativa, o que foi associado a uma redução significativa de biomarcadores inflamatórios elevados (proteína C-reativa e calprotectina fecal). A dieta mediterrânea melhorou também a qualidade de vida desses pacientes, sem interferir no perfil lipídico sérico e na função hepática.[38] Em consonância com esses achados, a ingestão calórica excessiva, que está associada a uma série de prejuízos para a saúde, é outro fator a ser considerado em indivíduos que sofrem com dor crônica. A disponibilidade excessiva de macronutrientes estimula a produção das citocinas pró-inflamatórias TNF-alfa e IL-6 pelo tecido adiposo, levando a um quadro de inflamação sistêmica persistente em indivíduos com excesso de gordura visceral,[39] que pode ser acompanhada de dor persistente.

Em resumo, a dieta mediterrânea promove mudanças na composição da microbiota intestinal que são favoráveis à saúde, incluindo aumento da diversidade microbiana, promoção do crescimento de espécies associadas à saúde intestinal e redução de espécies cujos metabólitos induzem inflamação; enquanto a associação com intervenções que promovem restrição calórica mostrou benefícios também na redução da inflamação e na sensibilidade à insulina, indicando um potencial para aliviar a dor crônica. Os dados disponíveis sugerem, portanto, que uma abordagem dietética centrada na dieta mediterrânea, bem como sua associação com outras estratégias nutricionais que visam a redução da inflamação sistêmica e a promoção da saúde intestinal podem ser uma parte importante do manejo da dor crônica. É importante considerar, no entanto, que cada indivíduo pode responder de forma diferente às intervenções dietéticas e mais pesquisas ainda são necessárias para entender completamente os mecanismos pelos quais a nutrição pode afetar a percepção da dor.

Dieta low-FODMAP

Um dos principais mecanismos subjacentes à sensibilização central da dor crônica pode ser desencadeado quando a periferia, incluindo células gastrointestinais, promove a ativação de células cerebrais.[5] Assim, quando há inflamação intestinal, a composição da dieta pode tornar-se um gatilho importante para a dor crônica. Nesse cenário, uma dieta rica em oligossacarídeos fermentáveis, dissacarídeos, monossacarídeos e polióis (FODMAP, do inglês *fermentable oligo-, di-, mono-saccharides and polyols*), por exemplo, pode agravar a inflamação intestinal, induzir a ativação de mastócitos e, finalmente, desencadear sintomas clínicos característicos da síndrome do intestino irritável, como dor abdominal, inchaço e urgência fecal.[40-42] Já foi demonstrado também que a lactose e os fruto-oligossacarídeos aumentam a produção de produtos de glicosilação colônica e a sensibilidade visceral, induzindo um quadro de dor intestinal crônica em camundongos.[43] Em sentido oposto, estudos pré-clínicos e clínicos controlados randomizados revelaram que uma dieta com baixo teor de FODMAP (dieta *low*-FODMAP) pode aliviar os sintomas de dor abdominal em alguns pacientes com síndrome do intestino irritável.[44,45] Além disso, também se acredita que os metabólitos da fermentação de bactérias anaeróbias, especialmente álcool, cetona e aldeído, possam afetar a sinalização mediada pelo cálcio e levar a desequilíbrio da microbiota, o que também pode desencadear a síndrome do intestino irritável e dor abdominal crônica.[46] A dieta *low*-FODMAP pode, no entanto, induzir a degranulação de mastócitos, com consequente sensibilização dos neurônios nociceptivos, gerando uma resposta dolorosa no sistema nervoso entérico.[47]

Assim, embora os estudos apontem resultados promissores em alguns casos, é importante ressaltar que a eficácia da dieta *low*-FODMAP pode variar entre os indivíduos e nem todos os pacientes responderão da mesma forma. Além disso, alguns aspectos ainda estão sujeitos a debates e pesquisas contínuas, como a associação entre os FODMAP e a intolerância à histamina, bem como o papel dos metabólitos da fermentação bacteriana na sinalização e na microbiota intestinal. É necessário, portanto, que a abordagem utilizando essa intervenção nutricional seja individualizada e multidisciplinar.

Dieta com restrição de glutamato

O glutamato é o aminoácido mais prevalente no cérebro dos mamíferos e o principal neurotransmissor excitatório do sistema nervoso central, participando de várias funções cerebrais, incluindo aprendizado, memória, cognição e emoção.[48] Ele é liberado por neurônios glutamatérgicos em um processo dependente do cálcio e atua nos receptores de glutamato ionotrópicos e metabotrópicos. Os transportadores de recaptura de glutamato, presentes nos astrócitos, são responsáveis por remover o excesso de glutamato nas sinapses a fim de evitar a superexcitação e a neurotoxicidade. É também nos astrócitos que o glutamato é convertido em glutamina pela enzima glutamina sintetase. A glutamina, por sua vez, é transportada de volta para os neurônios, onde é reconvertida em glutamato pela glutaminase. Assim, o glutamato é disponibilizado novamente para liberação em um ciclo contínuo. A regulação do glutamato envolve, portanto, neurônios e astrócitos, de forma que qualquer disfunção ou desregulação nesse sistema pode levar a um desequilíbrio na excitação e na inibição das células nervosas.[49] Corroborando essa informação, foi demonstrado um agravamento significativo dos sintomas de dor em pacientes com fibromialgia que receberam glutamato monossódico e a qualidade de vida relacionada a esses sintomas diminuiu mesmo após a redução dietética do glutamato monossódico.[50]

Uma dieta de baixo teor de glutamato, por outro lado, demonstrou ser promissora na mitigação dos sintomas de dor crônica relacionada à síndrome da Guerra do Golfo. Esse transtorno multissintomático prevalente entre os veteranos da Guerra do Golfo é caracterizado por uma gama de sintomas que inclui dor crônica generalizada, fadiga, disfunção cognitiva, distúrbios do sono e problemas gastrointestinais. A carência de tratamentos eficazes para essa condição resulta no uso excessivo de medicamentos para tratar os sintomas individualmente, mas com pouca melhora geral do quadro.[51] Quando submetidos a uma dieta de baixo teor de glutamato, no entanto, veteranos com a síndrome da Guerra do Golfo apresentaram redução no número e na gravidade dos sintomas, com melhorias significativas na dor, na fadiga e nos problemas gastrointestinais. Somado a esses efeitos, o aumento da ingestão de vitamina C, vitamina E e magnésio parece ter contribuído para uma melhoria dos sintomas neurológicos.

Essas descobertas sugerem que uma dieta isenta ou com restrição de glutamato pode ser um tratamento eficaz para os sintomas associados à síndrome da Guerra do Golfo.[52] Dessa forma, a redução do glutamato na dieta pode ser uma esperança também para aqueles que sofrem de condições de dor crônica e sintomas neurológicos associados.

Dietas com restrição de glúten

Glúten é o nome de uma mistura de proteínas como a gliadina e a glutenina, geralmente encontrada nos grãos de trigo. Compostos semelhantes podem ser encontrados na cevada, no centeio e na aveia. A ingestão desse composto e suas consequências na saúde são motivo de debate, já que a gama de sintomas relacionados ao glúten varia de ausentes a graves (como doença celíaca, má-absorção e morte). Os sintomas graves, no entanto, são consequência de danos estruturais à mucosa do intestino delgado e podem ser revertidos por meio de uma dieta sem glúten.[53,54] Acredita-se também que o consumo de glúten pode estar relacionado a sintomas gastrointestinais, como dor abdominal recorrente e inchaço, e outros não gastrointestinais, como cansaço, depressão e ansiedade em pacientes com síndrome do intestino irritável. Além disso, adultos celíacos não tratados apresentam osteopatia metabólica, caracterizada pela perda de massa óssea, que muitas vezes se manifesta como dor osteoarticular.[55]

Assim, uma dieta sem glúten geralmente é indicada para pacientes com doenças gastrointestinais como a doença celíaca e as alergias mediadas por IgE, com eficácia comprovada na redução de sintomas e na melhoria da qualidade de vida dos pacientes, e também pode melhorar significativamente os sintomas de dor e qualidade de vida em pacientes com síndrome do intestino irritável associada à fibromialgia e com enterite linfocítica.[56] Por sua vez, em indivíduos com artrite reumatoide sob tratamento com drogas antirreumáticas, uma dieta com restrição de carne vermelha, glúten e lácteos resultou em redução da dor e melhoras na saúde física e mental.[57] Além disso, uma dieta sem glúten pode reduzir a dor neuropática periférica em pacientes com neuropatia do glúten;[58] melhorar os sintomas musculoesqueléticos e sistêmicos em pacientes com fibromialgia e sensibilidade não celíaca ao trigo;[59] e reduzir a dor pélvica em pacientes com endometriose.[60]

As evidências relacionadas à restrição de glúten na dieta destacam não apenas os efeitos positivos de redução da dor e dos sintomas associados a essas condições, mas também sua influência na saúde mental e na qualidade de vida geral dos pacientes. Mais pesquisas ainda são necessárias, no entanto, para elucidar completamente os mecanismos subjacentes e o impacto dessa dieta em outras condições de saúde, a fim de fornecer orientações precisas e personalizadas aos pacientes.

PROBIÓTICOS

Os probióticos, definidos como microrganismos vivos que conferem benefícios à saúde quando administrados em quantidades adequadas, têm recebido considerável atenção. Embora tradicionalmente sejam associados à saúde intestinal, pesquisas recentes elucidaram seu papel também na modulação da percepção e da hipersensibilidade visceral e na resposta imunológica, incluindo a interação entre proteases produzidas pela microbiota e inibidores de proteases fisiológicas.[61] Há evidências emergentes, ainda, principalmente de estudos pré-clínicos, de que a administração de probióticos atenua a hiperalgesia visceral induzida pelo estresse,[62] a alodinia mecânica cutânea neuropática e a hiperalgesia térmica.[11,63] Esses achados sugerem seu potencial como agentes terapêuticos no manejo de várias condições de saúde e em particular naquelas relacionadas à dor.

Cepas selecionadas de *Lactobacillus* e *Bifidobacterium*, por exemplo, demonstraram capacidade de estimular a produção de IgA secretora, ativar células T reguladoras e promover uma resposta anti-inflamatória.[64] Essas propriedades imunomoduladoras contribuem para os benefícios à saúde conferidos pelos probióticos e destacam seu potencial na regulação imunológica.[65] Estudos clínicos demonstraram resultados promissores, ainda, quanto à eficácia de cepas específicas de probióticos, como *Lactobacillus rhamnosus*, na redução da dor abdominal e na melhoria da função de barreira intestinal em pacientes com distúrbios gastrointestinais funcionais relacionados à dor.[66] Esses efeitos imunomoduladores e anti-inflamatórios dos probióticos têm potencial, ainda, para aliviar a dor e melhorar a qualidade de vida em pacientes com doenças extraintestinais relacionadas à dor, incluindo a artrite reumatoide.[61]

Por sua vez, espécies bacterianas como *Clostridium butyricum* e *Roseburia hominis* exibiram efeitos anti-inflamatórios que podem melhorar a inflamação colônica e a hipersensibilidade visceral em modelos animais.[65] Por fim, a modulação dos níveis de glutamato pode ser mais um mecanismo pelo qual os probióticos podem influenciar a dor. Royo et al.[24] demonstraram que uma cepa natural de *Bifidobacterium adolescentis* (IPLA60004) é capaz de converter glutamato em ácido gama-aminobutírico, reduzindo a concentração de glutamato no sangue de camundongos, sugerindo que probióticos que produzem esse ácido podem ter potencial terapêutico para pacientes com doenças crônicas, reduzindo os sintomas associados ao excesso de glutamato consequente à dor persistente.

Em suma, os probióticos representam uma abordagem promissora para o manejo da dor e para melhorar os resultados gerais de saúde. Sua capacidade de modular a percepção da dor, regular as respostas imunes e aliviar a inflamação destaca seu potencial terapêutico em várias condições relacionadas à dor. Essa perspectiva científica fornece *insights* valiosos sobre o papel multifacetado dos probióticos no alívio da dor e na melhoria dos resultados de saúde, abrindo caminho para intervenções terapêuticas inovadoras no manejo da dor e na regulação imunológica. Mais pesquisas são necessárias, portanto, para elucidar os mecanismos específicos subjacentes a esses efeitos e para otimizar as aplicações clínicas dos probióticos no manejo da dor e no tratamento de doenças.

RESISTÊNCIA A OPIOIDES

O desenvolvimento de resistência a opioides é um fenômeno complexo que envolve múltiplas vias celulares. Ao investigar a perda de acoplamento funcional entre os receptores opioides do tipo mu (MOR) e seus efetores, modelos quantitativos indicaram que é necessária uma redução funcional de 80% ou mais dos receptores MOR para alterar as respostas à morfina.[67]

Demonstrou-se, entretanto, que enquanto a recuperação da dessensibilização é rápida, a resistência ocorre em duas fases após tratamento prolongado. Estudos em neurônios sensíveis à ação dos opioides mostraram prejuízo no acoplamento entre os receptores MOR e seus efetores em animais tratados cronicamente com morfina, sugerindo que uma regulação negativa do receptor pode estar envolvida. No que diz respeito à habituação a opioides após a ação da morfina, estudos recentes indicam que a exposição crônica a esse opioide altera a composição da microbiota intestinal, promovendo inflamação secundária da parede do trato gastrointestinal que ocasiona uma translocação bacteriana.[68] A depleção bacteriana com antibióticos, por sua vez, preveniu muitas das alterações patológicas induzidas pela morfina, incluindo a permeabilidade intestinal aumentada e a destruição da mucosa colônica. Além disso, a utilização de antibióticos evitou o desenvolvimento de tolerância antinociceptiva ao uso crônico de morfina, indicando que bactérias com Gram-positivo sensíveis à vancomicina podem influenciar os mecanismos associados à resistência a opioides.[69] É possível sugerir, portanto, que o microbioma intestinal desempenha um papel significativo na modulação dos efeitos crônicos derivados de opioides, incluindo o desenvolvimento de resistência antinociceptiva.

CONSIDERAÇÕES FINAIS

Em um cenário em que a dor crônica é uma preocupação crescente, intervenções nutricionais surgem como uma abordagem complementar promissora para seu manejo. Há que se considerar, no entanto, que apesar das descobertas pré-clínicas interessantes e relevantes a respeito da influência da microbiota intestinal na dor, a microbiota humana apresenta semelhanças e diferenças com relação à de roedores, o que pode gerar um viés ao se traduzir os resultados da investigação sobre o microbioma intestinal de modelos em animais para seres humanos. Além disso, mesmo nos estudos em roedores com microbiota intestinal bem controlada, existem fatores de confusão na configuração experimental, como a origem dos animais, os efeitos maternais, as condições ambientais (composição alimentar, luz, fatores de estresse, infeção por agentes patogênicos), os antecedentes genéticos e os métodos de análise aplicados.[70] Entre esses diversos fatores de confusão, há a influência crucial da nutrição na modulação do estresse oxidativo e da inflamação na fisiopatologia da dor crônica.

Apesar disso, há que se destacar que entre as intervenções nutricionais mais promissoras destacam-se a adoção de dietas como a cetogênica, o jejum intermitente e a dieta mediterrânea. Esses padrões alimentares têm sido associados a benefícios significativos não apenas para redução da dor, mas também na prevenção e no manejo de condições crônicas correlacionadas, como doenças cardiovasculares, diabetes tipo 2, obesidade e depressão. A dieta mediterrânea, por exemplo, demonstrou efeitos anti-inflamatórios e modificações favoráveis na microbiota intestinal, que se associam a uma redução do estresse oxidativo e da inflamação, contribuindo assim para a redução da dor crônica. Além disso, a restrição calórica e a eliminação de certos alimentos, como aqueles contendo glutamato monossódico e glúten, têm sido associadas a melhorias significativas nos sintomas de dor crônica, possivelmente em razão da modulação da resposta inflamatória pela microbiota intestinal.

Essas descobertas enfatizam a relevância da nutrição como uma abordagem eficiente e de fácil acesso no tratamento da dor crônica, não apenas proporcionando alívio dos sintomas, mas também lidando com os mecanismos fisiopatológicos subjacentes. Dessa forma, a inclusão de estratégias nutricionais personalizadas e fundamentadas em evidências pré-clínicas com posterior estudo translacional clínico podem desempenhar um papel crucial na melhoria da qualidade de vida de pessoas que enfrentam diferentes tipos de dor crônica.

REFERÊNCIAS BIBLIOGRÁFICAS

1. Cohen SP, Vase L, Hooten WM. Chronic pain: an update on burden, best practices, and new advances. Lancet. 2021;397(10289):2082-97.
2. Treede RD, Rief W, Barke A, Aziz Q, Bennett MI, Benoliel R, et al. Chronic pain as a symptom or a disease: the IASP classification of chronic pain for the International Classification of Diseases (ICD-11). Pain. 2019;160(1):19-27.
3. Jensen TS, Baron R, Haanpää M, Kalso E, Loeser JD, Rice ASC, et al. A new definition of neuropathic pain. Pain. 2011;152(10):2204-5.
4. Colloca L, Ludman T, Bouhassira D, Baron R, Dickenson AH, Yarnitsky D, et al. Neuropathic pain. Nat Rev Dis Primers. 2017;3:17002.
5. Duan L, Zhang XD, Miao WY, Sun YJ, Xiong G, Wu Q, et al. PDGFRβ cells rapidly relay inflammatory signal from the circulatory system to neurons via chemokine CCL2. Neuron. 2018;100(1):183-200.e8.
6. Yang C, Fang X, Zhan G, Huang N, Li S, Bi J, et al. Key role of gut microbiota in anhedonia-like phenotype in rodents with neuropathic pain. Transl Psychiatry. 2019;9(1):57.
7. Gao YJ, Ji RR. Chemokines, neuronal-glial interactions, and central processing of neuropathic pain. Pharmacol Ther. 2010;126(1):56-68.
8. Matsuda M, Huh Y, Ji RR. Roles of inflammation, neurogenic inflammation, and neuroinflammation in pain. J Anesth. 2019;33(1):131-9.
9. Ustianowska K, Ustianowski Ł, Machaj F, Gorący A, Rosik J, Szostak B, et al. The role of the human microbiome in the pathogenesis of pain. Int J Mol Sci. 2022;23(21):13267.

10. Chen P, Wang C, Ren Y, Ye ZJ, Jiang C, Wu ZB. Alterations in the gut microbiota and metabolite profiles in the context of neuropathic pain. Mol Brain. 2021;14(1):50.
11. Ding W, You Z, Chen Q, Yang L, Doheny J, Zhou X, et al. Gut microbiota influences neuropathic pain through modulating proinflammatory and anti-inflammatory T cells. Anesth Analg. 2021;132(4):1146-55.
12. Ma P, Mo R, Liao H, Qiu C, Wu G, Yang C, et al. Gut microbiota depletion by antibiotics ameliorates somatic neuropathic pain induced by nerve injury, chemotherapy, and diabetes in mice. J Neuroinflammation. 2022;19(1):169.
13. Shen S, Lim G, You Z, Ding W, Huang P, Ran C, et al. Gut microbiota is critical for the induction of chemotherapy-induced pain. Nat Neurosci. 2017;20(9):1213-6.
14. Guo R, Chen LH, Xing C, Liu T. Pain regulation by gut microbiota: molecular mechanisms and therapeutic potential. Br J Anaesth. 2019;123(5):637-54.
15. Sharkey KA, Mawe GM. The enteric nervous system. Physiol Rev. 2023;103(2):1487-564.
16. Furman D, Campisi J, Verdin E, Carrera-Bastos P, Targ S, Franceschi C, et al. Chronic inflammation in the etiology of disease across the life span. Nat Med. 2019;25(12):1822-32.
17. Parada Venegas D, De la Fuente MK, Landskron G, González MJ, Quera R, Dijkstra G, et al. Short chain fatty acids (SCFAs)-mediated gut epithelial and immune regulation and its relevance for inflammatory bowel diseases . Front Immunol. 2019;10:277.
18. Manjarres Z, Calvo M, Pacheco R. Regulation of pain perception by microbiota in Parkinson disease. Pharmacol Rev. 2023;76(1):7-36.
19. Li D, Wu M. Pattern recognition receptors in health and diseases. Signal Transduct Target Ther. 2021;6(1):291.
20. Baj A, Moro E, Bistoletti M, Orlandi V, Crema F, Giaroni C. Glutamatergic signaling along the microbiota-gut-brain axis. Int J Mol Sci. 2019;20(6):1482.
21. Tanaka M, Török N, Tóth F, Szabó A, Vécsei L. Co-players in chronic pain: neuroinflammation and the tryptophan-kynurenine metabolic pathway. Biomedicines. 2021;9(8):897.
22. O'Mahony SM, Clarke G, Borre YE, Dinan TG, Cryan JF. Serotonin, tryptophan metabolism and the brain-gut-microbiome axis. Behav Brain Res. 2015;277:32-48.
23. Duranti S, Ruiz L, Lugli GA, Tames H, Milani C, Mancabelli L, et al. Bifidobacterium adolescentis as a key member of the human gut microbiota in the production of GABA. Sci Rep. 2020;10(1):14112.
24. Royo F, Tames H, Bordanaba-Florit G, Cabrera D, Azparren-Angulo M, Garcia-Vallicrosa C, et al. Orally administered Bifidobacterium adolescentis diminishes serum glutamate concentration in mice. Microbiol Spectr. 2023;11(4):e05063-22.
25. Pigott T, McPeak A, de Chastelain A, DeMayo MM, Rasic N, Rayner L, et al. Changes in brain GABA and glutamate and improvements in physical functioning following intensive pain rehabilitation in youth with chronic pain. J Pain. 2023;24(7):1288-97.
26. Dragan S, Şerban M-C, Damian G, Buleu F, Valcovici M, Christodorescu R. Dietary patterns and interventions to alleviate chronic pain. Nutrients. 2020;12(9):2510.
27. Kaushik AS, Strath LJ, Sorge RE. Dietary interventions for treatment of chronic pain: oxidative stress and inflammation. Pain Ther. 2020;9(2):487-98.
28. Schwingshackl L, Morze J, Hoffmann G. Mediterranean diet and health status: active ingredients and pharmacological mechanisms. Br J Pharmacol. 2020;177(6):1241-57.
29. Franco GA, Interdonato L, Cordaro M, Cuzzocrea S, Di Paola R. Bioactive compounds of the Mediterranean diet as nutritional support to fight neurodegenerative disease. Int J Mol Sci. 2023; 24(8):7318.
30. Barber TM, Kabisch S, Pfeiffer AFH, Weickert MO. The effects of the Mediterranean diet on health and gut microbiota. Nutrients. 2023;15(9):2150.
31. van Soest APM, Hermes GDA, Berendsen AAM, van de Rest O, Zoetendal EG, Fuentes S, et al. Associations between pro- and anti-inflammatory gastro-intestinal microbiota, diet, and cognitive functioning in Dutch healthy older adults: the NU-AGE study. Nutrients. 2020;12(11):3471.

32. Ortolá R, García-Esquinas E, Sotos-Prieto M, Struijk EA, Caballero FF, Lopez-Garcia E, et al. Mediterranean diet and changes in frequency, severity, and localization of pain in older adults: the Seniors-ENRICA cohorts. J Gerontol A Biol Sci Med Sci. 2022;77(1):122-30.
33. Martínez I, Lattimer JM, Hubach KL, Case JA, Yang J, Weber CG, et al. Gut microbiome composition is linked to whole grain-induced immunological improvements. ISME J. 2013;7(2):269-80.
34. Procházková N, Venlet N, Hansen ML, Lieberoth CB, Dragsted LO, Bahl MI, et al. Effects of a wholegrain-rich diet on markers of colonic fermentation and bowel function and their associations with the gut microbiome: a randomised controlled cross-over trial. Front Nutr. 2023;10:1187165.
35. Roager HM, Vogt JK, Kristensen M, Hansen LBS, Ibrügger S, Maerkedahl RB, et al. Whole grain-rich diet reduces body weight and systemic low-grade inflammation without inducing major changes of the gut microbiome: a randomised cross-over trial. Gut. 2019;68(1):83-93.
36. Meslier V, Laiola M, Roager HM, De Filippis F, Roume H, Quinquis B, et al. Mediterranean diet intervention in overweight and obese subjects lowers plasma cholesterol and causes changes in the gut microbiome and metabolome independently of energy intake. Gut. 2020;69(7):1258-68.
37. Sofi F, Dinu M, Pagliai G, Cesari F, Marcucci R, Casini A. Mediterranean versus vegetarian diet for cardiovascular disease prevention (the CARDIVEG study): study protocol for a randomized controlled trial. Trials. 2016;17(1):233.
38. Chicco F, Magrì S, Cingolani A, Paduano D, Pesenti M, Zara F, et al. Multidimensional impact of Mediterranean diet on IBD patients. Inflamm Bowel Dis. 2021;27(1):1-9.
39. Ellulu MS, Patimah I, Khaza'ai H, Rahmat A, Abed Y. Obesity and inflammation: the linking mechanism and the complications. Arch Med Sci. 2017;13(4):851-63.
40. Zhou S-Y, Gillilland M, Wu X, Leelasinjaroen P, Zhang G, Zhou H, et al. FODMAP diet modulates visceral nociception by lipopolysaccharide-mediated intestinal inflammation and barrier dysfunction. J Clin Invest. 2018;128(1):267-80.
41. Singh P, Grabauskas G, Zhou SY, Gao J, Zhang Y, Owyang C. High FODMAP diet causes barrier loss via lipopolysaccharide-mediated mast cell activation. JCI Insight. 2021;6(22):e146529.
42. Hu C, Yan C, Wu Y, Tao E, Guo R, Zhu Z, et al. Low FODMAP diet relieves visceral hypersensitivity and is associated with changes in colonic microcirculation in water avoidance mice model. Nutrients. 2023;15(5):1155.
43. Kamphuis JBJ, Guiard B, Leveque M, Olier M, Jouanin I, Yvon S, et al. Lactose and fructo-oligosaccharides increase visceral sensitivity in mice via glycation processes, increasing mast cell density in colonic mucosa. Gastroenterology. 2020;158(3):652-63.e6.
44. Tuck CJ, Biesiekierski JR, Schmid-Grendelmeier P & Pohl D. Food intolerances. Nutrients, 2019;11(7), 1684.
45. Black CJ, Staudacher HM, Ford AC. Efficacy of a low FODMAP diet in irritable bowel syndrome: systematic review and network meta-analysis. Gut. 2022;71(6):1117-26.
46. Campbell AK, Matthews SB, Vassel N, Cox CD, Naseem R, Chaichi J, et al. Bacterial metabolic "toxins": a new mechanism for lactose and food intolerance, and irritable bowel syndrome. Toxicology. 2010;278(3):268-76.
47. Barbara G, Wang B, Stanghellini V, de Giorgio R, Cremon C, Di Nardo G, et al. Mast cell-dependent excitation of visceral-nociceptive sensory neurons in irritable bowel syndrome. Gastroenterology. 2007;132(1):26-37.
48. Giorgi C & Marinelli S. Roles and transcriptional responses of inhibitory neurons in learning and memory. Frontiers in Molecular Neuroscience. 2021; 14, 689952.
49. Schousboe A, Bak LK, Waagepetersen HS. Astrocytic control of biosynthesis and turnover of the neurotransmitters glutamate and GABA. Front Endocrinol (Lausanne). 2013;4:102.
50. Holton KF, Taren DL, Thomson CA, Bennett RM, Jones KD. The effect of dietary glutamate on fibromyalgia and irritable bowel symptoms. Clin Exp Rheumatol. 2012;30(6 Suppl 74):10-7.
51. Holton KF, Kirkland AE, Baron M, Ramachandra SS, Langan MT, Brandley ET, et al. The low glutamate diet effectively improves pain and other symptoms of Gulf War illness. Nutrients. 2020;12(9):2593.

52. Ramachandra S, Holton K. Nutrient intake as a predictor of health improvement on the low glutamate diet in veterans with Gulf War illness (GWI). Curr Dev Nutr. 2022;6(Suppl 1):806.
53. Biesiekierski JR. What is gluten? J Gastroenterol Hepatol. 2017;32 Suppl 1:78-81.
54. Niland B, Cash BD. Health benefits and adverse effects of a gluten-free diet in non-celiac disease patients. Gastroenterol Hepatol (N Y). 2018;14(2):82-91.
55. Sharma N, Bhatia S, Chunduri V, Kaur S, Sharma S, Kapoor P, et al. Pathogenesis of celiac disease and other gluten related disorders in wheat and strategies for mitigating them. Front Nutr. 2020;7:6.
56. Rodrigo L, Blanco I, Bobes J, de Serres FJ. Remarkable prevalence of coeliac disease in patients with irritable bowel syndrome plus fibromyalgia in comparison with those with isolated irritable bowel syndrome: a case-finding study. Arthritis Res Ther. 2013;15(6):R201.
57. Guagnano MT, D'Angelo C, Caniglia D, Di Giovanni P, Celletti E, Sabatini E, et al. Improvement of inflammation and pain after three months' exclusion diet in rheumatoid arthritis patients. Nutrients. 2021;13(10):3535.
58. Zis P, Sarrigiannis PG, Rao DG, Hadjivassiliou M. Gluten neuropathy: prevalence of neuropathic pain and the role of gluten-free diet. J Neurol. 2018;265(10):2231-6.
59. Isasi C, Colmenero I, Casco F, Tejerina E, Fernandez N, Serrano-Vela JI, et al. Fibromyalgia and non-celiac gluten sensitivity: a description with remission of fibromyalgia. Rheumatol Int. 2014;34(11):1607-12.
60. van Haaps AP, Wijbers JV, Schreurs AMF, Vlek S, Tuynman J, De Bie B, et al. The effect of dietary interventions on pain and quality of life in women diagnosed with endometriosis: a prospective study with control group. Hum Reprod. 2023;38(12):2433-46.
61. Morreale C, Bresesti I, Bosi A, Baj A, Giaroni C, Agosti M, et al. Microbiota and pain: save your gut feeling. Cells. 2022;11(6):971.
62. Neufeld KAM, Strain CR, Pusceddu MM, Waworuntu RV, Manurung S, Gross G, et al. Lactobacillus rhamnosus GG soluble mediators ameliorate early life stress-induced visceral hypersensitivity and changes in spinal cord gene expression. Neuronal Signal. 2020;4(4):NS20200007.
63. Cuozzo M, Castelli V, Avagliano C, Cimini A, d'Angelo M, Cristiano C, et al. Effects of chronic oral probiotic treatment in paclitaxel-induced neuropathic pain. Biomedicines. 2021;9(4):346.
64. D'Auria E, Salvatore S, Pozzi E, Mantegazza C, Sartorio MUA, Pensabene L, et al. Cow's milk allergy: immunomodulation by dietary intervention. Nutrients. 2019;11(6):1399.
65. Zhang J, Song L, Wang Y, Liu C, Zhang L, Zhu S, et al. Beneficial effect of butyrate-producing Lachnospiraceae on stress-induced visceral hypersensitivity in rats. J Gastroenterol Hepatol. 2018;34(8):1368-76.
66. Ait-Belgnaoui A, Payard I, Rolland C, Harkat C, Braniste V, Théodoru V, et al. Bifidobacterium longum and Lactobacillus helveticus synergistically suppress stress-related visceral hypersensitivity through hypothalamic-pituitary-adrenal axis modulation. J Neurogastroenterol Motil. 2018;24(1):138-46.
67. Williams JT, Ingram SL, Henderson G, Chavkin C, von Zastrow M, Schulz S, et al. Regulation of μ-opioid receptors: desensitization, phosphorylation, internalization, and tolerance. Pharmacol Rev. 2013;65(1):223-54.
68. Kang M, Mischel RA, Bhave S, Komla E, Cho A, Huang C, et al. The effect of gut microbiome on tolerance to morphine mediated antinociception in mice. Sci Rep. 2017;7(1):42658.
69. Taboun ZS, Sadeghi J. The bidirectional relationship between opioids and the gut microbiome: implications for opioid tolerance and clinical interventions. Int Immunopharmacol. 2023;125(Pt A):111142.
70. Nguyen TL, Vieira-Silva S, Liston A, Raes J. How informative is the mouse for human gut microbiota research? Dis Model Mech. 2015;8(1):1-16.

10

Regulação da resposta metabólica e do comportamento alimentar pelo intestino

Filippo Pedrinola

⊕ PONTOS-CHAVE

- A síndrome metabólica e a obesidade atingiram níveis epidêmicos em todo o mundo, representando um enorme desafio social e de saúde pública. A intricada rede de circuitos hipotalâmicos cerebrais capazes de controlar a homeostase energética, a fome e a saciedade tornaram-se, por isso, um grande alvo de interesse científico. É importante compreender como acontecem as interações entre os tipos de dieta, seus nutrientes, a microbiota e seus metabólitos, o sistema imune associado ao intestino, o sistema nervoso entérico e o sistema endócrino.
- O trato gastrointestinal é um grande órgão endócrino – possivelmente o maior do corpo humano. Ele é capaz de sintetizar e secretar muitos hormônios intestinais e mensageiros químicos que regulam funções fisiológicas como a absorção de nutrientes, a fome e a saciedade, assim como a liberação de insulina. Esses hormônios são produzidos por uma grande variedade de células enteroendócrinas e células não enteroendócrinas que respondem a diferentes estímulos.
- As interações entre microbiota e o cérebro são mediadas por metabólitos como os ácidos biliares secundários, ácidos graxos de cadeia curta e metabólitos microbianos. O trato gastrointestinal é também um grande órgão sensorial que percebe estímulos nutricionais e não nutricionais por meio de uma ampla gama de receptores, transportadores e canais, conectando informações sobre a absorção de nutrientes, o conteúdo luminal e as respostas hormonais intestinais. A comunicação entre trato gastrointestinal e cérebro se dá por vias hormonais, neurais e sistêmicas.
- Padrões de dietas inadequados podem alterar a composição da microbiota e a disponibilidade de nutrientes, comprometendo a sinalização do eixo microbiota-intestino-cérebro e a homeostase. Quando e como nos alimentamos, assim como a composição da dieta, modulam a microbiota intestinal e interferem no equilíbrio energético.

INTRODUÇÃO

O corpo humano é uma máquina complexa e harmoniosamente equilibrada que desafia constantemente a compreensão da interconexão entre seus diferentes sistemas. Essa característica explica como a compreensão da regulação metabólica e do comportamento alimentar evoluiu de uma perspectiva simplista centrada no cérebro para uma visão mais sofisticada que incorpora um papel preponderante ativo do intestino.

INTESTINO

Muitas vezes considerado como um órgão de absorção de nutrientes, o intestino se revela cada vez mais como uma orquestra composta por células e sinais bioquímicos que desempenham papéis vitais na homeostase metabólica. Sua capacidade de detectar e responder ao ambiente nutricional do lúmen intestinal, adaptando-se às demandas energéticas do corpo, é impressionante. A comunicação bidirecional entre o intestino e o cérebro por meio de várias vias hormonais e neurais é um aspecto fundamental desse processo que conecta a ingestão de alimentos ao comportamento alimentar e à homeostase energética de todo o corpo.

O intestino monitora continuamente a composição de seu conteúdo para otimizar a assimilação de nutrientes e evitar ameaças à sua integridade. Para tanto, o órgão é dotado de uma gama de receptores que ativam quatro sistemas efetores principais: sistema enteroendócrino, sistema nervoso intrínseco e extrínseco do intestino, sistema imunológico associado ao intestino e sistema de defesa inata do tecido local.

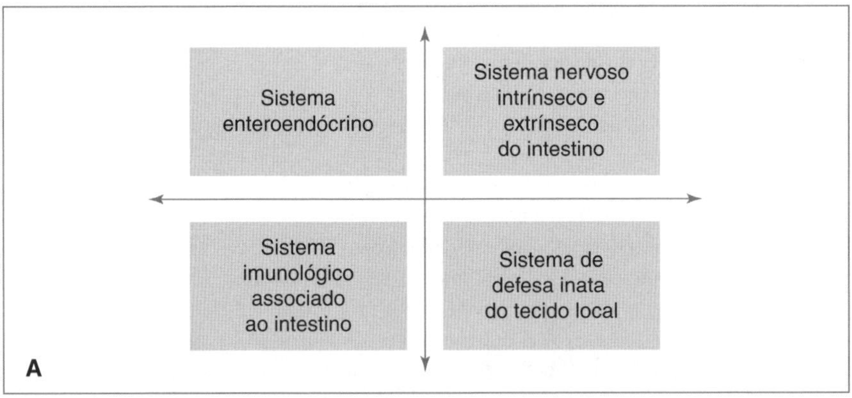

FIGURA 1 A: no intestino há diversos receptores que ativam quatro sistemas efetores principais: sistema enteroendócrino, sistema nervoso intrínseco e extrínseco do intestino, sistema imunológico associado ao intestino e sistema de defesa inata do tecido local.

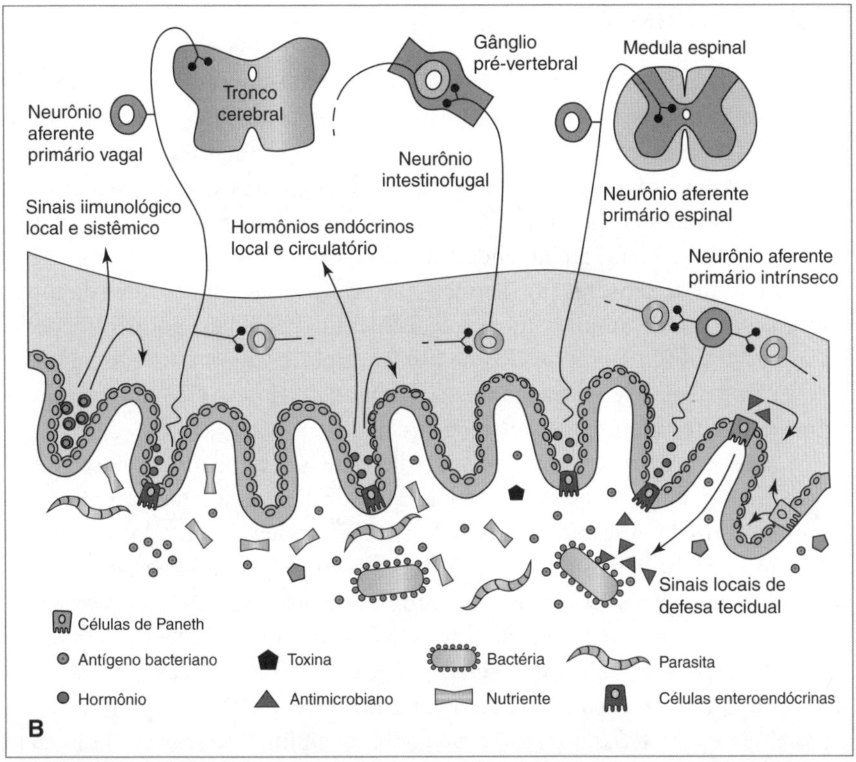

FIGURA 1 B: representação esquemática das entradas sensoriais para o intestino e dos sistemas efetores que eles influenciam. Uma mistura complexa de nutrientes e seus produtos de decomposição, sais, patógenos, antígenos derivados de patógenos, secreções do trato digestivo, descamação de enterócitos, toxinas e produtos farmacêuticos banham a mucosa. O conteúdo luminal ativa quatro sistemas efetores principais: o sistema enteroendócrino, o sistema nervoso, o sistema imune intestinal e o sistema de defesa inata do tecido local. As células enteroendócrinas presentes no epitélio da mucosa detectam substâncias químicas luminais e liberam hormônios que atuam localmente nas terminações nervosas, nos neurônios entéricos, no epitélio e nas células do sistema imunológico. Os hormônios que entram na circulação atuam em locais remotos. Os linfócitos são ativados por antígenos apresentados a eles no lúmen intestinal. Células imunológicas e células de defesa tecidual, como mastócitos e macrófagos, também liberam substâncias que atuam localmente na parede intestinal. Alguns neurônios aferentes têm corpos celulares na parede intestinal (neurônio aferente primário intrínseco e neurônios intestinofugais) e os corpos celulares de outros estão em gânglios extrínsecos (neurônios aferentes primários extrínsecos). Os produtos bacterianos são detectados por receptores de reconhecimento de padrões para ativar mecanismos de defesa locais, incluindo secreção de antimicrobianos das células de Paneth.

Fonte: adaptada de Furness et al., 2013.[1]

AÇÕES DOS HORMÔNIOS GASTROINTESTINAIS

As células enteroendócrinas são células especializadas secretoras de hormônio que estão dispersas por toda a camada epitelial da mucosa do trato gastrointestinal. Elas estão em contato direto com o lúmen intestinal, onde os nutrientes derivados da digestão se ligam aos seus quimiorreceptores. Coletivamente, essas células constituem 1% da população de células da mucosa e são, em massa, provavelmente o maior tecido endócrino do corpo.[2]

A ativação de sensores nutricionais nas células enteroendócrinas dá início à produção de hormônios como a colecistocinina (CCK) e o polipeptídeo inibitório gástrico (GIP), secretados na porção superior do intestino; o peptídeo YY (PYY) e o peptídeo semelhante ao glucagon do tipo 1 (GLP-1), secretados principalmente na porção distal; e outros.[1]

Os receptores e sensores nutricionais das células enteroendócrinas são capazes de identificar o conteúdo de carboidratos, proteínas e lipídios presentes no lúmen intestinal e respondem a eles. Entre eles, podem ser citados o cotransportador de sódio/glicose 1 (SGLT1), que percebe o conteúdo de carboidratos (especialmente glicose) e em resposta promove a produção e a secreção de GIP e GLP-1; receptores de percepção de cálcio (CASR), que percebem o conteúdo de aminoácidos e promovem a secreção de CCK e GLP-1; e receptores acoplados à proteína G (receptor de ácidos graxos livres (FFAR) e receptor acoplado à proteína G (GPCR)) que percebem o conteúdo lipídico da refeição e induzem a secreção de CCK, GIP, GLP-1 e PYY.[3]

As células enteroendócrinas localizam-se próximas às vias terminais aferentes do nervo vago, na lâmina própria, e nela expressam os receptores para hormônios intestinais. Dessa forma, os hormônios secretados por essas células (Quadro 1), após cada refeição, sinalizam vias endócrinas e podem atingir o cérebro e outros órgãos via circulação sistêmica ou por vias parácrinas, estimulando os neurônios aferentes vagais próximos, na mucosa intestinal, que, por sua vez, atingirão o sistema nervoso central.[3]

Sabe-se que o comportamento alimentar é regido por áreas cerebrais específicas que integram sinais periféricos com relação à ingestão de nutrientes e à reserva de energia. Com o aumento da incidência de distúrbios metabólicos como diabetes, doenças cardiovasculares, síndrome metabólica, obesidade e distúrbios alimentares, a regulação da alimentação passou a ser foco de atenção em nível global na busca por alvos terapêuticos.

A obesidade é uma doença complexa que envolve interações entre fatores genéticos, ambientais, dietéticos, psicológicos e socioeconômicos. Sua fisiopatologia muito complexa e multifatorial dificulta o desenvolvimento de tratamentos eficazes para combatê-la. Além disso, a coexistência de inflamação de

QUADRO 1 Principais ações dos hormônios gastrointestinais

Hormônio	Célula	Local	Estímulos e efeitos
Grelina	Células A	Estômago	Estimula o apetite e atua na produção do hormônio do crescimento; o esvaziamento gástrico promove a síntese de grelina
Histamina	Células enterocromafins	Estômago	Estimula a produção de ácido clorídrico para proteção contra agentes agressores
Gastrina	Células G	Estômago	Realiza a digestão proteica em pH ácido; estimula a secreção ácida gástrica
Somatostatina	Células D	Estômago, intestino delgado e pâncreas	Inibe a liberação de gastrina (encerra a degradação proteica) e modula a liberação de insulina
Serotonina (5-HT)	Células enterocromafins	Estômago, intestino delgado e intestino grosso	Promove reflexos peristálticos e secretórios; em resposta a toxinas, atua na transmissão de sinal aos centros de vômito no cérebro
Colecistocinina (CCK)	Células I	Intestino delgado proximal	Ativa a contração da vesícula biliar e estimula a secreção enzimática pancreática; a chegada de ácidos graxos estimula a secreção de CCK
Polipeptídeo inibitório gástrico (GIP)	Células K	Intestino delgado proximal	Estimula a liberação de insulina
Peptídeo semelhante ao glucagon do tipo 1 (GLP-1)	Células L	Intestino delgado distal, cólon	Reverte a resistência à insulina: estimula a absorção de carboidrato, diminui a velocidade do trânsito intestinal, libera insulina e regula apetite
Peptídeo semelhante ao glucagon do tipo 2 (GLP-2)	Células L	Intestino delgado distal e cólon	Regula absorção de nutrientes e estimula proliferação das células das criptas intestinais

continua

QUADRO 1 Principais ações dos hormônios gastrointestinais (*Continuação*)

Hormônio	Célula	Local	Estímulos e efeitos
Peptídeo YY (PYY)	Células L	Intestino delgado distal e cólon	Promove a saciedade no núcleo arqueado do sistema nervoso central; a ingestão de gorduras estimula a produção de GLP-2
Motilina	Células M	Intestino delgado	Estimula o GIP, reduzindo a motilidade gástrica
Neurotensina	Células N	Intestino delgado e intestino grosso	Reduz o peristaltismo; os ácidos graxos (de cadeias média e curta) estimulam a produção de neurotensina
Leptina	Células P	Estômago	Promove efeitos anorexígenos por meio do núcleo arqueado do hipotálamo

Fonte: adaptado de Furness et al., 2013.[1]

baixo grau, disbiose e desequilíbrios hormonais e neurogênicos contribui para o surgimento de outras doenças relacionadas, como diabetes tipo 2, doenças cardiovasculares e alguns tipos de câncer, com impacto negativo significativo na qualidade e na expectativa de vida.

Vários estudos têm explorado o papel da microbiota intestinal no desenvolvimento da obesidade, destacando a relação entre certas cepas bacterianas e o *status* de peso. Observou-se, por exemplo, que indivíduos magros tendem a ter uma proporção maior de *Bacteroidota* em comparação com *Bacillota*, enquanto essa proporção é inversa em pessoas obesas. Alguns estudos mostraram, ainda, que durante a perda de peso o microbioma de pacientes obesos se modifica, aumentando o número de *Bacteroidota* (Figura 2). Análises recentes sugerem, no entanto, que essa associação pode não ser tão clara quanto se pensou inicialmente, por conta das variações individuais e dos pequenos tamanhos de amostra englobados nesses estudos, o que pode ter confundido as observações anteriores. Essas inconsistências indicam que diferenças significativas na microbiota associada à obesidade podem ocorrer em níveis mais específicos do que as amplas categorias anteriormente consideradas.[4]

Independente disso, embora ainda não se saiba exatamente quais bactérias compõem um microbioma intestinal "saudável", parece claro que a diversidade microbiana é crucial para a saúde do hospedeiro. Indivíduos obesos tendem a ter uma diversidade bacteriana significativamente menor em comparação com indivíduos magros. Além disso, a redução da diversidade genética microbiana

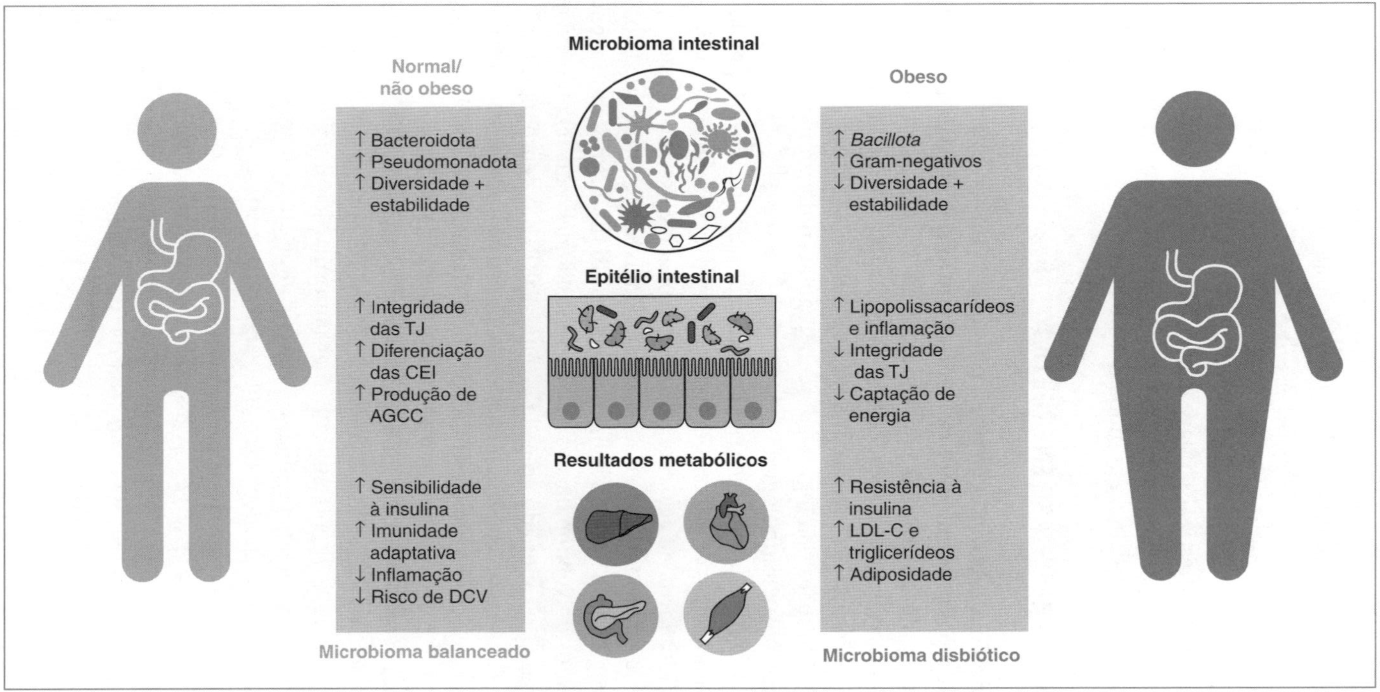

FIGURA 2 Visão geral do papel do microbioma no desenvolvimento da obesidade e da síndrome metabólica, incluindo alguns dos mecanismos que se acredita contribuírem para mudanças no estado metabólico do hospedeiro.

↑: aumento; ↓: diminuição; AGCC: ácidos graxos de cadeia curta; CEI: células epiteliais intestinais; DCV: doença cardiovascular; LDL-C: colesterol lipoproteína de baixa densidade; TJ: *tight junctions* (ou junções oclusivas).

Fonte: adaptada de Green et al., 2020.[4]

nas fezes está ligada a vários marcadores físicos de obesidade e síndrome metabólica. Esses fatores corroboram as hipóteses da importância da diversidade das bactérias no intestino para manter a saúde do corpo e de que, quando a diversidade é baixa ou quando há um desequilíbrio nas bactérias intestinais, pode surgir como consequência um estado patológico. Até o momento, no entanto, uma microbiota intestinal saudável é mais definida por suas funções do que pela composição específica, pois boas condições funcionais permitem que as bactérias essenciais se adaptem às mudanças no corpo.[4]

CONTROLE DA HOMEOSTASE ENERGÉTICA

O eixo microbiota-intestino-cérebro é um sistema de comunicação bidirecional formado pelo sistema nervoso central e pelo trato gastrointestinal, envolvendo vias humorais ativadas por peptídeos intestinais, metabólitos microbianos e citocinas, e vias neurais, como o nervo vago, a medula espinal, o tronco cerebral, o sistema nervoso autônomo e o sistema endocanabinoide, que controlam várias funções fisiológicas, desde a regulação do comportamento alimentar até a resposta imunológica.

A regulação da fome e da saciedade está localizada principalmente no hipotálamo, nos chamados núcleos de primeira ordem, que têm papel fundamental na homeostase energética mediada pelo eixo microbiota-intestino-cérebro (Figura 3). O núcleo arqueado do hipotálamo é acessível aos sinais humorais, já que não é totalmente protegido pela barreira hematoencefálica (BHE). Essa estrutura tem dois agrupamentos ou subpopulações de neurônios: aqueles que expressam o peptídeo orexígeno relacionado ao gene *agouti* (AgRP) e o neuropeptídeo Y (NPY); e aqueles que expressam o peptídeo anorexígeno pró-opiomelanocortina (POMC), precursor do hormônio estimulador de melanócitos (alfa-MSH) e do transcrito regulado pela cocaína e anfetamina (CART).[3]

A ativação de neurônios POMC/CART após a refeição induz à liberação de alfa-MSH, que, por sua vez, se liga ao receptor de melanocortina 4 (MC4R) no núcleo paraventricular do hipotálamo, no qual a informação é integrada com o objetivo de suprimir o apetite e regular o peso corporal. Dessa forma, quando há aumento da produção de peptídeos intestinais como CCK, PYY e GLP-1 após uma refeição, eles atingem o núcleo arqueado a partir de suas rotas endócrinas para reduzir o apetite. Já pelas vias parácrinas, os hormônios intestinais podem estimular neurônios aferentes vagais que convergem para o núcleo do trato solitário, no tronco cerebral. O núcleo do trato solitário também contém neurônios POMC e, por meio da transmissão de monoaminas, transmite informações sensoriais para áreas cerebrais superiores, incluindo o núcleo paraventricular e o complexo vagal dorsal. Assim como os núcleos hipotalâmicos,

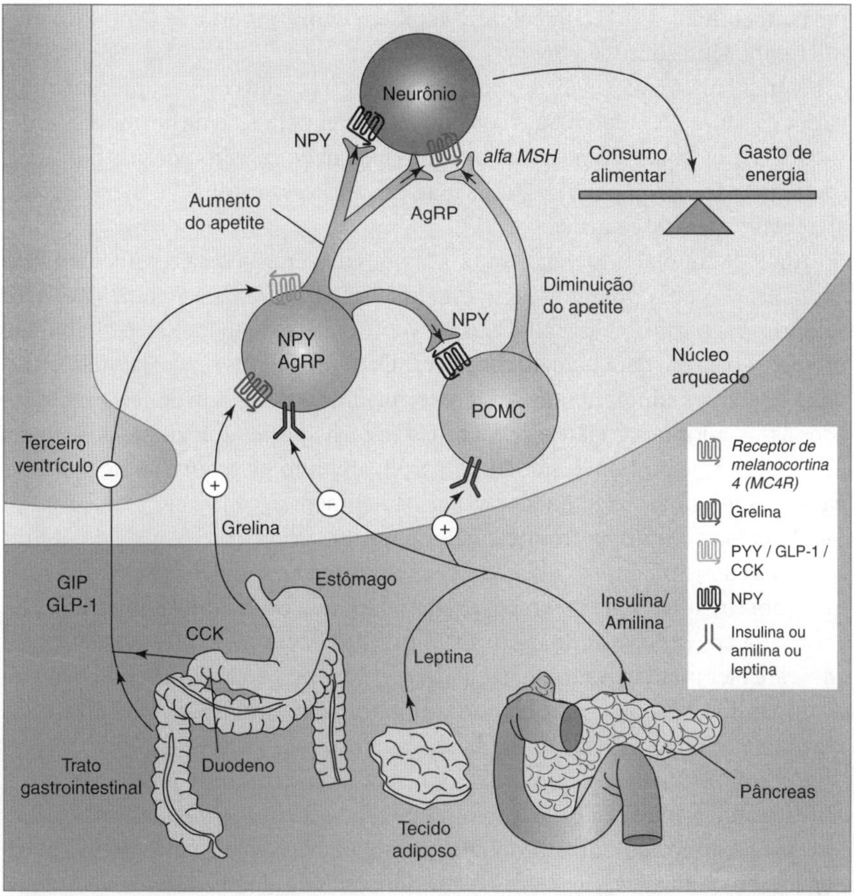

FIGURA 3 Representação esquemática do controle neuroendócrino sobre a ingestão alimentar exercido pelo núcleo arqueado do hipotálamo. A leptina e a insulina (coliberadas com a amilina) circulam no sangue em concentrações proporcionais à massa gorda corporal. Elas diminuem o apetite ao inibir neurônios que produzem as moléculas NPY e AgRP, ao mesmo tempo estimulando neurônios alfa-MSH (POMC) no núcleo arqueado. NPY e AgRP estimulam a alimentação e o alfa-MSH inibe a alimentação por meio de outros neurônios (região superior da ilustração). A ativação de neurônios que expressam NPY e AgRP inibe os neurônios POMC por ação direta dos receptores NPY e AgRP, bloqueando os efeitos do alfa-MSH. O hormônio grelina estimula o apetite ativando os neurônios que expressam NPY e AgRP. Já PYY e GLP-1, liberados pelo intestino delgado, inibem esses neurônios, diminuindo assim o apetite.

AgRP: peptídeo orexígeno relacionado ao gene *agouti*; alfa-MSH: hormônio estimulador de melanócitos; GLP-1: peptídeo semelhante ao glucagon do tipo 1; MC4R: receptor de melanocortina 4; NPY: neuropeptídeo Y; POMC, pró-opiomelanocortina; PYY: peptídeo YY.

Fonte: Wilkinson e Imran, 2019.[5]

portanto, o núcleo do trato solitário também é um importante centro do eixo microbiota-intestino-cérebro.[3]

A transmissão de sinais de nutrientes para o cérebro ocorre, portanto, por vários caminhos. O hipotálamo detecta nutrientes pela ação de hormônios enteroendócrinos liberados no intestino, que chegam ao cérebro por vias humorais (pela circulação), ou por vias parácrinas, ativando as terminações nervosas dos aferentes vagais intestinais.[3]

Além do hipotálamo, várias outras regiões do cérebro atuam na homeostase energética. A área postrema, que está localizada próxima ao núcleo do trato solitário, faz parte do chamado "quarto ventrículo" e também não é totalmente protegida pela barreira hematoencefálica. Ela recebe sinais sensoriais relacionados a diferentes componentes do sangue, incluindo sinais hormonais e metabólicos associados à ingestão alimentar. Isso a torna parte importante do sistema de monitoramento homeostático do corpo, atuando na regulação do apetite e na resposta a sinais relacionados à ingestão alimentar.

Os sinais do trato gastrointestinal interagem, ainda, com os sistemas de recompensa dopaminérgicos que compõem o sistema mesolímbico. Suas principais estruturas incluem a área tegmentar ventral e o núcleo *accumbens*. Essa via está envolvida em processos de motivação, prazer e recompensa. A comunicação entre área tegmentar ventral e núcleo *accumbens* ocorre por meio da liberação de dopamina, que atua modulando e sinalizando a antecipação de estímulos prazerosos ("recompensa") e regulando, assim, a motivação.

Desequilíbrios no sistema mesolímbico dopaminérgico podem se associar a distúrbios alimentares. Por exemplo, a hiperativação desse sistema pode contribuir para comportamentos alimentares compulsivos e para a atração excessiva por alimentos altamente palatáveis, característicos de alguns casos de obesidade. Da mesma forma, a regulação deficiente desse sistema pode estar relacionada à diminuição da motivação para buscar alimentos saudáveis, contribuindo para hábitos alimentares prejudiciais. Entre os fatores que podem causar esses desequilíbrios, podem ser citadas características genéticas, influências ambientais e fatores psicológicos.

O estresse, uma verdadeira epidemia nos dias atuais, também pode influenciar significativamente o sistema mesolímbico dopaminérgico.[6] O aumento do estresse está associado a alterações na liberação de dopamina e pode afetar negativamente a regulação do sistema de recompensa. O estresse crônico, por exemplo, pode levar a uma redução da sensibilidade dos receptores de dopamina, resultando em uma resposta diminuída às recompensas naturais, inclusive alimentos e podendo contribuir para a ocorrência de comportamentos alimentares disfuncionais, como a busca por alimentos altamente palatáveis e calóricos em situações estressantes. Além disso, o estresse pode desencadear respostas hormonais que afetam a regulação do apetite, influenciando indiretamente a interação entre o estresse e o sistema de recompensa ligado à alimentação.[6]

Uma dieta rica em alimentos ultraprocessados é outro fator prevalente nos dias de hoje que pode interferir no sistema mesolímbico e contribuir para a instituição de padrões alimentares prejudiciais. Esses alimentos são formulados para serem altamente palatáveis, contendo combinações de açúcares, gorduras e aditivos que estimulam a liberação de dopamina, o neurotransmissor associado ao mecanismo de recompensa cerebral. O consumo constante desses alimentos pode levar a uma adaptação do sistema de recompensa, diminuindo a sensibilidade dos receptores de dopamina e levando a uma busca ainda maior por esses alimentos para obter a mesma sensação de recompensa.

Por fim, os metabólitos produzidos pela microbiota intestinal também têm a capacidade de influenciar o funcionamento do sistema mesolímbico. A microbiota desempenha um papel importante na produção de substâncias químicas, incluindo alguns metabólitos que podem ter impacto na função cerebral. Como exemplos, podem ser citados os ácidos graxos de cadeia curta (AGCC) e neurotransmissores como a serotonina (ou 5-hidroxitriptamina - 5-HT). Essas substâncias podem afetar a regulação do apetite, o humor e até mesmo a resposta do sistema de recompensa. A disbiose, um estado de desequilíbrio da microbiota intestinal, pode levar à produção de metabólitos que potencialmente desregulam o sistema mesolímbico, dessa forma interferindo também na regulação da homeostase energética.[6]

Essa complexa interação entre a microbiota e o sistema mesolímbico reforça a importância da saúde intestinal não apenas para a digestão, mas também para a regulação do comportamento alimentar e das respostas emocionais associadas à alimentação.

REGULAÇÃO METABÓLICA E COMPORTAMENTO ALIMENTAR

A influência da microbiota e de seus metabólitos no comportamento alimentar é um campo fascinante e dinâmico de pesquisa que tem o potencial de revelar as conexões intricadas entre o ecossistema microbiano do trato gastrointestinal e os circuitos neurais que regulam a ingestão de alimentos. Essa interação complexa é mediada por uma série de mecanismos, que vão desde a produção de metabólitos específicos até a modulação da sinalização hormonal e neural.

As substâncias químicas produzidas como resultado das atividades metabólicas dos microrganismos presentes no trato gastrointestinal – seja a partir de substratos produzidos pelo nosso organismo e excretados no intestino delgado, como ácidos biliares primários e hormônios inativados, ou a partir de substratos originados na nossa dieta, como aminoácidos, polissacarídeos, ácidos graxos e polifenóis – são chamadas de metabólitos derivados do intestino. Compõem esse grupo uma diversidade de moléculas, como lipídios bioativos, ácidos biliares secundários, ácidos graxos de cadeia curta, compostos fenólicos e neurotransmissores. Esses metabólitos podem dar origem a outros metabólitos ou cometabólitos de fase II por meio da metabolização de enzimas hospedeiras em processos conhecidos como como glucuronidação, sulfatação e metilação. Isso significa que um metabólito pode ser novamente metabolizado.[7] Os metabólitos podem servir, então, como moléculas sinalizadoras que regulam o metabolismo do hospedeiro ou como substratos energéticos (Figura 4).

Sabe-se, ainda, que a produção de metabólitos pelo intestino é moldada pela composição da microbiota; assim, a influência da microbiota sobre o comportamento alimentar tornou-se um ponto de interesse primordial na compreensão dos mecanismos subjacentes aos distúrbios metabólicos e alimentares. O fato de 58% da variabilidade dos metabólitos sanguíneos poder ser explicada pela composição da microbiota intestinal corrobora essa influência e o interesse por esses mecanismos.[8] Nesse contexto, explorar como a microbiota e seus metabólitos influenciam o comportamento alimentar não é apenas desvendar um intricado enigma fisiológico, mas também abrir portas para novas estratégias terapêuticas e abordagens personalizadas para a gestão de condições como obesidade, resistência à insulina e distúrbios relacionados à ingestão alimentar.

Os ácidos graxos de cadeia curta (p. ex., acetato, propionato, butirato) são os metabólitos derivados do intestino mais bem-estudados. Eles exercem diversas ações benéficas e de regulação homeostática no corpo humano, por meio de uma miríade de mecanismos de ação. São a principal fonte de energia das células intestinais e dos hepatócitos, estimulam a produção de muco no intestino, regulam a permeabilidade tanto da barreira intestinal como da barreira hematoencefálica, estimulam a produção de hormônios intestinais pelas células enteroendócrinas e modulam a produção de neurotransmissores por diferentes vias. O butirato, em particular, exerce um papel imunomodulador com efeito predominantemente anti-inflamatório tanto sistêmico quanto cerebral (inibição de micróglia e astrócitos) por meio da interação com diferentes tipos de receptores expressos nas células imunológicas, além de inibir as histonas deacetilases (HDAC), regulando diversos processos intracelulares, como metabolismo energético, regulação epigenética e síntese de neurotrofinas.[7]

Esses ácidos graxos são resultado da fermentação de fibras alimentares não digeríveis. Um dos mecanismos de ação propostos para esses metabólitos (especialmente o butirato) está relacionado à sua capacidade de aumentar a saciedade e diminuir a ingestão de calorias e a glicemia pós-prandial via estímulo da produção de peptídeos intestinais (GLP-1 e GIP). O butirato é a principal fonte de energia dos enterócitos e, portanto, regula também a proliferação e a diferenciação celular e induz a produção de GLP-2, o que fortalece a função da barreira intestinal. Esse metabólito reduz o dano oxidativo e a inflamação ao inibir as HDAC, a ativação do fator de transcrição nuclear kappa B (NF-kappa B) e a produção de citocinas.[9]

A sinalização de ácidos graxos de cadeia curta por meio dos receptores de ácidos graxos livres (FFAR, do inglês *free fatty acid receptor*) 2 e 3 (antigamente chamados de GPR43 e GPR41, respectivamente) nas células enteroendócrinas ocorre por diferentes vias secundárias, com cada receptor tendo afinidades diferentes para cada ácido graxo. A expressão de FFAR2/3 foi identificada em células L produtoras de GLP-1. Os AGCC são potentes secretagogos de GLP-1 já que estimulam a secreção das células L. No intestino delgado, observa-se principalmente FFAR3, enquanto o FFAR2 medeia a liberação de GLP-1 das células L do cólon.[10]

Além das fibras não digeríveis, a microbiota intestinal metaboliza uma série de substratos presentes no lúmen intestinal. Os ácidos biliares secundários são os metabólitos resultantes da ação da microbiota sobre os ácidos biliares primários, que são secretados pelo fígado na bile para auxiliar na digestão e na absorção de gorduras. A microbiota intestinal impulsiona a desconjugação e a di-hidroxilação dos ácidos biliares que escapam da reabsorção ativa no íleo terminal, formando ácidos biliares secundários, que são mais hidrofóbicos e podem, assim, entrar na circulação êntero-hepática por meio de difusão passiva. Destacam-se o ácido desoxicólico e o ácido litocólico, ácidos biliares secundários que vêm sendo identificados como participantes ativos na comunicação entre o intestino e o cérebro e influenciam diretamente o comportamento alimentar.[3]

Os ácidos biliares secundários interagem com receptores específicos como o *farnesoid X receptor* (FXR) e o Takeda G *protein-coupled receptor* 5 (TGR5), desencadeando uma complexa cascata de eventos. A ativação do FXR, por exemplo, pode modular a expressão de genes relacionados ao metabolismo lipídico e glicídico e melhorar a sensibilidade à insulina, influenciando diretamente a homeostase energética e, por conseguinte, o comportamento alimentar.[2] Esse mecanismo pode resultar em efeitos anorexígenos, promovendo a liberação de fator de crescimento de fibroblastos 19 (FGF19), que regula o metabolismo e exerce influência sobre a ingestão alimentar. Esse efeito anorexígeno, por sua vez, está associado à capacidade de melhorar a sensibilidade à insulina e modular o metabolismo energético.[11]

A sinalização hormonal desencadeada pelos ácidos biliares secundários também se conecta ao sistema enteroendócrino, no qual células especializadas, como as células L, secretam hormônios como GLP-1 e PYY. Essa integração na sinalização enteroendócrina tem implicações cruciais na regulação do apetite e na resposta metabólica após a ingestão de alimentos.[11] A influência direta dos ácidos biliares

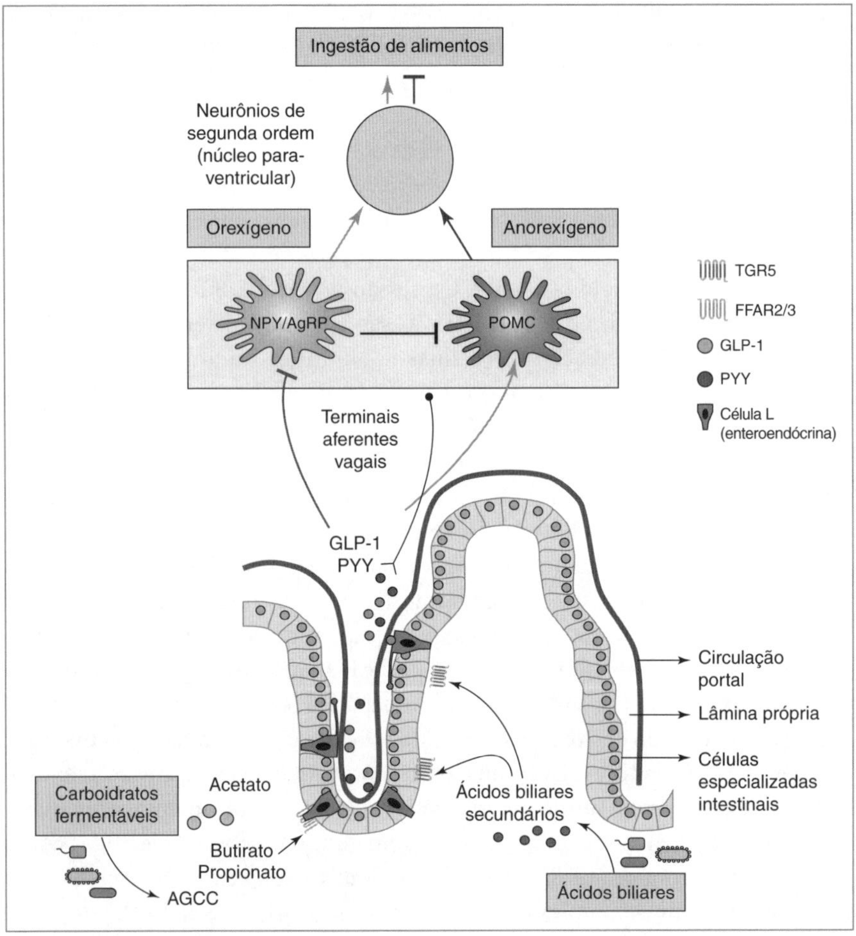

FIGURA 4 Representação esquemática da atuação dos metabólitos derivados do intestino na modulação da ingestão de alimentos no cérebro (hipotálamo) por meio de vias de sinalização humoral e/ou enteroendócrina e neural. Estão representadas as vias pelas quais os AGCCs e os ácidos biliares secundários induzem uma resposta anorexígena em períodos pós-prandiais e um controle da ingestão alimentar no longo prazo por meio da indução da produção de hormônios intestinais anorexígenos, como GLP-1 e PYY, e da ativação do nervo vago. O PYY e o GLP-1, por sua vez, estimulam a expressão da POMC enquanto inibem NPY e AgRP. Essas substâncias alimentam os neurônios de segunda ordem no núcleo paraventricular do hipotálamo para influenciar a ingestão de alimentos, tendo efeito anorexígeno.

AGCC: ácidos graxos de cadeia curta; AgRP: peptídeo orexígeno relacionado ao gene *agouti*; FFAR2/3: receptores de ácidos graxos livres 2 e 3; GLP-1: peptídeo semelhante ao glucagon do tipo 1; NPY: neuropeptídeo Y; POMC: pró-opiomelanocortina; PYY: peptídeo YY; TGR5: Takeda G *protein-coupled receptor* 5.

Fonte: adaptada de Romaní-Pérez et al., 2021.[3]

secundários nos processos metabólicos pode contribuir, portanto, para a prevenção de distúrbios associados à resistência insulínica e ao ganho de peso.[11]

Por fim, no processo de absorção de polifenóis, apenas uma pequena porcentagem é efetivamente absorvida na parte superior do trato gastrointestinal, sendo que aproximadamente 90% atingem o cólon, onde podem ser metabolizados pela microbiota intestinal. Esse fenômeno é particularmente relevante por causa dos efeitos dos polifenóis na composição da microbiota intestinal, exercendo um papel prebiótico notável.[12]

Os polifenóis demonstram a capacidade de remodelar a microbiota intestinal, estimulando o crescimento de bactérias benéficas à saúde, como *Akkermansia muciniphila*, *Faecalibacterium prausnitzii* e algumas espécies de *Bifidobacterium* e *Lactobacillus*. Simultaneamente, esses compostos inibem o desenvolvimento de bactérias potencialmente prejudiciais por meio de uma atividade antimicrobiana, por isso são considerados duplibióticos. O termo "duplibiótico" designa um composto não digerível que, ao atingir o cólon, interage com a microbiota intestinal por meio de um duplo efeito antibacteriano e prebiótico, favorecendo um estado intestinal eubiótico e proporcionando benefícios à saúde do hospedeiro.[12]

Como exemplo, as catequinas e epicatequinas, encontradas em abundância em alimentos como cacau e chá, passam por metabolização pela microbiota intestinal. Essa transformação resulta na formação de di-hidroxifenil-gama-valerolactonas (DPVL), substâncias que alcançam o cérebro e estimulam a neuritogênese, evidenciando uma conexão direta entre o consumo desses compostos e a saúde cerebral.[12] Outro exemplo significativo é o ácido clorogênico, um composto bioativo proeminente presente no café. Ele é convertido em ácido cafeico, que pode ser absorvido ou metabolizado em ácido di-hidrocafeico (DHCA) pelas bactérias intestinais. O ácido di-hidrocafeico, por sua vez, demonstrou reduzir déficits comportamentais e reduzir o volume do infarto cerebral em ratos submetidos a isquemia cerebral.

Adicionalmente, observou-se uma redução na produção de interleucina 6 (IL-6).[12] Essas descobertas ilustram a importância da microbiota intestinal na conversão de polifenóis em compostos bioativos, delineando uma conexão íntima entre a saúde intestinal, a composição da microbiota e os benefícios cognitivos. A compreensão desses mecanismos pode fornecer *insights* valiosos para a formulação de estratégias nutricionais e terapêuticas destinadas a promover a saúde intestinal.

PARTICIPAÇÃO DO EIXO HIPOTÁLAMO-HIPÓFISE-ADRENAIS

A função cognitiva dos seres humanos depende de interações complexas entre vários sistemas do corpo, incluindo o eixo hipotálamo-hipófise-adrenais. A microbiota, que supera em número e material genético as células humanas do corpo, tem papel crucial nessa interação, já que estudos mostram que a microbiota modula esse eixo durante a vida.

O eixo microbiota-intestino-cérebro é uma via de sinalização bidirecional que opera por vias neurais, endócrinas, imunológicas e metabólicas. Por sua vez, o eixo hipotálamo-hipófise-adrenais é um dos principais sistemas neuroendócrinos que respondem ao estresse, produzindo glicocorticoides como o cortisol. Concentrações adequadas desse hormônio são fundamentais para o neurodesenvolvimento e para a ocorrência de processos cognitivos como aprendizagem e memória.

O estresse pode afetar significativamente o eixo microbiota-intestino-cérebro por conta de seus efeitos sobre o eixo hipotálamo-hipófise-adrenais e por outras vias. Pesquisas em animais aprofundaram a compreensão desses mecanismos, rompendo paradigmas sobre a influência da microbiota na saúde humana.[13]

A saúde mental afeta profundamente as respostas inflamatórias do corpo e isso é particularmente evidente na doença inflamatória intestinal, na qual o estresse psicológico está associado a surtos exacerbados. O sistema nervoso entérico desempenha um papel significativo na mediação desse efeito agravante do estresse crônico na inflamação intestinal. Níveis cronicamente elevados de glicocorticoides impulsionam a geração de um subconjunto inflamatório da glia entérica, que, por sua vez, promove inflamação mediada por monócitos e fator de necrose tumoral via fator estimulador de colônias de macrófagos 1 (CFS1). Além disso, os glicocorticoides causam imaturidade transcricional em neurônios entéricos, deficiência de acetilcolina e dismotilidade de pacientes com doença inflamatória intestinal. Essas descobertas definem o sistema nervoso entérico como o elo entre o estresse psicológico e a inflamação intestinal e sugerem que o gerenciamento do estresse pode servir como ferramenta valiosa do cuidado dessa doença.[13]

Ao mediar a resposta ao estresse, o eixo hipotálamo-hipófise-adrenais regula também a interação entre a microbiota intestinal, o intestino e o cérebro. O cortisol pode impactar o eixo microbiota-intestino-cérebro por diferentes vias, já que os receptores de cortisol são expressos em várias células do intestino, incluindo células epiteliais, células imunológicas e células enteroendócrinas, exercendo efeito direto na função intestinal. Esse hormônio também pode afetar a microbiota intestinal, alterando o tempo de trânsito intestinal, a permeabilidade intestinal e a disponibilidade de nutrientes, o que, por sua vez, pode afetar a composição e a diversidade da microbiota.

Além disso, o cortisol pode impactar o cérebro ligando-se a receptores de glicocorticoides localizados em várias regiões desse órgão, incluindo hipocampo, amígdala e córtex pré-frontal. Há evidências, ainda, de comunicação entre a microbiota e o sistema nervoso central, já que os microrganismos que vivem no intestino podem ativar circuitos de estresse via nervo vago e neurônios sensoriais do sistema nervoso entérico.[13] O estresse crônico ou prolongado pode levar à desregulação do eixo hipotálamo-hipófise-adrenais e gerar efeitos negativos em vários sistemas corporais. Níveis elevados de cortisol foram associados a alteração da microbiota intestinal e da permeabilidade intestinal, podendo levar a inflamação e contribuir para disfunções cerebrais e vários distúrbios do sistema nervoso central.

O eixo hipotálamo-hipófise-adrenais também sofre mudanças relacionadas à idade, incluindo: alterações relacionadas à sensibilidade e à capacidade de resposta do hipotálamo e da glândula hipófise ao *feedback* negativo do cortisol; mudanças nos níveis e no ritmo circadiano do cortisol circulante; mudanças na expressão e na função dos receptores hormônio liberador de corticotrofina (CRH) e dos glicocorticoides no hipotálamo, no hipocampo e no córtex pré-frontal; e alterações na microbiota. Essencialmente, o eixo hipotálamo-hipófise-adrenais se torna menos responsivo com o envelhecimento, contribuindo para a desregulação das respostas ao estresse e um consequente declínio cognitivo.

De maneira semelhante ao envelhecimento, a disbiose tem sido associada a aumento da secreção de cortisol, diminuição do *feedback* negativo no hipotálamo e mudanças no ritmo circadiano de liberação de cortisol. Os mecanismos de comunicação bidirecional do eixo microbiota-intestino-cérebro incluem vias endócrinas, neurais, metabólicas e do sistema imune. O eixo hipotálamo-hipófise-adrenais é um importante sistema neuroendócrino que responde ao estresse com a liberação do CRH pelo hipotálamo, que desencadeia a liberação de hormônio adrenocorticotrófico (ACTH) pela hipófise e, em seguida, de cortisol pelas glândulas adrenais. O cortisol atinge os tecidos-alvo por meio da circulação, modula o sistema imune e impacta a composição da microbiota e a permeabilidade intestinal. A microbiota, por sua vez, é capaz de influenciar a resposta ao estresse, por exemplo, ativando o eixo hipotálamo-hipófise-adrenais pela produção de citocinas circulantes após translocação bacteriana.

Várias interações entre a microbiota e as células enteroendócrinas resultam, portanto, na liberação de hormônios que funcionam de forma parácrina ou à distância em tecidos-alvo, como o cérebro. O nervo vago, o sistema nervoso entérico e as vias espinais estabelecem vias de comunicação neural rápida, enquanto os neurotransmissores e seus precursores podem ser produzidos e metabolizados pela microbiota intestinal. Metabólitos como os ácidos graxos de cadeia curta, ácidos biliares e endocanabinoides podem ser produzidos ou modificados por esses microrganismos e se ligar a receptores celulares específicos no intestino ou podem ser absorvidos pela circulação e afetar os tecidos-alvo. A microbiota intestinal e seus produtos podem também interagir com as células imunológicas, com efeitos pró-inflamatórios ou anti-inflamatórios que modularão o sistema imune.[13]

A ciência tem mostrado, então, que cada emoção e cada sentimento têm impacto na saúde do trato gastrointestinal e este reagirá também no sentido contrário, de forma que um intestino saudável também depende de uma mente em equilíbrio.

FOME HEDÔNICA E COMER EMOCIONAL

Tradicionalmente, o comportamento alimentar é regulado por dois sistemas principais: o controle homeostático, que é mediado pelos sinais fisiológicos de fome e saciedade, e o controle não homeostático, que envolve aspectos cognitivos, emocionais e hedônicos. A fome hedônica é um fenômeno complexo caracterizado pela busca por prazer associada à alimentação, independentemente das necessidades energéticas reais do organismo.

Os mecanismos homeostáticos controlam a alimentação em resposta ao déficit energético geral ou a outros tipos de necessidade metabólica, enquanto os mecanismos não homeostáticos incluem aprendizado, memória e processos cognitivos que podem afetar a alimentação e se baseiam em experiências aprendidas anteriormente e aspectos hedônicos da alimentação. Os mecanismos não homeostáticos têm maior influência na ingestão excessiva de alimentos, associando-se aos aumentos observados nas taxas de sobrepeso e obesidade no mundo ocidental. Acredita-se, ainda, que os fatores cognitivos e hedônicos se sobreponham aos mecanismos inibitórios que regulam a ingestão calórica.[5]

Segundo o modelo clássico, o cérebro mais primitivo, que inclui tronco cerebral, cerebelo e os circuitos hipotalâmicos ventromediais, regula primariamente os componentes homeostáticos do comportamento alimentar, enquanto os substratos não homeostáticos incluem regiões cerebrais que envolvem memória, cognição e recompensa (hipocampo, córtex e sistema mesolímbico dopaminérgico).[14] Nas últimas décadas, no entanto, muito progresso foi feito no que diz respeito à identificação dos substratos neurais e das vias biológicas que controlam o comportamento alimentar. Assim, embora o controle dos aspectos homeostáticos e não homeostáticos tenha sido tradicionalmente atribuído a vias neurais distintas, uma série de descobertas recentes indica que os substratos neurais envolvidos nesses dois domínios não são totalmente dissociados.

Como consequência desses avanços, o treinamento em *mindfulness*, por exemplo, tem emergido como uma ferramenta promissora para o manejo da fome hedônica e do comer emocional. A prática regular de *mindfulness* durante as refeições pode aumentar a consciência dos sinais internos de fome e saciedade, permitindo uma resposta mais reflexiva aos estímulos alimentares. Além disso, técnicas de atenção plena podem ajudar os indivíduos a reconhecer e tolerar a experiência de desejos alimentares sem ceder a eles de forma impulsiva.[15] A terapia cognitivo-comportamental (TCC) também tem se mostrado eficaz no tratamento da fome hedônica, ajudando os indivíduos a identificar e desafiar padrões de pensamento disfuncionais associados à alimentação prazerosa. Por meio da reestruturação cognitiva, a terapia cognitivo-comportamental pode ajudar os indivíduos a reduzirem a dependência de alimentos como fonte de gratificação emocional.[16]

Por sua vez, intervenções farmacológicas direcionadas aos sistemas dopaminérgicos e opioides têm sido exploradas como uma abordagem para reduzir a resposta hedônica à comida. Um exemplo é o uso de antagonistas de receptores opioides, como a naltrexona, que tem mostrado potencial para diminuir a busca por alimentos altamente palatáveis. Além disso, medicamentos que afetam a neurotransmissão dopaminérgica, como a bupropiona, podem ajudar a atenuar os sinais de recompensa associados à ingestão de alimentos prazerosos.[17]

Outra alternativa farmacológica que tem sido estudada é o topiramato, um medicamento antiepiléptico indicado para distúrbios convulsivos e comumente usado como estabilizador de humor em pacientes psiquiátricos. Os principais efeitos associados ao topiramato são reduzir a excitação neuronal e aumentar a inibição neuronal, aumentando concentrações cerebrais do ácido gama-aminobutírico (GABA). Alguns mecanismos de ação do topiramato têm sido propostos para a perda de peso, incluindo alterações na via de recompensa associada à alimentação, o que leva à redução da resposta hedônica à comida.[18]

A compreensão da fome hedônica no contexto dos controles homeostático e não homeostático do comportamento alimentar é crucial para o desenvolvimento de estratégias eficazes de intervenção e tratamento para distúrbios alimentares e obesidade. Abordagens terapêuticas que visam modular tanto os aspectos fisiológicos quanto os psicológicos e emocionais da alimentação são essenciais para promover escolhas alimentares saudáveis e prevenir os excessos alimentares relacionados à fome hedônica.

CONSIDERAÇÕES FINAIS

Em suma, a compreensão da interação entre a microbiota intestinal, o eixo microbiota-intestino-cérebro e o eixo hipotálamo-hipófise-adrenais tem se mostrado fundamental na busca por *insights* sobre a regulação metabólica e o comportamento alimentar. Esse intrincado sistema de comunicação bidirecional, que envolve vias neurais, endócrinas, metabólicas e imunes, desempenha um papel crucial na homeostase energética e na resposta ao estresse.

A microbiota intestinal, por meio da produção de metabólitos específicos e de sua influência na sinalização hormonal e neural, exerce um papel significativo na regulação do apetite, no metabolismo energético e até mesmo na saúde cerebral. A diversidade microbiana e a produção de ácidos graxos de cadeia curta, ácidos biliares secundários e outros metabólitos são aspectos essenciais dessa interação complexa.

Por outro lado, o eixo hipotálamo-hipófise-adrenais, um dos principais sistemas neuroendócrinos responsáveis pela resposta ao estresse, desempenha um papel crucial na modulação das respostas metabólicas e comportamentais frente a desafios ambientais. A regulação adequada do cortisol, juntamente com a influência da microbiota intestinal, é essencial para a saúde cognitiva e metabólica.

Dessa forma, uma melhor compreensão das interações entre a microbiota intestinal, o eixo microbiota-intestino-cérebro e o eixo hipotálamo-hipófise-adrenais abrirá caminhos para o desenvolvimento de estratégias terapêuticas e nutricionais mais personalizadas, visando não apenas a gestão de condições como obesidade, resistência à insulina e distúrbios alimentares, mas também a promoção de uma saúde global mais abrangente, que engloba tanto o corpo quanto a mente. Esse campo de pesquisa em rápida evolução promete não apenas expandir a compreensão dos mecanismos subjacentes à regulação metabólica e comportamental, como também revolucionar a maneira como o tratamento e a prevenção de uma variedade de condições de saúde são abordados.

REFERÊNCIAS BIBLIOGRÁFICAS

1. Furness JB, Rivera LR, Cho HJ, Bravo DM, Callaghan B. The gut as a sensory organ. Nat Rev Gastroenterol Hepatol. 2013;10(12):729-40.
2. Martin AM, Sun EW, Keating DJ. Mechanisms controlling hormone secretion in human gut and its relevance to metabolism. J Endocrinology. 2020;244(1):R1-15.
3. Romaní-Pérez M, Bullich-Vilarrubias C, López-Almela I, Liébana-García R, Olivares M, Sanz Y. The microbiota and the gut-brain axis in controlling food intake and energy homeostasis. Int J Mol Sci. 2021;22(11):5830.
4. Green M, Arora K, Prakash S. Microbial medicine: prebiotic and probiotic functional foods to target obesity and metabolic syndrome. Int J Mol Sci. 2020;21(8):2890.
5. Wilkinson M, Imran S. Neuroendocrine regulation of appetite and body weight. In: Clinical neuroendocrinology: an introduction. Cambridge University Press; 2019. p. 53-74.
6. Clemmensen C, Müller TD, Woods SC, Berthoud HR, Seeley RJ, Tschöp MH. Gut-brain cross-talk in metabolic control. Cell. 2017;168(5):758-74.
7. Li S, Liu M, Cao S, Liu B, Li D, Wang Z, et al. The mechanism of the gut-brain axis in regulating food intake. Nutrients. 2023;15(17):3728.
8. Leyrolle Q, Prado-Perez L, Layé S. The gut-derived metabolites as mediators of the effect of healthy nutrition on the brain. Front Nutr. 2023;10:1155533.
9. van der Hee B, Wells JM. Microbial regulation of host physiology by short-chain fatty acids. Trends Microbiol. 2021;29(8):700-12.
10. Alhabeeb H, AlFaiz A, Kutbi E, AlShahrani D, Alsuhail A, AlRajhi S, et al. Gut hormones in health and obesity: the upcoming role of short chain fatty acids. Nutrients. 2021;13(2):481.
11. Pucci A, Batterham RL. Endocrinology of the gut and the regulation of body weight and metabolism. In: Feingold KR, Anawalt B, Blackman MR, Boyce A, Chrousos G, Corpas E, et al. (eds.). Endotext. South Dartmouth: MDText.com.

12. Rodríguez-Daza MC, Pulido-Mateos EC, Lupien-Meilleur J, Guyonnet D, Desjardins Y, Roy D. Polyphenol-mediated gut microbiota modulation: toward prebiotics and further. Front Nutr. 2021;8:689456.
13. Rusch JA, Layden BT, Dugas LR. Signalling cognition: the gut microbiota and hypothalamic-pituitary-adrenal axis. Front Endocrinol. 2023;14:1130689.
14. Wachsmuth HR, Weninger SN, Duca FA. Role of the gut-brain axis in energy and glucose metabolism. Exp Mol Med. 2022;54(4):377-92.
15. Liu CM, Kanoski SE. Homeostatic and non-homeostatic controls of feeding behavior: distinct vs. common neural systems. Physiol Behav. 2018;193(Pt B):223-31.
16. Butryn ML, Webb V, Wadden TA. Behavioral treatment of obesity. Psychiatr Clin North Am. 2011;34(4):841-59.
17. Grilo CM, Lydecker JA, Fineberg SK, Moreno JO, Ivezaj V, Gueorguieva R. Naltrexone-bupropion and behavior therapy, alone and combined, for binge-eating disorder: randomized double-blind placebo-controlled trial. Am J Psychiatr. 2022;179(12):927-37.
18. Warren JM, Smith N, Ashwell M. A structured literature review on the role of mindfulness, mindful eating and intuitive eating in changing eating behaviours: effectiveness and associated potential mechanisms. Nutr Res Rev. 2017;30(2):272-83.
19. Wajid I, Vega A, Thornhill K, Jenkins J, Merriman C, Chandler D, et al. Topiramate (Topamax): evolving role in weight reduction management: a narrative review. Life (Basel). 2023;13(9):1845.
20. Boulangé CL, Neves AL, Chilloux J, Nicholson JK, Dumas ME. Impact of the gut microbiota on inflammation, obesity, and metabolic disease. Genome Med. 2016;8:(1):42.
21. Horvath A, Zukauskaite K, Hazia O, Balazs I, Stadlbauer V. Human gut microbiome: therapeutic opportunities for metabolic syndrome: hype or hope? Endocrinol Diabetes Metab. 2024;7(1):e436.

11

Genética na regulação do eixo intestino-cérebro

Annete Bressan Rente Ferreira Marum

PONTOS-CHAVE

- Alguns compostos produzidos pela microbiota afetam a saúde do indivíduo como vitamina B12, biotina e ácidos graxos de cadeia curta – AGCC).
- AGCC podem modificar a cromatina do hospedeiro, como a metilação de histonas, gerando efeitos anti-inflamatórios.
- Essas modificações epigenéticas estão relacionadas a doenças mentais, como TDHA, anorexia nervosa ou Alzheimer.
- A desregulação do epigenoma cerebral por fatores ambientais, incluindo metabólitos do microbioma, podem causar efeitos duradouros no funcionamento cerebral, sendo associada a distúrbios de saúde mental.
- Evidências recentes sugerem a ocorrência de pleiotropismo genético em condições de saúde associadas a distúrbios do eixo intestino-cérebro, incluindo síndrome metabólica, doenças gastrointestinais, doenças autoimunes e transtornos mentais graves.

INTRODUÇÃO

Estudos sobre microbioma e a sua relevância para a saúde humana aumentaram expressivamente nos últimos 10 anos. Com isso, foi possível compreender que o microbioma intestinal possui forte associação com diversos mecanismos, influenciando desde preferências alimentares até o desenvolvimento do sistema imunológico, processos digestivos e absortivos e, também, a saúde mental. Pesquisas recentes mostram, inclusive, seu envolvimento com a expressão de genes em processos como o remodelamento da cromatina do hospedeiro, *splicing* alternativo, alteração do perfil epigenético e interrupção direta das cascatas de sinalização do hospedeiro.

As técnicas mais recentes de manipulação genética permitem uma maior precisão nos estudos e possibilitam o entendimento da relação entre o microbioma intestinal e a expressão gênica no hospedeiro. Entender essa relação pode viabilizar tratamentos mais assertivos na saúde.[1]

MICROBIOMA E EXPRESSÃO GÊNICA

Os microrganismos presentes no intestino contribuem com a fisiologia do hospedeiro por meio da produção de metabólitos, desempenhando papel essencial na função de barreira contra agressores, no fortalecimento do sistema imunológico e na metabolização de nutrientes. Esses metabólitos exercem efeito no hospedeiro como sinalizadores de moléculas e como substratos para reações metabólicas. Pode-se afirmar, ainda, que a microbiota está envolvida também na fisiopatologia de diversas doenças, incluindo as patologias mentais. Isso ocorre porque a relação simbiótica entre o homem e sua microbiota intestinal é tão intensa que sua ruptura ou desregulação tornam esse hospedeiro propenso ao desenvolvimento de doenças.[1]

O genoma humano possui cerca de 25 mil genes codificados. O microbioma do intestino é cerca de 150 vezes maior, com cerca de 3,3 milhões de genes bacterianos.[1] Além disso, ao contrário do genoma do hospedeiro, que é relativamente constante, o microbioma é dinâmico e se altera nas diferentes fases da vida do hospedeiro, em resposta a fatores ambientais (como dieta e uso de antibióticos) e, especialmente, em resposta às doenças.[1]

A expressão do genoma humano envolve o tecido-alvo, fatores intrínsecos e fatores ambientais. O microbioma pode atuar justamente nessa complexidade da transcrição gênica. Os microrganismos que compõem o microbioma precisam do hospedeiro para expressar o seu próprio genoma e esse mecanismo de sobrevivência produz os chamados metabólitos.[1] Esses compostos produzidos pela microbiota podem afetar a saúde do indivíduo tanto positivamente (alguns são essenciais para o hospedeiro, como vitamina B12, biotina e ácidos graxos de cadeia curta – AGCCs) quanto negativamente. Até mesmo um único metabólito é capaz de alterar a homeostase, dependendo do contexto, do tecido afetado, da dieta do indivíduo e dos níveis do metabólito.

Por sua vez, uma modulação do microbioma pode interromper a produção de algum metabólito e gerar alteração na expressão gênica do hospedeiro.[1] Metabólitos de baixo peso molecular produzidos pelo metabolismo microbiano, como moléculas de AGCC, betaina, triptofano, bile, álcoois e neuropeptídeos, podem afetar o epigenoma e expressão gênica do hospedeiro.[1] Estudos realizados com camundongos criados em um ambiente livre de germes e camundongos criados sob condições típicas possibilitaram identificar esse papel do microbioma como mediador da expressão dos genes do hospedeiro. O que ocorre não é uma alteração gênica no hospedeiro, já que os genes não são alterados; mas uma modulação da epigenética, que regula quais genes presentes nas células serão ativados.[1]

A modulação da cromatina por metabólitos endógenos, por exemplo, é uma área de intensa pesquisa, mas só recentemente se descobriu que os metabólitos do microbioma podem modificar a cromatina do hospedeiro.[1] Essa substância é composta por uma dupla fita de DNA enovelada em um octâmero de histonas. Por sua vez, histonas são pequenas proteínas globulares altamente básicas, com cauda flexível amino-terminal. As histonas estão sujeitas a diversas modificações pós-tradução, como a metilação, a acetilação e a fosforilação, e há novas modificações sendo estudadas. Os estados de histonas pós-tradução formam o que se denomina código de histona, que regula o processo de acesso ao DNA, incluindo transcrição, replicação e reparo do DNA.[1]

Esses estudos evidenciam, portanto, um papel do microbioma intestinal como importante modulador da expressão gênica do hospedeiro, com impacto em funções importantes. A análise de diversos desses estudos em modelos animais e humanos evidenciam que existe uma associação entre o microbioma intestinal e a expressão gênica no hospedeiro, mas a direção da casualidade não é clara – ou seja, não se sabe se a mudança da composição do microbioma gera alteração na expressão gênica ou se a mudança da expressão gênica no hospedeiro altera a composição do microbioma.[1]

A interação entre o microbioma ou moléculas derivadas do microbioma e o hospedeiro pode ocorrer tanto dentro de uma célula quanto em compartimentos extracelulares. Diferentes processos podem estar envolvidos, por exemplo:

- Metabólitos do microbioma estimulam o reconhecimento pela célula hospedeira, tanto por meio do estímulo de receptores, quanto pela internalização celular.
- Moléculas derivadas do microbioma geram ligação diferencial do fator de transcrição, metilação ou disponibilidade de cromatina, que levam à expressão diferencial nos genes do hospedeiro. Podem ocorrer, então, modificações epigenéticas como a metilação do DNA e a acetilação de histonas. A acetilação das histonas, em particular, também pode ser influenciada pela presença de AGCCs.
- Moléculas derivadas do microbioma levam a mudanças na transcrição e *splicing* alternativo, resultando em produtos gênicos diferentes. As etapas acima resultam em expressão de proteínas diferentes, que são liberadas no lúmen intestinal.
- Proteínas derivadas do hospedeiro podem modular a bactéria presente no microbioma intestinal, gerando diferenciação na microbiota.[2]

Um exemplo dessa interligação de epigenética é a ação de AGCCs, que promovem modificações de histonas e geram como efeito fisiológico a prevenção de câncer e terapia anti-inflamatória. *Bifidobacterium* e *Lactobacillus* spp. também agem produzindo neuropeptídeos como ácido gama-aminobutírico, serotonina e 4-etilfenilsulfato, aumentando a expressão do receptor de ácido gama-aminobutírico no hospedeiro e, como consequência, fornecendo uma proteção contra depressão e ansiedade.[2]

INFLUÊNCIA GENÉTICA

A prevalência de distúrbios de saúde mental está aumentando, impactando significativamente a sociedade e os indivíduos afetados.[3] Sabe-se que fatores genéticos e ambientais desempenham papéis críticos na predisposição dos indivíduos ao desenvolvimento de doenças relacionadas à saúde mental. A genética também exerce grande influência sobre a composição da nossa microbiota intestinal, conforme demonstrado por estudos tanto de gêmeos como populacionais de larga escala.[4] Por sua vez, a influência da genética sobre a composição da microbiota intestinal se dá por diferentes mecanismos, incluindo: variantes genéticas relacionadas a preferências alimentares (fenômeno de correlação entre gene e ambiente); absorção, digestão e metabolismo de nutrientes (p. ex., o gene da enzima lactase); e imunidade.[4]

Estudos recentes têm encontrado a ocorrência de sobreposição de risco genético entre condições de saúde que ocorrem frequentemente em conjunto na população, como síndrome metabólica, doenças gastrointestinais, doenças autoimunes e transtornos mentais graves (transtornos do humor, esquizofrenia, transtorno de déficit de atenção e hiperatividade – TDAH, transtorno de estresse pós-traumático – TEPT e anorexia nervosa), associada a variantes genéticas com influência documentada sobre a microbiota intestinal.[4,5] Essas variantes genéticas parecem se relacionar com funções fisiológicas importantes, como imunidade, neurodesenvolvimento, plasticidade sináptica e homeostase celular, o que sugere a ocorrência de pleiotropismo genético em condições de saúde associadas a distúrbios do eixo intestino-cérebro.[4,5]

Genes importantes associados à saúde mental

Os estágios iniciais de desenvolvimento, como o pré-natal, o pós-natal e a adolescência, são caracterizados por uma alta vulnerabilidade a fatores ambientais, como estresse, dieta inadequada, drogas e disbiose. Por conta disso, vários mecanismos já foram propostos para compreender os efeitos da nutrição durante o início da vida na função ideal do cérebro e na química ao longo da vida.

Mecanismos epigenéticos como metilação do DNA, modificações de histonas e o papel dos micro-RNA são considerados plausíveis como influenciadores para o aparecimento de várias doenças, incluindo as mentais.[4] Assim, compreender as interações entre nutrientes e genes durante os primeiros estágios da vida torna-se crucial para prevenir os problemas de saúde mental.[4,5]

Estudos demonstraram que a exposição precoce a fatores ambientais pode ter efeitos duradouros nas trajetórias de saúde, incluindo resultados adversos no desenvolvimento neurológico que podem afetar as funções cognitivas e as respostas comportamentais de um indivíduo. Esses efeitos podem ser causados por mecanismos epigenéticos influenciados pelos micronutrientes doadores de metila, que desempenham um papel fundamental no funcionamento do metabolismo de um carbono.[4,5]

A Figura 1 mostra os principais componentes do metabolismo de um carbono, bem como o ciclo do folato, o ciclo da metionina, a via de transulfuração e a contribuição de micronutrientes como colina, betaína, folato, metionina, vitamina B2, vitamina B6 e vitamina B12 em diversos processos biológicos.[4] Os micronutrientes doadores de metila, em particular, são considerados

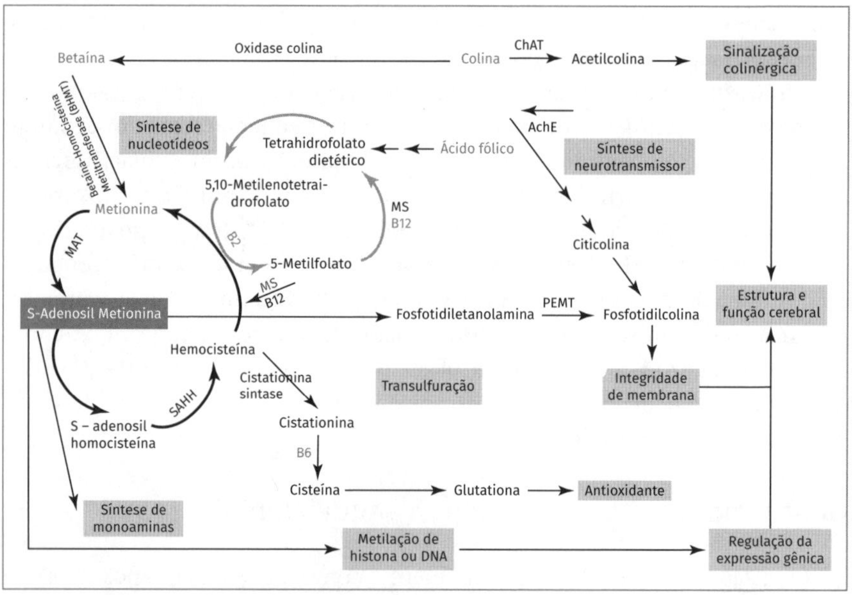

FIGURA 1 Representação esquemática do metabolismo de um carbono e da influência dos micronutrientes doadores de metila.

Fonte: adaptada de Bekdash, 2024.[3]

neuroprotetores e sua funcionalidade depende de sua disponibilidade e do estado nutricional do organismo.[4-9] Esses micronutrientes afetam vários aspectos do desenvolvimento do cérebro, influenciando a modificação epigenética dos genes que participam desse processo. Assim, a desregulação do epigenoma cerebral por fatores ambientais durante o desenvolvimento embrionário pode causar "programação fetal" com efeitos duradouros no funcionamento do cérebro e tem sido associada a muitos distúrbios neurológicos, incluindo distúrbios de saúde mental.[6-9]

Os genes *MTHFR rs1801131* e *rs1801133, CBS rs234706, MTR rs1805087, MTRR rs1801394, SLC19A1 rs1051266* e *TCN2 rs1801198* influenciam o metabolismo desses micronutrientes doadores de metila. Os polimorfismos de nucleotídeo único nesses genes influenciam as modificações epigenéticas. O gene *PEMT*, que codifica a enzima que converte fosfatidiletanolamina em fosfatidilcolina, por exemplo, tem sido associado ao desenvolvimento de esquizofrenia em asiáticos em razão da identificação de três polimorfismos de nucleotídeo único no *locus* PEMT.[10]

Doença de Alzheimer e genética

A doença de Alzheimer de início precoce é fortemente impactada pelo risco genético, com a herdabilidade afetando cerca de 92 a 100% dos casos. Os estudos de associação genética destacam mutação em três genes com alta penetrância nesses casos: gene *APP*, que codifica a proteína precursora de amiloide; e os genes *PSEN1* e *PSEN2*, que codificam as presenilinas 1 e 2.[11] Já estudos de associação genômica em famílias com doença de Alzheimer tardia e estudos de coorte identificaram que o alelo épsilon 4 do gene *APOE*, que codifica a polipoproteína E, é um importante fator de risco genético para o desenvolvimento da doença, sendo que a presença de uma ou duas cópias do alelo APOE epsilon 4 está associada, respectivamente, a um risco de 3 e 15 vezes maior.[11]

Depressão, comportamento compulsivo e genética

O alelo C no gene *DRD2 rs6277* está associado a uma menor disponibilidade de receptores de dopamina D2 tanto nas regiões estriadas quanto nas extraestriadas e se associa a comportamentos compulsivos. Os polimorfismos de nucleotídeo único dos receptores D1 e D2 podem ser considerados como potenciais fatores de risco para transtorno do espectro autista (TEA) e TDAH.[12]

O alelo G no gene *HTR2A rs6311* está associado ao risco de depressão em adultos e a sintomas mais graves dessa doença.[13]

O polimorfismo Val66Met no gene *BDNF rs6265* está associado a menor expressão de fatores neurotróficos derivados do cérebro (BDNF, do inglês *brain derived neutrophic factors*) e maior risco de depressão e doenças neurodegenerativas.[14]

Por fim, polimorfismo no gene *MTHFR* é associado a maior risco de depressão grave, independente da etnia, e maior risco para esquizofrenia e bipolaridade, com variação entre as populações.[15]

CONSIDERAÇÕES FINAIS

A interação entre a expressão gênica e o microbioma intestinal é muito complexa. Embora os estudos demonstrem sua ocorrência, ainda são necessários mais estudos para determinar o mecanismo envolvido e o quanto essa interação pode ser manipulada para se alcançar um estado de equilíbrio e favorecer a saúde. Assim, as predisposições genéticas e os efeitos do microbioma tornam-se possíveis alvos para intervenção na saúde como um todo e em particular na saúde mental, uma vez que a composição microbiana do intestino e as modificações epigenéticas são reversíveis. Entender profundamente todas as interações entre o microbioma e o hospedeiro poderá otimizar estratégias terapêuticas ou até mesmo de prevenção.

REFERÊNCIAS BIBLIOGRÁFICAS

1. Ansari I, Raddatz G, Gutekunst J, Ridnik M, Cohen D, Abu-Remaileh M, et al. The microbiota programs DNA methylation to control intestinal homeostasis and inflammation. Nat Microbiol. 2020;5(4):610-9.
2. Nicholson JK, Holmes E, Kinross J, Burcelin R, Gibson G, Jia W, et al. Host-gut microbiota metabolic interactions. Science. 2012;336(6086):1262-7.
3. Bekdash RA. Epigenetics, nutrition, and the brain: improving mental health through diet. Int J Mol Sci. 2024;25(7):4036.
4. Kurilshikov A, Medina-Gomez C, Bacigalupe R, Radjabzadeh D, Wang J, Demirkan A, et al. Large-scale association analyses identify host factors influencing human gut microbiome composition. Nat Genet. 2021;53(2):156-65.
5. Gong W, Guo P, Li Y, Liu L, Yan R, Liu S, et al. Role of the gut-brain axis in the shared genetic etiology between gastrointestinal tract diseases and psychiatric disorders: a genome-wide pleiotropic analysis. JAMA Psychiatry. 2023;80(4):360-70.
6. Georgieff MK. Early life nutrition and brain development: breakthroughs, challenges and new horizons. Proc Nutr Soc. 2023;82(2):104-12.
7. Blusztajn JK, Slack BE, Mellott TJ. Neuroprotective actions of dietary choline. Nutrients. 2017;9(8):815. DOI: 10.3390/nu9080815.
8. Arumugam MK, Paal MC, Donohue TM, Ganesan M, Osna NA, Kharbanda KK. Beneficial effects of betaine: a comprehensive review. Biology. 2021;10(6):456.
9. Irvine N, England-Mason G, Field CJ, Dewey D, Aghajafari F. Prenatal folate and choline levels and brain and cognitive development in children: a critical narrative review. Nutrients. 2022;14(2):364.
10. Villamor E, Rifas-Shiman SL, Gillman MW, Oken E. Maternal intake of methyl-donor nutrients and child cognition at 3 years of age. Paediatr Perinat Epidemiol. 2012;26(4):328-35.

11. Liu Y, Zhang H, Ju G, Zhang X, Xu Q, Liu S, et al. Um estudo do gene PEMT na esquizofrenia. Neurosci Vamos. 2007;4243(3):203-6.
12. Cacace R, Sleegers K, Van Broeckhoven C. Molecular genetics of early-onset Alzheimer's disease revisited. Alzheimer's Dementia. 2016;12(6):733-48.
13. Mariggiò MA, Palumbi R, Vinella A, Laterza R, Petruzzelli MG, Peschechera A, et al. DRD1 and DRD2 receptor polymorphisms: genetic neuromodulation of the dopaminergic system as a risk factor for ASD, ADHD and ASD/ADHD overlap. Front Neurosci. 2021;15:705890.
14. Alshaya DS. Genetic and epigenetic factors associated with depression: an updated overview. Saudi J Biol Sci. 2022;29(8):103311.
15. Colucci-D'Amato L, Speranza L, Volpicelli F. Neurotrophic factor BDNF, physiological functions and therapeutic potential in depression, neurodegeneration and brain cancer. Int J Mol Sci. 2020;21(20):7777.

Seção 3

O impacto da alimentação e atividade física na microbiota intestinal

12

Microbioma da criança e o papel do aleitamento materno no neurodesenvolvimento

Carla Romano Taddei

⊕ PONTOS-CHAVE

- Formação da colonização intestinal de bebês.
- Papel do gene *FUT2* no aumento da diversidade bacteriana intestinal.
- Papel dos oligossacarídeos do leite humano na formação do microbioma intestinal e na modulação do neurodesenvolvimento na infância.
- Papel do ácido siálico no aprendizado na infância.

INTRODUÇÃO

Nas fases iniciais da vida, o microbioma tem um papel fundamental no desenvolvimento e na manutenção do sistema imune do bebê. A saúde materna durante a gestação atua na modulação imune necessária para o período e auxiliará na modulação de sistemas metabólicos do neonato. Sabe-se, ainda, que durante os primeiros mil dias, que incluem do período de gestação até o segundo ano de vida, distúrbios como intercorrências maternas na gestação, alterações alimentares ou uso de medicamentos podem ter um impacto disbiótico na microbiota intestinal do bebê, com potencial para interferir na saúde na vida adulta, na forma de manifestações inflamatórias, atópicas, diabetes, obesidade e alergias.[1]

Na década de 2010, diversos estudos apontaram que a colonização do recém-nascido tem início já na vida intrauterina, tendo sido encontradas bactérias no líquido amniótico, nas membranas uterinas e no mecônio, entre elas algumas espécies de *Enterococcus*, *Streptococcus*, *Bifidobacterium* e *Lactobacillus*.

As principais teorias apontam que células dendríticas do intestino materno "carregam" as bactérias do microbioma intestinal pela circulação até o útero, passando pela barreira placentária.[2] Dessa forma, membros da microbiota materna poderiam ser translocados para o feto via corrente sanguínea, inviabilizando a teoria do nascimento estéril.[3]

Essa via de colonização ainda é discutida,[3] mas as teorias ganharam força quando Stinson et al.[4] demonstraram que o primeiro mecônio de recém-nascidos continha uma quantidade detectável de ácidos graxos de cadeia curta (AGCC), mais precisamente de propionato e acetato. Os autores concluíram, assim, que havia bactérias viáveis no útero durante a gestação que colonizariam o trato gastrointestinal do feto, desencadeando a produção desses ácidos graxos.[4]

Em 2021, no entanto, Kennedy et al.[5] publicaram um estudo interessante mostrando que o mecônio presente na ampola retal de fetos (intraútero) recém -expostos em parto cesáreo não continha bactérias além daquelas encontradas na pele da mãe, coletadas com *swab* antes do procedimento cirúrgico. Os autores concluíram, assim, que não há bactérias no útero gravídico e que a colonização do bebê ocorre durante o parto.[5]

Nesse sentido, a passagem de bactérias para o recém-nascido no momento do parto é, de fato, essencial para a modulação da microbiota intestinal no decorrer da vida. No parto vaginal, a carga de bactérias colonizadoras é proveniente do contato com o epitélio vaginal da mãe, enquanto no parto cesáreo essa carga advém do ambiente hospitalar e da equipe médica que entra em contato com o recém-nascido.[6]

Usualmente, em recém-nascidos saudáveis e a termo, bactérias anaeróbias facultativas, como *Escherichia coli*, *Enterococcus faecalis* e *Enterococcus faecium* são os primeiros gêneros bacterianos que colonizam o trato gastrointestinal do bebê, em decorrência da alta quantidade de oxigênio existente. Depois, assim que o oxigênio é consumido por essas bactérias, o ambiente fica mais adequado para bactérias anaeróbias estritas, como algumas espécies de *Bifidobacterium*, *Bacteroides* e *Clostridium*, que, por sua vez, produzem os AGCCs que controlarão a permanência e a abundância dos gêneros bacterianos anaeróbios facultativos. Esse processo é chamado de sucessão microbiana.[7]

Os membros anaeróbios facultativos da microbiota intestinal de recém-nascidos produzem, por sua vez, succinato e lactato. Esses compostos estimulam a expressão do gene *FUT2* e a produção de muco (muc-4) pelas células caliciformes. É essa sucessão microbiana que estimula a maturação do epitélio e mantém a simbiose entre hospedeiro e microbioma. A expressão do gene *FUT2* está relacionada à fucosilação intestinal quando ligantes bacterianos interagem com os receptores do tipo *toll* (TLR, do inglês *toll-like receptors*) do hospedeiro no intestino. Dessa forma, o *FUT2* participa da transferência de fucose para a galactose terminal nas cadeias de glicano das glicoproteínas e glicolipídios da superfície das células epiteliais intestinais. As bactérias comensais clivam a fucose desses glicanos fucosilados, deixando a fucose livre disponível no lúmen intestinal.[8]

Pode-se afirmar, portanto, que os primeiros gêneros bacterianos que colonizam o trato gastrointestinal são associados a uma função regulatória da colonização subsequente, visto que podem modular a expressão gênica das células epiteliais intestinais e deixar o ambiente favorável para o seu crescimento, prevenindo o crescimento de bactérias introduzidas posteriormente.

Está claro que o papel desempenhado pela colonização inicial do intestino no processo de escolha de diversos gêneros bacterianos pode trazer consequências, então, em longo prazo;[9] porém, sabe-se que cada criança tem um padrão único e variável de colonização por conta das condições diversas a que cada uma foi exposta no decorrer dos seus primeiros meses de vida.

MODULAÇÃO DO MICROBIOMA NEONATAL

De acordo com a Organização Mundial da Saúde (OMS), o aleitamento materno exclusivo deve ser realizado pelo menos até o sexto mês de vida do bebê, fase em que usualmente se observa o desenvolvimento motor do bebê para iniciar a deglutir alimentos não líquidos.[10] Durante o período de aleitamento, a microbiota intestinal do bebê é colonizada por bactérias presentes no leite materno e pela fermentação de oligossacarídeos do leite. Além disso, já se sabe que, no aleitamento materno exclusivo, as *tight junctions* (ou junções oclusivas) das células epiteliais intestinais estão afrouxadas, promovendo maior absorção de macromoléculas do leite materno, como as imunoglobulinas (Ig). Dessa forma, a modulação benéfica da microbiota que caracteriza esse período pode ser afetada pela introdução precoce de alimentos não líquidos.[11]

Estudos mostram que o leite materno tem a capacidade de promover uma inflamação fisiológica no recém-nascido que é importante para o equilíbrio e para a interação do epitélio intestinal com os microrganismos. Nesse contexto, espécies de *Bifidobacterium* e *Lactobacillus* têm papel significativo por realizar a síntese dos componentes capazes de inibir e destruir bactérias patogênicas e também pela inibição competitiva com outros microrganismos para adesão à mucosa intestinal. Além disso, essas bactérias aumentam a atividade das células *natural-killer*, a produção de macrófagos que ativam fagócitos e a secreção de IgA.[12] Esses mecanismos diminuem a permeabilidade no intestino e possíveis reações de hipersensibilidade, promovendo a imunomodulação intestinal.

No que diz respeito ao tipo leite administrado para o bebê (fórmula infantil ou leite materno), observa-se que bebês alimentados com leite materno apresentam maior prevalência de *Lactobacillus* e *Bifidobacterium*, enquanto aqueles que recebem fórmulas infantis apresentam quantidades reduzidas dessas bactérias, com predominância de bactérias como *Clostridioides difficile*, *Clostridium perfringes*, algumas espécies de *Bacteroides* e enterobactérias.[13]

LEITE MATERNO HUMANO

O leite materno humano é a principal fonte de carboidratos, proteínas, imunoglobulinas, oligossacarídeos, fatores de crescimento e citocinas, entre outros componentes benéficos ao recém-nascido, incluindo as bactérias. O principal carboidrato presente no leite materno é a lactose (5,3 a 7 g/dL, ou aproximadamente 70% dos carboidratos do leite). Esse nutriente é responsável por 50% do seu conteúdo energético e pela grande oferta de prebióticos e probióticos ao recém-nascido.

A colonização do leite humano tem diferentes explicações. Inicialmente, acreditava-se que as bactérias presentes no leite eram provenientes da microbiota oral dos bebês, porém essa via de colonização não poderia dar origem à diversidade bacteriana encontrada no leite humano. Assim, foi proposto o eixo enteromamário, por meio do qual células dendríticas da mucosa intestinal da mãe engolfam bactérias e as levam, via circulação, até as glândulas mamárias, de onde passam a ser liberadas. Assim, a principal via conhecida de colonização do leite é essa interação do eixo enteromamário.[1]

Outra característica do leite humano é a maturação que ocorre durante as primeiras semanas de vida do bebê, passando pelas fases de colostro, leite de transição e leite maduro. Sabe-se que o colostro, produzido entre o primeiro e o terceiro dias de lactação, possui altas concentrações de carboidratos, quando comparado ao leite maduro.

Oligossacarídeos do leite humano

A lactose, principal carboidrato do leite humano, contribui com aproximadamente 70% dos açúcares presentes nesse leite. Outra fração bastante importante é representada pelos oligossacarídeos complexos, denominados oligossacarídeos do leite humano (HMO, do inglês *human milk oligosaccharides*).[15] Esses compostos são glicanos sintetizados a partir de cinco monossacarídeos (glicose, galactose, N-acetilglicosamina, fucose e ácido siálico) e são encontrados exclusivamente no leite humano em quantidades significativas. As maiores concentrações desses oligossacarídeos são encontradas no colostro (20 g/L) e, após duas semanas, já no leite maduro, observa-se uma redução (cerca de 12 a 14 g/L). Outros tipos de leite, como o de vaca e as fórmulas infantis, não possuem esses compostos ou apresentam quantidades muito pequenas deles (cerca de 1 g/L).

Existem três categorias principais de oligossacarídeos do leite humano: os fucosilados, que correspondem a 35 a 50% do total de oligossacarídeos; os sialilados, perfazendo de 12 a 14%; e, por fim, os não fucosilados neutros, com uma proporção de 42 a 55% desses compostos.[16] A importância biológica dos oligossacarídeos do leite humano para o lactente está relacionada com a sua ação prebiótica, com a modulação do tecido linfoide intestinal (GALT, do inglês *Gut associated linfoid tissue*), com a permeabilidade intestinal, com a redução de patógenos (efeito antiadesivo) e com a formação de AGCCs.[1]

Bebês amamentados com leite humano têm maior prevalência de *Bifidobacterium longum* subsp *infantis*, descrito como fermentador de oligossacarídeos do leite humano. Essa interação simbiótica do leite humano com bactérias e os oligossacarídeos tem um papel importante na modulação da microbiota intestinal do bebê. Os oligossacarídeos do leite humano podem atuar tanto de forma direta como indireta no sistema imune, de maneira sistêmica e, mais especificamente, na mucosa dos lactentes. O mecanismo de modulação no sistema imune pode ocorrer no nível do lúmen intestinal, onde esses oligossacarídeos atuam como prebióticos, promovendo o crescimento de bactérias como *Bifidobacterium*, *Lactobacillus* e *Bacteroides;* na promoção de efeito antiadesividade de patógenos intestinais; na formação de AGCCs, que também promovem o crescimento de bactérias benéficas; e na conjugação de bactérias por meio do ácido siálico. Já no nível da mucosa intestinal, os oligossacarídeos do leite humano reduzem a proliferação das células da cripta intestinal e aumentam a maturação das células intestinais e a função de barreira por meio de uma camada protetora de glicoproteínas do muco ou de mucinas, que são produzidas por células caliciformes.[16]

Aleitamento materno e desenvolvimento do sistema nervoso central

O microbioma do bebê tem uma relação direta com o neurodesenvolvimento que ocorre nos primeiros mil dias. Crianças com maior abundância de *Bifidobacterium* têm maior produção de lactato e acetato, produtos finais da fermentação dos oligossacarídeos do leite humano. Em camundongos gnotobióticos, o acetato produzido por *Bifidobacterium dentium* parece estimular as células enterocromafins a secretar serotonina (ou 5-hidroxitriptamina - 5-HT), um importante estimulador do sistema nervoso entérico e da função gastrointestinal. A ação de *Bifidobacterium* também produz outras substâncias neuroativas, como o ácido gama-aminobutírico (GABA), um neurotransmissor inibitório que pode atuar diretamente no sistema nervoso entérico. A colonização intestinal neonatal por *Bifidobacterium* é responsável, ainda, pela maturação imune na infância. A biossíntese de acetato por *Bifidobacterium* é conhecida por impulsionar células T regulatórias na diferenciação e na proteção contra infecções, melhorando a integridade da barreira intestinal.

Produtos bacterianos imunomoduladores podem, ainda, acessar o cérebro e influenciar a neurofisiologia, particularmente micróglia e astrócitos.[17] No início da vida, a micróglia conduz a transmissão sináptica em razão de sua capacidade de poda sináptica por meio do circuito neuronal, enquanto os astrócitos são essenciais para a manutenção da barreira hemato encefálica (BHE) e para a modulação do metabolismo cerebral. A produção de AGCCs é importante para preservar a integridade da barreira intestinal por meio da regulação de proteínas das *tight junctions* e efeitos semelhantes aos dos AGCCs são descritos na BHE. Por sua vez, *Streptococcus* forma uma importante cadeia trófica com outras bactérias intestinais, incluindo *Bifidobacterium*, produzindo lactato e propionato e se relacionando com a produção de serotonina.[18]

Os chamados sialiloligossacarídeos compreendem os trissacarídeos sialilactose, que consistem em lactose e um resíduo de ácido siálico, representando um dos principais componentes dos oligossacarídeos do leite humano.[16] O ácido siálico está presente nesses compostos como Neu5Ac, anexado a um penúltimo resíduo de galactose ou GlcNAc via uma ligação glicosídica alfa-2-3 ou alfa-2-6.[18] Esse ácido está amplamente distribuído nos tecidos humanos, porém é abundantemente encontrado especialmente no sistema nervoso central. As membranas das células neurais contêm cerca de 20 vezes mais ácido siálico do que o encontrado em outras membranas celulares, sugerindo que o ácido siálico desempenhe um papel importante no tecido neural.

No organismo humano, a maioria do ácido siálico está na forma de gangliosídeos e sialoglicoproteínas, sendo apenas 3% encontrados livres no tecido. A quantidade de gangliosídeos contendo ácido siálico nos tecidos cerebrais do feto mais do que dobra do período pré-natal até o final do segundo ano de vida. O mecanismo bioquímico envolvido na passagem de ácido siálico exógeno pela barreira hematoencefálica (BHE) ainda não está totalmente elucidado, mas estudos em modelos animais sugerem que essa passagem envolva um sistema de carreamento ou difusão.[18]

O papel do ácido siálico no desenvolvimento neuronal em neonatos, no entanto, é conhecido, tanto a partir de estudos em modelos animais como de estudos comportamentais com crianças amamentadas com leite materno. O desenvolvimento de funções executivas como linguagem, cognição e aprendizado ocorre durante a primeira infância e está estreitamente relacionado à quantidade de ácido siálico presente na dieta infantil, ressaltando-se a alta concentração desse composto no leite materno, que faz dele a principal fonte dessa substância nesse período. Os gangliosídeos e as sialoglicoproteínas no cérebro estão relacionados com o aumento da expressão gênica de dois genes relacionados ao aprendizado (*Gne* e *ST8SiaIV*). O processo de aprendizagem leva a um aumento na incorporação de ácido siálico no cérebro, aumentando a interação de moléculas de adesão das células neurais (NCAM), uma importante proteína de carreamento celular.[18]

Esses achados sugerem que uma dieta deficiente em ácido siálico na infância reduz a capacidade de aprendizagem precoce e que, portanto, o leite materno tem especial contribuição para esse período de neurodesenvolvimento.

CONSIDERAÇÕES FINAIS

O desenvolvimento da composição da microbiota intestinal na criança sofre influência da amamentação, alimentação, além da influência ambiental. A estabilidade da comunidade bacteriana ocorre em torno dos 2 a 3 anos de vida da criança e, após esse período, as modificações tendem a ser temporárias. Durante a vida adulta, a evolução da composição do microbioma intestinal sofre alterações, não permanentes, relacionadas a dieta e influência ambiental.

Assim, o estabelecimento da microbiota intestinal na criança, durante os primeiros 1000 dias de vida, terá repercussão na composição da microbiota na vida adulta.

O papel dos oligossacarídeos do leite materno é fundamental para o desenvolvimento da criança neste período critico do desenvolvimento.

O leite humano é o alimento mais completo que o bebê precisa ao longo deste período, sendo exclusivamente até os seis meses de idade e misto até os dois anos, por ter propriedades simbióticas (ver Capítulo 23 – Probióticos e posbióticos), sendo uma importante fonte de microrganismos benéficos para o estabelecimento da microbiota do bebê. Porém, seu envolvimento na saúde humana vai muito além do que as funções dietética e nutricional.

Os oligossacarídeos do leite materno tem um papel fundamental no desenvolvimento cognitivo e neuronal do bebê, além de ter uma importante função de substrato para o desenvolvimento da microbiota eubiótica no bebê, e consequentemente, por toda a vida.

REFERÊNCIAS BIBLIOGRÁFICAS

1. Scholtens PA, Oozeer R, Martin R, Amor KB, Knol J. The early settlers: intestinal microbiology in early life. Annu Rev Food Sci Technol. 2012;3:425-47.
2. Funkhouser LJ, Bordenstein SR. Mom knows best: the universality of maternal microbial transmission. PLoS Biol. 2013;11(8):e1001631.
3. Perez-Muñoz ME, Arrieta MC, Ramer-Tait AE, Walter J. A critical assessment of the "sterile womb" and "in utero colonization" hypotheses: implications for research on the pioneer infant microbiome. Microbiome. 2017;5(1):48.

4. Stinson LF, Boyce MC, Payne MS, Keelan JA. The not-so-sterile womb: evidence that the human fetus is exposed to bacteria prior to birth. Front Microbiol. 2019;10:1124.
5. Kennedy KM, Bellissimo CJ, Breznik JA, Barrett J, Braun T, Bushman FD, et al. Over-celling fetal microbial exposure. Cell. 2021;184(24):5839-41.
6. Dominguez-Bello MG, Costello EK, Contreras M, Magris M, Hidalgo G, Fierer N, et al. Delivery mode shapes the acquisition and structure of the initial microbiota across multiple body habits in newborn. Proc Natl Acad Sci USA. 2010;107(26):11971-5.
7. Taddei CR, Brandt K, Carneiro-Sampaio M. Microbiota humana. In: Trabulsi LR, Alterthum F. Microbiologia. 6.ed. Rio de Janeiro: Atheneu; 2015.
8. Kahyap PC, Marcobal A, Ursell LK, Smits SA, Sonnenburg ED, Costello EK, et al. Genetically dictated change in host mucus carbohydrate landscape exerts a diet-dependent effect on the gut microbiota. Proc Natl Acad Sci USA. 2013;110(42):17059-64.
9. Gritz EC, Bandhari V. The human neonatal gut microbiome: a brief review. Front Pediatr. 2015;3:17.
10. World Health Organization. Indicators for assessing infant and young child feeding practices. Part I: definition. Geneva: World Health Organization; 2008.
11. Fallani MAS, Uusijarvi A, Adam R, Khanna S, Aguilera M, Gil A, et al.; Infabio Team. Determinants of the human infant intestinal microbiota after the introduction of first complementary foods in infant samples from five European centres. Microbiology (Reading). 2011;157(Pt 5):1385-92.
12. Braegger C, Chmielewska A, Decsi T, Kolacek S, Mihatsch W, Moreno L, et al.; ESPGHAN Committee on Nutrition. Supplementation of infant formula with probiotics and/or prebiotics: a systematic review and comment by the ESPGHAN Committee on Nutrition. J Pediatr Gastroenterol Nutr. 2011;52(2):238-50.
13. Martin R, Makino H, Yavuz AC, Ben-Amor K, Roelofs M, Ishikawa E, et al. Early-life events, including mode of delivery and type of feeding, siblings and gender, shape the developing gut microbiota. PLoS ONE. 2016;11(6):e0158498.
14. Hooper LV, Macpherson AJ. Immune adaptations that maintain homeostasis with the intestinal microbiota. Nat Rev Immunol. 2010;10(3):159-69.
15. Barile D, Rastall RA. Human milk and related oligosaccharides as prebiotics. Curr Opin Biotechnol. 2013;24(2):214-9.
16. Bode L, Jantscher-Krenn E. Structure-function relationships of human milk oligosaccharides. Adv Nutr. 2012;3(3):383S-91S.
17. Naspolini NF, Schüroff PA, Figueiredo MJ, Sbardellotto GE, Ferreira FR, Fatori D, et al. The gut microbiome in the first one thousand days of neurodevelopment: a systematic review from the microbiome perspective. Microorganisms. 2024;12(3):424.
18. Wang B. Sialic acid is an essential nutrient for brain development and cognition. Annu Rev Nutr. 2009;29:177-222.

13

Impactos dos padrões e estratégias nutricionais na microbiota intestinal

Lara Cristiane Natacci
Laís de Deus Murta Nery
Jéssica Reis Santos

PONTOS-CHAVE

- A alimentação possui forte influência sobre a regulação do EIC, uma vez que impacta diretamente a microbiota intestinal e a produção de metabólitos bioativos.
- Dietas ricas em gorduras, carne vermelha e alimentos ultraprocessados estão associadas com padrões microbianos pró-inflamatórios, associados à prejuízos para saúde mental.
- Por outro lado, dietas ricas em fibras e compostos bioativos, como a dieta mediterrânea, estão associadas com o aumento da diversidade e padrões microbianos favoráveis à saúde mental.
- A dieta cetogênica altera a composição da microbiota, resultando em mudanças que podem influenciar, positivamente, a saúde metabólica e neurológica.
- O JI têm demonstrado impactos positivos sobre a diversidade e composição da microbiota intestinal, promovendo um aumento da diversidade e da atividade cíclica da microbiota, assim como a modulação da abundância de espécies bacterianas específicas associadas com benefícios metabólicos e neurológicos.

INTRODUÇÃO

O conhecimento de que a composição da microbiota intestinal é profundamente influenciada pelos padrões alimentares faz emergir a estratégia de fortalecer a microbiota por meio de intervenções dietéticas. Essa estratégia tem potencial para melhorar não apenas os sintomas, mas também os fatores de risco e de proteção relacionados à saúde mental e cerebral, já que o eixo intestino-cérebro se revela como o principal canal pelo qual a microbiota intestinal exerce seus efeitos, em especial pela via nutricional.[1]

Nesse contexto, o termo padrão alimentar abrange todas as quantidades, proporções, variedades ou combinações de diferentes alimentos, bebidas e nutrientes presentes nas dietas, bem como a frequência com que são habitualmente consumidos.[2] São considerados saudáveis os padrões alimentares caracterizados pela ingestão de certos tipos de nutrientes, de grupos específicos de alimentos ou aqueles mais abrangentes que impactam positivamente a saúde e promovem a prevenção de doenças não transmissíveis comuns. Nesse sentido, merecem destaque as refeições ricas em alimentos à base de plantas, como frutas, verduras, legumes frescos, grãos integrais, leguminosas, sementes e nozes, bem como o consumo limitado de açúcares adicionados, gorduras saturadas e trans, sódio e alimentos de origem animal, especialmente carnes gordurosas e processadas.[3]

Dietas ricas em fibras alimentares demonstram capacidade de ativar enzimas microbianas em bactérias específicas, como algumas espécies de *Bifidobacterium*, *Lactobacillus*, *Lachnospiraceae*, *Blautia*, *Coprococcus*, *Roseburia* e *Faecalibacterium*. Essas bactérias desempenham um papel fundamental na quebra de carboidratos complexos por meio da fermentação, resultando na produção de ácidos graxos de cadeia curta (AGCC), como acetato, propionato e butirato. Os AGCCs, por sua vez, desempenham diversas funções no hospedeiro, incluindo metabolismo, diferenciação celular, regulação genética e modulação de citocinas anti-inflamatórias e pró-inflamatórias. No intestino, em particular, protegem a integridade e fortalecem as funções da barreira epitelial, criando um ambiente favorável para as bactérias comensais, enquanto inibem o crescimento de agentes patogênicos.[1] Além disso, os nutrientes e compostos bioativos derivados das plantas exercem influência positiva na saúde intestinal, regulando tanto a estrutura quanto a abundância da microbiota intestinal e de seus metabólitos.[4] Ao modular a composição da microbiota intestinal, esses nutrientes regulam a neuroinflamação, auxiliando na preservação da função cerebrovascular e, portanto, contribuindo para a melhora de distúrbios neurodegenerativos (Figura 1).[5]

Como resultado dessa complexa interação, dietas ricas em frutas, grãos integrais, vegetais e peixe têm se mostrado benéficas para a função cerebral, associando-se a um risco reduzido de demência, e padrões dietéticos considerados saudáveis, como a dieta mediterrânea, a abordagem dietética para parar a hipertensão (DASH) e a intervenção mediterrânea-DASH para atraso neurodegenerativo (MIND), têm demonstrado efeitos neuroprotetores. Por outro lado, dietas ricas em ácidos graxos saturados, proteínas animais e açúcares aumentam o risco de disfunção cerebral. Uma dieta rica em gorduras, também conhecida como

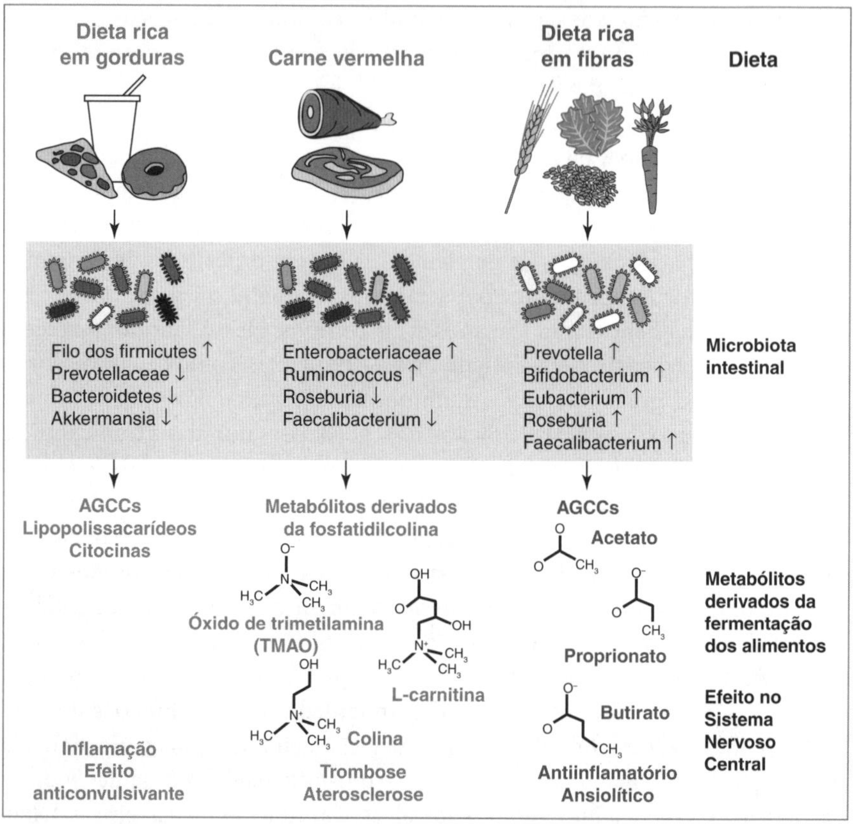

FIGURA 1 Metabolismo dietético e as ações da microbiota intestinal. Hábitos e padrões alimentares exercem importante influência sobre a composição da microbiota intestinal, que por sua vez modula atividade inflamatória e coagulação no hospedeiro, impactando o SNC.

Fonte: adaptada de Zhu et al., 2020.[6]

dieta "ocidental", é normalmente considerada prejudicial ao cérebro. A ingestão excessiva de gorduras está associada ao aumento de *Bacilota* e *Pseudomonadota* e à diminuição de *Bacteroidota*. A dieta rica em gorduras também aumenta os níveis plasmáticos e fecais de acetato, desencadeia a superprodução de insulina e grelina e promove ainda mais a superalimentação. Os efeitos obesogênicos e inflamatórios desse padrão alimentar podem ser reduzidos pela ingestão de polifenóis das frutas, que promove um aumento de *Akkermansia muciniphila*.

Os metabólitos bacterianos derivados da fermentação dos alimentos desempenham papéis significativos na patogênese de doenças relacionadas ao cérebro. Descobertas recentes mostraram que os metabólitos resultantes da fermentação de alimentos não incluem apenas os AGCCs, mas também fosfatidilcolina, óxido de trimetilamina (TMAO), L-carnitina, glutamato, ácidos biliares, lipídios e vitaminas. Todos esses metabólitos atingem a circulação sanguínea, interagindo com o hospedeiro, e podem contribuir para uma variedade de distúrbios, incluindo doenças cerebrais. O metabolismo da fosfatidilcolina, por exemplo, muito presente em aves, ovos e especialmente na carne vermelha, tem sido relatado como envolvido em uma interação biológica crucial entre a microbiota intestinal e o hospedeiro. Esse processo inclui a formação do TMAO, um produto da oxidação da trimetilamina, que é produzido durante o metabolismo da L-carnitina. Os níveis de TMAO, betaína e colina têm sido considerados preditores no diagnóstico e no prognóstico de doenças cardiovasculares. Esses metabólitos induzem e promovem a formação de células espumosas por meio do acúmulo de colesterol em macrófagos. Além disso, uma dieta rica em gorduras e colesterol induz dislipidemia e ativa o sistema imunológico da mucosa intestinal, promovendo inflamação e alteração da microbiota intestinal.[6]

Em síntese, as evidências destacam uma profunda interconexão entre os padrões alimentares, a composição da microbiota intestinal e a saúde cerebral. As escolhas alimentares não apenas influenciam a diversidade e a função da microbiota, mas também afetam a produção de metabólitos que desempenham papéis essenciais na fisiologia e na patogênese de doenças relacionadas ao cérebro. Diante disso, promover uma alimentação equilibrada e rica em fibras, vegetais, frutas e grãos integrais, bem como limitar o consumo de gorduras saturadas, açúcares e alimentos processados ricos nessas substâncias não apenas beneficia a saúde intestinal, mas também é fundamental para a preservação da função cognitiva e para a prevenção de doenças neurodegenerativas. Investir em uma dieta saudável representa, portanto, não apenas uma escolha para o bem-estar físico, mas também uma estratégia fundamental para a promoção da saúde mental e cerebral ao longo da vida.

DIETA MEDITERRÂNEA

As abordagens terapêuticas mais eficazes e amplamente estudadas para melhorar o metabolismo, promover a saúde cardiovascular e reduzir o risco de câncer têm sido representadas pela dieta mediterrânea. Embora não haja uma definição única para essa dieta, de maneira geral suas variações envolvem refeições ricas em vegetais, frutas, grãos integrais, leguminosas, azeite de oliva, nozes e sementes, bem como um consumo moderado de laticínios e um baixo consumo de carne vermelha. Além disso, esse padrão restringe ou não inclui doces, carboidratos refinados, gorduras saturadas e óleos vegetais refinados. O elemento que caracteriza e diferencia essa dieta é o uso abundante de azeite de oliva extravirgem. Também merecem destaque o consumo moderado de vinho durante as refeições e a importância do convívio social e da prática regular de atividade física, aspectos do estilo de vida associado a essa dieta.[7-9]

O principal desafio para se estudar os efeitos da dieta mediterrânea na saúde metabólica e na microbiota intestinal é a falta de consistência na literatura sobre a definição precisa desse padrão alimentar. Uma revisão relativamente recente[10] tentou unificar uma definição, incluindo como critérios os termos descritivos gerais, as porções de alimentos-chave e os nutrientes contidos nos alimentos da dieta mediterrânea. Os autores identificaram assim três principais modelos representativos da dieta mediterrânea: a pirâmide da Oldway's Preservation and Trust, a pirâmide da Mediterranean Diet Foundation e a pirâmide das diretrizes dietéticas gregas. O Quadro 1 apresenta uma comparação dos alimentos-chave da dieta nessas três pirâmides.

A adesão ao padrão alimentar mediterrâneo pode ser vista também como uma alternativa sustentável, já que atenua a pressão ambiental decorrente da produção e do consumo de alimentos. Mesmo quando comparada com outros padrões alimentares encontrados na mesma região, a dieta mediterrânea tem um melhor desempenho ambiental, com menor emissão de gases de efeito estufa, como consequência, principalmente, do maior consumo de alimentos derivados de plantas locais e da estação, bem como do menor consumo de produtos de origem animal, em particular as carnes.[11] Assim, é possível afirmar que este modelo alimentar é capaz de contribuir de maneira significativa para uma maior sustentabilidade do sistema alimentar (do produtor ao consumidor), com uma infinidade de benefícios para o bem-estar humano e do planeta.[12]

A adoção da dieta mediterrânea está correlacionada também com uma composição diferente da microbiota intestinal em comparação com as dietas típicas ocidentais. A maioria das pesquisas revela uma maior diversidade na microbiota intestinal com o padrão alimentar mediterrâneo e um aumento no número de espécies bacterianas, o que é considerado benéfico para a saúde.

Há estudos que indicam, ainda, efeitos variáveis da dieta mediterrânea em espécies e gêneros individuais dentro da microbiota intestinal.[13] Enquanto a dieta "ocidental" está associada a altos níveis de *Bacteroides* na microbiota intestinal, a dieta mediterrânea está ligada ao gênero *Prevotella* e a níveis mais elevados de *Faecalibacterium prausnitzii*, espécie envolvida na butirogênese. Em um estudo envolvendo pacientes com síndrome metabólica, a dieta mediterrânea foi associada também a redução da disbiose e a um aumento do gênero *Bifidobacterium*.[14]

Os impactos dos principais componentes da dieta mediterrânea (fibras dietéticas, polifenóis, ácidos graxos poli-insaturados ômega 3, minerais e outros micronutrientes) na microbiota intestinal e os benefícios para a saúde associados a eles estão resumidos no Quadro 2. Outro destaque da composição da dieta

QUADRO 1 Comparação das recomendações dietéticas para as três principais pirâmides representativas da dieta mediterrânea

Alimentos	Oldway's Preservation and Trust (2009)	Mediterranean Diet Foundation (2011)	Diretrizes dietéticas gregas (1999)*
Azeite de oliva	Todas as refeições	Todas as refeições	Principal gordura adicionada
Vegetais	Todas as refeições	≥ 2 porções por refeição	6 porções por dia
Frutas	Todas as refeições	1-2 porções por refeição	3 porções por dia
Pães e cereais	Todas as refeições	1-2 porções por refeição	8 porções por dia
Leguminosas	Todas as refeições	≥ 2 porções por refeição	3-4 porções por semana
Sementes	Todas as refeições	1-2 porções por dia	3-4 porções por semana
Peixe/frutos do mar	Frequentemente; pelo menos 2 vezes por semana	≥ 2 porções por semana	5-6 porções por semana
Ovos	Porções moderadas, diariamente a semanalmente	2-4 porções por semana	3 porções por semana
Aves	Porções moderadas, diariamente a semanalmente	2 porções por semana	4 porções por semana
Laticínios	Porções moderadas, diariamente a semanalmente	2 porções por dia	2 porções por dia
Carnes vermelhas	Baixa frequência	< 2 porções por semana	4 porções por mês
Doces	Baixa frequência	< 2 porções por semana	3 porções por semana
Vinho tinto	Com moderação	Com moderação, respeitando crenças sociais	Diariamente com moderação

* Porções especificadas: 25 g de pão, 100 g de batata, 50-60 g de massa cozida, 100 g de vegetais, 80 g de maçã, 60 g de banana, 100 g de laranja, 200 g de melão, 30 g de uva, 1 xícara de leite ou iogurte, 1 ovo, 60 g de carne, 100 g de feijões cozidos.

Fonte: adaptado de Davis et al., 2015.[10]

QUADRO 2 Resumo dos efeitos dos componentes dietéticos da dieta mediterrânea na microbiota intestinal e benefícios de saúde associados

Componente dietético	Origem alimentar	Efeito na microbiota intestinal	Benefícios de saúde associados
Fibras dietéticas	Alimentos de origem vegetal (frutas, verduras, legumes, cereais)	Melhora da diversidade Aumento de espécies de *Bifidobacterium*, *Bacteroides* e bactérias produtoras de ácidos graxos de cadeia curta (*Clostridium leptum* e *Eubacterium rectale*)	Melhor saúde cardiometabólica, aumento da sensibilidade à insulina e menor risco de desenvolver carcinoma colorretal
Polifenóis	Azeite de oliva extravirgem	Alterações nas bactérias produtoras de ácido láctico Redução de *Helicobacter pylori*	Melhora do estado inflamatório, oxidativo, endotelial e metabólico geral Prevenção de úlcera gástrica
Ácidos graxos poli-insaturados (incluindo ômega 3)	Peixes gordos, frutos do mar, sementes	Redução de *Bacilota* e espécies de *Blautia*	Melhora do estado inflamatório e imune Melhora da barreira epitelial intestinal
Magnésio e cálcio	Verduras, legumes e frutas	Mudanças nos ácidos graxos de cadeia curta Crescimento de *Lactobacillus* Regulação da expressão gênica da barreira epitelial intestinal	Melhora gastrointestinal e de distúrbios psiquiátricos Melhor desempenho de crescimento
Selênio, fitato, zinco e vitamina B6	Verduras, legumes e frutas	Regulação da funcionalidade da borda em escova intestinal Mudança da composição e maior diversidade da microbiota intestinal	Possível impacto no risco cardiometabólico Regulação do *status* do ferro
Carboidratos refinados, gorduras saturadas e gorduras trans (baixo consumo)	Alimentos processados (comuns nas dietas ocidentais)	Propensão reduzida para diminuição da diversidade e da natureza pró-inflamatória da microbiota intestinal	Propensão reduzida para o desenvolvimento de obesidade, resistência à insulina, endotoxemia, permeabilidade intestinal e disfunção metabólica

Fonte: adaptado de Barber et al., 2023.[15]

mediterrânea é o baixo consumo de carboidratos refinados, ácidos graxos saturados e ácidos graxos trans em comparação com outros padrões ocidentais, que também tem repercussões diretas na microbiota intestinal.[15]

Para além dos efeitos na microbiota, estudos de revisão sistemática indicam, ainda, que a adoção da dieta mediterrânea traz benefícios para a saúde mental, reduzindo os sintomas de depressão e contribuindo para a prevenção de demência e doença de Alzheimer.[16,17] Entre os diversos mecanismos sugeridos para explicar de que forma a dieta mediterrânea impacta o sistema nervoso central e o comportamento, destaca-se a geração de metabólitos microbianos com efeitos anti-inflamatórios e neuroativos. Esse mecanismo é corroborado por pesquisas que indicam que escores mais elevados de adesão à dieta mediterrânea estão correlacionados com uma maior diversidade microbiana, abundância aumentada de microbiota intestinal benéfica e concentrações mais elevadas de AGCCs nas fezes.[9,18]

Explorando essa ligação entre o intestino e o cérebro, o estudo TANDIM investigou a viabilidade e os efeitos da dieta mediterrânea em indivíduos com síndrome do intestino irritável associada a transtornos emocionais. Os participantes que sofriam de síndrome do intestino irritável, ansiedade e/ou depressão foram aleatoriamente divididos em dois grupos: um grupo de intervenção, que recebeu orientações nutricionais para aderir à dieta mediterrânea, e um grupo de controle, que foi instruído a manter sua dieta habitual durante 6 semanas. Os resultados indicaram que a dieta mediterrânea é factível e, após 6 semanas, 83% dos participantes do grupo de intervenção mostraram melhorias clinicamente relevantes nos sintomas de síndrome do intestino irritável em comparação com apenas 37% no grupo de controle. Além disso, o grupo de intervenção apresentou uma redução nos sintomas de depressão e ansiedade em comparação com o grupo de controle.[9]

DIETA CETOGÊNICA

A dieta cetogênica se baseia em um padrão alimentar composto prioritariamente por gorduras e que minimiza a presença de alimentos ricos em carboidratos. No início do século XX, Guelpa e Marie (1911), médicos franceses, foram autores do primeiro estudo sobre o jejum na epilepsia.[19] Como o jejum simples não podia ser mantido por pacientes epilépticos por um período suficientemente longo, em 1921, o Dr. Russel Morse Wilder, da Clínica Mayo, sugeriu que uma dieta rica em gordura, que conduzisse à cetonemia, poderia melhorar as convulsões. Esse padrão alimentar rico em gordura produtora de cetonas foi classificado, então, como dieta cetogênica.[20]

Apesar desse início no campo da epilepsia no começo do século XX, essa dieta não foi usada com frequência até o final do século XX, pois novos anticonvulsivantes foram desenvolvidos e os complicados métodos de dieta cetogênica dificultavam a adesão dos pacientes. Assim, essa dieta só se tornou mais popular após a publicação de muitos relatos de um efeito pronunciado em síndromes epilépticas infantis refratárias.[20]

Atualmente, existem diferentes protocolos de dieta cetogênica, que variam com relação ao conteúdo calórico e à porcentagem de macronutrientes. O padrão clássico consiste em uma dieta normocalórica, hiperlipídica e restrita em carboidratos, utilizado mundialmente para o tratamento da epilepsia refratária em razão de seus efeitos anticonvulsivos. A dieta é composta tipicamente por uma proporção de 4:1 na razão entre gordura (em gramas) e proteínas mais carboidratos (também em gramas), promovendo uma mudança do substrato energético da glicose para as gorduras.[21] Em variações dessa dieta, como a dieta Atkins modificada, a dieta com baixa carga glicêmica, a dieta com adição de triglicerídeos de cadeia média e a dieta cetovegetariana, as proporções de gorduras, carboidratos e proteínas são modificadas.[21,22] Outra variação é a dieta cetogênica extremamente restrita em carboidratos (VLKD, do inglês *very low ketogenic diet*), que vem sendo proposta para o manejo da obesidade, caracterizada por um baixíssimo conteúdo de carboidratos (inferior a 50 g), 1 a 1,5 g de proteína para cada quilograma de peso ideal, 15 a 30 g de gordura e um consumo calórico diário de 500 a 800 kcal.[23]

Nos últimos anos, ao mesmo tempo que a dieta cetogênica ganhou destaque por seu potencial de promoção de perda de peso e redução da resistência à insulina nos diabetes tipos 1 e 2,[24] surgiram preocupações quanto à sua eficácia em longo prazo na perda de peso e aos possíveis efeitos adversos na função renal e nos níveis de lipídios no sangue por conta do aumento da ingestão de proteína e gordura.[25] Além disso, de maneira surpreendente, o aumento da ingestão de proteína animal, mas não de proteína vegetal, no diabetes tem sido associado à resistência à insulina e ao aumento da morbidade,[26,27] no sentido oposto ao proposto inicialmente.

O mecanismo exato pelo qual essa dieta promove esses efeitos metabólicos benéficos com relação à atividade convulsiva, à obesidade, à dislipidemia e à resistência à insulina permanece desconhecido, mas evidências recentes apontam para um papel crucial da microbiota intestinal.[28-30] Diferentes estudos clínicos relatam que o tratamento com antibióticos aumenta o risco de *status epilepticus* ou convulsões sintomáticas em indivíduos epilépticos,[31] sugerindo uma possível função da microbiota na mitigação da probabilidade de convulsões. Foi nesse mesmo contexto que a dieta cetogênica teve início. Em ambos os casos, a microbiota intestinal parece modular diferentes vias metabólicas e neurológicas no hospedeiro que podem ser relevantes para a proteção contra convulsões mediada pela dieta cetogênica.[30] Enquanto estudos em animais sugerem que a dieta cetogênica altera a composição da microbiota intestinal,[32,33] em humanos a cetose promovida parece se associar à microbiota intestinal alterada.[34,35]

Especificamente com relação à composição da microbiota intestinal, a dieta cetogênica reduz a riqueza microbiana, promovendo um aumento de *Akkermansia* e *Parabacteroides*. Essas alterações resultam em um limiar de convulsão mais alto, reduzindo os níveis séricos de aminoácidos gama-glutamilados e aumentando os níveis de ácido gama-aminobutírico (GABA) e glutamato no cérebro.[6] Um estudo em crianças com epilepsia refratária após 1 semana de dieta cetogênica mostrou também um aumento em *Bacteroidota* e uma diminuição em *Pseudomonota* após a dieta cetogênica. Em nível de gênero, *Bacteroides*, *Bifidobacterium* e *Prevotella* aumentaram, enquanto *Cronobacter* diminuiu. A microbiota dos bebês epilépticos era diferente da encontrada em controles saudáveis e mudou significativamente com a dieta cetogênica, com uma diminuição nos patógenos e um aumento nas bactérias benéficas. Os autores concluíram que a dieta cetogênica poderia alterar rapidamente sua microbiota intestinal e reduzir a frequência das convulsões em bebês com epilepsia refratária.[36]

Em outro estudo envolvendo crianças afetadas por epilepsia refratária, após 6 meses de tratamento com dieta cetogênica, os perfis da microbiota fecal mostraram menor diversidade e revelaram uma abundância significativamente menor de *Bacilota* e níveis aumentados de *Bacteroidota*. Nesse estudo, os indivíduos responderam de forma diferente à redução das crises. Entre aqueles que não responderam após a dieta cetogênica, *Clostridiales*, *Ruminococcaceae*, *Rikenellaceae*, *Lachnospiraceae* e *Alistipes* estavam mais presentes em comparação com os pacientes responsivos à dieta. Esses resultados sugerem que as alterações na composição da microbiota intestinal podem estar associadas a diferentes eficácias após a dieta cetogênica e que uma microbiota intestinal específica pode servir como biomarcador de eficácia, tornando-se um possível alvo terapêutico em pacientes com epilepsia refratária.[37]

A dieta cetogênica também é o tratamento de primeira linha em pacientes diagnosticados com a síndrome de deficiência do transportador de glicose-1 (GLUT1-DS), uma mutação genética rara que resulta na redução do transporte de glicose para o cérebro e em convulsões subsequentes. Ao submeter os pacientes à dieta de Atkins modificada, foi possível observar melhora no controle de convulsões.[38] Em estudo conduzido por Taglibue et al.[39] (2017), pacientes com essa síndrome foram tratados com dieta cetogênica por 3 meses, observando-se um aumento estatisticamente significativo de *Desulfovibrio* spp., uma bactéria redutora de sulfato. Esse efeito pode ser mediado pela conjugação de taurina induzida pela gordura dos ácidos biliares hepáticos, o que aumenta a disponibilidade de enxofre orgânico usado pelos microrganismos redutores de sulfato, já que no tratamento de curto prazo com dieta cetogênica essa mudança da microbiota não foi acompanhada por uma melhora dos sintomas clínicos do paciente. Esse resultado sugere que a disbiose pode se tornar grave se a dieta cetogênica for realizada por períodos longos sem a suplementação de substratos fermentáveis, especialmente considerando-se o possível efeito prejudicial à saúde intestinal das bactérias redutoras de sulfato. Nesse contexto, em pacientes com o diagnóstico de disbiose estabelecido, pode ser razoável considerar uma suplementação com prebióticos ou probióticos para, potencialmente, restaurar o "equilíbrio ecológico" da microbiota intestinal.[39] É importante destacar, ainda, que os autores descreveram uma diminuição da diversidade microbiana induzida pela dieta cetogênica resultante da redução na ingestão de carboidratos, que leva a uma diminuição do conteúdo de polissacarídeos e, em seguida, a uma diminuição de muitas bactérias da microbiota intestinal que produzem energia a partir de polissacarídeos.

Além disso, em uma dieta cetogênica, espera-se o aumento nos níveis de cetona no sangue e uma consequente redução nos níveis de glicose no sangue e no peso corporal.[40] Esses efeitos foram correlacionados com o aumento de bactérias benéficas, como *Akkermansia muciniphila* e *Lactobacillus*, produtores de AGCCs, e com a redução de taxa pró-inflamatórios, como *Desulfovibrio* e *Turicibacter*.[41] Essas alterações são, em parte, paradoxais, uma vez que a redução da riqueza microbiana geralmente está associada com prejuízos metabólicos, enquanto a alta abundância de *Akkermansia* está associada com melhores parâmetros metabólicos. Atualmente, no entanto, níveis elevados de AGCCs têm sido implicados em um menor risco de obesidade e maior sensibilidade à insulina, assim acredita-se que os efeitos benéficos de *Akkermansia muciniphila* após uma dieta cetogênica são exercidos por mudanças nos níveis plasmáticos desses ácidos graxos.[42]

Contrariando essas observações, no entanto, um estudo envolvendo 25 pacientes diagnosticados com esclerose múltipla e submetidos a uma intervenção dietética de 6 meses baseada em uma dieta cetogênica revelou uma notável redução tanto nas concentrações totais quanto na diversidade de grupos bacterianos no cólon, incluindo *Roseburia*, *Bacteroides* e *Faecalibacterium prausnitzii*. A implementação dessa dieta, caracterizada por uma ingestão média diária de menos de 50 g de carboidratos, mais de 160 g de gordura e menos de 100 g de proteína, resultou em uma redução adicional tanto nas concentrações quanto na diversidade bacteriana em curto prazo (2 semanas), comparável aos efeitos dos antibióticos. Após 12 semanas de acompanhamento da dieta, as concentrações e a diversidade do microbioma colônico começaram a se recuperar e, notavelmente, ultrapassaram os valores basais após 23 a 24 semanas, assemelhando-se ao grupo saudável. Esses resultados indicam que, embora a dieta cetogênica inicialmente possa afetar negativamente a microbiota, ao longo do tempo há indícios de sua restauração. Essa aparente contradição demonstra a importância de estudos longitudinais que investiguem o impacto da dieta cetogênica em períodos mais prolongados.[43]

Em resumo, embora a dieta cetogênica tenha sido inicialmente desenvolvida para tratar convulsões refratárias, seu uso se expandiu e passou a incluir condições que impactam significativamente a saúde humana. As preocupações sobre sua eficácia em longo prazo e possíveis efeitos adversos, como elevação nos níveis sanguíneos de lipídios, persistem. Nesse campo de estudo, a relação entre a dieta cetogênica e a microbiota intestinal tem ganhado destaque, com estudos indicando que a adoção dessa dieta pode alterar a composição da microbiota e gerar mudanças capazes de influenciar de modo positivo a saúde metabólica e neurológica. O Quadro 3 resume as principais descobertas relacionadas ao efeito da dieta cetogênica na microbiota intestinal. De modo geral, os resultados sugerem uma redução na diversidade microbiana em curto prazo, um aumento de bactérias benéficas como *Akkermansia muciniphila* e uma redução de bactérias pró-inflamatórias. Embora os mecanismos exatos dessa interação ainda não estejam esclarecidos, a compreensão do papel da microbiota na eficácia e nos possíveis efeitos colaterais da dieta cetogênica tem potencial para abrir novas direções para seu uso terapêutico. Nesse cenário, ainda se faz necessário expandir as pesquisas para elucidar completamente esses mecanismos e determinar as melhores práticas para o uso da dieta cetogênica nas diferentes condições clínicas.

JEJUM INTERMITENTE

Jejum intermitente pode ser caracterizado como períodos de abstinência voluntária de alimentos e/ou bebidas, uma prática ancestral seguida por diversas populações ao redor do mundo de formas variadas. Os principais tipos de jejum intermitente são descritos no Quadro 4.

Evidências de estudos em modelos animais e em populações humanas documentam uma série de efeitos fisiológicos potencialmente benéficos do jejum intermitente, incluindo indução de mecanismos de manutenção e reparo celular, melhora da resposta à insulina, supressão da inflamação, aumento da produção de neurotrofinas e modulação, de forma benéfica, do eixo microbiota-intestino-cérebro.

Vêm sendo demonstrados impactos positivos do jejum intermitente sobre a diversidade e a composição da microbiota intestinal, promovendo um aumento da diversidade e da atividade cíclica da microbiota, assim como a modulação da abundância de espécies bacterianas específicas, incluindo um aumento nos filos Bacilota e Bacteroidota,[44] e de espécies como *Parabacteroides diastonis* e *Bacteroides thethaiotaimicron*, que têm sido inversamente associadas com a obesidade e com parâmetros relacionados à síndrome metabólica (Hu et al, 2023).[45,46] O jejum intermitente também parece aumentar a abundância de enzimas relacionadas com a degradação de carboidratos (CAZymes, do inglês

QUADRO 3 Principais descobertas relacionadas ao efeito da dieta cetogênica na microbiota intestinal

Autor	Número de pacientes	População	Tempo de intervenção	Descrição da dieta	Técnica	Achados
Xie et al., 2017[36]	14 pacientes e 30 controles saudáveis	Epilepsia refratária	1 semana	Proporção de lipídios para não lipídios de 4:1, com 60% do total de triglicerídeos de cadeia longa e 40% de triglicerídeos de cadeia média	16S rRNA	↓ riqueza de bactérias intestinais ↓ *Pseudomonota* e *Cronobacter* ↑ *Bacteroidota*, *Bifidobacterium* e *Prevotella*
Zhang et al., 2018[37]	20 pacientes pré e pós-tratamento	Epilepsia refratária	6 meses	Taxa de 4:1	16S rRNA	↓ riqueza de bactérias intestinais ↑ *Bacteroidota*, *Bacilota* e *Actinobacteria*
Swidsinski et al., 2017[43]	25 pacientes e 14 controles saudáveis	Esclerose múltipla autoimune	6 meses	Ingestão diária média: < 50 g de carboidratos, 160 g de gordura e 100 g de proteína	FISH	↓ concentração total e diversidade de grupos bacterianos substanciais na semana 2 ↑ concentração total em 24 semanas
Taglibue et al., 2017[39]	6 pacientes pré e pós-tratamento	GLUT1-DS	3 meses	Início com 1:1, passando gradualmente para a proporção de 2:1, 3:1 ou 4:1	qPCR	↑ *Desulfovibrio*

↑: aumento; ↓: redução; FISH: hibridização *in situ* por fluorescência; GLUT1-DS: síndrome de deficiência do transportador de glicose 1; qPCR: reação em cadeia da polimerase quantitativa. 16S rRNA: RNA ribossômico 16S

Fonte: adaptado de Reddel et al., 2019.[40]

QUADRO 4 Características dos principais tipos de jejum intermitente

Tipo de jejum	Características
Jejum em dias alternados (JDA)	Ciclos de alimentação livre por 24 horas alternados com jejum total (sem consumo calórico) de 24 horas Jejum em dias alternados modificado, com manutenção de 25% da necessidade calórica e consumo de aproximadamente 500 kcal nos "dias de jejum", é o tipo mais encontrado na literatura
Jejum de 2 dias (5:2)	Dois dias de jejum na semana, consecutivos ou não, alternados com 5 dias de dieta livre (por isso é conhecido popularmente como jejum 5:2) Os dias de jejum podem ser sem consumo calórico ou mantendo-se 25% das necessidades calóricas
Restrição da janela de alimentação (RJA)	Limitação do consumo alimentar a uma janela de alimentação diária de 4-10 horas, promovendo um período de jejum 14-18 horas Reduz a oportunidade de comer, tendendo a reduzir o consumo calórico; entretanto, não implica necessariamente restrição calórica Restrição precoce da janela de alimentação envolve a mudança da janela de alimentação para mais cedo, do período da manhã até o meio da tarde, alinhando o período de alimentação com o ritmo circadiano
Jejum religioso	Prática ancestral presente em diferentes religiões que, embora tenha propostas espirituais, pode ter impactos na saúde física e mental de formas diferentes A forma mais extensivamente estudada com relação aos efeitos na saúde é o jejum do Ramadã. O Ramadã é um dos cinco pilares do Islã e ocorre durante o nono mês do calendário lunar islâmico, em que adultos saudáveis se abstêm do consumo de alimentos e bebidas do amanhecer (*el fajr*) até o pôr do sol, por aproximadamente 30 dias. A duração diária do jejum varia e é significativamente impactada pela localização e pela estação do ano. Em geral, a duração típica do jejum é de 10 horas, mas pode exceder 18 horas

Fonte: adaptado de Murta et al., 2023.[8]

carbohydrate- active enzymes) e de genes relacionados com a produção de succinato e a fermentação do glutamato, fatores que podem contribuir para os efeitos metabólicos positivos observados.[45]

A seguir, serão descritos os principais achados relacionados às modificações promovidas na microbiota para os principais paradigmas de jejum.

Restrição da janela de alimentação

Estudos que avaliaram o impacto da restrição da janela de alimentação sobre a diversidade da microbiota apontam para um efeito positivo especialmente quando a janela de alimentação fica restrita ao período da manhã.[47]

Com relação à composição da microbiota, esse padrão alimentar promove um aumento do filo *Bacteroidota* em comparação com o filo *Bacilota*.[47]

Para as espécies bacterianas produtoras de butirato, no entanto, os resultados ainda são conflitantes. Zeb et al.[48] investigaram espécies bacterianas em diferentes níveis e demonstraram que houve uma alteração significativa das proporções das espécies bacterianas produtoras de butirato, sendo a família *Ruminococcaceae* significativamente maior nas amostras de restrição da janela de alimentação.[45] Esse achado atrai atenção, pois o butirato desempenha vários papéis cruciais no organismo, como a modulação do comportamento alimentar, a manutenção do ambiente imunológico do cérebro, a integridade da mucosa intestinal e da barreira hematoencefálica (BHE), a modulação epigenética e outros.

Jejum do Ramadã

Os estudos que avaliam os efeitos do jejum do Ramadã na microbiota intestinal são contraditórios, variando conforme o método de avaliação utilizado. As unidades taxonômicas operacionais (OTU, do inglês *operational taxonomical units*) revelaram um aumento da diversidade microbiana durante o Ramadã.[49] Com relação à diversidade alfa, Ozkul et al.[49] e Mindikoglu et al.[50] não encontraram diferenças nas medidas após o jejum, enquanto outro estudo encontrou um aumento significativo após o jejum em uma coorte com indivíduos jovens.[51] Por sua vez, a análise da diversidade beta revelou uma diferença significativa entre a comunidade microbiana pré e pós-jejum nos estudos de Ozkul et al.[49] e Su et al.,[51] mas não no estudo de Mindikoglu et al.[50] Após o cessar do jejum do Ramadã, a comunidade microbiana intestinal exibiu uma tendência forte para voltar à composição inicial.[51]

Com relação à composição da microbiota, um estudo indica aumento da abundância de *Bacteroidota* e *Bacilota*.[45] Outro grupo de pesquisadores identificou um aumento significativo em algumas espécies (*Bacteroides, Butyricicoccus, Eubacterium, Faecalibacterium* e *Roseburia*) associadas com o metabolismo energético e a produção de AGCCs.[49]

Também merece destaque o aumento reversível do número de membros da família *Lachnospiraceae*, que junto com outros *Clostridiales* são os principais responsáveis pela butirogênese no intestino humano.[45]

Jejum em dias alternados e jejum 5:2

De acordo com estudo conduzido por Stanislawski et al. (2021),[52] houve mudança na estrutura e na riqueza da comunidade microbiana (diversidades alfa e beta) de indivíduos com sobrepeso e obesidade submetidos a um protocolo de jejum em dias alternados durante 3 meses. Outros estudos realizados com protocolo de jejum em dias alternados e um menor tempo de acompanhamento, no entanto, não demonstraram achados semelhantes.[53,54] Essa diferença sugere que intervenções de jejum intermitente de curta duração impactam de forma mínima a composição da comunidade microbiana.

No que diz respeito à composição da microbiota, o jejum 5:2 parece promover um aumento de *Ruminococcaceae* e *Roseburia*, ambos pertencentes ao filo Bacilota, especialmente dos gêneros *Faecalibacterium* e *Blautia*. Essas bactérias possuem um papel crucial na modulação da saúde do eixo microbiota-intestino-cérebro em razão de suas habilidades para produção de butirato e outros AGCCs.[45]

Efeitos do jejum intermitente na microbiota

Os estudos disponíveis até o momento oferecem evidências encorajadoras sobre os efeitos positivos do jejum intermitente na saúde da microbiota intestinal, especialmente no que diz respeito ao aumento das espécies produtoras de AGCCs. A restrição da janela de alimentação precoce emerge como um paradigma particularmente eficaz dentro desse espectro de jejum, uma vez que condiz com o alinhamento circadiano fisiológico.

É crucial, no entanto, abordar essas descobertas com cautela por conta da significativa heterogeneidade dos estudos existentes. Diferenças nos protocolos de jejum, nas populações estudadas, nos métodos de avaliação e nos períodos de acompanhamento contribuem para essa variabilidade. Além disso, embora os dados sugiram mudanças na composição da microbiota, especialmente após 3 meses de prática de jejum, essas mudanças podem ser reversíveis.

Assim, ao mesmo tempo que se reconhecem os benefícios potenciais do jejum intermitente na saúde intestinal, são necessárias uma análise rigorosa dos resultados e pesquisas adicionais para entender completamente os efeitos em longo prazo e suas implicações clínicas. A compreensão aprofundada desses mecanismos não apenas expandirá o conhecimento sobre a interação entre jejum e microbiota, mas também pode orientar estratégias de intervenção mais precisas para melhorar a saúde digestiva e, por extensão, a saúde geral do indivíduo.

CONSIDERAÇÕES FINAIS

A revisão da literatura disponível sobre os impactos de diferentes padrões alimentares aponta para o aspecto fascinante de que a dieta tem a capacidade de remodelar o microbioma intestinal, o que exerce um impacto profundo em nossa saúde global. Esse impacto, seja benéfico ou prejudicial, está intimamente ligado à composição e à abundância das diferentes populações bacterianas. Como exemplo, estudos indicam que uma dieta rica em gordura pode diminuir os níveis de *Akkermansia muciniphila* e *Lactobacillus*, ambos associados a um metabolismo saudável.[55] Essa descoberta ilustra claramente como intervenções dietéticas podem ser utilizadas para gerenciar condições complexas como obesidade e diabetes.

Como extensão dessas descobertas, os avanços na pesquisa do microbioma também têm apontado para novas abordagens terapêuticas em doenças historicamente desafiadoras. Para maximizar essas descobertas, é crucial expandir esse campo de pesquisa. Compreender mais profundamente os mecanismos pelos quais os padrões alimentares afetam a composição do microbioma intestinal é uma prioridade. Além disso, a realização de metanálises que correlacionem o microbioma com os genomas, transcriptomas e imunofenótipos do hospedeiro representa uma promissora linha de investigação para compreender as intricadas interações entre humanos e bactérias.

Em particular, a interação entre padrões alimentares como a dieta mediterrânea, a dieta cetogênica e o jejum intermitente e o eixo microbiota-intestino-cérebro são notavelmente complexas. Esse panorama abre as portas para uma nova compreensão não apenas de como nossas escolhas alimentares afetam nossa saúde física, mas também nosso bem-estar mental e emocional. Aprofundar o conhecimento nessas áreas não só pode levar a avanços significativos na prevenção e no tratamento de doenças, mas também na promoção de uma vida mais saudável e equilibrada em todos os aspectos.

REFERÊNCIAS BIBLIOGRÁFICAS

1. Merlo G, Bachtel G, Sugden SG. Gut microbiota, nutrition, and mental health. Front Nutr. 2024; 11:1337889.
2. Dietary Guidelines Advisory Committee. Scientific report of the 2020 Dietary Guidelines Advisory Committee: advisory report to the Secretary of Agriculture and the Secretary of Health and Human Services. Washington: US Department of Agriculture; 2020.
3. Cena H, Calder PC. Defining a healthy diet: evidence for the role of contemporary dietary patterns in health and disease. Nutrients. 2020;12(2):334.
4. Chen X, Pan S, Li F, Xu X, Xing H. Plant-derived bioactive compounds and potential health benefits: involvement of the gut microbiota and its metabolic activity. Biomolecules. 2022;12(12):1871.
5. Sun Y, Ho CT, Zhang X. Neuroprotection of food bioactives in neurodegenerative diseases: role of the gut microbiota and innate immune receptors. J Agric Food Chem. 2023;71(6):2718-33.
6. Zhu S, Jiang Y, Xu K, Cui M, Ye W, Zhao G, et al. The progress of gut microbiome research related to brain disorders. J Neuroinflammation. 2020;17(1):25.
7. Murphy KJ, Parletta N. Implementing a Mediterranean-style diet outside the Mediterranean region. Curr Atheroscler Rep. 2018;20(6):28.

8. Murta L, Seixas D, Harada L, Damiano RF, Zanetti M. Intermittent fasting as a potential therapeutic instrument for major depression disorder: a systematic review of clinical and preclinical studies. Int J Mol Sci. 2023;24:15551.
9. Staudacher HM, Mahoney S, Canale K, Opie RS, Loughman A, So D, et al. Clinical trial: a Mediterranean diet is feasible and improves gastrointestinal and psychological symptoms in irritable bowel syndrome. Aliment Pharmacol Ther. 2024;59(4):492-503.
10. Davis C, Bryan J, Hodgson J, Murphy K. Definition of the Mediterranean diet: a literature review. Nutrients. 2015;7(11):9139-53.
11. Pairotti MB, Cerutti AK, Martini F, Vesce E, Padovan D, Beltramo R. Energy consumption and GHG emission of the Mediterranean diet: a systemic assessment using a hybrid LCA-IO method. J Cleaner Production. 2015;103:507-16.
12. Serra-Majem L, Tomaino L, Dernini S, Berry EM, Lairon D, de la Cruz JN, et al. Updating the Mediterranean diet pyramid towards sustainability: focus on environmental concerns. Int J Environ Res Public Health. 2020;17(23):8758.
13. Dominguez LJ, Veronese N, Di Bella G, Cusumano C, Parisi A, Tagliaferri F, et al. Mediterranean diet in the management and prevention of obesity. Exp Gerontol. 2023;174:112121.
14. Haro C, Garcia-Carpintero S, Alcala-Diaz JF, Gomez-Delgado F, Delgado-Lista J, Perez-Martinez P, et al. The gut microbial community in metabolic syndrome patients is modified by diet. J Nutr Biochem. 2016;27:27-31.
15. Barber TM, Kabisch S, Pfeiffer AFH, Weickert MO. The effects of the Mediterranean diet on health and gut microbiota. Nutrients. 2023;15(9):2150.
16. Jacka FN, O'Neil A, Opie R, Itsiopoulos C, Cotton S, Mohebbi M, et al. A randomised controlled trial of dietary improvement for adults with major depression (the 'SMILES' trial). BMC Med. 2017;15(1):23.
17. Grant WB, Blake SM. Diet's role in modifying risk of Alzheimer's disease: history and present understanding. J Alzheimers Dis. 2023;96(4):1353-82.
18. Merra G, Noce A, Marrone G, Cintoni M, Tarsitano MG, Capacci A, et al. Influence of Mediterranean diet on human gut microbiota. Nutrients. 2020;13(1):7.
19. Guelpa G. La lutte contre l'epiepsie par la desintoxication et par la reeducation alimentaire. Rev Ther Med Chir. 1911;78:8.
20. Kim JM. Ketogenic diet: old treatment, new beginning. Clin Neurophysiol Pract. 2017;2:161-2.
21. Martin-McGill KJ, Bresnahan R, Levy RG, Cooper PN. Ketogenic diets for drug-resistant epilepsy. Cochrane Database Syst Rev. 2020;6(6):CD001903.
22. Pfeifer HH, Lyczkowski DA, Thiele EA. Low glycemic index treatment: implementation and new insights into efficacy. Epilepsia. 2008;49 Suppl 8:42-45.
23. Muscogiuri G, El Ghoch M, Colao A, Hassapidou M, Yumuk V, Busetto L. European guidelines for obesity management in adults with a very low-calorie ketogenic diet: a systematic review and meta-analysis. Obes Facts. 2021;14(2):222-45.
24. Bolla AM, Caretto A, Laurenzi A, Scavini M, Piemonti L. Low-carb and ketogenic diets in type 1 and type 2 diabetes. Nutrients. 2019;11(5):962.
25. Paoli A. Ketogenic diet for obesity: friend or foe? Int J Environ Res Public Health. 2014;11(2):2092-107.
26. Fan M, Li Y, Wang C, Mao Z, Zhou W, Zhang L, et al. Dietary protein consumption and the risk of type 2 diabetes: a dose-response meta-analysis of prospective studies. Nutrients. 2019;11(11):2783.
27. Chen Z, Franco OH, Lamballais S, Ikram MA, Schoufour JD, Muka T, et al. Associations of specific dietary protein with longitudinal insulin resistance, prediabetes and type 2 diabetes: the Rotterdam study. Clin Nutr. 2020;39(1):242-9.
28. Fan Y, Wang H, Liu X, Zhang J, Liu G. Crosstalk between the ketogenic diet and epilepsy: from the perspective of gut microbiota. Mediators Inflamm. 2019:2019;8373060.
29. Paoli A, Mancin L, Bianco A, Thomas E, Mota JF, Piccini F. Ketogenic diet and microbiota: friends or enemies? Genes. 2019;10(7):534.

30. Olson CA, Vuong HE, Yano JM, Liang QY, Nusbaum DJ, Hsiao EY. The gut microbiota mediates the anti-seizure effects of the ketogenic diet. Cell. 2018;173(7):1728-41.e13.
31. Sutter R, Rüegg S, Tschudin-Sutter S. Seizures as adverse events of antibiotic drugs: a systematic review. Neurology. 2015;85(15):1332-41.
32. Klein MS, Newell C, Bomhof MR, Reimer RA, Hittel DS, Rho JM, et al. Metabolomic modeling to monitor host responsiveness to gut microbiota manipulation in the BTBR(T+tf/j) mouse. J Proteome Res. 2016;15(4):1143-50.
33. Newell C, Bomhof MR, Reimer RA, Hittel DS, Rho JM, Shearer J. Ketogenic diet modifies the gut microbiota in a murine model of autism spectrum disorder. Mol Autism. 2016;7(1):37.
34. David LA, Maurice CF, Carmody RN, Gootenberg DB, Button JE, Wolfe BE, et al. Diet rapidly and reproducibly alters the human gut microbiome. Nature. 2014;505(7484):559-63.
35. Duncan SH, Lobley GE, Holtrop G, Ince J, Johnstone AM, Louis P, et al. Human colonic microbiota associated with diet, obesity and weight loss. Int J Obes (Lond). 2008;32(11):1720-4.
36. Xie G, Zhou Q, Qiu CZ, Dai WK, Wang HP, Li YH, et al. Ketogenic diet poses a significant effect on imbalanced gut microbiota in infants with refractory epilepsy. World J Gastroenterol. 2017;23:6164-71.
37. Zhang Y, Zhou S, Zhou Y, Yu L, Zhang L, Wang Y. Altered gut microbiome composition in children with refractory epilepsy after ketogenic diet. Epilepsy Res. 2018;145:163-8.
38. Sandu C, Burloiu CM, Barca DG, Magureanu SA, Craiu DC. Ketogenic diet in patients with GLUT1 deficiency syndrome. Maedica. 2019;14(2):93-7.
39. Tagliabue A, Ferraris C, Uggeri F, Trentani C, Bertoli S, de Giorgis V, et al. Short-term impact of a classical ketogenic diet on gut microbiota in GLUT1 Deficiency Syndrome: A 3-month prospective observational study. Clin Nutr ESPEN. 2017 Feb;17:33-37.
40. Reddel S, Putignani L, Del Chierico F. The impact of low-FODMAPs, gluten-free, and ketogenic diets on gut microbiota modulation in pathological conditions. Nutrients. 2019;11(2):373.
41. Ma D, Wang AC, Parikh I, Green SJ, Hoffman JD, Chlipala G, et al. Ketogenic diet enhances neurovascular function with altered gut microbiome in young healthy mice. Scientific Rep. 2018;8(1):6670.
42. Eor JY, Tan PL, Son YJ, Kwak MJ, Kim SH. Gut microbiota modulation by both Lactobacillus fermentum MSK 408 and ketogenic diet in a murine model of pentylenetetrazole-induced acute seizure. Epilepsy Res. 2021;169:106506.
43. Swidsinski A, Dörffel Y, Loening-Baucke V, Gille C, Göktas Ö, Reißhauer A, et al. Reduced mass and diversity of the colonic microbiome in patients with multiple sclerosis and their improvement with ketogenic diet. Front Microbiol. 2017;8:1141.
44. Kaczmarek JL, Thompson SV, Holscher HD. Complex interactions of circadian rhythms, eating behaviors, and the gastrointestinal microbiota and their potential impact on health. Nutr Rev. 2017;75:673-82.
45. Popa AD, Niţă O, Gherasim A, Enache AI, Caba L, Mihalache L, et al. A scoping review of the relationship between intermittent fasting and the human gut microbiota: current knowledge and future directions. Nutrients. 2023;15:2095.
46. Hu X, Xia K, Dai M, Han X, Yuan P, Liu J, et al. Intermittent fasting modulates the intestinal microbiota and improves obesity and host energy metabolism. NPJ Biofilms Microbiomes. 2023 Apr 7;9(1):19.
47. Xie Z, Sun Y, Ye Y, Hu D, Zhang H, He Z, et al. Randomized controlled trial for time-restricted eating in healthy volunteers without obesity. Nat Commun. 2022;13:1003.
48. Zeb F, Wu X, Chen L, Fatima S, Haq IU, Chen A, et al. Effect of time-restricted feeding on metabolic risk and circadian rhythm associated with gut microbiome in healthy males. Br J Nutr. 2020;123:1216-26.
49. Ozkul C, Yalinay M, Karakan T. Structural changes in gut microbiome after Ramadan fasting: a pilot study. Benef Microbes. 2020;11(3):227-33.
50. Mindikoglu AL, Abdulsada MM, Jain A, Choi JM, Jalal PK, Devaraj S, et al. Intermittent fasting from dawn to sunset for 30 consecutive days is associated with anticancer proteomic signature and

upregulates key regulatory proteins of glucose and lipid metabolism, circadian clock, DNA repair, cytoskeleton remodeling, immune system and cognitive function in healthy subjects. J Proteom. 2020;217:103645.

51. Su J, Wang Y, Zhang X, Ma M, Xie Z, Pan Q, et al. Remodeling of the gut microbiome during Ramadan-associated intermittent fasting. Am J Clin Nutr. 2021;113(5):1332-42.
52. Stanislawski MA, Frank DN, Borengasser SJ, Ostendorf DM, Ir D, Jambal P, et al. The Gut Microbiota during a Behavioral Weight Loss Intervention. Nutrients. 2021 Sep 18;13(9):3248.
53. Guo Y, Luo S, Ye Y, Yin S, Fan J, Xia M. Intermittent fasting improves cardiometabolic risk factors and alters gut microbiota in metabolic syndrome patients. J Clin Endocrinol Metab. 2021;106(1):64-79.
54. Mohr AE, Jasbi P, Bowes DA, Dirks B, Whisner CM, Arciero KM, et al. Exploratory analysis of one versus two-day intermittent fasting protocols on the gut microbiome and plasma metabolome in adults with overweight/obesity. Front Nutr. 2022;9:1036080.
55. Caesar R, Tremaroli V, Kovatcheva-Datchary P, Cani PD, Bäckhed F. Crosstalk between gut microbiota and dietary lipids aggravates WAT inflammation through TLR signaling. Cell Metab. 2015;22(4):658-68.

14

Crononutrição

Daniela Fojo Seixas
Laís de Deus Murta Nery

PONTOS-CHAVE

- A regulação circadiana controla os processos fisiológicos em um ciclo de cerca de 24 horas.
- O Núcleo Supraquiasmático (NSQ) no hipotálamo é o regulador central dos ritmos circadianos, recebendo informações da retina e controlando o ciclo sono-vigília, temperatura corporal e liberação de hormônios.
- Relógios periféricos, presentes em quase todas as células, regulam funções específicas de cada tecido e se comunicam com o relógio central através de sinais humorais, neuronais e metabólicos.
- Genes como Clock, BMAL1, Per e Cry são essenciais para o ciclo circadiano, com as proteínas Per e Cry inibindo Clock e BMAL1, reiniciando o ciclo a cada 24 horas.
- Cronotipos indicam a preferência individual para o ciclo sono-vigília, com matutinos ativos pela manhã e vespertinos à noite, variando conforme o período circadiano intrínseco.
- A disrupção circadiana pode ocorrer devido a fatores externos (como trabalho por turnos) ou internos (como doenças), causando desalinhamento entre os ritmos centrais e periféricos e impactando a saúde.
- A microbiota intestinal tem ritmicidade temporal e influencia os relógios circadianos do hospedeiro. O horário das refeições e a dieta afetam a diversidade microbiana e a saúde metabólica.

INTRODUÇÃO

A vida na Terra, de maneira geral, é adaptada ao ciclo de 24 horas que corresponde ao tempo de rotação do planeta. Quase todos os organismos vivos possuem um relógio endógeno que garante comportamento e resposta fisiológica à alternância entre claro e escuro que caracteriza esse ciclo. Além disso, há um mecanismo de regulação circadiana que controla a variação cíclica dos processos fisiológicos ao longo de um período de 24 horas. Esses padrões biológicos que seguem um ciclo de 24 horas são denominados ritmos circadianos e representam uma parte essencial da biologia.

Os núcleos supraquiasmáticos (NSQ), localizados na região anterior do hipotálamo, no mesencéfalo, são considerados o "regulador-mestre" ou o "marcador central" dos ritmos circadianos. Suas células contêm relógios biológicos por meio dos quais esses núcleos controlam as oscilações periódicas dos chamados "genes do relógio", que são as responsáveis por influenciar diversos processos fisiológicos de forma circadiana. Quase todas as células do corpo, por sua vez, têm a maquinaria do relógio molecular que controla a expressão de muitos produtos gênicos específicos de algum tecido, o que permite que cada órgão também tenha uma função rítmica.

Essa regulação circadiana intrínseca se dá em uma complexa rede de interações gênicas e modificações pós-transcricionais; assim, mesmo na ausência de sinais ambientais, o relógio molecular continua produzindo ciclos com duração de aproximadamente 24 horas.[1] Tem sido demonstrado, no entanto, que uma boa sincronização do relógio circadiano com os ciclos ambientais (dia-noite), o alinhamento de todos os relógios corporais e o bom funcionamento da maquinaria do relógio molecular são essenciais para a saúde e o bem-estar humanos.[2]

CICLO CIRCADIANO

Os NSQs são dois grupos de neurônios pareados encontrados no hipotálamo que recebem informações luminosas da retina e transmitem, através de conexões neuronais ou via fatores humorais circulantes, sinais de sincronização para os relógios periféricos, como o fígado, o coração e os pulmões, regulando diversas funções celulares e fisiológicas.[3]

As informações fotoperiódicas são percebidas nas células ganglionares da retina intrinsecamente fotossensíveis (ipRGC, do inglês *intrinsically photosensitive retinal ganglion cells*) e transmitidas aos NSQs através da via retino-hipotalâmica. Essas informações chegam, por fim, à glândula pineal, que, como resposta ao período escuro do ciclo dia-noite, secreta melatonina. Esse hormônio age como um estímulo circulatório que sincroniza os relógios periféricos usando diferentes mecanismos moleculares, como o reajuste de fase de genes do relógio circadiano.

Para garantir a manutenção dos ritmos circadianos, as células dos NSQs também contêm relógios biológicos próprios.[3] De maneira simplificada, nos mamíferos elas produzem as proteínas Clock e BMAL1, que se ligam e promovem a expressão dos genes chamados *período* (ou *per*), e *criptocromo* (ou *cry*). Os produtos proteicos (Per e Cry) desses genes se ligam e inibem as ações de Clock e BMAL1, suprimindo assim a produção de mais moléculas dessas proteínas. Gradualmente, no entanto, as proteínas Per e Cry se degradam até se esgotarem completamente, permitindo que Clock e BMAL1 voltem a agir novamente e a promover a expressão dos genes *per* e *cry*. Embora seja um processo complexo, que envolve múltiplos genes *período* e *criptocromo*, bem como outras proteínas, esse ciclo de expressão gênica leva consistentemente cerca de 24 horas para ser concluído antes de se repetir e, portanto, atua como um relógio molecular nas células do núcleo supraquiasmático.[4] O funcionamento desse relógio é mostrado na (Figura 1).

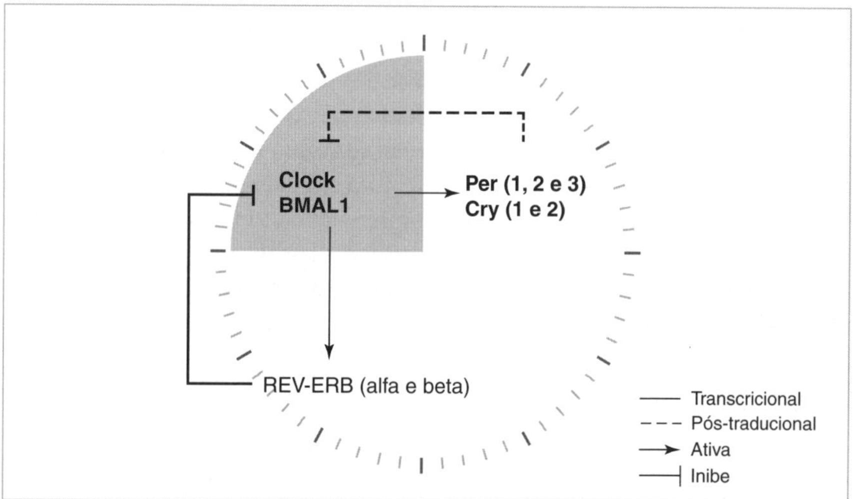

FIGURA 1 Representação esquemática da regulação da expressão gênica pelos fatores de transcrição Clock e BMAL1.

Fonte: adaptada de Ding e Xiao, 2020.[5]

Por fim, esse relógio desempenha um papel crucial na regulação das secreções endócrinas, no funcionamento dos principais eixos endócrinos e em diversas vias de sinalização intracelular, incluindo proliferação celular, reparo de danos ao DNA, angiogênese, homeostase metabólica e *redox*, resposta inflamatória e resposta imunológica. Além disso, já foi demonstrado seu envolvimento na patogênese de doenças hepáticas, câncer de fígado, doença inflamatória intestinal, câncer colorretal e obesidade. A regulação do ritmo circadiano é importante, portanto, não apenas para manter a saúde metabólica e digestiva, mas também para prevenir o desenvolvimento de várias doenças.[5]

CRONOTIPOS

Cronotipo é o nome dado à "preferência" no que diz respeito ao ciclo sono-vigília, que determina uma parte da ritmicidade circadiana. Mais precisamente, essa "preferência" é determinada por uma variabilidade individual na sincronização com esse ciclo e envolve variações de natureza fisiológica, como o ritmo da temperatura corporal e da secreção hormonal.

A identificação do cronotipo de um indivíduo é feita com a aplicação de questionários autorrelatados, como o questionário de matutinidade-vespertinidade (MEQ, do inglês *morningness-eveningness questionnaire*), sua versão reduzida com cinco itens (rMEQ) e o questionário de cronotipo de Munique (MCTQ, do inglês *Munich chronotype questionnaire*).[6]

De maneira geral, os estudos recentes consideram a existência de três tipos, que podem ser subvididos em cinco: cronotipo matutino (moderado e definitivo), cronotipo vespertino (moderado e definitivo) e cronotipo intermediário. Indivíduos com cronotipo matutino, também conhecido como cronotipo precoce ou *alouette*, preferem estar ativos pela manhã e dormir e acordar cedo. Eles alcançam o pico de desempenho físico e mental na parte inicial do dia, após acordarem. Por outro lado, os indivíduos com cronotipo vespertino, também chamado de cronotipo tardio ou coruja, preferem estar ativos à noite e dormir e acordar tarde. Eles têm melhor desempenho mental e físico antes de dormir. Já no cronotipo intermediário (neutro ou nenhum tipo) não se observa preferência pela manhã ou pela noite.

A maioria das pesquisas indica que a fase circadiana do cronotipo matutino é avançada 2 ou 3 horas em comparação com o cronotipo vespertino quando se utilizam como parâmetros a temperatura corporal central ou a produção de melatonina. Além disso, o cronotipo vespertino também parece se relacionar com uma dívida de sono diária maior, uma grande necessidade de sono e sonolência matinal. Nesse sentido, Taillard et al.[7] investigaram justamente o efeito do cronotipo no ciclo sono-vigília em uma amostra grande e demograficamente pareada de todas as faixas etárias (617 indivíduos com idades entre 17 e 80 anos). Os pesquisadores identificaram que os cronotipos vespertinos estão relacionados a uma sonolência subjetiva maior, mas não têm diferença na duração do sono, o que representa uma dívida de sono diária no cronotipo vespertino que se torna significativa durante a semana. Além disso, os indivíduos com cronotipos vespertinos mostraram hábitos de sono-vigília mais variáveis e maior consumo de cafeína.[7]

Existem duas principais hipóteses para explicar essas diferenças entre os cronotipos. A primeira hipótese aponta para uma relação específica entre as propriedades do oscilador circadiano (período circadiano intrínseco) geneticamente determinadas e a regulação do cronotipo (variabilidade na fase circadiana) por elementos ambientais reguladores do ritmo circadiano, como a luz e alimentação. Estes elemento são conhecidos como *zeitgebers* (do alemão "doadores de tempo"). Mutações específicas nos genes do relógio podem contribuir para diferenças no período circadiano intrínseco dos cronotipos (não duram 24 horas exatas), fazendo com que ele seja sincronizado pelo *zeitgeber* todos os dias. Enquanto um período intrínseco curto está relacionado a uma rapidez do relógio biológico e resulta em avanço de fase ou, com o passar do tempo, ao cronotipo matutino; um período intrínseco longo eventualmente leva ao cronotipo vespertino. Essa hipótese se baseia no fato de que no cronotipo vespertino o período circadiano intrínseco é de 24,3 horas e no cronotipo matutino, de 24,1 horas.[6] A outra hipótese envolve as diferenças cinéticas na acumulação de pressão do sono no processo S. O oscilador homeostático interage com o oscilador circadiano fazendo com que a intensidade da pressão do sono seja negativamente relacionada à amplitude do ritmo circadiano. Assim, o cronotipo vespertino se caracteriza por uma acumulação de pressão do sono mais lenta quando o indivíduo está acordado e uma diminuição mais lenta durante o sono, o que leva a atrasos relativos no ritmo de sonolência. Essas diferenças cinéticas levam a diferenças nos parâmetros do sono, especialmente na intensidade da sonolência subjetiva.[6]

DISRUPÇÃO CIRCADIANA E NOMENCLATURA

De acordo com Rüger e Scheer,[8] disrupção circadiana é o resultado de um desalinhamento circadiano decorrente de fatores externos (p. ex., trabalho por turnos, *jet lag*) ou internos (p. ex., cegueira) ou de alguma disfunção circadiana decorrente de danos ao núcleo supraquiasmático que ocorrem em algumas doenças (p. ex., tumor, lesão ou doença) ou na presença de variações genéticas deletérias. Essa tipologia enfoca os cenários que potencialmente causam uma perturbação circadiana, sem definir o fenômeno em si ou fornecer orientações sobre como quantificá-lo.

Qian e Scheer,[9] por outro lado, afirmam que "a disrupção circadiana é uma perturbação do *timing* biológico que pode ocorrer em diferentes níveis organizacionais variando desde ritmos moleculares em células individuais ao desalinhamento de ciclos comportamentais com mudanças ambientais". Já a causa da disrupção pode ser externa ou interna ao sistema. Os autores consideram que há um desalinhamento ambiental quando um sinal ambiental, como o ciclo claro-escuro, está desalinhado com a fase endógena do núcleo supraquiasmático. Já o desalinhamento comportamental é identificado quando os ciclos comportamentais, como alimentação-jejum ou sono-vigília, estão desalinhados com a fase endógena do núcleo supraquiasmático. É digno de nota, porém, que atualmente há pouco conhecimento sobre as interrelações entre sinais comportamentais e ambientais e sobre sua coerência de fase (ou seja, quão fixa é essa relação de fase). No nível orgânico, uma disrupção é descrita como desalinhamento interno ou dessincronia interna[9] quando os ritmos entre o marcador central e os relógios periféricos estão anormalmente alinhados ou funcionando com diferentes períodos um do outro, respectivamente. Como exemplos dessas disrupções, Wehrens et al.[10] relataram recentemente que é possível desacoplar a regulação temporal entre os ritmos de glicose e o início da melatonina em luz fraca (como marcador de fase central) alterando o horário das refeições em ambientes laboratoriais, sugerindo a importância de medir vários fatores ambientais, bem como resultados centrais e periféricos, para avaliar corretamente o desalinhamento. Roenneberg e Merrow,[11] por sua vez, propuseram uma ideia semelhante e mapearam os componentes do relógio circadiano e seus possíveis estados de sincronização em diferentes níveis do sistema, variando de um ajuste ideal a uma arritmia. Por fim, no nível tecidual e molecular, a dessincronia entre células é referida apenas como disrupção circadiana.[9]

"Desalinhamento", "dessincronia" e "dessincronização" circadianos são termos amplamente utilizados, considerados tipos específicos de disrupção circadiana, que podem ocorrer em diferentes escalas biológicas, desde o nível celular até o sistêmico. "Dessincronia" e "desalinhamento" são usados de forma intercambiável para se referir a períodos diferentes entre dois (ou mais) ritmos, enquanto "desalinhamento" descreve um ângulo de fase anormal entre dois (ou mais) ritmos. Os dois ritmos podem ser internos (p. ex., ritmos centrais e periféricos), ou um pode ser interno e o outro, externo (p. ex., ritmo central e ciclo claro-escuro ou ritmo periférico e ciclo alimentação-jejum). Ambos os conceitos são quantificáveis por diferenças de ângulo de fase ou por uma comparação das estimativas de período dos ritmos. Em um estudo de 1965, por exemplo, o termo "dessincronização" foi usado para descrever a relação entre os ritmos da temperatura corporal central e o ciclo sono-vigília, com períodos de 24,7 e 32,6 horas, respectivamente.[12]

Ainda com relação à nomenclatura, "cronodisrupção" vem sendo usada na literatura como referência genérica a uma ampla variedade de configurações e protocolos experimentais, bem como para se referir a uma métrica quantitativa específica baseada no cálculo da sobreposição entre a noite biológica de um indivíduo (aproximada pelas informações de cronotipo do sono) e as horas de trabalho (incluindo "janelas de atividade associadas", geralmente de 2 horas, antes do início do trabalho e após o término do trabalho.[13-15]

Por fim, "*jet lag* social" é um termo frequentemente usado para se referir de forma genérica ao desafio que se impõe ao sistema circadiano dos humanos, enfrentado em sua vida cotidiana, especialmente por conta de limitações de trabalho e sociais. Assim como a cronodisrupção, esse termo possui também possui uma definição quantitativa específica, que diz respeito à diferença entre o horário de sono em dias de trabalho e dias de folga, representando uma aproximação para o desalinhamento circadiano.[12]

CRONONUTRIÇÃO

Crononutrição é um campo de pesquisa que investiga a relação entre o horário das refeições, o metabolismo e os ritmos circadianos. Sua aplicação prática se concentra em alinhar o horário da ingestão de alimentos com os ritmos naturais do relógio interno do corpo para otimizar a saúde metabólica.

Estudos nessa área têm mostrado que perturbações nos ritmos circadianos, como padrões alimentares irregulares ou trabalho noturno, podem levar a efeitos metabólicos adversos e a um aumento do risco de doenças metabólicas, como a obesidade, e doenças cardiovasculares. Por outro lado, padrões alimentares caracterizados pela distribuição precoce de energia ao longo do dia parecem ter efeitos positivos na saúde metabólica. A associação entre o horário da ingestão de energia e a obesidade varia, no entanto, a depender do estudo, com alguns relatando uma ligação positiva entre a ingestão de energia à noite e a obesidade.

Mais pesquisas são necessárias para entender completamente o papel da crononutrição e desenvolver intervenções eficazes para melhorar a saúde metabólica e reduzir o risco de doenças crônicas.[12]

CICLO CIRCADIANO E MICROBIOTA INTESTINAL

Toda comunidade microbiana exibe um comportamento oscilatório em resposta ao horário do dia. Em humanos, sabe-se, atualmente, que aproximadamente 35% das unidades taxonômicas operacionais (OTU, do inglês *operational taxonomical units*) se submete a uma ritmicidade temporal.[16]

A composição e a abundância da microbiota flutuam também em função do tempo, independentemente da exposição ambiental direta ao ciclo dia-noite. Nesse sentido, um estudo com camundongos demonstrou que a carga bacteriana atinge um pico às 23h00 (fase ativa em organismos noturnos), correspondendo ao máximo da população de *Bacteroidota*, e atinge um vale às 07h00 (fase de repouso), correspondendo a um máximo da população de *Bacillota*.[17]

Evidências recentes indicam, ainda, que a microbiota é tanto modulada como moduladora dos relógios centrais e periféricos, como demonstrado na Figura 2.

A microbiota intestinal influencia o ritmo circadiano do hospedeiro por meio da ação de moléculas sinalizadoras, como o butirato, e pela oscilação do

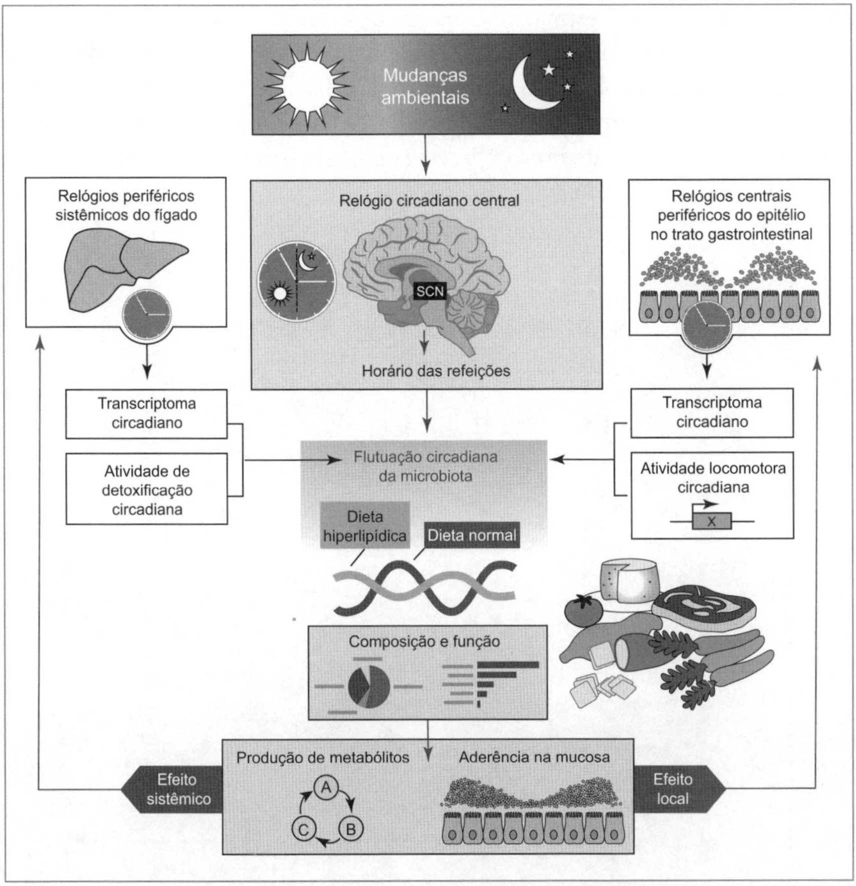

FIGURA 2 Representação esquemática dos efeitos ambientais e da microbiota nos relógios central e periféricos em mamíferos. O microbioma intestinal passa por mudanças circadianas na composição e na função, que são ajustadas pelos ritmos alimentares, e essas flutuações modulam a atividade circadiana dos relógios periféricos, tanto localmente (à direita), por meio da fixação mucosa, quanto sistemicamente (à esquerda), por meio da produção de metabólitos.

Fonte: adaptada de Nobs et al., 2019.[18]

conteúdo bacteriano em resposta aos padrões alimentares. Em contato com diferentes espécies bacterianas e metabólitos a depender do horário do dia, o epitélio intestinal expressa receptores do tipo *toll* (TLR, do inglês *toll-like receptors*) em um padrão rítmico.[19] Esses sinais atuam redefinindo a expressão gênica dos relógios periféricos circadianos hepático e intestinal e adaptam as enzimas metabólicas para atender às necessidades periféricas. Os microrganismos presentes no lúmen intestinal ajudam, então, a desconjugar os sais biliares em ácidos biliares não conjugados, que também atuam como moléculas de sinalização nas vias metabólicas do hospedeiro. Por fim, dentro dos enterócitos do íleo, demonstrou-se que esses ácidos biliares não conjugados influenciam a amplitude e a periodicidade da expressão do gene circadiano do hospedeiro no íleo, no cólon e no fígado.[16]

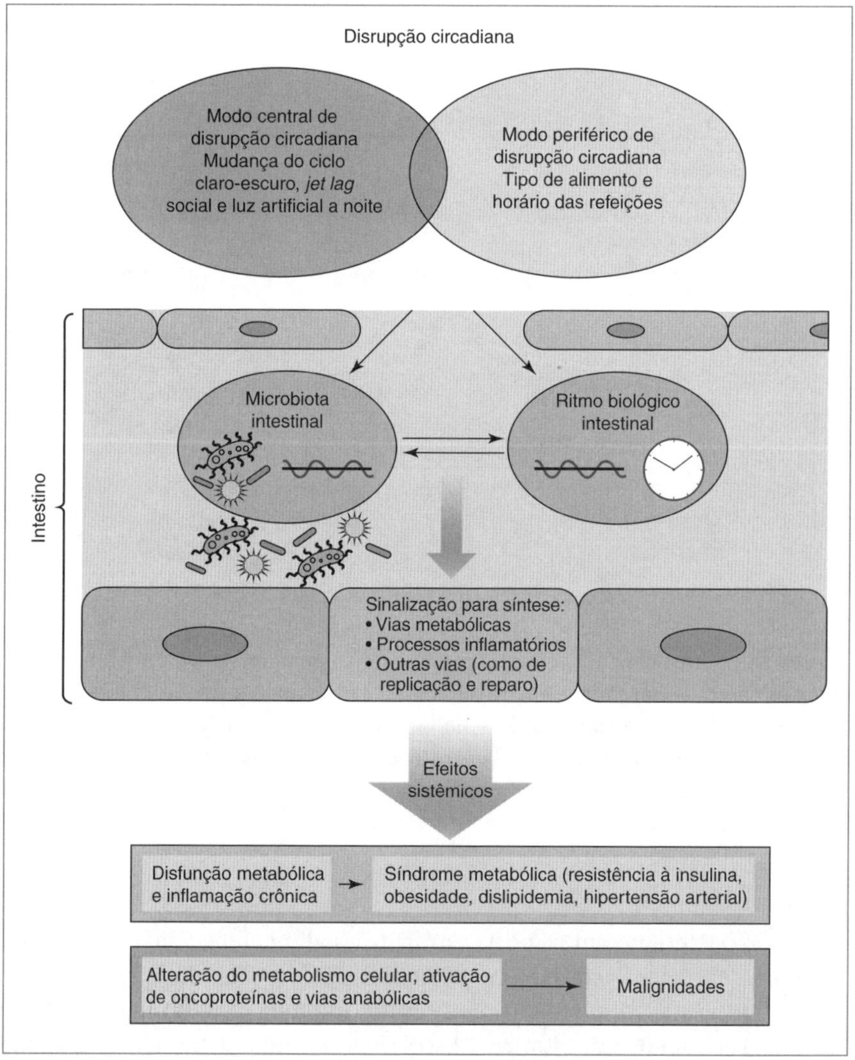

FIGURA 3 Efeitos da dessincronização circadiana sobre a microbiota e o metabolismo
Fonte: Bishehsari et al., 2020.[19]

A relação entre bactérias e hospedeiros é, portanto, bidirecional. Os ritmos circadianos do hospedeiro influenciam a estrutura e a função da microbiota intestinal, e os ritmos microbianos influenciam os ritmos circadianos no sistema digestivo. É fundamental que ambos os sistemas estejam intactos para manter a homeostase metabólica do hospedeiro. Alguns fatores do estilo de vida moderno, no entanto, levam à interrupção do ritmo circadiano (p. ex., exposição à luz artificial à noite, ciclos de sono-vigília irregulares, alimentação tardia à noite) e interrompem essa homeostase, afetando a microbiota e o relógio circadiano do hospedeiro, deslocando o metabolismo para uma extração calórica aumentada e um menor gasto energético, e proporcionando um ambiente que promove síndrome metabólica (MetS, do inglês *metabolic syndrome*), inflamação crônica e uma série de malignidades (Figura 3).[19]

Disrupção circadiana, microbiota e metabolismo

Ao estudar camungondos com disrupção circadiana, Summa et al.[20] encontraram disfunção da barreira intestinal e alterações no microbioma intestinal e identificaram uma associação desse desequilíbrio com o agravamento da endotoxemia e da esteatose hepática. O exato mecanismo pelo qual essa associação acontece, entretanto, permanece desconhecido.

Em outro estudo, Thaiss et al.[17] forneceram uma dieta hiperlipídica a camundongos com disrupção circadiana e a um grupo de controle de camundongos. Comparados aos camundongos com ritmo circadiano normal, os camundongos do grupo com disrupção circadiana exibiram aumento de peso e intolerância à glicose. Esses camundongos foram tratados, então, com antibióticos de amplo espectro (vancomicina, ampicilina, canamicina e metronidazol), com resultados positivos como a redução do ganho de peso e melhora da tolerância à glicose.[17]

Um terceiro estudo com camundongos demonstrou que o sono fragmentado de maneira crônica induz a aumento do consumo alimentar e a mudanças reversíveis na microbiota intestinal. Animais submetidos a essa condição mostraram um crescimento preferencial de *Lachnospiraceae* e *Ruminococcaceae* e redução de *Lactobacillaceae*. Essas alterações, por sua vez, levaram a inflamação sistêmica e visceral do tecido adiposo branco, bem como a alterações na sensibilidade à insulina, possivelmente em razão do aumento da permeabilidade intestinal.[21]

Por sua vez, camundongos livres de germe que receberam transplante fecal de camundongos com disrupção circadiana tiveram um aumento de reações inflamatórias e prejuízo metabólico, demonstrando que a associação da disrupção metabólica com sono fragmentado foi "transmitida" pela microbiota intestinal. A administração de *Lactobacillus*, *Bifidobacterium* e *Enterococcus* reduziu os níveis de citocinas pró-inflamatórias e ajudou a combater o dano inflamatório causado pelos TLRs, indicando que intervenções com probióticos podem reduzir a resposta inflamatória causada pelo desequilíbrio metabólico.[22] Apesar dos benefícios encontrados, pesquisas semelhantes em humanos ainda são raras.

Outro achado importante com relação aos impactos da disrupção circadiana na microbiota foi obtido por Thaiss et al.[17] Amostras de microbiota obtidas dos sujeitos experienciando disrupção circadiana possuíam maior representação de *Bacillota* e isso foi revertido após a recuperação da disrupção. Além disso, quando as amostras de microbiota dos indivíduos que estavam sob *jet lag* de 24 horas foram transplantadas em camundongos livres de germes, estes camundongos começaram a ganhar peso e tiveram uma redução na tolerância à glicose.[17] O desenho experimental desse estudo não controlou outros fatores de confusão e a amostra era muito pequena; no entanto, é interessante destacar que, de maneira semelhante, membros do filo Bacillota têm sido associados com maior propensão para obesidade e doenças metabólicas em muitos estudos em humanos.

Por fim, um estudo sobre a síndrome de fadiga crônica encontrou que, além da fadiga inexplicável, os indivíduos afetados possuem pior qualidade de sono e problemas cognitivos e emocionais. Comparados com indivíduos saudáveis, eles apresentaram redução na população de *Escherichia coli* e *Bifidobacterium* e um aumento significativo da população de *Enterococcus* e *Candida albicans* durante a fase ativa da doença. Os pacientes com síndrome de fadiga crônica e alterações de humor apresentaram também maiores níveis de *Lactobacillus.* O tratamento com antibióticos reduziu o desequilíbrio da microbiota intestinal e melhorou a eficiência, o tempo, a qualidade do sono e o humor nesses indivíduos.[21] Apesar de ser um estudo com uma amostra pequena e possuir muitos vieses de confusão, os resultados sugerem que a disrupção do microbioma intestinal pode provocar problemas de sono.

Nutrient timing e *microbiota*

A composição da dieta é um fator importante na determinação da composição e da diversidade da microbiota, que, por sua vez, sinaliza mudanças nos ritmos circadianos hepático e metabólico. Corroborando essa afirmação, camundongos que receberam dietas hiperlipídicas exibiram prejuízos na expressão de genes relacionados ao controle circadiano tanto no núcleo supraquiasmático quanto no fígado, bem como redução da oscilação circadiana da microbiota e alteração na diversidade microbiana. O horário das refeições também é um fator importante nesse mecanismo. Variações de horário nas refeições podem alterar os padrões circadianos e criar mudanças nas populações bacterianas, o que tem implicações para o desenvolvimento de doenças metabólicas. A restrição da janela de alimentação, uma forma de jejum intermitente, propõe a restrição da ingestão alimentar por um período mínimo de 12 horas, desconsiderando a qualidade ou a quantidade da dieta. Um estudo multicêntrico observou que homens adultos submetidos à restrição da janela de alimentação tiveram um aumento da diversidade da microbiota intestinal ($p < 0{,}005$), assim como regulação positiva de BMAL1 e Clock (P ¼ 0,002 e 0,0302, respectivamente), quando comparados aos controles que não fizeram a alimentação com restrição de tempo. Os pacientes submetidos à restrição da janela de alimentação apresentaram também redução significativa nos níveis totais de colesterol e triglicerídeos, e aumento do colesterol HDL. Esse achado indica que a variação do horário da alimentação pode ser um importante regulador para o ritmo circadiano, o microbioma intestinal e a homeostase metabólica.[23]

CONSIDERAÇÕES FINAIS

A perturbação dos ritmos circadianos, seja por fatores ambientais ou comportamentais, desencadeia uma série de eventos que afetam não apenas o relógio biológico central, mas também a composição e a função da microbiota intestinal. Essa relação bidirecional entre os ritmos circadianos do hospedeiro e os ritmos microbianos cria uma sincronia delicada que é essencial para a homeostase metabólica.

Disfunções nessa sincronia, em razão de dietas desreguladas, padrões de sono irregulares e/ou exposição à luz artificial, podem desencadear uma cascata de efeitos adversos que afetam o metabolismo, contribuindo para condições como síndrome metabólica, inflamação crônica e distúrbios metabólicos.

Adicionalmente, estudos revelam que a microbiota intestinal desempenha um papel fundamental na modulação dos ritmos circadianos do hospedeiro e na resposta aos desafios circadianos, como o *jet lag*. Estratégias terapêuticas que visam restaurar a saúde da microbiota, como o uso de probióticos e a restrição da janela de alimentação, mostram-se promissoras na correção da disrupção circadiana e na melhoria do perfil metabólico.

Compreender e mitigar os efeitos da disrupção circadiana na microbiota intestinal emerge, portanto, como uma área de pesquisa crucial não apenas para a saúde metabólica, mas também para a prevenção e o tratamento de uma ampla gama de doenças associadas à disfunção metabólica.

REFERÊNCIAS BIBLIOGRÁFICAS

1. Partch CL, Green CB, Takahashi JS. Molecular architecture of the mammalian circadian clock. Trends Cell Biol. 2014;24(2):90-9.
2. Verma AK, Singh S, Rizvi SI. Aging, circadian disruption and neurodegeneration: interesting interplay. Exp Gerontol. 2023;172:112076.

3. Walker WH, Walton JC, DeVries AC, Nelson RJ. Circadian rhythm disruption and mental health. Transl Psychiatry. 2020;10(1):28.
4. Dibner C, Schibler U, Albrecht U. (2010). The mammalian circadian timing system: organization and coordination of central and peripheral clocks. Annu Rev Physiol. 2010;72(1):517-49.
5. Ding L, Xiao XH. Gut microbiota: closely tied to the regulation of circadian clock in the development of type 2 diabetes mellitus. Chinese Medical J. 2020;133(7):817-25.
6. Zou H, Zhou H, Yan R, Yao Z, Lu Q. Chronotype, circadian rhythm, and psychiatric disorders: Recent evidence and potential mechanisms. Front Neurosci. 2022;16:811771.
7. Taillard J, Philip P, Bioulac B. Morningness/eveningness and the need for sleep. J Sleep Res. 1999;8(4):291-5.
8. Rüger M, Scheer FAJL. Effects of circadian disruption on the cardiometabolic system. Rev Endocr Metabol Disorders. 2009;10(4):245-60.
9. Qian J, Scheer FAJL. Circadian system and glucose metabolism: implications for physiology and disease. Trends Endocrinol Metabol. 2016;27(5):282-93.
10. Wehrens SMT, Christou S, Isherwood C, Middleton B, Gibbs MA, Archer SN, et al. Meal Timing Regulates the Human Circadian System. Current Biology. 2017 Jun;27(12):1768-1775.e3.
11. Roenneberg T, Merrow M. The circadian clock and human health. Curr Biol. 2016;26(10):R432-43.
12. Logan RW, McClung CA. Rhythms of life: circadian disruption and brain disorders across the lifespan. Nat Rev Neurosci. 2019;20(1):49-65.
13. Erren TC, Reiter RJ. Defining chronodisruption. J Pineal Res. 2009 Apr 13;46(3):245-7.
14. Erren TC, Reiter RJ. Revisiting chronodisruption: when the physiological nexus between internal and external times splits in humans. Naturwissenschaften. 2013 Apr 14;100(4):291–8.
15. Erren TC, Morfeld P. Computing chronodisruption: How to avoid potential chronobiological errors in epidemiological studies of shift work and cancer. Chronobiol Int. 2014 May 13;31(4):589–99.
16. Teichman EM, O'Riordan KJ, Gahan CGM, Dinan TG, Cryan JF. When rhythms meet the blues: circadian interactions with the microbiota-gut-brain axis. Cell Metabol. 2020;31(3):448-71.
17. Thaiss CA, Zeevi D, Levy M, Zilberman-Schapira G, Suez J, Tengeler AC, et al. Transkingdom control of microbiota diurnal oscillations promotes metabolic homeostasis. Cell. 2014;159(3):514-29.
18. Nobs SP, Tuganbaev T, Elinav E. Microbiome diurnal rhythmicity and its impact on host physiology and disease risk. EMBO Rep. 2019 15;20(4).
19. Bishehsari F, Voigt RM, Keshavarzian A. Circadian rhythms and the gut microbiota: from the metabolic syndrome to cancer. Nat Rev Endocrinol. 2020;16(12):731-9.
20. Summa KC, Voigt RM, Forsyth CB, Shaikh M, Cavanaugh K, Tang Y, et al. Disruption of the circadian clock in mice increases intestinal permeability and promotes alcohol-induced hepatic pathology and inflammation. PLoS One. 2013;8(6):e67102.
21. Poroyko VA, Carreras A, Khalyfa A, Khalyfa AA, Leone V, Peris E, et al. Chronic sleep disruption alters gut microbiota, induces systemic and adipose tissue inflammation and insulin resistance in mice. Scientific Rep. 2016;6(1):35405.
22. Vanuytsel T, van Wanrooy S, Vanheel H, Vanormelingen C, Verschueren S, Houben E, et al. Psychological stress and corticotropin-releasing hormone increase intestinal permeability in humans by a mast cell-dependent mechanism. Gut. 2014;63(8):1293-9.
23. Zhao E, Tait C, Minacapelli CD, Catalano C, Rustgi VK. Circadian rhythms, the gut microbiome, and metabolic disorders. Gastro Hep Advances. 2022;1(1):93-105.

15

Alimentos fermentados

Laís de Deus Murta Nery
Jéssica Reis Santos

PONTOS-CHAVE

- As técnicas de fermentação de alimentos remontam há milhares de anos, inicialmente, sendo empregadas com o propósito de conservação de alimentos. No entanto, ao longo do tempo, também se destacaram pelas características organolépticas que conferem aos alimentos, como sabor, aroma e textura aprimorados.
- O termo "alimento fermentado" designa um grupo diverso de alimentos que passam por processos bioquímicos complexos, mediados por microrganismos probióticos. Esses microrganismos desempenham um papel essencial na transformação dos componentes dos alimentos, resultando em novos produtos bioquímicos.
- Os subprodutos gerados pela fermentação compreendem uma ampla gama de compostos bioativos, como ácidos orgânicos, vitaminas e peptídeos bioativos. Esses compostos, em conjunto, enriquecem o perfil nutricional e funcional dos alimentos fermentados, promovendo benefícios à saúde humana.
- A ingestão regular de alimentos fermentados têm sido amplamente associada a benefícios imunológicos, como a modulação positiva da microbiota intestinal e a redução de processos inflamatórios. Além disso, esses alimentos têm demonstrado impacto na modulação do estresse crônico e do eixo intestino-cérebro (EIC), o que pode contribuir para a redução da neuroinflamação e para o suporte à saúde mental.

INTRODUÇÃO

Segundo Marsh et al.,[1] a técnica da fermentação natural é tão antiga quanto a própria história da humanidade. Nas sociedades primitivas, essa prática ancestral tinha diversos propósitos, incluindo a conservação de alimentos, celebrações rituais e o aprimoramento culinário. Há, ainda, evidências arqueológicas da produção de cerveja há cerca de 13 mil anos.[2]

Entre os papéis cruciais desempenhados pela fermentação em várias civilizações antigas, podem ser citadas a fabricação de cerveja na Babilônia e a produção de molho de soja na Ásia Oriental. Os gregos, por sua vez, veneravam Dionísio como deus da fermentação de frutas.[3] O iogurte, um dos alimentos fermentados mais difundidos ao longo da história, é um componente dietético relevante em várias culturas e atualmente é consumido globalmente.[4]

É interessante notar, no entanto, que a origem da fermentação de alimentos e bebidas provavelmente tem relação com acidentes inadvertidos. Há cerca de 10 mil anos, a contaminação microbiana de matérias-primas frescas era comum e a deterioração decorrente dela era esperada. Acredita-se, por isso, que alguns eventos acidentais ocorreram com frequência suficiente para que observadores notassem as condições em que eram obtidos resultados positivos, levando ao aperfeiçoamento do processo.[4]

Mais tarde, com a crescente demanda por produtos fermentados e uma maior conscientização sobre segurança alimentar, o controle industrial dos procedimentos de produção de alimentos tornou-se necessário, incluindo o uso de culturas iniciadoras.[5] Assim, ao longo do tempo, o entendimento das funções microbianas na fermentação de alimentos teve avanços significativos. O cientista alemão Korschelt descobriu, em 1878, a função do fungo *Aspergillus oryzae* na preparação de *koji*.[6] Depois, vários outros microrganismos com a capacidade de fermentação e culturas iniciadoras foram identificados, contribuindo para os avanços nas técnicas de biologia molecular.[7]

Com a globalização e a modernização, a produção de alimentos e bebidas fermentados alcançou níveis industriais. Em uma fábrica de queijos na América do Norte, em uma vinícola na França ou em uma fábrica de *shoyu* no Japão, há operações que compartilham um profundo conhecimento da ciência e da tecnologia.[4]

PROCESSO DE FERMENTAÇÃO

Fermentação é o nome dado à transformação química de biomoléculas complexas em moléculas simples conduzida por microrganismos. Mais especificamente, trata-se de uma forma de metabolismo anaeróbio que ocorre não apenas na ausência de oxigênio molecular, mas também sob outras condições favoráveis de temperatura e pH.[8]

Já o termo "alimento fermentado" se refere a um conjunto de alimentos que passam por diversos processos bioquímicos induzidos por microrganismos probióticos. Esses microrganismos consomem material orgânico vulnerável como parte de suas atividades metabólicas, resultando na fermentação.[9] A maioria desses alimentos é composta por uma mistura complexa de carboidratos, proteínas, lipídios e outros componentes (p. ex., vitaminas e minerais), que são transformados por várias bactérias e/ou fungos e por seus complexos enzimáticos, de forma simultânea ou sequencial. Esse processo resulta também na produção de substâncias como álcoois, dióxido de carbono, amônia e ácidos graxos.[9,10]

Os catalisadores dessas reações usualmente são bactérias e fungos autóctones ou alóctones capazes de usar os produtos originais como fontes de energia. Nesse grupo, as bactérias ácido-láticas (BAL) são aquelas predominantemente utilizadas para produzir a vasta gama de produtos lácteos e não lácteos disponíveis, incluindo espécies de *Lactobacillus* (e os gêneros recentemente excluídos *Lacticaseibacillus, Lactiplantibacillus, Lentilactobacillus, Lavilactobacillus* e *Limosilactobacillus*), *Leuconostoc* e *Streptococcus, Saccharomyces cerevisiae* e *Saccharomyces bolores.* A figura 1 ilustra o processo de fermentação por bactérias ácido-láticas. Nos processos dominados pelo homem, esses microrganismos se organizam em torno de grupos, denominados culturas iniciadoras, que são explicitamente introduzidos em matérias-primas específicas. Como exemplos, os microrganismos associados ao iogurte usualmente são cepas dos gêneros *Lactococcus, Leuconostoc, Pediococcus* e *Lactobacillus*, enquanto as bactérias fermentadoras de carne geralmente pertencem aos gêneros *Lactobacillus* e *Weissella* ou são estafilococos coagulase-negativos.[4]

Os subprodutos resultantes do processo de fermentação incluem uma variedade de compostos bioativos que incrementam o perfil nutricional e funcional dos alimentos. Alguns estudos demonstraram, por exemplo, que o ácido lipoteicoico produzido por *Bifidobacterium animalis subsp. lactis* BPL1 reduz os biomarcadores associados à obesidade em modelos pré-clínicos.[11] Outros compostos de interesse são as formas ativas de compostos fenólicos e substâncias antimicrobianas, como as bacteriocinas.[12] As bactérias ácido-láticas também apresentam capacidade de produzir exopolissacarídeos, ácidos graxos de cadeia curta (AGCC) e vitaminas.[13] É importante observar, no entanto, que esses compostos geralmente estão presentes em pequenas quantidades, tornando difícil prever se populações saudáveis se beneficiarão deles.

Outro aspecto importante da fermentação é que bactérias podem metabolizar e inativar compostos tóxicos, como o ácido fítico, um composto quelante de metais que age como antinutriente.[14] Esses compostos podem ser produzidos por meio de reações em cadeia envolvendo mais de uma espécie bacteriana ou fúngica, o que indica a importância da composição da comunidade microbiana.

É interessante notar, ainda, que em decorrência do processo de fermentação alimentos como chucrute, *kimchi*, *misoh*, molho de soja, *tempeh*, *kombucha*, *kefir*, queijos e iogurte são incrementados com componentes funcionais. Podem fazer parte desse grupo microrganismos probióticos (funcionais), nutrientes prebióticos e

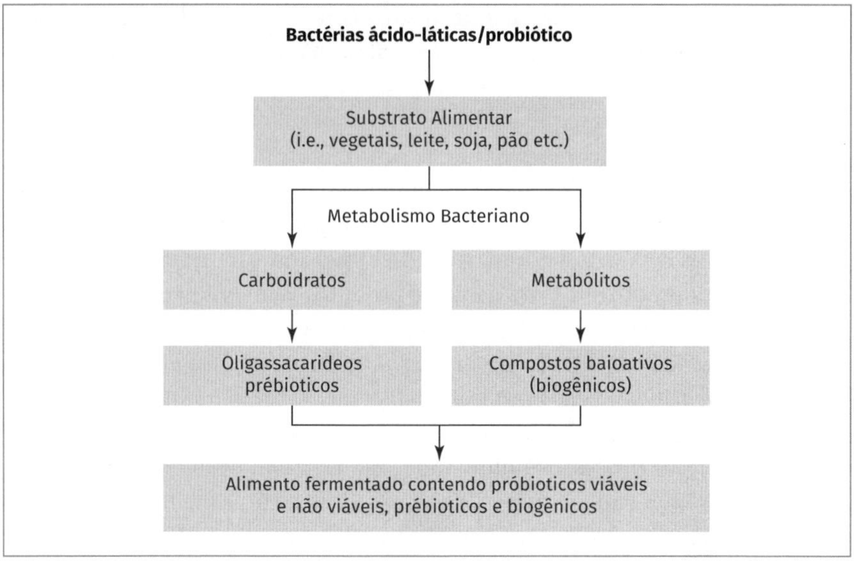

FIGURA 1 Fluxograma do processo de produção de alimentos fermentados. O processo é iniciado pela adição de bactérias ácido-láticas a um substrato alimentar. Essas bactérias predominantemente probióticas exercem sua ação metabólica sobre os substratos alimentares e produzem oligossacarídeos prebióticos e metabólitos bacterianos (biogênicos), incluindo vitaminas e neurotransmissores. Como resultado, os alimentos fermentados são compostos por uma combinação de probióticos, biogênicos (metabólitos funcionais) e prebióticos.

Fonte: adaptada de Aslam et al., 2020.[26]

metabólitos biogênicos (que conferem uma atividade funcional variável).[15,16] Esses componentes são capazes de influenciar significativamente a composição e a função do microbioma intestinal,[17] alterar a decomposição e a absorção de macronutrientes,[18] afetar a permeabilidade intestinal[19] e estimular as células imunológicas no intestino.[20,21] Além disso, há relatos sobre efeitos anti-inflamatórios,[22] imunomoduladores[23,24] e moduladores do cérebro associados aos alimentos fermentados.[25]

Efeitos na saúde

A ingestão de produtos fermentados tem sido empiricamente associada a benefícios para a saúde de seus consumidores,[12] com o primeiro estudo conduzido sobre o tema publicado em 1910 por Elie Metchnikoff. O estudioso observou que aldeões que consumiam grandes quantidades de produtos lácteos fermentados apresentavam uma vida mais saudável e longeva.[27]

Depois disso, entre os benefícios já investigados destacam-se as associações significativas do consumo de iogurte com o controle de peso,[28] a redução do risco de doenças cardiovasculares e diabetes tipo 2, além de uma diminuição na mortalidade.[29-32] Além disso, o consumo de leite fermentado tem sido associado a um aumento do metabolismo da glicose e à redução da dor muscular após exercícios de resistência aguda.[33] O consumo de *kimchi*, em particular, foi associado a efeitos antidiabéticos e antiobesidade,[34,35] enquanto o consumo de diferentes alimentos fermentados foi associado a alterações no humor e na atividade cerebral,[25,36,37] bem como no microbioma intestinal.[38]

Influência sobre a microbiota intestinal

Existem evidências que apontam para uma possível modulação da composição da microbiota intestinal pelos alimentos fermentados. Um estudo com animais, por exemplo, demonstrou que a administração de cevada e soja fermentadas aumentou a proporção de *Lactobacillus* e *Bacteroidota* em camundongos com doença inflamatória intestinal, atenuou a inflamação e melhorou a integridade da barreira intestinal.[39] Em outro estudo, os autores relataram que os alimentos fermentados alteram também a composição da microbiota intestinal humana. Viega et al.,[40] por sua vez, demonstraram que o consumo de leite fermentado reduziu a abundância de *Biophila wadsworthia*, uma espécie patogênica associada à inflamação, e aumentou a abundância de espécies bacterianas produtoras de butirato. Outro estudo demonstrou que o leite fermentado contendo *Lactobacillus casei* aumentou a abundância de *Lactobacillus* e *Bifidobacterium* nas fezes, ambos considerados probióticos benéficos.[17] Além disso, um estudo controlado e randomizado demonstrou que o *kimchi* fermentado alterou a composição da microbiota intestinal e reduziu a razão de *Bacilota/Bacteroidota* em comparação com um grupo de controle que consumiu *kimchi* fresco.[35] Esses estudos corroboram a eficácia dos alimentos fermentados na modulação da composição da microbiota intestinal.

Ainda considerando essa possibilidade, um estudo realizado por Taylor et al.[38] investigou os efeitos da ingestão de plantas fermentadas sobre as diferenças microbianas e metabolômicas comparando consumidores e não consumidores (n = 7.000). Os pesquisadores descobriram que a diversidade beta era significativamente diferente entre os dois grupos, sendo os microbiomas dos consumidores de produtos fermentados associados a uma variedade de microrganismos que incluía *Bacteroides* spp., *Pseudomonas* spp., *Dorea* spp., *Lachnospiraceae*, *Prevotella* spp., *Enterobacteriaceae*, *Actinomyces* spp., *Achromobacter* spp., *Clostridium clostridioforme*, *Faecalibacterium prausnitzii*, *Bacteroides uniformis* e *Clostridiales*. Além disso, durante um período de 4 semanas, 115 participantes que consumiram alimentos fermentados com frequência foram estudados, revelando que as bactérias associadas a esses consumidores consistiam tanto em microrganismos encontrados nos próprios alimentos fermentados (como *Lactobacillus acidophilus, Levilactobacillus brevis, Lactobacillus kefiranofaciens, Lentilactobacillus parabuchneri, Lactobacillus helveticus* e *Latilactobacillus sakei*) quanto em microrganismos não associados a esses alimentos (como *Streptococcus dysgalactiae, Prevotella melaninogenica, Enorma massiliensis, Prevotella multiformis, Enterococcus cecorum* e *Bacteroides paurosaccharolyticus*).[38]

De forma semelhante, Wastyk et al.[41] examinaram os efeitos de uma dieta rica em alimentos fermentados (incluindo produtos lácteos fermentados e vegetais) em 18 adultos saudáveis ao longo de 17 semanas, em comparação com uma dieta rica em fibras. A intervenção dietética com alimentos fermentados consistiu em um período inicial de 4 semanas no qual a quantidade desses alimentos foi aumentada, seguido por um período de 6 semanas de ingestão muito elevada de alimentos fermentados e, por fim, incluiu um período de 4 semanas em que os participantes tinham liberdade para escolher o nível de ingestão de alimentos fermentados que desejassem. Essa dieta resultou em um aumento da diversidade alfa do microbioma intestinal, o que não foi observado com a dieta rica em fibras. De maneira inesperada, no entanto, o aumento da diversidade do microbioma se manteve durante o último período, de escolha, mesmo quando a ingestão foi mais elevada durante o período de manutenção, indicando que há uma forte relação entre o tempo e a diversidade.

Em 2022, por fim, Le Roy et al.[42] compararam as composições microbianas intestinais de pessoas que consumiam iogurte com outras que não consumiam esse alimento, usando tanto o sequenciamento metagenômico completo *shotgun* (n = 544) quanto o sequenciamento do gene *16S rRNA* (n = 1.457, com sobreposição de participantes na coorte *shotgun*). Na coorte maior, em que se utilizou o sequenciamento de *16S rRNA*, os consumidores de iogurte apresentaram uma diversidade alfa significativamente maior do que os não consumidores, e sete gêneros de bactérias (incluindo quatro pertencentes à família *Ruminococcaceae*, um *Streptococcus*, um gênero não identificado da família *Lachnospiraceae* e um da família *Christensenellaceae*) mostraram uma abundância relativa significativamente maior. O sequenciamento *shotgun*, no entanto, não apresentou resultados semelhantes, revelando, por outro lado, uma associação positiva de *Streptococcus thermophilus* e *Bifidobacterium animalis* com o consumo de iogurte. Níveis mais elevados de ambas as espécies estavam presentes em participantes que consumiam maiores quantidades de iogurte, de forma dependente da dose, mas esse aumento na colonização parece ser transitório. Ambas as espécies são consideradas marcadoras de uma dieta rica em produtos lácteos fermentados.[42]

Conclui-se, assim, que de maneira geral, os estudos atuais apresentam disparidades nos resultados que parecem ser influenciadas pelas metodologias adotadas, o que aponta para a pertinência de adotar as abordagens mais abrangentes, como a aplicação do sequenciamento *shotgun*, para se atingir uma compreensão mais abrangente dos impactos dos alimentos fermentados sobre a microbiota intestinal. Apesar disso, é fato que todas as investigações apontam para um potencial significativo de modificação da composição e da diversidade da microbiota intestinal capaz de favorecer a promoção de um estado intestinal mais saudável.

Formas de atuação

O Eixo intestino-cerébro promove uma constante transmissão de informações a partir do intestino, utilizando o sistema nervoso entérico (SNE) e o ambiente intestinal como veículos. Esse ambiente é composto por comunidades microbianas, pelos metabólitos produzidos pela ação tanto do organismo do hospedeiro quanto do microbioma, pelo tecido linfático associado ao intestino ou GALT (do inglês *gut-associated lymphoid tissue*), pelas células imunológicas e por citocinas que se comunicam com o cérebro. Da mesma forma, há uma comunicação que ocorre a partir do cérebro para o intestino, mediada pelo sistema nervoso simpático e parassimpático, por meio de neurotransmissores, e pelo sistema imunológico circulatório.[43]

Manejo da inflamação pelo sistema imunológico

Sabe-se que os metabólitos microbianos resultantes do processo de digestão modulam a permeabilidade da barreira intestinal[44] e da barreira hematoencefálica (BHE).[45,46] Eles têm também a capacidade de regular o sistema imunológico[47] por meio da circulação sistêmica[48] ou via nervo vago.[49,50] Há crescentes evidências, ainda, da presença de receptores para componentes da parede celular bacteriana e imunoestimulantes, como peptidoglicanos e lipopolissacarídeos, no cérebro, destacando a influência da microbiota intestinal sobre o cérebro e o comportamento do hospedeiro.[51-53] Pode-se dizer, portanto, que a conexão entre microbiota, intestino, imunidade e cérebro é influenciada pelas diferentes escolhas dietéticas e pelos estilos de vida vivenciados ao longo da vida.[54,55] O consumo de alimentos fermentados e os metabólitos resultantes de sua digestão, em particular, podem produzir neurotransmissores, neuroativos e neuromoduladores[56] capazes de estimular as vias de conexão do eixo microbiota-intestino-cérebro, incluindo os sistemas imunológico, neuroendócrino, nervoso entérico e circulatório.[57] Assim, esses alimentos podem ser incluídos em estratégias dietéticas de intervenção para promover bons efeitos dessa comunicação bidirecional.[57]

Nesse cenário, o consumo das bactérias ácido-láticas presentes nos alimentos fermentados parece promover efeitos imunomoduladores. Pesquisas demonstraram, por exemplo, que a ingestão de chucrute, rico nessas bactérias, desencadeia uma resposta quimiotática dos monócitos por ação do ácido D-fenilacético, um potente agonista do receptor de ácido hidrocarboxílico (HCA3R).[58] Mais do que isso, análises de associação em larga escala do genoma humano indicam que as bactérias ácido-láticas encontradas no intestino provavelmente têm origem alimentar.[59] Recentemente, ainda, um estudo observacional realizado na coorte TwinsUK revelou um aumento na presença de *Bifidobacterium animalis subsp. lactis* em consumidores de iogurte, correlacionado positivamente com os níveis de 3-hidroxioctanoato, um agonista para o ácido hidroxicarboxílico que pode estar potencialmente envolvido na regulação imunológica do hospedeiro.[42] Estudos adicionais sobre o receptor do ácido hidrocarboxílico sugerem que apenas seres humanos e grandes macacos possuem esse receptor, em contraste com os dois receptores observados em outros organismos (HCA1R e HCA2R). Esse achado sugere a ocorrência de adaptações evolutivas para acomodar o consumo de alimentos fermentados.[58]

Outro aspecto que tem atraído a atenção para os alimentos fermentados é seu potencial na modulação da inflamação central e periférica. Estudos em modelos animais indicam que o consumo de iogurte fermentado, particularmente aqueles que contêm *Lactobacillus delbrueckii* e *Streptococcus thermophilus*, reduziu os níveis de marcadores inflamatórios como TLR4+ e interleucina-17 (IL-17) enquanto elevou os níveis anti-inflamatórios de IL-10 em modelos de doença inflamatória intestinal.[60] Da mesma forma, o consumo de *kefir* levou à diminuição das citocinas inflamatórias interferon-gama (IFN-gama) e fator de necrose tumoral-alfa (TNF-alfa) no cólon, possivelmente por meio da regulação positiva de IL-17 e da regulação negativa de citocinas pró-inflamatórias TNF-alfa, IL-6 e IFN-gama.[61,62]

Com o objetivo de expandir os conhecimentos sobre a influência dos alimentos fermentados no eixo microbiota-intestino-cérebro, existem ainda outros campos de investigação emergentes acerca da neuroinflamação. Resultados pré-clínicos indicam que há redução da expressão de marcadores inflamatórios em regiões do cérebro como o hipocampo e o córtex em resposta à suplementação com alimentos fermentados, particularmente em condições de dieta rica em gordura ou estresse crônico.[63,64] Embora os estudos já forneçam informações valiosas, a transposição dessas descobertas para as populações humanas têm mostrado resultados incertos. Enquanto alguns relatam uma redução dos níveis de citocinas circulantes e da ativação das células imunológicas em resposta a intervenções com alimentos fermentados em voluntários saudáveis,[41] outros indicam efeitos variáveis, como nos pacientes com síndrome do intestino irritável e no consumo de vegetais fermentados.[65-67] Além disso, as diferenças entre os sexos também parecem desempenhar um papel crucial nas respostas imunomoduladoras aos alimentos fermentados, mas ainda há uma escassez de estudos que examinem essas variações nas populações humanas.[68-70] Assim, embora os alimentos fermentados sejam promissores na modulação da inflamação, são necessárias mais pesquisas para elucidar seus efeitos em diversas populações e composições microbianas, o que permitirá aproveitar totalmente seu potencial de promoção da saúde.[71,72]

Regulação da saúde mental pelo eixo hipotálamo-hipófise-adrenal

O eixo hipotálamo-hipófise-adrenal é um regulador importante do humor e do comportamento no eixo intestino-cérebro, por isso desempenha um papel fundamental nas desordens neuropsiquiátricas. O cortisol, por exemplo, um dos moduladores do eixo hipotálamo-pituitária-adrenal, está envolvido em diferentes funções fisiológicas associadas ao estresse, com atuação no sistema imunológico,[73] em modificações na integridade da barreira intestinal[74] e em alterações na permeabilidade da BHE.[75] Como a barreira intestinal é responsável por manter a homeostase no microambiente intestinal,[76,77] alterações nessa estrutura podem contribuir para o desequilíbrio neurológico do hospedeiro.[57]

Corroborando esse mecanismo, estudos pré-clínicos utilizando modelos animais sugerem que o consumo de alimentos fermentados, como *tempeh*, queijo e extratos de plantas fermentadas, pode aliviar a ansiedade e comportamentos semelhantes à depressão, bem como reduzir os níveis de corticosterona e marcadores inflamatórios (fator de transcrição nuclear kappa B – NF-kappa B, TNF-alfa e IL-6) no cólon.[78-80] Em conjunto, os resultados encontrados até essa fase sugerem que isso decorre da modulação da liberação de cortisol pelos alimentos fermentados por conta do bloqueio da resposta imunológica periférica, que causa uma redução das citocinas circulantes e de outros marcadores inflamatórios responsáveis pela ativação das projeções neuronais no núcleo paraventricular do hipotálamo.[73]

Há que se destacar, no entanto, que apesar dessas possibilidades promissoras encontradas em nível pré-clínico, os estudos de intervenção com alimentos fermentados em humanos apresentaram resultados contraditórios até o momento. Enquanto alguns relataram reduções nos níveis de cortisol em resposta a intervenções com alimentos fermentados durante testes de estresse, outros estudos não mostraram efeitos significativos, possivelmente em razão de fatores como o tamanho reduzido dos grupos amostrais, a falta de unificação dos alimentos fermentados avaliados e o curto período de intervenção.[81-84] Essa discrepância ressalta a necessidade de mais pesquisas para elucidar os efeitos dos alimentos fermentados na regulação da resposta ao estresse e a sintomas ansiosos, cognitivos e do humor em populações humanas, considerando fatores como composição alimentar, duração da intervenção e variabilidade individual. Investigações com essa finalidade têm o potencial de fazer avançar a compreensão do papel multifacetado dos alimentos fermentados na modulação das relações entre microbiota, intestino, imunidade e cérebro, bem como sobre suas implicações para a saúde mental.

Composição da microbiota intestinal

Sabe-se que a comunidade microbiana intestinal produz metabólitos que podem modificar a saúde do hospedeiro e reforçar a integridade do intestino e da BHE, melhorando os níveis de estímulos pró-inflamatórios que chegam à circulação sistêmica e, eventualmente, ao cérebro. Os impactos específicos dos alimentos fermentados no intestino, no entanto, ainda precisam ser compreendidos.[57]

Para além da modulação da composição da microbiota intestinal, estudos pré-clínicos analisaram o impacto dos produtos lácteos fermentados na permeabilidade intestinal,[85] nos metabólitos microbianos[86] e no perfil de citocinas periféricas.[87] Frequentemente estudados, os metabólitos conhecidos como AGCCs apresentam-se aumentados em estudos intervencionistas com produtos fermentados à base de cereais,[88] frutas[89] e vegetais,[90] além daqueles envolvendo bebidas fermentadas à base do bagaço de framboesa enriquecido com bactérias ácido-láticas.[91] Esses ácidos graxos estão envolvidos na manutenção da integridade da barreira intestinal[92] e podem ser a força motriz do aumento da expressão das *tight junctions*, o que reforça a permeabilidade do intestino.[93]

Outro aspecto que merece destaque é o achado de algumas pesquisas com modelos animais de que há uma disparidade pronunciada entre os sexos no perfil da microbiota intestinal. Apesar de os estudos em humanos apresentarem menor disparidade,[94] é importante destacar que esse aspecto pode influenciar respostas divergentes às intervenções dietéticas entre os sexos.[95] Com relação a esse aspecto, um estudo recente que investigou os efeitos da suplementação de fibra alimentar por 20 semanas em camundongos revelou respostas específicas por sexo tanto no microbioma intestinal quanto no metaboloma fecal. Camundongos fêmeas submetidas a uma dieta rica em inulina apresentaram uma maior abundância de *Bacteroidota* e uma redução em *Faecalibaculum* e *Lactococcus*, sendo este último amplificado em dietas com alto teor de fibras alimentares.[96] A combinação entre a natureza sexualmente dimórfica da microbiota em camundongos e as variações no perfil hormonal gonadal resultaram em respostas imunes distintas à intervenção. Como consequência, observa-se um aumento significativo nos genes relacionados à inflamação no hipocampo e no perfil do hipotálamo de maneira específica para cada sexo.[97]

Modulação da permeabilidade da mucosa intestinal e da barreira hematoencefálica

As moléculas que compõem a superfície microbiana e os metabólitos microbianos se relacionam diretamente com a integridade da barreira epitelial intestinal[98,99] e da BHE.[100] Os AGCCs, as metilaminas,[101] os metabólitos dos ácidos biliares[102] e os metabólitos dos aminoácidos[44,45] são algumas das substâncias produzidas pelo microbioma do hospedeiro que podem influenciar a integridade dessas barreiras.[57] Nesse sentido, o consumo de alimentos fermentados, uma fonte rica de microrganismos, pode resultar na produção de metabólitos microbianos e influenciar positivamente a integridade dessas barreiras fisiológicas.

As doenças inflamatórias intestinais são alguns dos cenários em que esses efeitos são mais estudados. Nesse contexto, modelos animais de doença inflamatória intestinal suplementados com leite fermentado enriquecido com *Bacillus subtilis* apresentaram uma recuperação da barreira (morfológica) intestinal, bem como elevação no nível de *tight junctions*, em comparação com um grupo de controle.[103] De maneira semelhante, o restabelecimento das proteínas *tight junctions* também foi observado também utilizando modelos *in vitro* e murinos de doença inflamatória intestinal suplementados com cevada e soja fermentadas.[39]

Ainda nesse campo, outros pesquisadores avaliaram a recuperação da integridade intestinal associada ao consumo de alimentos fermentados por meio da medição da translocação bacteriana, que pode ser um indicativo de comprometimento da integridade intestinal. A translocação de bactérias e dos seus componentes celulares pode ativar o sistema imunológico e provocar a liberação de citocinas pró-inflamatórias que podem, em última análise, desencadear uma alteração da integridade da BHE e levar à neuroinflamação.[104,105] De fato, o pré-tratamento de ratos com leite fermentado com *Lacticaseibacillus paracasei subsp. paracasei* reduziu a permeabilidade intestinal, resultando em translocação reduzida de *Salmonella typhimurium*.[62] Corroborando esses achados, mas de maneira menos frequente, os efeitos de reforço dos alimentos fermentados sobre a integridade da BHE foram observados também após a suplementação com *kimchi* e *kefir*, que aumentaram a expressão de *tight junctions* da BHE e promoveram uma redução específica dos níveis de mRNA de IL-1-beta e TNF-alfa no córtex pré-frontal e no hipocampo dos animais.[63,106]

Neuroinflamação

Uma microbiota intestinal saudável é capaz de promover a síntese de vitaminas e aminoácidos essenciais, aspecto importante para a integridade estrutural da mucosa intestinal, e também a produção de neuromoduladores, incluindo colina derivada de bactérias, triptofano, hormônios liberados pelo intestino (grelina e leptina) e AGCCs (p. ex., butirato, acetato e propionato).[107,108] Estes metabólitos, especificamente, são uma fonte de energia e de fatores tróficos para as células epiteliais intestinais, por isso fortalecem a barreira intestinal,[109] mas também são cruciais na regulação das colônias de células T reguladoras, o que suporta a hipótese de sua ação no cérebro.[110-112]

De forma contrária, em um cenário disbiótico, em que há alterações na composição e na diversidade microbiana e, portanto, na produção de metabólitos, cria-se um ambiente propício para o desenvolvimento de doenças. Essa possibilidade inclui distúrbios inflamatórios nervosos e doenças neurodegenerativas, como a doença de Alzheimer, a doença de Parkinson, o transtorno do espectro autista e a depressão.[109,113-115] Além disso, fatores como idade avançada, uso de antibióticos, hábitos de vida (p. ex., tabagismo, estresse e padrões alimentares desfavoráveis), entre outros, influenciam significativamente a composição da microbiota intestinal, ocasionando modificações no funcionamento do sistema imunológico. Essas mudanças são desencadeadas pelo aumento da permeabilidade do intestino e da BHE, o que culmina em uma resposta inflamatória crônica.[108,110,113,116-118] Os processos inflamatórios em nível sistêmico, por sua vez, parecem ter a capacidade de impactar o sistema nervoso central (SNC) por meio da ativação da micróglia, do aumento de citocinas pró-inflamatórias localmente, da alteração funcional de astrócitos e da liberação de neurotransmissores como serotonina, dopamina, noradrenalina e ácido gama-aminobutírico (GABA). Além disso, nessas condições observam-se alterações na atividade dos neurônios entéricos, detectadas pelo nervo vago.[110-112,114,115,119-122]

Um achado interessante sobre as dietas com alimentos fermentados, como produtos à base de soja, café e vinho, é que elas parecem ter efeitos benéficos sobre a função cognitiva,[123-126] inclusive em portadores do gene *APOE4*.[125,127] Como os produtos fermentados são ricos em prebióticos e probióticos, ao consumi-los os probióticos ajudam a equilibrar a microbiota intestinal e a melhorar a digestão, enquanto os prebióticos não são totalmente digeridos pelo organismo, podendo ser fermentados por bactérias benéficas dentro do intestino e contribuir para seu crescimento e desenvolvimento.[128] Essa atividade no intestino pode afetar o cérebro por meio da comunicação bidirecional via nervo vago.[129,130]

Já os efeitos neuroprotetores associados ao consumo de produtos fermentados parecem decorrer principalmente de uma diminuição dos processos inflamatórios[131,132] e de uma maior liberação de fatores neurotróficos derivados do cérebro (BDNF, do inglês *brain derived neutrophic factors*),[133,134] que aumentam a sobrevivência e a diferenciação neuronal.[135] Além disso, os processos de fermentação enriquecem os peptídeos bioativos e criam fitoquímicos que podem aumentar os efeitos neuroprotetores.[107] Os componentes modificados por meio da fermentação têm capacidade de melhorar a biodisponibilidade no nível de absorção intestinal, promover a utilização dos nutrientes ingeridos e modular a liberação de neurotransmissores, incluindo o BDNF, o GABA e a serotonina, que estão envolvidos nos processos de aprendizado e memória.[134] O estudo com prebióticos fruto-oligossacarídeos e galacto-oligossacarídeos realizado pelo grupo de Savignac et al.,[133] atribuiu os efeitos neuroprotetores encontrados ao aumento dos níveis de fator neurotrófico derivado do cérebro no giro denteado do hipocampo em roedores. Adicionalmente, o grupo de Hayden[136] sugeriu que dietas com maior capacidade pró-inflamatória estão associadas a um risco maior de comprometimento cognitivo leve ou demência. Nesse cenário, os microrganismos presentes nos alimentos fermentados agem de forma especialmente benéfica sobre a saúde intestinal e a inflamação, com efeito positivo sobre o microbioma do hospedeiro e por meio da liberação de citocinas anti-inflamatórias.[131,132]

Por fim, outra característica dos alimentos fermentados que merece atenção diz respeito a seu conteúdo nutricional. As dietas com alimentos fermentados envolvem a biossíntese de vitaminas B, ácidos graxos e aminoácidos essenciais e proteínas. Além disso, a fermentação reduz os componentes antinutricionais e tóxicos (como os fitatos) e aumenta a digestibilidade (no caso dos laticínios, reduzindo o teor de lactose, e nas leguminosas, reduzindo a flatulência).[137]

Produtos fermentados como chá, café, vinho tinto e derivados do cacau são também fontes ricas de polifenóis como os flavonoides, compostos bioativos como o resveratrol, e ácidos fenólicos. Reforçando o papel dos fermentados no eixo microbiota-intestino-cérebro, os compostos bioativos têm sido estudados por suas propriedades antioxidantes, contribuindo potencialmente para a permeabilidade intestinal e por efeitos neuroprotetores, inclusive na demência e na doença de Alzheimer.[107] Seus efeitos neuroprotetores podem ser atribuídos às propriedades antioxidantes e anti-inflamatórias, bem como à capacidade de melhorar a ação dos fatores neurotróficos, aumentando sua concentração e/ou a expressão de receptores como os receptores de tropomiosina relacionados à quinase (Trk) e as vias quinase-reguladas por sinal extracelular e por CREB.[138,139] O resveratrol[140,141] e os flavonoides[136,142,143] têm se destacado nesse grupo por seu papel na neuroproteção associado a um menor risco de comprometimento cognitivo. Além disso, argumenta-se que os flavonoides podem exercer efeitos neuroprotetores por meio da modificação da microbiota intestinal, aumentando a presença de espécies de *Bifidobacterium*, *Prevotella* e *Lactobacillus*.[71,143,144]

Esses benefícios podem ser decorrentes não apenas do processo de fermentação propriamente dito, mas também de um efeito sinérgico do consumo conjunto de produtos fermentados com suas concentrações de compostos de polifenóis e vitaminas.[145]

Todos esses aspectos apontam para a possibilidade de um tratamento preventivo da neuroinflamação promovida via eixo microbiota-intestino-cérebro utilizando como recurso a dieta rica em alimentos fermentados.

CONSIDERAÇÕES FINAIS

A análise detalhada dos efeitos dos alimentos fermentados na saúde, especialmente focando os efeitos sobre a microbiota intestinal e o eixo microbiota-intestino-cérebro, compõe uma perspectiva valiosa sobre o potencial terapêutico e preventivo desses alimentos. Os estudos destacam consistentemente a capacidade desses alimentos de modular a composição e a diversidade da microbiota intestinal, promovendo consequentemente uma microbiota saudável. Por sua vez, a composição e o equilíbrio da microbiota vêm sendo associados a uma série de benefícios para a saúde, incluindo a regulação do sistema imunológico, a redução da inflamação e até mesmo a modulação de estados de humor e cognição.

É preciso destacar, no entanto, que mesmo com a crescente compreensão dos mecanismos pelos quais os alimentos fermentados influenciam a saúde, é evidente que a complexidade do eixo microbiota-intestino-cérebro exige uma abordagem multifacetada para a pesquisa, considerando a interação dinâmica entre a microbiota intestinal, o sistema imunológico e o sistema nervoso. Além disso, é crucial levar em conta as variabilidades individuais, como sexo, idade e composição genética, que podem influenciar as respostas aos alimentos fermentados.

Nesse sentido, embora os estudos existentes já forneçam uma base sólida para se afirmar o potencial terapêutico dos alimentos fermentados, há uma clara necessidade de mais pesquisas, especialmente em populações humanas e em condições clínicas específicas. Uma compreensão mais profunda dos mecanismos subjacentes aos efeitos dos alimentos fermentados, bem como a identificação de biomarcadores que possam prever as respostas individuais, pode levar a intervenções mais direcionadas e eficazes para melhorar a saúde intestinal e cerebral.

Em última análise, os alimentos fermentados são uma ferramenta promissora na promoção da saúde e do bem-estar, mas seu potencial completo só será atingido com uma investigação contínua e abrangente.

REFERÊNCIAS BIBLIOGRÁFICAS

1. Marsh AJ, Hill C, Ross RP, Cotter PD. Fermented beverages with health-promoting potential: past and future perspectives. Trends Food Sci Technol. 2014;38(2)113-124.
2. Liu L, Wang J, Rosenberg D, Zhao H, Lengyed G, Nadel D. Fermented beverage and food storage in 13,000 y-old stone mortars at Raqefet Cave, Israel: investigating Natufian ritual feasting. J Archaeol Sci. 2018;21:783-93.
3. Chojnacka K. Fermentation products. Chem Eng Chem Process Technol. 2010;5:1-12.

4. Tamang JP, Cotter PD, Endo A, Han NS, Kort R, Liu SQ, et al. Fermented foods in a global age: East meets West. Compr Rev Food Sci Food Saf. 2020;19(1):184-217.
5. Galimberti A, Bruno A, Agostinetto G, Casiraghi M, Guzzetti L, Labra M. Fermented food products in the era of globalization: tradition meets biotechnology innovations. Curr Opin Biotechnol. 2021;70:36-41.
6. Ojha KS, Tiwari BK. Novel food fermentation technologies. In: Novel food fermentation technologies. Cham (Suíça): Springer; 2016. p. 1-5.
7. Mannaa M, Han G, Seo Ys, Park I. Evolution of food fermentation processes and the use of multi -omics in deciphering the roles of the microbiota. Foods. 2021;10(11):2861.
8. Solomons NW. Fermentation, fermented foods and lactose intolerance. Eur J Clin Nutr. 2002;56 Suppl 4:S50-5.
9. Hasan MN, Sultan MZ, Mar-e-Um M. Significance of fermented food in nutrition and food science. J Sci Res. 2014;6:373-86.
10. Marco ML, Heeney D, Binda S, Cifelli CJ, Cotter PD, Foligné B, et al. Health benefits of fermented foods: microbiota and beyond. Curr Opin Biotechnol. 2017;44:94-102.
11. Balaguer F, Enrique M, Llopis S, Barrena M, Navarro V, Álvarez B, et al. Lipoteichoic acid from Bifidobacterium animalis subsp. lactis BPL1: a novel postbiotic that reduces fat deposition via IGF-1 pathway. Microb Biotechnol. 2022;15(3):805-16.
12. Şanlier N, Gökcen BB, Sezgin AC. Health benefits of fermented foods. Crit Rev Food Sci Nutr. 2019;59(3):506-27.
13. Wang Y, Wu J, Lv M, Shao Z, Hungwe M, Wang J, et al. Metabolism characteristics of lactic acid bacteria and the expanding applications in food industry. Front Bioeng Biotechnol. 2021;9:612285.
14. El Sheikha AF, Hu DM. Molecular techniques reveal more secrets of fermented foods. Crit Rev Food Sci Nutr. 2020;60(1):11-32.
15. Stanton C, Ross RP, Fitzgerald GF, Van Sinderen D. Fermented functional foods based on probiotics and their biogenic metabolites. Curr Opin Biotechnol. 2005;16(2):198-203.
16. Bourrie BC, Willing BP, Cotter PD. The microbiota and health promoting characteristics of the fermented beverage kefir. Front Microbiol. 2016;7:647.
17. Rao AV, Bested AC, Beaulne TM, Katzman MA, Iorio C, Berardi JM, et al. A randomized, double-blind, placebo-controlled pilot study of a probiotic in emotional symptoms of chronic fatigue syndrome. Gut Pathog. 2009;1(1):6.
18. Pokusaeva K, Fitzgerald GF, Van Sinderen D. Carbohydrate metabolism in Bifidobacteria. Genes Nutr. 2011;6(3):285-306.
19. Sun H, Ni X, Song X, Wen B, Zhou Y, Zou F, et al. Fermented Yupingfeng polysaccharides enhance immunity by improving the foregut microflora and intestinal barrier in weaning rex rabbits. Appl Microbiol Biotechnol. 2016;100(18):8105-20.
20. Salminen S, Bouley C, Boutron-Ruault MC, Cummings JH, Franck A, Gibson GR, et al. Functional food science and gastrointestinal physiology and function. Br J Nutr. 1998;80 Suppl 1:S147-71.
21. Chiang BL, Sheih YH, Wang LH, Liao CK, Gill HS. Enhancing immunity by dietary consumption of a probiotic lactic acid bacterium (Bifidobacterium lactis HN019): optimization and definition of cellular immune responses. Eur J Clin Nutr. 2000;54(11):849-55.
22. Choi YH, Lim H, Heo MY, Kwon DY, Kim, HP. Anti-inflammatory activity of the ethanol extract of Chungkukjang, Korean fermented bean: 5-lipoxygenase inhibition. J Med Food. 2008;11(3):539-43.
23. Nagao F, Nakayama M, Muto T, Okumura K. Effects of a fermented milk drink containing Lactobacillus casei strain Shirota on the immune system in healthy human subjects. Biosci Biotechnol Biochem. 2000;64(12):2706-8.
24. Wang SC, Chang CK, Chan SC, Shieh JS, Chiu CK, Duh PD. Effects of lactic acid bacteria isolated from fermented mustard on lowering cholesterol. Asian Pac J Trop Biomed. 2014;4(7):523-8.
25. Tillisch K, Labus J, Kilpatrick L, Jiang Z, Stains J, Ebrat B, et al. Consumption of fermented milk product with probiotic modulates brain activity. Gastroenterology. 2013;144(7):1394-401.e14014.

26. Aslam H, Green J, Jacka FN, Collier F, Berk M, Pasco J, et al. Fermented foods, the gut and mental health: a mechanistic overview with implications for depression and anxiety. Nutr Neurosci. 2020;23(9):659-71.
27. Metchnikoff E. The prolongation of life. In: Mitchell PC (ed.). Optimistic studies. Nova York: GP Putnam's Sons; 1910. p. 96.
28. Mozaffarian D, Hao T, Rimm EB, Willett WC, Hu FB. Changes in diet and lifestyle and long-term weight gain in women and men. N Engl J Med. 2011;364(25):2392-404.
29. Chen M, Sun Q, Giovannucci E, Mozaffarian D, Manson JE, Willett WC, et al. Dairy consumption and risk of type 2 diabetes: 3 cohorts of US adults and an updated meta-analysis. BMC Med. 2014; 12:215.
30. Eussen SJ, Van Dongen MC, Wijckmans N, Biggelaar L, Elferink SJWHO, Singh-Povel CM, et al. Consumption of dairy foods in relation to impaired glucose metabolism and type 2 diabetes mellitus: the Maastricht Study. Br J Nutr. 2016;115(8):1453-61.
31. Soedamah-Muthu SS, Masset G, Verberne L, Geleijnse JM, Brunner EJ. Consumption of dairy products and associations with incident diabetes, CHD and mortality in the Whitehall II study. Br J Nutr. 2013;109(4):718-26.
32. Tapsell LC. Fermented dairy food and CVD risk. Br J Nutr. 2015;113 Suppl 2:S131-5.
33. Iwasa M, Aoi W, Mune K, Yamauchi H, Furuta K, Sasaki S, et al. Fermented milk improves glucose metabolism in exercise-induced muscle damage in young healthy men. Nutr J. 2013;12:83.
34. An SY, Lee MS, Jeon JY, Ha ES, Kim TH, Yoon JY, et al. Beneficial effects of fresh and fermented kimchi in prediabetic individuals. Ann Nutr Metab. 2013;63(1-2):111-9.
35. Han K, Bose S, Wang JH, Kim BS, Kim MJ, Kim EJ, et al. Contrasting effects of fresh and fermented kimchi consumption on gut microbiota composition and gene expression related to metabolic syndrome in obese Korean women. Mol Nutr Food Res. 2015;59(5):1004-8.
36. Hilimire MR, Devylder JE, Forestell CA. Fermented foods, neuroticism, and social anxiety: an interaction model. Psychiatry Res. 2015;228(2):203-8.
37. Omagari K, Sakaki M, Tsujimoto Y, Shiogama Y, Iwanaga A, Ishimoto M, et al. Coffee consumption is inversely associated with depressive status in Japanese patients with type 2 diabetes. J Clin Biochem Nutr. 2014;55(2):135-42.
38. Taylor BC, Lejzerowicz F, Poirel M, Shaffer JP, Jiang L, Aksenov A, et al. Consumption of fermented foods is associated with systematic differences in the gut microbiome and metabolome. mSystems. 2020;5(2):e00901-19.
39. Woo JK, Choi S, Kang JH, Kim DE, Hurh BS, Jeon JE, et al. Fermented barley and soybean (BS) mixture enhances intestinal barrier function in dextran sulfate sodium (DSS)-induced colitis mouse model. BMC Complement Altern Med. 2016;16(1):498.
40. Veiga, P., Pons, N., Agrawal, A., Oozeer, R., Guyonnet, D., Brazeilles, R., Faurie, J. M., van Hylckama Vlieg, J. E., Houghton, L. A., Whorwell, P. J., Ehrlich, S. D., & Kennedy, S. P. (2014). Changes of the human gut microbiome induced by a fermented milk product. Scientific reports, 4, 6328.
41. Wastyk HC, Fragiadakis GK, Perelman D, Dahan D, Merrill BD, Yu FB, et al. Gut-microbiota-targeted diets modulate human immune status. Cell. 2021;184(16):4137-53.e14.
42. Le Roy CI, Kurilshikov A, Leeming ER, Visconti A, Bowyer RCE, Menni C, et al. Yoghurt consumption is associated with changes in the composition of the human gut microbiome and metabolome [published correction appears in BMC Microbiol. 2022;22(1):66.
43. Cryan JF, O'Riordan KJ, Cowan CSM, Sandhu KV, Bastiaanssen TFS, Boehme M, et al. The microbiota-gut-brain axis. Physiol Rev. 2019;99(4):1877-2013.
44. Scott SA, Fu J, Chang PV. Microbial tryptophan metabolites regulate gut barrier function via the aryl hydrocarbon receptor. Proc Natl Acad Sci U S A. 2020;117(32):19376-87.
45. Stachulski AV, Knausenberger TB, Shah SN, Hoyles L, McArthur S. A host-gut microbial amino acid co-metabolite, p-cresol glucuronide, promotes blood-brain barrier integrity in vivo. Tissue Barriers. 2023;11(1):2073175.

46. Angelino D, Carregosa D, Domenech-Coca C, Savi M, Figueira I, Brindani N, et al. 5-(Hydroxyphenyl)-γ-valerolactone-sulfate, a key microbial metabolite of flavan-3-ols, is able to reach the brain: evidence from different in silico, in vitro and in vivo experimental models. Nutrients. 2019;11(11):2678.
47. Lavelle A, Sokol H. Gut microbiota-derived metabolites as key actors in inflammatory bowel disease. Nat Rev Gastroenterol Hepatol. 2020;17(4):223-37.
48. Colombo AV, Sadler RK, Llovera G, Singh V, Roth S, Heindl S, et al. Microbiota-derived short chain fatty acids modulate microglia and promote Aβ plaque deposition. Elife. 2021;10:e59826.
49. Namgung U, Kim KJ, Jo BG, Park JM. Vagus nerve stimulation modulates hippocampal inflammation caused by continuous stress in rats [published correction appears in J Neuroinflammation. 2022;19(1):175]. J Neuroinflammation. 2022;19(1):33.
50. Huffman WJ, Subramaniyan S, Rodriguiz RM, Wetsel WC, Grill WM, Terrando N. Modulation of neuroinflammation and memory dysfunction using percutaneous vagus nerve stimulation in mice. Brain Stimul. 2019;12(1):19-29.
51. Wheeler R, Bastos PAD, Disson O, Rifflet A, Gabanyi I, Spielbauer J, et al. Microbiota-induced active translocation of peptidoglycan across the intestinal barrier dictates its within-host dissemination. Proc Natl Acad Sci U S A. 2023;120(4):e2209936120.
52. Arentsen T, Qian Y, Gkotzis S, Femenia T, Wang T, Udekwu K, et al. The bacterial peptidoglycan-sensing molecule Pglyrp2 modulates brain development and behavior. Mol Psychiatry. 2017;22(2):257-66.
53. Tillinger A, Mravec B. Vagotomy affects lipopolysaccharide-induced changes of urocortin 2 gene expression in the brain and on the periphery. Neurochem Res. 2021;46(2):159-64.
54. Bostick JW, Schonhoff AM, Mazmanian SK. Gut microbiome-mediated regulation of neuroinflammation. Curr Opin Immunol. 2022;76:102177.
55. Ratsika A, Cruz Pereira JS, Lynch CMK, Clarke G, Cryan JF. Microbiota-immune-brain interactions: a lifespan perspective. Curr Opin Neurobiol. 2023;78:102652.
56. Yu L, Han X, Cen S, Duan H, Feng S, Xue Y, et al. Beneficial effect of GABA-rich fermented milk on insomnia involving regulation of gut microbiota. Microbiol Res. 2020;233:126409.
57. Balasubramanian R, Schneider E, Gunnigle E, Cotter PD, Cryan JF. Fermented foods: harnessing their potential to modulate the microbiota-gut-brain axis for mental health. Neurosci Biobehav Rev. 2024;158:105562.
58. Peters A, Krumbholz P, Jäger E, Heintz-Buschart A, Çakir MV, Rothemund S, et al. Metabolites of lactic acid bacteria present in fermented foods are highly potent agonists of human hydroxycarboxylic acid receptor 3 [correção em PLoS Genet. 2019;15(7):e1008283]. PLoS Genet. 2019;15(5):e1008145.
59. Pasolli E, De Filippis F, Mauriello IE, Cumbo F, Walsh AM, Leech J, et al. Large-scale genome-wide analysis links lactic acid bacteria from food with the gut microbiome. Nat Commun. 2020;11(1):2610. DOI: 10.1038/s41467-020-16438-8.
60. Chaves S, Perdigon G, De Moreno De Leblanc A. Yoghurt consumption regulates the immune cells implicated in acute intestinal inflammation and prevents the recurrence of the inflammatory process in a mouse model. J Food Prot. 2011;74(5):801-11. DOI: 10.4315/0362-028X.JFP-10-375.
61. Franco MC, Golowczyc MA, De Antoni GL, Pérez PF, Humen M, Serradell MLA. Administration of kefir-fermented milk protects mice against Giardia intestinalis infection. J Med Microbiol. 2013;62(Pt 12):1815-22.
62. Acurcio LB, Wuyts S, De Cicco Sandes SH, Sant'anna FM, Pedroso SHSP, Bastos RW, et al. Milk Fermented by Lactobacillus paracasei NCC 2461 (ST11) modulates the immune response and microbiota to exert its protective effects against Salmonella typhimurium infection in mice. Probiotics Antimicrob Proteins. 2020;12(4):1398-408.
63. Kim HY, Park ES, Choi YS, Parl SJ, Kim JH, Chang HK, et al. Kimchi improves irritable bowel syndrome: results of a randomized, double-blind placebo-controlled study. Food Nutr Res. 2022;66:10.29219/fnr.v66.8268.
64. Batsukh S, Oh S, Rheu K, Lee BJ, Park CH, Son KH, et al. Rice germ ameliorated chronic unpredictable mild stress-induced depressive-like behavior by reducing neuroinflammation. Nutrients. 2022;14(24):5382.

65. Kim N, Lee J, Song HS, Oh YJ, Kwon MS, Yun M, et al. Kimchi intake alleviates obesity-induced neuroinflammation by modulating the gut-brain axis. Food Res Int. 2022;158:111533.
66. Galena AE, Chai J, Zhang J, Bednarzyk M, Perez D, Ochrietor JD, et al. The effects of fermented vegetable consumption on the composition of the intestinal microbiota and levels of inflammatory markers in women: a pilot and feasibility study. PLoS One. 2022;17(10):e0275275.
67. Berding K, Bastiaanssen TFS, Moloney GM, Boscaini S, Strain CR, Anesi A, et al. Feed your microbes to deal with stress: a psychobiotic diet impacts microbial stability and perceived stress in a healthy adult population. Mol Psychiatry. 2023;28(2):601-10.
68. Romeo J, Wärnberg J, Nova E, Díaz LE, González-Gross M, Marcos A. Changes in the immune system after moderate beer consumption. Ann Nutr Metab. 2007;51(4):359-66.
69. Jaggar M, Rea K, Spichak S, Dinan TG, Cryan JF. You've got male: sex and the microbiota-gut-brain axis across the lifespan. Front Neuroendocrinol. 2020;56:100815.
70. Klein SL, Flanagan KL. Sex differences in immune responses. Nat Rev Immunol. 2016;16(10):626-38.
71. Zhang X, Luo Q, Guan X, Tang Y, Chen X, Deng J, et al. Effects of fermented dairy products on inflammatory biomarkers: a meta-analysis. Nutr Metab Cardiovasc Dis. 2023;33(3):471-82.
72. Spindler MP, Siu S, Mogno I, Li Z, Yang C, Mehandru S, et al. Human gut microbiota stimulate defined innate immune responses that vary from phylum to strain. Cell Host Microbe. 2022;30(10): 1481-98.e5.
73. Bellavance MA, Rivest S. The HPA: immune axis and the immunomodulatory actions of glucocorticoids in the brain. Front Immunol. 2014;5:136.
74. Karl JP, Margolis LM, Madslien EH, Murphy NE, Castellani JW, Gundersen Y, et al. Changes in intestinal microbiota composition and metabolism coincide with increased intestinal permeability in young adults under prolonged physiological stress. Am J Physiol Gastrointest Liver Physiol. 2017;312(6):G559-71.
75. Varanoske AN, McClung HL, Sepowitz JJ, Halagarda C, Farina EK, Berryman CE, et al. Stress and the gut-brain axis: cognitive performance, mood state, and biomarkers of blood-brain barrier and intestinal permeability following severe physical and psychological stress. Brain Behav Immun. 2022;101:383-93.
76. Amini-Khoei H, Haghani-Samani E, Beigi M, Soltani A, Mobini GR, Balali-Dehkordi S, et al. On the role of corticosterone in behavioral disorders, microbiota composition alteration and neuroimmune response in adult male mice subjected to maternal separation stress. Int Immunopharmacol. 2019;66:242-50.
77. Uren Webster TM, Rodriguez-Barreto D, Consuegra S, Garcia de Leaniz C. Cortisol-related signatures of stress in the fish microbiome. Front Microbiol. 2020;11:1621.
78. Chen YC, Hsieh SL, Hu CY. Effects of red-bean tempeh with various strains of Rhizopus on GABA content and cortisol level in zebrafish. Microorganisms. 2020;8(9):1330.
79. Chen YC, Tao NL, Hu SY, Tsai HY, Liao SC, Tsai WL, et al. Effect of Tempeh on Gut Microbiota and Anti-Stress Activity in Zebrafish. Int J Mol Sci. 2021;22(23):12660.
80. Han SK, Joo MK, Kim JK, Jeung W, Kang H, Kim DH. Bifidobacteria-fermented red ginseng and its constituents ginsenoside rd and protopanaxatriol alleviate anxiety/depression in mice by the amelioration of gut dysbiosis. Nutrients. 2020;12(4):901.
81. Yoon DH, Han GY, Hwang SS, Lee DW, Kim JS, Kim K, et al. The effect of fermented porcine placental extract on fatigue-related parameters in healthy adults: a double-blind, randomized, placebo-controlled trial. Nutrients. 2020;12(10):3086.
82. Takada M, Nishida K, Kataoka-Kato A, Gondo Y, Ishikawa H, Suda K, et al. Probiotic Lactobacillus casei strain Shirota relieves stress-associated symptoms by modulating the gut-brain interaction in human and animal models. Neurogastroenterol Motil. 2016;28(7):1027-36.
83. Jaatinen N, Korpela R, Poussa T, Turpeinen A, Mustonen S, Merilahti J, et al. Effects of daily intake of yoghurt enriched with bioactive components on chronic stress responses: a double-blinded randomized controlled trial. Int J Food Sci Nutr. 2014;65(4):507-14.

84. Marcos A, Wärnberg J, Nova E, Gómez S, Alvarez A, Alvarez R, et al. The effect of milk fermented by yogurt cultures plus Lactobacillus casei DN-114001 on the immune response of subjects under academic examination stress. Eur J Nutr. 2004;43(6):381-9.
85. Putt KK, Pei R, White HM, Bolling BW. Yogurt inhibits intestinal barrier dysfunction in Caco-2 cells by increasing tight junctions. Food Funct. 2017;8(1):406-14.
86. Gao J, Mao K, Wang X, Mi S, Fu M, Li X, et al. Tibet kefir milk regulated metabolic changes induced by high-fat diet via amino acids, bile acids, and equol metabolism in human-microbiota-associated rats. J Agric Food Chem. 2021;69(23):6720-32.
87. Du G, Chang S, Guo Q, Yan X, Chen H, Shi K, et al. Protective effects of Tibetan kefir in mice with ochratoxin A-induced cecal injury. Food Res Int. 2022;158:111551.
88. Liu N, Qin L, Lu X, Zhao Y, Miao S. Fortified fermented rice-acid can regulate the gut microbiota in mice and improve the antioxidant capacity. Nutrients. 2021;13(12):4219.
89. Ma T, Li C, Zhao F, Cao J, Zhang Z, Shen X. Effects of co-fermented collagen peptide-jackfruit juice on the immune response and gut microbiota in immunosuppressed mice. Food Chem. 2021;365:130487.
90. Wang Y, Yu M, Shi Y, Xu W, Sun Y, Yang L, et al. Effects of a fermented beverage of Changbai Mountain fruit and vegetables on the composition of gut microbiota in mice. Plant Foods Hum Nutr. 2019;74(4):468-73.
91. Wu T, Chu X, Cheng Y, Tang S, Zogona D, Pan S, et al. Modulation of gut microbiota by Lactobacillus casei fermented raspberry juice in vitro and in vivo. Foods. 2021;10(12):3055.
92. O'Riordan KJ, Collins MK, Moloney GM, Knox EG, Aburto MR, Fülling C, et al. Short chain fatty acids: microbial metabolites for gut-brain axis signalling. Mol Cell Endocrinol. 2022;546:111572.
93. Taladrid D, González de Llano D, Zorraquín-Peña I, Tamargo A, Silva M, Molinero N, et al. Gastrointestinal digestion of a grape pomace extract: impact on intestinal barrier permeability and interaction with gut microbiome. Nutrients. 2021;13(7):2467.
94. McGee JS, Huttenhower C. Of mice and men and women: sexual dimorphism of the gut microbiome. Int J Womens Dermatol. 2021;7(5Part A):533-538.
95. Bridgewater LC, Zhang C, Wu Y, Hu W, Zhang Q, Wang J, et al. Gender-based differences in host behavior and gut microbiota composition in response to high fat diet and stress in a mouse model. Sci Rep. 2017;7(1):10776.
96. Lloyd-Price J, Mahurkar A, Rahnavard G, Crabtree J, Orvis J, Hall AB, et al. Erratum: strains, functions and dynamics in the expanded Human Microbiome Project. Nature. 2017;551(7679):256.
97. Yahfoufi N, Kadamani AK, Aly S, Sharani SA, Liang J, Butcher J, et al. Pubertal consumption of R. badensis subspecies acadiensis modulates LPS-induced immune responses and gut microbiome dysbiosis in a sex-specific manner. Brain Behav Immun. 2023;107:62-75.
98. Spiljar M, Merkler D, Trajkovski M. The immune system bridges the gut microbiota with systemic energy homeostasis: focus on TLRs, mucosal barrier, and SCFAs. Front Immunol. 2017;8:1353.
99. Liu Q, Yu Z, Tian F, Zhao J, Zhang H, Zhai Q, et al. Surface components and metabolites of probiotics for regulation of intestinal epithelial barrier. Microb Cell Fact. 2020;19(1):23.
100. Knox EG, Aburto MR, Tessier C, Nagpal J, Clarke G, O'Driscoll CM, et al. Microbial-derived metabolites induce actin cytoskeletal rearrangement and protect blood-brain barrier function. iScience. 2022;25(12):105648.
101. Hoyles L, Pontifex MG, Rodriguez-Ramiro I, Anis-Alavi ME, Jelane KS, Snelling T, et al. Regulation of blood-brain barrier integrity by microbiome-associated methylamines and cognition by trimethylamine N-oxide. Microbiome. 2021;9(1):235.
102. Lajczak-McGinley NK, Porru E, Fallon CM, Smyth J, Curley C, McCarron PA, Tambuwala MM, Roda A, & Keely SJ. The secondary bile acids, ursodeoxycholic acid and lithocholic acid, protect against intestinal inflammation by inhibition of epithelial apoptosis. Physiological reports. 2020; 8(12), e14456.
103. Zhang X, Tong Y, Lyu X, Wang J, Wang Y, Yang R. Prevention and alleviation of dextran sulfate sodium salt-induced inflammatory bowel disease in mice with Bacillus subtilis-fermented milk via inhibition of the inflammatory responses and regulation of the intestinal flora. Front Microbiol. 2021;11:622354.

104. Maes M, Kubera M, Leunis JC, Berk M, Geffard M Bosmans E. In depression, bacterial translocation may drive inflammatory responses, oxidative and nitrosative stress (O&NS), and autoimmune responses directed against O&NS-damaged neoepitopes. Acta Psychiatr Scand. 2013;127(5):344-54.
105. Vujkovic-Cvijin I, Welles HC, Ha CWY, Huq L, Mistry S, Brenchley JM, et al. The systemic anti-microbiota IgG repertoire can identify gut bacteria that translocate across gut barrier surfaces. Sci Transl Med. 2022;14(658):eabl3927.
106. Murray E, Sharma R, Smith KB, Mar KD, Barve R, Lukasik M, et al. Probiotic consumption during puberty mitigates LPS-induced immune responses and protects against stress-induced depression- and anxiety-like behaviors in adulthood in a sex-specific manner. Brain Behav Immun. 2019;81: 198-212.
107. Porras-García E, Fernández-Espada Calderón I, Gavala-González J, Fernández-García JC. Potential neuroprotective effects of fermented foods and beverages in old age: a systematic review. Front Nutr. 2023;10:1170841.
108. Mirzaei R, Bouzari B, Hosseini-Fard SR, Mazaheri M, Ahmadyousefi Y, Abdi M, et al. Role of microbiota-derived short-chain fatty acids in nervous system disorders. Biomed Pharmacother. 2021;139:111661.
109. Singh RK, Chang HW, Yan D, Lee KM, Ucmak D, Wong K, et al. Influence of diet on the gut microbiome and implications for human health. J Transl Med. 2017;15(1):73.
110. Zhu S, Jiang Y, Xu K, Cui M, Ye W, Zhao G, et al. The progress of gut microbiome research related to brain disorders. J Neuroinflammation. 2020;17(1):25.
111. Fung TC, Olson CA, Hsiao EY. Interactions between the microbiota, immune and nervous systems in health and disease. Nat Neurosci. 2017;20(2):145-55.
112. Silva YP, Bernardi A, Frozza RL. The role of short-chain fatty acids from gut microbiota in gut-brain communication. Front Endocrinol (Lausanne). 2020;11:25.
113. Quigley EMM. Microbiota-brain-gut axis and neurodegenerative diseases. Curr Neurol Neurosci Rep. 2017;17(12):94.
114. Sochocka M, Donskow-Łysoniewska K, Diniz BS, Kurpas D, Brzozowska E, Leszek J. The gut microbiome alterations and inflammation-driven pathogenesis of Alzheimer's disease: a critical review. Mol Neurobiol. 2019;56(3):1841-51.
115. Mirzaei R, Sarkar S, Yong VW. T Cell Exhaustion in Glioblastoma: Intricacies of Immune Checkpoints. Trends Immunol. 2017;38(2):104-115. doi:10.1016/j.it.2016.11.005
116. Power SE, O'Toole PW, Stanton C, Ross RP, Fitzgerald GF. Intestinal microbiota, diet and health. Br J Nutr. 2014;111(3):387-402.
117. Vogt NM, Kerby RL, Dill-McFarland KA, Harding SJ, Merluzzi AP, Johnson SC, et al. Gut microbiome alterations in Alzheimer's disease. Sci Rep. 2017;7(1):13537.
118. Tomova A, Bukovsky I, Rembert E, Yonas W, Alwarith J, Barnard ND, et al. The effects of vegetarian and vegan diets on gut microbiota. Front Nutr. 2019;6:47.
119. Bernardi S, Del Bo' C, Marino M, Gargari G, Cherubini A, Andrés-Lacueva C, et al. Polyphenols and intestinal permeability: rationale and future perspectives. J Agric Food Chem. 2020;68(7):1816-29.
120. Leblhuber F, Steiner K, Schuetz B, Fuchs D, Gostner JM. Probiotic supplementation in patients with Alzheimer's dementia: an explorative intervention study. Curr Alzheimer Res. 2018;15(12):1106-13.
121. Sharma R, Gupta D, Mehrotra R, Mago P. Psychobiotics: the next-generation probiotics for the brain. Curr Microbiol. 2021;78(2):449-63.
122. Rogers GB, Keating DJ, Young RL, Wong ML, Licinio J, Wesselingh S. From gut dysbiosis to altered brain function and mental illness: mechanisms and pathways. Mol Psychiatry. 2016;21(6):738-48.
123. Minerbi A, Gonzalez E, Brereton NJB, Anjarkouchian A, Dewar K, Fitzcharles MA, et al. Altered microbiome composition in individuals with fibromyalgia. Pain. 2019;160(11):2589-602.
124. Low DY, Lefèvre-Arbogast S, González-Domínguez R, Urpi-Sarda M, Micheau P, Petera M, et al. Diet-related metabolites associated with cognitive decline revealed by untargeted metabolomics in a prospective cohort. Mol Nutr Food Res. (2019) 63:1-10.

125. Lefèvre-Arbogast S, Gaudout D, Bensalem J, Letenneur L, Dartigues JF, Hejblum BP, et al. Pattern of polyphenol intake and the long-term risk of dementia in older persons. Neurology. 2018;90(22): e1979-88.
126. Tangney CC, Kwasny MJ, Li H, Wilson RS, Evans DA, Morris MC. Adherence to a Mediterranean-type dietary pattern and cognitive decline in a community population. Am J Clin Nutr. 2011;93(3):601-7.
127. Chen YC, Jung CC, Chen JH, Chiou JM, Chen TF, Chen YF, et al. Association of dietary patterns with global and domain-specific cognitive decline in Chinese elderly. J Am Geriatr Soc. 2017;65(6):1159-67.
128. Marco ML, Sanders ME, Gänzle M, Arrieta MC, Cotter PD, Vuyst LD, et al. The International Scientific Association for Probiotics and Prebiotics (ISAPP) consensus statement on fermented foods. Nat Rev Gastroenterol Hepatol. 2021;18(3):196-208.
129. Kowalski K, Mulak A. Brain-gut-microbiota axis in Alzheimer's disease. J Neurogastroenterol Motil. 2019;25(1):48-60.
130. Oak SJ, Jha R. The effects of probiotics in lactose intolerance: a systematic review. Crit Rev Food Sci Nutr. 2019;59(11):1675-83.
131. Foligné B, Parayre S, Cheddani R, Famelart MH, Madec MN, Plé C, et al. Immunomodulation properties of multi-species fermented milks. Food Microbiol. 2016;53(Pt A):60-9.
132. Shen J, Zuo ZX, Mao AP. Effect of probiotics on inducing remission and maintaining therapy in ulcerative colitis, Crohn's disease, and pouchitis: meta-analysis of randomized controlled trials [published correction appears in Inflamm Bowel Dis. 2014 Dec;20(12):2526-8]. Inflamm Bowel Dis. 2014;20(1):21-35.
133. Savignac HM, Corona G, Mills H, Chen L, Spencer JPE, Tzortzis G, et al. Prebiotic feeding elevates central brain derived neurotrophic factor, N-methyl-D-aspartate receptor subunits and D-serine. Neurochem Int. 2013;63(8):756-64.
134. Kim B, Hong VM, Yang J, Hyun H, Im JJ, Hwang J, et al. A review of fermented foods with beneficial effects on brain and cognitive function. Prev Nutr Food Sci. 2016;21(4):297-309.
135. Thangaleela S, Sivamaruthi BS, Kesika P, Chaiyasut C. Role of probiotics and diet in the management of neurological diseases and mood states: a review. Microorganisms. 2022;10(11):2268.
136. Hayden KM, Beavers DP, Steck SE, Hebert JR, Tabung FK, Shivappa N, et al. The association between an inflammatory diet and global cognitive function and incident dementia in older women: the Women's Health Initiative Memory Study. Alzheimers Dement. 2017;13(11):1187-96.
137. Samtiya M, Aluko RE, Dhewa T. Plant food anti-nutritional factors and their reduction strategies: an overview. Food Prod Process and Nutr. 2020;2(6).
138. Carito V, Ceccanti M, Tarani L, Ferraguti G, Chaldakov GN, Fiore M. Neurotrophins' modulation by olive polyphenols. Curr Med Chem. 2016;23(28):3189-97.
139. Moosavi F, Hosseini R, Saso L, Firuzi O. Modulation of neurotrophic signaling pathways by polyphenols. Drug Des Devel Ther. 2015;10:23-42.
140. Pistollato F, Sumalla Cano S, Elio I, Vergara MM, Giampieri F, Battino M. Role of gut microbiota and nutrients in amyloid formation and pathogenesis of Alzheimer disease. Nutr Rev. 2016;74(10): 624-34.
141. Clos-Garcia M, Andrés-Marin N, Fernández-Eulate G, Abecia L, Lavín JL, Liempd S, et al. Gut microbiome and serum metabolome analyses identify molecular biomarkers and altered glutamate metabolism in fibromyalgia. EBioMedicine. 2019;46:499-511.
142. Omar SH. Mediterranean and MIND diets containing olive biophenols reduces the prevalence of Alzheimer's disease. Int J Mol Sci. (2019) 20:2797.
143. Pei R, Liu X, Bolling B. Flavonoids and gut health. Curr Opin Biotechnol. 2020;61:153-9.
144. Leblhuber F, Ehrlich D, Steiner K, Geisler S, Fuchs D, Lanser L, et al. The immunopathogenesis of Alzheimer's disease is related to the composition of gut microbiota. Nutrients. 2021;13(2):361.
145. Arranz S, Chiva-Blanch G, Valderas-Martínez P, Medina-Remón A, Lamuela-Ravemtós RM, Estruch R. Wine, beer, alcohol and polyphenols on cardiovascular disease and cancer. Nutrients. 2012;4(7):759-81.

16

Compostos bioativos derivados da alimentação e saúde mental

Laís de Deus Murta Nery
Daniela Fojo Seixas
Elizabeth Aparecida Ferraz da Silva Torres

PONTOS-CHAVE

- Compostos bioativos são substâncias não nutritivas, presentes em pequenas quantidades nos alimentos e que conferem efeitos positivos sobre a saúde humana.
- Dentre os compostos bioativos identificados, destacam-se as fibras alimentares, compostos fenólicos, compostos organossulfurados e ácidos graxos ômega 3.
- Os compostos bioativos influenciam a saúde mental, beneficiando pessoas que sofrem com déficits cognitivos e depressão.
- Esses efeitos se dão através de suas propriedades antioxidantes, anti-inflamatórias, da modulação da neurogênese, plasticidade sináptica e da modulação da microbiota intestinal.
- Os compostos bioativos atuam como prebióticos, promovendo a diversidade da microbiota e beneficiando a regulação imunológica, integridade da barreira de mucosa intestinal, prevenindo a infecção por patógenos, a absorção de nutrientes energéticos e a excreção de ácidos biliares secundários.

INTRODUÇÃO

Os compostos bioativos dos alimentos (CBA) são compostos químicos presentes em pequenas quantidades em diversos alimentos que têm o potencial de afetar positivamente a saúde humana para além das funções nutricionais básicas.[1] Essas substâncias compõem um grupo heterogêneo e se associam a redução de risco e da progressão de doenças.[2]

Essas substâncias são encontradas tipicamente em frutas, vegetais, grãos integrais, nozes, sementes, ervas e especiarias, e têm a capacidade de exercer efeitos benéficos em vários processos fisiológicos, como atividade antioxidante, anti-inflamatória, anticancerígena, antimicrobiana e proteção contra diversas doenças crônicas não transmissíveis.[1] Alguns compostos bioativos, como as vitaminas e os minerais, podem ter, ainda, função de nutrientes.

COMPOSTOS BIOATIVOS DOS ALIMENTOS NA SAÚDE MENTAL

Entre os diversos CBOs já identificados, merecem destaque as fibras alimentares, os compostos fenólicos, os compostos organossulfurados, os carotenoides e os ácidos graxos ômega 3 (Figura 1).

Diversos estudos indicam que deficiências nutricionais, como as de vitaminas (complexo B), minerais (magnésio, selênio, zinco e ferro) e aminoácidos,

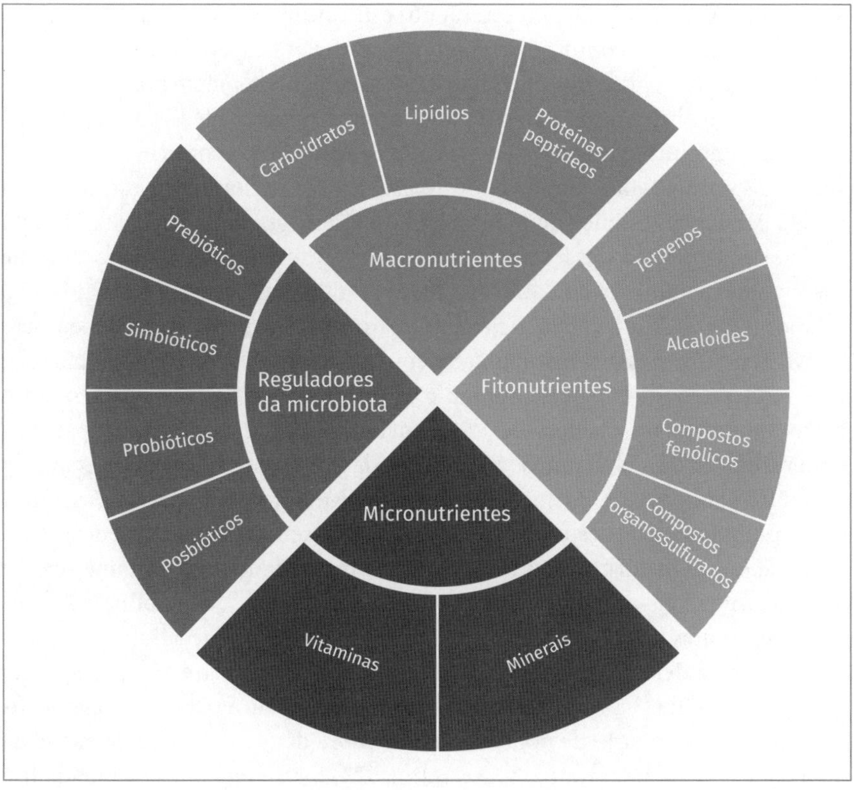

FIGURA 1 Tipos de compostos bioativos.
Fonte: adaptada de Kussmann et al., 2023.[3]

são comuns em pacientes deprimidos e que a suplementação de ácidos graxos poli-insaturados ômega 3, vitamina D e minerais pode proteger contra o desenvolvimento de sintomas depressivos.[4]

O consumo de compostos bioativos possui um potencial benéfico também na prevenção de doenças neurodegenerativas. Apesar de essas doenças ocorrerem por vias distintas, muitas condições neurodegenerativas compartilham mecanismos comuns, como a neuroinflamação e o estresse oxidativo. A curcumina, por exemplo, não apenas exibe forte atividade antioxidante, mas também demonstrou, em modelos animais de doença de Parkinson, propriedades anti-inflamatórias.[5] Da mesma forma, a epigalocatequina galato (EGCG) mostra propriedades anti-amiloides e demonstrou a capacidade de atravessar a barreira hematoencefálica (BHE), protegendo os neurônios da morte celular induzida pelo estresse oxidativo.[5]

No contexto da saúde mental, outro aspecto importante é a cognição, que compreende os processos de aprendizagem, a capacidade para executar funções, a atenção, a velocidade de processamento e a concentração.[6] A saúde cognitiva é essencial, pois seu comprometimento pode afetar a capacidade funcional do indivíduo, envolvendo sintomas angustiantes e frequentemente incapacitantes.[7] Rutjes et al. realizaram revisão sistemática para avaliar os efeitos da suplementação de vitaminas e minerais na função cognitiva de pessoas cognitivamente saudáveis com 40 anos de idade ou mais.[8] Foram incluídos 14 estudos com 27.882 participantes que compararam ácido fólico, vitamina B12, vitamina B6 ou uma combinação desses a um placebo. Os resultados demonstraram que suplementar vitaminas do complexo B em adultos saudáveis na faixa dos 60 a 70 anos não resultou em benefício significativo para a cognição e também não houve benefício nessa funcionalidade com a suplementação de vitaminas E e D. A suplementação de betacaroteno e vitamina E, por sua vez, apresentaram efeitos modestos, mas há necessidade de mais estudos para comprovar o papel da suplementação dessas vitaminas na proteção da função cognitiva em longo prazo.

Outro grupo de CBOs que tem sido investigado na área da saúde mental é o dos polifenóis, mais especificamente quanto a seu papel na prevenção e no controle dos transtornos mentais por suas propriedades anti-inflamatórias e antioxidantes.[9] Os polifenóis são um grupo complexo de metabólitos secundários presentes nas plantas, sem função de nutrientes e que geralmente estão envolvidos na defesa contra a radiação ultravioleta ou a agressão por agentes patogênicos. Lin et al. realizaram uma revisão sistemática para investigar a eficácia da suplementação de polifenóis na melhora de depressão, ansiedade e da qualidade de vida.[10] Dezoito estudos (n = 1.523) foram incluídos na metanálise de depressão e 12 deles encontraram melhoras em sintomas depressivos, com redução significativa da pontuação de depressão em comparação com controles

(MD: -2,280; IC 95%: -1,759, -0,133; I2 = 99,465) com o consumo de polifenóis. Esses dados sugerem que os polifenóis podem ser utilizados como adjuvantes na prevenção e no controle da depressão, com destaque para a isoflavona, que foi o polifenol mais eficiente nas análises de subgrupos. Doses menores que 300 mg e período de suplementação superior a 3 meses também apresentaram melhores resultados.[10] Os mecanismos de ação dos polifenóis na depressão ainda precisam ser melhor estudados, mas a principal teoria atribui os efeitos às suas propriedades antioxidantes e anti-inflamatórias. Outro mecanismo possível é o da modular das vias de sinalização relacionadas à sobrevivência dos neurônios e à plasticidade sináptica pelos flavonoides.[11]

Também no contexto da saúde mental, a inflamação sistêmica de baixo grau vem se destacando cada vez mais como um alvo terapêutico importante nos transtornos mentais, como a depressão. Um estudo de revisão abrangendo 13.541 pacientes deprimidos e 155.728 controles encontrou uma prevalência de inflamação de baixo grau na depressão de 27 a 58%, dependendo do critério de corte baseado na proteína C reativa utilizado (maior do que 1 mg/L ou 3 mg/L).[12] Esses resultados indicam que a suplementação de substâncias bioativas pode ser interessante no controle e na prevenção de depressão, visto que os mecanismos de ação sugeridos incluem redução da neuroinflamação e redução do estresse oxidativo.

EFEITO PREBIÓTICO DOS COMPOSTOS BIOATIVOS

Prebióticos são substratos seletivamente utilizados por microrganismos hospedeiros que contribuem para o bem-estar e a saúde.[13] No Capítulo 26 – Prebióticos, há uma revisão minuciosa sobre esse tema. A maioria dos compostos bioativos possuem propriedades prebióticas, podendo estimular o crescimento e a atividade de microrganismos benéficos, como bactérias ácido-láticas (BAL) e probióticos. Acredita-se que boa parte dos benefícios à saúde proporcionados pelos compostos bioativos se dão justamente por seus efeitos positivos sobre a modulação da microbiota.[14]

A interação entre os compostos bioativos e os probióticos possui um papel fundamental na regulação do sistema imunológico, suprimindo a inflamação e aumentando a diversidade microbiana no intestino. Além disso, os probióticos por si próprios podem gerar compostos bioativos, provendo vantagens à saúde por meio da inibição da colonização por patógenos, gerando metabólitos benéficos e modulando o sistema imunológico, especialmente com a produção de imunoglobulinas.[15]

Por sua vez, as atividades dos polifenóis no hospedeiro são tipicamente mediadas pelas suas interações com a microbiota intestinal, já que esses metabólitos ativos de plantas apresentam baixa absorção pelo trato gastrointestinal.[16] Um dos aspectos mais relevantes para a ação dos polifenóis se relaciona com sua biodisponibilidade, influenciada por fatores como processamento de alimentos, interação alimentar, ingestão alimentar, distribuição, conteúdo alimentar e fatores ambientais. A qualidade e o número de benefícios oferecidos pelos polifenóis à saúde do hospedeiro têm um impacto significativo, melhorando a qualidade de vida por meio da sua capacidade de influenciar a modulação da microbiota intestinal.[17] Os flavonoides são uma importante categoria de polifenóis caracterizados por dois anéis fenílicos e um anel heterocíclico, amplamente distribuídos em frutas e vegetais, como mirtilo e *cranberry*. Há evidências sugerindo que os flavonoides e seus derivados influenciam o perfil da microbiota intestinal, promovendo melhorias na função imunológica e no metabolismo do hospedeiro.[18] A quercetina e seus derivados glicosídicos, categorizados como flavonóis, são consumidos em dietas variadas. Um estudo demonstrou que a quercetina, e não seus derivados glicosídicos, inibiu o crescimento de diversas bactérias de maneira dependente da dose. De maneira semelhante, outros flavonoides exibem propriedades antimicrobianas contra patógenos transmitidos por alimentos, sendo frequentemente utilizados na indústria alimentícia. Outros exemplos são a naringina (uma flavanona) e a rutina (um flavonol), cujos metabolismos foram identificados como dependentes da microbiota, conforme observado em culturas mistas com a microbiota humana. Em resumo, as interações entre o metabolismo de flavonoides e a microbiota intestinal são fundamentais e contribuem para importantes benefícios à saúde.[19]

Os compostos bioativos que passam pelo intestino também podem produzir benefícios à saúde de outras formas. Eles reduzem os efeitos prejudiciais do consumo excessivo de alimentos e gorduras, inibindo enzimas intestinais, reduzindo a absorção de nutrientes energéticos e favorecendo a excreção de ácidos biliares secundários.[20] Além disso, ao fornecer substratos alimentares para as bactérias colônicas, fitoquímicos (como os polissacarídeos) impedem a proliferação de bactérias que degradam o muco intestinal para obter energia, protegendo assim a mucosa intestinal contra erosão, infecção e inflamação. Na ausência de fitoquímicos e fibras alimentares, a proliferação de bactérias degradadoras de muco pode comprometer a barreira intestinal, levando à translocação de lipopolissacarídeos bacterianos para o sangue, uma condição chamada de endotoxemia metabólica.[21] Ao manter a integridade intestinal e prevenir a endotoxemia, os polissacarídeos e outros fitoquímicos podem ajudar a prevenir o desenvolvimento de doenças cardiovasculares, diabetes tipo 2 e obesidade. Além disso, os fitoquímicos podem reduzir os efeitos prejudiciais de metabólitos derivados de uma dieta rica em proteínas, como amônia, indóis e sulfeto de hidrogênio, que foram associados ao desenvolvimento de resistência à insulina e diabetes tipo 2.[22]

FIBRAS ALIMENTARES

As fibras são um grupo de componentes alimentares resistentes à digestão e à absorção intestinal, mas que passam por fermentação completa ou parcial no intestino grosso. Elas são encontradas principalmente em frutas, vegetais e cereais. Fazem parte desse grupo a celulose, a pectina, as hemiceluloses, as gomas, as betaglucanas, o amido resistente, os oligossacarídeos e as frutanas, como fruto-oligossacarídeos e inulina.[23] Com base em seus efeitos fisiológicos, as fibras alimentares podem ser classificadas em solúveis e insolúveis, ou, ainda, fermentáveis e não fermentáveis, respectivamente.

Esses compostos possuem um papel essencial na formação dos ácidos graxos de cadeia curta (AGCCs), como acetato, butirato e propionato, produzidos por meio da fermentação intestinal que ocorre por ação da microbiota intestinal. Os AGCCs apresentam diversos efeitos benéficos sobre o metabolismo, não apenas melhorando a saúde intestinal, mas também atuando diretamente em vários tecidos periféricos.[24] Adicionalmente, eles desempenham um papel fundamental na interação entre microbiota, intestino e cérebro. Os AGCCs podem atravessar a BHE e também podem contribuir com a manutenção de sua integridade, que está intimamente associada ao trânsito controlado de moléculas e nutrientes da circulação para o cérebro, desempenhando um papel central no desenvolvimento cerebral e na preservação da homeostase do sistema nervoso central (SNC).[25] A Figura 2 ilustra as várias vias através das quais os AGCCs influenciam a comunicação entre o intestino e o cérebro e a função cerebral.

Observe na Figura 2:

- Absorção pelos colonócitos pela ação de transportadores específicos, como os transportadores de monocarboxilato dependentes de hidrogênio (MCT) ou os transportadores de monocarboxilato dependentes de sódio (SMCT).
- Interação com os receptores acoplados à proteína G, como FFAR2, FFAR3, HCAR2 e GPR164, e inibição das histonas desacetilases. Essa interação influencia a imunidade mucosal intestinal, bem como a integridade e a função da barreira.
- Sinalização indireta para o cérebro por meio da estimulação de células enteroendócrinas para a liberação de hormônios intestinais, como o peptídeo semelhante ao glucagon do tipo 1 (GLP-1), o peptídeo YY (PYY), o ácido gama-aminobutírico (GABA) e a serotonina (5-HT), que então sinalizam para o cérebro por meio da circulação sistêmica ou por vias vagais.
- Afetam a inflamação sistêmica, induzindo a diferenciação de células T reguladoras (Treg) e regulando a secreção de interleucinas (efeitos periféricos).

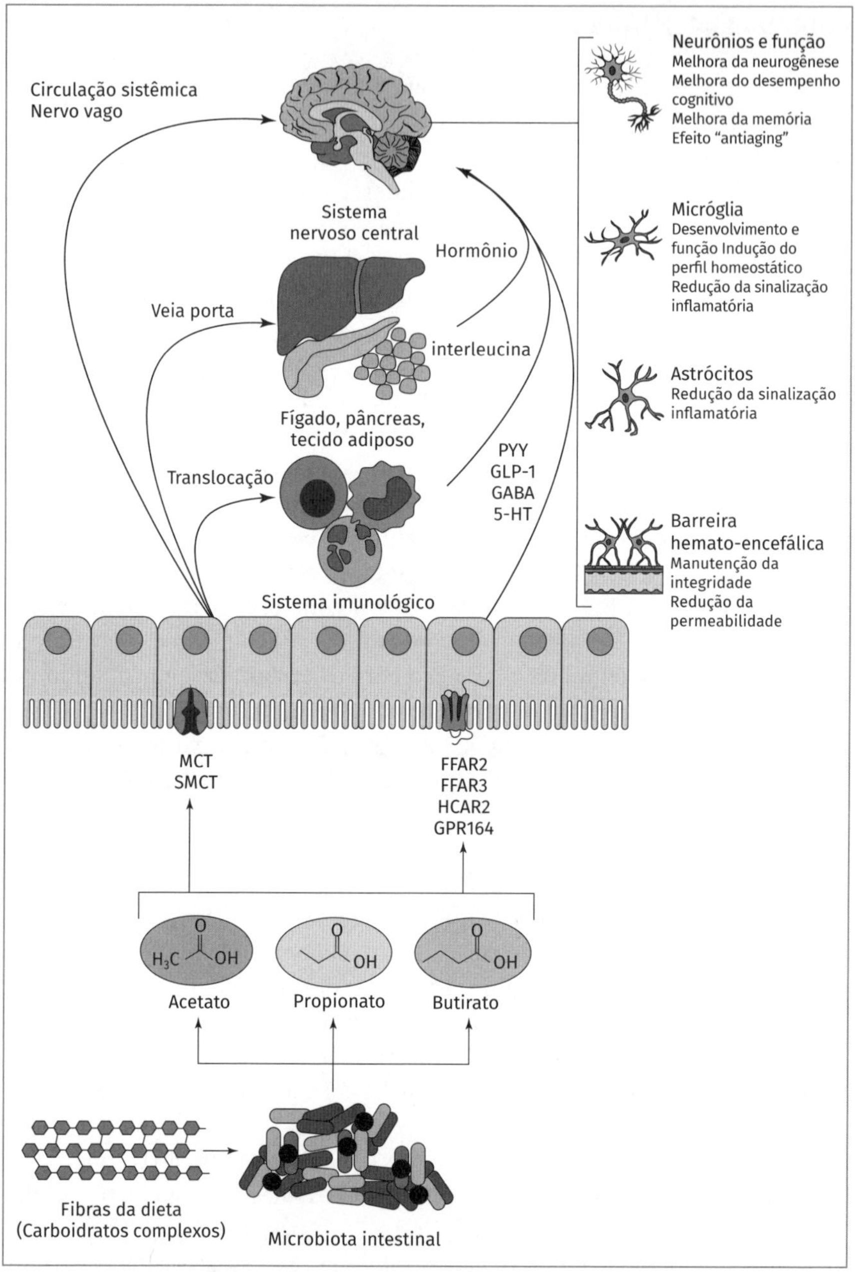

FIGURA 2 Representação esquemática das vias pelas quais os ácidos graxos de cadeia curta (AGCCs) influenciam a comunicação entre intestino e cérebro.

Fonte: adaptada de Silva et al., 2020.[25]

- Alcançam a circulação sistêmica e outros tecidos, afetando a ativação do tecido adiposo marrom, a função mitocondrial hepática, a secreção de insulina e a homeostase energética do corpo.
- Passagem através da BHE pela ação dos transportadores de monocarboxilato localizados em células endoteliais, influenciando a integridade da barreira por meio da regulação de proteínas *tight junctions*.
- Influenciam a neuroinflamação, a morfologia e a função das células gliais, os fatores neurotróficos, a neurogênese, a biossíntese de serotonina, e a homeostase e a função neuronal.

ÁCIDOS GRAXOS ÔMEGA 3

Os ácidos graxos ômega 3 são poli-insaturados cuja primeira insaturação ocorre no terceiro carbono contado a partir da extremidade com grupo metil terminal (denominação contrária à designação delta, enumerada a partir da carboxila). Em comparação, os ácidos graxos da série ômega 6 possuem a primeira insaturação no sexto carbono.[26] Tanto os ácidos graxos da família ômega 3 quanto da família ômega 6 são obtidos por meio da dieta ou produzidos endogenamente a partir dos ácidos linoleico (18:2 ômega 6) e alfalinolênico (18:3 ômega 3), por ação de enzimas denominadas elongases e dessaturases. As elongases aumentam o tamanho da cadeia em dois átomos de carbono enquanto as delta 6 e delta 5 dessaturases oxidam dois átomos de carbono, formando uma dupla ligação com a configuração *cis*1. Desse modo, a partir destes ácidos graxos de cadeia curta são sintetizados derivados de 20 ou mais átomos de carbono, conhecidos como ácidos graxos poli-insaturados de cadeia longa (LC-PUFA, do inglês *long-chain polyunsaturated fatty acids*), como o o ácido araquidônico (20:4 ômega 6), o ácido eicosapentaenoico (20:5 ômega 3) e o ácido docosa-hexaenoico (22:6 ômega 3).[27] O ácido araquidônico e o ácido docosa-hexaenoico são, respectivamente, o ômega 6 e o ômega 3 mais abundantes no cérebro humano, sendo constituintes fundamentais da estrutura das membranas celulares e precursores de uma miríade de lipídios bioativos.[28] Apesar de sua importância, a capacidade do organismo humano de produzir esses ácidos graxos de cadeia longa a partir de seus precursores de cadeia curta é extremamente limitada e, por isso, eles são considerados nutrientes essenciais, que devem ser obtidos pré-formados por meio da dieta.[28]

Os ácidos graxos ômega 3 clinicamente mais estudados são o alfalinolênico, o eicosapentaenoico e o docosa-hexaenoico. O ácido alfalinolênico está presente em produtos de origem vegetal, como linhaça, nozes e soja, enquanto os ácidos eicosapentaenoico e docosa-hexaenoico estão presentes em quantidades significativas apenas nos peixes, moluscos e crustáceos de mar, particularmente de águas frias.[26] Estes dois últimos são as substâncias presentes nos estudos mencionados neste capítulo.

Estudos epidemiológicos têm demonstrado uma associação inversa entre o consumo de ácidos graxos ômega 3 e diversos marcadores inflamatórios, como a proteína C reativa, o fator de necrose tumoral alfa (TNF-alfa) e a interleucina 6 (IL-6). Adicionalmente, a suplementação com esses ácidos graxos reduz os níveis circulantes de proteína C reativa e TNF-alfa.[29]

Os efeitos anti-inflamatórios desses ômega 3 vêm sendo extensivamente estudados, mas ainda são apenas parcialmente conhecidos. Sabe-se que eles reduzem o conteúdo de ácido araquidônico das membranas fosfolipídicas em plaquetas, células endoteliais e células do sistema imunológico, reduzindo a produção de mediadores pró-inflamatórios derivados do ácido araquidônico, incluindo a postraglandina E2, tromboxanos B2, leucotrienos B4 e E4, e ácido hidroxieicosatetraenoico (5-HETE). Adicionalmente, o ácido eicosapentaenoico também é substrato para as ciclo-oxigenases (COX) e lipo-oxigenases (LOX), enzimas que poderiam aumentar a série 3 das prostaglandinas e dos tromboxanos (uma família diferente de eicosanoides).[30]

Os ômega 3 possuem, ainda, uma série de outros efeitos independentes da atividade dos eicosanoides, como a modulação de vias de transdução de sinal que inativam fatores de transcrição específicos, como o fator de transcrição nuclear kappa B (NF-kappa B), de conhecida ação inflamatória e envolvido na patogênese de doenças cardiovasculares. A inibição da ativação do NF-kappa B pode ser mediada por mecanismos dependentes de receptores ativados por proliferadores de peroxissoma (PPAR, do inglês *peroxisome proliferator-activated receptor*) ou pela inibição de receptores tipo *toll* (TLR, do inglês *toll-like receptors*).[31]

Resolvinas e protectinas

Além da substituição do ômega 6 por ômega 3, os ácidos gaxos ômega 3 também produzem mediadores lipídicos denominados "resolvinas" e "protectinas", que possuem propriedades anti-inflamatórias.[30] Essas moléculas estão envolvidas na resolução da inflamação aguda, impedindo, portanto, que o processo se torne crônico. As resolvinas, em particular, são sintetizadas a partir dos ácidos eicosapentaenoico e docosa-hexaenoico com formas estruturais das séries E e D. O ácido docosa-hexaenoico também é convertido em protectinas, por ação das lipo-oxigenases em diversos intermediários. A protectina D1 (10,17S-docosatrieno 11), produto final dessa via metabólica, tem potente ação protetora dos sistemas inflamatório e neural mais potente que o seu precursor, o ácido docosa-hexaenoico. Essa substância também é produzida por células mononucleares periféricas em condições específicas e bloqueia a migração de células T, reduz a secreção de TNF e interferon-gama (INF-gama) e promove apoptose de células T.[32]

Uma revisão sistemática e metanálise recente de dez ensaios clínicos (n = 1.426) mostrou que a suplementação de ômega 3 pode ter um efeito significativo na redução de sintomas depressivos. Os autores demonstraram que intervenções com maiores quantidades de ácido eicosapentaenoico (≥ 60% do total de ômega 3) com doses dessa substância de 1 a 2 g/dia foram associadas a melhores resultados terapêuticos. Já com relação à ansiedade, apenas um estudo mostrou uma melhora significativa na gravidade dos sintomas com doses de 2,1 g/dia de ácido eicosapentaenoico e não foi possível realizar metanálise. Os autores concluíram que, apesar da grande heterogeneidade dos estudos, a suplementação de ômega 3 com maiores doses desse ácido pode ser eficaz no tratamento da depressão.[33]

Efeito prebiótico dos ácidos graxos ômega 3

Os ômega 3 (ácido eicosapentaenoico e ácido docosa-hexaenoico) também exibem efeitos prebióticos, outra ação que pode ajudar a compreender o efeito potencialmente antidepressivo de sua ingestão por meio da alimentação ou de suplementação.[34-36] Esses ácidos graxos aumentam a diversidade microbiana, modulam a composição microbiana intestinal (afetando a proporção Bacillota/Bacteroidota) e promovem o crescimento de bactérias benéficas como *Akkermansia muciniphila*.[37] Além disso, levam a um aumento na produção de AGCCs, em especial o propionato, que está associado à melhora da saúde intestinal e à integridade da barreira intestinal. A interação entre os ômega 3 e a microbiota intestinal desempenha, portanto, um papel crucial na manutenção da saúde intestinal, na regulação imunológica e em condições potencialmente impactantes relacionadas à inflamação e a distúrbios metabólicos.

CONSIDERAÇÕES FINAIS

Os compostos bioativos possuem efeitos promissores na modulação do eixo microbiota-intestino-cérebro por meio de uma gama de efeitos biológicos. Suas propriedades anti-inflamatórias, antioxidantes, neuroprotetoras e prebióticas desempenham um papel crítico para a funcionalidade da comunicação entre o SNE e o SNC.

É fundamental reconhecer, no entanto, que a pesquisa nessa área ainda está em evolução. São necessários mais estudos para compreender completamente os mecanismos subjacentes e otimizar o uso desses compostos na prática clínica. Ao explorar esse potencial terapêutico, é possível vislumbrar um futuro em que intervenções baseadas na dieta possam desempenhar um papel central e mandatório no tratamento e na prevenção de distúrbios relacionados ao metabolismo, à saúde gastrointestinal e à saúde mental.

REFERÊNCIAS BIBLIOGRÁFICAS

1. Manach C, Scalbert A, Morand C, Rémésy C, Jiménez L. Polyphenols: food sources and bioavailability. Am J Clin Nutr. 2004;79(5):727-47.
2. Perez-Gregorio R, Simal-Gandara J. (2017). A critical review of bioactive food components, and of their functional mechanisms, biological effects and health outcomes. Curr Pharmaceutical Design. 2017;23(19):2731-41.
3. Kussmann M, Abe Cunha DH, Berciano S. Bioactive compounds for human and planetary health. Front Nutr. 2023;10:1193848.
4. Fernández MJF, Valero-Cases E, Rincon-Frutos L. Food components with the potential to be used in the therapeutic approach of mental diseases. Curr Pharmaceutical Biotechnol. 2019;20(2):100-13.
5. Silva RFM, Pogačnik L. Food, polyphenols and neuroprotection. Neural Regen Res. 2017;12(4):582-3.
6. Pan Z, Park C, Brietzke E, Zuckerman H, Rong C, Mansur RB, et al. Cognitive impairment in major depressive disorder. CNS Spectrums. 2019;24(1):22-9.
7. McWhirter L, Ritchie C, Stone J, Carson A. Functional cognitive disorders: a systematic review. Lancet Psychiatry. 2020;7(2):191-207.
8. Rutjes AW, Denton DA, Di Nisio M, Chong LY, Abraham RP, Al-Assaf AS, et al. Vitamin and mineral supplementation for maintaining cognitive function in cognitively healthy people in mid and late life. Cochrane Database Syst Rev. 2018;12(12):CD011906.
9. Lin S, Shen Y. Dietary carotenoids intake and depressive symptoms in US adults, NHANES 2015–2016. J Affective Dis. 2021;282:41-5.
10. Lin K, Li Y, Toit ED, Wendt L, Sun J. Effects of polyphenol supplementations on improving depression, anxiety, and quality of life in patients with depression. Front Psychiatry. 2021;12:765485.
11. Ali S, Corbi G, Maes M, Scapagnini G, Davinelli S. Exploring the Impact of Flavonoids on Symptoms of Depression: A Systematic Review and Meta-Analysis. Antioxidants (Basel). 2021; Oct 20;10(11):1644.
12. Osimo EF, Baxter LJ, Lewis G, Jones PB, Khandaker GM. Prevalence of low-grade inflammation in depression: a systematic review and meta-analysis of CRP levels. Psychol Med. 2019;49(12):1958-70.
13. Gibson GR, Hutkins R, Sanders ME, Prescott SL, Reimer RA, Salminen SJ, et al. Expert consensus document: the International Scientific Association for Probiotics and Prebiotics (ISAPP) consensus statement on the definition and scope of prebiotics. Nature Rev Gastroenterol Hepatol. 2017;14(8):491-502.
14. Albuquerque MC, Dantas IUM, Gombossy BDMF, Saad SMI, LeBlanc AMM LeBlanc JG. Bioactive compounds of fruit by-products as potential prebiotics. In: Bhat R (ed.). Valorization of agri-food wastes and by-products. Philadelphia: Elsevier; 2021. p. 47-59.
15. Touraki M. Immunomodulatory properties of probiotics and their derived bioactive compounds. Appl Sci. 2023;13(8):4726.
16. Milutinović M, Dimitrijević-Branković S, Rajilić-Stojanović M. Plant extracts rich in polyphenols as potent modulators in the growth of probiotic and pathogenic intestinal microorganisms. Front Nutr. 2021;8:688843.
17. Plamada D, Vodnar DC. Polyphenols-gut microbiota interrelationship: a transition to a new generation of prebiotics. Nutrients. 2021;14(1):137.
18. Wang X, Qi Y, Zheng H. Dietary polyphenol, gut microbiota, and health benefits. Antioxidants. 2022;11(6):1212.
19. Yin R, Kuo HC, Hudlikar R, Sargsyan D, Li S, Wang L, et al. Gut microbiota, dietary phytochemicals, and benefits to human health. Curr Pharmacol Rep. 2019;5(5):332-44.

20. Lovegrove A, Edwards CH, De Noni I, Patel H, El SN, Grassby T, et al. Role of polysaccharides in food, digestion, and health. Crit Rev Food Sci Nutr. 2017;57(2):237-53.
21. Makki K, Deehan EC, Walter J, Bäckhed F. The impact of dietary fiber on gut microbiota in host health and disease. Cell Host Microbe. 2018;23(6):705-15. Cell Press.
22. Martel J, Ojcius DM, Ko YF, Young JD. Phytochemicals as prebiotics and biological stress inducers. Trends Biochem Sci. 2020;45(6):462-71.]
23. Cummings JH, Edmond LM, Magee EA. Dietary carbohydrates and health: do we still need the fibre concept? Clin Nutr Suppl. 2004;1(2):5-17.
24. Kasubuchi M, Hasegawa S, Hiramatsu T, Ichimura A, Kimura I. Dietary gut microbial metabolites, short-chain fatty acids, and host metabolic regulation. Nutrients. 2015;7(4):2839-49.
25. Silva YP, Bernardi A, Frozza RL. The role of short-chain fatty acids from gut microbiota in gut-brain communication. Front Endocrinol. 2020;11:25.
26. Chaves, Daniela FS. Compostos Bioativos dos Alimentos: Coleção Nutrição. Clínica Funcional. São Paulo: VP Editora, 2015.
27. Garofólo A, Petrilli AS. Balanço entre os ácidos graxos ômega-3 e 6 na resposta inflamatória em pacientes com câncer e caquexia. Rev Nutr. 2006;19(5):611–21.
28. Dyall SC. Interplay between n-3 and n-6 long-chain polyunsaturated fatty acids and the endocannabinoid system in brain protection and repair. Lipids. 2017;52(11):885-900.
29. Micallef MA, Garg ML. Anti-inflammatory and cardioprotective effects of n-3 polyunsaturated fatty acids and plant sterols in hyperlipidemic individuals. Atherosclerosis. 2009;204(2):476-82.
30. Calder PC. n-3 polyunsaturated fatty acids and inflammation: from molecular biology to the clinic. Lipids. 2003;38(4):343-52.
31. De Winther MPJ, Kanters E, Kraal G, Hofker MH. Nuclear factor κB signaling in atherogenesis. Arteriosclerosis Thrombosis Vasc Biol. 2005;25(5):904-14.
32. Mukherjee PK, Marcheselli VL, Serhan CN, Bazan NG. (2004). Neuroprotectin D1: a docosahexaenoic acid-derived docosatriene protects human retinal pigment epithelial cells from oxidative stress. Proc Natl Acad Sci U S A. 2004;101(22):8491-6.
33. Kelaiditis CF, Gibson EL, Dyall SC. Effects of long-1chain omega-3 polyunsaturated fatty acids on reducing anxiety and/or depression in adults: a systematic review and meta-analysis of randomised controlled trials. Prostaglandins Leukot Essent Fatty Acids. 2023;192:102572.
34. Hutchinson AN, Tingö L, Brummer RJ. The Potential Effects of Probiotics and ω-3 Fatty Acids on Chronic Low-Grade Inflammation. Nutrients. 2020 Aug 11;12(8):2402.
35. Amrita V, Astbury S, Le Roy CI, Spector TD, Valdes AM. The prebiotic effects of omega-3 fatty acid supplementation: a six-week randomised intervention trial. Gut Microbes. 2020;13(1):1-11.
36. Rehman A, Pham VT, Seifert N, Richard N, Sybesma W, Steinert RE. The polyunsaturated fatty acids eicosapentaenoic acid and docosahexaenoic acid, and vitamin K1 modulate the gut microbiome: a study using an in vitro shime model. J Dietary Supplem. 2023;21(2):135-53.
37. Constantine L, Molinari R, Farinon B, Merendino N. Impact of omega-3 fatty acids on the gut microbiota. Int J Mol Sci. 2017;18(12):2645.
38. Firth J, Teasdale SB, Allott K, Siskind D, Marx W, Cotter J, et al. The efficacy and safety of nutrient supplements in the treatment of mental disorders: a meta-review of meta-analyses of randomized controlled trials. World Psychiatry. 2019;18(3):308-24.
39. Gauthier S, Reisberg B, Zaudig M, Petersen RC, Ritchie K, Broich K, et al. Mild cognitive impairment. Lancet. 2006;367(9518):1262-70.
40. Hutchinson AN, Tingö L, Brummer RJM. The potential effects of probiotics and ω-3 fatty acids on chronic low-grade inflammation. Nutrients. 2020;12(8):2402.

17

Aditivos e contaminantes alimentares

Daniela Fojo Seixas

PONTOS-CHAVE

- Existem diversos tipos de aditivos alimentares, dentre eles: conservantes, corantes, aromatizantes, emulsificantes, estabilizantes, espessantes e adoçantes.
- Os aditivos são amplamente utilizados em produtos ultraprocessados (PUPs) para aumentar o tempo de prateleira do produto e suas características organolépticas.
- Os emulsificantes presentes em PUPs podem alterar negativamente a microbiota intestinal, causando inflamação crônica e doenças associadas como colite.
- Alguns adoçantes artificiais podem causar intolerância à glicose, alterações da microbiota e provocar sintomas gastrointestinais.
- Dentre os corantes alimentares, o corante vermelho-40 e amarelo-6 podem induzir colite e aumentar a susceptibilidade à inflamação intestinal em modelos animais.
- Micropartículas como o dióxido de titânio (TiO2) são preocupantes em virtude de sua potencial genotoxicidade, além de aumentar a inflamação em pacientes com doenças inflamatórias intestinais.

INTRODUÇÃO

Diversos estudos têm relatado associação entre um maior consumo de alimentos ultraprocessados (UPF, do inglês *ultra-processed foods*) e maiores morbidade e mortalidade, incluindo um maior risco de doença arterial coronariana, doença cardiovascular, diabetes melito tipo 2 e câncer.[1] Em uma metanálise de 43 estudos observacionais também foi relatado aumento de risco para sobrepeso, obesidade, síndrome metabólica e depressão como resultado de um maior consumo desses alimentos.[2] Mesmo em indivíduos saudáveis, um ensaio clínico com 20 participantes mostrou que uma dieta rica em alimentos ultraprocessados resultou em maior consumo de energia e ganho de peso quando comparada a uma dieta não processada isocalórica com mesmo teor de gordura, açúcar e fibra.[3] Esse resultado sugere que o processamento em si, e não apenas as diferenças no conteúdo energético e de nutrientes, pode afetar o comportamento alimentar e, consequentemente, promover ganho de peso.

ADITIVOS ALIMENTARES

Emulsificantes

Entre os aditivos alimentares mais comumente utilizados há um grupo diverso com propriedades emulsificantes e espessantes. Esses aditivos têm a capacidade de formar ou manter uma emulsão uniforme de duas ou mais fases alimentares, como óleo e água. Eles são adicionados aos alimentos ultraprocessados para melhorar as propriedades organolépticas e estender o tempo de prateleira do produto.[4] A ingestão medida para alguns emulsificantes, como os ésteres de sorbitano, ésteres de sacarose e sucroglicerídeos, mostra que há alguns subgrupos com ingestões particularmente altas, que excedem a ingestão diária aceitável (IDA). Para os ésteres de sorbitano, por exemplo, aqueles no percentil 97,5 de ingestão consomem 383% da IDA, e para os ésteres de sacarose e sucroglicerídeos, nesse percentil encontra-se um consumo de 150% da IDA.[5]

Os emulsificantes têm um impacto negativo na microbiota intestinal. Um estudo com camundongos demonstrou, por exemplo, que o consumo desses aditivos pode resultar em doenças inflamatórias crônicas.[6] Em outro estudo conduzido com camundongos, o impacto da exposição da microbiota aos emulsificantes resultou em colite crônica em camundongos com suscetibilidade genética para desenvolver colite, enquanto camundongos selvagens apresentaram desregulação metabólica e inflamação crônica de baixo grau.[7] Esses achados foram subsequentemente validados em estudos independentes usando outros modelos e/ou outros emulsificantes dietéticos.

Esses aditivos alteram a proximidade da microbiota com o epitélio intestinal, fator que se correlaciona com a extensão da inflamação intestinal, sugerindo uma ligação direta entre a penetração de bactérias na camada de muco e o desenvolvimento de inflamação intestinal após a ingestão de emulsificantes.[8] Estudos subsequentes também demonstraram que alterações na microbiota intestinal induzidas pelo consumo de carboximetilcelulose (CMC) e polissorbato 80 levaram a um aumento do desenvolvimento de tumores em um modelo murino, bem como a alterações de comportamento semelhantes à ansiedade e comportamentos sociais, juntamente com alterações na expressão de neuropeptídeos implicados na modulação da fome e da saciedade.[9]

Os efeitos prejudiciais decorrentes do consumo de emulsificantes também foram demonstrados em estudos clínicos. Um estudo controlado duplo-cego com indivíduos saudáveis investigou o efeito do consumo de CMC na microbiota intestinal e na saúde intestinal e mostrou que esse aditivo é suficiente para induzir desconforto abdominal pós-prandial, bem como alterar de forma prejudicial a composição da microbiota intestinal e o metaboloma fecal.[6]

Por fim, considerando-se que a dieta vem se tornando um potencial alvo terapêutico para o manejo da inflamação gastrointestinal, principalmente para pacientes com doenças intestinais, um estudo com 20 pacientes com doença de Crohn demonstrou que o aconselhamento dietético para reduzir a ingestão de emulsificantes foi associado a uma melhora dos sintomas e a um melhor controle da doença inflamatória intestinal.[10] Nesse sentido, outro estudo clínico conduzido com 12 pacientes com retocolite ulcerativa demonstrou taxas reduzidas de recidiva naqueles com restrição de carragenana em comparação com aqueles em uma dieta contendo carragenana.[11]

Esses resultados demonstram a necessidade de mais estudos focados no papel desempenhado pela exposição a emulsificantes em longo prazo em indivíduos saudáveis e particularmente naqueles com doenças inflamatórias intestinais.

Adoçantes artificiais

Adoçantes artificiais são aditivos alimentares que possuem uma intensidade de doçura maior do que os adoçantes calóricos, como sacarose, xarope de milho e concentrados de suco de frutas. Em razão da prevalência crescente de obesidade e diabetes melito tipo 2, muitas pessoas têm sido aconselhadas a fazer a transição do açúcar para esses aditivos.[12]

O risco de exceder a IDA global desses aditivos é baixo, com exceção das pessoas com necessidades dietéticas específicas, como algumas condições de saúde em crianças ou indivíduos com diabetes.[13] Apesar disso, avaliações toxicológicas e carcinogênicas têm demonstrado que mesmo consumos mais baixos podem afetar o microbioma, a saúde e os parâmetros metabólicos.[5] A maioria dos adoçantes artificiais passa pelo trato gastrointestinal sem ser digerida pelo hospedeiro e, assim, entra em contato direto com a microbiota.

Também com relação aos impactos desses aditivos no microbioma, um estudo de intervenção com adultos saudáveis que não consumiam adoçantes artificiais e receberam sacarina na dose de 5 mg/kg/dia (IDA estabelecida pelo Food and Drug Administration – FDA), por 7 dias, relatou que aqueles que tiveram piora da resposta glicêmica (responsivos; n = 4) tiveram agrupamentos diferentes de microbioma em comparação com os não responsivos (n = 3).[14] A transferência de fezes do dia 7 dos indivíduos responsivos expostos ao adoçante para camundongos livres de germes resultou em intolerância significativa à glicose em comparação com os camundongos *germ free* que receberam fezes do primeiro dia dos mesmos indivíduos antes da exposição ao adoçante. Esse estudo mostra que os adoçantes artificiais podem ter um efeito deletério na glicemia, mediado por mudanças na microbiota intestinal, e também que existe uma variação interindividual nas respostas dos indivíduos, provavelmente influenciada por fatores como genética do hospedeiro e ambientais.

Por fim, um ensaio controlado randomizado comparou uma dieta contendo adoçante artificial (50 a 100 mg/dia divididos em 80% de sucralose e 20% de aspartame, acessulfame K e sacarina) com uma dieta restrita em adoçante artificial (inferior a 10 mg/dia) em 137 voluntários saudáveis, metade dos quais apresentavam sintomas gastrointestinais prévios.[15] Após 5 semanas, a incidência de diarreia, desconforto pós-prandial, constipação e sensação de queimação aumentou no grupo que consumiu adoçante, enquanto dor abdominal, desconforto pós-prandial, sensação de queimação, saciedade precoce e dor epigástrica diminuíram no grupo com dieta restrita em adoçante.

Os estudos até agora demonstraram que os adoçantes artificiais podem promover alterações no microbioma e inflamação, mas os dados em humanos ainda são inconsistentes e são necessários mais estudos controlados com diferentes populações. Nesse contexto de reconhecimento dos riscos associados ao consumo dos adoçantes artificiais, em 2023, a International Agency for Research on Cancer (IARC) reclassificou o aspartame como "possivelmente carcinogênico para humanos", fazendo referência a "evidências limitadas" para aumento do risco de carcinoma hepatocelular e "evidências inadequadas" para outros tipos de câncer.[16]

Corantes alimentares

Os corantes alimentares são aditivos utilizados para compensar perdas de cor (decorrentes, p. ex., da exposição a luz, ar e variações de temperatura), realçar cores naturalmente ocorrentes ou adicionar cor a alimentos que de outra forma seriam incolores ou teriam cores diferentes.[17]

Nos EUA, uma avaliação do consumo de corantes alimentares verificou que os níveis atuais de consumo estão relatados estão dentro de limites seguros, mesmo nos consumidores de níveis elevados.[18] Embora esse seja um achado positivo, os dados sobre o efeito dos corantes na saúde intestinal ainda são limitados.

Recentemente, um estudo investigou duas cores alimentares comuns: vermelho-40 (E129; IDA de 7 mg/kg/dia) e amarelo-6 (E110; IDA de 4 mg/kg/dia). O vermelho-40 é um composto orgânico que contém o grupo azo funcional e é metabolizado por azorredução no trato gastrointestinal, liberando dois metabólitos: sal sódico de 1-amino-2-naftol-6-sulfônico e sal sódico de cresidina-4-sulfonato.[19]

O amarelo-6 também produz sal sódico de 1-amino-2-naftol-6-sulfônico quando metabolizado e demonstrou induzir colite em um modelo de camundongo R23FR, que superexpressa IL-23R em células mieloides. Embora o vermelho-40 não tenha induzido colite em camundongos-controle, seu consumo induziu colite em camundongos R23FR quando administrado após a indução de IL-23, sugerindo que a colite é desencadeada apenas na presença de IL-23.[20] Como comparação, outro estudo com um modelo de camundongo C57BL/6 indicou que tanto a exposição precoce quanto a exposição crônica ao vermelho-40 podem aumentar a suscetibilidade ao desenvolvimento de colite, sugerindo que a cronologia e a cronicidade da exposição também podem ser fatores importantes.[21]

É possível afirmar, portanto, que existe um potencial prejudicial no uso de corantes alimentares, mas ainda são necessários estudos clínicos bem-controlados para entender seus efeitos na saúde e quais seriam os níveis realmente seguros de exposição.

Micropartículas e nanopartículas

Micropartículas dietéticas são definidas como partículas inorgânicas do tamanho de bactérias (0,1 a 1 μm) e frequentemente são usadas como aditivos alimentares para influenciar cor, consistência ou aparência. Elas também são usadas em pastas de dente e como veículo ou revestimento em muitos produtos farmacêuticos, sendo altamente estáveis e resistentes à degradação.

As micropartículas mais comumente utilizadas são compostos inorgânicos de dióxido de titânio (E171), silicato de alumínio (E559) e dióxido de silício (E551).[22] O dióxido de titânio tem sido usado como agente clareador ou iluminador, turvante em cremes não lácteos, agente de branqueamento de farinha e para separar camadas de diferentes cores em doces, enquanto o silicato de alumínio é usado como agente antiaglomerante. Provavelmente, há uma contaminação significativa de aditivos alimentares de micropartículas com nanopartículas (menores do que 100 nm), que podem penetrar membranas celulares, mas podem não penetrar na camada de muco intestinal íntegra.[22]

Na União Europeia, em razão da preocupação com uma potencial genotoxicidade, o painel da European Food Safety Authority (EFSA) concluiu que o dióxido de titânio não deve mais ser considerado seguro para uso como aditivo alimentar (embora seu uso ainda seja permitido em produtos medicinais), mas ele continua sendo usado em outros países, incluindo o Reino Unido, o que provavelmente gera considerável confusão para os consumidores. A ingestão diária de micropartículas dietéticas varia entre populações e padrões alimentares, com estimativas para silicatos de 35 mg/dia e para dióxido de titânio variando de 2,5 a 469 mg/dia em adultos e até 556 mg/dia em crianças.[23]

Em indivíduos saudáveis, o dióxido de titânio fica retido dentro do lúmen pelo muco intestinal;[24] no entanto, micropartículas foram detectadas dentro de fagócitos em agregados linfoides intestinais em pacientes com doença inflamatória intestinal.[25] Além disso, os níveis séricos de titânio estão elevados em pacientes com retocolite ulcerativa ativa em comparação com indivíduos saudáveis.[26]

EFEITOS SOBRE A SAÚDE INTESTINAL

Os principais efeitos dos emulsificantes, adoçantes artificiais, corantes alimentares e nanopartículas sobre a saúde intestinal podem ser resumidos da seguinte maneira:

- Emulsificantes impactam negativamente o ambiente intestinal:
  - Diminuindo a diversidade bacteriana.
  - Aumentando a expressão de bactérias com potencial pró-inflamatório.
  - Alterando a regulação gênica microbiana.
  - Diminuindo a espessura do muco.
  - Aumentando a permeabilidade intestinal ao afetar as proteínas *tight junctions*.
  - Desencadeando vias inflamatórias que podem levar a condições como a colite.
- Adoçantes artificiais têm efeitos adversos na saúde intestinal:
  - Diminuindo a diversidade bacteriana.
  - Perturbando a produção de ácidos graxos de cadeia curta como o butirato.
  - Aumentando a permeabilidade intestinal.
  - Ativando vias inflamatórias como a via do fator de transcrição nuclear kappa B (NF-kappa B) e promoção da secreção de fatores inflamatórios como o fator de necrose tumoral (TNF) e molécula de adesão celular de endereço mucosal-1 (MAdCAM1, do inglês mucosal addressin cell adhesion molecule-1).
- Corantes alimentares são metabolizados pelo microbioma intestinal e podem levar à produção de metabólitos como ácido 8-anilino-1-naftaleno sulfônico (ANSA-Na), que podem desencadear inflamação por meio de vias dependentes de IL-23R.
- Nanopartículas influenciam o microbioma intestinal:
  - Reduzindo a diversidade bacteriana, incluindo bactérias benéficas.
  - Desencadeando o inflamassoma NLRP3, com a ativação de citocinas inflamatórias como IL-1-beta.
  - Induzindo a produção de espécies reativas de oxigênio, que podem contribuir para a inflamação.[27]

A Figura 1 apresenta os principais efeitos dos aditivos alimentares sobre a saúde intestinal.

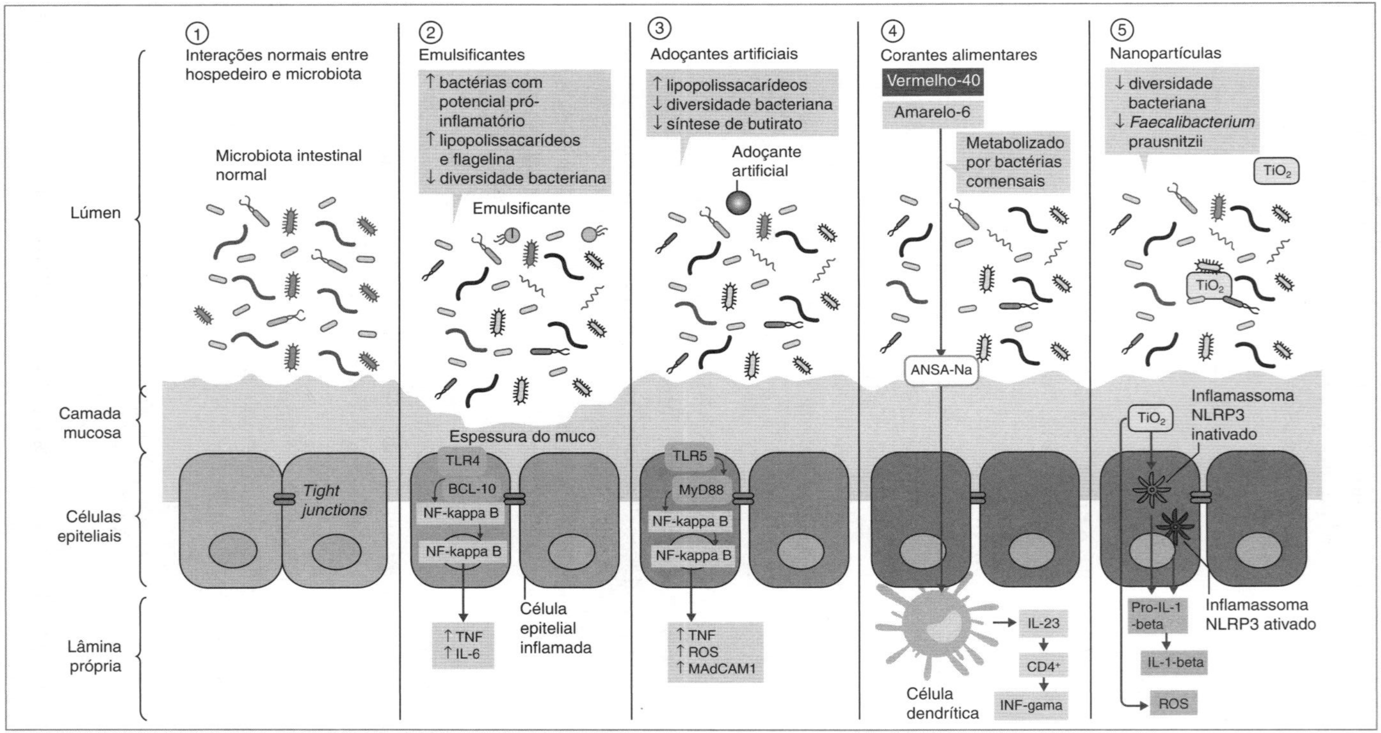

FIGURA 1 Principais efeitos dos aditivos alimentares sobre a saúde intestinal. 1: interações normais entre hospedeiro e microbiota; 2: efeitos dos emulsificantes; 3: efeitos dos adoçantes artificiais; 4: efeitos dos corantes; 5: efeitos das nanopartículas.

ANSA-Na: Anti-Nuclear Antibody Staining Assay (Sodium); BCL-10: B-cell CLL/lymphoma 10; MAdCAM1: Mucosal Addressin Cell Adhesion Molecule 1; MyD88: Myeloid Differentiation Primary Response 88; NLRP3: NOD-like Receptor Pyrin Domain Containing 3; TLR4: Toll-Like Receptor 4; TLR5: Toll-Like Receptor 5; IL: interleucina; INF: interferon; NF-kappa B: fator de transcrição nuclear kappa B; ROS: espécies reativas de oxigênio; TNF: fator de necrose tumoral.
Fonte: Whelan et al., 2024.[27]

CONSIDERAÇÕES FINAIS

Nos últimos anos, diversos estudos sugerem um papel central da dieta, e especialmente do consumo de alimentos ultraprocessados, na saúde intestinal geral e na patogênese de doenças gastrointestinais. No geral, essas descobertas sugerem que vários aditivos alimentares podem perturbar a homeostase intestinal e promover a inflamação por meio de múltiplas vias, destacando a importância de se entender os possíveis impactos desses aditivos na saúde.

REFERÊNCIAS BIBLIOGRÁFICAS

1. Suksatan W, Moradi S, Naeini F, Bagheri R, Mohammadi H, Talebi S, et al. Ultra-processed food consumption and adult mortality risk: a systematic review and dose-response meta-analysis of 207,291 participants. Nutrients. 2022;14(1):174.
2. Lane MM, Davis JA, Beattie S, Gómez-Donoso C, Loughman A, O'Neil A, et al. Ultraprocessed food and chronic noncommunicable diseases: a systematic review and meta-analysis of 43 observational studies. Obesity Rev. 2021;22(3):e13146.
3. Hall KD, Ayuketah A, Brychta R, Cai H, Cassimatis T, Chen KY, et al. Ultra-processed diets cause excess calorie intake and weight gain: an inpatient randomized controlled trial of ad libitum food intake. Cell Metab. 2019;30(1):67-77.e3.
4. Cox S, Sandall A, Smith L, Rossi M, Whelan K. Food additive emulsifiers: a review of their role in foods, legislation and classifications, presence in food supply, dietary exposure, and safety assessment. Nutrition Rev. 2021;79(6):726-41.
5. Vin K, Connolly A, McCaffrey T, McKevitt A, O'Mahony C, Prieto M, et al. Estimation of the dietary intake of 13 priority additives in France, Italy, the UK and Ireland as part of the FACET project. Food Addit Contam Part A. 2013;30(12):2050-80.
6. Chassaing B, Koren O, Goodrich JK, Poole AC, Srinivasan S, Ley RE, et al. Dietary emulsifiers impact the mouse gut microbiota promoting colitis and metabolic syndrome. Nature. 2015;519(7541):92-6.
7. Jiang Z, Zhao M, Zhang H, Li Y, Liu M, Feng F. Antimicrobial emulsifier-glycerol monolaurate induces metabolic syndrome, gut microbiota dysbiosis, and systemic low-grade inflammation in low-fat diet fed mice. Mol Nutr Food Res. 2018;62(3).
8. Viennois E, Chassaing B. First victim, later aggressor: how the intestinal microbiota drives the pro-inflammatory effects of dietary emulsifiers? Gut Microbes. 2018;9(3):289-91.
9. Holder MK, Peters NV, Whylings J, Fields CT, Gewirtz AT, Chassaing B, et al. Dietary emulsifiers consumption alters anxiety-like and social-related behaviors in mice in a sex-dependent manner. Sci Rep. 2019;9(1). DOI: 10.1038/s41598-018-36890-3.
10. Sandall AM, Cox SR, Lindsay JO, Gewirtz AT, Chassaing B, Rossi M, et al. Emulsifiers impact colonic length in mice and emulsifier restriction is feasible in people with Crohn's disease. Nutrients. 2020;12(9):1-20.
11. Bhattacharyya S, Shumard T, Xie H, Dodda A, Varady KA, Feferman L, et al. A randomized trial of the effects of the no-carrageenan diet on ulcerative colitis disease activity. Nutr Healthy Aging. 2017;4(2):181-92.
12. Gardner C, Wylie-Rosett J, Gidding SS, Steffen FLM, Johnson FRK, Reader D, et al. Nonnutritive sweeteners: current use and health perspectives – a scientific statement from the American Heart Association and the American Diabetes Association. Diabetes Care. 2012;35(8):1798-808.
13. Fitch SE, Payne LE, van de Ligt JLG, Doepker C, Handu D, Cohen SM, et al. Use of acceptable daily intake (ADI) as a health-based benchmark in nutrition research studies that consider the safety of low-calorie sweeteners (LCS): a systematic map. BMC Public Health. 2021;21(1):956.

14. Suez J, Korem T, Zeevi D, Zilberman-Schapira G, Thaiss CA, Maza O, et al. Artificial sweeteners induce glucose intolerance by altering the gut microbiota. Nature. 2014;514(7521):181-6.
15. Mendoza-Martínez VM, Zavala-Solares MR, Espinosa-Flores AJ, León-Barrera KL, Alcántara-Suárez R, Carrillo-Ruíz JD, et al. Is a non-caloric sweetener-free diet good to treat functional gastrointestinal disorder symptoms? A randomized controlled trial. Nutrients. 2022;14(5):1095.
16. Riboli E, Beland FA, Lachenmeier DW, Marques MM, Phillips DH, Schernhammer E, et al. Carcinogenicity of aspartame, methyleugenol, and isoeugenol. Lancet Oncol. 2023;24(8):848-50.
17. Sharma V, McKone HT, Markow PG. A global perspective on the history, use, and identification of synthetic food dyes. J Chem Educ. 2011;88(1):24-8.
18. Bastaki M, Farrell T, Bhusari S, Bi X, Scrafford C. (2017). Estimated daily intake and safety of FD&C food-colour additives in the US population. Food Addit Contam Part A. 2017;34(6):891-904.
19. Chen L, He Z, Iuga AC, Martins Filho SN, Faith JJ, Clemente JC, et al. Diet modifies colonic microbiota and CD4+ T-cell repertoire to induce flares of colitis in mice with myeloid-cell expression of interleukin 23. Gastroenterol. 2018;155(4):1177-91.e16.
20. He Z, Chen L, Catalan-Dibene J, Bongers G, Faith JJ, Suebsuwong C, et al. Food colorants metabolized by commensal bacteria promote colitis in mice with dysregulated expression of interleukin-23. Cell Metab. 2021;33(7):1358-71.e5.
21. Kwon YH, Banskota S, Wang H, Rossi L, Grondin JA, Syed SA, et al. Chronic exposure to synthetic food colorant Allura Red AC promotes susceptibility to experimental colitis via intestinal serotonin in mice. Nature Comm. 2022;13(1):7617.
22. Lomer MCE, Thompson RPH, Powell JJ. Fine and ultrafine particles of the diet: influence on the mucosal immune response and association with Crohn's disease. Proc Nutr Soc. 2002;61(1):123-30. DOI: 10.1079/pns2001134.
23. Younes M, Aquilina G, Castle L, Engel KH, Fowler P, Frutos Fernandez MJ, et al. Safety assessment of titanium dioxide (E171) as a food additive. EFSA J. 2021;19(5):e06585.
24. Talbot P, Radziwill-Bienkowska JM, Kamphuis JBJ, Steenkeste K, Bettini S, Robert V, Noordine ML, Mayeur C, Gaultier E, Langella P, Robbe-Masselot C, Houdeau E, Thomas M & Mercier-Bonin M. Food-grade TiO2 is trapped by intestinal mucus in vitro but does not impair mucin O-glycosylation and short-chain fatty acid synthesis in vivo: Implications for gut barrier protection. Journal of Nanobiotechnology. 2018: 16(1). https://doi.org/10.1186/s12951-018-0379-5.
25. Powell JJ, Ainley C, Harvey RSJ, Mason M, Kendall MD, Sankey EA, et al. Characterisation of inorganic microparticles in pigment cells of human gut associated lymphoid tissue. Gut. 1996;38(3):390-5.
26. Ruiz PA, Morón B, Becker HM, Lang S, Atrott K, Spalinger MR, Scharl M, Wojtal KA, Fischbeck-Terhalle A, Frey-Wagner I, Hausmann M, Kraemer T & Rogler G. Titanium dioxide nanoparticles exacerbate DSS-induced colitis: Role of the NLRP3 inflammasome. Gut. 2017: 66(7), 1216–1224. https://doi.org/10.1136/gutjnl-2015-310297.
27. Whelan K, Bancil AS, Lindsay JO, Chassaing B. Ultra-processed foods and food additives in gut health and disease. Nat Rev Gastroenterol Hepatol. 2024;21(6):406-27.

18

Exercício físico

Luciana Oquendo Pereira Lancha
Antonio Herbert Lancha Jr.

PONTOS-CHAVE

- O exercício corresponde ao movimento humano, desde a utilização do aparelho locomotor até performances esportivas.
- Há uma comunicação entre órgãos e sistemas, particularmente no que diz respeito ao músculo, essa comunização ocorre pela troca de metabólitos entre músculos inativos e tecidos.
- A comunicação entre intestino e cérebro, mediada por sinais eferentes e aferentes do nervo vago, sofre impacto do exercício físico.
- Exercício físico eleva níveis de ácidos biliares e AGCC, resultando em aumento de IL-10 e consequente efeito anti-inflamatório no hospedeiro.

INTRODUÇÃO

O termo "exercício" diz respeito a um largo espectro do movimento humano que compreende desde o movimento natural de utilização do aparelho locomotor em nossas atividades diárias até sua forma mais complexa de manifestação nas *performances* esportivas. Essa diversidade se distingue por conceitos bem-definidos na fisiologia do exercício e na ciência do controle motor. Já a intensidade do esforço se diferencia pela velocidade com que a sequência de movimentos ocorre e se expressa em relação à unidade de tempo. Assim, correr 100 m se distingue de correr uma maratona; uma prova de travessia do Canal da Mancha se diferencia de uma prova de velocidade máxima de 100 m em piscina. Isso explica também como uma mesma modalidade pode promover estímulos distintos neuromusculares e alterações metabólicas também particulares. Essas características repercutem no organismo de forma distinta, já que as alterações metabólicas produzidas pela diversidade de contração muscular repercutem em metabólitos capturados por todos os tecidos e sistemas.

Outro ponto de grande relevância nessa temática é a duração da contração. No exemplo anterior, comparando-se nadar 100 m em alguns segundos ou atravessar o Canal da Macha em algumas horas, as diferentes durabilidades de contração promovem consumos distintos de nutrientes e produções específicas também de metabólitos. Assim, há duas variáveis iniciais bem-caraterizadas capazes de determinar a diversidade do exercício apresentado. Para referendar esse aspecto, é possível utilizar as concentrações plasmáticas de lactato. Ao final de uma prova de 100 m de natação estilo livre, as concentrações de lactato plasmático atingem 16,39 ± 3,86 mmol/L enquanto na mesma modalidade em prova de 1.500 m chegam a 6,80 ± 3,10 mmol/L.[1]

Utilizando ainda a natação como exemplo, o efeito de uma única sessão de natação percorrendo 100 m em menor espaço de tempo difere do efeito do treinamento dessa modalidade nessa intensidade realizado por um intervalo de semanas ou meses, um efeito crônico do exercício. O impacto do treinamento interfere em todos os sistemas e tecidos corporais, impactando desde as atividades centrais do sistema nervoso e as células do sistema imunológico até o aparelho digestivo como um todo.

Por fim, um outro ponto que merece destaque é a região neurológica que controla esse movimento. Assim, se um indivíduo que representa os exemplos anteriores, envolvendo a natação, disputar uma partida de polo aquático, apesar de estar em uma piscina, ele estará com outros nadadores, tendo contato físico, nadando para que seu time tenha a posse de bola, observando o deslocamento dos adversários e colegas de time, e agindo de forma coordenada para alcançar o gol. Diferente de nadar por determinado tempo em velocidade, ele participará da disputa para a chegada na bola, do deslocamento de posse do artefato (bola) e dos lançamentos do artefato para o gol adversário contra a defesa do adversário e observando a posição do goleiro. Esse controle de movimento passa por regiões neurológicas mais superiores do córtex motor, com repercussões intensas em todas as atividades neurológicas de forma particular para cada modalidade esportiva. Assim, a resultante de cada modalidade repercute em profunda utilização cortical, envolvendo tanto efeitos agudos quanto as consequências do treinamento específico da modalidade.

Exercício físico, portanto, engloba uma miríade de situações que não se encaixam em uma categorização simples, estudadas em áreas específicas da ciência e do controle motor. Este capítulo aborda as diferentes maneiras pelas quais as complexas variáveis relacionadas à atividade motora podem interferir na capacidade cerebral, na modulação do bioma intestinal e seus impactos neuropsicobiológicos.

VIAS DE COMUNICAÇÃO DO EXERCÍCIO

A comunicação entre tecidos, órgãos e sistemas ocorre de diversas maneiras no organismo humano. No que diz respeito aos exercícios físicos, em particular, os metabólitos são trocados pelos músculos ativos com os demais músculos e tecidos. Durante a produção de lactato, por exemplo, os músculos inativos e o coração capturam esse produto da glicólise, utilizando-o como fonte de energia em sistemas que revertem sua via de síntese e garantem sua oxidação. As células intestinais não estão dissociadas dessa disputa. O fígado, por meio do ciclo de Cori, reverte a via glicolítica e, por meio da gliconeogênese, devolve o carbono do lactato para a circulação sanguínea na forma de glicose. Os enterócitos, assim como os demais tecidos e órgãos, se aproveitam dessa disponibilidade. No intestino, parece ocorrer a utilização desse metabólito pelas bactérias – hipótese que tem ganhado evidência. Na presença de *Veillonella atypica*, a microbiota intestinal poderia, teoricamente, atuar como um local consumidor adicional de lactato, juntamente com o fígado e os músculos esqueléticos, otimizando o fornecimento de energia durante o exercício e nutrindo outras bactérias intestinais ali presentes.[2]

Essa comunicação não se restringiria, no entanto, ao lactato. É de amplo conhecimento que as citocinas, produzidas pela musculatura durante a contração moderada e prolongada, impacta diversos órgãos e tecidos de forma distinta. O Quadro 1 descreve, de forma resumida, essas ações.

As citocinas promovem diversas alterações no tecido intestinal, atuando como moderadores cruciais na manutenção da homeostase intestinal. Por sua natureza multifuncional e complexa, elas participam de mecanismos regulatórios importantes, como proliferação celular, morte celular, proteção das *tight junctions* epiteliais, manutenção de uma microbiota saudável, entre outros, como descrito no Quadro 2.

Décadas de pesquisa científica sobre a sinalização de citocinas usando modelos animais de infecção, diabetes tipo 2 e câncer, no entanto, ainda não permitiram a caracterização e a definição do papel dessas citocinas nas interações imunológicas-epiteliais. Uma possível solução para esse dilema parece ser a utilização da tecnologia organoide para elucidar tanto o secretoma quanto o proteoma de células epiteliais após estimulação com citocinas ou metabólitos derivados de bactérias. É possível que esses conhecimentos estabeleçam uma conexão clara entre cada citocina, a microbiota, as células imunológicas e a alteração epitelial resultante, de maneira sincronizada.

QUADRO 1 Células Th1 linfócitos T helper 1.

Citocina	Ações	Mudança com exercícios
Pró-inflamatórias		
TNF-alfa	▪ Ativação de células imunológicas ▪ Estimulação da síntese de prostaglandinas	↑
IL-15	▪ Ativação do sistema imunológico adaptativo (células B e T)	↔
IL-8	▪ Quimiotaxia de neutrófilos ▪ Indução de angiogênese	↑
IL-1-beta	▪ Indução da síntese de óxido nítrico (NO), prostaglandinas e leucotrienos	↑↔
Anti-inflamatórias		
IL-4 e IL-3	▪ Inibição de células Th1 ▪ Redução de IL-1-beta plasmática ▪ Regulação positiva da expressão de IL-1Ra	↑↔
IL-10	▪ Inibição de citocinas pró-inflamatórias, incluindo IL-1-beta e TNF-alfa	↑
IL-6	▪ Indução da regulação de IL-10 e IL-1Ra ▪ Inibição de citocinas pró-inflamatórias	↑
IL-1Ra	▪ Inibição da sinalização por meio do receptor de IL-1	↑

↑: regulada positivamente após o exercício; ↔: nenhuma alteração com exercício; mais de uma seta: resultados conflitantes entre os estudos; IL: interleucina; TNF: fator de necrose tumoral; Th1: linfócitos T helper 1

Fonte: adaptado de Docherty et al., 2022.[3]

QUADRO 2 Principais citocinas envolvidas na saúde e na patologia intestinal, juntamente com suas funções específicas

Citocina	Célula de origem	Célula-alvo	Função
IL-22	ILC, Th22, célula NK, Th1, Th17	IEC	Ativação da sinalização STAT3 e liberação de AMP
IL-1-gama	IEC	Macrófagos, células endoteliais	Ativação de células T e ILC
IL-18	IEC	Th17, Treg	Proliferação de IEC, regeneração de tecidos, produção de citocinas pró-inflamatórias
IL-6	IEC, fibroblastos, macrófagos, Th17	IEL, IEC	Proliferação e reparo de IEC, ativação de STAT3, homeostase de criptas

continua

QUADRO 2 Principais citocinas envolvidas na saúde e na patologia intestinal, juntamente com suas funções específicas (*Continuação*)

Citocina	Célula de origem	Célula-alvo	Função
IL-23	IEC, macrófagos, DC	IEL, ILC-3, células NK, células T	Secreção de citocinas pró-inflamatórias, contribui para a inflamação crônica
IL-12	Monócito, macrófagos, DC, Th1	–	Sobrevivência e diferenciação de células T, proliferação de células NK
IL-17A	Th1, ILC-3	IEC	Resposta antimicrobiana, manutenção da homeostase
TNF	ILC-1, macrófagos	IEC	Morte de células epiteliais, migração de células epiteliais durante a cicatrização de feridas, reparação da mucosa durante a inflamação
INF-gama	ILC-1, macrófagos	IEC, DC, Treg	Confere proteção contra patógenos, ativação da sinalização STAT1, ruptura da barreira epitelial
TGF-gama	IEC, DC, Treg, mastócitos	Células B, Th9	Expansão dos macrófagos de Treg, secreção de IgA, desenvolvimento de IEL, manutenção das *tight junctions*
IL-4	ILC-2, Th2	IEC, mastócitos	Diferenciação de IEC em células secretoras confere proteção contra infecção parasitária intestinal, sobrevivência de células malignas, ativação da sinalização STAT6
IL-5	ILC-2, Th2, células B	IEC, células B, eosinófilos	Diferenciação de IEC em células secretoras confere proteção contra infecção parasitária intestinal
IL-9	ILC-2, Th9	IEC	Diferenciação de IEC em células secretoras, vazamento na barreira intestinal
IL-13	ILC-2, Th2	IEC	Diferenciação de IEC em células secretoras, produção de mucina, confere proteção contra infecção parasitária intestinal, ativação da sinalização STAT6
IL-25	IEC	ILC-2, células T	Proteção do hospedeiro contra helmintos intestinais, resposta imunológica tipo 2

continua

QUADRO 2 Principais citocinas envolvidas na saúde e na patologia intestinal, juntamente com suas funções específicas (*Continuação*)

Citocina	Célula de origem	Célula-alvo	Função
TSLP	IEC, mastócitos, DC	Th2, ILC-2	Resposta imunológica tipo 2, ativação de células T e B
IL-33	IEC, miofibroblastos intestinais	ILC-2, Treg, Th2, IEC	Resposta imunológica tipo 2, inflamação de diferenciação das IEC
IL-7	IEC	ILC-3, Treg, células T efetoras	Secreção de citocinas pró-inflamatórias, homeostase das IEC
Células T	GM-CSF, ILC-3	–	Diferenciação de monócitos, macrófagos, Treg, secreção de IgA de células B, depuração bacteriana, reparo epitelial durante a cicatrização de feridas
IL-2	Células T	Th1, Treg	Ativação da sinalização STAT3/STAT5, diferenciação de células T, homeostase intestinal
IL-10	Macrófagos, Treg	IEC	Homeostase intestinal, proliferação de IEC
IL-11	Macrófagos	IEC malignas	Ativação da sinalização JAK/STAT, sobrevivência de células tumorais
IL-15	IEC	Células T, IEL	Ruptura da barreira epitelial, funções antitumorigênicas
OSM	Células T, DC	Células estromais	Secreção de citocinas pró-inflamatórias, ativação da sinalização JAK/STAT
Areg	Treg, ILC-2	IEC	Reparação de tecidos após danos, fibrose
VEGF	Células estromais, mastócitos, plaquetas	IEC	Sobrevivência de células malignas, angiogênese, proliferação de células-tronco intestinais

AMP: peptídeos antimicrobianos; Areg: anfirregulina; DC: células dendríticas; GM-CSF: fator estimulador da colônia de granulócitos-macrófagos; IEC: células epiteliais intestinais; IEL: linfócitos intraepiteliais; IL: interleucina; ILC: células linfoides inatas; INF: interferon; OSM: oncostatina M; TGF: fator de crescimento transformador; TNF: fator de necrose tumoral; TSLP: linfoproteína estromal tímica; VEGF: fator de crescimento endotelial vascular; Th2: células T helper 2, NK: natural killer, Treg: células T reguladoras, STAT: sinal ativador de transcrição; JAK: Janus quinase.

Fonte: adaptado de Mahapatro et al., 2021.[4]

INTERFERÊNCIA DO EXERCÍCIO NO EIXO INTESTINO-CÉREBRO

A interação entre o intestino e o cérebro tem início ainda no útero materno, pois o sistema nervoso central (SNC) e o sistema nervoso entérico (SNE) são derivados dos mesmos tecidos embrionários no desenvolvimento fetal.

Ao longo da vida, há uma comunicação bidirecional que ocorre entre o intestino e o cérebro mediada por sinais eferentes e aferentes do sistema nervoso autônomo (SNA) transmitidos através do nervo vago, pela sinalização neuroendócrina por meio do eixo hipotálamo-hipófise-adrenal e pela regulação da serotonina (ou 5-hidroxitriptamina – 5-HT). Por conta dessa comunicação, alterações no bioma intestinal exercem influência no cérebro.

A maioria dos estudos sobre os impactos dos exercícios na fisiologia gastrointestinal mostra um efeito inversamente proporcional à sua intensidade sobre a saúde intestinal. Assim, há estudos que apresentam, por exemplo, o exercício intenso como promotor da permeabilidade intestinal, de danos gastrointestinais e de endotoxemia leve; mas terapias de exercício com intensidade controlada, moderada e prolongada desenvolvidas para tratar aqueles que sofrem de síndrome do intestino irritável resultam em melhoras nos sintomas do distúrbio.

Outra observação interessante foi a de que as melhoras observadas nos pacientes com síndrome do intestino irritável após o exercício de intensidade moderada controlada foram associadas também a melhora da cognição e melhora dos sintomas de transtornos de humor e psicológicos. Melhoras cognitivas também foram observadas em pacientes após acidente vascular encefálico (AVE), enquanto os sintomas de depressão e esquizofrenia melhoraram após treinamento físico aeróbico.[5-7]

Esses estudos representam inúmeras evidências que propõem que desequilíbrios na diversidade bacteriana do intestino contribuem para o estado desordenado dos distúrbios gastrointestinais, impactando negativamente a funcionalidade gastrointestinal e o estado mental. Corroborando essa relação, a alteração do microbioma por meio da suplementação com probióticos melhora a integridade gastrointestinal e o humor entre pacientes com síndrome do intestino irritável. Dados sobre o efeito do treinamento aeróbico em indivíduos sedentários demonstram impactos semelhantes.[8]

Vias de interferência

O exercício interfere na microbiota intestinal e, consequentemente, promove alterações em neurotransmissores, que atuam diretamente no sistema nervoso central. Há diferenças entre os efeitos das variáveis crônicas de exercício (treinamento) e a prática aguda (uma única sessão).

O primeiro aspecto que merece destaque nesse contexto são as alterações promovidas pelo treinamento, que resultam em mudança nas concentrações circulantes de citocinas pró-inflamatórias como interferon (INF), interleucina 1-beta (IL-1-beta) e fator de necrose tumoral (TNF-alfa). Os efeitos dessas citocinas são pró-inflamatórios. O fator de necrose tumoral-alfa promove morte de células epiteliais, migração de células epiteliais durante a cicatrização de feridas e reparo da mucosa durante a inflamação. A interleucina 1-beta atua na ativação de células T e na ativação das células linfoides inatas. Já o interferon-gama confere proteção contra patógenos, ativação da sinalização STAT1 e ruptura da barreira epitelial. No sentido oposto, ocorre a elevação de citocinas anti-inflamatórias, como as interleucinas 4, 6 e 10, que promovem diferenciação de células linfoides inatas em células secretoras, conferem proteção ao intestino contra infecção parasitária, ativam a sinalização de transdutores de sinal e ativadores da transcrição, promovem a proliferação e o reparo das células epiteliais intestinais, ativam transdutores de sinal e ativadores de transcrição, e promovem a homeostase da cripta. Como consequência, ocorrem uma elevação das células T reguladoras e, por fim, a modificação do bioma intestinal.

O exercício crônico também age elevando as concentrações de ácidos biliares primários e reduzindo os secundários, o que resulta em maior ação antimicrobiana, com consequente elevação de ácido cólico. Esse processo promove modificação da microbiota e da razão Bacillota/Bacteroidota.

Outro efeito do exercício crônico é a elevação das concentrações de ácidos graxos de cadeia curta (AGCC), resultando em elevação de interleucina-10, de HSP70 (que promove modulação da resposta inflamatória) e da resposta ao estresse celular. Ocorrem também elevação na produção de mucina, modelagem das *tight junctions* e melhora da integridade celular intestinal. Esses ácidos graxos favorecem, ainda, a proliferação epitelial do cólon e secreção de peptídeo YY (PYY) e peptídeo semelhante ao glucagon do tipo 1 (GLP-1), importantes moduladores das respostas vagais. Observa-se, então, redução do pH intestinal, favorecendo a proliferação de bactérias produtoras de butirato.

Por fim, a atividade física aeróbica tem efeito agudo de favorecimento da motilidade intestinal por ação direta sobre o sistema simpático e sobre o fluxo circulatório intestinal, bem como modificação da secreção de catecolaminas.

A associação dessas vias promove importante alteração bacteriana intestinal, elevando a diversidade de espécies bacterianas, mesmo sob diferentes estratégias nutricionais, o que permite, por exemplo, a redução dos efeitos negativos de dietas hiperlipídicas. A Figura 1 resume as principais vias de interferência do exercício sobre o eixo intestino-cérebro.

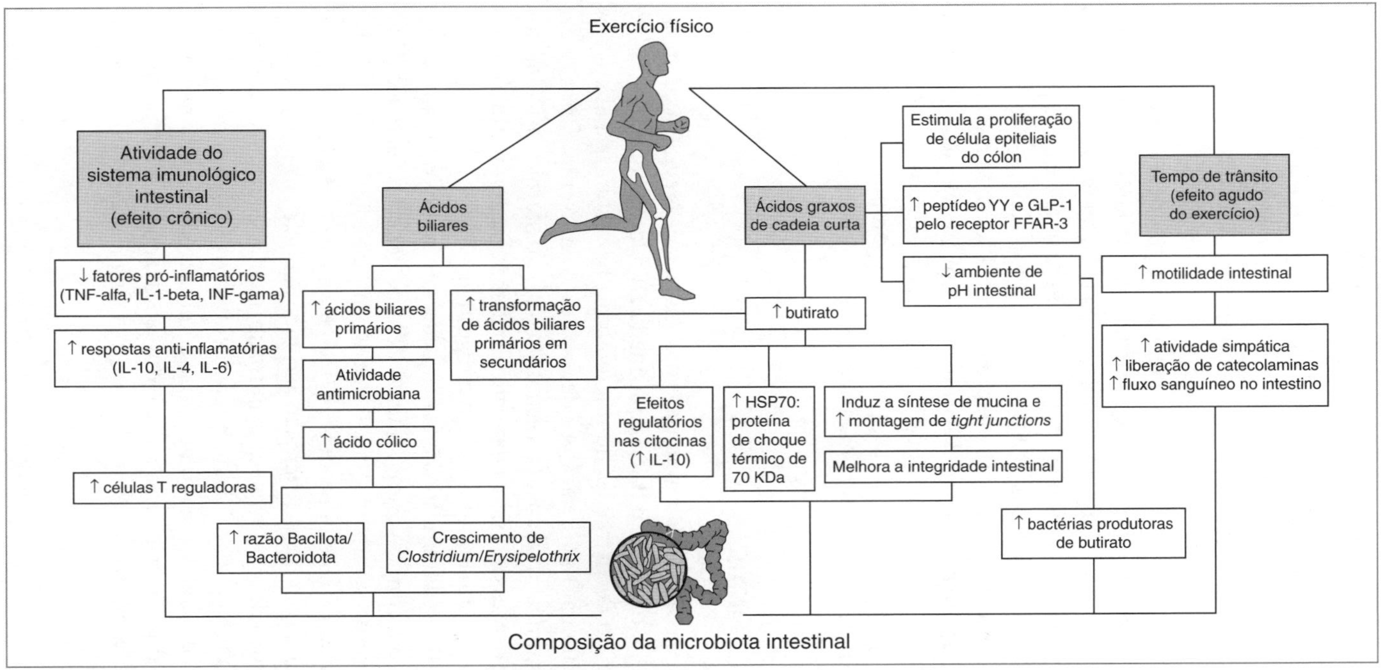

FIGURA 1 Fluxograma das possíveis formas pelas quais o exercício físico pode impactar a microbiota intestinal. Inclui a produção de ácidos graxos de cadeia curta pela microbiota e a produção de ácidos biliares, bem como alterações relacionadas no pH luminal. O exercício também pode afetar o tempo de trânsito intestinal e a resposta imunológica intestinal, que, por sua vez, pode modificar a composição da microbiota e sua atividade metabólica.

FFAR: receptores acoplados à proteína G; GLP-1: peptídeo semelhante ao glucagon do tipo 1; HSP70: proteína de choque térmico de 70 KDa; IL: interleucina; INF: interferon; TNF: fator de necrose tumoral.

Fonte: Costa AV et al., 2017.[10]

ACHADOS RECENTES E PERSPECTIVAS FUTURAS

Para entender melhor a interação entre intestino e cérebro, e particularmente os efeitos do exercício físico (crônico, agudo, moderado ou intenso) sobre ela, são necessárias investigações adicionais baseadas em análises de níveis taxonômicos superiores e estudos clínicos.

Os achados de Becker et al.,[9] por exemplo, revelaram que o receptor 5-hidroxitriptofano-4 (5-HT4) é expresso pelas células endoteliais constituintes da barreira hematoencefálica (BHE). A estimulação do receptor 5-HT4 localizado na camada microvascular das células endoteliais cerebrais aumenta a permeabilidade celular da BHE. Os dados *in vitro* sugerem que o aumento da permeabilidade da BHE é induzido pela fosforilação de Src e ERK1/2 e mediado pela regulação negativa da *tight junction* da ocludina. Com a relevância da síntese de serotonina pelo intestino e sua provável influência positiva promovida pelo exercício, não seria de se espantar ações mais incisivas promovidas pela contração muscular sobre diversos fenômenos comportamentais modulados por essa molécula.

CONSIDERAÇÕES FINAIS

Embora a relação causal exata ainda seja desconhecida, as evidências atuais permitem supor que o exercício físico pode mediar a relação entre o intestino e o cérebro por meio de alterações no microbioma, bem como de alterações centrais sobre o bioma. Essa relação pode explicar, por exemplo, por que o exercício pode ser um fator terapêutico estratégico para distúrbios psicológicos como ansiedade e depressão, assim como em problemas gastrointestinais como gastrites e doenças inflamatórias do sistema digestivo.

Os principais filos identificados entre aqueles que respondem ao exercício são Bacillota e Actinomycetota, que contêm os gêneros *Lactobacillus* e *Bifidobacterium*, respectivamente, que têm destaque na interface imunitária intestinal. Além disso, os gêneros produtores de AGCCs e o filo Bacillota também parecem aumentar a resposta ao exercício aeróbico agudo e crônico.

O trabalho futuro deve visar mecanismos subjacentes de como o exercício influencia o microbioma e os mediadores envolvidos no eixo intestino-cérebro. Isso pode levar ao desenvolvimento de várias combinações de tratamentos (p. ex., exercícios de diferentes intensidades e durações, agudos e crônicos, com probióticos) para evoluir (ou melhorar) estados de doenças específicas no eixo intestino-cérebro.

REFERÊNCIAS BIBLIOGRÁFICAS

1. Kachaunov M. Post-competition blood lactate concentration in swimmers. 2018;1:30-6.
2. Sales KM, Reimer RA. Unlocking a novel determinant of athletic performance: the role of the gut microbiota, short-chain fatty acids, and "biotics" in exercise. J Sport Health Sci. 2023;12(1):36-44.
3. Docherty S, Harley R, McAuley JJ, Crowe LAN, Pedret C, Kirwan PD, et al. The effect of exercise on cytokines: implications for musculoskeletal health – a narrative review. BMC Sports Sci Med Rehabil. 2022;14(1):5.
4. Mahapatro M, Erkert L, Becker C. Cytokine-mediated crosstalk between immune cells and epithelial cells in the gut. Cells. 2021;10:111.
5. Wu MH, Lee CP, Hsu SC, Chang CM, Chen CY. Effectiveness of high-intensity interval training on the mental and physical health of people with chronic schizophrenia. Neuropsychiatr Dis Treat. 2015;11:1255.
6. McNeil JK, LeBlanc EM, Joyner M. The effect of exercise on depressive symptoms in the moderately depressed elderly. Psychol Aging. 1991;6(3):487.
7. Quaney BM, Boyd LA, McDowd JM, Zahner LH, He J, Mayo MS, et al. Aerobic exercise improves cognition and motor function post stroke. Neurorehab Neural Repar. 2009;23(9):879-85.
8. Resende AS, Leite GSF, Lancha Jr. AH. Changes in the gut bacteria composition of healthy men with the same nutritional profile undergoing 10-week aerobic exercise training: a randomized controlled trial. Nutrients. 2021;13:2839.
9. Becker G, Da Silva S, Sabo AN, Antal MC, Kemmel V, Monassier L. Blood brain barrier permeability: is 5-hydroxytryptamine receptor type 4 a game changer? Pharmaceutics. 2021;13:1856.
10. Costa AV, Leite G, Resende A, Blachier F, AH Lancha Jr. Exercise, nutrition and gut microbiota: possible links and consequences. Int J Sports Exerc Med. 2017;3:069.

Seção 4

Exames laboratoriais

19

Coprológico funcional

Alessandro Conrado Sllveira
Bruno Zylbergeld

PONTOS-CHAVE

- Avaliação completa da função intestinal: Oferece uma visão detalhada da saúde intestinal, desde a digestão até a absorção de nutrientes, permitindo a detecção precoce de disfunções.
- Identificação de disbiose e inflamação: marcadores avaliados como zonulina e calprotectina são essenciais para identificar disbiose e inflamação intestinal, fatores críticos para o equilíbrio do eixo intestino-microbiota-cérebro.
- Impacto na saúde mental: alterações intestinais estão associadas a distúrbios neuropsiquiátricos, como depressão e ansiedade, reforçando a importância de uma avaliação intestinal na prática clínica.
- Ferramenta não invasiva e eficaz: por ser um procedimento não invasivo, é uma opção acessível para o monitoramento contínuo da saúde intestinal, especialmente em pacientes com condições crônicas.
- Orientação terapêutica personalizada: os resultados obtidos guiam intervenções clínicas, como ajustes dietéticos e intervenções microbiológicas, contribuindo para um tratamento integrado da saúde mental e intestinal.

INTRODUÇÃO

O exame coprológico funcional tem se destacado como uma ferramenta muito útil na avaliação e monitoramento da saúde intestinal, especialmente no contexto do eixo intestino-microbiota-cérebro. Oferece uma visão funcional e abrangente da digestibilidade, desde a mastigação até a eliminação das fezes, passando pela absorção de nutrientes e presença de metabólitos microbianos. Disfunções identificadas por meio deste exame, como a disbiose e o aumento da permeabilidade intestinal, têm sido associadas a distúrbios neurológicos, como depressão, ansiedade, doenças neurodegenerativas e transtorno do espectro autista. Portanto, entender as alterações intestinais por meio do coprológico funcional fornece informações valiosas que podem orientar intervenções clínicas personalizadas e baseadas em evidências, impactando diretamente a saúde mental dos pacientes.

DESCRIÇÃO

O exame coprológico funcional, um dos exames mais antigos realizados pelos laboratórios de análises clínicas, permite ao profissional da saúde avaliar todo o processo digestivo, desde a mastigação correta, passando pela atividade das enzimas digestivas, pela permeabilidade intestinal e até mesmo pela produção de ácidos provenientes da fermentação bacteriana. Por se tratar de um teste não invasivo e que propicia uma avaliação quantitativa e qualitativa completa do processo digestivo, é uma ferramenta muito útil no diagnóstico diferencial dos principais distúrbios gastrointestinais.

METODOLOGIA

A realização do coprológico funcional compreende uma ampla série de análises, que pode ser dividida em características gerais, exame macroscópico, exame químico, exame microscópico, marcadores inflamatórios, exame microbiológico e exame parasitológico.

Características gerais

Entre as características gerais, destacam-se:

- Cor: a coloração esperada das fezes é marrom escura e alterações nesta característica podem estar associadas a patologias. Sabe-se que:
  - Fezes claras: podem indicar doenças hepáticas ou obstruções biliares.
  - Fezes pretas: podem ocorrer nos casos de sangramento do trato gastrointestinal ou suplementação com ferro.
  - Fezes vermelhas: são observadas quando há infecção intestinal, hemorroidas ou fissuras anais.
  - Fezes amarelas: associam-se a distúrbios absortivos e doença celíaca.
  - Fezes verdes podem ser consequência do uso de alguns medicamentos, alergias alimentares ou giardíase.

- Consistência: as consistências esperadas são mole e não ressecada, em forma alongada (salsicha), correspondente aos tipos 3 ou 4 da escala de Bristol (Figura 1).
- Cheiro: espera-se a classificação *sui generis*. Algumas alterações nesta característica podem ser indicativas de condições patológicas:
  - Odor extremamente fétido: pode estar relacionado a infecções intestinais, má-absorção e/ou consumo aumentado de carnes vermelhas.
  - Fezes com cheiro butírico/rançoso: indicam aumento da fermentação bacteriana intestinal.
  - Cheiro pútrido/penetrante: pode estar associado a câncer colorretal.
  - Fezes sem cheiro (inodoras): relacionam-se com acolia.

Exame macroscópico

Ao exame macroscópico, podem ser identificados:

- Resíduos alimentares: a visualização de restos alimentares (grãos, vegetais, frutas etc.) pode indicar velocidade aumentada do trânsito alimentar, mastigação ruim, ou insuficiência gástrica, hepática ou biliar.

Tipo 1	Pequenos fragmentos duros, semelhantes a nozes
Tipo 2	Em forma de salsicha, mas com grumos
Tipo 3	Em forma de salsicha, com fissuras na superfície
Tipo 4	Em forma de salsicha ou cobra (mais fina), mas suave e macia
Tipo 5	Fragmentadas, em pedaços com contornos bem definidos e macias
Tipo 6	Em pedaços esfarrapados
Tipo 7	Líquidas

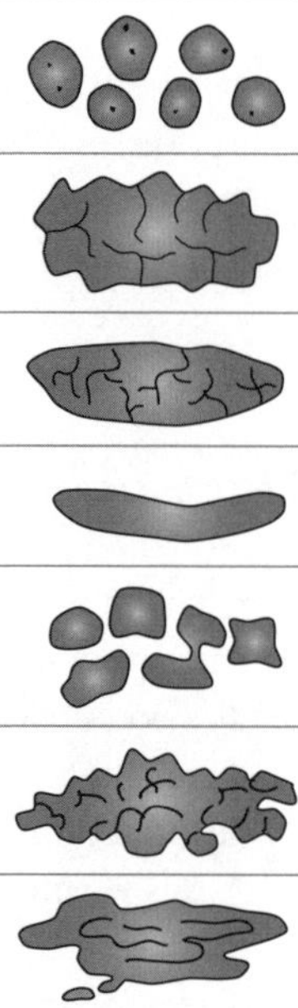

FIGURA 1 Representação esquemática da escala de Bristol.
Fonte: Haru Saúde Integrada.[1]

- Muco: a presença de muco sugere inflamação, que pode ser de origem infecciosa ou não infecciosa (doenças inflamatórias intestinais, hipersensibilidades, neoplasias), mas também pode ocorrer na síndrome do intestino irritável. Também pode estar presente nos casos de constipação crônica. Em alguns casos, pode ter um aspecto associado com sangue (mucossanguinolentas).

Exame químico

O exame químico avalia:

- pH: está diretamente relacionado ao tipo de dieta. Em casos de má-absorção de carboidratos (como na intolerância à lactose ou na infecção pelo rotavírus), por exemplo, o acúmulo desses açúcares no lúmen intestinal e a produção de ácidos torna o pH ácido. Dietas ricas em proteínas e/ou com deficiência de absorção de proteínas, por outro lado, podem levar à produção de compostos alcalinos (putrescina, cadaverina), com aumento do pH.
- Estercobilinogênio: sua presença indica metabolização bacteriana dos compostos biliares (ácidos biliares secundários) excretados pelo fígado. A ausência do estercobilinogênio pode indicar dano hepático ou obstrução biliar. Os ácidos biliares secundários, como ácido desoxicólico, litocólico, entre outros, além de emulsificar gorduras, também têm importante papel no sistema nervoso central (SNC).
- Hemoglobina fecal humana (sangue oculto): a presença de hemácias nas fezes pode indicar sangramento no trato gastrointestinal, mas não determina a causa. É o melhor teste de triagem não invasivo para câncer colorretal.[2] O teste de pesquisa de sangue oculto tem o mesmo objetivo, porém, por se tratar de um teste colorimétrico, pode gerar resultados falso-positivos por interferência dos compostos alimentares pigmentados (cenoura, beterraba etc.). A pesquisa de hemoglobina fecal humana não apresenta esse problema, pois é um teste imunocromatográfico, excluindo a necessidade de dieta específica.
- Substâncias redutoras: indicam a presença de açúcares, associada a distúrbios na absorção desses componentes, principalmente à deficiência de dissacaridases (p. ex., intolerância à lactose).
- Gordura fecal: a presença de gorduras nas fezes é fundamental para o diagnóstico de esteatorreia (eliminação de mais de 6 g/dia de gorduras). Pode indicar insuficiência hepática ou pancreática, obstrução biliar, deficiência de lipases e/ou dieta rica em lipídios.
- Dosagem de ácidos orgânicos: a produção de ácidos orgânicos, principalmente oriundos de processos fermentativos realizados por bactérias e/ou fungos,

pode estar associada a doenças inflamatórias intestinais[3] e/ou distúrbios cognitivos, como o autismo.[4,5]

- Dosagem de derivados de amônia: por serem resultantes da degradação de proteínas, níveis elevados indicam aumento de microbiota proteolítica, que pode ser secundário a quadro de hipocloridria, insuficiência pancreática exócrina, supercrescimento bacteriano no intestino delgado (SIBO do inglês *small intestinal bacterial overgrowth*) ou consumo excessivo de proteína animal.[6]

Exame microscópico

Ao exame microscópico, podem ser observados:

- Fibras musculares: sua presença (bem ou mal-digeridas) pode indicar uma dieta rica em proteínas animais, uso contínuo de inibidores de bombas de prótons, deficiências de proteases ou insuficiência gástrica.
- Amido: pode aparecer nas fezes sob três formas (cru, amorfo ou incluído), em decorrência de trânsito intestinal acelerado, dispepsia fermentativa (amido cru), diminuição da amilase salivar, insuficiência pancreática exócrina e/ou fermentação bacteriana hidrocarbonada.
- Microbiota iodófila: a identificação de bactérias que contêm amido e têm afinidade pelo iodo (representadas principalmente pelo gênero *Clostridium*) e de fungos (*Candida* spp.) funciona como um marcador indireto de disbiose intestinal.
- Cristais: vários cristais podem aparecer nas fezes, diferenciando-se entre fezes ácidas (oxalato de cálcio) e fezes básicas (fosfato amoníaco-magnesiano). Os cristais indicam, então, o tipo predominante de dieta e o pH intestinal.[6] Os cristais com maior relevância clínica são:
  - Charcot-Leyden: comuns em pacientes com processos alérgicos e/ou parasitários.
  - Dextrina: polímeros de glicose associados com quadros de intolerância à lactose.
  - Coprosterol: produto do metabolismo endógeno do colesterol, sua presença pode indicar dislipidemia associada a disbiose intestinal.[7]
- Leucócitos: indicam a ocorrência de processo inflamatório intestinal, podendo estar ou não associados a infecções. É importante diferenciar entre:
  - Neutrófilos: presentes em inflamações agudas e enterites bacterianas.
  - Eosinófilos: presentes em alergias e parasitoses.
  - Mononucleares: presentes em doenças inflamatórias crônicas e neoplasias.
- Hemácias: dificilmente são observadas, mas a presença de hemácias íntegras nas fezes pode indicar sangramento na região distal do intestino.

Marcadores inflamatórios

Os seguintes marcadores inflamatórios podem ser identificados nas fezes:

- Alfa-1 antripsina: por ser uma proteína resistente à lise pelas proteases digestivas, sua presença é um marcador de perda proteica. Valores aumentados são encontrados em enteropatias perdedoras de proteínas, doença inflamatória intestinal, doença celíaca e neoplasias digestivas.
- Zonulina: é uma proteína secretada pelas células intestinais e hepáticas que regula a permeabilidade intestinal. Sua elevação está associada a aumento da permeabilidade intestinal.[8]
- IgA secretora: responsável pelas defesas de mucosa, seu aumento pode estar associado a doenças inflamatórias intestinais crônicas e sua diminuição, a uma resposta imunológica de mucosa deficiente.[9]
- Calprotectina: proteína encontrada nos grânulos dos neutrófilos, sua presença é utilizada para diagnosticar doenças inflamatórias intestinais, sejam de origem autoimune, infecciosa ou neoplásica. Pode ser utilizada também para diferenciar laboratorialmente síndrome do intestino irritável (valores normais) de doença inflamatória intestinal (valores aumentados).
- Elastase pancreática: enzima proteolítica produzida exclusivamente com funções digestivas, sua presença é um marcador de perda proteica. Valores diminuídos são encontrados em enteropatias perdedoras de proteínas, doença inflamatória intestinal, doença celíaca e neoplasias digestivas.

Exame microbiológico

O exame microbiológico envolve:

- Coloração de Gram (bacterioscopia): apesar das fezes apresentarem uma grande quantidade de microrganismos coráveis pelo Gram, a realização da coloração pode ser útil na visualização de leucócitos, leveduras e bacilos Gram-negativos curvos (sugestivos da presença de *Campylobacter jejuni*).[10]
- Coloração de Ziehl-Neelsen: pode demonstrar a presença de bacilos álcool-ácidos resistentes (BAAR), sugerindo um diagnóstico de tuberculose intestinal (que necessita de notificação e confirmação com cultura). Também pode ser utilizada para pesquisa de coccídeos intestinais, como *Cyclospora* spp., *Isospora* spp. *Sarcocystis* spp. e *Cryptosporidium* spp., agentes oportunistas que podem causar infecções intestinais graves em pacientes gravemente imunocomprometidos (p. ex., AIDS, leucemia).[11]

Exame parasitológico

O exame parasitológico tem como objetivo identificar a presença de parasitas intestinais, principalmente protozoários (e helmintos[12]). Como os protozoários fazem parte da microbiota intestinal humana, somente *Entamoeba histolytica* e *Giardia lamblia* são considerados patogênicos. Os outros são colonizantes (comensais) e têm significado clínico apenas em pacientes gravemente imunocomprometidos.[13]

ORIENTAÇÕES AO PACIENTE

A critério do prescritor, pode ser solicitada a realização de dieta específica 3 dias antes da coleta do exame. Deve-se lembrar, no entanto, que dietas restritivas acarretam limitações na interpretação dos resultados. Assim, por exemplo, em um paciente com restrições de ingestão de gorduras, os marcadores de absorção de gorduras (presença de ácidos graxos, sabões e aguilhas na microscopia e dosagem de gorduras fecais) não deverão ser considerados. Ainda com relação à dieta, deve-se evitar o consumo de bebidas alcoólicas e refrigerantes.

É importante salientar, ainda, que a amostra não pode estar contaminada com urina nem ser colhida do vaso sanitário. Recomenda-se também não utilizar laxantes ou supositórios para a obtenção da amostra. O uso de quaisquer outros medicamentos (antibióticos, antiespasmódicos, entre outros) e/ou suplementos (enzimas digestivas, probióticos) deve ser avaliado pelo profissional de saúde prescritor e sempre informado ao laboratório.

INDICAÇÕES CLÍNICAS

Por avaliar a função digestiva como um todo, as indicações clínicas do coprológico funcional são bastante diversificadas. Incluem principalmente doenças inflamatórias intestinais, síndrome do intestino irritável, insuficiências gástrica e pancreática, hepatopatias, distúrbios absortivos, disbiose intestinal, distúrbios cognitivos, doenças obstrutivas e síndromes metabólicas.

VANTAGENS E DESVANTAGENS

A qualidade dos exames coprológicos funcionais realizados nos laboratórios brasileiros é muito heterogênea, com um grande número de exames trazendo informações escassas e/ou inconsistentes, dispostas de forma aleatória. Apesar de existirem algumas excelentes opções no mercado, geralmente elas não acessíveis à maioria da população em razão da não disponibilidade no Sistema Único de

Saúde (SUS) ou da não cobertura do exame como um todo ou de parte dele (algumas análises específicas) pelas operadoras de saúde. As razões que explicam esse cenário são:

- Falta de padronização: a imensa maioria dos exames laboratoriais é bem-padronizada, seja quanto à sua técnica de execução ou quanto aos elementos reportados. No coprológico funcional, no entanto, isso não ocorre e, assim, cada laboratório decide quais constituintes vai pesquisar e as metodologias utilizadas não são consensuais.
- Baixa solicitação: não é um exame muito solicitado por médicos e nutricionistas, além disso muitos laboratórios nem realizam esse exame.
- Remuneração inadequada: o valor pago pelos principais convênios médicos é muito baixo, o que inviabiliza a realização de um exame completo. Os melhores coprológicos não são realizados pelos convênios e são muito caros.
- Testes complexos: muitas determinações não são simples, como a dosagem de ácidos orgânicos, zonulina, IgA secretora, calprotectina fecal etc. Isso dificulta sua realização, pois metodologias como imunoturbidimetria e ensaio imunoenzimático (ELISA), não são realizadas em todos os laboratórios.
- Subjetividade: muitas análises microscópicas são dotadas de elevada subjetividade, gerando resultados discrepantes entre analistas diferentes.

Vantagens

- Avaliação qualitativa e quantitativa completa do processo digestivo.
- Teste não invasivo.
- Monitoramento de doenças inflamatórias intestinais.
- Investigação de doenças de difícil diagnóstico.
- Avaliação das síndromes coprológicas.
- Diagnóstico diferencial das principais patologias digestivas.

Desvantagens

- Falta de padronização de métodos.
- Subjetividade na execução.
- Pouca acessibilidade a alguns testes.
- Heterogeneidade de resultados.
- Alto custo dos exames completos.

CONSIDERAÇÕES FINAIS

A avaliação funcional das fezes se destaca como uma ferramenta muito importante na prática clínica para profissionais de saúde que buscam melhorar a saúde intestinal dos pacientes, visando otimizar a saúde mental. Ao analisar detalhadamente parâmetros digestivos, inflamatórios e microbiológicos, o exame permite identificar precocemente disfunções amplamente associadas a distúrbios neuropsiquiátricos. Com essa abordagem, é possível realizar intervenções terapêuticas mais precisas, promovendo um cuidado integrado e holístico.

No contexto da crescente compreensão da conexão entre o intestino e o cérebro, incorporar a avaliação das fezes na rotina clínica é fundamental para profissionais que desejam oferecer um tratamento mais completo e eficaz. Ao identificar e tratar condições intestinais subjacentes, não só se promove a saúde física, mas também se contribui significativamente para o bem-estar mental dos pacientes. Dessa forma, a análise funcional das fezes se consolida como um recurso estratégico no manejo integrado da saúde, evidenciando a importância de uma visão multidimensional no tratamento de distúrbios mentais e intestinais.

REFERÊNCIAS BIBLIOGRÁFICAS

1. Haru Saúde Integrada. O que o formato das fezes indica? (n.d.). Disponível em: https://haru.med.br/o-que-o-formato-das-fezes-indica. Acesso em: 10 mar 2024.
2. Davies RJ, Miller R, Coleman N. Colorectal cancer screening: prospects for molecular stool analysis. Nat Rev Cancer. 2005;5(3):199-209.
3. Daisley BA, Koenig D, Engelbrecht K, Doney L, Hards K, Al KF, et al. Emerging connections between gut microbiome bioenergetics and chronic metabolic diseases. Cell Rep. 2021;37(10):110087.
4. Wood TD, Charlebois AF, Sekera ER, Pennington CL, Rudolph HL, Choi YS, et al. Stercobilin: a putative link between autism and gastrointestinal distress? In: Fitzgerald M (ed.). Autism spectrum disorders: advances at the end of the second decade of the 21st century. London:[espaço] IntechOpen; 2019.
5. Needham BD, Kaddurah-Daouk R, Mazmanian SK. Gut microbial molecules in behavioural and neurodegenerative conditions. Nat Rev Neurosci. 2020;21:(12):717-731.
6. Alquinta RA, Codoceo CM, Astolfi MJA, Pelous MDS. Atlas de coprología: análisis macro y microscópico de heces y métodos de cribaje de orientación diagnóstica. 2. ed. Ergon; 2021.
7. Kenny DJ, Plichta DR, Shungin D, Koppel N, Hall AB, Fu B, et al. Cholesterol metabolism by uncultured human gut bacteria influences host cholesterol level. Cell Host Microbe. 2020;28(2):245-57.
8. Fasano A. Intestinal permeability and its regulation by zonulin: diagnostic and therapeutic implications. Clin Gastroenterol Hepathol. 2012;10(10):1096-100.
9. Grondin JA, Kwon YH, Far PM, Haq S, Khan WI. Mucins in intestinal mucosal defense and inflammation: learning from clinical and experimental studies. Front Immunol. 2020;11:2054.
10. Kasai Y, Komatsu M, Toyama Y, Nakano S, Hisata K, Niizuma T, et al. Characteristics and antimicrobial choice of pediatric bacterial enteritis in the Kanto region of Japan: a multicenter retrospective observational study. J Infect Chemother. 2022;28(6):723-8.
11. Kempf F, La Ragione R, Chirullo B, Schouler C, Velge P. Super shedding in enteric pathogens: a review. Microorganisms. 2022;10(11):2101.
12. Neves DP. Parasitologia humana. 14. ed. São Paulo: Atheneu; 2022.
13. Servián A, Helman E, Iglesias MDR, Panti-May JA, Zonta ML, Navone GT. Prevalence of human intestinal Entamoeba spp. in the Americas: a systematic review and meta-analysis, 1990-2022. Pathogens. 2022;11(11):1365.

20

Testes laboratoriais para avaliação da microbiota intestinal

Karina Al Assal
Alessandro Conrado Silveira

PONTOS-CHAVE

- Coprocultura: exame essencial para investigar a etiologia bacteriana de infecções intestinais e avaliar a suscetibilidade a antimicrobianos.
- Cultura quantitativa: permite a avaliação quantitativa de diversos microrganismos, essencial no diagnóstico de disbiose e monitoramento de intervenções antimicrobianas.
- Perfil molecular de patógenos intestinais: diagnóstico rápido e preciso de diarreias infecciosas.
- Sequenciamento genético da microbiota intestinal: mapeamento detalhado da microbiota, identificando microrganismos patogênicos e genes de resistência, auxiliando no manejo clínico e terapêutico personalizado.

INTRODUÇÃO

A avaliação precisa e o diagnóstico adequado de infecções e disbioses intestinais são fundamentais para a prática clínica eficiente e para a saúde pública. Infecções intestinais, causadas por uma ampla gama de microrganismos, desde bactérias até vírus e parasitas, podem resultar em sérias complicações de saúde especialmente em populações vulneráveis como crianças, idosos e indivíduos imunocomprometidos. A identificação correta dos agentes etiológicos e a avaliação da suscetibilidade aos antimicrobianos permitem intervenções terapêuticas rápidas e eficazes, reduzindo a duração da doença, prevenindo complicações e limitando a propagação de patógenos.

Além das infecções, a disbiose intestinal, caracterizada por um desequilíbrio na composição da microbiota intestinal, está associada a diversas condições crônicas e inflamatórias. Ferramentas diagnósticas avançadas, como a coprocultura, cultura quantitativa e o sequenciamento genético da microbiota, oferecem uma visão detalhada do ecossistema intestinal. Estas metodologias são essenciais não apenas para identificar desequilíbrios microbianos, mas também para orientar intervenções dietéticas e terapêuticas que visam restaurar a saúde intestinal. A compreensão da microbiota e das suas interações com o hospedeiro é crucial para o desenvolvimento de estratégias personalizadas de tratamento e prevenção, promovendo um estado de saúde otimizado.

COPROCULTURA

Descrição

Coprocultura é a cultura de fezes destinada ao isolamento de microrganismos comuns causadores de enterites bacterianas. Esse exame é solicitado quando se investiga a origem de um processo diarreico, mas nem toda diarreia tem origem infecciosa.[1]

As principais causas não infecciosas de diarreia são:

- Doenças autoimunes.
- Alergias alimentares.
- Intoxicação alimentar.
- Intolerâncias.
- Doenças hepáticas.
- Uso de medicamentos.
- Câncer intestinal.
- Traumatismos.
- Diverticulite.
- Desordens neurológicas.

Além disso, é importante lembrar que outros microrganismos, não apenas bactérias, podem causar infecções intestinais e diarreia. O Quadro 1 apresenta as principais causas infecciosas não bacterianas associadas a diarreia.

Orientações ao paciente

A amostra de fezes deve ser recente, encaminhada ao laboratório em menos de 1 hora, originada de uma única evacuação e não pode ser refrigerada se o frasco não contiver conservante adequado. Deve ser coletada preferencialmente antes do uso de antibióticos.

QUADRO 1 Causas infecciosas não bacterianas associadas a diarreia

Etiologia	Principais agentes	Diagnóstico
Fungos*	*Candida,*** *Histoplasma, Paracoccidioides*	Cultura e/ou pesquisa de fungos, ELISA
Protozoários	*Giardia, Entamoeba, Cryptosporidium, Cyclospora, Hymenolepis*	Parasitológico
Helmintos	*Trichuris trichiura, Ancylostoma duodenale, Strongyloides stercoralis, Schistosoma mansoni*	Parasitológico
Vírus	Rotavírus, norovírus, adenovírus, astrovírus, enterovírus	ELISA, testes moleculares, imunocromatografia

* O diagnóstico diferencial das infecções intestinais fúngicas é muito difícil e subestimado em virtude da colonização por esses microrganismos saprófitos no intestino humano. O isolamento de ***Candida*** spp. pode representar apenas colonização e deve ser sempre associado à história clínica do paciente para diagnóstico.
** Cultura de fezes em meios de cultura seletivos e, caso haja crescimento de fungos leveduriformes (*Candida* spp., *Trichosporon* spp.), deve-se solicitar, quando possível, a descrição do microrganismo em nível de espécie e realização do antifungigrama.
ELISA: ensaio imunoenzimático.

Fonte: adaptado de Miller et al., 2024.[2]

Indicações clínicas

A coprocultura é indicada para confirmar ou excluir a etiologia bacteriana de uma infecção intestinal, assim como para avaliar a suscetibilidade desses microrganismos aos antimicrobianos. É importante para diagnóstico laboratorial de infecções intestinais em crianças, idosos, pacientes imunocomprometidos e na suspeita de surtos. Também é exigida, do ponto de vista sanitário, para manipuladores de alimentos (cozinhas industriais, refeitórios), que devem realizar regularmente o teste para excluir a possibilidade de colonização (sem infecção) por enteropatógenos.

Interpretação

Um crescimento de bactéria enteropatogênica na coprocultura associado a quadro clínico de enterite deve ser considerado pelo clínico para a prescrição de antibiótico, especialmente para crianças, idosos e pacientes imunocomprometidos.

Vantagens e desvantagens

A solicitação de qualquer exame de cultura procura atender três objetivos principais:

- Confirmar a hipótese diagnóstica infecciosa.
- Determinar a etiologia.
- Avaliar o perfil de suscetibilidade aos antimicrobianos.

A coprocultura falha já no primeiro objetivo, pois muitas vezes o paciente apresenta história, exame físico e outros exames laboratoriais (p. ex., hemograma, reação em cadeia da polimerase – PCR) indicando uma infecção bacteriana, mas seu resultado é negativo (ausência de crescimento de microrganismos patogênicos). Isso ocorre porque as enterites bacterianas têm uma ampla variedade de microrganismos associados, mas usualmente apenas *Salmonella* spp. e *Shigella* spp. são pesquisadas na rotina pelos laboratórios – mesmo que, a depender da epidemiologia local, não sejam esses os agentes mais comumente causadores de enterites. *Yersinia enterocolitica*, *Clostridioides difficile*, *Edwarsiella tarda*, *Vibrio cholerae*, *Aeromonas hidrophyla*, *Plesiomonas shigelloides*, *Campylobacter jejuni*, *Cronobacter sakazakii* e vários sorotipos de *Escherichia coli* (EPEC, EIEC, EHEC, EAEC, ETEC) também são potencialmente patogênicas, mas, por dificuldades técnicas (exigências nutricionais, meios de cultura, atmosfera e tempo de incubação), a pesquisa desses microrganismos é inviável, limitando muito o diagnóstico etiológico.[3]

Além disso, todo e qualquer exame de cultura tem como característica demorar 3 a 5 dias até ficar pronto, o que dificulta muito o manejo terapêutico do paciente. Para minimizar essa dificuldade, pode-se solicitar um exame de bacterioscopia de fezes e/ou pesquisa de leucócitos nas fezes. O primeiro pode evidenciar a presença de estruturas fúngicas e/ou bacilos Gram-negativos curvos (típicos *de Campylobacter jejuni*), enquanto o segundo pode comprovar a presença de processo inflamatório intestinal de origem infecciosa e, quando há predomínio de polimorfonucleares, está intimamente associado a infecções bacterianas.

Por fim, como não há microrganismo isolado e identificado, não há como realizar o teste de suscetibilidade aos antimicrobianos. Essa seria a informação mais importante, pois mostraria ao prescritor as principais alternativas terapêuticas disponíveis para o tratamento. Assim, quando há uma indicação clínica para algum microrganismo em particular (*Yersinia enterocolitica*, *Edwarsiella tarda*, *Vibrio cholerae*, *Aeromonas hidrophyla*, *Plesiomonas shigelloides*, *Campylobacter jejuni* ou *Cronobacter sakazakii*), solicitam-se culturas específicas para o agente em questão. O processamento da amostra nas culturas específicas é diferente, com meios de cultura não utilizados usualmente.

O diagnóstico de retocolite ulcerativa causada por *Clostridioides difficile*, por exemplo, é realizado em duas etapas: pesquisa do microrganismo por meio do teste de glutamato desidrogenase (GDH) nas fezes por meio do ensaio imunoenzimático (ELISA) e, caso a pesquisa seja positiva, confirmação de que o micorganismo isolado produz toxina por meio do teste de pesquisa de toxinas A e B, que pode ser realizado por ELISA ou testes moleculares.[4]

Em virtude dessas restrições metodológicas, como tempo para liberação do resultado e necessidade de solicitações especiais, a coprocultura tem indicações bastante limitadas atualmente. É utilizada em medicina ocupacional (pesquisa de *Salmonella* spp. em manipuladores de alimentos), em pacientes com infecções invasivas (principalmente febre tifoide) e na investigação de diarreias agudas e crônicas.

Vantagens

- Baixo custo.
- Confirmação etiológica.
- Avaliação epidemiológica.
- Caracterização da fonte de infecção (em surtos).
- Determinação do perfil de suscetibilidade aos antimicrobianos.

Desvantagens

- Baixa sensibilidade.
- Pesquisa restrita (a maioria dos laboratórios pesquisa apenas *Salmonella* spp. e *Shigella* spp.).
- Tempo prolongado para liberação de resultado (3 a 5 dias).
- Não detecta alguns importantes patógenos intestinais bacterianos.

CULTURA QUANTITATIVA

Descrição

Cultura quantitativa é a avaliação microbiológica quantitativa feita por meio do cultivo em meios sólidos.

Metodologia

Uma das grandes limitações dos testes moleculares atualmente utilizados é a ausência de quantificação, demonstrando apenas resultados semiquantitativos (percentuais). Além disso, detectam material genético dos microrganismos que não necessariamente estão vivos.

Outra informação relevante dos testes microbiológicos é que permitem a avaliação de suscetibilidade aos antibióticos e também a ativos naturais (p. ex., alho, orégano, quercetina, entre outros).

Com base na semeadura e na diluição em meios específicos para cada grupo de microrganismos, é possível avaliar a população de *Bacteroides* spp,. *Bifidobacterium* spp., *Clostridium* spp., *Esherichia coli* (e variantes patogênicas), *Lactobacillus* spp., proteobactérias e leveduras (especialmente *Candida* spp.).

Orientações ao paciente

A amostra de fezes deve ser recente (encaminhada ao laboratório em menos de 1 hora) e não pode ser refrigerada (quando o frasco não contiver conservante). Deve ser coletada de uma única evacuação e preferencialmente antes do uso de antibióticos.

Indicações clínicas

Entre as principais indicações clínicas, podem ser citadas:

- Diagnóstico de disbiose intestinal.
- Avaliação de suscetibilidade a agentes antimicrobianos.
- Monitoramento de intervenções que visam o manejo microbiológico.
- Acompanhamento do impacto do uso de antibióticos.

Interpretação

Com base na quantificação dos microrganismos presentes, assim como na sua importância para a saúde do ecossistema microbiano, é possível diagnosticar de formas qualitativa e quantitativa um quadro de disbiose intestinal.

Vantagens e desvantagens

Trata-se de um teste muito útil no diagnóstico de disbiose e manejo de pacientes com queixas intestinais diversas.

Vantagens

- Baixo custo.
- Avaliação quantitativa.
- Detecção apenas de bactérias viáveis.
- Correlação do fenótipo microbiano com a clínica do paciente.
- Determinação da suscetibilidade aos antibióticos e ativos alimentares.

Desvantagens

- Impossibilidade de detecção de bactérias não cultiváveis.
- Valores de referência de difícil padronização.
- Resultados dependem do método.
- Interferência de quaisquer substâncias com propriedades antimicrobianas.
- Restrição da amplitude de detecção do ecossistema microbiano.

PERFIL MOLECULAR DE PATÓGENOS INTESTINAIS

Descrição

O perfil molecular de patógenos intestinais é um teste de detecção rápida dos principais patógenos intestinais envolvidos no diagnóstico sindrômico das diarreias infecciosas agudas.

Metodologia

A diarreia é uma das queixas gastrointetinais mais comuns dos pacientes, porém existem inúmeras causas, e a maioria delas não é infecciosa. Mesmo se tratando de diarreia infecciosa, existem vários grupos de microrganismos (vírus, bactérias, protozoários) que podem estar associados e necessitam de intervenção clínica rápida e assertiva (Quadro 2). O perfil molecular utiliza a metodologia FilmArray® para detectar de maneira rápida e diferencial os principais patógenos intestinais causadores de diarreias infecciosas.

QUADRO 2 Patógenos detectados no perfil molecular de patógenos intestinais

Bactérias	*Escherichia coli* (EPEC, EAEC, ETEC, EIEC, EHEC, STEC) *Campylobacter (jejuni, coli, upsaliensis)* *Clostridioides difficile* (toxina A/B) *Plesiomonas shigelloides* *Salmonella* spp. *Shigella* spp. *Yersinia enterolitica* *Vibrio* spp.
Vírus	Adenovírus Astrovírus Norovírus Rotavírus Sapovírus
Parasitas	*Cryptosporidium* spp. *Ciclospora cayatanensis* *Entamoeba histolytica* *Giardia lamblia*

Fonte: adaptado de https://www.biomerieux.com/us/en/our-offer/clinical-products/biofire-gastrointestinal-panel.html.

Orientações ao paciente

Não há necessidade de orientações especiais aos pacientes.

Indicações clínicas

O perfil molecular de patógenos intestinais é indicado para o diagnóstico etiológico das diarreias infecciosas agudas.

Intepretação

Por se tratar de um teste diagnóstico com "alvos" preestabelecidos, a partir de sua causalidade bem-estabelecida, qualquer teste positivo indica a presença de infecção e a necessidade de intervenção terapêutica específica e imediata.

Vantagens e desvantagens

Com um diagnóstico rápido e preciso, o perfil molecular para detecção dos patógenos intestinais permite aos médicos a informação necessária para tomar as melhores decisões terapêuticas, otimizar os resultados clínicos, reduzir custos com a saúde e minimizar efeitos adversos de medicamentos desnecessários.

Vantagens

- Diagnóstico etiológico.
- Exclusão de causas infecciosas.
- Rapidez (resultado no mesmo dia).
- Praticidade (não exige estrutura laboratorial nem *expetise* específica para testes moleculares).
- Possibilidade de utilização no formato *point of care testing* (POCT).
- Detecção de toxinas bacterianas.
- Avaliação de surtos.

Desvantagens

- Preço alto.
- Não inclusão do teste de suscetibilidade aos antimicrobianos.

TESTE DE REAÇÃO EM CADEIA DA POLIMERASE QUANTITATIVO (qPCR)

Descrição

O teste de reação em cadeia da polimerase quantitativo (qPCR) é um teste molecular que utiliza metodologia de reação em cadeia da polimerase quantitativa para determinar a quantidade real de determinada bactéria, gênero, espécie ou filo bacteriano.

Metodologia

Também conhecido como reação em cadeia da polimerase em tempo real, esse método mede o número de cópias de uma região de DNA definida por um ou mais *primers* de reações específicas. Assim, é possível amplificar especificamente o *amplicon* 16S rRNA e quantificar o conteúdo bacteriano total em cada amostra.[5]

Orientações ao paciente

A amostra de fezes deve ser encaminhada ao laboratório em até 1 hora, não pode ser refrigerada e não pode conter conservantes.

Indicações clínicas

A principal indicação clínica desse teste quantitativo é avaliar a colonização por bactérias específicas ou patógenos, como *Clostridioides* sp. Além disso, esse teste permite avaliar a real quantificação de membros específicos da microbiota intestinal, utilizando-se iniciadores específicos para cada microrganismo de interesse.

Interpretação

A partir do conhecimento quantitativo da microbiota intestinal, abstraindo-se as complexas relações entre os microrganismos (*cross-feeding*), é possível avaliar clinicamente de forma muito mais criteriosa um quadro de disbiose associada às atuações individuais de cada microrganismo. Um bom exemplo é a utilização de *Akkermansia muciniphila* como biomarcador de saúde intestinal. Apesar de atuar como importante modulador da imunidade, contribuir na regulação metabólica e auxiliar na manutenção da integridade da barreira intestinal, o excesso de *Akkermansia muciniphila* pode ter papel inflamatório (excesso de butirato), diminuir a camada de muco protetora (atividade mucolítica) e piorar as queixas dos pacientes (aumento da distensão e da dor abdominal).[6]

Há ainda uma dificuldade de padronizar valores de referência quantitativos para componentes da microbiota intestinal, mas os laboratórios utilizam dados gerados por grandes estudos multicêntricos com milhares de voluntários saudáveis para validar clinicamente os valores individuais dos microrganismos associados com a saúde intestinal.

Vantagens e desvantagens

O conhecimento da composição bacteriana intestinal de maneira mais próxima possível da realidade traz uma informação clínica extremamente relevante.

Vantagens

- Avaliação quantitativa precisa dos microrganismos presentes na microbiota intestinal.
- Monitoramento preciso de intervenções que visam o manejo microbiológico.
- Alta sensibilidade.
- Excelente reprodutibilidade interlaboratorial.
- Preço mais baixo quando comparado aos testes de sequenciamento.

Desvantagens

- Preço alto.
- Prazo de 15 a 20 dias para resultados.
- Necessidade de estrutura laboratorial avançada.
- Detecção de microrganismos preestabelecidos.
- Ausência de vários microrganismos da microbiota intestinal.
- Não garante presença de microrganismos vivos.
- Não contempla a avaliação de suscetibilidade aos antimicrobianos.

SEQUENCIAMENTO GENÉTICO DA MICROBIOTA INTESTINAL

Descrição

O teste de sequenciamento genético da microbiota intestinal permite mapear os componentes bacterianos do microbioma, auxiliando nas avaliações qualitativa e quantitativa de uma disbiose intestinal.

Metodologia

O sequenciamento de DNA microbiano é utilizado para a detecção de uma gama muito ampla de microrganismos, seja com o objetivo de mapeamento de bactérias (como nos casos de microbioma), ou para diagnóstico sindrômico (diarreia, constipação, infecção intestinal etc.).

A metodologia consiste em um sequenciar em larga escala a amostra de fezes, utilizando sondas genéticas que analisam o DNA (ou RNA, no caso de alguns vírus) apenas dos microrganismos, excluindo-se o DNA humano. Após esse sequenciamento, são empregadas ferramentas de bioinformática para "montar" essas sequências e, comparando com um banco de dados robusto, chegar a um perfil microbiano que é o resultado que o médico/nutricionista recebe no seu consultório.

Duas metodologias são utilizadas atualmente para a descrição do microbioma intestinal. O sequenciamento do gene *16S rRNA* (ver Capítulo 3 – Ômicas no estudo do microbioma), exclusivo das bactérias, é a metodologia mais empregada atualmente, pois tem bom poder discriminatório, é mais rápida e barata. É indicada para análises de rotina, com um excelente custo-benefício. Apresenta como principal desvantagem não detectar fungos, protozoários e vírus, que em algumas situações podem ter uma grande importância clínica.

A segunda metodologia mais utilizada é o sequenciamento *shotgun*, um teste mais robusto que, além dos microrganismos (bactérias, vírus, fungos, protozoários), pode detectar genes de resistência das bactérias aos antibióticos, aspecto particularmente relevante em ambientes hospitalares. Esse método é bem mais caro (cerca de três a quatro vezes o valor do 16S rRNA), mais trabalhoso e demorado. É recomendada para uso em estudos populacionais e em condições clínicas específicas, em especial quando há necessidade de conhecer a população fúngica.

Orientações ao paciente

Não há necessidade de preparo especial. Cabe ao paciente apenas descrever em detalhes as condições clínicas que o levaram a fazer o exame respondendo a um questionário.

Indicações clínicas

Estudos caso-controle e populacionais vêm demonstrando que diversas condições crônicas de saúde parecem se associar a padrões de microbiota intestinal diferentes daqueles observados em populações saudáveis, o que sugere que exames do microbioma intestinal possuem grande potencial de aplicabilidade clínica tanto na identificação de subgrupos diagnósticos como no monitoramento clínico de muitas patologias. Entre as condições mais estudadas até o momento, estão doenças inflamatórias intestinais, transtorno do espectro do autismo (TEA), depressão, doenças neurodegenerativas, ansiedade, epilepsia, esclerose múltipla, doenças cardiovasculares, Covid-19, obesidade, doenças autoimunes, diabetes, alergias, câncer, síndrome do intestino irritável, entre outras.

Vantagens e desvantagens

O conhecimento do microbioma intestinal pode ser útil na avaliação microbiológica de uma disbiose intestinal, tornando a intervenção terapêutica, seja pela mudança na dieta e/ou pelo uso de prebióticos ou probióticos, mais assertiva e passível de monitoramento laboratorial, e, portanto, complementando a avaliação clínica do paciente.

A análise por meio do sequenciamento genético é uma abordagem recentemente incorporada na rotina clínica de diferentes laboratórios. Por conta do avanço das tecnologias envolvidas nesses testes, atualmente eles podem ser realizados de maneira rápida e com bom custo-benefício. A suspeita de disbiose intestinal, por exemplo, é comum e corriqueira na clínica da nutrição, da nutrologia e da gastroenterologia, mas um conhecimento mais aprofundado da gravidade da disbiose e das características do microbioma do paciente pode embasar ainda mais a tomada de decisões clínicas de forma individualizada.

Vantagens

- Descrição completa da microbiota intestinal.
- Avaliação descritiva dos componentes bacterianos presentes.
- Detecção de bactérias potencialmente patogênicas (patobiontes).
- Possibilidade de inferência metabolômica.
- Possível avaliação de vírus, fungos e protozoários (*shotgun*).
- Avaliação de genes de resistência e virulência (*shotgun*).
- Possibilidade de modulação intestinal mais assertiva.

Desvantagens

- Preço alto.
- Prazo de 20 a 50 dias úteis para o resultado.
- Interpretação complexa.

- Não demonstram causalidade, apenas associação.
- Interpretação complexa dos resultados.

ANÁLISE PRÁTICA DO TESTE DE MICROBIOTA

Conhecer a técnica do exame a ser utilizado para avaliar a microbiota é fundamental para construção do raciocínio. Os resultados são interpretados de maneira diferente a depender da metodologia do exame e do estilo de laudo que ele traz. Além disso, não há, necessariamente, um "certo ou errado", mas uma análise do que cada paciente traz de informação e se essas informações respondem a suas dúvidas.

Assim, a interpretação não é óbvia como a de um exame de sangue, pois muitas vezes não há um valor de referência determinado para cada bactéria e elas sempre trabalham em conjunto, ou seja, tornam-se necessárias uma análise global dos parâmetros e uma construção de raciocínio com os dados clínicos desse paciente. Para organizar esse raciocínio, em todo teste de sequenciamento de microbiota deve-se procurar os parâmetros úteis para a prática clínica. São eles:

- Diversidade alfa e beta.
- Proporção dos filos.
- Espécies mais predominantes.
- Espécies-chave.
- Bactérias patogênicas.

Índice de diversidade

O índice de diversidade é um dos parâmetros mais consolidados na literatura que versa sobre um intestino saudável. Desde 2013, os estudos da microbiota vêm correlacionando uma menor riqueza da microbiota com condições patogênicas como obesidade, doença inflamatória intestinal, distúrbios metabólicos e outras.[7] Há estudos que mostram que quanto maior for o índice de diversidade, mais saudável é o intestino, e que baixos índices de diversidade de bactérias são encontrados em pacientes obesos, idosos e com doença inflamatória intestinal. Um índice de diversidade baixo também está correlacionado com uma menor resposta às dietas prescritas para a perda de peso.[7] Pode-se afirmar, portanto, que uma microbiota diversa está relacionada com um melhor equilíbrio no intestino.

Os testes de microbiota conseguem avaliar o índice de diversidade (Figura 1), mas é importante entender qual parâmetro cada teste utiliza para calcular esse índice, pois os parâmetros modificam toda a interpretação.

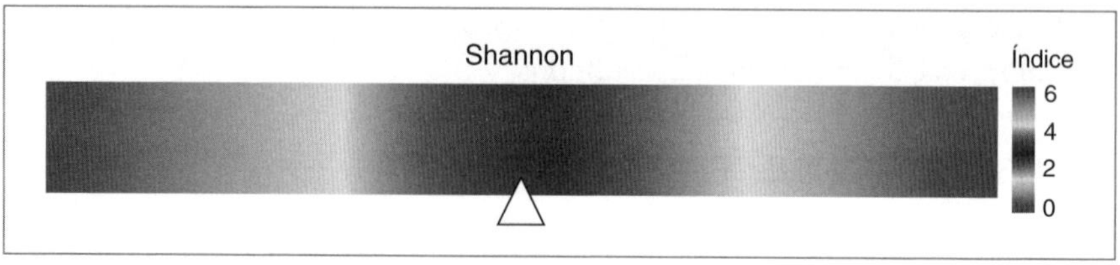

FIGURA 1 Exemplo de apresentação do índice de diversidade de Shannon. Na imagem, o índice calculado é de 3,59.

Fonte: exemplo de laudo do laboratório Testfy (www.testfy.com.br).

Assinatura microbiana

Muitas condições têm uma assinatura microbiana, ou seja, um perfil de microbiota específico. A doença de Crohn, por exemplo, apresenta baixos níveis de *Faecalibacterium prausnitzii*, aumento do filo Pseudomonadota (anteriormente conhecido como Proteobacteria) e um menor índice de diversidade. Já os pacientes pós-cirurgia bariátrica ficam com um perfil de microbiota semelhante à doença de Crohn, mas com uma menor diversidade e um aumento de Pseudomonadota.[8]

Alguns testes trazem a análise dessa assinatura comparando o paciente com a população, mas é importante lembrar que o teste de microbiota não é uma ferramenta de diagnóstico de doenças – ele apenas mostra o perfil das bactérias (Figura 2). Conhecer a assinatura microbiana do paciente pode ajudar, portanto, a traçar condutas assertivas de dieta para ajudar a trazer a microbiota para um equilíbrio adequado, e assim prevenir condições patológicas ou ajudar no tratamento do paciente.

Proporção entre os filos

Outro parâmetro importante a ser avaliado é a proporção entre os filos de bactérias. Todos os testes de sequenciamento apresentam esse dado e já existem valores de referência para os filos que foram encontrados em indivíduos saudáveis (Tabela 1). O ideal é que o paciente se aproxime ao máximo dos valores de referência, mas sempre se deve lembrar que a microbiota não é tão matemática e todos têm individualidades.

Atualmente, sabe-se também que há vários tipos de disbiose (por excesso de bactérias patobiontes, por baixa diversidade, por falta de bactérias-chave para o intestino e até mesmo por excesso de bactérias consideradas benéficas). O teste de microbiota ajuda, então, a entender qual tipo de disbiose um paciente apresenta, informação a partir da qual é possível traçar estratégias de alimentação e estilo de vida para levar a microbiota para o equilíbrio ideal. O filo mais dominante

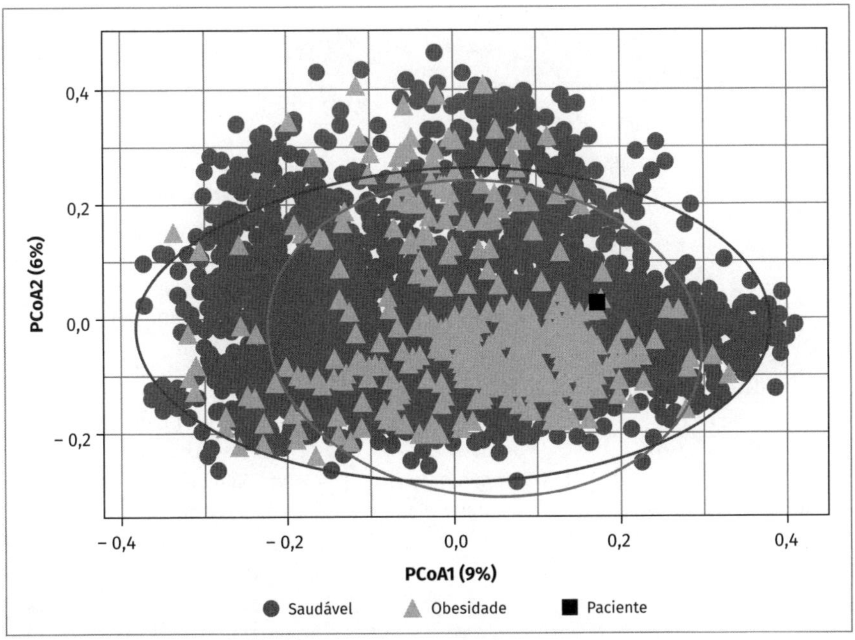

FIGURA 2 Exemplo de apresentação da assinatura microbiana.
Fonte: *exemplo de laudo do laboratório Testfy* (www.testfy.com.br).

não necessariamente representa a espécie mais predominante no intestino, por isso é importante a avaliação dos filos também, mas somente esse dado não basta para a interpretação dos testes.

Com relação a esse parâmetro, muito se discute sobre a proporção Bacteroidota/ Bacillota (conhecidos anteriormente como Bacteroidetes e Firmicutes), que são os principais filos encontrados no intestino humano e juntos representam em torno de 90% dos filos. Os primeiros trabalhos que avaliaram essa razão foram avaliados camundongos geneticamente obesos, eutróficos e heterozigotos. Os camundongos ob/ob apresentavam uma redução de 50% no filo Bacteroidota em comparação com os camundongos eutróficos.[10] Desde então, esses resultados levavam a acreditar que uma maior proporção de Bacillota estaria relacionada com a obesidade, mas outros estudos foram evoluindo e a compreensão desses dados também foi mudando, indicando que os pacientes obesos possuem uma diferença maior entre Bacillota e Bacteroidota, mas que a relação ideal não deveria ser de 1:1, como acreditou-se por muito tempo. Nesses estudos, mesmo os camundongos eutróficos já apresentavam maior proporção de Bacillota em comparação com Bacteroidota, o que não é necessariamente um indicador ruim ou de disbiose. Os Bacillota possuem muitas bactérias produtoras de butirato que são fundamentais para a saúde humana.[11]

TABELA 1 Visão geral da composição do microbioma humano

Filo	% do microbioma	Gêneros ou espécies	Funções relevantes	Origem
Filos principais (> 1% na maioria dos indivíduos)				
Firmicutes	~60-65%	*Clostridium* *Eubacterium* *Faecalibacterium* *Lactobacilli* *Roseburia* *Ruminococcus*	Algumas espécies fermentam a fibra em butirato; outras funções variam de simbiontes a patógenos. Produção de butirato	
Bacteroidetes	~20-25%	*Alistipes* *Bacteroides* *Parabacteroides* *Prophyromonas* *Prevotella*	Alistipes aumenta em dietas rica em proteína, principalmente carne vermelha e gordura saturada; as outras são aumentadas em dietas ricas em grãos e fibras	
Proteobacteria	~5-10%	*Escherichia coli*		
Actinobacteria	~3%	*Bifidobacterium colinsella*	Probiótico comum	
Filos menores (< 1% na maioria dos indivíduos)				
Archaea	< 1%	*Methanobrevibacter* *Methanosphaera*		
Deferribacteres	< 1%		Aumentada em sangramento gastrointestinal	
Fusobacteria	< 1%	*Fusobacterium nucleatum*	Aumentada em dieta rica em carnes	
Melainabacteria	< 1%		Aumentada em dietas plant based, presente em água de poço	
Spirochaetes	< 1%	*Treponema (predominantemente)*	Mais comum em comunidades rurais e dietas ricas em fibras	
Verrucomicrobia	< 1%	*Akkermansia muciniphila*		

Fonte: adaptada de Rosenbaum et al., 2015.[9]

Espécies mais predominantes

A análise das espécies mais predominantes é fundamental, pois pode informar o que está acontecendo no intestino. Assim, se há uma espécie com abundância aumentada, isso pode indicar algum tipo de desequilíbrio e pode-se também correlacionar as espécies mais predominantes com a dieta do paciente ou o uso de antibiótico. Esse parâmetro é fundamental para cruzar com a clínica do paciente e, portanto, para as condutas.

Como mencionado anteriormente, é importante lembrar que nem sempre a espécie majoritária pertence ao filo mais predominante. O fator complicador dessa análise é que muitas ainda não têm um valor de referência adequado, com exceção das chamadas espécies-chave, como *Akkermansia muciniphila* e *Fecalibacterium prausnitizzi*.

Análise das espécies

O primeiro aspecto a ser observado em uma análise de espécies é a proporção que elas apresentam e, mesmo que ainda não exista um valor de referência adequado, considerar que não é interessante que uma espécie esteja muito aumentada em comparação com as outras (p. ex., 12% de *Prevotella copri* já chama a atenção). Outra etapa importante é procurar na literatura científica ou no próprio laudo o que a literatura indica sobre determinada bactéria, se ela está relacionada com alguma condição específica e, o mais importante, entender seu metabolismo. A espécie *Bacteroides dorei*, por exemplo, produz enzimas que degradam carboidratos e, constatando-se a sua presença, pode-se fazer correlações com a clínica e a dieta do paciente. Em geral, quando existe uma predominância de *Bacteroides* é importante avaliar o excesso de carboidratos simples na dieta do paciente, pois normalmente eles estão relacionados com esse tipo de alimentação. Já maiores níveis de *Prevotella* podem ser relacionados com o consumo de vegetais e fibras, e assim se constrói o raciocínio para entender o ecossistema.[12]

Presença de bactérias-chave

As bactérias-chave são bactérias consideradas marcadoras da saúde intestinal. Muitas delas já possuem valores de referência, o que facilita a avaliação clínica. A espécie *Akkermansia muciniphila*, por exemplo, representa entre 1 e 5% do total de bactérias no intestino, e *Faecalibacterium prausnitzii*, entre 5 e 15%. É importante, no entanto, confirmar os valores de referência dessas bactérias no teste de cada paciente e verificar se elas estão na proporção correta.

A *Akkermansia* ajuda a restaurar a espessura normal da camada de muco e a função de barreira intestinal. Isso ocorre porque, quando está em equilíbrio, ao degradar o muco essa bactéria estimula a produção de mais muco pelas células caliciformes (ou *goblet*), aumentando a espessura da camada de muco e melhorando a permeabilidade intestinal.[13] Por conta disso, a suplementação com *Akkermansia* previne o desenvolvimento de endotoxemia metabólica ao reduzir a presença de lipopolissacarídeos no sangue. Ao prevenir endotoxemia metabólica e inflamação de baixo grau, a suplementação com *Akkermansia muciniphila* também previne distúrbios metabólicos induzidos por esses gatilhos, como resistência à insulina, inflamação hepática e diabetes.[14] Há estudos clínicos mostrando benefícios em parâmetros metabólicos com a suplementação de *Akkermansia muciniphila* tanto pasteurizada como viva. No estudo de Cani et al., por exemplo, foi realizada suplementação com *Akkermansia* pasteurizada ou viva para pacientes com síndrome metabólica e os resultados mostraram que *Akkermansia muciniphila* pasteurizada não apenas preservou os efeitos benéficos da bactéria, mas também aumentou sua capacidade de reduzir o ganho de peso corporal, o desenvolvimento de massa gorda, a resistência à insulina e a dislipidemia em camundongos.[14] A pasteurização da *Akkermansia* manteve a proteína AMUC1100, que é responsável por esses efeitos metabólicos benéficos. Outro grupo de pesquisadores mostrou melhora na curva glicêmica e na hemoglobina glicada com a suplementação da *Akkermansia* viva.[15] Atualmente, já é possível encontrar *Akkermansia* como probiótico (ver Capítulo 23 – Probióticos e posbióticos), além do pósbiótico de *Akkermansia*. A escolha entre essas opções é individualizada para cada caso e para o objetivo desejado com a suplementação.

Além dessas bactérias para as quais a literatura mostra valores de referência, deve-se prestar atenção também às bactérias produtoras de butirato, que são marcadores de saúde intestinal mesmo sem valores de referência estabelecidos. São elas: *Faecalibacterium prausnitzii*, *Eubacterium rectale*, *Eubacterium hallii*, *Roseburia* spp., *Ruminococcus* spp., *Coprococcus* e *Butyrivibrio* spp.

Por fim, é importante lembrar que ainda que algumas bactérias sejam benéficas, o aumento da sua quantidade pode não ser positivo, pois mesmo entre as espécies-chave há proporções que são adequadas. Algumas espécies de *Ruminococcus*, por exemplo, podem degradar o muco protetor na ausência de fibras.

CONSIDERAÇÕES FINAIS

Estamos vivendo uma disrupção da simbiose entre hospedeiro e microbiota e isso está por trás do aumento atual das doenças não transmissíveis, com alguns gatilhos relevantes envolvendo microbiota com baixa diversidade, aumento da permeabilidade intestinal, inflamação e estresse oxidativo. Esse contexto explica que uma das aplicações mais comuns dos testes do microbioma deve ser como uma ferramenta para os clínicos melhorarem o manejo dos pacientes. Embora ainda temos alguns desafios como a definição de microbioma intestinal saudável como também a falta de padronização das tecnologias. O importante é que o profissional clinico esteja sempre acompanhando a ciência e conheça as ferramentas dos testes para tomar a melhor decisão de qual pedir e como interpretar corretamente esses dados.

REFERÊNCIAS BIBLIOGRÁFICAS

1. Rogers AP, Mileto SJ, Lyras D. Impact of enteric bacterial infections at and beyond the epithelial barrier. Nat Rev Microbiol. 2023;21(4):260-74.
2. Miller JM, Binnicker MJ, Campbell S, Carroll KC, Chapin KC, Gonzalez MD, et al. Guide to utilization of the microbiology laboratory for diagnosis of infectious diseases: 2024 update by the Infectious Diseases Society of America (IDSA) and the American Society for Microbiology (ASM). Clin Infect Dis. 2024;ciae104.
3. Humphries RM, Linscott AJ. Laboratory diagnosis of bacterial gastroenteritis. Clin Microbiol Rev. 2015;28(1):3-31.
4. Lee HS, Plechot K, Gohil S, Le J. Clostridium difficile: diagnosis and the consequence of over diagnosis. Infect Dis Ther. 2021;10(2):687-97.
5. Wagner K, Springer B, Pires VP, Keller PM. High-throughput screening of bacterial pathogens in clinical specimens using 16S rDNA qPCR and fragment analysis. Diagn Microbiol Infect Dis. 2019;93(4):287-92.
6. Lakshmanan AP, Murugesan S, Khodor SA, Terranegra A. The potential impact of a probiotic: Akkermansia muciniphila in the regulation of blood pressure – the current facts and evidence. J Transl Med. 2022;20(1):430.
7. Le Chatelier E, Nielsen T, Qin J, Prifti E, Hildebrand F, Falony G, et al.; MetaHIT consortium. Richness of human gut microbiome correlates with metabolic markers. Nature. 2013;500(7464):541-6.
8. Al Assal K, Prifti E, Belda E, Sala P, Clément K, Dao MC, et al. Gut microbiota profile of obese diabetic women submitted to roux-en-Y gastric bypass and its association with food intake and postoperative diabetes remission. Nutrients. 2020;12(2):278.
9. Rosenbaum M, Knight R, Leibel RL. The gut microbiota in human energy homeostasis and obesity. Trends Endocrinol Metab. 2015;26(9):493-501.
10. Ley RE, Bäckhed F, Turnbaugh P, Lozupone CA, Knight RD, Gordon JI. Obesity alters gut microbial ecology. Proc Natl Acad Sci U S A. 2005;102(31):11070-5.
11. Magne F, Gotteland M, Gauthier L, Zazueta A, Pesoa S, Navarrete P, et al. The Firmicutes/Bacteroidetes ratio: a relevant marker of gut dysbiosis in obese patients? Nutrients. 2020;12(5):1474.
12. Manor O, Dai CL, Kornilov SA, Smith B, Price ND, Lovejoy JC, et al. Health and disease markers correlate with gut microbiome composition across thousands of people. Nat Commun. 2020;11(1):5206.
13. Paone P, Cani PD. Mucus barrier, mucins and gut microbiota: the expected slimy partners? Gut. 2020;69(12):2232-43.
14. Cani PD, de Vos WM. Next-generation beneficial microbes: the case of Akkermansia muciniphila. Front Microbiol. 2017;8:1765.
15. Depommier C, Everard A, Druart C, Plovier H, van Hul M, Vieira-Silva S, et al. Supplementation with Akkermansia muciniphila in overweight and obese human volunteers: a proof-of-concept exploratory study. Nat Med. 2019;(7)25:1096-103.
16. Vestergaard MV, Allin KH, Eriksen C, Zakerska-Banaszak O, Arasaradnam RP, Alam MT, et al. Gut microbiota signatures in inflammatory bowel disease. United Eur Gastroenterol J. 2024;12(1):22-33.

21

Avaliação do eixo intestino-cérebro por meio da metabolômica

Camila de Siqueira Cardinelli

PONTOS-CHAVE

- Enzimas de microrganismos atuam sobre os alimentos que ingerimos e liberam metabólitos microbianos no intestino e na corrente sanguínea.
- Metabólitos são o reflexo dos genes que já se expressam no organismo, em paralelo com a influência dos fatores ambientais.
- Alteração na via do chiquimato pode impactar no metabolismo de aminoácidos aromáticos e, consequentemente, na produção adequada de neurotransmissores.
- A dosagem de precursores e metabólitos de dopamina é essencial para melhor entendimento de condições de saúde mental.
- Ácido 3,4-di-hidroxifenilacetico (DOPAC), um dos subprodutos de dopamina, pode ser produzido a partir de quercetina.
- O excesso de metabólitos da dopamina se acumula no citoplasma e gera efeitos tóxicos, como o dano oxidativo decorrente do esgotamento da glutationa no cérebro.
- O butirato diminui a neuroinflamação e aumenta a função neuroprotetora nos neurônios corticais, incluindo efeitos diretos nos níveis hipotalamicos de dopamina.
- Akkermansia muciniphilla exerce efeito antiobesidade alterando níveis de ácidos biliares e endocanabinoides, como oleoiletanolamida.

INTRODUÇÃO

Nas últimas décadas, os avanços tecnológicos abriram novas possibilidades de obtenção de dados moleculares em escala populacional. Uma dessas tecnologias é a metabolômica, responsável pelo estudo dos metabólitos endógenos (sintetizados ou gerados pelo corpo) e exógenos (derivados do ambiente) – o metaboloma. O banco de dados The Human Metabolome Database contempla mais de 200 mil metabólitos que podem ser encontrados em humanos.

Os metabólitos são pequenas moléculas, geralmente com massa inferior a 1.500 Da,[1] envolvidos em diversos processos fisiológicos, incluindo os blocos de construção das principais macromoléculas, nutrientes funcionais e compostos como hormônios sexuais, medicamentos e toxinas (Figura 1). Essa diversidade molecular torna o metaboloma um conjunto de dados extremamente interessante para a buscar pela resolução de muitos problemas de saúde.[2] Além disso, a metabolômica desperta particular interesse na área da farmacologia, pois é uma ferramenta capaz de direcionar potenciais medicamentos ou alvos de tratamento de forma mais assertiva.[3] Na área da saúde objetiva, a metabolômica

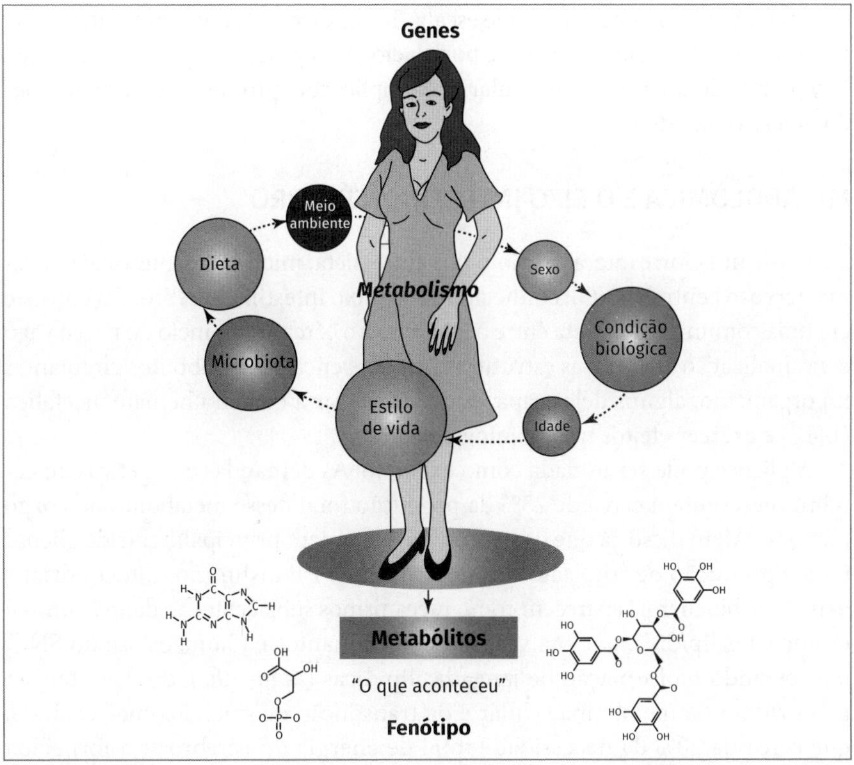

FIGURA 1 Representação do papel desempenhado pelos metabólitos como reflexos da interação entre genes que já se expressaram e fatores ambientais. Eles fornecem informações sobre o que aconteceu no organismo e, assim, seu estudo permite compreender o fenótipo do indivíduo.

Fonte: adaptada de Suhre e Gieger, 2012.[4]

detecta desequilíbrios no metabolismo por meio da análise de metabólitos que são intermediários metabólicos ou produtos finais do metabolismo.

Mais recentemente, o aumento da escalabilidade das plataformas metabolômicas e a diminuição do custo associado levaram a uma proliferação de coortes e "biobancos" que incluem a metabolômica em seus estudos. O Biobank do Reino Unido, por exemplo, é uma das maiores coortes populacionais existentes até o momento e anunciou um projeto em 2018 para mensurar mais de 200 metabólitos em 500 mil amostras de sangue. O programa Trans-Omics for Precision Medicine (TOPMed), por sua vez, financiou a coleta de dados metabolômicos em mais de 60 mil amostras de diversas populações para emparelhar com fenotipagem e dados de sequenciamento do genoma completo. O Consortium of Metabolomics Studies (COMETS) tem trabalhado desde 2014 para combinar dados metabolômicos do sangue de dezenas de coortes em todo o mundo para investigação biomédica em grande escala. Todos esses estudos representam uma nova era de investigação em saúde populacional e epidemiologia molecular que tem permitido uma visão molecular com implicações profundas para aplicações de precisão na saúde.[3]

METABOLÔMICA E O EIXO INTESTINO-CÉREBRO

Existe uma forte interação biológica entre dieta, microbiota intestinal e sistema nervoso central (SNC), conhecida como eixo intestino-cérebro. Ela consiste em uma comunicação direta entre o intestino e o cérebro por meio do nervo vago e na sinalização entre essas estruturas pela presença de metabólitos circulantes no organismo, alguns deles capazes de atravessar a barreira hematoencefálica (BHE) e exercer efeitos neurobiológicos diretos.

A glicose pode ser tomada como exemplo. As demandas energéticas do cérebro representam cerca de 25% da produção total desse metabólito no corpo humano. Além disso, já que os neurônios dependem principalmente de glicose para a produção de trifosfato de adenosina (ATP), disfunção mitocondrial e déficits de bioenergia aparecem como mecanismos subjacentes ao dano neuronal crônico. Os lipídios, por sua vez, são determinantes na homeostase do SNC, participando da formação de jangadas lipídicas (*lipid-rafts*), da manutenção da estrutura da membrana celular e da transdução de sinal. Estima-se, ainda, que cerca de 20% da necessidade total de energia do cérebro seja fornecida pela oxidação de ácidos graxos. Os metabólitos também estão envolvidos na regulação do microambiente neuronal.Além de um sistema neurovascular bem organizado que filtra as trocas de biomoléculas e xenobióticos que ocorrem através da BHE, uma combinação de enzimas intracelulares e extracelulares contribui para regular o tráfego molecular formando uma barreira metabólica capaz de metabolizando e inativando muitos compostos neuroativos e tóxicos. Em comparação com o SNC, o sistema nervoso periférico (SNP) permanece mais exposto a agentes tóxicos por ter uma barreira hematológica-neuronal menos eficaz. Os nervos periféricos apresentam também menor demanda energética do que o cérebro, tanto em repouso quanto sob estimulação.

Microbiota

A contribuição do microbioma para a digestão dos alimentos e o metabolismo dos nutrientes é central para as funções biológicas que conectam a microbiota aos hospedeiros. Por meio de enzimas que não estão presentes no genoma humano, a ação do microbioma sobre os alimentos resulta na liberação de metabólitos (classificados como "metabólitos microbianos derivados da dieta") no intestino e na corrente sanguínea.[5]

Em um estudo, Lai et al.[6] coletaram biofluido fecal, soro sanguíneo e tecidos cerebrais corticais de camundongos livres de germe e camundongos convencionais (com microbiota) C57BL/6 com 8 semanas de idade. As amostras foram submetidas à análise metabolômica por meio de tecnologia de alta resolução (LC-HESI-HRMS), tendo sido examinadas mais de 20 mil características iônicas distintas e alterações em centenas de metabólitos.

No que se refere ao metabolismo no lúmen intestinal, um total de 70 grupos de classes químicas e 71 vias metabólicas foram significativamente perturbados pela presença de microrganismos, representados por 14 vias de aminoácidos (em particular aminoácidos aromáticos - AAA). Os aminoácidos aromáticos fecais, especialmente relacionados ao metabolismo de triptofano e tirosina, destacaram-se com alta significância estatística. Os autores encontraram nos camundongos convencionais: diminuição nos níveis de triptofano; alteração na via de chiquimato com redução de chiquimato e níveis aumentados de derivados de corismato; supressão da biossíntese de folato; enriquecimento nas vias do aminoácido tirosina e de subprodutos a jusante, incluindo neurotransmissores de catecolaminas; aumento significativo em ácidos biliares (AB) livres (primários e secundários); e redução significativa de ácidos biliares primários conjugados, incluindo aqueles associados a doenças neurodegenerativas, como doença de Alzheimer. Os efeitos da microbiota nos níveis de metabólitos circulantes foram caracterizados e representados por 231 metabólitos alterados e mais de 60 vias significativamente perturbadas que abrangeram o metabolismo de porfirina, corpos cetônicos, biossíntese de ácidos biliares e aminoácidos.[6]

Nas vias séricas, os camundongos convencionais também exibiram alterações quando comparados aos camundongos livres de germe. Entre elas, destacam-se: níveis enriquecidos de indóis derivados da microbiota, como indoxil sulfato e ácido indol 3-propiônico (IPA, do inglês *3-indolepropionic acid*), um ligante para os receptores pregnano X; alteração na via do chiquimato com níveis diminuídos de chiquimato-3-fosfato e quinato; e enriquecimento em metabólitos fenólicos (hipurato, salicilato e fenilsulfato). Nenhuma diferença foi detectada nos níveis de tirosina e de produtos de catecolaminas, que apresentaram-se alterados no intestino.[6] A via do chiquimato está presente exclusivamente em microrganismos (não ocorre em mamíferos) e pode ser perturbada pela microbiota a depender do tipo de microrganismo presente. Alteração nessa via pode impactar no metabolismo de aminoácidos aromáticos e, consequentemente, na geração de neurotransmissores. Acreditava-se que metabólitos dessa via eram inócuos para os mamíferos, entretanto descobriu-se que o uso de alguns herbicidas (p. ex., glifosato) pode inibir a via do chiquimato, com efeitos neurotóxicos. A avaliação da conexão entre microbiota, chiquimato e hospedeiro por meio da metabolômica é necessária, portanto, para melhor compreender as consequências de desequilíbrios nessa via na saúde do hospedeiro.

Ao dosar os níveis de metabólitos cerebrais nos camundongos convencionais, os pesquisadores observaram alterações em 58 metabólitos, entre eles alguns relacionados ao estresse oxidativo, como metionina/glutationa, prostaglandinas, corpos cetônicos e metabólitos microbianos (butirato, indoxil sulfato, N-óxido de trimetilamina – TMAO, derivados de chiquimato/fenilalanina, hidroxifenil lactato, N-(2-fenilacetil)glicina – PAG), e vias que conectam estresse oxidativo e transulfuração. Os resultados suportam a hipótese de que a microbiota pode controlar as condições fisiológicas do SNC, particularmente por meio da transulfuração, da homeostase redox e da neuroinflamação. Os autores descobriram, ainda, que a microbiota intestinal regula a produção de neurotransmissores no trato gastrointestinal e controla extensivamente a sua transformação, particularmente por meio da desconjugação. As bactérias intestinais podem atuar como produtoras de neurotransmissores, além de serem capazes de reativar metabólitos de fase II a partir de suas formas conjugadas, provavelmente por meio de enzimas hidrolíticas como beta-glucuronidases (GUS) e/ou beta-glicosidases. Vários metabólitos estão envolvidos no transporte interórgãos e nessa comunicação entre intestino e cérebro. O indoxil sulfato, considerado toxina urêmica e marcador de estresse oxidativo originado do metabolismo bacteriano intestinal, alcançou as maiores elevações no sangue circulante (4.351,6 vezes) e nos tecidos cerebrais (26,8 vezes) na presença da microbiota. O N-óxido de trimetilamina foi classificado como o terceiro com maiores alterações no soro (267,3 vezes) e no cérebro (7,32 vezes), apresentando-se também com níveis elevados no lúmen intestinal (5,90 vezes) na presença da microbiota. Níveis elevados desse produto final da oxidação da trimetilamina (TMA) bacteriana intestinal por meio da enzima flavina mono-oxigenase hepática do hospedeiro podem classificá-lo como toxina urêmica e marcador de estresse oxidativo, tendo sido associados a doenças cardiovasculares, doenças renais[7] e outras condições clínicas.[5] Por outro lado, agentes antioxidantes como pantotenato (vitamina B5) e o metabólito indol 3-lactato produzido por *Bifidobacterium longum* também estavam muito elevados no soro e no cérebro na presença da microbiota.

Essas descobertas reforçam a noção de que a microbiota comensal é capaz de mediar o SNC (especialmente a homeostase redox e a neuroinflamação) por vias diretas, mas indica que seus efeitos podem variar a depender de múltiplos fatores, como a composição da microbiota e seus metabólitos ecaracterísticas individuais do hospedeiro, como gênero, idade e estado de saúde.[6] É importante, portanto, avaliar não apenas o indivíduo, mas também o contexto no qual se encontra, já que fatores genéticos e ambientais (microbioma, metabólitos, exposição a poluentes tóxicos, nível de estresse, uso de medicações ou não, prática de atividade física, idade, gênero) influenciam as respostas metabólicas a diferentes exposições e estímulos.

NEUROTRANSMISSORES E SISTEMA DOPAMINÉRGICO

Os processos de sinalização química no cérebro dependem dos neurotrasmissores, moléculas que interagem com receptores acoplados à proteína G (GPCR, do inglês *G protein-coupled receptors*) e transmitem a informação por meio de interações químicas que comumente ocorrem como "chave e fechadura".

Um dos receptores acoplados à proteína G mais estudados é o receptor de dopamina, cujo principal ligante endógeno é a molécula de dopamina. Esse hormônio e seus receptores afetam o movimento, as emoções e o sistema de recompensa do cérebro; com envolvimento em doenças como a de Parkinson e esquizofrenia.[8]

O conhecimento preciso sobre os precursores e metabólitos de dopamina é essencial para a descoberta e o desenvolvimento de novos medicamentos e tratamentos para diversas doenças degenerativas. Estudos experimentais com camundongos e ratos demonstraram que os metabólitos primários da dopamina são o ácido 3,4-di-hidroxifenilacético (DOPAC) e o ácido homovanílico (HVA). Enquanto o ácido homovanílico não apresenta atividade biológica significativa pode ser considerado o último elo do metabolismo da dopamina, o ácido 3,4-di-hidroxifenilacético é um dos intermediários mais abundantes nesse processo e atua como um agonista da dopamina em receptores acoplados à proteína G. Ele pode ter, ainda, um efeito antagônico no receptor ácido gama-aminobutírico ρ1 (GABAρ1) e interagir com a proteína alfa-sinucleína (molécula envolvida nas sinucleinopatias). Alterações na bioprodução do ácido 3,4-di-hidroxifenilacético já foram observadas em pacientes com Parkinson e esquizofrenia, indicando que esse metabólito pode ser um excelente biomarcador para identificar a perda de neurônios dopaminérgicos.[9]

Regulação da sinalização dopaminérgica pelo eixo microbiota-intestino-cérebro

A biodisponibilidade adequada de dopamina é essencial para o funcionamento normal do cérebro e para a proteção contra o desenvolvimento de doenças neurológicas. Sabe-se também que nervo vago, sistema imunológico, eixo hipotálamo-hipófise-adrenal e metabólitos microbianos servem, em conjunto, como importantes mediadores da sinalização bidirecional entre a microbiota, o intestino e o cérebro. Assim, compreender o papel da microbiota intestinal na modulação da atividade e na biodisponibilidade da dopamina (na periferia e no SNC) pode ajudar a identificar novos alvos terapêuticos ou a otimizar os métodos disponíveis para prevenir, retardar ou restaurar déficits dopaminérgicos que ocorrem em diversos distúrbios neurológicos e metabólicos.

Entre os neurotransmissores, a dopamina atrai grande interesse por sua participação em condições patológicas do trato gastrointestinal e do SNC. O transportador de dopamina (DAT, do inglês *dopamine transporter*) e os receptores de dopamina D1 a D5 são essenciais na realização de inúmeras funções desse neurotransmissor, envolvidas em processos como cognição, recompensa, saciedade, movimentos motores voluntários, motilidade intestinal e secreções. Alterações na expressão do transportador de dopamina e dos receptores D1 e D2 no corpo estriado têm sido correlacionadas com alterações no microbioma intestinal. Foi demonstrado, por exemplo, que certos microrganismos pertencentes às espécies de *Prevotella*, *Bacteroides*, *Lactobacillus*, *Bifidobacterium*, *Clostridioides*, *Enterococcus* e *Ruminococcus* modulam receptores, transportadores e alvos específicos da via dopaminérgica, tanto de maneira positiva quanto negativa (Figura 2). Vários estudos demonstraram, ainda, conexão entre os microrganismos e vias dopaminérgicas no SNC e perifericamente, no trato gastrointestinal, comprovando-se que ambos impactam no comportamento.[10]

O ácido 3,4-di-hidroxifenilacético, um dos subprodutos do metabolismo da dopamina, também pode ser produzido a partir do polifenol flavonoide quercetina. Foram documentadas propriedades antiproliferativas e protetoras hepáticas e de células pancreáticas associadas à sua produção pela microbiota intestinal.[11-13] A capacidade de produção desse ácido na microbiota intestinal humana tem sido associada à abundância de *Coprococcus*, já que a conversão a partir de 3,4-di-hidroxifenilacetaldeído foi codificada nos genomas analisados de *Coprococcus vem* e *Coprococcus catus*. A menor abundância desse gênero e uma menor capacidade de produção de ácido 3,4-di-hidroxifenilacético associaram-se piores índices de

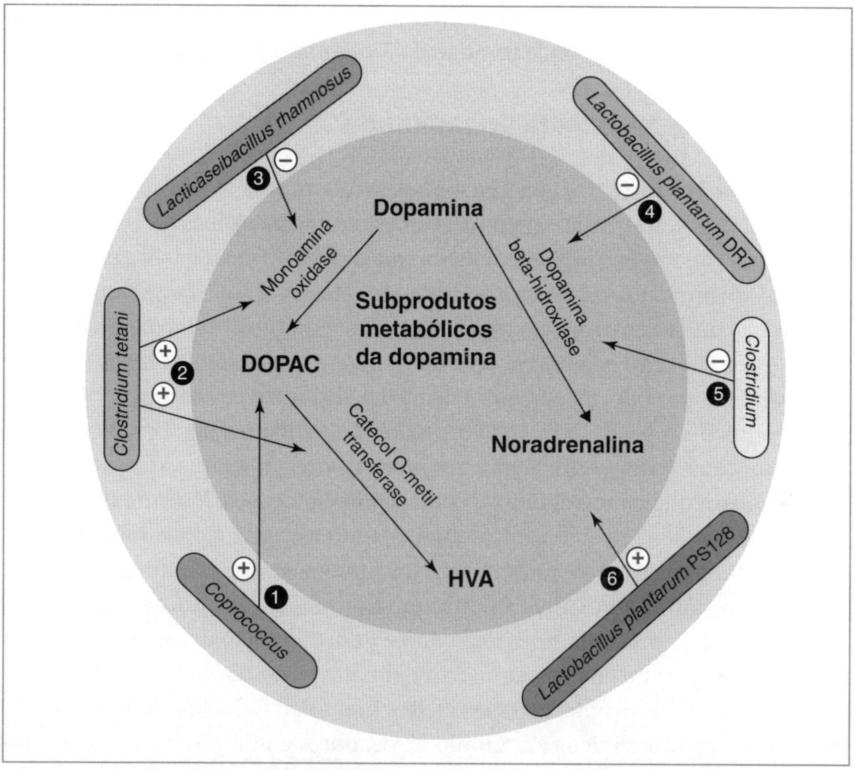

FIGURA 2 Representação esquemática do efeitos da microbiota intestinal nos subprodutos metabólicos da dopamina. 1: *Coprococcus comes* e *Coprococcus catus* são fortemente associados ao potencial de síntese de ácido 3,4-di-hidroxifenilacético (DOPAC); 2: *Clostridioides tetani* tem efeitos degradativos sobre a dopamina, promovendo a degradação em ácido homovanílico (HVA) por intermediação de DOPAC; 3: *Lacticaseibacillus rhamnosus* regula negativamente a enzima monoamina oxidase (MAO); 4: *Lactobacillus plantarum* DR7 regula negativamente a enzima dopamina beta-hidroxilase; 5: espécies de *Clostridium* demonstraram regular negativamente a dopamina beta-hidroxilase; 6: A administração de *Lactobacillus plantarum* PS128a melhora o metabolismo da dopamina e aumenta os níveis de noradrenalina.
Fonte: Hamamah et al., 2022.[10]

saúde física e mental em duas amostras populacionais.[14] Níveis reduzidos desse metabólito no líquido cefalorraquidiano foram propostos, inclusive, como um biomarcador para doença de Parkinson. Há que se considerar, ainda, que Sankaranarayanan et al.[15] examinaram 94 espécies de bactérias intestinais humanas quanto à sua capacidade de biotransformar o flavonoide quercetina em diferentes metabólitos e constataram que cinco dessas espécies foram capazes de degradá-lo, incluindo *Bacillus glicinifermentans*, *Flavonifractor plautii*, *Bacteroides eggerthii*,

Olsenella scatoligenes e *Eubacterium eligens*. Outros estudos mostraram também que *Flavonifractor plautii* pode gerar ácido 3,4-di-hidroxifenilacético.[15]

Clostridioides e sistema dopaminérgico

Clostridioides é um dos gêneros mais presentes na classificação taxonômica intestinal, que compreende cerca de 180 espécies anaeróbias Gram-positivas pertencentes ao filo Bacilota. Além disso, certas espécies desse gênero participam do metabolismo da *dopamina* com diferentes efeitos.[10] Taj e Jamil[16] colocaram aminas biogênicas em um meio de cultura contendo *Clostridium tetani* e observaram que a dopamina foi metabolizada em quantidades significativas de ácido homovanílico por intermediação do ácido 3,4-di-hidroxifenilacético.[16] O ácido homovanílico é o produto final da degradação enzimática da dopamina e seus níveis coincidem com a diminuição dos níveis de dopamina no SNC. Além disso, identificou-se que os metabólitos produzidos pela classe *Clostridia* inibiram a enzima dopamina beta-hidroxilase, bloqueando a conversão de dopamina em noradrenalina e causando aumento significativo nos níveis de dopamina, com diminuição indireta nos níveis de noradrenalina. O excesso de metabólitos da dopamina se acumula no citoplasma e gera efeitos tóxicos, como o dano oxidativo decorrente do esgotamento da glutationa no cérebro. O estresse oxidativo, por sua vez, produz diversos efeitos prejudiciais, incluindo apoptose de neurônios dopaminérgicos e acúmulo de produtos como protofibrilas de alfa-sinucleína que contribuem para a patogênese de distúrbios neurodegenerativos. Essas descobertas demonstram como as espécies neuropatogênicas do gênero *Clostridioides* podem exercer efeitos desfavoráveis na ação de enzimas envolvidas no metabolismo da dopamina.

Por outro lado, vários estudos demonstram efeitos benéficos de algumas espécies de *Clostridium* na concentração de dopamina por conta da formação de endósporos. A espécie *Clostridium butyricum*, por exemplo, forma esporos que germinam no trato gastrointestinal e promovem a produção de quantidades consideráveis de ácidos graxos de cadeia curta (AGCC), particularmente o butirato. Esses resultados benéficos foram demonstrados em um estudo experimental no qual os pesquisadores administraram *Clostridium butyricum* a leitões que apresentavam estresse de desmame, tendo observado aumento nas concentrações hipotalâmicas de dopamina. Esse efeito foi atribuído às altas concentrações de butirato, capaz de atravessar a BHE e influenciar a atividade cerebral, afetando a função e o desenvolvimento microglial. O butirato de sódio diminui a neuroinflamação e aumenta a função neuroprotetora nos neurônios corticais, incluindo efeitos diretos nos níveis hipotalâmicos de dopamina. *Clostridium coccoides* e *Clostridium leptum*, por sua vez, demonstraram atividade enzimática da beta-glucuronidase, a qual auxilia na produção de catecolaminas intestinais livres. Ao comparar camundongos livres de germe com camundongos livres de patógenos selecionados, os camundongos do segundo grupo demonstraram ter quantidades consideravelmente mais altas de dopamina, adrenalina e noradrenalina em comparação com camundongos livres de germe, sendo que a maior parte da dopamina foi identificada em sua forma livre no ceco, no cólon e no íleo. As catecolaminas periféricas são comumente conjugadas com glicuronídeo ou sulfato e, quando conjugadas, são consideradas biologicamente inativas. Nos camundongos livres de patógenos selecionados, as catecolaminas intestinais, incluindo a dopamina, foram encontradas na forma livre biologicamente ativa, enquanto em camundongos livres de germe estavam na forma conjugada biologicamente inativa, indicando que *Clostridium coccoides* e *Clostridium leptum* apresentaram atividade enzimática de beta-glucuronidase para converter a dopamina periférica na sua forma ativa. Com isso, foi possível verificar que espécies do gênero *Clostridioides* desempenham papéis importantes no aumento da dopamina funcional disponível também na periferia.[10]

Por fim, um estudo de Chang et al.[17] mostrou que substratos de neurotransmissores descarboxilados, incluindo a dopamina, podem ser conjugados com ácidos graxos para produzir amidas de ácidos graxos. Espécies de *Clostridium* produzem essas amidas de ácidos graxos no lúmen intestinal de forma endógena ou usando substratos exógenos comuns na dieta humana. Eles também atuam como ligantes aos receptores acoplados à proteína G, gerando efeitos de sinalização a jusante que impulsionam processos fisiológicos.[17]

MICROBIOTA, METABOLÔMICA E ENDOCANABINOIDES

Para elucidar quais metabólitos são modulados por *Akkermansia muciniphila* (Akk) e podem posteriormente mediar a comunicação com os tecidos do hospedeiro, Ha et al.[18] realizaram análises metabolômicas globais não direcionadas em amostras fecais e plasmáticas de camundongos machos DBA/2J com 5 semanas de idade (18 a 23 g) divididos em dois grupos, um que consumiu frutose e foi tratado com *Akkermansia muciniphila* e outro que consumiu frutose e não recebeu tais bactérias (controle). Foram identificados no plasma e nas fezes, respectivamente, 813 e 786 metabólitos. A análise de componente principal revelou separação distinta entre as amostras do grupo controle e do grupo tratado com *Akkermansia muciniphila* de acordo com os perfis de metabólitos plasmáticos e fecais. A análise diferencial de metabólitos mostrou que 11 metabólitos plasmáticos e 344 metabólitos fecais foram diferencialmente abundantes entre os dois grupos de camundongos. Como o pequeno número de metabólitos plasmáticos identificados usando o ponto de corte rigoroso limitou a capacidade de realizar análises de vias, os autores usaram um ponto de corte de p-*value* inferior a 0,05, que rendeu 134 metabólitos diferenciais (55 aumentados e 79 diminuídos) no plasma e 328 metabólitos fecais (289 aumentados e 39 diminuídos).

O metabólito pantotenato (vitamina B5) foi o que mais aumentou nas fezes após tratamento com *Akkermansia muciniphila* em animais que consumiram frutose. Nisinato (precursor do ácido docosa-hexaenoico – DHA) e oleoiletanolamida (OEA) também sofreram aumento após o tratamento com *Akkermansia muciniphila* em amostras fecais e de plasma. Oleoiletanolamida, em particular, é um análogo endocanabinoide e membro da família N-aciletanolamina (NAE) com capacidade de regular a alimentação e o peso corporal. N-palmitoiletanolamida (PEA) e N-estearoiletanolamina (SEA) também tiveram níveis aumentados nas fezes após tratamento com o uso de *Akkermansia muciniphila*. Esses metabólitos endocanabinoides podem ser sintetizados no intestino após a colonização por *Akkermansia muciniphila*, entrar na circulação e afetar a fisiologia do hospedeiro. No plasma o tratamento com *Akkermansia muciniphila* foi capaz de afetar significativamente cinco vias metabólicas, incluindo a regulação da fosfatidiletanolamina, esfingomielinas e fosfatidilcolina. Nas amostras fecais, *Akkermansia muciniphila* afetou nove vias metabólicas, incluindo ácido graxo ramificado, ácido biliar primário e metabolismo da pirimidina. Metabólitos pertencentes à classe das ceramidas foram alterados no plasma e nas fezes.[18] Fosfatidiletanolamina e fosfatidilcolina plasmáticas, substratos endocanabinoides da oleoiletanolamida, também foram identificados como vias significativamente alteradas por *Akkermansia muciniphila* sob consumo de frutose. Esses resultados indicam que a alteração causada por suplementação com *Akkermansia muciniphila* sob dieta com frutose na via endocanabinoide é consistente entre amostras fecais e plasmáticas. Em paralelo ao aumento de oleoiletanolamida nos resultados metabolômicos, a análise quantitativa por reação em cadeia da polimerase (qPCR) em tempo real mostrou que *Akkermansia muciniphila* aumentou significativamente a expressão de N-acilfosfatidiletanolaminas (NAPE, do inglês *N-acylphosphatidylethanolamine*) por uma fosfolipase D específica (NAPE-PLD) envolvida na síntese de OEA, sem alteração na enzima hidrolase de amida de ácido graxo (FAAH, do inglês *fatty-acid amide hydrolase 1*), envolvida na degradação de oleoiletanolamida no íleo dos camundongos DBA alimentados com frutose. Oleoiletanolamida pode atuar como um ligante específico para o receptor alfa ativado por proliferador de peroxissoma (PPAR-alfa, do inglês *peroxisome proliferator-activated receptor alpha*) e para o receptor 119 acoplado à proteína G (GPR119), ambos envolvidos na regulação da ingestão alimentar e da homeostase da glicose. Observou-se regulação positiva na expressão desses receptores com o tratamento com *Akkermansia muciniphila* no íleo. Esses resultados indicam que metabólitos endocanabinoides como oleoiletanolamida podem ser induzidos no intestino após a colonização por *Akkermansia muciniphila* e funcionam como importantes mediadores entre a microbiota intestinal e o hospedeiro, participando da sinalização do eixo intestino-cérebro.[18]

Os metabólitos e a expressão gênica hipotalâmica que são regulados diferencialmente pelo tratamento com *Akkermansia muciniphila* permitem delinear a conexão entre *Akkermansia*, ácidos biliares e oleoiletanolamida, bem como seu envolvimento na expressão hipotalâmica de ocitocina. Testes experimentais de administração de oleoiletanolamida confirmaram que esse metabólito imita os efeitos de *Akkermansia muciniphila*, corroborando que oleoiletanolamida tem um papel importante como regulador funcional. Esse estudo multiômico utilizando um modelo de camundongo alimentado com alto teor de frutose destaca que a colonização bem-sucedida por *Akkermansia muciniphila* molda o ambiente intestinal, aumentando as bactérias benéficas e inibindo bactérias patogênicas, alterando o conteúdo de ácidos biliares (tanto primários quanto secundários) e regulando positivamente a produção de endocanabinoides, especialmente o análogo da anandamida oleoiletanolamida, que, por sua vez, afeta o receptor alfa ativado por proliferador de peroxissoma e o receptor 119 acoplado à proteína G no intestino, acionando o eixo intestino-cérebro para induzir alterações hipotalâmicas nos genes de regulação de energia, como ocitocina, que pode invocar efeito anorexígeno. Como oleoiletanolamida pode atravessar a BHE, acredita-se que esse metabólito pode ter efeito direto no cérebro, mas ainda é necessária maior elucidação experimental.

Esse estudo revela as cascatas moleculares subjacentes à forma como *Akkermansia muciniphila* exerce efeito antiobesidade sob o consumo de frutose, moldando a microbiota intestinal para um ambiente mais favorável. Essa modulação leva a alterações em vários metabólitos, incluindo ácidos biliares e endocanabinoides, e no eixo intestino-cérebro por meio do endocanabinoide oleoiletanolamida, que regula genes envolvidos no metabolismo energético no hipotálamo (Figura 3).[18]

IMPACTO DE COMPONENTES TÓXICOS DE METABÓLITOS NO EIXO INTESTINO-CÉREBRO

Apesar da BHE impedir a passagem não seletiva de compostos do sangue circulante para o fluido extracelular do SNC, onde ficam os neurônios, o cérebro é um órgão propenso a danos causados por poluentes ambientais. Vários poluentes ambientais podem, além de danificar o cérebro, afetar a microbiota intestinal.

Visando avaliar o impacto de coquetéis químicos de xenobióticos no metaboloma cerebral e sua possível influência na comunicação entre o intestino e o cérebro, Parra-Martínez et al.[19] expuseram camundongos a metais pesados (arsênio,

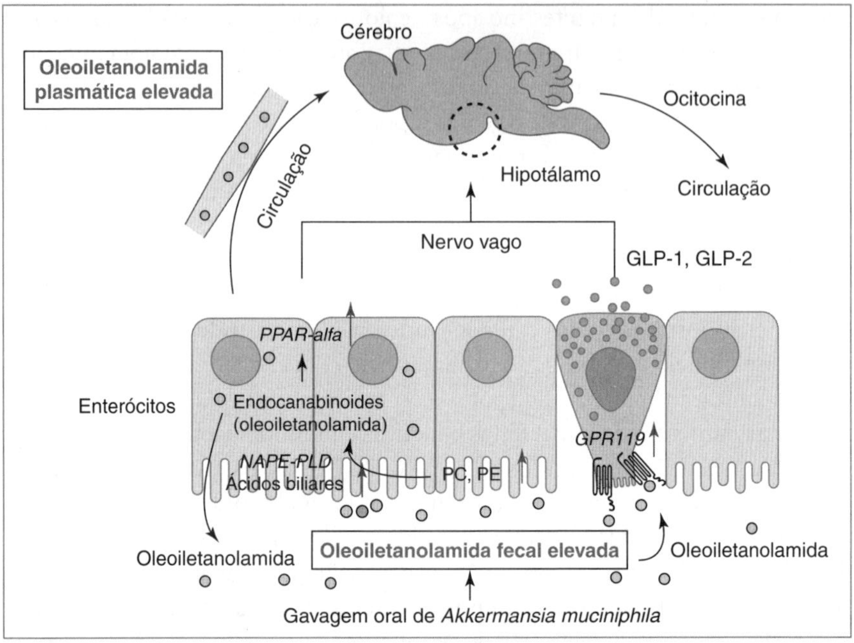

FIGURA 3 Representação esquemática de como *Akkermansia muciniphila* molda a microbiota intestinal e altera vários metabólitos, como oleoiletanolamida (OEA). *Akkermansia* molda um ambiente favorável para o desenvolvimento de outras bactérias beneficiárias e estimula a produção de ácidos biliares, o que leva à biossíntese do endocanabinoide oleoiletanolamida. Por sua vez, oleoiletanolamida atua como mediador entre o eixo intestino-cérebro para liberar ocitocina no sistema do hospedeiro, que regula a homeostase energética.

PE: fosfatidiletanolamina; PC: fosfatidilcolina.
Fonte: Ha et al., 2022.[18]

mercúrio e cádmio) e produtos farmacêuticos (diclofenaco e flumequina), bem como a duas dietas, uma regular para roedores e outra suplementada com selênio. Foram selecionados para esse estudo camundongos Balb/c machos com 8 semanas de idade, que foram divididos aleatoriamente em três grupos (n = 12): controle, coquetel químico e coquetel químico suplementado com selênio. Esses camundongos foram alojados em pares sob condições laboratoriais controladas durante 3 semanas, com acesso a comida e água. O grupo de controle foi alimentado com dieta regular durante todo o estudo, enquanto os camundongos dos outros dois grupos receberam uma mistura de flumequina e diclofenaco na ração junto com mercúrio, cádmio e arsênio na água potável. As concentrações de diclofenaco, flumequina, arsênio, cádmio e mercúrio foram calculadas para camundongos recebendo doses diárias de 20 mg/kg, 625 mg/kg, 3 mg/kg, 0,1 mg/kg e 1 mg/kg, respectivamente, consistentes com concentrações de relevância ambiental. No terceiro grupo, a comida continha um suplemento 0,65 mg/kg de selênio na forma de selenito de sódio.[19] O mercúrio é um dos neurotóxicos mais conhecidos, mas o arsênio também pode induzir efeitos neurotóxicos como encefalopatia, neuropatias periféricas, alterações neurocomportamentais e neurodegeneração. Por sua vez, o cádmio tem sido associado a doenças neurodegenerativas, incluindo as doenças de Alzheimer e Parkinson, e esclerose múltipla e esclerose lateral amiotrófica. Além disso, os seres vivos estão expostos a um ambiente multifacetado em que os poluentes podem interagir por mecanismos antagônicos ou sinérgicos. O selênio é um mineral com ação antioxidante conhecido justamente por seu antagonismo à neurotoxicidade de diversos poluentes, inclusive mercúrio, arsênio e cádmio. A suplementação com selênio reduz a deposição de placas beta-amiloides no cérebro de camundongos APP/PS1, reduz o estresse oxidativo no SNC e melhora os efeitos da doença de Alzheimer. Além disso, há um impacto na diversidade, na riqueza e na composição da microbiota intestinal.

Parra-Martínez et al.[19] analisaram, então, associações entre a abundância dos gêneros bacterianos identificados e dos metabólitos cerebrais nos grupos experimentais coquetel químico e coquetel químico suplementado com selênio. Os resultados sugerem que o metaboloma cerebral se correlaciona com a composição da microbiota intestinal e que essa interação é perturbada pela exposição ao coquetel químico, sendo positivamente alterada, por outro lado, pela suplementação com selênio. Entre as mudanças microbianas observadas, merecem destaque:

- O coquetel químico modificou o microbioma e os metabólitos cerebrais, mas alguns microrganismos tiveram sua abundância reduzida após suplementação com selênio (p. ex., grupo *Lachnospiraceae* NK4A136, *Lactobacillus* e *Mucispirillum*, bem como vários membros das famílias *Oscillospiraceae*, *Peptococcaceae*, *Muribaculaceae* e *Tannerellaceae*.
- Alguns microrganismos diminuíram após o coquetel químico, mas aumentaram após a suplementação com selênio (p. ex., *Roseburia*).
- Gêneros microbianos que não foram afetados pela exposição ao coquetel químico, sem qualquer associação com o metaboloma cerebral, mas que aumentaram significativamente após suplementação com selênio (p. ex., *Escherichia-Shigella*, *Lachnospiraceae* UCG-001, *Intestinimonas*, *Enterorhabdus* e *Acetatifactor*).[19]

Os pesquisadores observaram que a exposição ao coquetel químico afeta intensamente o metaboloma cerebral, aumentando ou reduzindo metabólitos que pertencem a classes de compostos relacionados com a função cerebral, como aminoácidos excitatórios, ceramidas, ácidos graxos, monoglicerídeos, entre outros. Eles também constataram que a suplementação com selênio foi capaz de modular as deficiências causadas pela exposição a esses xenobióticos. O aminoácido ácido N-acetil aspártico, por exemplo, aumentou com a exposição ao coquetel químico, mas foi normalizado com a suplementação com selênio, chegando a níveis semelhantes aos do grupo de controle. Esse aminoácido excitatório é responsável por cerca de um milésimo do peso úmido do cérebro humano e parece estar restrito apenas aos neurônios envolvidos em funções importantes, como produção de mielina, regulação da síntese de proteínas neuronais e metabolismo de vários neurotransmissores, como aspartato ou N-acetil-aspartil-glutamato. Já as ceramidas, precursoras de todos os esfingolipídios complexos, devem permanecer com níveis intracelulares ajustados, uma vez que alterações no perfil esfingolipídio-ceramida estão envolvidas no desenvolvimento de distúrbios neurológicos relacionados à idade e neuroinflamatórios. A suplementação com selênio no estudo de Parra-Martínez et al.[19] reduziu os níveis de ceramida cerebral cer (d16:1/24:0), que haviam sido alterados pelo coquetel químico. Algumas classes de compostos de monoglicerídeos e ácidos graxos importantes para o cérebro também foram reguladas negativamente pelo coquetel químico e moduladas positivamente pelo selênio. A suplementação com selênio também aumentou os níveis de psicosina esfingolipídica no cérebro, que inibe a proliferação de numerosas linhagens de células cancerígenas e xestoaminol C e afeta a resistência dos vasos renais e mesentéricos de ratos por meio do receptor acoplado à proteína G; aumentou os níveis cerebrais de um neurotransmissor e outros metabólitos classificados como ácidos graxos e ácidos graxos de cadeia média; e regulou negativamente o ácido málico e vários glicerofosfolipídios, incluindo fosfatidilserina e fosfatidiletalonamina, cuja composição é muito importante para a funcionalidade, a fluidez e a permeabilidade das membranas neurais. Esse dado é importante, pois há relatos de que alterações na composição de glicerofosfolipídios da membrana neural ocorrem em distúrbios neurológicos. Entre os metabólitos cerebrais regulados negativamente pela exposição ao coquetel químico e que não foram modulados pela suplementação com selênio estão a glicerofosfocolina e a fosfatidilcolina, geralmente encontradas em níveis elevados no cérebro durante a neurodegeneração em razão da quebra dos fosfolipídios da membrana. Curiosamente, a exposição ao coquetel químico diminuiu fortemente os níveis cerebrais de fosfatidilcolina (0,02 vezes), o que foi previamente associado a desequilíbrio nas células cerebrais e esfingosina. Por outro lado, a exposição ao coquetel químico aumentou os níveis de ácido aspártico (16,18 vezes), considerado um dos principais aminoácidos excitatórios no SNC; de ácido benzoico (71,44 vezes); de treonina (43,73 vezes), anteriormente relatado como elevado em resposta à neurotoxicidade, bem como em um modelo de doença de Alzheimer; e de ureia

(14,48 vezes). Os resultados mostraram, ainda, que a suplementação com selênio melhorou várias vias metabólicas prejudicadas pela exposição ao coquetel químico e melhorou o impacto desses xenobióticos no metabolismo das purinas; de glicosilato e dicarboxilato; de glicerofosfolipídios; e de alanina, aspartato e glutamato. No que se refere aos metabólitos importantes para a saúde cerebral e global, a suplementação com selênio atuou na biossíntese de ácidos graxos insaturados; no metabolismo de glicina, serina e treonina; na biossíntese de valina, leucina e isoleucina; e no metabolismo de ascorbato e aldarato. Por fim, a exposição ao coquetel químico resultou em letalidade de cerca de 25% entre os animais que consumiram ração normal durante o tratamento e foi reduzida para 15% nos camundongos que consumiram dieta suplementada com selênio.[19]

Nos dias atuais, há uma exposição constante a componentes tóxicos em copos de metal, em alimentos, em produtos da indústria cosmética e em outras atividades humanas. Esse fato torna urgente a implementação de métodos precisos para avaliação da intoxicação, já que exames séricos bioquímicos convencionais muitas vezes não detectam uma intoxicação, principalmente se for crônica. Métodos como os testes de provocação com ácido etilenodiaminotetracético (EDTA), ácido dimercaptosuccínico (DMSA) ou 2,3-dimercaptopropano-1-sulfonato (DMPS) na urina[20] e análise de metabólitos tóxicos por espectrometria de massa acoplada à cromatografia em biofluido urinário após teste de provocação podem gerar resultados mais sensíveis e fidedignos, com a possibilidade de detectar não só intoxicações agudas, mas também crônicas, em longo prazo. Além da dosagem de metais tóxicos, a aplicação da abordagem metabolômica na prática clínica será capaz de elucidar a funcionalidade do microbioma por meio da detecção e da mensuração de diversos metabólitos produzidos por bactérias e fungos, como indican, indoleacetato, hipurato, benzoato, citramálico, D-lactato, arabinitol e outros. A capacidade de detoxificação hepática, marcadores funcionais de neurotransmissores e metabólitos de vias de metilação, de dano oxidativo e capacidade antioxidante, bem como de função mitocondrial também podem ser avaliados. Esse tipo de análise permite, na realidade, um mapeamento do metabolismo global do corpo humano, possibilitando diagnósticos mais precoces de desequilíbrios e doenças, assim como intervenções assertivas mais rápidas e personalizadas. Nos casos de intoxicação por metais, o tratamento com quelantes e fitoquímicos com ação potencial no processo de detoxificação deve ser implementado o mais rápido possível para reduzir os prejuízos causados por esses poluentes. Entre os ativos que podem ser usados com o objetivo de eliminar a carga tóxica, estão incluídos o selênio, *Chlorella vulgaris*,[21] carvão vegetal ativado,[22] glutationa, tintura de coentro e a N-acetilcisteína. Periodizar esses ativos pode ser uma boa estratégia para evitar os prejuízos da exposição aos componentes tóxicos.

METABÓLITOS NEUROATIVOS E ABORDAGEM MULTIÔMICA NO TRANSTORNO BIPOLAR

O transtorno bipolar é uma doença mental debilitante e de etiologia complexa que, de acordo com evidências emergentes, envolve alterações na microbiota intestinal e no metaboloma. Estudos que avaliaram a composição da microbiota intestinal nos principais transtornos psiquiátricos, incluindo o transtorno bipolar, mostraram níveis mais elevados de *Eggerthella*, *Lactobacillus*, *Enterococcus*, *Flavonifratore* e *Estreptococcus*, e níveis mais baixos de *Coprococcus*, *Faecalibacterium* e *Ruminococcus* em comparação com controles saudáveis. Esses gêneros bacterianos identificados estão envolvidos na produção de AGCCs e participam do metabolismo do glutamato e do ácido gama-aminobutírico. Além disso, grande atenção tem sido dada ao papel da via microbiana do metabolismo da triptofano-quinurenina na etiologia dessa doença. O triptofano é precursor da serotonina e atua também como substrato para a via das quinureninas, que se apresenta desregulada no transtorno bipolar.[23]

Zhiming et al.[23] realizaram um estudo com pacientes virgens de tratamento ou que não estavam em tratamento para detectar os biomarcadores metabólicos para transtorno bipolar na tentativa de explorar os componentes do eixo microbiota-intestino-cérebro e elucidar como a microbiota intestinal pode influenciar o metabolismo do hospedeiro e as redes neurais. Os autores empregaram sequenciamento metagenômico *shotgun*, espectrometria de massa não direcionada e ressonância magnética funcional em estado de repouso (RMFer) – portanto, uma abordagem multiômica – para investigar diferenças multidimensionais entre 109 pacientes com transtorno bipolar deprimidos e não medicados e 40 pacientes controles saudáveis. No perfil metabolômico sérico, os pesquisadores identificaram mais de 12 mil características metabólicas em 118 amostras. Dessas, 8.918 características (73,54%) estavam alteradas no transtorno bipolar. Foram anotados também 265 metabólitos séricos, incluindo metabólitos plasmáticos com funções importantes em humanos. Ao coletar dados comportamentais dos pacientes por meio de questionários diagnósticos e informações demográficas, os pesquisadores observaram que a gravidade dos sintomas do transtorno foi significativamente associada ao metaboloma sérico. A gravidade dos sintomas foi estabelecida a partir de medidas quantitativas derivadas do questionário de Montgmomery-Asberg (MADRS), da escala de avaliação para depressão de Hamilton (HAMD) e da escala de avaliação de ansiedade de Hamilton (HAMA). Eles observaram também que anos de escolaridade e sexo exerceram efeitos moderados, mas estatisticamente significativos, no metaboloma sérico de pacientes com transtorno bipolar. O estado da doença dos pacientes com o transtorno foi o principal fator identificado para as alterações no metaboloma sérico, facilitando a distinção entre os pacientes com o transtorno e os controles saudáveis. A análise de redundância baseada em distância (dbRDA, do inglês *distance-based redundancy analysis*) foi utilizada para analisar os dados e indicou forte contraste no metaboloma sérico de pacientes e controles.[23] As evidências sugerem, ainda, que a desregulação do destino metabólico do triptofano pela via da quinurenina pode estar implicada em uma série de transtornos psiquiátricos graves, incluindo o transtorno bipolar, pois os níveis de quinurenina e ácido quinurênico foram significativamente mais baixos em pacientes com transtorno bipolar do que em controles saudáveis. Por sua vez, o metabólito indolpiruvato, que foi enriquecido em pacientes com transtorno bipolar, pode competir com a síntese de ácido quinurênico e serotonina, pois compartilham o mesmo precursor.[23] O indolpiruvato é gerado pelo catabolismo microbiano do triptofano.[24]

Além disso, as vitaminas envolvidas na produção de neurotransmissores foram significativamente correlacionadas com a gravidade dos sintomas do transtorno bipolar, incluindo ácido fólico (vitamina B9), piridoxina (vitamina B6), ácido pantotênico (vitamina B5) e riboflavina (vitamina B2), o que sugere a necessidade de regulação da ingestão de vitaminas em pacientes com esse transtorno psiquiátrico. Os aminoácidos essenciais e vitaminas não podem ser sintetizados por humanos, devendo ser adquiridos por meio da ingestão dietética ou de suplementação; no entanto, metabólitos derivados de triptofano, derivados de tirosina e algumas vitaminas B (como ácido fólico, ácido pantotênico e piridoxina) podem ser produzidos pela microbiota intestinal pela degradação de aminoácidos e purinas provenientes da dieta.

Para compreender melhor essa conexão entre os metabólitos, a microbiota e o transtorno bipolar, os pesquisadores agruparam os metabólitos séricos relacionados a essa doença e examinaram associações de abundância de agrupamentos com a gravidade dos sintomas. Estavam incluídos metabólitos neuroativos derivados da microbiota intestinal (vitaminas do complexo B, ácido quinurênico, ácido gama-aminobutírico e derivados de AGCCs), que apresentaram forte associação com a gravidade dos sintomas em toda a coorte. Análises funcionais de espécies únicas mostraram que espécies enriquecidas no transtorno bipolar e nos controles saudáveis codificam funções relacionadas a metabólitos neuroativos que medeiam processos neuronais centrais, como metabolismo de acetilcoenzima A, biossíntese de poliaminas, biossíntese de cofatores e vitaminas, e metabolismo de aminoácidos aromáticos. No estudo, 15,4% das espécies enriquecidas em pacientes com transtorno bipolar e 17,3% das espécies enriquecidas nos controles saudáveis apresentaram diferenças significativas nessas funções, refletindo a possibilidade de distúrbios envolvendo acetilcoenzima A, poliamina, aminoácidos aromáticos, cofatores e disponibilidade de vitaminas em pacientes com transtorno bipolar. Os pesquisadores observaram que o enriquecimento de metabólitos nos pacientes do grupo com o transtorno estava associado à biossíntese de aminoácidos aromáticos, de vitaminas e de AGCCs; à função relacionada à colina; e ao cofator. Para compreender o papel dos microrganismos intestinais na produção de metabólitos neuroativos, os investigadores se concentraram na via e nos genes metabólicos microbianos previstos para codificar enzimas críticas nas principais vias de síntese desses compostos. As concentrações séricas de metabólitos neuroativos correlacionaram-se significativamente com a abundância da via metabólica e dos genes codificadores de sintetase em espécies específicas como *Akkermansia muciniphila*, *Ruminococcaceae* spp., *Citrobacter* spp., *Eubacterium* spp. e *Yersiniaceae* spp., as quais foram significativamente associadas aos metabólitos neuroativos (Figura 4).[23]

De maneira coerente, a maioria das espécies estava mais depletada no transtorno bipolar e as espécies ligadas à produção de metabólitos neuroativos correlacionaram-se fortemente com a gravidade dos sintomas. Com base nessas descobertas, os autores levantaram a hipótese de que a microbiota intestinal poderia afetar a fisiopatologia do transtorno bipolar por meio da regulação de certos metabólitos neuroativos. Os metabólitos séricos e os microrganismos intestinais relacionados a esse transtorno estariam, portanto, intimamente ligados à conectividade funcional do cérebro.

Diversos estudos já haviam documentado a relação entre vitamina B9 e desenvolvimento do cérebro, regulação do humor e cognição. No estudo conduzido por Zhiming et al.,[23] a vitamina B9 se correlacionou com a maioria dos agrupamentos significativos (85,51%), incluindo regiões cerebrais e redes de formação do hipocampo e amígdala (rede-18 e rede-19), tálamo e corpo estriado (rede-20), áreas de linguagem (rede-3, rede-4 e rede-5) e áreas sensório-motoras (rede-10 e rede-16). Além disso, outros metabólitos neuroativos, como ácido quinurênico, piridoxina, ácido gama-aminobutírico e riboflavina, foram significativamente associados a conectividade funcional do tálamo e do estriado (rede-20), áreas auditivas (rede-7), áreas de linguagem (rede-3, rede-4 e rede-5), rede de atenção dorsal (rede-12) e formação do hipocampo e da amígdala (rede-18 e rede-19), sugerindo que a desregulação de metabólitos neuroativos no soro pode afetar funções cerebrais específicas implicadas no processamento de linguagem, na emoção e na recompensa no transtorno bipolar. *Akkermansia muciniphila*, *Citrobacter freundii*, *Yersinia* spp. (*Yersinia frederiksenii* e *Yersinia aleksiciae*), *Phascolarctobacterium* spp., *Flavobacterium* spp. e *Enterobacter* spp. (*Enterobacter cloacae* e *Enterobacter kobei*) foram significativamente associados a conectividade funcional das áreas de linguagem (rede-3 e rede-4), tálamo e corpo estriado (rede-20), áreas sensório-motoras (rede-10 e rede-16) e formação do hipocampo e da amígdala (rede-18 e rede-19). Esses resultados demonstram que a microbiota intestinal afetou o transtorno bipolar possivelmente por afetar o metabolismo de certos

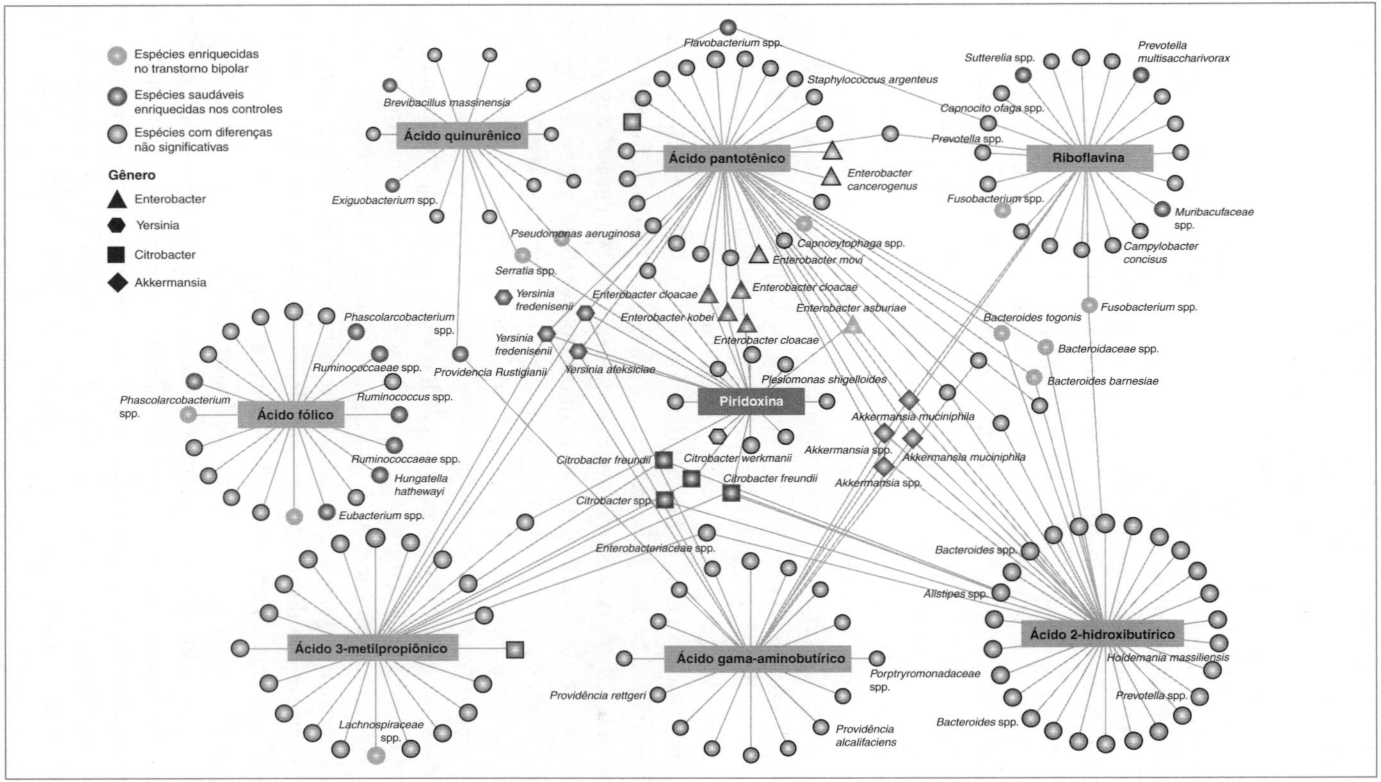

FIGURA 4 Representação esquemática da rede de espécies microbianas e metabólitos neuroativos. Metabólitos neuroativos significativamente reduzidos: ácido quinurênico, ácido fólico, ácido 3-metilpropiônico, ácido gama-aminobutírico, ácido 2-hidroxibutírico, riboflavina (vitamina B2) e ácido pantotênico (vitamina B5). Metabólito significativamente elevado em pacientes com transtorno bipolar: piridoxina (vitamina B6).

Fonte: Emwas et al., 2021.[24]

metabólitos neuroativos, que podem, por sua vez, regular as funções cognitiva, emocional e interoceptiva do cérebro bipolar. Ao comparar a microbiota intestinal, o metaboloma sérico e os padrões de conectividade funcional em repouso entre pacientes com transtorno bipolar não medicados e controles saudáveis, os autores descobriram que o transtorno bipolar se caracteriza por alterações no potencial funcional e nas vias metabólicas que interferem no eixo microbiota-intestino-cérebro.[23]

A interferência entre o intestino e o cérebro pode ocorrer também por outras vias. A microbiota intestinal pode interagir intimamente com o sistema imunológico intestinal e afetar a neuroimunidade. Metabólitos microbianos e endógenos podem sinalizar, por meio de células enteroendócrinas e células enterocromafins, e modular a secreção de neuropeptídeos e neurotransmissores. Hormônios regulados pela microbiota podem interagir diretamente com neurônios entéricos intrínsecos e aferentes vagais e espinais que inervam o intestino. Micronutrientes derivados de produtos microbianos fornecem nutrição para o cérebro por meio do transporte ativo através da BHE. *Akkermansia muciniphila*, *Citrobacter* spp. (*Citrobacter freundii* e *Citrobacter werkmanii*), *Phascolarctobacterium* spp., *Yersinia* spp. (*Yersinia frederiksenii* e *Yersinia aleksiciae*), *Enterobacter* spp. (*Enterobacter cloacae* e *Enterobacter kobei*) e *Flavobacterium* spp. foram correlacionados com redução significativa em múltiplas vitaminas do complexo B no soro (B9, B2 e B5) e com excesso de piridoxina (vitamina B6) em pacientes com transtorno bipolar não medicados. Comunidades microbianas intestinais humanas sintetizam vitaminas que são posteriormente absorvidas pelo hospedeiro no intestino grosso. Alterações na composição da microbiota intestinal e na concentração das vitaminas B relacionadas ao transtorno bipolar foram associadas à conectividade funcional consistentemente mais fraca na rede-18 (hipocampo), na rede-19 (amígdala) e na rede-20 (tálamo e corpo estriado), e à conectividade funcional mais forte em rede-10 (giro temporal inferior) e rede-16 (córtex sensório-motor). Ácido gama-aminobutírico, AGCCs e ácido quinurênico foram os principais metabólitos neuroativos relacionados ao transtorno bipolar. Níveis anormais de ácido gama-aminobutírico no metabolismo da arginina e da prolina estão associados ao transtorno, com a possibilidade de que os esteroides neuroativos que atuam nos receptores inibitórios do ácido gama-aminobutírico sejam candidatos a moduladores desse transtorno. Além disso, conectividade funcional fortemente diminuída de rede-18 e rede-19 nesse transtorno, aludindo à importância do hipocampo e da amígdala como neurônio auditivo (ou seja, giro temporal superior – rede-3 e rede-5), foi detectada com níveis esgotados de ácido gama-aminobutírico e de um metabólito derivado de AGCCs (ácido 2-hidroxibutírico).[23]

Evidências atuais também mostram que a disfunção mitocondrial desempenha papel crucial na etiologia do transtorno bipolar por meio de anormalidades no ciclo do ácido cítrico (via determinante na produção de energia) das mitocôndrias. De acordo com os pesquisadores, a abordagem multiômica incluindo a análise de diversos metabólitos microbianos e endógenos de vitaminas, de neurotransmissores, da via do ciclo do ácido cítrico, e de outras vias é uma promessa de intervenção terapêutica para manejo clínico mais direcionado nesses pacientes.[23]

RELEVÂNCIA DO N-ÓXIDO DE TRIMETILAMINA

A microbiota intestinal desempenha um papel em diversas doenças, incluindo algumas cardiovasculares e cerebrovasculares. Um possível mecanismo envolvido nessas condições é a transformação da colina dietética e da L-carnitina em trimetilamina pelas bactérias intestinais e, posteriormente, sua oxidação em N-óxido de trimetilamina no fígado.[25]

Doenças cerebrovasculares

Yin et al.[25] realizaram um estudo caso-controle com pacientes que sofreram acidente vascular encefálico (AVE) isquêmico aterosclerótico de grandes artérias e ataque isquêmico transitório (AIT), no qual avaliaram a diversidade microbiana intestinal e dosaram os níveis sanguíneos de N-óxido de trimetilamina. Os participantes com e sem placas ateroscleróticas carotídeas apresentaram níveis semelhantes desse metabólito, sem diferença significativa na microbiota intestinal; no entanto, o microbioma intestinal de pacientes sintomáticos foi claramente diferente do grupo controle assintomático.

Diferente do que se esperava, o nível de N-óxido de trimetilamina em pacientes sintomáticos foi significativamente menor quando comparados ao grupo assintomático. Os investigadores não determinaram se essas alterações aconteceram antes ou depois dos acidentes cerebrovasculares, mas acreditam que tanto o evento quanto o tratamento medicamentoso realizado para essas condições podem ter reduzido os níveis de N-óxido de trimetilamina. Eles ressaltam que essa hipótese precisa ser esclarecida em novos estudos experimentais com animais.

No que diz respeito ao mibrocioma, pacientes sintomáticos pós-AVE e pós-AIT apresentaram, ainda, maior abundância de patógenos oportunistas, como *Enterobacter*, *Megasphaera*, *Oscillibacter* e *Desulfovibrio*, e menos gêneros comensais ou benéficos, incluindo *Bacteroides*, *Prevotella* e *Faecalibacterium*. *Faecalibacterium*, em particular, tem sido amplamente reconhecida como bactéria benéfica por sua capacidade de produzir o metabólito butirato, um AGCC com diversas ações fisiológicas importantes no corpo humano. Nesse sentido, Yin et al.[25] observaram que, além de apresentarem níveis elevados de microrganismos patógenos oportunistas, os pacientes sintomáticos tiveram maior abundância do filo Pseudomonadota quando comparado aos controles. Foi observada maior abundância em pacientes que sofreram AVE grave em comparação com aqueles que sofreram um evento leve, indicando que a disbiose teve correlação com a gravidade da doença.[25] Uma discussão sobre a relevância da trimetilamina e do N-óxido de trimetilamina nos transtornos neurodegenerativos pode ser encontrada no Capítulo 36 – Transtornos neurodegenerativos.

Diabetes melito tipo 2, doenças cardiovasculares e cerebrovasculares

O N-óxido de trimetilamina parece estar associado a maior risco de diabetes melito tipo 2 e de doenças cardiovasculares e cerebrovasculares. Alguns estudos apontaram que os níveis ciculantes de N-óxido de trimetilamina estão positivamente relacionados com o risco de diabetes melito tipo 2. Experimentos com animais descobriram, por sua vez, que o N-óxido de trimetilamina pode aumentar a resistência à insulina, interferindo na gliconeogênese hepática, e afetar o metabolismo da glicose, bloqueando a transdução do sinal da insulina no fígado. Há também estudos que apontam que altas concentrações plasmáticas desse metabólito podem estar relacionadas a maior risco de hipertensão (aumento de 9% na prevalência de hipertensão para cada aumento de 5% na concentração plasmática de N-óxido de trimetilamina). Nesse sentido, estudos realizados, ainda, em ratos hipertensos demonstraram que o cólon desses animais é mais permeável à trimetilamina, precursora do N-óxido de trimetilamina. Por fim, um estudo conduzido em coorte chinesa associou níveis elevados de N-óxido de trimetilamina ao aumento do risco de recorrência de AVE em pacientes com o subtipo oclusão de pequenos vasos, mas essa associação pareceu ser atenuada na aterosclerose de artérias grandes, no cardioembolismo e em outros subtipos.[26]

Sabe-se que o N-óxido de trimetilamina promove a regulação positiva de múltiplos receptores necrófagos de macrófagos, o que conduz à formação de células espumosas, associadas ao desenvolvimento da aterosclerose. Esse metabólito desempenha também um papel importante na regulação do metabolismo do colesterol e dos esteróis. Camundongos que receberam suplemento dietético com N-óxido de trimetilamina ou com colina tiveram redução no transporte reverso de colesterol (mecanismo para remover o excesso de colesterol do tecido periférico de volta ao fígado). Assim, pode-se afirmar que o N-óxido de trimetilamina aumenta o risco de eventos trombóticos por meio da hiperatividade plaquetária e aumenta o risco de doenças vasculares por seu envolvimento na disfunção endotelial. Vários estudos demonstraram, ainda, que esse metabólito promove inflamação e disfunção endotelial por diferentes vias de sinalização. Estudos *in vitro* e *in vivo* mostraram que essa disfunção endotelial decorre da ativação da via de sinalização do inflamassoma NLRP3 pelo N-óxido de trimetilamina.[26]

Em humanos, a trimetilamina é obtida principalmente a partir do metabolismo bacteriano da colina, da betaína e da L-carnitina presentes na dieta. Kijpaisalratana et al.,[27] por meio de análise metabolômica, mensuraram o N-óxido de trimetilamina plasmático e outros metabólitos relacionados (colina, betaína e carnitina) em 351 pacientes, objetivando avaliar a associação entre esses metabólitos e a hiperintensidade da substância branca. Eles identificaram que a colina foi associada à hiperintensidade da substância branca de forma univariada, mas não na análise ajustada por idade e sexo, e que a betaína e a carnitina não foram associadas. Além disso, os níveis de N-óxido de trimetilamina foram associados ao infarto lacunar agudo, mas não a outros subtipos de AVE.[27]

Nesse cenário, os mecanismos subjacentes à relação entre o N-óxido de trimetilamina e as doenças cardiovasculares e cerebrovasculares ainda permanecem pouco compreendidos. No que se refere ao envolvimento do fator alimentação nos níveis de N-óxido de trimetilamina, diversos estudos revelam correlação entre consumo de diferentes tipos de peixes (de água salgada, de carne escura e mariscos) e aumento desse metabólito em biofluido. A maioria dos estudos destaca também correlação positiva entre consumo de carne e ovos e níveis de N-óxido de trimetilamina.[28] Lombardo et al.,[28] por sua vez, frisam que, embora as escolhas alimentares sejam certamente muito importantes, elas não podem ser consideradas como único fator para o controle total dos valores de N-óxido de trimetilamina, uma vez que já se observou que o microbioma intestinal atua diretamente e indiretamente nessa via metabólica. Além disso, outros estudos têm destacado a importância de conhecer e analisar metabólitos intermediários na via bioquímica que leva à formação do N-óxido de trimetilamina.[28] Nesse sentido, deve-se dar atenção, por exemplo, aos níveis de gama-butirobetaína, um intermediário no metabolismo microbiano intestinal de carnitina para N-óxido de trimetilamina. Em estudo metabolômico conduzido por Skagen et al.,[29] ao dosar níveis de gama-butirobetaína, carnitina, trimetil lisina (TML) e N-óxido de trimetilamina no soro de pacientes com aterosclerose da artéria carótida (n = 264) e controles saudáveis (n = 62), os pesquisadores verificaram que gama-butirobetaína sérica (p = 0,024) e carnitina (p = 0,001), mas não N-óxido de trimetilamina ou trimetil lisina, estiveram aumentadas em pacientes com aterosclerose carotídea. Ademais, níveis mais elevados de gama-butirobetaína e trimetil lisina, mas não de N-óxido de trimetilamina ou carnitina, foram independentemente associados à morte cardiovascular após ajuste para idade e para a taxa de filtração glomerular estimada (TFGe).[29]

Assim, apesar de existirem evidências que relacionam o N-óxido de trimetilamina como um metabólito dependente do microbioma para a patogênese da doença cardiovascular, ainda há dúvidas sobre o papel biológico desse metabólito nessas doenças. Mais estudos independentes da indústria alimentícia são necessários para estabelecer correlações definitivas entre alimentos, microbiota e níveis de N-óxido de trimetilamina.[28] Ainda deve-se considerar que, segundo Lombardo et al.,[28] a variabilidade desse metabólito no plasma e na urina também pode estar relacionada à metodologia utilizada para avaliar esses níveis. A maioria dos trabalhos avalia apenas N-óxido de trimetilamina no plasma, sem considerar trimetilamina ou a excreção urinária.[28] Como proposto por Papandreou et al.,[30] poderia ser mais útil usar a razão entre os dois metabólitos, trimetilamina e N-óxido de trimetilamina no plasma, porque esta razão seria um número mais preciso e padronizado.[30] Nesse cenário, intervenções visando a microbiota intestinal parecem promissoras, uma vez que a simbiose saudável entre a microbiota intestinal e o hospedeiro é fator-chave na formação do perfil bioquímico proveniente da dieta, sendo crucial para a manutenção da barreira epitelial intestinal, para o crescimento da mucosa e para redução da inflamação,[31] o que pode contribuir para uma boa saúde intestinal e mental, já que os metabólitos são produtos que conectam intestino, imunidade da mucosa e cérebro.

CONSIDERAÇÕES FINAIS

Comparada à análise dos genes, das proteínas e da composição do microbioma, a análise do perfil metabólico por meio da abordagem metabolômica apresenta a vantagem de refletir melhor o resultado da interação entre fatores ambientais e genéticos, ou seja, aponta o fenótipo do indivíduo em tempo real. Essa ômica tem, por isso, grande potencial para melhorar a capacidade diagnóstica, fornecer dados para o desenvolvimento de alimentos com potencial terapêutico (em vez de estritamente nutricional)[22] e permitir o acompanhamento dos pacientes de forma individualizada. Há que se destacar, no entanto, que a metabolômica não tem o mesmo objetivo das outras ômicas (ver Capítulo 3 – Ômicas no estudo do microbioma). Todas elas fazem parte, na verdade, da biologia de sistemas que permite a aplicabilidade de condutas funcionais por diferentes especialidades da área da saúde.[32] O objetivo específico da metabolômica é identificar os metabólitos relacionados às vias implicadas no desenvolvimento e na progressão de doenças, melhorando assim o conhecimento sobre a patogênese delas.[5]

No contexto das doenças mentais, a apresentação heterogênea dos transtornos psiquiátricos é resultado não apenas da heterogeneidade fenotípica, biológica e genética, mas também de interações complexas entre fatores ambientais e biológicos. Nesse cenário, a falta de compreensão clara sobre a complexa psicopatologia que contribui para cada transtorno pode levar à elaboração de estratégias de tratamento inadequadas ou ineficazes.[33] A metabolômica é uma abordagem disruptiva e sua aplicação é urgente para que os profissionais da área da saúde possam buscar conhecimento nesse contexto específico. Além da necessidade de aprenderem a interpretar os exames de metabolômica disponíveis na prática clínica de forma adequada, é preciso desenvolver ainda um raciocínio clínico mais profundo, conhecendo a bioquímica subjacente às doenças, os desequilíbrios em vias metabólicas e compreender melhor as possíveis causas dos sintomas, bem como os mecanismos relacionados a doenças psiquiátricas, neurológicas, de saúde mental de forma geral e de diferentes especialidades de interesse.

É notório que praticamente todas as doenças começam com desequilíbrio no metabolismo. A função da metabolômica é justamente auxiliar na identificação de bloqueios no metabolismo.[34] O conhecimento em metabolômica impulsiona o profissional de saúde para um trabalho de prevenção, com o olhar também para a saúde, e não somente para a doença. Esquema alimentar, suplementos e medicamentos devem ser prescritos, então, considerando a individualidade bioquímica de cada paciente. Essa possibilidade não é mais o futuro, pois já está acontecendo na prática clínica de profissionais da área da saúde que buscam capacitação sobre essa abordagem ômica de precisão.

Metabolômica e farmacometabolômica são temas que estão crescendo exponencialmente e trazem a possibilidade de enxergar o paciente na sua singularidade, identificando a bioquímica do paciente de forma mais nítida, "com uma lupa". A partir daí, torna-se possível conduzi-lo ao melhor caminho de tratamento. Esse nível de personalização é um grande salto na medicina, na nutrição, na educação física, na microbiologia e em outras áreas da saúde. O profissional que souber aplicar a metabolômica na sua área de atuação pode aumentar as chances de gerar resultados mais rápidos e mais seguros aos pacientes. Em paralelo, o paciente também é beneficiado com a possibilidade de reduzir o tempo de tentativas e erros com condutas que focam na doença em vez da compreensão acerca do fenótipo da doença e da individualidade bioquímica do paciente. O conhecimento em metabolômica pode promover uma via bidirecional em que profissional de saúde e paciente se beneficiam.

REFERÊNCIAS BIBLIOGRÁFICAS

1. Wishart DS, Guo AC, Oler E, Wang F, Anjum A, Peters H, et al. HMDB 5.0: the human metabolome database for 2022. Nucleic Acids Res. 2022;50(D1):D622-31.
2. Pietzner M, Stewart ID, Raffler J, Khaw KT, Michelotti GA, Kastenmüller G, et al. Plasma metabolites to profile pathways in noncommunicable disease multimorbidity. Nat Med. 2021;27(3):471-9.

3. Panyard DJ, Yu B, Snyder MP. The metabolomics of human aging: advances, challenges, and opportunities. Sci Adv. 2022;8(42):eadd6155.
4. Suhre K, Gieger C. Genetic variation in metabolic phenotypes: study designs and applications. Nat Rev Genet. 2012;13(11):759-69.
5. Neuffer J, González-Domínguez R, Lefèvre-Arbogast S, Low DY, Driollet B, Helmer C, et al. Exploration of the gut-brain axis through metabolomics identifies serum propionic acid associated with higher cognitive decline in older persons. Nutrients. 2022;14(21):4688.
6. Lai Y, Liu CW, Yang Y, Hsiao YC, Ru H, Lu K. High-coverage metabolomics uncovers microbiota-driven biochemical landscape of interorgan transport and gut-brain communication in mice. Nat Comm. 2021;12(1):6000.
7. Zixin Y, Lulu C, Xiangchang Z, Qing F, Binjie Z, Chunyang L, et al. TMAO as a potential biomarker and therapeutic target for chronic kidney disease: a review. Front Pharmacol. 2022;13:929262.
8. Latif S, Jahangeer M, Razia DM, Ashiq M, Ghaffar A, Akram M, et al. Dopamine in Parkinson's disease. Clin Chim Acta. 2021;522:114-26.
9. Sanz-Novo M, Kolesniková L, Insausti A, Alonso JL, León I, Alonso ER. A journey across dopamine metabolism: a rotational study of DOPAC. Spectrochim Acta A Mol Biomol Spectrosc. 2023;290:122303.
10. Hamamah S, Aghazarian A, Nazaryan A, Hajnal A, Covasa M. Role of microbiota-gut-brain axis in regulating dopaminergic signaling. Biomedicines. 2022;10(2):436.
11. Catalán M, Ferreira J, Carrasco-Pozo C. The microbiota-derived metabolite of quercetin, 3, 4-dihydroxyphenylacetic acid prevents malignant transformation and mitochondrial dysfunction induced by hemin in colon cancer and normal colon epithelia cell lines. Molecules. 2020;25(18):4138.
12. Xue H, Xie W, Jiang Z, Wang M, Wang J, Zhao H, et al. 3,4-dihydroxyphenylacetic acid, a microbiota-derived metabolite of quercetin, attenuates acetaminophen (APAP)-induced liver injury through activation of Nrf-2. Xenobiotica. 2016;46(10):931-9.
13. Carrasco-Pozo C, Gotteland M, Castillo RL, Chen C. 3,4-dihydroxyphenylacetic acid, a microbiota-derived metabolite of quercetin, protects against pancreatic β-cells dysfunction induced by high cholesterol. Exp Cell Res. 2015;334(2):270-82.
14. Valles-Colomer M, Falony G, Darzi Y, Tigchelaar EF, Wang J, Tito RY, et al. The neuroactive potential of the human gut microbiota in quality of life and depression. Nat Microbiol. 2019;4(4):623-32.
15. Sankaranarayanan R, Sekhon PK, Ambat A, Nelson J, Jose D, Bhat GJ, et al. Screening of human gut bacterial culture collection identifies species that biotransform quercetin into metabolites with anticancer properties. Int J Mol Sci. 2021;22(13):7045.
16. Taj A and Nusrat J. "Bioconversion of Tyrosine-and Tryptophan-Derived Biogenic Amines by Neuropathogenic Bacteria." *Biomolecules* 8.1. 2018: 10.
17. Chang FY, Siuti P, Laurent S, Williams T, Glassey E, Sailer AW, et al. Gut-inhabiting Clostridia build human GPCR ligands by conjugating neurotransmitters with diet- and human-derived fatty acids. Nat Microbiol. 2021;6(6):792-805.
18. Ha SM, Ahn IS, Kowal-safron T, Yoon J, Diamante G, Cely I, et al. Cross-tissue multiomics studies reveal gut-brain interactions mediating the effect of Akkermansia muciniphila in counteracting fructose-induced obesity. bioRxiv. 2022.
19. Parra-Martínez C, Selma-Royo M, Callejón-Leblic B, Collado MC, Abril N, García-Barrera T. Mice brain metabolomics after the exposure to a "chemical cocktail" and selenium supplementation through the gut-brain axis. J Hazard Mater. 2022;438:129443.
20. Lord RS. Toxicants and detoxification. In: Lord RS, Bralley JA (eds.). Laboratory evaluations for integrative and functional medicine. Metametrix Institute; 2008. p. 467-512.
21. Kim YJ, Sanghee K, Mi KKi. Effect of Chlorella vulgaris intake on cadmium detoxification in rats fed cadmium. Nutr Res Pract. 2009;3(2):89-94.
22. Elhetawy AIG, Abdel-Rahim MM, Sallam AE, Shahin SA, Lotfy AMA, El Basuini MF. Dietary wood and activated charcoal improved ammonium removal, heavy metals detoxification, growth

performance, blood biochemistry, carcass traits, and histopathology of European Seabass. Aquac Nutr. 2023;2023: 8860652.

23. Zhiming L, Lai J, Zhang P, Ding J, Jiang J, Liu C, et al. Multi-omics analyses of serum metabolome, gut microbiome and brain function reveal dysregulated microbiota-gut-brain axis in bipolar depression. Mol Psychiatry. 2022;27(10):4123-35.
24. Emwas AHM, Al-Rifai N, Szczepski K, Alsuhaymi S, Rayyan S, Almahasheer H, et al. You are what you eat: application of metabolomics approaches to advance nutrition research. Foods. 2021;10(6):1249.
25. Yin J, Liao SX, He Y, Wang S, Xia GH, Liu FT, et al. Dysbiosis of gut microbiota with reduced trimethylamine-N-oxide level in patients with large-artery atherosclerotic stroke or transient ischemic attack. J Am Heart Assoc. 2015;4(11):e002699.
26. Xu J, Cheng A, Song B, Zhao M, Xue J, Wang A, et al. Trimethylamine N-oxide and stroke recurrence depends on ischemic stroke subtypes. Stroke. 2022;53(4):1207-15.
27. Kijpaisalratana N, Ament Z, Bevers MB, Bhave MB, Guarniz ALG, Couch CA, et al. Trimethylamine N-oxide and white matter hyperintensity volume among patients with acute ischemic stroke. JAMA Network Open. 2023;6(8):e2330446.
28. Lombardo M, Aulisa G, Marcon D, Rizzo G, Tarsisano MG, Di Renzo L, et al. Association of urinary and plasma levels of trimethylamine n-oxide (Tmao) with foods. Nutrients. 2021;13(5):1426.
29. Skagen K, Trøseid M, Ueland T, Holm S, Abbas A, Gregersen I, et al. The carnitine-butyrobetaine-trimethylamine-N-oxide pathway and its association with cardiovascular mortality in patients with carotid atherosclerosis. Atherosclerosis. 2016;247:64-9.
30. Papandreou C, Moré M, Bellamine A. Trimethylamine N-oxide in relation to cardiometabolic health – cause or effect? Nutrients. 2020;12(5):1330.
31. Hemmati M, Kashanipoor S, Mazaheri P, Alibabaei F, Babaeizad A, Asli S, et al. Importance of gut microbiota metabolites in the development of cardiovascular diseases (CVD). Life Sci. 2023;121947.
32. Rakel DP, Minichiello V. Integrative medicine. 5. ed. Elsevier; 2022.
33. Shih PAB. Metabolomics biomarkers for precision psychiatry. Adv Exp Med Biol. 2019;1161:101-13.
34. Cardinelli CS. Metabolômica fecal de pacientes obesos com diabetes tipo 2 submetidos a derivação gástrica em Y-Roux (DGYR) com ênfase em ácidos biliares. Dissertação (Mestrado). Universidade de São Paulo, 2019.

Seção 5

Tratamentos focados no eixo intestino-cérebro

22

Prebióticos

Laís de Deus Murta Nery
Daniela Fojo Seixas
Karina Al Assal
Bruno Zylbergeld

PONTOS-CHAVE

- Atualmente, o conceito de prebioticos engloba não somente fibras fermentativas, como também compostos dietéticos, como polifenóis, ômega 3 que são capaz de produzir mudanças significativas na microbiota intestinal. Essas alterações na comunidade microbiana são frequentemente caracterizadas por níveis aumentados de bifidobactérias e lactobacilos. Estudos mais recentes revelaram que espécies de Faecalibacterium, Akkermansia e outros membros menos estudados também podem ser enriquecidos com uma dieta rica em prebióticos, talvez a maneira mais eficaz de fazer definitivamente uma mudança na microbiota intestinal. Neste capítulo vamos abordar esses novos conceitos e o impacto dos prebióticos para a saúde do hospedeiro.

INTRODUÇÃO

O conceito de "prebiótico" foi proposto em 1995 por Gibson e Roberfroid em sua publicação científica intitulada "Modulação dietética da microbiota colônica humana: introduzindo o conceito de prebióticos". Nas décadas que se seguiram, as discussões científicas sobre prebióticos tenderam a focar na identificação de substratos que visam grupos de bactérias benéficas no intestino: geralmente, bifidobactérias e lactobacilos.

A definição científica atual de um prebiótico foi desenvolvida por um painel de especialistas em microbiologia, nutrição e pesquisa clínica convocado pela ISAPP em 2016. Esta definição de consenso atual é: "um substrato que é utilizado seletivamente por microrganismos hospedeiros, conferindo um benefício à saúde". Portanto, o conceito inclui três partes essenciais: uma substância, um efeito fisiologicamente benéfico e um mecanismo mediado pela microbiota.[1]

DEFINIÇÃO

Prebióticos são substratos utilizados seletivamente por microrganismos hospedeiros e que conferem um benefício à saúde, ou, de acordo com Gibson et al., são componentes alimentares não digeríveis que promovem o crescimento e/ou a atividade de bactérias intestinais benéficas, principalmente *Bifidobacterium* e *Lactobacillus*, contribuindo para o bem-estar e a saúde do hospedeiro.[1]

A Figura 1 apresenta de maneira esquemática as características que definem uma substância como prebiótico.

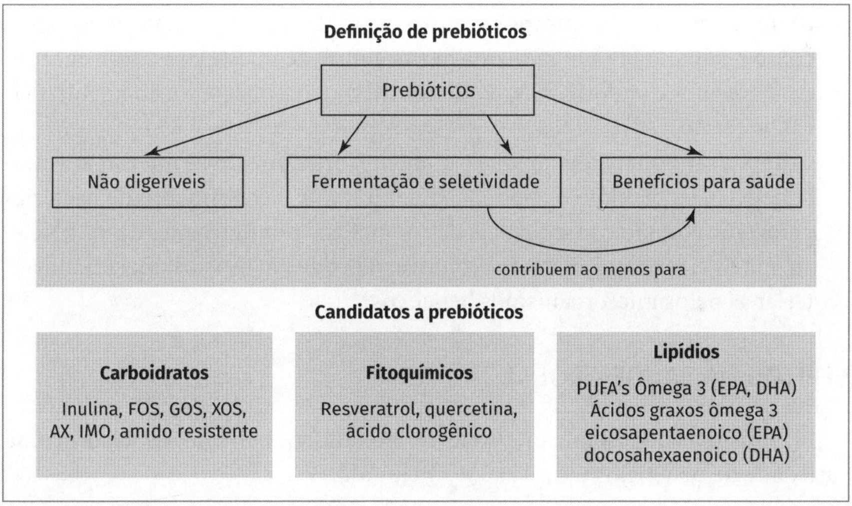

FIGURA 1 Esquema para definição de prebióticos.

FOS: Frutooligossacarídeos; GOS: galacto-oligossacarídeos; XOS: xilooligossacarídeo; AX: arabinoxilanas; IMO: Isomalto-oligossacarídeo.
Fonte: adaptada de Yang et al., 2023.[2]

EFEITOS LOCAIS

O manejo da microbiota intestinal por meio do uso de prebióticos representa uma área de interesse crescente na medicina e na nutrição em razão de seu potencial para modular a composição e a função da microbiota e, assim, influenciar a saúde geral do hospedeiro. Eles desempenham um papel crucial na promoção de uma microbiota intestinal saudável e diversificada.[1]

MECANISMOS DE AÇÃO

O mecanismo primário pelo qual os prebióticos exercem seus efeitos benéficos envolve a estimulação seletiva do crescimento e/ou atividade de um ou mais grupos de bactérias benéficas no cólon. Esse processo resulta em várias alterações fisiológicas e metabólicas favoráveis, incluindo:

- Produção de ácidos graxos de cadeia curta (AGCC): a fermentação de prebióticos por bactérias colônicas, como *Bifidobacterium* e *Lactobacillus*, resulta na produção de AGCCs, incluindo acetato, propionato e butirato. Esses ácidos graxos desempenham papéis importantes na saúde intestinal, incluindo a regulação da homeostase do epitélio intestinal e a modulação da inflamação e da função imunológica, além de servirem como fonte de energia para as células do cólon.
- Modulação da permeabilidade intestinal: prebióticos podem fortalecer a barreira intestinal ao promover a expressão das proteínas *tight junctions* e, como resultado podem reduzir a permeabilidade intestinal e a translocação de patógenos e endotoxinas, o que contribui para uma redução na inflamação sistêmica.
- Competição com patógenos: ao estimular o crescimento de microrganismos benéficos, os prebióticos podem ajudar a inibir o crescimento de bactérias patogênicas como consequência da competição por nutrientes e pela adesão ao epitélio intestinal, além de promover a produção de substâncias antibacterianas pelos microrganismos benéficos.

EFEITOS NA SAÚDE GLOBAL

O manejo da microbiota intestinal por prebióticos tem sido associado a uma variedade de benefícios para a saúde, incluindo:

- Saúde gastrointestinal: estimulam o crescimento e/ou a atividade de microrganismos benéficos no intestino, melhorando a saúde gastrointestinal e, potencialmente, prevenindo distúrbios como a síndrome do intestino irritável e constipação.[1]
- Melhora na tolerância à glicose: reduzem os fatores de risco para doenças cardiovasculares e modulam o peso corporal e a adiposidade.
- Absorção de minerais: a fermentação de prebióticos no cólon pode melhorar a absorção de minerais, incluindo cálcio e magnésio, o que é crucial para a saúde óssea.[3]
- Modulação do sistema imunológico: podem influenciar a função imunológica, melhorando a barreira intestinal e modulando a resposta imunológica.[4]

- Controle de peso e metabolismo: alguns estudos sugerem que prebióticos podem ajudar no controle de peso e melhorar o metabolismo, possivelmente por meio da modulação da saciedade e da redução da inflamação.[5]

TIPOS DE PREBIÓTICOS

Os prebióticos podem ser classificados em várias categorias com base em sua composição química:

- Fruto-oligossacarídeos (FOS): são cadeias curtas de moléculas de frutose encontradas naturalmente em alimentos como alho, cebola e alcachofra-de-jerusalém. Eles são conhecidos por sua capacidade de estimular o crescimento de bifidobactérias no cólon.
- Galacto-oligossacarídeos (GOS): são cadeias curtas de moléculas de galactose obtidas principalmente a partir da lactose, com efeitos benéficos semelhantes aos dos fruto-oligossacarídeos.
- Inulina: é um polímero mais longo de frutose encontrado em raízes de chicória. É eficaz no aumento do número de bifidobactérias no intestino.
- Xilo-oligossacarídeos (XOS): compostos por unidades de xilose, têm mostrado potencial para promover o crescimento de bifidobactérias e lactobacilos.
- Polidextrose: sintetizada a partir da dextrose, é usada como ingrediente alimentar para aumentar o teor de fibra dietética, atuando também como prebiótico.
- Betaglucanos: presentes em cereais como aveia e cevada, têm sido associados a melhora da saúde intestinal e redução do risco de doenças crônicas.
- Pectinas: as pectinas modificadas em particular são metabolizadas por microrganismos no cólon, promovendo a saúde intestinal.
- Amidos resistentes: representam uma categoria singular de prebióticos, composta por grânulos de amido que resistem à digestão no intestino delgado e chegam intactos ao cólon, onde servem como substrato para a fermentação por microrganismos benéficos. Essa fermentação resulta na produção de AGCCs, como butirato, propionato e acetato, que são fundamentais para a saúde do cólon, pois atuam na modulação do sistema imunológico, na manutenção da integridade da barreira intestinal e na regulação do metabolismo energético. Além disso, os amidos resistentes contribuem para a diversificação da microbiota intestinal, melhoram a sensibilidade à insulina e podem auxiliar na gestão do peso. Por essas razões, os amidos resistentes são considerados um componente importante na dieta para promover a saúde intestinal e geral, destacando-se como prebióticos eficazes no suporte e na manutenção de uma microbiota intestinal saudável.

- Polifenóis: os polifenóis são uma classe diversificada de compostos bioativos encontrados em plantas, que, embora não sejam prebióticos no sentido estrito, exercem efeitos benéficos sobre a microbiota intestinal de maneira similar aos prebióticos por meio de sua metabolização pelas bactérias intestinais. Essa ação influencia positivamente a saúde do hospedeiro ao modificar o ambiente intestinal e produzir metabólitos com propriedades anti-inflamatórias e antioxidantes. Esses compostos são metabolizados pelas bactérias intestinais, promovendo o crescimento de microrganismos benéficos como *Bifidobacterium* e *Lactobacillus*, ao mesmo tempo que inibem patógenos, contribuindo, portanto, para que a microbiota se torne mais diversificada e equilibrada. Esse processo está bem documentado na literatura, como demonstrado por Tomás-Barberán et al., que exploram as interações entre a microbiota intestinal e os polifenóis dietéticos e suas consequências para a saúde humana.[6] A fermentação dos polifenóis pela microbiota intestinal resulta na formação de metabólitos de baixo peso molecular que possuem atividades anti-inflamatórias e antioxidantes significativas. Cory et al. destacam o papel desses metabólitos na modulação da resposta imunológica e na proteção contra o estresse oxidativo, sublinhando a importância dos polifenóis na prevenção de doenças crônicas.[7] Adicionalmente, a capacidade dos polifenóis de reduzir a inflamação e o estresse oxidativo tem implicações diretas na prevenção de doenças cardiovasculares, no controle de peso e na saúde gastrointestinal. Del Bo' et al. revisaram o impacto do consumo de polifenóis na saúde humana e apontaram um padrão alimentar rico em polifenóis como promotor de saúde.[8] Esses estudos fornecem uma base científica robusta para o entendimento dos efeitos benéficos dos polifenóis sobre a microbiota intestinal e a saúde do hospedeiro, posicionando esses compostos como importantes aliados na promoção da saúde e na prevenção de doenças por meio de mecanismos que refletem uma ação prebiótica indireta.
- Arabinogalactanos: são polissacarídeos encontrados em plantas e até mesmo nas paredes celulares de micobactérias que consistem em cadeias compostas de arabinose e galactose. Boas fontes de arabinogalactanos são cenoura, rabanete, pera, milho, tomate, coco, cúrcuma e *Echinacea*. Eles não são muito fermentativos e estimulam a produção de AGCCs e bactérias benéficas, além de ter propriedades imunomoduladoras. Por serem encontrados na parece celular de micobactérias, não é indicada sua suplementação em casos de fungemia.[9]
- Goma acácia: a goma acácia é uma fibra natural de origem vegetal obtida a partir da purificação do exsudato da goma seca dos caules e ramos da *Acacia senegal*, originária da África. É considerada prebiótica por ser um polissacarídeo pertencente à família dos arabinogalactanos. Trata-se de uma fibra com

alta viscosidade, alta solubilidade e uma boa capacidade fermentativa lenta, o que ajuda a evitar os efeitos colaterais da produção de gases e da distensão abdominal. Tida como uma fibra *low*-FODMAP (do inglês *fermentable oligo-, di-, mono-saccharides and polyols*, por ter baixo teor desses compostos), pode ser utilizada tranquilamente por pacientes com síndrome do intestino irritável. Um estudo que comparou o efeito da goma acácia com a suplementação de fruto-oligossacarídeos em um simulador da ecologia intestinal mostrou a ação da goma acácia no aumento de *Bifidobacterium* no intestino e no aumento da produção de AGCCs, principalmente o butirato. A suplementação de fruto-oligossacarídeos mostrou esse benefício somente com uma dose de 5 a 10 g/dia. Há também outros estudos em humanos que mostram esses benefícios com a suplementação da goma acácia.[10] Além do seu papel na microbiota intestinal, ela pode ser eficaz no controle de glicemia, colesterol e saciedade, podendo ser utilizada como auxílio no tratamento de perda de peso e por pacientes com síndrome metabólica.[11] Os AGCCs produzidos a partir da fermentação da goma acácia pela microbiota intestinal se ligam a receptores acoplados à proteína G (GPR43) e promovem o aumento de hormônios de saciedade e melhora da sensibilidade à insulina (aumento do peptídeo semelhante ao glucagon do tipo 1 – GLP-1).[12]

- Oligossacarídeos do leite materno (HMO, do inglês *human milk oligosaccharides*): presentes exclusivamente no leite materno humano, são oligossacarídeos compostos por cadeias curtas de carboidratos que consistem em unidades de açúcares simples, como glicose, galactose, fucose e N-acetilglucosamina, ligadas em uma estrutura complexa.[13] Esses compostos desempenham papéis importantes na nutrição do lactente, mesmo que não sejam digeridos diretamente por ele, pois atuam como prebióticos, alimentando as bactérias benéficas no intestino do bebê e promovendo o crescimento de uma microbiota intestinal saudável. Além disso, os oligossacarídeos do leite materno têm sido associados a benefícios imunológicos e anti-inflamatórios para o bebê (ver Capítulo 12 – Microbioma da criança e o papel do aleitamento materno no neurodesenvolvimento).
- Ômega 3: são ácidos graxos poli-insaturados que desempenham diversas funções no organismo, impactando vários processos fisiológicos por meio dos seus efeitos na sinalização celular e na modulação da resposta inflamatória. Entre esses processos, destacam-se as propriedades cardioprotetoras, anticarcinogênicas, anti-inflamatórias, neurorreguladoras, de sincronização circadiana e de regulação do sistema endocanabinoide.[14] O Capítulo 16 – Compostos bioativos derivados da alimentação e saúde mental apresenta uma descrição detalhada da estrutura química dos ácidos graxos ômega 3, suas principais funções biológicas e seu efeito prebiótico, contribuindo para a modulação do eixo intestino-cérebro.

O Quadro 1 lista os prebióticos e suas respectivas fontes alimentares.

QUADRO 1 Prebióticos e fontes alimentares

Prebióticos	Fontes alimentares	Microbiota estimulada
Inulina	Cebola, banana, alho, trigo, aspargo, chicória, agave azul, alcachofra-de-jerusalém, alho-poró	*Bifidobacterium*, *Anaerostipes*, *Faecalibacterium* e *Lactobacillus*
Fruto-oligossacarídeos	Cebola, banana, alho, trigo, aspargo, chicória, agave azul, alcachofra-de-jerusalém, alho-poró	*Bifidobacterium*
Galacto-oligossacarídeos	Leguminosas e ervas da medicina tradicional chinesa	*Bifidobacterium*
Xilo-oligossacarídeos	Frutas, vegetais, raiz de bambu, leite, mel	*Bifidobacterium*
Amido resistente	Vegetais e frutas ricos em amido, leguminosas, grãos integrais, sementes	*Ruminococcus* e *Parabacteroidetes*
Resveratrol	Uvas, vinho tinto, suco de uva, amendoim, cacau, frutas vermelhas	*Bifidobacterium*
Quercetina	Cebola, couve, maçã, cereja, vinho tinto	*Bifidobacterium*
Ácido clorogênico	Maçã, alcachofra, café, berinjela, uvas, bardana, pimenta-de-betel	*Bifidobacterium*
Ômega 3	Animais marinhos de águas profundas, semente de linhaça, semente de chia, oleaginosas	*Lachnospiraceae*, *Akkermansia*, *Bacteroidetes*, *Roseburia*, *Coprococcus* e *Blautia*

Fonte: adaptado de Yang et al., 2023.[2]

PREBIÓTICOS NO EIXO INTESTINO-CÉREBRO

A ação dos prebióticos no eixo intestino-cérebro constitui um campo de pesquisa emergente e de grande interesse por sua relevância para o entendimento e o tratamento de diversas condições neuropsiquiátricas e neurodegenerativas. Essa abordagem se concentra em desvendar os mecanismos subjacentes por meio dos quais os prebióticos influenciam a fisiologia cerebral e comportamental, mediada pelo manejo da microbiota intestinal.

Manejo da microbiota e produção de metabólitos

A principal ação dos prebióticos sobre o eixo intestino-cérebro é mediada pelo manejo seletivo da microbiota intestinal, ao promover o crescimento de bactérias benéficas, como *Bifidobacterium* e *Lactobacillus*. Esse manejo resulta na produção aumentada de AGCCs, cruciais para a saúde cerebral. Esses metabólitos atravessam a barreira hematoencefálica, afetando a neuroinflamação, o estresse oxidativo e a expressão de neurotransmissores. O butirato, especificamente, tem sido associado à promoção da neurogênese e à proteção contra doenças neurodegenerativas por meio da inibição de histona deacetilases (HDAC), promovendo assim um ambiente neural anti-inflamatório.[15]

Efeitos anti-inflamatórios

A microbiota intestinal desempenha um papel importante na regulação da resposta inflamatória e sabe-se que a inflamação sistêmica tem sido associada a distúrbios psiquiátricos e neurológicos. Assim, por meio da modulação da microbiota, os prebióticos podem influenciar a resposta imunológica do hospedeiro, reduzindo a inflamação sistêmica e potencialmente melhorando a saúde mental.[16]

O manejo da microbiota por prebióticos e a subsequente produção de AGCCs têm, portanto, um papel importante na regulação da inflamação sistêmica e cerebral. Os ácidos graxos de cadeia curta, em especial o butirato, desempenham um papel fundamental na manutenção da integridade da barreira hematoencefálica, limitando a translocação de substâncias pró-inflamatórias e patógenos do intestino para o cérebro. Isso reduz a neuroinflamação e modula a patogênese de distúrbios neuropsiquiátricos e neurodegenerativos.[17]

Regulação da neurotransmissão

Os prebióticos influenciam a composição da microbiota intestinal, que, por sua vez, afeta a biossíntese de neurotransmissores, incluindo a serotonina, o ácido gama-aminobutírico (GABA) e a dopamina, e também de endocanabinoides. A microbiota intestinal desempenha um papel crítico na regulação dos níveis de neurotransmissores no corpo e no cérebro, tanto diretamente, por meio da produção de metabólitos que podem servir como precursores desses neurotransmissores, quanto indiretamente, por meio da modulação da resposta inflamatória que afeta a função neuronal.[18] Os prebióticos têm a capacidade de influenciar as populações de bactérias cujos produtos influenciam a neurotransmissão, trazendo efeitos potencialmente benéficos para a saúde mental.[2,19]

Influência no comportamento e saúde mental

A administração de prebióticos tem demonstrado efeitos benéficos no comportamento e na saúde mental, incluindo redução da ansiedade e da depressão, em modelos animais e humanos. Esses efeitos são atribuídos ao manejo da microbiota e à produção de ácidos graxos de cadeia curta, que influenciam a função cerebral e a neuroinflamação. Além disso, o manejo da microbiota por prebióticos pode afetar o sistema imunológico, alterando a produção de citocinas que podem influenciar o humor e o comportamento por meio das interações que ocorrem no eixo intestino-cérebro.[20]

EXEMPLOS DE USO

Galacto-oligossacarídeos

Um estudo realizado por Schmidt et al. explorou o impacto dos galacto-oligossacarídeos na ansiedade, no estresse e na resposta ao processamento emocional em indivíduos saudáveis. Os participantes que consumiram essas substâncias diariamente mostraram uma redução nos níveis de cortisol ao despertar e uma atenção preferencial a informações positivas em vez de negativas durante um teste de viés de atenção. Esses resultados sugerem que os galacto-oligossacarídeos podem exercer um efeito ansiolítico por meio do manejo da microbiota intestinal e do subsequente impacto nas funções cerebrais.[21]

Em contrapartida, em outro estudo, envolvendo 44 pacientes com síndrome do intestino irritável, a suplementação de galacto-oligossacarídeos aliviou significativamente os sintomas e melhorou significativamente os escores de ansiedade sem alterar a gravidade da depressão.[22] De forma consistente, um terceiro estudo com 72 pacientes deprimidos não observou efeitos antidepressivos significativos dos galacto-oligossacarídeos em doses de 5 g/dia por 8 semanas, apesar de a suplementação ter aumentado significativamente a proporção de triptofano para aminoácidos de cadeia ramificada (BCAA, do inglês *branched-chain amino acids*).[23]

Por fim, estudos em populações saudáveis e doentes mostraram efeitos limitados dos frutanos tipo inulina e galacto-oligossacarídeos na depressão, embora os fruto-oligossacarídeos pareçam ter benefícios antidepressivos agudos. Apesar disso, a suplementação de galacto-oligossacarídeos consistentemente diminuiu o nível de ansiedade em diferentes estudos.

Fruto-oligossacarídeos

Um estudo conduzido por Burokas et al. investigou os efeitos de uma dieta enriquecida com fruto-oligossacarídeos em modelos animais. Os resultados indicaram que esses componentes podem alterar a microbiota intestinal de modo a modificar a expressão de receptores de GABA no cérebro, o principal neurotransmissor inibitório, potencialmente contribuindo para efeitos benéficos no comportamento e no alívio da ansiedade.[24]

Xilo-oligossacarídeos

Os prebióticos derivados principalmente da biomassa lignocelulósica também foram estudados por seu potencial impacto no eixo intestino-cérebro. Um estudo mostrou que a suplementação com xilo-oligossacarídeos em ratos melhorou significativamente os comportamentos relacionados ao estresse e à ansiedade. Os mecanismos propostos incluem modificações na microbiota intestinal e aumento da produção de metabólitos benéficos, como AGCCs, que podem afetar o sistema nervoso central (SNC).[25]

Inulina

Estudos indicam que a fibra solúvel conhecida como inulina pode ajudar a melhorar o equilíbrio da microbiota intestinal, potencialmente afetando o humor e a cognição. Um estudo de Parnell e Reimer, por exemplo, mostrou que ela pode reduzir o ganho de peso e melhorar o controle da glicemia, fatores que indiretamente suportam a função cognitiva e o bem-estar mental.[26]

Por sua vez, um ensaio clínico incluindo 47 indivíduos que receberam uma única dose de 5 g de inulina, indicou que a suplementação de inulina melhorou significativamente o humor subjetivo e o desempenho cognitivo, com efeitos mais substanciais nas tarefas de memória episódica.[27] Outro ensaio clínico que usou doses de 5 g/dia de fruto-oligossacarídeos de cadeia curta por 4 semanas em 79 pacientes com síndrome do intestino irritável e hipersensibilidade retal, também encontrou efeitos benéficos semelhantes aos da inulina na melhora da saúde mental. Nesse estudo, a suplementação com fruto-oligossacarídeos de cadeia curta reduziu significativamente a ansiedade, mas não alterou a depressão.[28] Indivíduos que receberam a suplementação também experimentaram menos sensibilidade retal e aumento de bifidobactérias, indicando que os fruto-oligossacarídeos de cadeia curta podem reduzir a ansiedade ao melhorar a saúde gastrointestinal. Outro estudo investigou o efeito da suplementação de 10 g/dia de inulina por 8 semanas em pacientes com transtorno de depressão maior, mas não foram observados efeitos significativos na depressão, apenas uma tendência de diminuição nos escores de ansiedade.[29] Por fim, um estudo piloto com 50 pacientes alcoolistas demonstrou efeitos significativos antidepressivos e ansiolíticos da suplementação de inulina por 19 dias.[30]

Polidextrose

A fermentação da dextrose, um tipo de polímero sintético de glicose utilizado como fibra dietética, pelas bactérias intestinais tem função prebiótica, já que produz AGCCs que podem ter efeitos benéficos sobre a barreira intestinal e, por extensão, sobre a saúde mental. Um estudo de Costabile et al. explorou os efeitos da polidextrose, observando melhoras na consistência das fezes e na microbiota, o que pode influenciar positivamente a função cerebral.[31]

Isomalto-oligossacarídeos

A mistura de sacarídeos de cadeia curta conhecida como isomalto-oligossacarídeos pode ser usada como fibra dietética e tem efeitos prebióticos, pois promove o crescimento de bactérias benéficas como lactobacilos e bifidobactérias. Embora os estudos específicos sobre esses compostos e saúde mental sejam limitados, seu impacto na microbiota sugere um potencial benefício para o eixo intestino-cérebro.[32]

Flavonoides

Além de representarem uma classe diversificada de fitonutrientes encontrados em muitas frutas e vegetais, com propriedades antioxidantes e anti-inflamatórias, os flavonoides também têm sido estudados recentemente como prebióticos. Há pesquisas que sugerem que eles podem modificar favoravelmente a microbiota intestinal e, consequentemente, impactar a saúde mental. Um estudo de Spencer et al., por exemplo, discutiu como os flavonoides podem atravessar a barreira hematoencefálica e exercer efeitos neuroprotetores diretamente, além de modularem indiretamente o cérebro por meio da microbiota.[33] Os efeitos prebióticos dos flavonoides e de outros compostos bioativos são discutidos no Capítulo 16 – Compostos bioativos derivados da alimentaçãos e saúde mental.

Amido resistente

Em um ensaio clínico aberto, o tratamento com amido resistente (tipo 3) na dose de 10 g/dia por 8 semanas foi eficaz na redução dos escores de depressão e no aumento dos níveis de butirato fecal.[34] É importante notar, no entanto, que trata-se do único estudo identificado explorando amido resistente e depressão, por isso a interpretação dos resultados requer cautela. A evidência disponível ainda não é suficiente para concluir sobre a eficácia do amido resistente na modulação da saúde mental.

PROBIÓTICOS *VERSUS* PREBIÓTICOS

A discussão sobre o uso de prebióticos *versus* probióticos para o manejo da microbiota pode ser enriquecida citando as ideias de Antoine Béchamp, um cientista do século XIX que foi um dos primeiros a sugerir que o ambiente (ou "terreno") no qual os microrganismos vivem tem um papel crucial na saúde e na doença. Béchamp argumentava que é a condição do hospedeiro (o terreno) que determina o desenvolvimento de doenças, não os microrganismos por si só. Essa teoria contrasta com a teoria dos germes de Louis Pasteur, que enfatiza o papel dos microrganismos como causadores de doenças.

Teoria do terreno de Béchamp

Segundo Béchamp, a chave para a saúde não está em eliminar os microrganismos patogênicos, mas em manter um terreno interno saudável onde microrganismos benéficos possam florescer e microrganismos patogênicos não consigam sobreviver ou causar doenças. Assim, a saúde é vista como um reflexo da qualidade do ambiente interno do corpo.

Prebióticos como terapia de escolha

Utilizando a teoria do terreno como base, a administração de prebióticos pode ser considerada uma terapia de escolha para o manejo da microbiota por várias razões:

- Manejo do ambiente intestinal: prebióticos atuam fornecendo substratos específicos para bactérias benéficas, promovendo um ambiente intestinal que favorece a saúde. Em linha com a teoria de Béchamp, melhora-se o terreno interno, tornando-o inóspito para patógenos.
- Promoção de uma microbiota resiliente: ao contrário dos probióticos, que introduzem espécies específicas de bactérias na microbiota, prebióticos estimulam o crescimento de várias espécies já presentes no trato gastrointestinal. Isso pode resultar em uma microbiota mais diversificada e resiliente, melhorando a saúde geral do hospedeiro.

- Efeitos sustentáveis em longo prazo: enquanto os probióticos precisam ser tomados continuamente para manter sua presença na microbiota, os efeitos dos prebióticos podem ser mais duradouros, pois eles promovem um ambiente que continua a favorecer o crescimento de bactérias benéficas mesmo após a interrupção do suplemento.
- Menor risco de desequilíbrio microbiano: o uso indiscriminado de probióticos pode, teoricamente, levar a desequilíbrios na microbiota, favorecendo o crescimento excessivo de determinadas cepas em detrimento da diversidade microbiana. Prebióticos, por outro lado, oferecem um suporte mais equilibrado ao terreno intestinal, minimizando o risco de desequilíbrios.
- Resposta individualizada: a eficácia dos probióticos pode variar significativamente entre indivíduos, dependendo das cepas específicas usadas e da composição prévia da microbiota intestinal do indivíduo. Os prebióticos, por fornecerem nutrientes para uma ampla gama de bactérias benéficas, podem oferecer benefícios mais consistentes e individualizados.

Embora as contribuições de Béchamp tenham sido amplamente ofuscadas pela teoria dos germes de Pasteur na medicina moderna, sua ênfase na importância do terreno oferece uma perspectiva valiosa para o manejo da microbiota. A utilização de prebióticos alinha-se com o princípio de melhorar o ambiente interno do corpo para promover uma microbiota saudável, podendo ser considerada uma abordagem mais holística e sustentável para a saúde intestinal quando comparada ao uso de probióticos.

CONSIDERAÇÕES FINAIS

Os prebióticos representam uma intervenção promissora para a modulação do eixo intestino-cérebro, com potencial para impactar positivamente uma ampla gama de condições neuropsiquiátricas e neurodegenerativas. A complexidade da microbiota intestinal e de suas interações com o hospedeiro apontam, no entanto, a necessidade de estratégias individualizadas e baseadas em evidências para otimizar os benefícios dos prebióticos na saúde cerebral.

REFERÊNCIAS BIBLIOGRÁFICAS

1. Gibson GR, Hutkins R, Sanders ME, Prescott SL, Reimer RA, Salminen SJ, et al. Expert consensus document: the International Scientific Association for Probiotics and Prebiotics (ISAPP) consensus statement on the definition and scope of prebiotics. Nat Rev Gastroenterol Hepatol. 2017;14(8):491-502.
2. Yang Y, Zhou B, Zhang S, Si L, Liu X, Li F. Prebiotics for depression: how does the gut microbiota play a role? Front Nutr. 2023;10:1206468.
3. Scholz-Ahrens KE, Schrezenmeir J. Inulin and oligofructose and mineral metabolism: the evidence from animal trials. J Nutr. 2007;137(11 Suppl):2513S-23S.

4. Roberfroid M, Gibson GR, Hoyles L, McCartney AL, Rastall R, Rowland I, et al. Prebiotic effects: metabolic and health benefits. Br J Nutr. 2010;104(S2):S1-63.
5. Cani PD, Neyrinck AM, Fava F, Knauf C, Burcelin RG, Tuohy KM, et al. Selective increases of bifidobacteria in gut microflora improve high-fat-diet-induced diabetes in mice through a mechanism associated with endotoxaemia. Diabetologia. 2007;50(11):2374-83.
6. Tomás-Barberán FA, Selma MV, Espín JC. Interactions of gut microbiota with dietary polyphenols and consequences to human health. Curr Opin Clin Nutr Metab Care. 2016;19(6):471-6.
7. Cory H, Passarelli S, Szeto J, Tamez M, Mattei J. The role of polyphenols in human health and food systems: a mini-review. Front Nutr. 2018;5:87.
8. Del Bo' C, Bernardi S, Marino M, Porrini M, Tucci M, Guglielmetti S, et al. Systematic review on polyphenol intake and health outcomes: is there sufficient evidence to define a health-promoting polyphenol-rich dietary pattern? Nutrients. 2019;11(6):1355.
9. Chen O, Sudakaran S, Blonquist T, Mah E, Durkee S, Bellamine A. Effect of arabinogalactan on the gut microbiome: a randomized, double-blind, placebo-controlled, crossover trial in healthy adults. Nutrition. 2021;90:111273.
10. Alarifi S, Bell A, Walton G. In vitro fermentation of gum acacia: impact on the faecal microbiota. Int J Food Sci Nutr. 2018;69(6):696-704.
11. Larson R, Nelson C, Korczak R, Willis H, Erickson J, Wang Q, et al. Acacia gum is well tolerated while increasing satiety and lowering peak blood glucose response in healthy human subjects. Nutrients. 2021;13(2):618.
12. Jangra S, Pothuraju R. Functional significance of gum acacia in the management of obesity. Curr Pharm Des. 2020;26(3):293-5.
13. Okburan G, Kızıler S. Human milk oligosaccharides as prebiotics. Pediatr Neonatol. 2023;64(3):231-8.
14. Shahidi F, Ambigaipalan P. Omega-3 polyunsaturated fatty acids and their health benefits. Annu Rev Food Sci Technol. 2018;9(1):345-81.
15. Bourassa MW, Alim I, Bultman SJ, Ratan RR. Butyrate, neuroepigenetics and the gut microbiome: can a high fiber diet improve brain health? Neurosci Lett. 2016;625:56-63.
16. Ouabbou S, He Y, Butler K, Tsuang M. Inflammation in mental disorders: is the microbiota the missing link? Neurosci Bull. 2020;36(9):1071-84.
17. Erny D, Angelis ALH, Jaitin D, Wieghofer P, Staszewski O, David E, et al. Host microbiota constantly control maturation and function of microglia in the CNS. Nat Neurosci. 2015;18(7):965-77.
18. Strandwitz P. Neurotransmitter modulation by the gut microbiota. Brain Res. 2018;1693(Pt B):128-33.
19. Dicks LMT. Gut bacteria and neurotransmitters. Microorganisms. 2022;10(9):1838.
20. Foster JA, McVey Neufeld KA. Gut-brain axis: how the microbiome influences anxiety and depression. Trends Neurosci. 2013;36(5):305-12.
21. Schmidt K, Cowen PJ, Harmer CJ, Tzortzis G, Errington S, Burnet PWJ. Prebiotic intake reduces the waking cortisol response and alters emotional bias in healthy volunteers. Psychopharmacology (Berl). 2015;232(10):1793:801.
22. Silk DB, Davis A, Vulevic J, Tzortzis G, Gibson GR. Clinical trial: the effects of a trans-galactooligosaccharide prebiotic on faecal microbiota and symptoms in irritable bowel syndrome. Aliment Pharmacol Ther. 2009;29(5):508-18.
23. Kazemi A, Noorbala AA, Azam K, Eskandari MH, Djafarian K. Effect of probiotic and prebiotic vs placebo on psychological outcomes in patients with major depressive disorder: a randomized clinical trial. Clin Nutr. 2019;38(2):522-8.
24. Wang S, Harvey L, Martin R, van der Beek EM, Knol J, Cryan JF, et al. Targeting the gut microbiota to influence brain development and function in early life. Neurosci Biobehav Rev. 2018;95:191-201.
25. Savignac HM, Corona G, Mills H, Chen L, Spencer JP, Tzortzis G, et al. Prebiotic feeding elevates central brain derived neurotrophic factor, N-methyl-D-aspartate receptor subunits and D-serine. Neurochem Int. 2013;63(8):756-64.

26. Parnell JA, Reimer RA. Prebiotic fibres dose-dependently increase satiety hormones and alter Bacteroidetes and Firmicutes in lean and obese JCR:LA-cp rats. Br J Nutr. 2012;107(4):601-13.
27. Smith AP, Sutherland D, Hewlett P. An investigation of the acute effects of Oligofructose-enriched inulin on subjective wellbeing, mood and cognitive performance. Nutrients. 2015;7(11):8887-96.
28. Azpiroz F, Dubray C, Bernalier-Donadille A, Cardot JM, Accarino A, Serra J, et al. Effects of scFOS on the composition of fecal microbiota and anxiety in patients with irritable bowel syndrome: a randomized, double blind, placebo controlled study. Neurogastroenterol Motil. 2017;29(2).
29. Vaghef-Mehrabani E, Harouni R, Behrooz M, Ranjbar F, Asghari-Jafarabadi M, Ebrahimi-Mameghani M. Effects of inulin supplementation on inflammatory biomarkers and clinical symptoms of women with obesity and depression on a calorie-restricted diet: a randomized controlled clinical trial. Br J Nutr. 2023;129(11):1897-907.
30. Amadieu C, Coste V, Neyrinck AM, Thijssen V, Leyrolle Q, Bindels LB, et al. Restoring an adequate dietary fiber intake by inulin supplementation: a pilot study showing an impact on gut microbiota and sociability in alcohol use disorder patients. Gut Microbes. 2022;14(1):2007042.
31. Costabile A, Kolida S, Klinder A, Gietl E, Bäuerlein M, Frohberg C, Landschütze V, et al. A double--blind, placebo-controlled, cross-over study to establish the bifidogenic effect of a very-long-chain inulin extracted from globe artichoke (Cynara scolymus) in healthy human subjects. Br J Nutr. 2010;104(7):1007-17.
32. Kumar V, et al. Isomaltooligosaccharides: a comprehensive review of their nutritional properties and food applications. Food Funct. 2018.
33. Spencer JP. The impact of flavonoids on memory: physiological and molecular considerations. Chem Soc Rev. 2009;38(4):1152-61.
34. Becker A, Schmartz GP, Gröger L, Grammes N, Galata V, Philippeit H, et al. Effects of resistant starch on symptoms, fecal markers, and gut microbiota in Parkinson's disease: the RESISTA-PD trial. Genomics Proteomics Bioinformatics. 2022;20(2):274-87.

23

Probióticos e posbióticos

Bruno Zylbergeld

PONTOS-CHAVE

- O uso histórico de probióticos remonta a 2000 a.C., quando os seres humanos começaram a conservar o leite transformando-o em produtos lácteos fermentados.
- Diversas culturas desenvolveram bebidas fermentadas, como vinho e cerveja, através da observação e experimentação, apesar de não compreenderem os mecanismos subjacentes. Na antiguidade, evidências de fermentação foram encontradas em Jiahu, China, datadas de 7000 a.C. O iogurte era usado pelos turcos para a saúde gastrointestinal e foi empregado para tratar o rei Francisco I da França por um médico otomano. Textos sagrados indianos, escritos sumérios, a Bíblia e o Talmude mencionam a significância desses alimentos.
- A invenção do microscópio revelou o mundo microbiano, levando a descobertas revolucionárias por Louis Pasteur e cientistas do Instituto Pasteur. Henry Tissier e Elie Metchnikov contribuíram significativamente para a compreensão e uso de bactérias benéficas para a saúde, com Metchnikov promovendo a ideia de que bactérias do ácido lático poderiam prolongar a vida.
- Na era moderna, Alfred Nissle isolou uma cepa não patogênica de E. coli durante a Primeira Guerra Mundial e Isaac Carosso e Minoru Shirota desenvolveram produtos probióticos como "Danino" e "Yakult". Roy Fuller definiu probióticos e enfatizou seu papel na manutenção do equilíbrio intestinal e na saúde geral.
- Os probióticos de próxima geração (NGPs) mostram potencial para novas aplicações terapêuticas, incluindo o tratamento de doenças crônicas e distúrbios neuropsiquiátricos.
- Pósbióticos e paraprobióticos, que não requerem células vivas para exercer benefícios à saúde, mostram potencial em várias aplicações, incluindo a modulação imunológica e auxiliar na prevenção de doenças crônicas. O conceito de treinamento imunológico por paraprobióticos oferece abordagens inovadoras para aprimorar a resposta imunológica.
- Pesquisas sobre padrões moleculares associados a micróbios (MAMPs), patógenos (PAMPs) e danos (DAMPs) revelam sua influência no eixo intestino-cérebro, abrindo novos caminhos para o tratamento auxiliares nos distúrbios neuropsiquiátricos.

INTRODUÇÃO

A compreensão das complexas interações entre o intestino e o cérebro tem evoluído significativamente nas últimas décadas, revelando uma rede intricada de comunicação bidirecional conhecida como eixo intestino-cérebro. Esse eixo envolve sistemas neurológicos, hormonais e imunológicos, e desempenha um papel crucial na manutenção da homeostase e na modulação do comportamento e das emoções. O elemento central dessa interação é a microbiota intestinal, uma comunidade diversificada de microrganismos que habitam o trato gastrointestinal humano e que tem demonstrado influenciar profundamente a saúde cerebral e o bem-estar psicológico.

Os probióticos, definidos como microrganismos vivos que conferem benefícios à saúde do hospedeiro quando administrados em quantidades adequadas, emergiram como moduladores potentes da microbiota intestinal. Essa capacidade de influenciar diretamente a composição e a atividade desses microrganismos representa uma via promissora para a modulação do eixo intestino-cérebro. Pesquisas recentes têm mostrado, nesse sentido, que certos probióticos podem afetar a produção de neurotransmissores, fortalecer a barreira intestinal, reduzir a inflamação sistêmica e até mesmo alterar o comportamento e o humor.

Além disso, mais recentemente, a atenção nesse campo tem se voltado para os posbióticos, definidos como produtos metabólicos ou componentes celulares derivados de microrganismos probióticos que, mesmo não contendo células vivas, conferem benefícios à saúde. Pode-se afirmar, assim, que os posbióticos representam uma evolução no campo dos probióticos, pois proporcionam uma alternativa estável e segura que mantém, em parte, os efeitos benéficos dos microrganismos vivos.

A investigação tanto de probióticos quanto de posbióticos no contexto do eixo intestino-cérebro abre novas vias potenciais para o tratamento de desordens neuropsiquiátricas e para a promoção da saúde mental. Estudos clínicos e pré-clínicos têm demonstrado que esses agentes podem reduzir os sintomas de ansiedade e depressão, melhorar a resposta ao estresse e até mesmo potencializar a função cognitiva em quadros clínicos específicos. Essas descobertas indicam que o manejo da microbiota intestinal com probióticos e posbióticos não é apenas uma abordagem viável, mas uma estratégia potencialmente transformadora para a medicina integrativa.

Neste capítulo, serão explorados os mecanismos de ação dos probióticos e posbióticos no eixo intestino-cérebro. As principais linhagens probióticas estudadas por seus efeitos neuromoduladores serão abordadas, incluindo a discussão sobre os metabólitos produzidos por esses microrganismos. Por fim, será examinarda também a emergente classe dos psicobióticos, que engloba probióticos e posbióticos com efeitos específicos sobre a saúde mental. Esse campo de pesquisa, ainda em expansão, promete revolucionar as formas como se entendem e tratam as condições de saúde mental, oferecendo uma abordagem holística que integra nutrição, microbiologia e neurociência.

HISTÓRIA

A história do uso de probióticos corresponde à própria história da humanidade. Diversas fontes, tanto médicas quanto populares, indicam que a primeira utilização de probióticos remonta a 2000 a.C. Nessa época, o homem descobriu como conservar leite por períodos mais longos e transformaram o leite em produtos lácteos fermentados usando bactérias e leveduras (mesmo que ainda não estivessem cientes de sua existência). Pesquisas recentes indicam, no entanto, que nossos ancestrais já usavam leveduras na produção de bebidas muito antes de 2000 a.C. Há relíquias do Egito Antigo que mostram que produtos lácteos fermentados como *laban* (coalhada fresca), ainda comuns no Oriente Médio, eram usados desde 3500 a.C. e técnicas avançadas de arqueologia molecular rastrearam a presença desses alimentos até mesmo 10 mil anos atrás (Figura 1).

FIGURA 1 Ilustração de ancestrais (sumérios, Mesopotâmia, hoje sul do Iraque, 2000 AC).
Fonte: elaborada pelo autor.

Assim, durante toda a história da humanidade, em um ciclo de tentativa, erro e observação cuidadosa, diferentes culturas começaram a produzir bebidas fermentadas. Naquela época, sabia-se que deixar frutas e grãos em recipientes cobertos por um longo tempo produzia vinho e cerveja, mas ninguém entendia completamente o mecanismo envolvido. Esse processo ficou conhecido, por fim, como fermentação, oriundo da palavra em latin *fervere*, que significa "ferver".

Milhares de anos se passaram e continuamos fazendo uso de probióticos tradicionais, como iogurte e outros alimentos fermentados, mas o conhecimento atual de microbiologia e sobre a relação dos microrganismos com seu hospedeiro (microbioma) foi evoluindo. Atualmente, as aplicações desses probióticos são mais específicas, incluindo transformá-los geneticamente para que apresentem efeitos pontuais mais evidentes.

História Antiga

Evidências de fermentação realizada há milhares de anos foram descobertas na cidade de Jiahu, localizada na parte sudoeste da República Chinesa. A análise dessas descobertas mostrou que microrganismos eram usados na produção de bebidas fermentadas já em 7000 a.C. Arqueólogos da University of Pennsylvania, trabalhando em uma das peças mais antigas de cerâmica, descobriram que a primeira cerveja havia sido preparada a partir de arroz, mel e frutas e com levedura usada para fermentação.

Além disso, durante escavações em 1995, o professor John Darnell da Yale University descobriu vestígios do período do Escorpião I (3150 a.C.), o lendário primeiro faraó do Alto Egito, que indicavam que o vinho era misturado com ervas e usado como medicamento por muitos anos.

O antigo médico grego Hipócrates (460-370 a.C.), conhecido como o "pai da medicina", recomendava vinho como parte de uma dieta saudável. Segundo ele, o vinho seria adequado para o homem de uma maneira maravilhosa, desde que tomado com bom senso, por doentes e saudáveis (Figura 2).

Da Roma Antiga, o comandante do exército, escritor e filósofo Plínio, o Velho (23-79 d.C.), deve sua reputação mais à sua *História natural* do que às suas vitórias militares. Esta obra representa um resumo de todas as informações disponíveis até a época em que foi concluída (76-77 d.C.) e é considerada a primeira enciclopédia, compreendendo 169 capítulos em 37 volumes. Em um trecho, Plínio afirma que "os bárbaros foram capazes de engrossar o leite em uma substância com uma agradável acidez e trataram muitas doenças nas geografias pelas quais viajaram até então". Com base nas informações desta enciclopédia, o leite azedo também era usado para o tratamento de diarreia e o tratamento de corrimento vaginal durante milhares de anos.

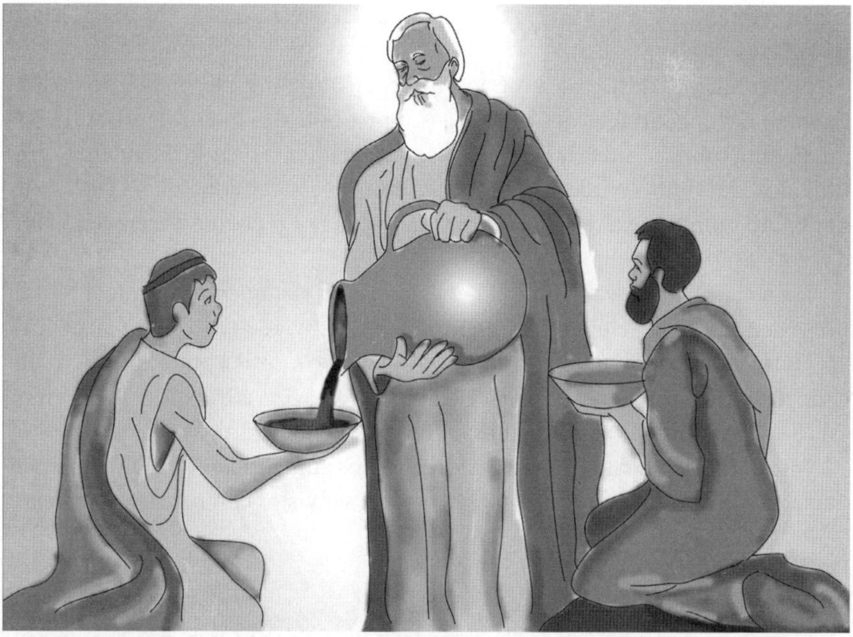

FIGURA 2 Ilustração representando Hipócrates distribuindo vinho aos enfermos na Grécia Antiga.

Fonte: elaborada pelo autor.

Os turcos, por sua vez, usavam iogurte para ter uma dieta saudável e prevenir ou tratar problemas gastrointestinais. Iogurte é uma palavra turca derivada do verbo *yoğurmak*, que significa "engrossar" ou "coalhar".

Por fim, o rei francês Francisco I sofria de uma grave doença gastrointestinal que médicos famosos não conseguiam curar. Sua mãe, relutantemente, pediu a Solimão, o Magnífico, que enviasse um médico para seu tratamento. Solimão enviou um médico judeu e cabras para Paris de navio. O médico, um judeu otomano, primeiro preparou iogurte ordenhando suas cabras e depois adicionou algumas substâncias desconhecidas ao iogurte. Essa fórmula especial de iogurte foi chamada de "o leite da vida eterna" por Francisco I.

Uso religioso

Alimentos funcionais frequentemente são identificados também em inscrições sagradas, crenças e práticas diárias de várias religiões. Os indianos, por exemplo, chamam sua religião de *Sanatana Dharma*, que significa "a religião eterna (ou perpétua)". A escritura sagrada dessa religião, os Vedas Sagrados, fazem referência à importância dos produtos lácteos fermentados para a saúde na vida diária.

Nas traduções de textos sumérios, informações sobre a fermentação do leite também são encontradas desde 2000 a.C. Entre os textos mais interessantes está um poema sobre como fazer cerveja, presumivelmente datado de 3000 a.C., intitulado "Um hino a Ninkasi". De acordo com a versão traduzida na University of Oxford, Ninkasi é a deusa suméria das bebidas e o poema descreve as fases da fabricação de cerveja.

Já na versão autorizada do Rei James do *Velho Testamento*, o profeta Moisés pregava que o iogurte era um alimento especial enviado por Deus à sua tribo.

Outro exemplo é o uso do vinho como sedativo e antisséptico após a circuncisão na tradição judaica. O *Talmude* tem uma passagem afirmando que "o vinho está à cabeça de todas as medicinas; onde o vinho falta, drogas são necessárias".

Na vida cotidiana no Cristianismo, produtos alimentícios fermentados, particularmente produtos lácteos e vinho, podem ser vistos como de uso frequente.

História Moderna

O microscópio de luz foi projetado pela primeira vez por Anton van Leeuwenhoek, depois aprimorado por Robert Hooke. Com essa tecnologia, eles abriram as portas para o universo microscópico e foram os primeiros a descobrir bactérias, leveduras e elementos sanguíneos. Não é exagero afirmar que a descoberta do universo microscópico, por sua vez, mudou drasticamente o curso da história humana.

Instituto Pasteur

Pasteur e seus sucessores são os personagens de maior impacto na microbiologia. A ideia de usar bactérias benéficas, por exemplo, tornou-se popular em paralelo aos avanços da microbiologia, particularmente no Instituto Pasteur. Bactérias produtoras de ácido lático haviam sido descobertas pela primeira vez por Pasteur em 1857. Depois, em 1878, Lister relatou o isolamento das bactérias do leite rançoso. Em seguida, cientistas do mesmo instituto também isolaram bactérias de ácido lático do trato gastrointestinal entre 1880 e 1888.

Merece destaque também Henry Tissier, pediatra do Instituto Pasteur, que descobriu o *Bifidobacterium* spp. em 1889. Tissier observou que bifidobactérias são os microrganismos dominantes na microbiota intestinal de bebês alimentados com leite materno e as nomeou como *Bacillus bifidus communis*. Ele também apontou que a gastroenterite aguda poderia ser curada se o desequilíbrio a favor de bactérias nocivas causadoras da doença pudesse ser normalizado por bifidobactérias. Embora não seja totalmente creditado na literatura, Henry Tissier foi o primeiro cientista a abordar a ideia de que bactérias amigáveis poderiam ser usadas no tratamento de doenças intestinais, com um artigo apresentado em 1906 na Université Paris.

Na maioria dos artigos científicos, no entanto, Elie Metchnikov sempre foi considerado o "pai" da ideia de que probióticos são benéficos para a saúde humana. Essa reputação está mais relacionada ao seu livro *The prolongation of life: optimistic studies*, publicado em 1908, do que por ter sido premiado com um Nobel por seu trabalho em fagocitose no mesmo ano. Neste livro, ele sugeriu que a fagocitose na microbiota intestinal produz substâncias tóxicas, levando ao processo de envelhecimento, e se esses microrganismos proteolíticos pudessem ser impedidos, o resultado seria uma expectativa de vida mais longa. Metchnikov sugeriu que bactérias produtoras de ácido lático em produtos lácteos poderiam baixar o pH no cólon ao decompor a lactose e inibir o crescimento de bactérias proteolíticas. A evidência para essa hipótese era o fato de que os aldeões em uma área montanhosa da Bulgária que consumiam uma grande quantidade de produtos lácteos fermentados viviam mais do que a população em geral.

Stamen Grigorov

Embora Elie Metchnikov seja quase sempre creditado pela ideia dos efeitos benéficos dos alimentos contendo bactérias amigáveis, há outro herói nos bastidores dessa história. O jovem médico búlgaro Stamen Grigorov (1878-1945) trabalhava como assistente-chefe no laboratório de microbiologia do professor Léon Massol na Université de Genève quando identificou uma espécie de *Lactobacillus* na cultura iniciadora de um produto lácteo fermentado búlgaro (denominado *Kiselo Mlyako*) e identificou informações completas sobre o bacilo.

O professor Massol escreveu uma carta para Elie Metchnikov dizendo:

> Ele é uma pessoa rara e acho que poderia ser muito útil para você. Após inúmeros e consistentes experimentos em meu laboratório, ele conseguiu encontrar e isolar o agente fermentador no *Kiselo Mlyako* cujo fermento/iniciador havia vindo da Bulgária. Você trabalha movido pela ambição de encontrar meios para prolongar a vida humana. Além de seus notáveis fagócitos, por favor, pense agora sobre o *Kiselo Mlyako* búlgaro e sobre este bacilo em forma de bastonete encontrado por Grigorov que eu também vi ao microscópio. Provavelmente, ele será útil para você.

Metchnikov respondeu positivamente à sugestão e, assim, Grigorov o visitou para apresentar seu estudo no grande salão do Instituto Pasteur. Com apenas 27 anos, ele propôs, então, que o iogurte poderia ser a razão pela qual as pessoas de sua região viviam tanto tempo. Mais tarde, o Instituto comissionou

Metchnikov para se concentrar nesse assunto. A espécie de bactéria foi nomeada *Lactobacillus bulgaricum* pelos assistentes de Metchnikov em reconhecimento a Grigorov, mas quase todas as fontes médicas disponíveis declaram o motivo para a nomeação dessa espécie como uma afirmação de Metchnikov de que os búlgaros vivem mais tempo.

Médico alemão Alfred Nissle

Antes mesmo da descoberta dos antibióticos, o professor alemão Alfred Nissle isolou uma cepa não patogênica de *Escherichia coli* das fezes de dois soldados não afetados pelo surto de disenteria (shigelose) no *front* de Dobruja, durante a Primeira Guerra Mundial. Estudando essa cepa, ele inibiu a colonização das bactérias patogênicas, resultando na descoberta da cepa *Escherichia coli* Nissle 1917, que tem sido frequentemente usada desde então nos setores médico e alimentício. Essa bactéria não patogênica inibe a aderência de bactérias patogênicas com a secreção de certas bacteriocinas, substituindo patógenos intestinais. Os resultados dos estudos sobre esta cepa revelaram que probióticos também podem ser usados em outras doenças do trato gastrointestinal, e não apenas em doenças infecciosas.

FIGURA 3 Ilustração representando Pasteur, Tissier e Metchnikov, personagens importantes para o avanço da microbiologia.

Fonte: elaborada pelo autor.

Surgimento do iogurte

Isaac Carosso havia percebido que muitos de seus pacientes tinham queixas gastrointestinais e recomendava iogurte para uma melhor saúde intestinal. Ele começou, então, a produzir iogurte por métodos convencionais com as culturas bacterianas puras que obteve do Instituto Pasteur ou, ocasionalmente, de Tessalônica (Grécia), sua cidade natal. Após a Primeira Guerra Mundial, Carosso abriu uma pequena loja para produzir e vender iogurte, que ele nomeou em homenagem a seu filho que havia nascido recentemente, "Danino" (que significa "pequeno Daniel"). Ele se mudou para a França em 1929, mas com o início da Segunda Guerra Mundial deixou Paris e partiu para os EUA, onde, em 1942, fundou a primeira fábrica de iogurte americana, a Dannon Milk Products.

Na mesma época, em 1930, no Extremo Oriente, o doutor Minoru Shirota obteve a primeira cultura de *Lacticaseibacillus casei* da linhagem Shitora isolada do intestino humano no laboratório de microbiologia da faculdade de medicina da Universidade de Kyoto, no Japão. Vários estudos demonstraram que a cepa descoberta por Shirota era resistente ao ácido gástrico e ao ácido biliar e, portanto, poderia alcançar o intestino delgado após administração oral. Em 1935, Shirota desenvolveu o *yakult*, um produto lácteo fabricado com essa bactéria probiótica. O nome "*yakult*" foi derivado da palavra "iogurte" em Esperanto, língua universal proposta nos anos 1880. Sua hipótese era de que a ingestão diária desse produto fermentado poderia promover a saúde intestinal e prolongar a expectativa de vida.

Era dos probióticos

Roy Fuller foi uma figura importante na história da microbiologia e da nutrição, tornando-se especialmente conhecido por seu papel fundamental no desenvolvimento e na definição do conceito de "probiótico". Sua contribuição nesse campo ajudou a estabelecer as bases científicas para o uso de microrganismos vivos na promoção da saúde. Ao longo de sua carreira, ele enfatizou a importância dos probióticos na manutenção do equilíbrio intestinal e na promoção de um sistema digestivo saudável. Fuller argumentava que a microbiota intestinal desempenha um papel crucial na saúde geral, influenciando não apenas a digestão e a absorção de nutrientes, mas também o sistema imunológico.

Atualmente, os probióticos são definidos como "microrganismos vivos que, quando administrados em quantidades adequadas, conferem um benefício à saúde do hospedeiro". Essa definição, endossada pela Organização Mundial da Saúde (OMS) e pela Organização para a Agricultura e Alimentação (FAO, do inglês *Food and Agriculture Organization*) da Organização das Nações Unidas (ONU), ressalta a importância da viabilidade dos microrganismos e da dose necessária para alcançar o efeito benéfico. Eles são comumente encontrados em alimentos fermentados, como iogurte, *kefir*, chucrute e *kimchi*, ou podem ser tomados como suplementos dietéticos. Além disso, são usados para uma variedade de propósitos de saúde, incluindo a prevenção e o tratamento de distúrbios gastrointestinais, como diarreia associada a antibióticos e síndrome do intestino irritável, além de contribuir para a saúde imunológica.

A pesquisa de Fuller ajudou a estabelecer critérios para a seleção de cepas probióticas, insistindo na necessidade de evidências científicas rigorosas para validar os benefícios dos probióticos à saúde. Seu trabalho continua a influenciar o campo da microbiologia e da nutrição, guiando a pesquisa e o desenvolvimento de novos produtos (Quadro 1).

QUADRO 1 Propriedades de um probiótico ideal

Adesão às células
Impacto posivito no hospedeiro
Seguro, não invasivo e não tóxico
Estável e viável por longo prazo
Capaz de sobreviver à digestão e resiliente ao ambiente intestinal
Atividade antimicrobiana
Inteiramente caracterizado microbiologicamente

Fonte: FAO/WHO. Guidelines for the Evaluation of Probiotics in Food; 2002.

MECANISMOS DE AÇÃO DOS PROBIÓTICOS

Os probióticos são microrganismos vivos que, quando administrados em quantidades adequadas, conferem benefícios à saúde do hospedeiro. Eles podem exercer seus efeitos de várias maneiras, com mecanismos de ação que vão desde o manejo da microbiota intestinal até efeitos sistêmicos no corpo humano.[1] Podem ser mencionados, por exemplo:

- Manejo da microbiota intestinal:
  - Competição com patógenos: podem inibir a adesão de patógenos ao epitélio intestinal por meio da competição por sítios de ligação ou nutrientes, reduzindo a colonização e a invasão por microrganismos prejudiciais.[2]
  - Produção de substâncias antimicrobianas: alguns probióticos produzem bacteriocinas, ácidos orgânicos (como ácido lático e acético) e peróxido de hidrogênio, que podem inibir o crescimento de patógenos.[3]
- Fortalecimento da barreira intestinal:
  - Aumento da produção de muco: podem estimular as células caliciformes a produzirem muco, fortalecendo a barreira mucosa que protege o epitélio intestinal.[4]

  - Fortalecimento das *tight junctions*: podem aumentar a expressão de proteínas *tight junctions*, como ocludinas e claudinas, melhorando a integridade da barreira intestinal e reduzindo sua permeabilidade.[5]
- Modulação do sistema imunológico:
  - Estimulação da imunidade inata: probióticos podem ativar macrófagos, células dendríticas e células *natural killer* (NK), aumentando a fagocitose e a produção de citocinas pró-inflamatórias em resposta a patógenos.[6]
  - Modulação da imunidade adaptativa: podem influenciar a diferenciação e a resposta dos linfócitos T, promovendo um equilíbrio entre as respostas Th1, Th2 e T reguladoras (Treg), o que é crucial para prevenir reações alérgicas e autoimunes.[7]
  - Produção de anticorpos: alguns probióticos estimulam a produção de imunoglobulina A (IgA) secretora no intestino, melhorando a imunidade mucosa.[8]
- Efeitos metabólicos:
  - Produção de ácidos graxos de cadeia curta (AGCCs): a fermentação de fibras prebióticas por probióticos pode levar à produção de AGCCs como butirato, propionato e acetato, que servem como fonte de energia para as células do cólon, modulam a inflamação e podem influenciar o metabolismo de glicose e lipídios.[9]
  - Modulação da obesidade e do metabolismo energético: alguns probióticos podem influenciar a regulação do peso e do metabolismo energético, possivelmente afetando a absorção de nutrientes, a produção de hormônios relacionados ao apetite e a inflamação sistêmica.[10]
- Efeitos sobre o sistema nervoso:
  - Comunicação entre intestino e cérebro: podem produzir e influenciar a produção de neurotransmissores (como ácido gama-aminobutírico – GABA, serotonina), modulando o eixo intestino-cérebro.[11]
  - Redução do estresse e da ansiedade: há estudos que sugerem que certos probióticos podem diminuir os níveis de cortisol e outros marcadores de estresse, possivelmente melhorando os sintomas de ansiedade e depressão.[12]
- Influência na saúde da pele:
  - Modulação da inflamação cutânea: probióticos podem exercer efeitos benéficos em condições inflamatórias da pele, como eczema, acne e psoríase, possivelmente por meio da modulação da resposta imunológica.[13]

Os mecanismos de ação dos probióticos são, portanto, complexos e significativamente variáveis entre diferentes cepas e espécies. Sua eficácia, por sua vez, pode ser influenciada por vários fatores, incluindo a dose administrada, a viabilidade das cepas durante o armazenamento e após a passagem pelo trato gastrointestinal, a composição individual da microbiota do hospedeiro e, principalmente, o hábito alimentar do indivíduo. É essencial, portanto, selecionar cepas específicas para cada condição de saúde, baseando-se em evidências científicas robustas.

Os probióticos são frequentemente classificados, ainda, como suplementos alimentares, não sendo destinados a diagnosticar, tratar, curar ou prevenir qualquer doença. Embora sejam reconhecidos por conferir diversos benefícios à saúde do hospedeiro quando consumidos em quantidades adequadas, seu principal efeito é atuar como uma terapia adjuvante. Isso significa que eles podem complementar outras formas de tratamento ou terapias ao promover um equilíbrio saudável da microbiota intestinal, fortalecer a barreira intestinal e modular o sistema imunológico. Eles devem ser utilizados, nesse sentido, como parte de uma abordagem mais ampla para a saúde e o bem-estar, em conjunto com uma dieta equilibrada e um estilo de vida saudável, e não como substitutos para tratamentos médicos convencionais.

LINHAGEM DO MICRORGANISMO

A escolha adequada de probióticos com base no conhecimento preciso da linhagem bacteriana (Figura 4) é um aspecto crítico para otimizar a eficácia do tratamento e promover a saúde intestinal. Sua eficácia no manejo da microbiota intestinal pode variar significativamente dependendo com sua linhagem, de acordo com sua capacidade de aderir ao epitélio intestinal e com a forma como se dá sua interação com a microbiota existente.

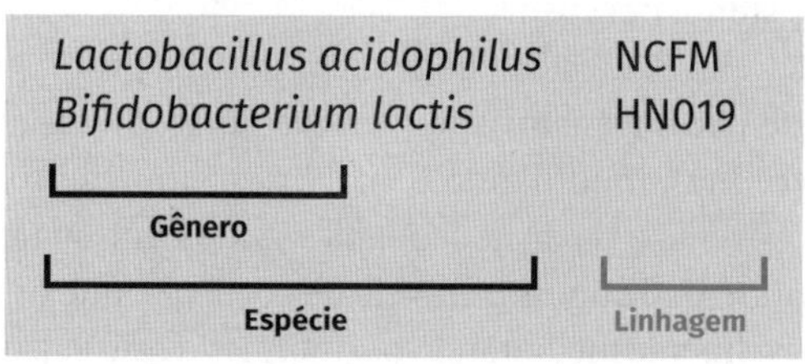

Gênero: Categoria mais ampla de classificação.

Espécie: Grupos de probióticos dentro de um gênero que compartilham características comuns.

Linhagem ou cepa: Uma sub-classificação adicional expressa alfanumericamente, pode conferir propriedades únicas ao microrganismo.

FIGURA 4 Representação da classificação dos probióticos em diferentes níveis. Gênero: categoria mais ampla; espécie: grupo dentro de um gênero que compartilha características comuns; linhagem (ou cepa): subclassificação adicional expressa alfanumericamente que agrupa microrganismos com características únicas.

Fonte: elaborada pelo autor.

Identificação e especificidade

Cada linhagem de probiótico possui características genéticas e metabólicas únicas que influenciam seu papel no ecossistema intestinal. Assim, algumas linhagens podem ser mais eficazes no tratamento de distúrbios gastrointestinais específicos, como a síndrome do intestino irritável ou a colite, enquanto outras podem ser mais benéficas para a saúde imunológica ou na prevenção de infecções. Conhecer a linhagem presente em um suplemento probiótico é essencial, portanto, para direcionar corretamente o tratamento e evitar o uso de probióticos que sejam ineficazes para a condição tratada ou que possam até piorar os sintomas.

Resistência e viabilidade

A eficácia de um probiótico também depende de sua capacidade de resistir ao ambiente ácido do estômago e de se estabelecer no intestino. Algumas linhagens têm mecanismos mais robustos para sobreviver nessas condições, enquanto outras podem necessitar de encapsulamento ou outras formas de proteção para chegar a seu local de ação efetiva. Assim, conhecer as características de resistência e viabilidade da linhagem ajuda no desenvolvimento de formulações que maximizam a entrega do probiótico ao intestino.

Interações microbianas

A interação entre a linhagem probiótica e a microbiota intestinal existente é outro fator crucial. Probióticos podem competir por nichos com a microbiota nativa ou ter efeitos sinérgicos ou antagônicos com outras espécies bacterianas. Compreender essas interações pode guiar a escolha de uma linhagem que harmonize com ou modifique beneficamente a comunidade microbiana já presente no hospedeiro.

BASE CIENTÍFICA E EVIDÊNCIAS CLÍNICAS

A prescrição de probióticos com base em evidências sólidas requer uma compreensão das propriedades específicas da linhagem e dos dados clínicos que sustentam seu uso. Assim, os estudos de eficácia devem detalhar os efeitos de linhagens específicas para que profissionais de saúde façam recomendações baseadas em evidências, garantindo que os pacientes recebam o tratamento mais eficaz e seguro. Assim, é possível maximizar os benefícios terapêuticos e garantir a segurança do paciente. A prescrição de probióticos deve ser feita, portanto, com uma compreensão clara da taxonomia bacteriana, das propriedades específicas da linhagem e do contexto clínico do paciente.

Dosagem e efetividade

A correlação entre a dose de probióticos e sua eficácia é um tema complexo e multifacetado. Um equívoco comum nessa área é a noção de que um maior número de microrganismos em um suplemento probiótico garante melhores resultados. A eficácia de um probiótico está intimamente relacionada, na verdade, à sua capacidade de exercer efeitos funcionais específicos, que dependem da condição de saúde a ser tratada e não simplesmente da quantidade de microrganismos administrados. Esse conceito é sustentado por uma série de estudos clínicos que demonstram a importância da dosagem precisa.

Dosagem otimizada

A escolha da dosagem correta é crucial e pode variar dependendo da aplicação específica do probiótico. Nesse sentido, há estudos que demonstram que doses diferentes podem ser necessárias para diferentes condições de saúde ou para alcançar diferentes efeitos terapêuticos. A linhagem *Bifidobacterium infantis* 35624 mostrou benefícios, por exemplo, em pacientes com síndrome do intestino irritável com doses diárias de 1×10^{10} UFC, sem benefícios adicionais observados com doses mais altas.[14] Por sua vez, *Limosilactobacillus reuteri* DSM 17938 (anteriormente conhecido como *Lactobacillus reuteri* DSM 17938) demonstrou eficácia no tratamento de cólicas em lactentes com uma dose de 1×10^8 UFC/dia, resultando em uma redução significativa dos sintomas.[15] A eficácia dos probióticos pode ser alcançada, portanto, com doses relativamente baixas, dependendo da condição tratada.

Evidência clínica sobre quantidade

A contraposição entre a importância da quantidade e da qualidade também é evidente na consideração de como diferentes dosagens podem influenciar o sistema imunológico. *Lactiplantibacillus pentosus* b240 atenuado (anteriormente conhecido como *Lactobacillus pentosus* b240) por exemplo, foi mais eficaz na modulação do sistema imunológico e na redução da incidência de infecções do trato respiratório em adultos com uma dose de 2×10^{10} quando comparado com uma dose de 2×10^9 do mesmo paraprobiótico.[16]

A literatura científica enfatiza, assim, que a eficácia de um probiótico não deve ser medida simplesmente pela quantidade de microrganismos que ele contém. Em vez disso, a precisão da dosagem é um fator importante para se alcançar o efeito terapêutico desejado e, para tanto, as evidências clínicas que apoiam o uso para cada condição devem ser robustas. Assim, a escolha de probióticos deve ser guiada por uma compreensão detalhada da dosagem ótima e dos dados de eficácia, a fim de garantir os melhores resultados terapêuticos para os pacientes.

Por fim, é importante destacar que a relação entre o microbioma intestinal e o eixo intestino-cérebro por meio da ação dos probióticos requer uma visão detalhada das linhagens específicas que têm mostrado impactos significativos nesse complexo sistema de comunicação e dos diferentes contextos de aplicação, como saúde mental, cognição e respostas ao estresse.

PSICOBIÓTICOS

O termo "psicobiótico" foi inicialmente proposto para descrever probióticos com potenciais benefícios para a saúde mental, mas o conceito se expandiu para incluir prebióticos e posbióticos que também podem influenciar a função cerebral e o bem-estar emocional. Psicobióticos, portanto, abrangem uma gama mais ampla de substâncias que podem impactar positivamente o eixo intestino-cérebro, destacando-se como um termo tanto comercial quanto científico. A adoção dessa denominação reflete uma tendência de mercado em que consumidores estão cada vez mais interessados em produtos que oferecem benefícios específicos de saúde, inclusive mental. Há que se destacar, no entanto, que embora o termo tenha raízes científicas, seu uso em produtos comerciais às vezes antecede a evidência científica robusta, tornando-o tanto uma ferramenta de *marketing* além de já ser um foco de pesquisa científica.

A lista desses probióticos cresce à medida que novas pesquisas surgem e cada uma das linhagens parece oferecer um potencial terapêutico único para intervir em desordens neuropsiquiátricas e melhorar a saúde mental por meio do manejo da microbiota intestinal. O estudo contínuo dessas relações é essencial para o desenvolvimento de intervenções mais eficazes baseadas no microbioma. Merecem destaque os seguintes exemplos de linhagens e estudos:

- *Bifidobacterium longum* 1714: um dos probióticos mais estudados para efeitos no eixo intestino-cérebro é *Bifidobacterium longum* 1714. Allen et al., por exemplo, mostraram que esta linhagem pode reduzir o estresse psicológico e melhorar processos cognitivos, como a memória, mesmo em voluntários saudáveis.[17]
- *Lacticaseibacillus rhamnosus* GG: *Lacticaseibacillus rhamnosus* GG (anteriormente conhecido como *Lactobacillus rhamnosus* GG) é outro probiótico amplamente pesquisado por seus benefícios para o eixo intestino-cérebro. Um estudo de Tette et al. demonstrou que esta linhagem específica tem a capacidade de alterar a expressão de receptores de GABA no cérebro, potencialmente influenciando o humor e a ansiedade.[18]

- *Lactobacillus helveticus* R0052 e *Bifidobacterium longum* R0175: a combinação de *Lactobacillus helveticus* R0052 e *Bifidobacterium longum* R0175 foi estudada por seu impacto positivo no alívio da ansiedade e da depressão. Pesquisas como a de Messaoudi et al. mostraram que a administração dessas linhagens pode melhorar a saúde mental e o bem-estar geral.[19]
- *Lactiplantibacillus plantarum subsp. plantarum* PS128: recentemente, estudos têm explorado *Lactiplantibacillus plantarum subsp. plantarum* PS128 (anteriormente conhecido como Lactobacillus plantarum), em influenciar o comportamento e as funções neurológicas. Um estudo de Liu et al. encontrou evidências de que esta linhagem pode diminuir a ansiedade e melhorar a neurotransmissão dopaminérgica em modelos animais.[20]
- *Bifidobacterium breve* B-3: estudos sobre *Bifidobacterium breve* B-3 indicam que esta linhagem pode ter efeitos benéficos no combate à obesidade e em desordens metabólicas relacionadas ao estresse, o que pode influenciar o bem-estar mental e físico, como demonstrado por Minami et al.[21]
- *Lacticaseibacillus casei* Shirota: estudos sobre *Lacticaseibacillus casei* (anteriormente conhecido como *Lactobacillus casei*) Shirota indicam que esta linhagem pode ajudar a reduzir o estresse e melhorar os sintomas de ansiedade. Um estudo realizado por Kato-Kataoka et al., por exemplo, investigou os efeitos do *Lacticaseibacillus casei* Shirota em adultos com respostas físicas e psicológicas ao estresse. Os resultados mostraram que a ingestão diária desta linhagem pode reduzir a incidência de sintomas físicos causados pelo estresse, além de melhorar a saúde mental.[22] Este probiótico também foi examinado por seu impacto na regulação da resposta imunológica e sua possível influência nas respostas neuroquímicas, sugerindo que pode ter um papel benéfico de mitigação da inflamação e de alterações no humor associadas ao estresse crônico.
- *Lactobacillus acidophilus* NCFM: *Lactobacillus acidophilus* NCFM tem sido associado a melhoras na saúde mental, particularmente no tratamento de ansiedade e depressão. Um estudo de Benton et al. que examinou os efeitos do consumo desta linhagem em adultos observou melhoras na resiliência ao estresse e no humor geral.[23]
- *Limosilactobacillus fermentum* NS9: a linhagem *Limosilactobacillus fermentum* (anteriormente conhecido como *Lactobacillus fermentum*) NS9 mostrou potencial para reduzir a ansiedade e o estresse em um modelo animal, conforme estudo de Wang et al. Os resultados indicaram que esta linhagem pode afetar positivamente o eixo intestino-cérebro por meio do manejo da microbiota intestinal e da redução da inflamação.[24]

- *Limosilactobacillus reuteri* DSM 17938: além de seus efeitos sobre a saúde gastrointestinal, *Limosilactobacillus reuteri* (anteriormente conhecido como *Lactobacillus reuteri*) DSM 17938 tem sido explorada por seu impacto no comportamento e na saúde mental. Um estudo de Wall et al. indicou que esta linhagem pode melhorar os sintomas de ansiedade em modelos animais, sugerindo um efeito benéfico no eixo intestino-cérebro.[25]
- *Bifidobacterium infantis* 35624: além de suas propriedades gastrointestinais, *Bifidobacterium infantis* 35624 também tem sido estudada por seus efeitos sobre o estresse e a depressão. Um estudo de Desbonnet et al. mostrou que esta linhagem pode normalizar os níveis de triptofano, um precursor da serotonina, implicando um potencial efeito antidepressivo.[26]

PROBIÓTICOS DE NOVA GERAÇÃO

Os probióticos de nova geração (NGP, do inglês *next generation probiotics*) representam uma evolução significativa no campo dos probióticos tradicionais. Esses novos membros são identificados e selecionados por métodos avançados de biotecnologia e genômica, o que permite uma compreensão mais profunda e detalhada de seus mecanismos de ação e benefícios à saúde humana.

Classificação e propriedades

Os NGP são classificados com base em sua identificação por técnicas de sequenciamento de DNA que permitem uma caracterização precisa das cepas e de seus potenciais efeitos benéficos.[27] Essas técnicas incluem a metagenômica, que analisa o DNA de comunidades microbianas diretamente a partir de amostras ambientais, permitindo a descoberta de microrganismos que não podem ser cultivados em laboratório. Nessa classificação, também se considera sua capacidade de interagir de forma mais específica e eficaz com a microbiota humana e o sistema imunológico do hospedeiro.[28]

Assim, as principais propriedades dos NGP são:

- Especificidade de ação: possuem mecanismos de ação mais específicos, podendo manejar a microbiota intestinal e o sistema imunológico de maneiras precisas, o que pode levar a intervenções mais direcionadas para cada condição de saúde.[29]
- Maior eficiência: por conta dos métodos genômicos e da compreensão de seus mecanismos de ação, podem ser mais eficientes para conferir benefícios à saúde, como melhoras na função imunológica, redução de inflamação e proteção contra patógenos.[30]

- Potencial para novas aplicações: sua descoberta abre caminho para novas aplicações terapêuticas, incluindo o tratamento e a prevenção de doenças crônicas, como obesidade, diabetes tipo 2, doenças cardiovasculares e até transtornos neurológicos, por meio da modulação do eixo intestino-cérebro.[31]
- Segurança e tolerabilidade: embora a segurança seja uma consideração importante para qualquer intervenção probiótica, os probióticos de nova geração em particular são selecionados com rigorosos critérios de segurança, tendo em vista seu uso em populações sensíveis, incluindo crianças e idosos.[32]

Eixo intestino-cérebro

A relação entre o eixo intestino-cérebro e a administração de probióticos representa um campo de investigação intensiva que tem evidenciado a capacidade dos microrganismos probióticos de influenciar funções cerebrais e comportamentais por mecanismos específicos (Figura 5).

Alguns desses efeitos já vêm sendo comprovados por meio de descobertas recentes da neuromicrobiologia, como.

- Modulação da resposta inflamatória: os probióticos podem exercer efeitos anti-inflamatórios sistêmicos, que são mediados por meio da redução da produção de citocinas pró-inflamatórias, como o fator de necrose tumoral alfa (TNF-alfa), interleucinas 6 (IL-6) e 1-beta (IL-1-beta), e por células imunológicas no intestino. Esta ação reduz a inflamação sistêmica e, por extensão, a inflamação neuroinflamatória, que é um fator contribuinte para o desenvolvimento de distúrbios neuropsiquiátricos.[33,34]
- Produção de metabólitos e neurotransmissores: probióticos específicos são capazes de produzir e influenciar a síntese de metabólitos e neurotransmissores, como AGCCs, serotonina e GABA. Os AGCCs, especialmente o butirato, influenciam a barreira hematoencefálica (BHE), a neuroinflamação e a neurogênese. A serotonina e o GABA, neurotransmissores-chave para a regulação do humor e da ansiedade, são sintetizados por certas cepas probióticas e podem afetar diretamente o funcionamento do cérebro.[35,36]
- Regulação do eixo hipotálamo-hipófise-adrenal: o eixo hipotálamo-pituitária-adrenal (HPA) desempenha um papel central na resposta do corpo ao estresse. Os probióticos demonstraram a capacidade de normalizar a função desse eixo em modelos animais de estresse, sugerindo um potencial terapêutico para reduzir os sintomas de ansiedade e depressão em humanos. A modulação ocorre por meio da redução dos níveis de corticosterona no plasma e da expressão de fatores liberadores de corticotrofina no hipotálamo.[37]

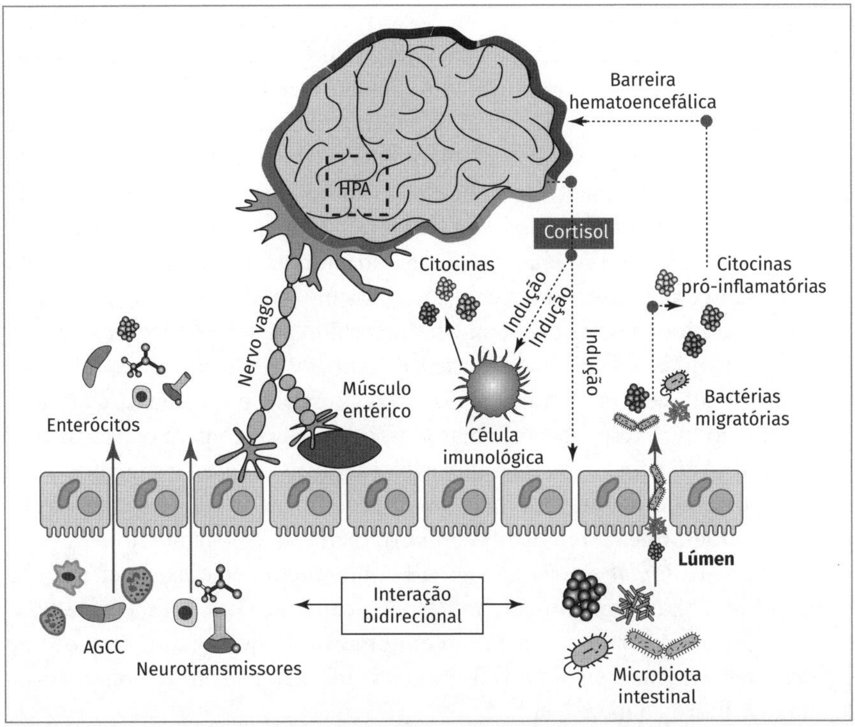

FIGURA 5 Representação esquemática da modulação do eixo intestino-cérebro por probióticos.

AGCC: ácidos graxos de cadeia curta; HPA: eixo hipotálamo-hipófise-adrenal.
Fonte: adaptada de Sabit H, et al., 2023.[58]

- Efeitos sobre a permeabilidade da BHE: a BHE é um componente crucial do eixo intestino-cérebro e o aumento da sua permeabilidade está associado a diversas condições neurológicas. Probióticos influenciam a expressão de proteínas *tight junctions*, promovendo uma barreira mais robusta contra toxinas e patógenos.[38]
- Influência no comportamento e na função cognitiva: estudos em animais e ensaios clínicos em humanos têm demonstrado que a suplementação com probióticos pode melhorar o comportamento e a função cognitiva. Isso é atribuído ao manejo da microbiota intestinal, à redução da inflamação sistêmica e cerebral, e ao impacto direto de metabólitos microbianos sobre os neurônios e as vias de sinalização cerebral.[39,40]

A pesquisa envolvendo probióticos de próxima geração vem abrindo, assim, novas perspectivas para o tratamento de distúrbios neuropsiquiátricos por meio da modulação do eixo intestino-cérebro. Esses probióticos avançados, que incluem linhagens não tradicionais, representam uma grande promessa por sua capacidade de interagir de maneira mais específica e eficiente com o microbioma humano.

Um exemplo notável é *Akkermansia muciniphila*, que tem sido estudada por suas propriedades terapêuticas particularmente no tratamento de distúrbios metabólicos, que estão frequentemente ligados a condições neuropsiquiátricas, como depressão e ansiedade. Uma pesquisa de Plovier et al. demonstrou que a administração de *Akkermansia muciniphila* melhorou marcadores metabólicos em camundongos e sugere um potencial para aplicações terapêuticas em humanos.[41]

Outro probiótico desse grupo que tem recebido atenção é *Faecalibacterium prausnitzii*. Conhecido por suas propriedades anti-inflamatórias, esse probiótico tem sido vinculado à melhora de sintomas depressivos por conta de sua capacidade de modular respostas inflamatórias, o que é crítico para o eixo intestino-cérebro. Wang et al., por exemplo, exploram essa conexão e sugerem que a modulação do microbioma por meio desses probióticos pode alterar significativamente a bioquímica cerebral e os comportamentos relacionados ao estresse.[42]

Além desse, *Bifidobacterium longum* 1714 também demonstrou efeitos notáveis sobre o eixo intestino-cérebro, especificamente com relação ao estresse e à cognição. Allen et al. relataram em um estudo que a administração de *Bifidobacterium longum* 1714 a voluntários saudáveis reduziu o estresse psicológico e melhorou a memória.[43]

Esses exemplos ilustram o potencial revolucionário dos NGP no tratamento e na gestão de distúrbios relacionados ao eixo intestino-cérebro. A capacidade desses microrganismos de influenciar a saúde mental abre novas avenidas para intervenções terapêuticas mais eficazes e direcionadas, fundamentadas na compreensão emergente das interações complexas entre o microbioma e o cérebro.

PROBIÓTICOS *VERSUS* ANTIBIOTICOTERAPIA

Recentes avanços na compreensão da interação entre probióticos e a microbiota intestinal têm levado alguns pesquisadores a reconsiderarem a prática comum de administrar probióticos após o uso de antibióticos com o objetivo de promover a recuperação da microbiota após a perturbação induzida pelos antibióticos.

Um importante estudo conduzido por Suez et al. revelou que a administração de probióticos após tratamento com antibióticos pode, paradoxalmente, retardar a recolonização da microbiota intestinal nativa. Os pesquisadores descobriram que os indivíduos que consumiram probióticos após terapia antibiótica experimentaram uma colonização significativa de suas trilhas intestinais pelos probióticos administrados, o que impedia a regeneração da microbiota nativa por um período prolongado, em comparação com aqueles que não receberam probióticos (Figura 6).[44]

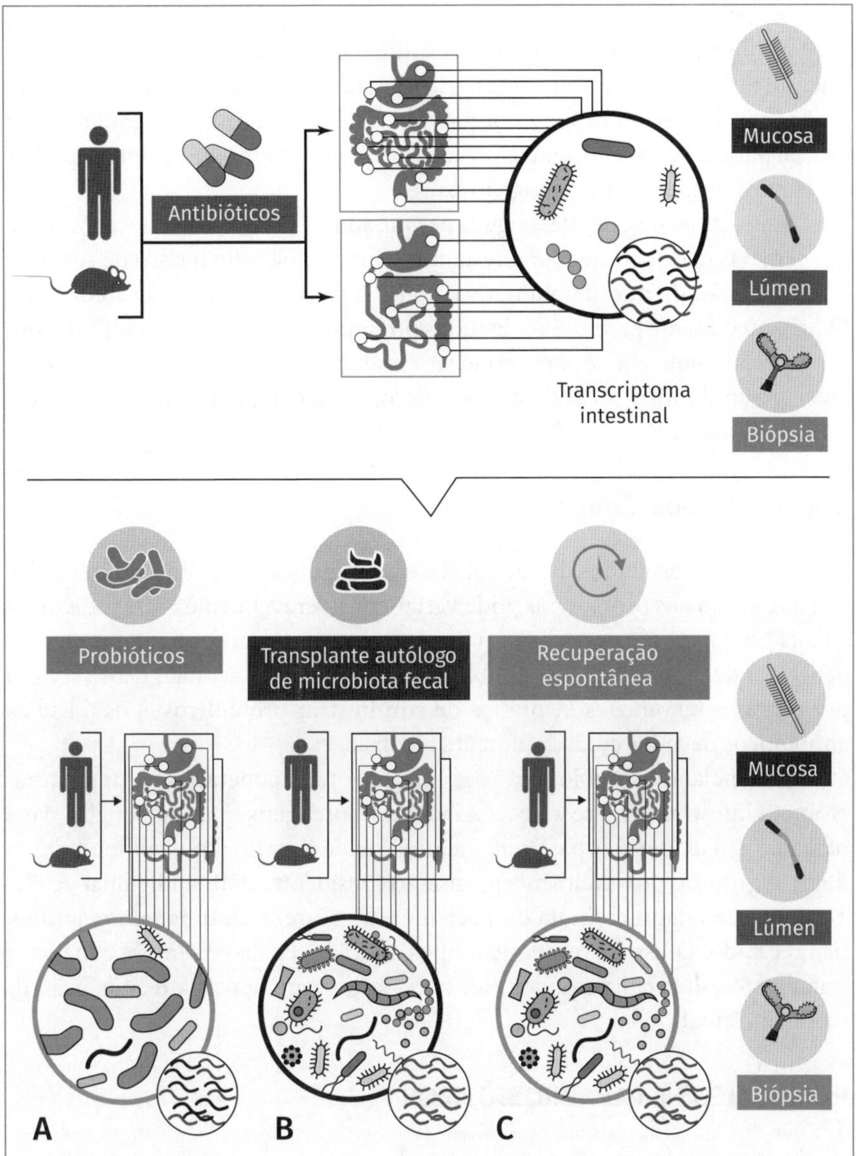

FIGURA 6 Representação esquemática do processo de recuperação da microbiota após uso de antibióticos em três cenários. A: o uso de probióticos atrasa a reconstituição do microbioma intestinal e do transcriptoma; B: o transplante de microbiota fecal restaura o microbioma da mucosa e reconstitui o transcriptoma intestinal; C: a reconstituição espontânea da microbiota é mais eficaz sem o uso do probiótico.

Fonte: adaptada de Suez et al., 2018.[44]

Esse estudo sugere que os probióticos podem competir com as bactérias nativas por nichos e recursos no intestino, o que pode ser contraproducente quando o objetivo é permitir que a microbiota intestinal se recupere de forma autônoma. Isso é importante porque uma microbiota diversa e equilibrada é crucial para a saúde geral, então intervenções que alteram esse equilíbrio podem ter efeitos inesperados em longo prazo.

Diante dessas descobertas, alguns pesquisadores vêm explorando alternativas que têm o potencial de ajudar a restaurar a microbiota sem o risco de suprimir a recuperação da microbiota nativa, como o transplante de microbiota fecal (TMF) ou o uso de prebióticos. Estudos preliminares sugerem que o TMF pode ser especialmente eficaz para restaurar rapidamente a microbiota para seu estado pré-antibiótico, fornecendo um microbioma completo e funcional de um doador saudável.[45]

Considerações clínicas

Embora os resultados de Suez et al. sejam significativos, é importante notar que a resposta aos probióticos pode variar consideravelmente entre indivíduos e mais pesquisas são necessárias para se determinar quais pacientes podem se beneficiar de probióticos após antibióticos e quais podem ser mais bem-servidos por outras intervenções. A prática de administrar probióticos após o uso de antibióticos deve ser cuidadosamente reconsiderada.

O potencial dos probióticos para interferir na recuperação natural da microbiota intestinal sugere a necessidade de abordagens mais personalizadas e baseadas em evidências para o manejo da saúde intestinal pós-antibiótica. As diretrizes futuras provavelmente precisarão considerar fatores individuais, como a composição da microbiota do paciente e a natureza do tratamento antibiótico recebido. O uso de probióticos após antibióticos não é sempre benéfico e tratamentos alternativos podem ser necessários para apoiar a recuperação da saúde intestinal.

POSBIÓTICOS E PARAPROBIÓTICOS

Os avanços na ciência da nutrição e na microbiologia promovem um interesse crescente pelos componentes bioativos derivados de microrganismos, especialmente probióticos, prebióticos e, mais recentemente, posbióticos e paraprobióticos. Esses componentes são fundamentais no manejo da microbiota intestinal e têm mostrado potencial em várias aplicações de saúde.

A pesquisa envolvendo posbióticos e paraprobióticos está em expansão, com crescente reconhecimento de seu potencial em diversas aplicações clínicas e nutricionais. Ainda é crucial, entretanto, a realização de mais estudos clínicos e experimentais para estabelecer mecanismos de ação, doses eficazes e perfis de segurança específicos para diferentes populações.

Posbióticos

Posbióticos são definidos como produtos de fermentação ou componentes celulares liberados por probióticos que conferem benefícios à saúde do hospedeiro quando administrados em quantidades adequadas. Esses produtos incluem ácidos orgânicos, bacteriocinas, peptídeos, polissacarídeos e exopolissacarídeos. Diferentemente dos probióticos, os posbióticos não necessitam de células vivas para exercer seu efeito, o que amplia suas possibilidades de aplicação e estabilidade em diferentes matrizes (Figura 7).[46]

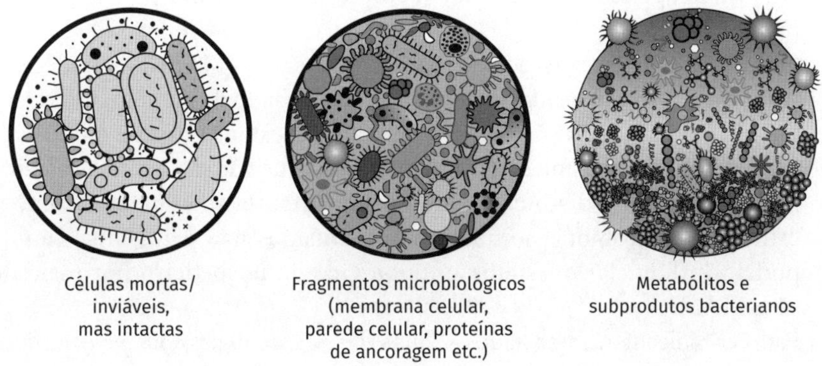

FIGURA 7 Tipos de posbióticos.
Fonte: elaborada pelo autor.

As aplicações dos posbióticos são variadas, abrangendo desde o manejo da microbiota intestinal e a melhora da função imunológica até a prevenção de doenças infecciosas e a modulação de respostas alérgicas. Além disso, os posbióticos têm se mostrado promissores na melhora da saúde da pele, no controle de peso e na redução de fatores de risco para doenças crônicas.[47]

Paraprobióticos

Os paraprobióticos, por sua vez, consistem em microrganismos inativos (mortos), suas células íntegras ou fragmentos celulares, que, quando administrados em quantidades adequadas, conferem benefício à saúde do hospedeiro.

Essa definição destaca a importância da integridade celular para a eficácia dos paraprobióticos, mesmo que as células não estejam metabolicamente ativas.[48]

Merecem destaque nesse grupo:

- Padrões moleculares associados a patógenos (PAMP, do inglês *pathogen-associated molecular patterns*): são estruturas moleculares conservadas encontradas em uma ampla gama de microrganismos patogênicos, mas não em células do hospedeiro. Essas estruturas incluem componentes como lipopolissacarídeos (LPS) de bactérias Gram-negativas, flagelina e DNA bacteriano não metilado. Eles são reconhecidos pelos receptores celulares de reconhecimento de padrão (PRR, do inglês *pattern recognition receptors*) presentes nas células imunológicas do hospedeiro, como os receptores do tipo *toll* (TLR), que desencadeiam respostas inflamatórias para combater a infecção. A identificação de PAMP é fundamental para a ativação do sistema imunológico inato, alertando o corpo sobre invasores potencialmente prejudiciais.[49]
- Padrões moleculares associados a microrganismos (MAMP, do inglês *microbe-associated molecular patterns*): às vezes usado de maneira intercambiável com os PAMP, são essencialmente os mesmos tipos de moléculas, mas o termo provenientes de microrganismos que não são necessariamente patogênicos. Essa distinção pode ser importante em contextos como o estudo da microbiota, no qual microrganismos não patogênicos ainda podem influenciar o sistema imunológico do hospedeiro por meio de seus MAMP.[50]
- Padrões moleculares associados a danos (DAMP, do inglês *damage-associated molecular patterns*): são liberados por células do hospedeiro em resposta a danos teciduais ou morte celular, portanto, se associam a processos internos de estresse ou injúria. Alguns exemplos são adenosina trifosfato (ATP), ácido úrico e proteínas de choque térmico. Assim como os PAMP, os DAMP são reconhecidos por PRR, incluindo TLR e receptores do tipo NOD. A liberação de DAMP contribui para a inflamação e a reparação tecidual, mas também pode estar associada a doenças autoimunes e crônicas quando há uma resposta imunológica excessiva ou mal-regulada.[51]

Os paraprobióticos têm sido aplicados em diversas áreas, incluindo melhora da barreira intestinal, modulação do sistema imunológico e prevenção de distúrbios gastrointestinais. Além disso, estudos indicam potencial no tratamento e na prevenção de condições inflamatórias, como doenças inflamatórias intestinais, e até mesmo no manejo de distúrbios metabólicos, como a obesidade e o diabetes tipo 2.[52]

Treinamento imunológico

O treinamento imunológico induzido por paraprobióticos é uma área emergente de pesquisa que oferece novas perspectivas sobre a modulação da resposta imunológica do hospedeiro. Paraprobióticos têm demonstrado potencial para "treinar" o sistema imunológico, aprimorando sua capacidade de responder de maneira mais eficaz a patógenos e outras ameaças, sem provocar uma resposta inflamatória exagerada.

Vários mecanismos estão envolvidos nesse treinamento imunológico, incluindo:

- Reconhecimento por PRR: as células imunológicas reconhecem componentes dos paraprobióticos, como peptidoglicanos e LPS, por meio desses receptores, incluindo os TLR. Isso ativa as células imunológicas e as prepara para uma resposta rápida e eficaz a infecções subsequentes.
- Modulação da expressão gênica: a interação dos paraprobióticos com as células imunológicas pode alterar a expressão de genes relacionados à imunidade, promovendo um estado de alerta imunológico que facilita uma resposta mais rápida e eficiente a patógenos.
- Produção de citocinas: os paraprobióticos podem estimular as células imunológicas a produzir citocinas específicas que são cruciais para a regulação da resposta imunológica, tanto no sentido de promover a imunidade quanto no de regular a inflamação, assegurando que a resposta seja adequada e não cause danos ao hospedeiro.
- Indução de memória imunológica: embora tradicionalmente associada a patógenos vivos e vacinas, a indução de memória imunológica por paraprobióticos sugere que o sistema imunológico pode ser "treinado" para lembrar do contato prévio com componentes de microrganismos inativos, resultando em respostas imunológicas mais rápidas e eficientes em encontros futuros com patógenos.

As implicações do treinamento imunológico por paraprobióticos são vastas e podem incluir:

- Melhora da resposta imunológica: fortalecimento geral da capacidade do sistema imunológico de combater infecções.
- Prevenção de doenças infecciosas: redução da incidência e da gravidade de infecções, especialmente aquelas recorrentes.
- Modulação da inflamação: potencial para reduzir respostas inflamatórias patológicas, o que é benéfico no contexto de doenças crônicas inflamatórias e autoimunes.
- Adjuvante em vacinação: pode melhorar a eficácia das vacinas por meio do fortalecimento da resposta imunológica adaptativa.

A utilização de paraprobióticos como uma estratégia para o treinamento imunológico representa uma abordagem inovadora na prevenção e no manejo de doenças. Por meio da modulação da resposta imunológica, os paraprobióticos podem oferecer um meio seguro e eficaz de fortalecer as defesas naturais do corpo, destacando seu potencial significativo na saúde pública e na medicina preventiva. Mais estudos ainda são necessários, no entanto, para elucidar completamente seus mecanismos de ação e otimizar suas aplicações clínicas.

Eixo intestino-cérebro

A influência dos posbióticos e dos paraprobióticos sobre o eixo intestino-cérebro indica novas possibilidades para o tratamento e a prevenção de uma vasta gama de distúrbios neurológicos e psiquiátricos. A capacidade desses componentes de modular a microbiota intestinal e o sistema imunológico, juntamente com sua potencial influência sobre a produção de neurotransmissores e a função neural, destacam seu valor terapêutico. Pesquisas futuras devem explorar os mecanismos de ação a fim de desenvolver estratégias direcionadas baseadas em posbióticos e paraprobióticos para a modulação do eixo intestino-cérebro.

Efeito dos posbióticos

Os posbióticos podem influenciar o eixo intestino-cérebro por vários mecanismos. Ao modular a microbiota intestinal, eles podem afetar a função cerebral por meio da produção de metabólitos como os AGCCs, que têm efeitos anti-inflamatórios e são fundamentais para a manutenção da BHE. Além disso, os posbióticos podem influenciar diretamente o sistema imunológico, reduzindo a inflamação sistêmica que pode afetar o cérebro. Eles também têm sido associados à redução do estresse e à melhora de sintomas depressivos e ansiosos, provavelmente por meio da modulação da produção de neurotransmissores e do eixo hipotálamo-pituitária-adrenal.[53]

Efeito dos paraprobióticos

Semelhantemente, os paraprobióticos exercem efeitos benéficos no eixo intestino-cérebro. Por meio da modulação da resposta imunológica e da composição da microbiota intestinal, eles podem contribuir para um ambiente intestinal saudável, que é crucial para a saúde cerebral. Estudos sugerem que os paraprobióticos podem melhorar a função cognitiva, aliviar sintomas de depressão e ansiedade, e até mesmo oferecer proteção contra doenças neurodegenerativas. Esses efeitos podem ser mediados por mecanismos anti-inflamatórios, pela produção de metabólitos benéficos pela microbiota modificada e pela modulação de vias de sinalização neural (Figura 8).[54]

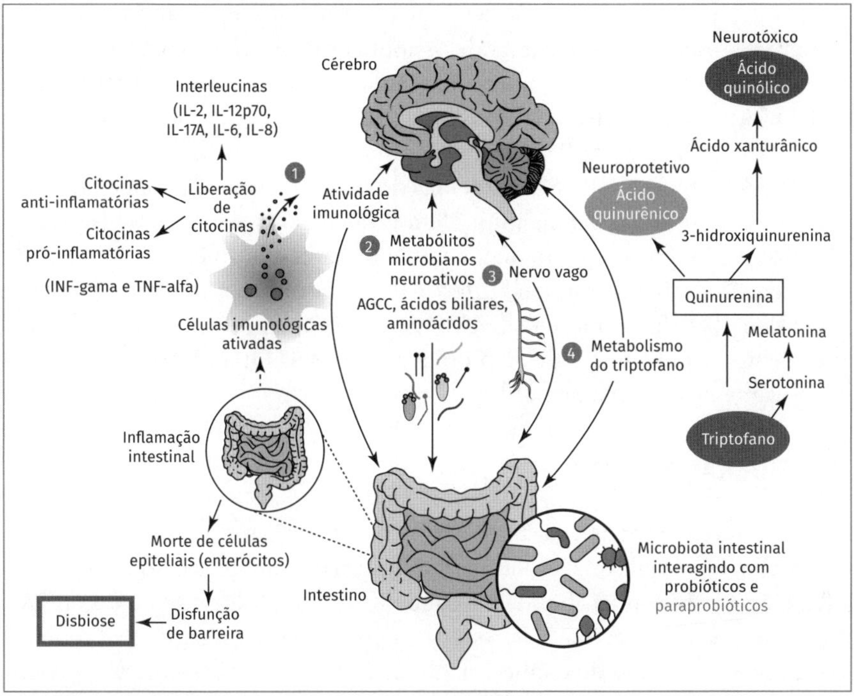

FIGURA 8 Representação esquemática dos mecanismos de ação propostos para os probióticos e paraprobióticos e sua relação com o eixo intestino-cérebro.
Fonte: adaptada de Mudaliar SB, et al., 2024.[59]

A pesquisa sobre os padrões moleculares MAMP, PAMP e DAMP e sua influência sobre o eixo intestino-cérebro está crescendo e revelando conexões fascinantes entre o sistema imunológico, a saúde intestinal e a função cerebral.

Os MAMP, presentes em bactérias comensais e patogênicas, têm sido associados a efeitos no cérebro desencadeados a partir de seu reconhecimento pelo sistema imunológico intestinal. A flagelina, componente comum de muitas bactérias intestinais, por exemplo, pode ativar o sistema imunológico e influenciar a produção de neurotransmissores como a serotonina, que desempenha um papel crucial na regulação do humor e do comportamento. Pesquisas indicam que o manejo da microbiota intestinal e a alteração dos MAMP podem alterar a comunicação intestino-cérebro, potencialmente oferecendo novos caminhos para tratar distúrbios neuropsiquiátricos.[55]

Os PAMP, como os LPS, são componentes da parede celular de bactérias Gram-negativas e têm sido estudados por seus efeitos proeminentes no eixo intestino-cérebro. A exposição aos LPS pode induzir inflamação sistêmica, que, por sua vez, pode afetar a função cerebral. Experimentos mostraram, por exemplo, que sua administração em modelos animais pode induzir comportamentos semelhantes à depressão e alterar a função cognitiva por meio da ativação da inflamação cerebral mediada por citocinas. Esses estudos destacam como a inflamação induzida por PAMP pode ter impactos diretos no cérebro.[56]

Os DAMP, como ATP e as proteínas de choque térmico, são liberados durante o dano tecidual e também podem influenciar o eixo intestino-cérebro. Foi observado, por exemplo, que o aumento da liberação de DAMP durante episódios de isquemia ou dano intestinal pode exacerbar a inflamação cerebral. Além disso, a liberação de DAMP pode estimular as células imunológicas no cérebro, como a micróglia, a promover respostas inflamatórias que afetam negativamente a função neural.[57]

CONSIDERAÇÕES FINAIS

O estudo dos probióticos, dos posbióticos e de seus impactos no eixo intestino-cérebro representa uma evolução significativa na compreensão das complexas interações entre o microbioma e a saúde humana. Desde os tempos antigos até as aplicações modernas, a jornada dos probióticos, em particular, reflete o crescimento contínuo do conhecimento científico. As civilizações antigas utilizavam práticas fermentativas de maneira empírica para preservar alimentos e melhorar a saúde, mesmo sem compreender os mecanismos subjacentes. Com a descoberta dos microrganismos e o desenvolvimento da microbiologia, seu papel foi elucidado e passou a ser mais amplamente explorado. Assim, atualmente, diversos benefícios clínicos dos probióticos e posbióticos são conhecidos e bem documentados. Em especial, sabe-se que além de ajudar a manter um equilíbrio saudável da microbiota intestinal, eles desempenham um papel crucial na modulação do sistema imunológico, na produção de substâncias antimicrobianas e na manutenção da integridade da barreira intestinal. Esses efeitos, por sua vez, podem influenciar positivamente a saúde mental, reduzindo sintomas de ansiedade e depressão, melhorando a função cognitiva e auxiliando no alívio do estresse.

Há que se destacar, no entanto, que embora os avanços sejam promissores, o uso de probióticos e posbióticos também apresenta desafios. A variabilidade nas respostas individuais, a necessidade de identificar cepas específicas para diferentes condições de saúde e a complexidade inerente da microbiota intestinal requerem abordagens personalizadas. Além disso, a recente descoberta de que os probióticos podem, em alguns casos, retardar a recuperação da microbiota após o uso de antibióticos, indica a importância de uma aplicação cuidadosa e baseada em evidências. Com essa abordagem, o futuro dos probióticos e posbióticos é incrivelmente promissor, incluindo a pesquisa de probióticos de próxima geração e novas cepas, com potencial para tratamentos mais específicos e eficazes.

A biotecnologia e a genômica continuarão a desempenhar papéis cruciais na identificação e no desenvolvimento de microrganismos que possam fornecer benefícios terapêuticos precisos. A exploração de novas aplicações, incluindo o manejo de distúrbios metabólicos, doenças neuropsiquiátricas e outras condições crônicas, está em andamento. Assim, esse campo está na vanguarda da ciência da saúde e tem o potencial de avanços significativos que podem transformar a maneira como se aborda o bem-estar físico e mental. A inovação contínua, aliada a uma pesquisa rigorosa, serão essenciais para realizar todo o potencial desses microrganismos e seus derivados.

O compromisso com a exploração científica e a aplicação prática garantirá que os probióticos e posbióticos continuem a contribuir cada vez mais para a saúde e o bem-estar humanos nas próximas décadas.

REFERÊNCIAS BIBLIOGRÁFICAS

1. Fuller R, Fuller R. History and development of probiotics. In: Fuller R (ed.). Probiotics: the scientific basis. Chapman & Hall; 1992. p. 1-8.
2. Fijan S. Probiotics and their antimicrobial effect. Microorganisms. 2023;11(2):528.
3. Malik TM, Gehlot R, Kumari AR, Priyanka SR. Antimicrobial property of probiotics. Environ Conservation J. 2021;22(SE):33-48.
4. Galdeano CM, Cazorla SI, Dumit JML, Vélez E, Perdigón G. Beneficial effects of probiotic consumption on the immune system. Ann Nutr Metab. 2019;74(2):115-24.
5. Kocot AM, Jarocka-Cyrta E, Drabińska N. Overview of the importance of biotics in gut barrier integrity. Int J Mol Sci. 2022;23(5):2896.
6. Wang Y, Kasper LH. The role of microbiome in central nervous system disorders. Brain Behav Imm. 2014;38:1-12.
7. Ouwehand AC. Antiallergic effects of probiotics. J Nutr. 2007;137(3):794S-7S.
8. Freedman SB, Horne R, Johnson-Henry K, Xie J, Williamson-Urquhart S, Chui L, et al. Probiotic stool secretory immunoglobulin A modulation in children with gastroenteritis: a randomized clinical trial. Am J Clin Nutr. 2021;113:905-14.
9. Markowiak-Kopeć P, Śliżewska K. The effect of probiotics on the production of short-chain fatty acids by human intestinal microbiome. Nutrients. 2020;12(4):1107.
10. Ejtahed HS, Angoorani P, Soroush AR, Atlasi R, Hasani-Ranjbar S, Mortazavian AM, Larijani B. Probiotics supplementation for the obesity management: a systematic review of animal studies and clinical trials. J Functional Foods. 2019;52(2):228-42.
11. Mörkl S, Butler MI, Holl A, Cryan JF, Dinan TG. Probiotics and the microbiota-gut-brain axis: focus on psychiatry. Curr Nutr Rep. 2020;9(3):171-82.
12. Gambaro E, Gramaglia C, Baldon G, Chirico E, Martelli M, Renolfi A, et al. "Gut-brain axis": review of the role of the probiotics in anxiety and depressive disorders. Brain Behav. 2020;10(10):e01803.
13. Knackstedt R, Knackstedt T, Gatherwright J. The role of topical probiotics in skin conditions: a systematic review of animal and human studies and implications for future therapies. Exp Dermatol. 2020;29(1):15-21.
14. Ouwehand AC. A review of dose-responses of probiotics in human studies. Beneficial Microbes. 2017;8(2):143-51.

15. Hjern A, Lindblom K, Reuter A, Silfverdal SA. A systematic review of prevention and treatment of infantile colic. Acta Paediatr. 2020;109(9):1733-44.
16. Shinkai S, Toba M, Saito T, Sato I, Tsubouchi M, Taira K, ... & Kohno S. Immunoprotective effects of oral intake of heat-killed Lactobacillus pentosus strain b240 in elderly adults: a randomised, double-blind, placebo-controlled trial. British journal of nutrition. 2013;109(10), 1856-1865.
17. Allen A, Hutch W, Borre Y, Kennedy PJ, Temko A, Boylan G, et al. Bifidobacterium longum 1714 as a translational psychobiotic: modulation of stress, electrophysiology and neurocognition in healthy volunteers. Transl Psychiatry. 2016;6(11):e939.
18. Tette FM, Kwofie SK, Wilson M.D. Therapeutic anti-depressant potential of microbial GABA produced by Lactobacillus rhamnosus strains for GABAergic signaling restoration and inhibition of addiction-induced HPA axis hyperactivity. Curr Issues Mol Biol. 2022;44(4):1434-51.
19. Messaoudi M, Violle N, Bisson JF, Desor D, Javelot H, Rougeot C. Beneficial psychological effects of a probiotic formulation (Lactobacillus helveticus R0052 and Bifidobacterium longum R0175) in healthy human volunteers. Gut Microbes. 2011;2(4):256-61.
20. Liu YW, Liu WH, Wu CC, Juan YC, Wu YC, Tsai HP, et al. Psychotropic effects of Lactobacillus plantarum PS128 in early life-stressed and naïve adult mice. Brain Res. 2016;1631:1-12.
21. Minami J, Iwabuchi N, Tanaka M, Yamauchi K, Xiao JZ, Abe F, et al. Effects of Bifidobacterium breve B-3 on body fat reductions in pre-obese adults: a randomized, double-blind, placebo-controlled trial. Biosci Microbiota Food Health. 2018;37(3):67-75.
22. Kato-Kataoka A, Nishida K, Takada M, Suda K, Kawai M, Shimizu K, et al. Fermented milk containing Lactobacillus casei strain Shirota prevents the onset of physical symptoms in medical students under academic examination stress. Beneficial Microbes. 2016;7(2):153-6.
23. Benton D, Williams C, Brown A. Impact of consuming a milk drink containing a probiotic on mood and cognition. Eur J Clin Nutr. 2007;61(3):355-61.
24. Wang T, Hu X, Liang S, Li W, Wu X, Wang L, Jin F. Lactobacillus fermentum NS9 restores the antibiotic induced physiological and psychological abnormalities in rats. Beneficial Microbes. 2015;6(5):707-17.
25. Wall R, Cryan JF, Ross RP, Fitzgerald GF, Dinan TG, Stanton C. Bacterial neuroactive compounds produced by psychobiotics. Adv Exp Med Biol. 2014;817:221-39.
26. Desbonnet L, Garrett L, Clarke G, Bienenstock J, Dinan TG. The probiotic Bifidobacteria infantis: an assessment of potential antidepressant properties in the rat. J Psychiatric Res. 2008;43(2):164-74.
27. Kiousi DE, Rathosi M, Tsifintaris M, Chondrou P, Galanis A. Pro-biomics: omics technologies to unravel the role of probiotics in health and disease. Adv Nutr. 2021;12(5):1802-20.
28. Patel R, DuPont HL. New approaches for bacteriotherapy: prebiotics, new-generation probiotics, and synbiotics. Clin Infec Dis. 2015;60(suppl_2):S108-21.
29. Barbosa JC, Machado D, Almeida D, Andrade JC, Brandelli A, Gomes AM, et al. Next-generation probiotics. In: Brandelli A (ed.). Probiotics. Academic Press; 2022. p. 483-502.
30. Abouelela ME, Helmy YA. Next-generation probiotics as novel therapeutics for improving human health: current trends and future perspectives. Microorganisms. 2024;12(3):430.
31. Al-Fakhrany OM, Elekhnawy E. Next-generation probiotics: the upcoming biotherapeutics. Mol Biol Rep. 2024;51(1):505-40.
32. Saarela MH. Safety aspects of next generation probiotics. Curr Opin Food Sci. 2019;30:8-13.
33. Foster JA, Neufeld KAM. Gut–brain axis: how the microbiome influences anxiety and depression. Trends Neurosci. 2013;36(5):305-12.
34. Cryan JF, Dinan TG. Mind-altering microorganisms: the impact of the gut microbiota on brain and behaviour. Nat Rev Neurosci. 2012;13(10):701-12.
35. Hsiao EY, McBride SW, Hsien S, Sharon G, Hyde ER, McCue T, et al. Microbiota modulate behavioral and physiological abnormalities associated with neurodevelopmental disorders. Cell. 2013;155(7):1451-63.
36. Strandwitz P. Neurotransmitter modulation by the gut microbiota. Brain Res. 2018;1693(Pt B):128-33.
37. Sudo N, Chida Y, Aiba Y, Sonoda J, Oyama N, Yu XN, et al. Postnatal microbial colonization programs the hypothalamic-pituitary-adrenal system for stress response in mice. J Physiol. 2004;558(1):263-75.

38. Braniste V, Al-Asmakh M, Kowal C, Anuar F, Abbaspour A, Tóth M, et al. The gut microbiota influences blood-brain barrier permeability in mice. Sci Translational Med. 2014;6(263):263ra158-263ra158.
39. Bercik P, Denou E, Collins J, Jackson W, Lu J, Jury J, et al. The intestinal microbiota affect central levels of brain-derived neurotropic factor and behavior in mice. Gastroenterology. 2011;141(2):599-609.
40. Ait-Belgnaoui A, Colom A, Braniste V, Ramalho L, Marrot A, Cartier C, et al. Probiotic gut effect prevents the chronic psychological stress-induced brain activity abnormality in mice. Neurogastroenterol Motility. 2014;26(4):510-20.
41. Plovier H, Everard A, Druart C, Depommier C, Van Hul M, Geurts L, et al. A purified membrane protein from Akkermansia muciniphila or the pasteurized bacterium improves metabolism in obese and diabetic mice. Nat Med. 2017;23(1):107-13.
42. Wang S, Harvey L, Martin R, van der Beek EM, Knol J, Cryan JF, et al. Targeting the gut microbiota to influence brain development and function in early life. Neurosci Biobehav Rev. 2018;95:191-201.
43. Allen AP, Hutch W, Borre YE, Kennedy PJ, Temko A, Boylan G, et al. Bifidobacterium longum 1714 as a translational psychobiotic: modulation of stress, electrophysiology and neurocognition in healthy volunteers. Translational Psychiatry. 2016;6(11):e939.
44. Suez J, Zmora N, Zilberman-Schapira G, Mor U, Dori-Bachash M, Bashiardes S, et al. Post-antibiotic gut mucosal microbiome reconstitution is impaired by probiotics and improved by autologous FMT. Cell. 2018;174(6):1406-23.
45. Khoruts A, Sadowsky MJ. Understanding the mechanisms of faecal microbiota transplantation. Nat Rev Gastroenterol Hepatol. 2016;13(9):508-16.
46. Aguilar-Toalá JE, Garcia-Varela R, Garcia HS, Mata-Haro V, González-Córdova AF, Vallejo-Cordoba B, et al. Postbiotics: an evolving term within the functional foods field. Trends Food Sci Technol. 2018;75:105-14.
47. Tsilingiri K, Rescigno M. Postbiotics: what else? Beneficial Microbes. 2013;4(1):101-07.
48. Taverniti V, Guglielmetti S. The immunomodulatory properties of probiotic microorganisms beyond their viability (ghost probiotics: proposal of paraprobiotic concept). Genes Nutr. 2011;6(3):261-74.
49. Taghavi M, Khosravi A, Mortaz E, Nikaein D, Athari SS. Role of pathogen-associated molecular patterns (PAMPS) in immune responses to fungal infections. Eur J Pharmacol. 2017;808:8-13.
50. Patten DA, Collett A. Exploring the immunomodulatory potential of microbial-associated molecular patterns derived from the enteric bacterial microbiota. Microbiology. 2013;159(Pt 8):1535-44.
51. Seong SY, Matzinger P. Hydrophobicity: an ancient damage-associated molecular pattern that initiates innate immune responses. Nat Rev Immunol. 2004;4(6):469-78.
52. Nataraj BH, Ali SA, Behare PV, Yadav H. Postbiotics-parabiotics: the new horizons in microbial biotherapy and functional foods. Microbial Cell Factories. 2020;19(1):168.:1-22.
53. Braga JD, Thongngam M, Kumrungsee T. Gamma-aminobutyric acid as a potential postbiotic mediator in the gut-brain axis. NPJ Sci Food. 2024;8(1):16.
54. Mudaliar SB, Poojary SS, Bharath Prasad AS, Mazumder N. Probiotics and paraprobiotics: effects on microbiota-gut-brain axis and their consequent potential in neuropsychiatric therapy. Probiotics Antimicrobial Proteins. 2024; Jan 31.
55. Banfi D, Moro E, Bosi A, Bistoletti M, Cerantola S, Crema F, et al. Impact of microbial metabolites on microbiota-gut-brain axis in inflammatory bowel disease. Int J Mol Sci. 2021;22(4):1623.
56. Caputi V, Giron MC. Microbiome-gut-brain axis and toll-like receptors in Parkinson's disease. Int J Mol Sci. 2018;19(6):1689.
57. Bianchi ME. DAMPs, PAMPs and alarmins: all we need to know about danger. J Leucocyte Biol. 2007;81(1):1-5.
58. Sabit H, Kassab A, Alaa D, Mohamed S, Abdel-Ghany S, Mansy M, Said OA, Khalifa MA, Hafiz H, Abushady AM. The Effect of Probiotic Supplementation on the Gut–Brain Axis in Psychiatric Patients. Current Issues in Molecular Biology. 2023; 45(5):4080-4099.
59. Mudaliar SB, Poojary SS, Bharath Prasad AS, & Mazumde N. Probiotics and Paraprobiotics: Effects on Microbiota-Gut-Brain Axis and Their Consequent Potential in Neuropsychiatric Therapy. Probiotics and Antimicrobial Proteins. 2024;1-25.

24

Transplante de microbiota fecal e *live biotherapeutic products*

Alessandro Conrado Silveira

PONTOS-CHAVE

- Intervenção promissora: o TMF está emergindo como uma solução terapêutica inovadora para distúrbios neurológicos, especialmente relacionados ao eixo intestino-cérebro.
- Ação à nível de sistema nervoso central: há modificação da microbiota intestinal, influenciando a produção de neurotransmissores e citocinas pró-inflamatórias, podendo contribuir na melhora dos sintomas neurológicos.
- Evidências científicas crescentes: estudos mostram resultados promissores (embora iniciais) no tratamento de condições como depressão, síndrome do intestino irritável, TEA e Parkinson.
- Aplicabilidade clínica e segurança: indicação adequada, criteriosa avaliação na de doadores e cuidados na preparação das amostras são fundamentais para garantir segurança do procedimento.
- Perspectivas futuras: apresenta potencial para se consolidar como uma importante ferramenta terapêutica em neurologia, necessitando mais ensaios clínicos para embasar sua prescrição.

INTRODUÇÃO

O transplante de microbiota fecal (TMF) pode ser definido como uma transferência de material biológico contendo uma comunidade minimamente manipulada de microrganismos de um doador humano para um receptor humano (incluindo uso autólogo), com a intenção de alterar a microbiota do receptor e promover benefícios à sua saúde.[1] Trata-se de uma técnica simples e barata que, quando realizada por profissionais capacitados e com a devida segurança biológica, pode trazer inúmeros benefícios à população.

O sucesso desse procedimento é definido principalmente por uma resposta clínica positiva, com efeito terapêutico de longo prazo; no entanto, a mudança promovida na composição da microbiota intestinal também é um marcador útil para essa avaliação.[2]

Atualmente, sua realização é autorizada no Brasil apenas no tratamento da colite pseudomembranosa recorrente e/ou refratária ao uso de antimicrobianos, causada por *Clostridioides difficile*. Em outros países, no entanto, seu uso já vem sendo estudado como adjuvante no tratamento de diversas condições clínicas, como transtornos do humor, transtorno do espectro autista (TEA), obesidade, doenças inflamatórias intestinais etc. A história do transplante de fezes no Brasil está apenas começando.

HISTÓRICO

A história do transplante de fezes se confunde com a própria história da medicina. O primeiro registro está presente em um dos mais antigos textos, escavado em uma antiga tumba na China, chamado "Cinquenta e duas fórmulas de tratamento". Estima-se que o documento tenha sido escrito em 770 a.C. Nele, os autores descreveram um produto fecal denominado "suco de ouro" indicado para desintoxicação.[3] Já no "mundo moderno", a primeira descrição do procedimento foi há 1.700 anos. Um pesquisador chinês, no século IV a.C., chamado Ge Hong, usou o termo "sopa amarela" ao se referir ao tratamento de seus pacientes com diarreia grave. A "sopa" foi administrada por via oral, o que possivelmente explica o fracasso da técnica.[4] No século XVI, o anatomista e cirurgião italiano Girolamo Fabrizi d'Acquapendente (1537-1619) cunhou o conceito de "transfaunação", que consistia na transferência de conteúdo gastrointestinal de um animal saudável para um doente. Os animais, por praticarem naturalmente a coprofagia, promovem uma maior diversidade de microrganismos em seus intestinos, permitindo-lhes digerir um maior número de fontes alimentares.[5] Depois, o médico alemão Christian Paullini (1643-1712) foi o primeiro a delinear o potencial terapêutico das excreções humanas em sua obra *Heilsame Dreck-Apotheke* (em tradução livre, "farmácia de lama curativa").[5] Por fim, quando os soldados alemães do Afrika Korps estavam morrendo de disenteria no início da década de 1940, os cientistas nazistas estavam determinados a encontrar uma cura. A observação de moradores que comiam fezes frescas de camelo aos primeiros sinais de doença os levou a analisar as fezes e isolar o *Bacillus subtilis*. A cultura e a administração subsequentes da bactéria resolveram a doença em muitos soldados.[6]

Apesar desse volume de evidências empíricas, o primeiro trabalho descrevendo o procedimento foi publicado em 1958[7] e apenas em 1978 o valor do TMF foi amplamente reconhecido no tratamento da diarreia causada por *Clostridioides difficile*. O primeiro ensaio clínico randomizado envolvendo o procedimento foi publicado somente em 2013.[8] No Brasil, o primeiro transplante de fezes foi realizado em 2014, no Hospital Albert Einstein.

METODOLOGIA

Preparo

Qualquer laboratório de análises clínicas, mesmo de pequeno porte, está apto a realizar o preparo das amostras de fezes para o transplante dessa microbiota. Trata-se de procedimento extremamente simples e que pode ser realizado de maneira rápida, sem a necessidade de equipamentos especiais. As fezes utilizadas devem ser frescas, coletadas recentemente (menos de 2 horas) e podem permanecer acondicionadas em recipientes descartáveis especiais e posteriormente armazenadas em temperatura de 4 °C até o preparo, que não deve passar de 6 horas.

Para o preparo, pesam-se aproximadamente 50 g de material fecal e mistura-se esse material com 150 mL de solução fisiológica (NaCl a 0,9%). Essa mistura é filtrada para remover a matéria sólida e, em seguida, adiciona-se cerca de 20 mL de glicerol para garantir a viabilidade bacteriana após o descongelamento. Depois disso, a amostra deve ser identificada, rotulada com número de lote e data de processamento e armazenada em *freezer* a -80 °C, podendo permanecer por até 1 ano.[9] A Figura 1 apresenta as etapas desse preparo.

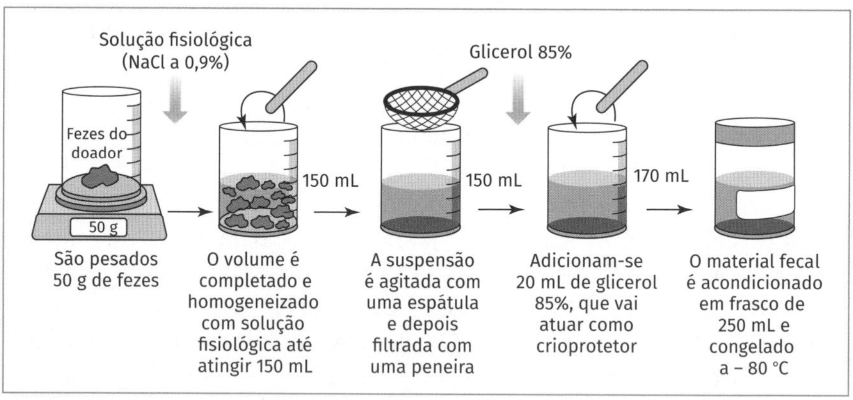

FIGURA 1 Representação esquemática do preparo de amostra fecal para transplante de microbiota fecal por meio da diluição.

Fonte: adaptada de Rode et al., 2019.[10]

Aplicação

Ainda há divergência sobre a melhor forma de aplicação da solução fecal diluída, mas as opções utilizadas são sonda nasogástrica (SNG), colonoscopia e enema. Uma metanálise que avaliou as taxas de cura associadas a essas diferentes vias de aplicação em casos de infecção recorrente por *Clostridioides difficile*. O uso de colonoscopia ocorreu em 16 estudos (483 pacientes); de sonda nasogástrica, em cinco estudos (149 pacientes); e de enema, em quatro estudos (360 pacientes). As taxas de cura observadas foram de 94,8% para colonoscopia, 87,2% para enema e de 78,1% para sonda nasogástrica.[11] Outra metanálise avaliou pacientes com síndrome do intestino irritável e as vias de aplicação. Esse estudo mostrou que uma única aplicação via colonoscopia melhorou significativamente as queixas dos pacientes (OR = 2,2; IC 95%, 1,20-4,03; p = 0,01) em comparação com o (TMF) autólogo usado como placebo. O uso de cápsulas orais, por outro lado, piorou significativamente os sintomas relatados pelos pacientes em comparação com o placebo (OR = 0,30; IC 95%, 0,13-0,68; p = 0,04).[12]

Independente da via escolhida, sugere-se que o paciente receba um regime de vancomicina de 500 mg/dia, por via oral, iniciando 5 dias antes do procedimento, interrompido 12 a 24 horas antes do procedimento. Além disso, antes da aplicação por sonda nasogástrica ou colonoscopia é feita uma lavagem intestinal com polietilenoglicol, mas não há recomendação semelhante no caso de enema.[10]

Na colonoscopia, as fezes do doador devem ser infundidas no cólon direito, mas em casos de colite grave a suspensão fecal pode ser descartada no cólon esquerdo por razões de segurança. Nos casos de aplicação via enema, o paciente deve permanecer em decúbito dorsal por pelo menos 30 minutos após a realização do procedimento, a fim de minimizar a vontade de defecar.[13] Já nas aplicações via sonda nasogástrica, alguns cuidados extras devem ser observados. O volume a ser aplicado é bem menor em comparação com as outras vias, não devendo exceder 50 mL. Em alguns casos, há necessidade de uso de inibidores da bomba de prótons, mas seu uso deve ser considerado com cautela, pois tem efeito nocivo sobre a microbiota intestinal.[13]

MECANISMO DE AÇÃO

O TMF produz uma rápida e profunda modificação no ecossistema microbiano, com mudanças já muito bem caracterizadas. Estudos demonstram que o novo arranjo microbiano mantém espécies que já estavam presentes no organismo do receptor e incrementa o percentual de microrganismos vindos do doador. A proporção desse incremento pode variar de acordo com método de preparo, tipo de administração, estado imunológico do paciente e *cross-feeding* entre os microrganismos.[14,15]

Os principais mecanismos de ação propostos para esse procedimento são:

- Rearranjo microbiano: as interações entre os microrganismos (mutualismo/comensalismo/parasitismo) dão origem a um microbioma completamente novo.
- Mudança na expressão gênica: alteração do *quorum sensing*, modificando a expressão de genes prejudiciais (p. ex., o *Clostridioides difficile* deixa de produzir as toxinas A e B).
- Alterações metabólicas: a nova configuração de microrganismos gera uma gama bastante diversificada de novos metabólitos que trazem benefícios ao hospedeiro.
- Modulação da imunidade: o novo microbioma promove aumento da produção de ácidos graxos de cadeia curta e diminuição da permeabilidade intestinal e da produção de citocinas pró-inflamatórias, fatores que contribuem para a melhora da imunidade.

INDICAÇÕES

O uso do TMF em diferentes condições clínicas apresenta diferentes níveis de evidência científica. O Quadro 1 apresenta as diversas indicações e os níveis de evidência encontrados.

Para avaliar as indicações clínicas, foi conduzida uma pesquisa no site www.clinicaltrials.org utilizando como indexador de pesquisa "FMT" (do inglês *fecal*

QUADRO 1 Níveis de evidência clínica do transplante de microbiota fecal no tratamento adjuvante de diversas patologias

Nível 1	Nível 2	Nível 3	Nível 4
Infecção por *Clostridioides difficile* Colite ulcerativa Constipação funcional	Síndrome do intestino irritável	Colonização por bactérias multirresistentes a antibióticos Doença de Crohn	Pouchite Obesidade Distúrbios neuropsiquiátricos*

Nível 1: metanálise de ensaios clínicos randomizados; nível 2: ensaios clínicos randomizados; nível 3: estudos de coorte e de caso-controle; nível 4: série de casos.

* Estão incluídos: doença de Parkinson, doença de Alzheimer, esclerose múltipla, esquizofrenia, transtornos do humor e transtorno do espectro autista (TEA).

Fonte: adaptado de Waller et al., 2022.[16]

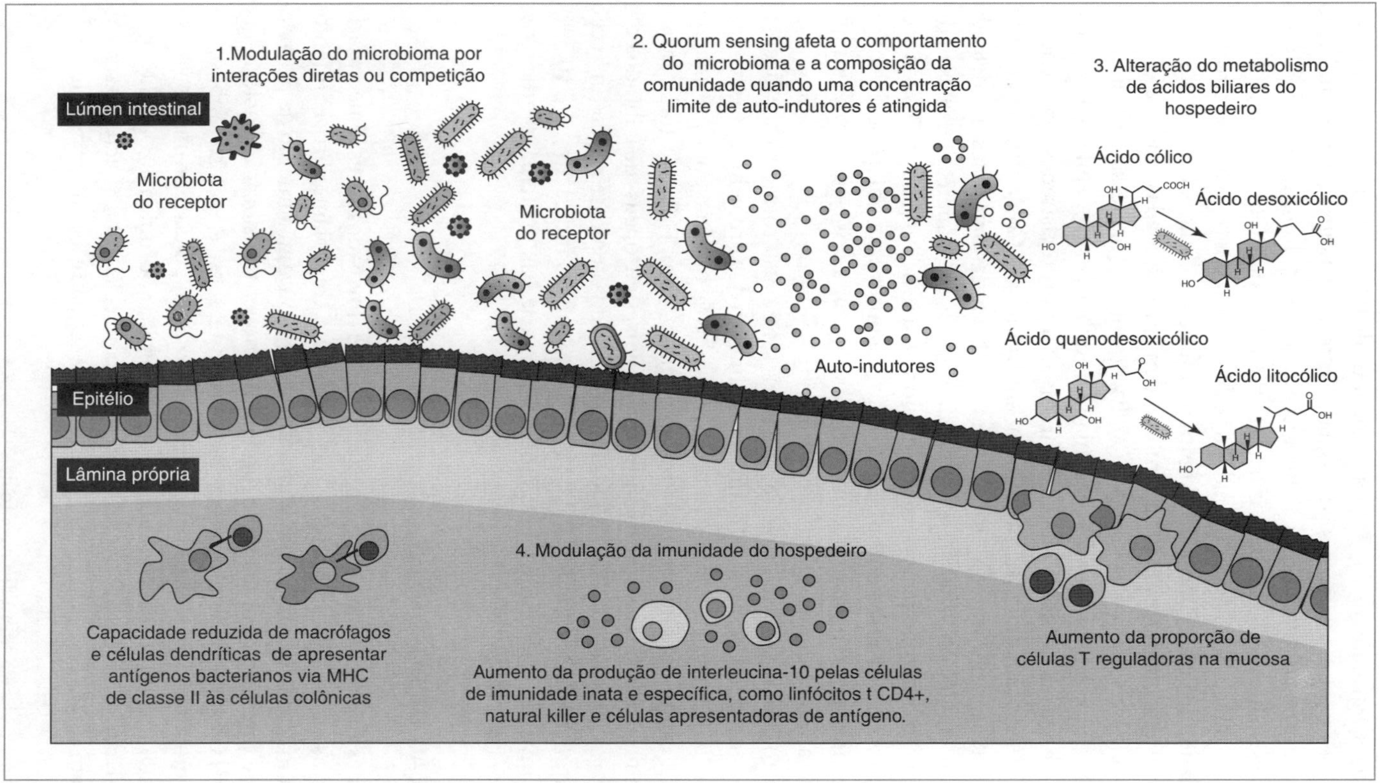

FIGURA 2 Representação esquemática dos principais mecanismos de ação propostos para o transplante de microbiota fetal.

Fonte: adaptada de NG SC et al., 2020.[15]

microbiota transplantation).* Foram encontrados 484 estudos que envolviam indicações para 47 diferentes patologias. Entre as principais, estão a infecção por *Clostridioides difficile* (87), colite ulcerativa (46), colonização por bactérias multirresistentes (34), doenças inflamatórias intestinais (36), síndrome do intestino irritável (30), câncer (29), doença do enxerto contra o hospedeiro (21), obesidade (13) e autismo (12). Algumas condições clínicas de especial interesse em neurologia/psiquiatria também têm sido estudadas, como esclerose múltipla (8), encefalopatia hepática (7), Parkinson (6), depressão (6), anorexia nervosa (2), esquizofrenia (2), insônia (1), Alzheimer (1), epilepsia (1), distúrbio obsessivo-compulsivo (1). Além disso, foram registradas intervenções para constipação, diabetes, melanoma, síndrome pós-Covid-19, pancreatite, hepatopatias, síndrome do supercrescimento bacteriano no intestino delgado (SIBO, do inglês *small intestinal bacterial overgrowth*), pancreatite, obesidade, hipertensão, infecção pelo vírus da imunodeficiência humana (HIV), doença renal crônica e diversas outras. Esses dados comprovam o interesse da comunidade científica em analisar a intervenção por conta dos estudos prévios que apresentaram resultados promissores.

Outro cenário que demonstra esse interesse é o uso rotineiro em diversos centros europeus, como mostra um levantamento dos procedimentos realizados em 2019. Entre 12.400 casos anuais estimados de infecção por *Clostridioides difficile*, aproximadamente 10% foram tratados com TMF. No total, foram realizados 1.874 desses transplantes em 17 países europeus, distribuídos em 31 centros. Desses, 1.077 (57%) foram classificados como de rotina (infecção por *Clostridioides difficile*); 791 (42%), como outras indicações; e 6 (0,3%), como investigação clínica.[17] A Tabela 1 sumariza as principais indicações no período.

SELEÇÃO DE DOADORES

Antes mesmo de avaliar a possibilidade de novos doadores, é necessário avaliar as condições do paciente que receberá o transplante. Procedimentos realizados em pacientes imunocomprometidos e/ou com aumento da permeabilidade intestinal, por exemplo, podem promover translocação bacteriana e causar danos que podem culminar em peritonite, sepse e, inclusive, óbito.[18]

Como ainda não há um banco de fezes no Brasil, o doador muitas vezes é escolhido por afinidade, comumente algum familiar ou amigo do paciente. Esse cenário não é o ideal, pois, por ser uma pessoa conhecida e que se acredita ser saudável, em alguns casos a avaliação de biossegurança não é feita de forma adequada.

* Pesquisa realizada em 13 de fevereiro de 2024.

TABELA 1 Indicações de rotina, experimentais e investigacionais do transplante de microbiota fecal na Europa, em 30 centros, no ano de 2019

Indicações clínicas	N	%
Rotina (30 centros)		
Infecção recorrente por *Clostridioides difficile*	30	100
Infecção por *Clostridioides difficile* refratária ao uso de antibióticos	27	90
Infecção por *Clostridioides difficile* crítica	14	47
Experimentais (30 centros)		
Colite ulcerativa	4	13
Portadores de bactérias multirresistentes a antibióticos	3	10
Doença do enxerto contra o hospedeiro	2	7
Síndrome do intestino irritado	1	3
Diarreia associada ao uso de antibiótico (não ICD)	1	3
Pouchite	1	3
Investigação clínica (24 centros)		
Doença de Crohn	2	8
Obesidade	2	8
Cirrose	2	8
Parkinson	1	4
Diarreia associada à quimioterapia	1	4
Síndrome da fadiga crônica	1	4
Esteatose hepática não alcoólica	1	4

Fonte: adaptada de Baunwall, 2021.[17]

Nessa seleção, são adotados critérios de exclusão como cirurgia nos últimos 12 meses, antibioticoterapia e/ou hospitalização recente, ser profissional de saúde, ter feito tatuagem e/ou *piercing* nos últimos 6 meses, comportamento sexual de risco, hipertensão, dor crônica e história de malignidade.[19] Além desses critérios, alguns protocolos internacionais foram desenvolvidos para tornar o transplante de fezes mais seguro.[13,20,21] Eles são divididos em quatro etapas:

- Questionário: o possível doador deve responder perguntas básicas sobre sua saúde, hábitos de vida, doenças pregressas, profissão, uso de medicamentos, tipo de parto. Algumas respostas podem descartar o candidato.
- Testes laboratoriais: são realizados vários exames laboratoriais, que incluem amostras de sangue, fezes e urina. No Quadro 2, são listados os principais exames a serem solicitados.

QUADRO 2 Exames laboratoriais para seleção de doadores para transplante de microbiota fecal

Saúde em geral	Hemograma, ureia, creatinina, colesterol total e frações, triglicerídeos, ácido úrico, glicose, bilirrubinas, albumina, transaminases, parcial de urina, fator antinúcleo, proteína C reativa ultrassensível, velocidade de hemossedimentação (VHS)
Doenças infecciosas (sangue)	Vírus da imunodeficiência humana (HIV), vírus linfotrópico humano (HTLV), citomegalovírus (CMV), hepatites (A, B, C e E), sífilis (VDRL, do inglês *veneral diseases research laboratory*), dengue, febre amarela, zika, chikungunya, malária, doença de Chagas, SARS-CoV-2
Doenças infecciosas (fezes)	Bactérias: *Clostridioides difficile* (toxinas A e B), *Salmonella* spp., *Shigella* spp., *Campylobacter* spp., *Yersinia enterocolitica, Escherichia coli* (EPEC, ETEC, EIEC, EAEC, EHEC), *Vibrio cholerae, Plesiomonas* spp., *Aeromonas* spp.
	Protozoários: *Giardia* spp., *Cryptosporidium* spp., *Isospora belli, Cyclospora* spp., *Microsporidium* spp., *Entamoeba hystolytica*
	Helmintos: *Taenia* spp., *Ascaris lumbricoides, Ancylostoma duodenalis, Strongyloides stercoralis, Enterobius vermicularis*
	Vírus: rotavírus, adenovírus, norovírus, enterovírus, SARS-CoV-2
Vigilância de bactérias multirresistentes	*Swab* nasal: pesquisa de MRSA, enterobactérias produtoras de carbapenemases
	Swab retal: pesquisa de VRE, enterobactérias produtoras de carbapenemases
Disbiose intestinal	Sequenciamento genético da microbiota intestinal

EAEC: *Escherichia coli* enteroagregativa; EHEC: *Escherichia coli* enterohemorrágica; EIEC: *Escherichia coli* enteroinvasora; EPEC: *Escherichia coli* enteropatogênica; ETEC: *Escherichia coli* enterotoxigênica; MRSA: *Staphylococcus aureus* resistente à meticilina; VRE: *Enterococcus* spp. resistente à vancomicina.

Fonte: Baunwall SMD et al., 2021.[17]

- Exame físico: realiza-se um exame físico, em que são avaliados índice de massa corporal (IMC), frequência cardíaca e respiratória, e pressão arterial.
- Entrevista com psicólogo: o objetivo é avaliar possíveis depressão, transtorno de déficit de atenção e hiperatividade (TDAH), ou mesmo algum comportamento agressivo ou perigoso.

Caso o candidato a doador seja aprovado em todas essas etapas, ele poderá fornecer até três amostras de fezes, com intervalo mínimo de 2 dias entre elas.

Todos esses cuidados visam minimizar os riscos de transmissão de doenças, permitindo que o procedimento tenha segurança biológica, mas é importante relembrar que, mesmo com todos os cuidados, nenhum transplante, nem mesmo uma transfusão sanguínea, é 100% seguro. Nem por isso esses procedimentos deixam de ser realizados, pois sabe-se do benefício que podem oferecer e que podem melhorar a qualidade de vida das pessoas.

LIMITAÇÕES

Como qualquer intervenção médica, o TMF apresenta algumas limitações. Excluindo-se os problemas relacionados à segurança biológica, podem ser citados os seguintes desafios a serem vencidos:

- Efetividade: os melhores resultados desse procedimento ocorrem nas intervenções em infecção recorrente por *Clostridioides difficile*, com taxas de cura superiores a 90%,[22] superando até mesmo os tratamentos tradicionais. Para as demais indicações, os resultados são bastante diversificados e evidências robustas ainda são necessárias para conclusões mais assertivas.
- Tempo: os resultados apresentados em ensaios clínicos utilizam como desfecho a erradicação da infecção, geralmente não considerando o tempo necessário e o número de transplantes realizados. Dessa forma, não é possível estimar o tempo necessário para cura, que dependerá muito das condições do paciente (imunidade, genética, estado geral, indicação clínica), cepa de *Clostridioides difficile* envolvida (resistência, fatores de virulência) nos casos de infecção por essa bactéria, características do doador (perfil, carga e viabilidade bacterianos) e tipo de procedimento realizado (colonoscopia, sonda nasogástrica ou enema).
- Metagenômica: mesmo com a realização de testes de metagenômica orientando quais doadores são mais adequados para cada receptor (e condições clínicas), é importante lembrar que os testes de sequenciamento genético da microbiota intestinal são preditivos e não garantem a eficácia desejada da intervenção.
- Custos: os custos envolvidos são elevados e representam um grande desafio. No Reino Unido, por exemplo, o transplante de microbiota fetal custa cerca de 3.006,17 euros.[23] No Brasil, um país tropical, há necessidade de um número muito maior de testes sorológicos, o que pode fazer esse valor ultrapassar facilmente os 20 mil reais.

LEGISLAÇÃO

Um grande desafio para proteger pacientes e doadores ao tentar estabelecer o TMF na prática clínica é a natureza complexa das fezes, por isso ainda não há uma legislação específica regulamentando esse procedimento. Até mesmo caracterizar o produto "fezes" é complicado. Além disso, esse procedimento é um tratamento ainda não padronizado e em evolução, o que faz com que seus regulamentos também estejam em estágio inicial. Dependendo do país e da legislação local, as fezes e o procedimento já foram descritos como novo medicamento (sob investigação), tecido humano, órgão, produto biológico, produto medicinal e dispositivo médico.[24,25]

Até mesmo a categorização da intervenção como transplante pode ser questionada, pois o que ocorre é a transferência de microbiota intestinal por meio das fezes. Para essa discussão, é fundamental destacar que o Ministério da Saúde define transplante como um procedimento cirúrgico que consiste na reposição de um órgão (coração, pulmão, rim, pâncreas, fígado) ou tecido (medula óssea, ossos, córneas) de uma pessoa doente (receptor), por outro órgão ou tecido normal de um doador vivo ou morto.[26] A microbiota fetal é um material vivo oriundo de outro ser humano, mas essas células não são do doador, afinal de contas são microrganismos vivos que estavam temporariamente colonizando o doador e constituindo um ecossistema saudável. Essa discussão, apesar de marcada por certa subjetividade, é imprescindível, pois somente após uma definição será possível categorizar adequadamente a intervenção, sujeitando-a às determinações legais sanitárias adequadas.

Nos EUA, o Food and Drug Administration (FDA) considera o TMF como um "medicamento biológico", cujo uso deve ser regulamentado como medicamento em investigação.[1] A aplicação como medicamento tem como consequência a necessidade de que o medicamento seja sempre idêntico em ingredientes ativos, forma de dosagem, via de administração, qualidade e características de desempenho, mas na prática a complexidade da comunidade microbiana nas fezes e a variabilidade entre as amostras torna impossível garantir o mesmo conteúdo em cada lote. Além disso, essa classificação coloca o material fecal para uso nesses procedimentos sob a jurisdição de farmácias hospitalares, exigindo o armazenamento do produto fecal na própria farmácia.[27]

Na Europa, por outro lado, o TMF não é considerado medicamento médico nem dispositivo médico, tampouco se enquadra no escopo da atual legislação de tecidos e células. Consequentemente, os países que compõem a União Europeia podem regulá-lo em nível nacional, transferindo para as autoridades sanitárias nacionais a responsabilidade de normatizar o procedimento. Nesse contexto, embora os requisitos reguladores sejam diferentes a depender da localização, há diretrizes de especialistas abordando o processo de triagem, o procedimento de recrutamento de doadores, a preparação do laboratório, a aplicação clínica e os requisitos de segurança e documentação estão disponíveis.[13]

No Brasil, o procedimento foi aprovado em uma portaria do Ministério da Saúde, mas está autorizado apenas para pacientes com infecções intestinais graves causadas pelo *Clostridioides difficile*. Para outras indicações, há necessidade de redação de um formulário semelhante aos termos de consentimento livre e esclarecido, utilizado nas pesquisas acadêmicas. O paciente deve estar ciente e declarar anuência, assumindo que conhece os riscos e que sabe que não há aprovação formal pela Agência Nacional de Vigilância Sanitária (Anvisa) do procedimento para outra indicação que não a infecção recorrente por *Clostridioides difficile*.

A regulamentação busca melhorar a qualidade e a segurança do procedimento, mas a falta de uma padronização (seleção de doadores, preparo da amostra, forma de aplicação) cria confusão e a legislação excessivamente restritiva pode dificultar o acesso generalizado e desencorajar o uso. Provavelmente, a melhor solução seria, em virtude de todas as idiossincrasias do procedimento, criar uma legislação específica.

RISCOS

O risco de transmissão de doenças é, sem dúvida, um dos grandes limitadores do TMF. Esse risco é inerente a qualquer procedimento, por isso medidas de vigilância sanitária e a adequada avaliação dos potenciais doadores devem ser implementadas a fim de minimizá-los.

Tomando como parâmetro a transfusão sanguínea, procedimento muito bem consolidado na prática clínica, segundo dados oficiais do Ministério da Saúde, no período de 2007 a 2015 foram identificados 75 casos de doenças infecciosas relacionadas diretamente ao processo transfusional, incluindo 28 infecções pelo HIV. Nesse mesmo período, 429 pessoas tiveram lesão pulmonar aguda associada à transfusão (TRALI, do inglês *transfusion-related acute lung injury*) e 119 foram a óbito em eventos relacionados diretamente ao processo transfusional.[28]

Um evento de impacto envolveu a morte de dois pacientes por bacteremia causada por bactérias multirresistentes (*Escherichia coli* produtora de betalactamase de espectro estendido) após o TMF (cápsulas orais). Em ambos os casos, foi realizada triagem dos doadores com testes sorológicos, porém não foram pesquisadas enterobactérias multirresistentes, apenas *swab* retal e nasal para *Enterococcus* resistente à vancomicina (VRE) e *Staphylococcus aureus* resistente à meticilina (MRSA).[29]

Para que se possa realizar o procedimento com o máximo de segurança possível, é imprescindível que sejam respeitadas as regras de boas práticas processuais, principalmente uma rigorosa seleção e testagem de doadores. Para tanto, há necessidade de regulamentação e padronização, minimizando ao máximo a possibilidade de aquisição de doença infecciosa e/ou outra complicação.

BANCO DE FEZES

"Banco de fezes" é o nome dado a qualquer estrutura, pública ou privada, que se destina a selecionar e monitorar doadores, realizar testes periódicos de avaliação clínica, armazenar e fornecer material adequado para realização do TMF. Esse serviço elimina o tempo, a equipe, os protocolos e as instalações necessários para selecionar e preparar o material de novos doadores para cada tratamento. Segundo Chen et al., um banco deve incentivar pessoas entre 18 e 50 anos a se inscreverem como doadores e, para proteger a segurança e a qualidade dos programas, não divulga os critérios precisos de inclusão e exclusão para doadores, tampouco a metodologia utilizada para recrutamento de doadores. Durante a avaliação, os candidatos fornecem consentimento informado e assinam uma declaração atestada de que as informações de saúde que eles fornecem são verdadeiras e completas.[19]

O trabalho de um banco de fezes pode ser sumarizado em seis etapas:

- Recrutamento de doadores: recrutar e encorajar os possíveis doadores a cederem amostra biológica.
- Avaliação dos doadores: realizar todos os testes que possam garantir a elegibilidade do doador.
- Preparo do material: a partir das amostras recebidas, fabricar o material que efetivamente será utilizado no TMF.
- Monitoramento da saúde do doador: garantir a saúde do doador antes da liberação final para aplicação clínica.
- Entrega: entregar o material ao médico responsável, adequadamente preparado e identificado.
- Avaliação pós-intervenção: avaliar a qualidade e a segurança da intervenção, monitorando possíveis reações adversas e evolução clínica.[19]

Por fim, sugere-se que a doação seja remunerada. Após aprovação na rigorosa seleção, a pessoa pode ser cadastrada no programa e fornecer periodicamente as amostras de fezes. Estima-se que essa atividade possa gerar um rendimento anual de até 13 mil dólares, considerando-se um valor de 40 dólares por cada amostra, segundo relato do site Designer Shit Documentary.[30]

Já existem vários bancos de fezes no mundo, e no Brasil o Hospital Universitário de Minas Gerais já apresenta esse serviço há alguns anos. O maior exemplo mundial fica nos EUA, onde a empresa sem fins lucrativos OpenBiome fornece amostras certificadas para realização do TMF em pacientes com infecções recorrentes por *Clostridioides difficile* e também, sob demanda, para outras indicações clínicas. O banco iniciou suas atividades em 2012 e já forneceu mais de 53 mil amostras para os EUA e outros sete países.

LIVE BIOTHERAPEUTIC PRODUCTS

Uma nova e importante opção terapêutica semelhante ao TMF, mas de aplicação bem mais simples, foi recentemente aprovada pelo Food and Drug Administration (FDA): a pílula de fezes. Algumas companhias farmacêuticas têm trabalhado para o desenvolvimento de novos produtos que possam ser compatíveis com uma amostra fecal, apresentando uma microbiota equilibrada, oriunda de doador saudável.

Alguns desafios ainda persistem, visto que não é um medicamento tradicional, sendo completamente diferente dos produtos biológicos disponíveis no mercado. Também, apesar de ter sido popularmente conhecido como transplante, não é um tecido, colonizando de forma dinâmica e transitória o hospedeiro. Com intuito de incluir essa nova categoria de produto medicinal foi criada, em 2012, a categoria "live biotherapeutic product" (LBP, que pode ser traduzida como "produto bioterapêutico vivo"), utilizada para aprovações de medicamentos à base de microrganismos, a qual poderá ser usada nesse caso.[32]

Outro detalhe importante é que os produtos das diversas empresas divergem em algumas características, como a via de administração (oral ou retal), assim como o grupo de microrganismos: concentrado de *Bacillota* (anteriormente descritos como *Firmicutes*), uma variedade muito alta de microrganismos ou até mesmo uma amostra completa de fezes liofilizadas com sua diversidade original.

Atualmente, dois *live biotherapeutic products* já foram aprovados pelo FDA. Ambos os tratamentos são baseados na microbiota fecal e indicados para a prevenção de infecção recorrente por *Clostridioides difficile*: Fecal Microbiota Live-JSLM (Rebyota®) e Fecal Microbiota Spores Live-BRPK (Vowst®). Rebyota® é fabricada a partir de matéria fecal proveniente de doadores testados e qualificados. A suspensão é obtida a partir do filtrado gerado pelo processamento da matéria fecal em proporção predefinida com solução de polietilenoglicol (PEG) e solução fisiológica. Cada dose de 150 mL contém entre 1×10^8 e 5×10^{10} UFC/mL de microrganismos. Esse produto é apresentado sob a forma de enema, em dose única de 150 mL, e pode ser indicado para pacientes acima de 18 anos. O preço atual (nos EUA) é 9.000 dólares.[32,33] Por sua vez, o Vowst® é uma suspensão de esporos bacterianos em cápsulas fabricadas a partir de fezes provenientes de doadores testados. Essa suspensão é obtida pelo tratamento da matéria fecal com etanol para matar organismos que não são esporos, seguido de etapas de filtração para remover sólidos e etanol residual. Cada cápsula contém entre 1×10^6 e 3×10^7 UFC de esporos de *Bacillota*. Devem ser utilizadas quatro cápsulas, uma vez ao dia, com estômago vazio, durante 3 dias consecutivos. O preço do tratamento (nos EUA) é 17.500 dólares.[32,33]

Outros ensaios clínicos com *live biotherapeutic products* estão em andamento, como o SER-401 para tratamento de primeira linha em combinação com o nivolumabe para melanoma metastático,[34] VE416 para alergia alimentar,[35] MET-3, MET-5 com indicação para obesidade/síndrome metabólica.[36]

CONSIDERAÇÕES FINAIS

O Transplante de Microbiota Fecal (FMT) tem sido reconhecido como uma intervenção terapêutica eficaz e promissora, especialmente no tratamento de distúrbios neurológicos. Ao modificar a composição da microbiota intestinal, exerce um impacto direto sobre o eixo intestino-cérebro, influenciando a produção de neurotransmissores e a resposta imunológica, o que pode levar à melhoria dos sintomas em condições como depressão, transtorno do espectro autista (TEA) e doença de Parkinson. Esses achados reforçam a importância de considerar o FMT como uma abordagem complementar ou até mesmo principal em determinadas situações clínicas, particularmente quando os tratamentos convencionais não se mostram eficazes.

No entanto, para que o FMT se estabeleça como uma prática clínica segura e eficaz, é fundamental que a aplicação do procedimento seja conduzida com rigor técnico. A seleção criteriosa de doadores e a padronização dos métodos de preparação e administração são essenciais para minimizar riscos, como a transmissão de patógenos. À medida que mais evidências científicas se acumulam e a regulamentação se torna mais clara, poderá se consolidar como uma intervenção chave não apenas para doenças gastrointestinais, mas também para distúrbios neurológicos, abrindo novas perspectivas para o tratamento de condições complexas e de difícil manejo clínico.

REFERÊNCIAS BIBLIOGRÁFICAS

1. Merrick B, Allen L, Zain NMM, Forbes B, Shawcross DL, Goldenberg SD. Regulation, risk and safety of faecal microbiota transplant. Infect Prev Pract. 2020;2(3):1-7.
2. Danne C, Rolhion N, Sokol H. Recipient factors in faecal microbiota transplantation: one stool does not fit all. Nat Rev Gastroenterol Hepatol. 2021;18(7):503-13.
3. Nozava Y. Fecal transplant: early history of FMT. Createspace Independent Publishing Platform; 2015.

4. Xu MQ, Cao HL, Wang WQ, Wang S, Cao XC, Yan F, et al. Fecal microbiota transplantation broadening its application beyond intestinal disorders. World J Gastroenterol. 2015;21(1):102-11.
5. De Groot PF, Frissen MN, Clercq NC, Nieuwdorp M. Fecal microbiota transplantation in metabolic syndrome: History, present and future. Gut Microbes. 2017;8(3):253-67.
6. DeSalle R, Perkins SL. Welcome to the microbiome: getting to know the trillions of bacteria in, on, and around you. Yale University Press; 2015.
7. Eiseman B, Silen W, Bascom GS, Kauvar AJ. Fecal enema as an adjunct in the treatment of pseudomembranous enterocolitis. Surgery. 1958;44(5):854-9.
8. Van Nood E, Vrieze A, Nieuwdorp M, Fuentes S, Zoetendal EG, de Vos WM, et al. Duodenal infusion of donor feces for recurrent Clostridium difficile. N Engl J Med. 2013;368(5):407-15.
9. Urbonas T, Ianiro G, Gedgaudas R, Sabanas P, Urba M, Kiudelis V, et al. Fecal microbiome transplantation for recurrent Clostridioides difficile infection: treatment efficacy, short and long-term follow-up results from consecutive case series. J Gastrointestin Liver Dis. 2021;30(4):470-6.
10. Rode AA, Bytzer P, Pedersen OB, Engberg J. Establishing a donor stool bank for faecal microbiota transplantation: methods and feasibility. Eur J Clin Microbiol Infect Dis. 2019;38(10):1837-47.
11. Ramai D, Zakhia K, Fields PJ, Ofosu A, Patel G, Shahnazarian V, et al. Fecal microbiota transplantation (FMT) with colonoscopy is superior to enema and nasogastric tube while comparable to capsule for the treatment of recurrent Clostridioides difficile infection: a systematic review and meta-analysis. Dig Dis Sci. 2021;66(2):369-80.
12. Jamshidi P, Farsi Y, Nariman Z, Hatamnejad MR, Mohammadzadeh B, Akbarialiabad H, et al. Fecal microbiota transplantation in irritable bowel syndrome: a systematic review and meta-analysis of randomized controlled trials. Int J Mol Sci. 2023;24(19):14562.
13. Cammarota G, Ianiro G, Tilg H, Rajilic-Stojanovic M, Kump P, Satokari R, et al. European consensus conference on faecal microbiota transplantation in clinical practice. Gut. 2017;66(4):569-80.
14. Ponce-Alonso M, García-Hoz C, Halperin A, Nuño J, Nicolás P, Martínez-Pérez A, et al. An immunologic compatibility testing was not useful for donor selection in fecal microbiota transplantation for ulcerative colitis. Front Immunol. 2021;12:683387.
15. NG SC, Kamm MA, Yeoh YK, Chan PKS, Tao Zuo T, Tang W, Sood A, Andoh A, Ohmiya N, Zhou Y, Ooi CJ, Mahachai V, Wu CY, Zhang F, Sugano K, Chan FKL. Scientific frontiers in faecal microbiota transplantation: joint document of Asia-Pacific Association of Gastroenterology (APAGE) and Asia-Pacific Society for Digestive Endoscopy (APSDE). Gut 2020;69:83–91.
16. Waller KMJ, Leong RW, Paramsothy S. An update on fecal microbiota transplantation for the treatment of gastrointestinal diseases. J Gastroenterol Hepatol. 2022;37(2):246-55.
17. Baunwall SMD, Terveer EM, Dahlerup JF, Erikstrup C, Arkkila P, Vehreschild MJ, et al. The use of faecal microbiota transplantation (FMT) in Europe: a Europe-wide survey. Lancet Reg Health Eur. 2021;9:100181.
18. Carlson PE Jr. Regulatory considerations for fecal microbiota transplantation products. Cell Host Microbe. 2020;27(2):173-5.
19. Chen J, Zaman A, Ramakrishna B, Olsen SW. Stool banking for fecal microbiota transplantation: methods and operations at a large stool bank. Front Cell Infect Microbiol. 2021;11:622949.
20. Cammarota G, Ianiro G, Kelly CR, Mullish BH, Allegretti JR, Kassam Z, et al. International consensus conference on stool banking for faecal microbiota transplantation in clinical practice. Gut. 2019;68(12):2111-21.
21. Haifer C, Kelly CR, Paramsothy S, Andresen D, Papanicolas LE, McKew GL, et al. Australian consensus statements for the regulation, production and use of faecal microbiota transplantation in clinical practice. Gut. 2020;69(5):801-10.
22. Kelly CR, Yen EF, Grinspan AM, Kahn SA, Atreja A, Lewis JD, et al. Fecal microbiota transplantation is highly effective in real world practice: initial results from the FMT National Registry. Gastroenterol. 2021;160(1):183-92.e3.

23. Abdali ZI, Roberts TE, Barton P, Hawkey PM. Economic evaluation of faecal microbiota transplantation compared to antibiotics for the treatment of recurrent Clostridioides difficile infection. EClinicalMedicine. 2020;24:100420.
24. Scheeler A. Where stool is a drug: international approaches to regulating the use of fecal microbiota for transplantation. J Law Med Ethics. 2019;47(4):524-40.
25. Kragsnaes MS, Nilsson AC, Kjeldsen J, Holt HM, Rasmussen KF, Georgsen J, et al. How do I establish a stool bank for fecal microbiota transplantation within the blood- and tissue transplant service? Transfusion. 2020;60(6):1135-41.
26. Brasil. Ministério da Saúde. Transplante de órgão e tecidos. (n.d.). Disponível em: https://bvsms.saude.gov.br/transplante-de-orgaos-e-tecidos. Acesso em: 1º maio 2022.
27. Terveer EM, van Beurden YH, Goorhuis A, Seegers JFML, Bauer MP, van Nood E, et al. How to: establish and run a stool bank. Clin Microbiol Infect. 2017;23(12):924-30.
28. Brasil. Agência Nacional de Vigilância Sanitária. Relatório de hemovigilância 2015. Brasília: Anvisa; 2016.
29. DeFilipp Z, Bloom PP, Soto MT, Mansour MK, Sater MRA, Huntley MH, et al. Drug-resistant E. coli bacteremia transmitted by fecal microbiota transplant. N Engl J Med. 2019;381(21):2043-50.
30. Designer Shit Docummentary. Sell your poop. (n.d.). Disponível em: https://designershitdocumentary.com/sell-your-poop/#:~:text=You%20can%20make%20up%20to,get%20paid%20for%20that%20donation. Acesso em: 1º maio 2022.
31. Garber K. First microbiome-based drug clears phase III, in clinical trial turnaround. Nat Rev Drug Discovery. 2020;19(10):655-6.
32. Lavoie T, Appaneal HJ, LaPlante KL. Advancements in novel live biotherapeutic products for Clostridioides difficile infection prevention. Clin Infect Dis. 2023;77(Suppl 6):S447-54.
33. Carvalho T. First oral fecal microbiota transplante therapy approve. Nature Medicine, 29:1581-1582, 2023. https://doi.org/10.1038/d41591-023-00046-2.
34. Oliva IG, Hamid O, Ott P, Boland G, Sullivan R, Grossmann K, et al. 607 MCGRAW trial: evaluation of the safety and efficacy of an oral microbiome intervention (SER-401) in combination with nivolumab in first line metastatic melanoma patients. J ImmunoTherapy Cancer. 2022;10(Suppl 2):A1-1603.
35. ClinicalTrials.gov. History of Changes for Study: NCT03936998. Disponível em: https://classic.clinicaltrials.gov/ct2/history/NCT03936998?V_4=View. Acesso em: 24 fevereiro 2023.
36. ClinicalTrials.gov. Effects of MET-3 and MET-5 on Gut Microbiome and Metabolic Function in Men and Women With Hypertriglyceridemia. Disponível em: https://clinicaltrials.gov/study/NCT04507971. Acesso em: 24 fevereiro 2024.
37. Girotra M, Garg S, Anand R, Song Y, Dutta SK. Fecal microbiota transplantation for recurrent Clostridium difficile infection in the elderly: long-term outcomes and microbiota changes. Dig Dis Sci. 2016;61(10):3007-15.
38. Ooijevaar RE, van Nood E, Goorhuis A, Terveer EM, van Prehn J, Verspaget HW, et al. Ten-year follow-up of patients treated with fecal microbiota transplantation for recurrent Clostridioides difficile infection from a randomized controlled trial and review of the literature. Microorganisms. 2021;9(3):548.
39. Perler BK, Chen B, Phelps E, Allegretti JR, Fischer M, Ganapini V, et al. Long-term efficacy and safety of fecal microbiota transplantation for treatment of recurrent Clostridioides difficile infection. J Clin Gastroenterol. 2020;54(8):701-6.
40. Van Beurden YH, Groot PF, van Nood E, Nieuwdorp M, Keller J, Goorhuis A. Complications, effectiveness, and long-term follow-up of fecal microbiota transfer by nasoduodenal tube for treatment of recurrent Clostridium difficile infection. United Eur Gastroenterol J. 2017;5(6):868-79.

25

Dietoterapia e suplementos para o intestino

Andrea Bonvini
Marcelo Macedo Rogero

PONTOS-CHAVE

- Doenças intestinais são variadas e crescentes globalmente, afetando diferentes populações, e podem ser geridas por meio de dietas e suplementação.
- Síndrome do intestino irritável (SII): tratada com dietas personalizadas, como a low-FODMAP e suplementos como probióticos, prebióticos, glutamina e vitamina D.
- Disbiose e SIBO: alterações na microbiota intestinal causam sintomas como dor e má absorção; tratamentos incluem dietas low-FODMAP e probióticos, mas a eficácia é debatida.
- Doenças inflamatórias intestinais (DII): agravadas por fatores dietéticos e ambientais; tratadas com dietas anti-inflamatórias de exclusão e de suplementação com vitamina D, selênio e compostos bioativos.
- Doença C- elíaca: condição imunomediada, desencadeada pelo glúten; tratada com a exclusão rigorosa do glúten e pode ser complementada com prebióticos e probióticos para restaurar a microbiota intestinal.

INTRODUÇÃO

As disfunções e doenças intestinais reúnem uma ampla variedade de condições que afetam tanto o intestino delgado quanto o intestino grosso e podem ser causadas por diversos fatores, como infecções, distúrbios autoimunes, exposição ambiental e predisposição genética.[1]

A epidemiologia dessas condições revela uma tendência global preocupante, com um aumento significativo em sua incidência nas últimas décadas com características globais, já que não se limita a fronteiras geográficas e afeta comunidades urbanas e rurais, bem como países desenvolvidos e em desenvolvimento.

Este capítulo explora os aspectos atuais relacionados ao manejo dietético e à suplementação nutricional no tratamento de doenças intestinais.

SÍNDROME DO INTESTINO IRRITÁVEL

A síndrome do intestino irritável é um distúrbio gastrointestinal funcional crônico que se manifesta por meio de sintomas como desconforto e dor abdominal, inchaço e alteração do hábito intestinal, sem qualquer anormalidade da mucosa intestinal. Esses sintomas podem se modificar ao longo do tempo, podendo se tornar muito graves ou, algumas vezes, desaparecer completamente.

A fisiopatologia dessa síndrome não está completamente elucidada, mas os estudos sugerem alguns fatores que podem estar envolvidos nos mecanismos que desencadeiam essa condição clínica, como motilidade gastrointestinal anormal, comunicação alterada entre cérebro e intestino, hipersensibilidade visceral, inflamação crônica sistêmica de baixo grau e, também, aspectos psicossociais.

Nesse contexto, há poucas alternativas de tratamento eficazes disponíveis, contudo novas abordagens terapêuticas estão em desenvolvimento.[2]

Dietoterapia

A primeira linha de tratamento da síndrome do intestino irritável consiste na adoção de hábitos alimentares saudáveis, focando aspectos como a regularidade das refeições, a ingestão alimentar adequada às necessidades nutricionais, a limitação do consumo de álcool e de cafeína, o ajuste do consumo de fibras alimentares e a redução da ingestão de alimentos ricos em lipídios e apimentados, conforme recomenda o National Institute for Health and Care Excellence (NICE).[3] Assim, as orientações relacionadas ao tratamento dietético devem ser personalizadas e individualizadas de acordo com a manifestação dos sintomas e sempre respeitando-se os aspectos culturais e socioeconômicos do paciente.

Por sua vez, as diretrizes publicadas pela British Society of Gastroenterology, em 2021, destacam os seguintes aspectos:

- A eliminação de alimentos baseada no teste de anticorpos IgG não é recomendada.
- A ingestão de fibras solúveis, como o *psyllium* e a inulina, em pequenas quantidades (3 a 4 g/dia), pode ser considerada no tratamento dos sintomas globais e da dor abdominal, enquanto as fibras insolúveis, como farelo de trigo, devem ser evitadas.

- A GFD não é recomendada no tratamento da síndrome do intestino irritável.
- Probióticos podem ser efetivos no tratamento de sintomas globais e da dor abdominal, porém não é possível recomendar uma espécie ou cepa específica.[3]

Essas diretrizes consideram que a dieta com baixo teor de oligossacarídeos, dissacarídeos, monossacarídeos e polióis fermentáveis (low-FODMAP, do inglês *fermentable oligo-, di-, mono-saccharides and polyols*). é uma estratégia com bom potencial para o tratamento da síndrome do intestino irritável, recomendando-a como segunda linha de tratamento. Essa recomendação se baseia no fato de que os FODMAP não são absorvidos pelo colón e, portanto, promovem o aumento do volume de água no lúmen intestinal, bem como um aumento da fermentação bacteriana, o que acarreta a produção de gases como hidrogênio e metano, que levam a distensão abdominal e outros sintomas observados na síndrome do intestino irritável.[2] Os alimentos controlados pela dieta *low*-FODMAP são apresentados no Quadro 1.

QUADRO 1 Alimentos ricos e pobres em FODMAP

Categoria	Alimentos ricos	Alimentos pobres
Oligossacarídeos: frutanos e galactanos	Trigo, centeio, cebola, alho, alcachofra, laticínios pobres em lipídios, frutas (maçã, damasco, cereja, lichia, pera-asiática, pêssego, pera, ameixa, ameixa seca, abacate e melancia), pulses (feijões, grão-de-bico, lentilha e ervilha), algumas castanhas, couve-flor, cogumelos e feijão-verde	Frutas (banana, mirtilo, carambola, toranja, uva, melão, quiuí, limão, laranja, tangerina, maracujá e framboesa)
Dissacarídeos: lactose	Leite e derivados do leite (iogurtes, queijos e bebidas lácteas), sorvete e sobremesas à base de leite	Leite e derivados do leite sem lactose, queijos (brie, camembert, cheddar e parmesão)
Monossacarídeos: frutose	Maçã, pera, pera-asiática, pêssego, manga, melancia, figo, mel, suco natural, frutas em conserva, xarope de milho rico em frutose e geleia	Banana, mirtilo, maracujá, uva, toranja, melão, quiuí, limão, lima, tangerina, laranja, framboesa e morango
Polióis: sorbitol, lactitol, xilitol, eritritol, maltitol e manitol	Hortaliças (alcachofra, aspargo, beterraba, couve-de-bruxelas, brócolis, repolho, couve-flor, alho-poró, funcho, cebola, alho, ervilha, chalota), frutas (cereja, damasco, pêssego, ameixa, maçã, pera, melancia), cogumelos, cereais em grandes quantidades, grão-de-bico, feijões e lentilha Adoçantes à base de polióis	Hortaliças (broto de bambu, cenoura, repolho-chinês, salsão, nabo, berinjela, alface, acelga, cebolinha, tomate e abóbora) e cereais isentos de glúten

Fonte: adaptado de Vincenzi et al., 2017[2] e Whelan et al., 2018.[4]

A dieta *low*-FODMAP é dividida em três importantes e distintas fases: restrição de FODMAP (intervenção inicial), reintrodução de FODMAP (acompanhamento de curto prazo) e personalização da ingestão de FODMAP (acompanhamento de longo prazo). É de extrema importância que o paciente seja acompanhado por um período de 4 a 6 semanas após a consulta inicial para discutir o resultado da mudança alimentar (se foi bem-sucedida ou não).

Na intervenção inicial, realizam-se a avaliação detalhada do paciente e sua orientação nutricional com relação às restrições que compõem a dieta *low*-FODMAP.[4,5] Estudos evidenciam que essa fase de restrição melhora os sintomas em até 75% dos pacientes dentro de 6 semanas.[4,5] Na segunda fase, os sintomas e aspectos relacionados à dieta são reavaliados e, se a restrição tiver reduzido com sucesso os sintomas, o aconselhamento dietético sobre a reintrodução de alimentos contendo alto teor de FODMAP deve ser realizado para identificar os alimentos-gatilho e as quantidades que induzem os sintomas. Por fim, em longo prazo, que pode ou não exigir uma consulta formal de acompanhamento, é feita a personalização da dieta *low*-FODMAP, na qual uma dieta menos restritiva passa a ser consumida, com a exclusão de alimentos com alto teor de FODMAP que induzem os sintomas, mas sempre mantendo a diversidade alimentar.[4,5]

É importante ressaltar que, por se tratar de uma dieta restritiva e de alto custo, é difícil que a dieta *low*-FODMAP seja mantida por longo prazo. Outra dificuldade associada a ela diz respeito à possibilidade de causar deficiências de micronutrientes e antioxidantes, impactando negativamente a composição da microbiota intestinal. Em comparação, a dieta modificada do NICE pode apresentar benefícios semelhantes aos da dieta *low*-FODMAP, porém com adesão facilitada e menor incidência de efeitos adversos. A dieta NICE consiste na limitação do consumo de alimentos como cebola, alho, feijões, ervilha, alcachofra, repolho, melancia, farinha de trigo e produtos à base de trigo, leite e derivados, adoçantes à base de frutose, outros adoçantes (sorbitol, mentol, xilitol, isomaltose e maltitol), bebidas gaseificadas, e café e cerveja; além da manutenção de hábitos saudáveis.[6]

Outra abordagem utilizada na síndrome do intestino irritável é a dieta de carboidratos específicos (SCD), proposta pelo gastroenterologista Sidney Hass em 1951, na qual a ingestão de monossacarídeos é permitida, enquanto dissacarídeos e a maioria dos polissacarídeos são excluídos. Essa dieta permite a ingestão de quase todas as frutas, hortaliças contendo mais amilose do que amilopectina, nozes, farinhas derivadas de nozes, queijo *cottage* de coalhada seca, carne, ovos, manteiga e óleos, enquanto exclui sacarose, maltose, isomaltose, lactose, farinhas derivadas de grãos, todos os grãos verdadeiros e pseudogrãos, batata, quiabo, milho, leite fluido, soja, queijos contendo altas quantidades de lactose, bem como a maioria dos aditivos alimentares e conservantes. A ingestão de iogurte caseiro é permitida desde que fermentado por 24 horas para reduzir o teor de lactose.[2] Os alimentos incluídos e excluídos na dieta de carboidratos específicos são apresentados no Quadro 2.

QUADRO 2 Alimentos incluídos e excluídos na dieta de carboidratos específicos

Categoria	Alimentos incluídos	Alimentos excluídos
Carnes e ovos	Aves, ovos, carne bovina, peixe, carne suína, carne de caça e carneiro	Presunto, salsichas e carnes processadas
Hortaliças	Todos as hortaliças frescas (aspargo, brócolis, repolho, couve-flor, cebola, alho, cenoura, cogumelos, salsão, pimenta, abóbora, abobrinha, alface etc.)	Hortaliças em conserva ou enlatadas, com adição de açúcar ou outros ingredientes
Frutas	Todas as frutas frescas (maçã, banana, quiuí, laranja, pera, mexerica etc.)	Frutas em conserva ou enlatadas, com adição de açúcar ou outros ingredientes
Laticínios	Iogurte caseiro e queijo de cabra	Laticínios em geral (leite, iogurtes industrializados, queijos, sorvete etc.)
Legumes	Feijões, lentilha e ervilha	Soja, grão-de-bico e fava
Cereais		Trigo, aveia, cevada, centeio, arroz, trigo-vermelho, amaranto, triguilho, quinoa e farinhas de cereais no geral
Adoçantes		Açúcar e outros adoçantes

Fonte: adaptado de Vincenzi et al., 2017[2] e Whelan et al., 2018.[4]

Suplementação

Probióticos e prebióticos

Entre os suplementos com maior evidência na literatura científica para o tratamento da síndrome do intestino irritável, destacam-se os probióticos e os prebióticos. Uma metanálise conduzida por Zhang et al.[7] analisou os efeitos de diferentes espécies de probióticos na redução dos sintomas dessa síndrome. Entre os diversos probióticos avaliados, observou-se que *Bacillus coagulans* favoreceu a redução dos sintomas da síndrome do intestino irritável e que *Lactobacillus plantarum* obteve o melhor resultado na aplicação do questionário de qualidade de vida (QoL, do inglês *quality of life*) entre pacientes com a síndrome, porém as diferenças não foram significativas quando comparadas com outras espécies de probióticos. Cabe destacar, ainda, que os pacientes que receberam *Lactobacillus acidophilus* tiveram a menor incidência de efeitos adversos. Já no estudo de So et al.,[8] foram avaliados os resultados oriundos de seis revisões sistemáticas de estudos clínicos randomizados, os quais haviam observado a eficácia das cepas *Bacillus coagulans* MTCC5260 e *Bifidobacterium infantis* 35624 na redução dos sintomas globais da síndrome do intestino irritável, e das cepas *Bifidobacterium coagulans* MTCC 5260 e *Lactobacillus rhamnosus* GG na redução da dor abdominal. Por fim, na metanálise conduzida por Xie et al.,[9] observou-se que a suplementação com *Lactobacillus, Bifidobacterium* e *Bacillus,* bem como a dieta *low*-FODMAP foram efetivas na redução dos sintomas da síndrome do intestino irritável. Nesse estudo, destacaram-se as combinações de *Lactobacillus* com *Bifidobacterium* e de *Lactobacillus, Bifidobacterium* e *Streptococcus,* mas as evidências ainda são escassas e mais estudos são necessários para validar essa estratégia. Ressalta-se, ainda, que a suplementação com os probióticos mencionados não é necessariamente superior a outros tratamentos e pode não impactar positivamente todos os pacientes. Por conta disso, as diretrizes da British Society of Gastroenterology recomendam que os pacientes que desejam utilizar probióticos devem consumi-los por até 12 semanas e interrompê-los se não houver melhora nos sintomas.[3]

Quanto aos prebióticos, o *psyllium* (*Plantago ovata*) apresenta resultados promissores quanto à melhora dos sintomas da síndrome do intestino irritável. Uma vez que não é irritante para a mucosa intestinal e possui ampla capacidade de retenção hídrica, essa fibra solúvel pode normalizar a atividade intestinal. Em contrapartida, para que o *psyllium* possa exercer sua função no sistema digestório, é necessário que a ingestão hídrica seja adequada. Estudos sugerem a ingestão de 20 g/dia de *psyllium*, juntamente com, no mínimo, 500 mL de água utilizada na diluição do prebiótico e um total de 2 L/dia de água. Cabe destacar, ainda, que a quantidade dessa fibra solúvel deve ser aumentada gradualmente até atingir a recomendação, iniciando-se com 3 a 4 g/dia.[10]

Glutamina

A glutamina é um aminoácido indispensável e amplamente estudado na literatura científica por seu papel na modulação da função e da permeabilidade intestinal. Ela é utilizada como substrato energético por enterócitos, influencia a atividade das *tight junctions* e atenua a ativação da resposta inflamatória induzida pelo fator de transcrição nuclear kappa B (NF-kappa B).[11] Em razão dessas características, a suplementação com glutamina na síndrome do intestino irritável tem sido utilizada para redução de sintomas.

Em estudo conduzido por Rastgoo et al.,[11] 50 participantes foram randomizados para receber dieta *low*-FODMAP com ou sem 15 g/dia de glutamina, durante 6 semanas. Os pesquisadores verificaram redução significativa da gravidade da síndrome do intestino irritável, da insatisfação com o hábito intestinal e do impacto negativo da síndrome na qualidade de vida dos participantes que receberam a suplementação de glutamina. Em concordância com esse resultado, Zhou et al.[12] avaliaram a suplementação de 5 g de glutamina, três vezes ao dia, durante 8 semanas, em pacientes com síndrome do intestino irritável com diarreia pós-infecção entérica. Como desfecho primário foi estabelecida a redução de no mínimo 50 pontos no sistema de pontuação de gravidade da síndrome do intestino irritável (IBS-SS) e como desfechos secundários foram incluídos os dados brutos do IBS-SS, alterações na frequência da motilidade intestinal diária, consistência das fezes pela escala de Bristol e a permeabilidade intestinal. O desfecho primário foi atingido por 43 participantes do grupo glutamina (79,6%) e por 3 participantes do grupo placebo (5,8%). No que diz respeito aos desfechos secundários, a glutamina reduziu significativamente os valores relacionados aos parâmetros avaliados.[12]

Apesar dos estudos sobre a suplementação de glutamina na síndrome do intestino irritável ainda serem escassos, os resultados mostram efeitos positivos potenciais. Mais estudos envolvendo a suplementação com esse aminoácido em pacientes com a síndrome do intestino irritável são necessários para comprovar a hipótese dos benefícios.

Vitamina D

A vitamina D apresenta potencial efeito benéfico no tratamento da síndrome do intestino irritável. Por ser essencial para a manutenção da mucosa intestinal, a deficiência desse micronutriente está implicada no prejuízo da função de barreira do intestino e, consequentemente, na piora dos sintomas da síndrome do intestino irritável. Além disso, um estudo caso-controle comparativo mostrou incidência significativa de deficiência de vitamina D em pacientes com síndrome do intestino irritável (82% dos pacientes) em comparação com indivíduos saudáveis (32% dos controles).[13]

Uma metanálise conduzida por Huang et al.[14] identificou que a suplementação com vitamina D impactou positivamente o IBS-SS em comparação com placebo. Adicionalmente, a suplementação com vitamina D foi superior ao placebo com relação à melhora no questionário QoL em pacientes com síndrome do intestino irritável.[14] De maneira similar, Chong et al.[15] observaram melhora na gravidade dos sintomas e no questionário QoL de pacientes com síndrome do intestino irritável após a suplementação com vitamina D. Por outro lado, na metanálise conduzida por Abuelazm et al.,[16] não foram encontradas diferenças no IBS-SS entre a suplementação de vitamina D e placebo, mesmo tendo sido observado que a vitamina D foi eficaz na melhora do questionário QoL e no aumento da concentração plasmática de 25-hidróxi-vitamina D nos pacientes suplementados.

DISBIOSE E SUPERCRESCIMENTO BACTERIANO NO INTESTINO DELGADO (SIBO)

O termo "disbiose" tem sido utilizado para se referir a uma alteração da composição e da função da microbiota em comparação àquela observada em indivíduos saudáveis[17] decorrente de determinadas disfunções ou doenças. Ela é caracterizada por redução de microrganismos benéficos, aumento de microrganismos patogênicos (ou potencialmente patogênicos) e perda da diversidade microbiana global, aspectos que interferem na manutenção da homeostase do organismo.[18] Essas modificações na composição da microbiota intestinal estão relacionadas a uma variedade de doenças, como síndrome do intestino irritável, doenças inflamatórias intestinais, diabetes tipo 2, doença hepática esteatótica associada à disfunção metabólica, obesidade e alergias. Entre os diferentes conjuntos de alterações na microbiota já identificados, destacam-se o supercrescimento bacteriano no intestino delgado (SIBO, do inglês *small intestinal bacterial overgrowth*), o supercrescimento bacteriano no intestino grosso (LIBO, do inglês *large intestinal bacterial overgrowth*) e o supercrescimento fúngico no intestino delgado (SIFO, do inglês *small intestinal fungal overgrowth*).[19]

A SIBO é caracterizada pelo crescimento excessivo ($\geq 10^3$ UFC/mL no aspirado duodenal ou jejunal) de bactérias no intestino delgado, predominantemente espécies Gram-negativas aeróbias e anaeróbias, e cursa com a manifestação de sintomas como náusea, diarreia, constipação, flatulência, distensão abdominal e dor abdominal. Esses sintomas, por sua vez, estão relacionados à má-absorção de nutrientes, à alteração da permeabilidade intestinal e à inflamação, que resultam do processo de fermentação realizado por bactérias patogênicas no intestino delgado.[20] Em casos graves, o paciente pode apresentar perda de peso e deficiências nutricionais, principalmente de ferro e das vitaminas A, B12, D e E, o que torna o manejo nutricional muito importante no tratamento da SIBO.

Dietoterapia

Como ainda não há um padrão-ouro para diagnóstico da SIBO e ela pode se manifestar com sintomas diversos e muitas vezes inespecíficos, o tratamento dessa condição também é um desafio na prática clínica, em especial em pacientes com sintomas recidivantes e sem fatores de risco clássicos para seu desenvolvimento. Assim, as estratégias dietéticas utilizadas para o tratamento da SIBO baseiam-se naquelas utilizadas na dietoterapia da síndrome do intestino irritável, que envolvem as recomendações das dietas NICE e *low*-FODMAP, com restrição de álcool, açúcar e alguns prebióticos, como a inulina.[20] São poucos os estudos, no entanto, que recomendam a adoção da dieta *low*-FODMAP, amplamente utilizada na prática clínica, nessa condição.[21-23]

Suplementação

Probióticos

As diretrizes do American College of Gastroenterology[24] apresentam considerações relevantes sobre o tratamento da SIBO no que concerne ao uso de probióticos, já que, apesar de parecer contraintuitiva sua prescrição no tratamento de uma condição causada pelo crescimento excessivo de bactérias, os microrganismos benéficos apresentam atividade metabólica tanto quanto os comensais, patogênicos ou oportunistas. Assim, sua recomendação pode se basear no fato de que os efeitos dos probióticos incluem ações procinéticas e de alteração da composição da microbiota, podendo resultar na alteração do padrão de gases no teste respiratório.[24] Por se tratar de microrganismos vivos, no entanto, os probióticos também podem causar desconforto abdominal e piorar os sintomas em determinadas condições. Nesse sentido, o estudo de Rao et al.[25] identificou que pacientes com acidose D-lática e SIBO que faziam uso de probiótico apresentaram melhora significativa dos sintomas de *brain fogginess*, distensão abdominal inexplicada, dor e gases após a descontinuação dos probióticos e a administração de antibióticos.

Por sua vez, uma metanálise publicada por Zhong et al.[26] analisou os estudos existentes sobre a suplementação de probióticos em pacientes com diagnóstico de SIBO e verificou que essa intervenção parecia reduzir a produção de hidrogênio e também a dor abdominal. Em um estudo não controlado, a administração de *Bifidobacterium infantis* 35624 não afetou a produção de hidrogênio durante o teste respiratório, mas resultou em aumento da produção de metano, sendo que o dobro do número de indivíduos preencheu os critérios para produção positiva de metano (≥ 10 ppm) após o tratamento.[27] Outro estudo examinou o uso de uma mistura de probióticos (*Saccharomyces boulardii*, *Bifidobacterium lactis*, *Lactobacillus acidophilus* e *Lactobacillus plantarum*) em indivíduos com síndrome do intestino irritável com ou sem SIBO. Embora houvesse apenas cinco indivíduos com síndrome do intestino irritável e SIBO, esses indivíduos pareceram ter melhora superior a 70% nos sintomas clínicos em comparação com 10,6% em indivíduos com síndrome do intestino irritável sem SIBO.[28]

DOENÇAS INFLAMATÓRIAS INTESTINAIS

A doença de Crohn e a retocolite ulcerativa são consideradas doenças inflamatórias intestinais. Caracterizam-se pela inflamação crônica do trato gastrointestinal e por sintomas como diarreia, dor abdominal, febre, deficiências nutricionais (p. ex., anemia ferropriva) e perda de peso.[29]

A incidência e a prevalência dessas doenças têm aumentado rapidamente em todo o mundo, provavelmente em razão de fatores ambientais que participam de sua fisiopatologia. A alimentação é um dos fatores diretamente associados ao desenvolvimento e à gravidade das doenças inflamatórias intestinais, uma vez que pode favorecer a ocorrência de inflamação intestinal por meio da desregulação do sistema imunológico, da ocorrência de disbiose e do aumento da permeabilidade intestinal.[30] Por essa razão, nos últimos anos, vêm sendo realizados estudos que avaliam a relação entre a alimentação e a incidência das doenças inflamatórias intestinais.

No estudo de Ananthakrishnan et al.,[31] por exemplo, foi observado que os indivíduos que seguiram um padrão alimentar caracterizado por maior consumo de frutas, hortaliças e peixes tiveram 53% menos chances de desenvolver doença de Crohn, enquanto no estudo de Racine et al.[32] o alto consumo de açúcar e refrigerantes combinado com um baixo consumo de hortaliças foi associado a maior risco de retocolite ulcerativa.

Dietoterapia

Diversas intervenções dietéticas têm sido propostas para o manejo das doenças inflamatórias intestinais, incluindo dietas anti-inflamatórias, como a mediterrânea, e/ou dietas de exclusão, como a dieta *low*-FODMAP, a isenta de glúten, a isenta de lactose e a isenta de carragena.[33] Nesse contexto, há alguns protocolos alimentares encontrados na literatura que apresentam resultados promissores. É importante destacar, no entanto, que em qualquer dieta baseada na exclusão de alimentos ou grupos alimentares a adesão dos pacientes pode ser significativamente reduzida ao longo do tempo, o que torna limitada a aplicação dessas estratégias de tratamento.

Dieta anti-inflamatória

A dieta anti-inflamatória para doenças inflamatórias intestinais (IBD-AID, do inglês *inflammatory bowel disease anti-inflammatory diet*) foi desenvolvida a partir da hipótese de que a disbiose pode ser desencadeada pelo consumo de determinados tipos de carboidratos que fornecem substratos para aumentar o número de bactérias patogênicas no lúmen intestinal. Essa dieta tem cinco componentes básicos: retirada de certos carboidratos (incluindo lactose e carboidratos complexos refinados ou processados); ingestão de probióticos e alimentos fontes de prebióticos, visando auxiliar na recuperação do equilíbrio da microbiota intestinal; consumo controlado de ácidos graxos saturados, trans, mono e poli-insaturados; revisão do padrão alimentar geral, com avaliação de deficiências nutricionais e identificação de intolerâncias; e modificação das texturas dos alimentos (liquidificados, moídos ou cozidos) de acordo com a sintomatologia do paciente, visando melhorar a absorção de nutrientes e minimizar a ingestão de fibras intactas.[34]

No estudo de Olendzki et al.,[34] essa dieta foi utilizada em pacientes com retocolite ulcerativa e doença de Crohn refratários à terapia farmacológica, que apresentavam sintomas persistentes ou que recusavam outras opções de tratamento. Após 4 semanas, todos os pacientes relataram melhora dos sintomas e redução da terapia medicamentosa. Esses resultados indicam que pacientes com doenças inflamatórias intestinais podem se beneficiar da IBD-AID, particularmente em termos de redução da sintomatologia e, consequentemente, de redução do uso de medicamentos.

Dieta semivegetariana

A dieta semivegetariana (SVD, do inglês *semi-vegetarian diet*) consiste no consumo de uma dieta à base de plantas, com consumo diário de arroz integral, sopa de missô, iogurte, hortaliças, frutas, legumes e batatas, bem como consumo controlado de peixe (uma vez por semana) ou carne (apenas uma vez a cada 2 semanas). Os objetivos dessa intervenção são "fugir" das dietas restritivas e de baixo resíduo convencionais e incentivar o consumo de fibra alimentar com o intuito de aumentar o número de bactérias benéficas no intestino.

Um estudo realizado por Chiba et al.[35] avaliou os efeitos preventivos dessa dieta em 22 pacientes com doença de Crohn em remissão clínica por um período de 2 anos. Três quartos da coorte (73%) permaneceram aderentes à dieta e a remissão foi mantida em 15 dos 16 pacientes (94%) do grupo de intervenção em comparação com dois dos seis pacientes (33%) do grupo onívoro ($p = 0{,}0003$). A taxa de remissão com a SVD foi de 100% em 1 ano e de 92% em 2 anos.

Considerando-se que as dietas típicas para o tratamento das doenças inflamatórias intestinais envolvem a restrição excessiva de alimentos, o que as torna menos aceitáveis e dificulta sua manutenção em longo prazo, a dieta SVD pode ser uma estratégia apropriada para o manejo dietético dessas condições.

Dieta CD-TREAT

A dieta CD-TREAT (do inglês *Crohn's disease treatment-with-eating*) é uma dieta anti-inflamatória individualizada criada para simular a composição da nutrição enteral exclusiva. Ela envolve a exclusão de certos componentes alimentares, como carboidratos complexos, enquanto aumenta o conteúdo de proteínas, vitaminas, minerais e fibras alimentares, visando modificar o microbioma e, consequentemente, reduzir a resposta inflamatória.

Em um estudo realizado por Svolos et al.,[36] foram avaliados os efeitos da dieta CD-TREAT em modelo animal, em adultos saudáveis e em crianças com a doença de Crohn. Nos animais, a dieta replicou as alterações da nutrição enteral exclusiva no microbioma e no metaboloma fecal, tendo induzido 48% das alterações induzidas pela nutrição enteral exclusive. Entre as crianças que receberam a dieta CD-TREAT durante 8 semanas, quatro (80%) apresentaram redução do índice ponderado de atividade da doença de Crohn pediátrica (wP-CDAI) de 32,5 em 4 semanas para 11,3 entre 4 e 8 semanas, enquanto três (60%) entraram em remissão, com redução concomitante significativa da concentração de calprotectina fecal. Esse estudo fornece prova de conceito de que a alteração individualizada de uma dieta normal pode ser utilizada para tratar a doença de Crohn ativa e indica a importância de se adaptar a dieta com base nos efeitos observados no microbioma intestinal.[36]

Dieta de exclusão

A dieta de exclusão para doença de Crohn (CDED, do inglês *Crohn's disease exclusion diet*) é uma dieta completa que é associada à nutrição parenteral parcial. Nessa dieta, são permitadas frutas, hortaliças, carnes e carboidratos simples e complexos, eliminando-se os componentes dietéticos específicos que influenciam a mucosa intestinal ou favorecem o quadro de disbiose, como alguns ácidos graxos de origem animal e certos tipos de carnes, e reduzindo a exposição a aditivos alimentares como emulsionantes e maltodextrinas.

Em um estudo clínico randomizado multinacional, Levine et al.[37] verificaram a tolerabilidade e a eficácia da dieta CDED associada à nutrição parenteral parcial na indução e na manutenção da remissão livre de uso de corticosteroides em crianças com doença de Crohn em comparação com a nutrição enteral exclusiva, considerada padrão-ouro para a indução da remissão. A combinação CDED e nutrição parenteral parcial foi tolerada por 39 crianças (97,5%), enquanto a nutrição enteral exclusiva foi tolerada por 28 (75%). Na semana 6 do estudo, 30 (75%) das 40 crianças que receberam CDED e nutrição parenteral parcial estavam em remissão livre de uso de corticosteroides, enquanto 20 (59%) das 34 crianças em nutrição enteral exclusiva atingiram esse resultado. Nas crianças que receberam CDED associada à nutrição parenteral parcial, a remissão foi associada a redução da inflamação, evidenciada pela concentração sérica de proteína C reativa e de calprotectina fecais e pela avaliação de *Proteobacteria* fecal. Esses resultados indicam que o uso da CDED associada à nutrição parenteral parcial favorece a indução de remissão em crianças com doença de Crohn.[37]

Dieta do protocolo autoimune

A dieta do protocolo autoimune (AIP) é uma extensão da dieta paleolítica que incorpora algumas das alterações dietéticas utilizadas nas doenças inflamatórias intestinais, como o consumo reduzido de glúten e de açúcar refinado. Na fase inicial da dieta, propõe-se a eliminação de grupos de alimentos que podem desencadear inflamação intestinal, disbiose e/ou intolerância alimentar sintomática, como grãos, leguminosas, laticínios, ovos, café, álcool, nozes e sementes, açúcares, óleos e aditivos alimentares. Também são enfatizados nessa fase o consumo e o preparo de alimentos frescos e ricos em nutrientes, de caldo de ossos e de alimentos fermentados, ao mesmo tempo em que se incentiva a mudança de fatores que interferem nas doenças inflamatórias intestinais, como higiene do sono, controle do estresse, formação de uma rede de apoio emocional e exercício físico.[38] A fase que se segue é a de manutenção, cuja duração pode variar até que o paciente alcance uma melhora mensurável em seus sintomas e bem-estar geral. Uma reintrodução escalonada de grupos de alimentos é iniciada depois disso, feita à medida que os pacientes identificam alimentos únicos ou grupos de alimentos que podem contribuir para a redução dos sintomas.[38]

Konijeti et al.[38] avaliaram a eficácia dessa dieta em 15 pacientes com doença inflamatória intestinal ativa. Os pacientes foram submetidos à fase de eliminação durante 6 semanas e depois à fase de manutenção com duração de 5 semanas. Antes da intervenção, iniciou-se a reposição de nutrientes para deficiências de vitamina D (n = 3) e ferro (n = 6). Nas semanas 0, 6 e 11, o escore parcial de Mayo melhorou significativamente, de 5,8 para 1,2 e depois para 1,0, respectivamente, nos pacientes com retocolite ulcerativa, enquanto o índice de Harvey-Bradshaw melhorou significativamente, de 7 para 3,6 e depois para 3,4, nos pacientes com doença de Crohn. A concentração de proteína C reativa foi reduzida ao longo do estudo, embora os resultados não tenham sido estatisticamente significativos. Entre aqueles com endoscopia de controle na semana 11 (n = 7), foram observadas melhoras no escore endoscópico simples para doença de Crohn (n = 1), no escore de Rutgeerts (n = 1) e no subescore endoscópico de Mayo (n = 4).

Suplementação

Vitamina D

A vitamina D atua na regulação das respostas imunológica e inflamatória e do microbioma intestinal, além de manter a integridade da barreira epitelial gastrointestinal contra estímulos inflamatórios. Essas funções mostram o papel fundamental desempenhado por essa vitamina na redução do risco de desenvolvimento das doenças inflamatórias intestinais e na melhora de seus sintomas quando já instaladas. Corrobora essa importância, ainda, o fato de que a deficiência da vitamina D é altamente prevalente entre pacientes com doença inflamatória intestinal, sendo relacionada à fisiopatologia dessas condições, à reativação episódica da doença, à dor e ao aumento do risco de câncer.[39]

Apesar disso, estudos recentes mostram resultados conflitantes sobre a suplementação de vitamina D. Na metanálise conduzida por Guo et al.,[39] observou-se que a suplementação de vitamina D foi uma estratégia eficaz e segura para aumentar a concentração plasmática de 25-hidróxi-vitamina D, bem como foi capaz de diminuir a concentração plasmática de proteína C reativa. Por outro lado, a metanálise de Valvano et al.[40] indicou que a suplementação pode apresentar efeito dicotômico em pacientes com doenças inflamatórias intestinais, sugerindo que os efeitos benéficos são encontrados em subgrupos específicos. Nesse sentido, o guia para a prática clínica proposto por Myint et al.[41] indica que a administração de 50.000 UI/semana de ergocalciferol ou 2.000 a 4.000 UI/dia de colecalciferol em pacientes com doença inflamatória intestinal, visando atingir concentração plasmática de 25-hidróxi-vitamina D de 30 ng/mL, poderia ter um impacto positivo na atividade da doença.

Na doença de Crohn, em particular, a administração de vitamina D pode modular a composição da microbiota intestinal e aumentar a abundância de cepas bacterianas potencialmente benéficas.[42]

Pode-se afirmar, portanto, que a suplementação de vitamina D é capaz de contribuir para a atenuação da inflamação em indivíduos com doença inflamatória intestinal, bem como promover alterações na microbiota humana; no entanto, os estudos apresentam diversas limitações relacionadas a tamanho amostral e delineamento experimental e ainda há uma dificuldade para se definir o que seria uma composição saudável de microbiota.[43]

Selênio

O selênio é conhecido por sua ação na modulação da resposta inflamatória e pelo fato de atuar na biossíntese de selenoproteínas que contribuem para a imunocompetência e a defesa antioxidante. Para além dessas funções, vários estudos têm mostrado que pacientes com doenças inflamatórias intestinais apresentam concentração sérica reduzida de selênio em comparação com indivíduos saudáveis, o que poderia contribuir para o pior prognóstico desses pacientes.[44-47]

Nesse contexto, estudos experimentais avaliaram o efeito da suplementação de selênio em pacientes com diagnóstico de doença inflamatória intestinal. Assim, identificou-se que as selenoproteínas participam dos mecanismos envolvidos na atenuação da resposta inflamatória e do estresse oxidativo, favorecendo a remissão de colite em modelos animais. Além disso, a suplementação de selênio mostrou resultados promissores em estudos clínicos preliminares, particularmente em pacientes com doença inflamatória intestinal e deficiência de selênio.[44]

Compostos bioativos dos alimentos

Diversos estudos mostram que a adoção de um padrão alimentar com ingestão reduzida de carne vermelha, laticínios, alimentos fontes de ácidos graxos saturados e aditivos alimentares, bem como consumo aumentado de hortaliças, frutas, grãos integrais, legumes, nozes e fontes de ácidos graxos poli-insaturados das séries ômega 3 e ômega 9, está associada a uma melhora da saúde intestinal, desde a integridade da mucosa até o equilíbrio da microbiota.[48] Esses efeitos benéficos são atribuídos especialmente à presença de alguns compostos bioativos (CBA) encontrados em pequenas quantidades nos alimentos. Esse grupo inclui alcaloides, polifenóis, flavonoides, terpenoides, esteróis e pigmentos, que estão presentes principalmente em alimentos derivados de plantas, nozes e sementes e podem modular vias de sinalização intracelular relacionadas à ativação da resposta inflamatória associada à doença inflamatória intestinal.[48]

O resveratrol (trans-3,5,4'-tri-hidroxistilbeno), por exemplo, é uma fitoalexina composta por dois anéis fenólicos unidos por uma dupla ligação capaz de modular a microbiota intestinal e promover o crescimento de bactérias benéficas. Esse composto existe em duas isoformas: trans-resveratrol e cis-resveratrol, sendo o trans-resveratrol a forma mais estável, encontrada em uvas e no vinho tinto. Um estudo realizado por Qiao et al. (2014)[62] mostrou que a suplementação de resveratrol aumentou a abundância de espécies de *Lactobacillus* e *Bifidobacterium* em camundongos.[49,50]

Os flavonoides são uma subclasse de polifenóis amplamente distribuídos em frutas, hortaliças e ervas, com destaque para as frutas cítricas (como limão e laranja), soja, salsa e ginkgo biloba. Eles possuem efeitos anti-inflamatórios, antioxidantes e prebióticos. A quercetina, flavonoide abundante em frutas cítricas e maçã, tem sido investigada por seus potenciais efeitos prebióticos na microbiota intestinal. O consumo de quercetina pode promover o crescimento de bactérias benéficas, incluindo *Bifidobacterium* e *Akkermansia*, reduzindo assim bactérias prejudiciais no intestino.[49]

Terpenos e terpenoides, por sua vez, são os principais CBAs dos óleos essenciais. Eles exibem diversas atividades biológicas, como propriedades anticancerígenas, antimicrobianas, antioxidantes, antialérgicas e anti-inflamatórias, e podem ser encontrados em plantas como orégano, tomilho, lavanda, casca cítrica e ervas medicinais como a *Echinacea* e o ginseng.[49]

Os compostos contendo enxofre, encontrados em certas hortaliças e ervas, também emergiram como agentes bioativos promissores e foram reconhecidos por seus potenciais benefícios à saúde intestinal. Esses compostos são abundantes no alho, na cebola e em vegetais crucíferos, como brócolis, couve-flor e couve. Eles têm sido estudados por suas propriedades antimicrobianas e sua capacidade de promover o crescimento de bactérias benéficas no intestino.[49] A alicina é um dos principais compostos contendo enxofre presente nesses alimentos.

Por fim, a curcumina, um membro da família dos compostos curcuminoides, é um pigmento fenólico de cor amarela obtido a partir da cúrcuma (*Curcuma longa* L.), pertencente à família da *Zingiberaceae*. A atividade antioxidante da curcumina tem sido atribuída aos seus grupos hidroxil e metóxi. Um típico extrato cru dos rizomas da *Curcuma longa* contém cerca de 70 a 76% de curcumina. Diversos estudos caracterizaram a ação anti-inflamatória da curcumina aliada a ações antibacteriana, antiviral, antifúngica e antitumoral. Os principais metabólitos de curcumina incluem desmetoxicurcumina, bisdesmetoxicurcumina, curcumina-O-glucuronida e curcumina-O-sulfato, bem como derivados de ácido fenólico, como ácido ferúlico e vanílico. A principal desvantagem da curcumina refere-se à sua biodisponibilidade limitada. Para superar essa biodisponibilidade limitada, sugere-se que a curcumina pode ser combinada com piperina para formar um complexo curcumina-piperina ou ser complexada com lipossomas.[50,51]

Probióticos

Os probióticos podem ser uma abordagem alternativa ou adjuvante à terapia convencional no tratamento das doenças inflamatórias intestinais. A maioria dos estudos sobre a suplementação com probióticos sugere que eles são eficazes no tratamento da retocolite ulcerativa, especialmente quando várias cepas são administradas concomitantemente. Espécies dos gêneros *Lactobacillus* e *Bifidobacterium* são as mais comumente usadas. Com relação à doença de Crohn, em contrapartida, os resultados dos ensaios clínicos são controversos e não indicam o uso de probióticos.[52]

DOENÇA CELÍACA

A doença celíaca é uma doença entérica decorrente de uma resposta autoimune que se caracteriza por prejuízo da absorção intestinal desencadeado pela ingestão de glúten em indivíduos geneticamente suscetíveis. Ela afeta aproximadamente 1% da população total europeia e norte-americana, mas sua prevalência tende a aumentar nos próximos anos tanto em países desenvolvidos quanto naqueles em desenvolvimento por causa da ocidentalização dos padrões alimentares, que leva a mudanças na produção e na preparação do trigo e de cereais como centeio e cevada.

O consumo de glúten pelos pacientes com doença celíaca promove má-absorção de nutrientes e atrofia da mucosa intestinal, desencadeando alterações na composição corporal, por meio do prejuízo do metabolismo de macronutrientes, e osteoporose, pela mineralização óssea deficiente. Os sintomas mais comuns relatados incluem constipação intestinal ou diarreia, perda de peso, vômitos, distensão abdominal e alterações de humor. A maioria dessas manifestações clínicas pode diminuir gradualmente após a exclusão do glúten da dieta.

Dietoterapia

Apesar da dietoterapia preconizada no manejo da doença celíaca consistir apenas na remoção do glúten da dieta (< 20 mg/dia), muitos pacientes têm dificuldade de manter o tratamento dietético por fatores sociais e emocionais. Assim, estratégias de tratamento focadas tanto na melhora da adesão à dieta quanto na suplementação com nutrientes têm sido amplamente estudadas. Nesse sentido, o tratamento dietético deve incluir a educação nutricional acerca do preparo de alimentos que possam substituir aqueles comumente consumidos em dietas convencionais (p. ex., pão, macarrão etc.), da importância da leitura de rótulos e da investigação de contaminação cruzada entre as preparações isentas de glúten e aquelas contendo glúten. É importante enfatizar, ainda, que muitas vezes os pacientes com doença celíaca são assintomáticos, o que não altera a existência da doença. Assim, é crucial informar os pacientes sobre a necessidade da dieta isenta de glúten mesmo na ausência de sintomas.[53]

As diretrizes da World Gastroenterology Organisation recomendam que os pacientes com doença celíaca sejam encorajados a ingerir alimentos ricos em ferro e folato, especialmente se houver deficiência comprovada desses micronutrientes, bem como consultar um nutricionista, especialmente durante o primeiro ano após o diagnóstico da doença.[54]

Suplementação

Prebióticos e probióticos

Estudos mostram que pacientes com doença celíaca apresentam alterações na composição da microbiota intestinal em comparação com indivíduos saudáveis, com predomínio de bactérias como *Salmonella*, *Shigella* e *Klebsiella*, bem como redução de espécies benéficas como *Akkermansia muciniphila*, contribuindo para um quadro inflamatório e para a progressão da doença.

Nesse contexto, a suplementação com probióticos como *Bifidobacterium* e *Lactobacilos* associada à dieta isenta de glúten (GFD, do inglês *gluten-free diet*) apresenta potencial efeito na restauração da composição da microbiota intestinal, bem como na redução do quadro inflamatório, da permeabilidade intestinal e da concentração de citocinas pró-inflamatórias. Adicionalmente, a inclusão de prebióticos na dieta isenta de glúten, além de ser de fácil administração, pode ser custo-efetiva como tratamento adjuvante já que visa estimular o crescimento de cepas de bactérias potencialmente promotoras de saúde.[55]

Um estudo realizado por Lindfors et al.,[56] por exemplo, demonstrou que probióticos específicos, como *Lactobacillus fermentum* e *Bifidobacterium lactis*, tiveram papel protetor contra os efeitos tóxicos da gliadina em culturas de células intestinais (células Caco-2 do cólon humano), uma vez que atenuou o aumento da permeabilidade induzida pela gliadina epitelial e promoveu aumento da síntese de interleucina (IL-10) por células T reguladoras.[56] Outros estudos observaram, ainda, que fragmentos de gliadina metabolizados por *Bifidobacterium* (especificamente *Bifidobacterium longum* CECTμ7347) reduzem a expressão gênica de citocinas pró-inflamatórias (fator de necrose tumoral alfa – TNF-alfa e IL-1-beta). Espécies de *Bifidobacterium* também foram capazes de restaurar a expressão do receptor de transferrina hepática 2 (TfR-2), reduzida pela presença de gliadina na dieta, e melhorar alterações induzidas pela gliadina, como deposição e mobilização hepática de ferro. Por sua vez, *Lactobacillus casei* pareceu ser útil na doença celíaca para recuperação da homeostase do tecido linfoide associado ao intestino (GALT, do inglês *gut-associated lymphoid tissue*).[57-60] Em crianças com doença celíaca, a suplementação diária com *Lactobacillus plantarum* HEAL9 e *Lactobacillus paracasei* 8700:2 modulou a resposta imunológica, enquanto cepas de *Bifidobacterium breves* têm demonstrado um efeito benéfico na redução da síntese de TNF-alfa em dietas isentas de glúten.[61]

CONSIDERAÇÕES FINAIS

A interação entre dieta, suplementação e saúde intestinal configura uma intrincada rede de processos metabólicos, imunológicos e microbianos. As evidências destacam a importância de uma abordagem integrada, na qual a modulação da microbiota intestinal e a promoção da integridade da barreira intestinal são cruciais para a prevenção, o tratamento e a manutenção das doenças e disfunções que acometem o intestino. Nesse contexto, os probióticos e os prebióticos emergem como intervenções promissoras, com estudos demonstrando seus efeitos benéficos na modulação da microbiota intestinal e na promoção da saúde intestinal geral. Adicionalmente, a vitamina D, o selênio e a glutamina são micronutrientes essenciais com propriedades que vão além da nutrição básica, oferecendo suporte adicional à função imunológica e à integridade da mucosa intestinal. Os compostos bioativos presentes nos alimentos oferecem um potencial terapêutico notável, influenciando a saúde intestinal através de múltiplos mecanismos, incluindo a redução do estresse oxidativo e a modulação da resposta inflamatória. A incorporação de alimentos ricos em antioxidantes e outros compostos bioativos na dieta podem proporcionar benefícios adicionais na gestão e na prevenção de doenças intestinais.

Futuros estudos devem se concentrar na individualização das intervenções nutricionais, considerando variáveis como genética, microbiota específica e estado de saúde individual. A personalização das estratégias dietéticas e de suplementação pode melhorar a eficácia dos tratamentos e promover melhores resultados para os pacientes. Além disso, a implementação prática desses conhecimentos deve ser baseada em diretrizes clínicas robustas e em uma abordagem multidisciplinar, envolvendo nutricionistas, gastroenterologistas e outros profissionais de saúde.

REFERÊNCIAS BIBLIOGRÁFICAS

1. Shanahan F, Ghosh TS, O'Toole PW. The healthy microbiome: what is the definition of a healthy gut microbiome? Gastroenterology. 2021;160(2):483-94.
2. Vincenzi M, Del Ciondolo I, Pasquini E, Gennai K, Paolini B. Effects of a low FODMAP diet and specific carbohydrate diet on symptoms and nutritional adequacy of patients with irritable bowel syndrome: preliminary results of a single-blinded randomized trial. J Transl Int Med. 2017;5(2):120-6.
3. Vasant DH, Paine PA, Black CJ, Houghton LA, Everitt HA, Corsetti M, et al. British Society of Gastroenterology guidelines on the management of irritable bowel syndrome. Gut. 2021;70(7):1214-40.
4. Whelan K, Martin LD, Staudacher HM, Lomer MCE. The low FODMAP diet in the management of irritable bowel syndrome: an evidence-based review of FODMAP restriction, reintroduction and personalisation in clinical practice. J Hum Nutr Diet. 2018;31(2):239-55.
5. Barrett JS. How to institute the low-FODMAP diet. J Gastroenterol Hepatol. 2017;32(S1):8-10.
6. El-Salhy M, Hatlebakk JG, Hausken T. Diet in irritable bowel syndrome (IBS): interaction with gut microbiota and gut hormones. Nutrients. 2019;11(8):1824.
7. Zhang T, Zhang C, Zhang J, Sun F, Duan L. Efficacy of probiotics for irritable bowel syndrome: a systematic review and network meta-analysis. Front Cell Infect Microbiol. 2022;12:859967.
8. So D, Quigley EMM, Whelan K. Probiotics in irritable bowel syndrome and inflammatory bowel disease: review of mechanisms and effectiveness. Curr Opin Gastroenterol. 2023;39(2):103-9.
9. Xie CR, Tang B, Shi YZ, Peng WY, Ye K, Tao QF, et al. Low FODMAP diet and probiotics in irritable bowel syndrome: a systematic review with network meta-analysis. Front Pharmacol. 2022;13:853011.
10. Radziszewska M, Smarkusz-Zarzecka J, Ostrowska L. Nutrition, physical activity and supplementation in irritable bowel syndrome. Nutrients. 2023;15(16):3662.
11. Rastgoo S, Ebrahimi-Daryani N, Agah S, Karimi S, Taher M, Rashidkhani B, et al. Glutamine supplementation enhances the effects of a low FODMAP diet in irritable bowel syndrome management. Front Nutr. 2021;8:746703.
12. Zhou Q, Verne ML, Fields JZ, Lefante JJ, Basra S, Salameh H, et al. Randomised placebo-controlled trial of dietary glutamine supplements for postinfectious irritable bowel syndrome. Gut. 2019;68(6):996-1002.
13. Khayyat Y, Attar S. Vitamin D deficiency in patients with irritable bowel syndrome: does it exist? Oman Med J. 2015;30(2):115-8.
14. Huang H, Lu L, Chen Y, Zeng Y, Xu C. The efficacy of vitamin D supplementation for irritable bowel syndrome: a systematic review with meta-analysis. Nutr J. 2022;21(1):24.
15. Chong RIH, Yaow CYL, Loh CYL, Teoh SE, Masuda Y, Ng WK, et al. Vitamin D supplementation for irritable bowel syndrome: a systematic review and meta-analysis. J Gastroenterol Hepatol. 2022;37(6):993-1003.
16. Abuelazm M, Muhammad S, Gamal M, Labieb F, Amin MA, Abdelazeem B, et al. The effect of vitamin D supplementation on the severity of symptoms and the quality of life in irritable bowel syndrome patients: a systematic review and meta-analysis of randomized controlled trials. Nutrients. 2022;14(13):2618.
17. Levy M, Kolodziejczyk AA, Thaiss CA, Elinav E. Dysbiosis and the immune system. Nat Rev Immunol. 2017;17(4):219-32.
18. Petersen C, Round JL. Defining dysbiosis and its influence on host immunity and disease. Cell Microbiol. 2014;16(7):1024-33.

19. Banaszak M, Górna I, Woźniak D, Przysławski J, Drzymała-Czyż S. Association between gut dysbiosis and the occurrence of SIBO, LIBO, SIFO and IMO. Microorganisms. 2023;11(3):573.
20. Souza C, Rocha R, Cotrim HP. Diet and intestinal bacterial overgrowth: Is there evidence? World J Clin Cases. 2022;10(15):4713-6.
21. Dionne J, Ford AC, Yuan Y, Chey WD, Lacy BE, Saito YA, et al. A systematic review and meta-analysis evaluating the efficacy of a gluten-free diet and a low FODMAPS diet in treating symptoms of irritable bowel syndrome. Am J Gastroenterol. 2018;113(9):1290-300.
22. Ong DK, Mitchell SB, Barrett JS, Shepherd SJ, Irving PM, Biesiekierski JR, et al. Manipulation of dietary short chain carbohydrates alters the pattern of gas production and genesis of symptoms in irritable bowel syndrome. J Gastroenterol Hepatol. 2010;25(8):1366-73.
23. McIntosh K, Reed DE, Schneider T, Dang F, Keshteli AH, De Palma G, et al. FODMAPs alter symptoms and the metabolome of patients with IBS: a randomised controlled trial. Gut. 2017;66(7):1241-51.
24. Pimentel M, Saad RJ, Long MD, Rao SSC. ACG Clinical guideline: small intestinal bacterial overgrowth. Am J Gastroenterol. 2020;115(2):165-78.
25. Rao SSC, Rehman A, Yu S, Andino NM. Brain fogginess, gas and bloating: a link between SIBO, probiotics and metabolic acidosis. Clin Transl Gastroenterol. 2018;9(6):e162.
26. Zhong C, Qu C, Wang B, Liang S, Zeng B. Probiotics for preventing and treating small intestinal bacterial overgrowth. J Clin Gastroenterol. 2017;51(4):300-11.
27. Kumar K, Saadi M, Ramsey FV, Schey R, Parkman HP. Effect of Bifidobacterium infantis 35624 (Align) on the lactulose breath test for small intestinal bacterial overgrowth. Dig Dis Sci. 2018;63(4):989-95.
28. Leventogiannis K, Gkolfakis P, Spithakis G, Tsatali A, Pistiki A, Sioulas A, et al. Effect of a preparation of four probiotics on symptoms of patients with irritable bowel syndrome: association with intestinal bacterial overgrowth. Probiotics Antimicrob Proteins. 2019;11(2):627-34.
29. Coqueiro AY, Raizel R, Bonvini A, Tirapegui J, Rogero MM. Probiotics for inflammatory bowel diseases: a promising adjuvant treatment. Int J Food Sci Nutr. 2019;70(1):20-9.
30. Sasson AN, Ananthakrishnan AN, Raman M. Diet in treatment of inflammatory bowel diseases. Clin Gastroenterol Hepatol. 2021;19(3):425-435.e3.
31. Ananthakrishnan AN, Khalili H, Song M, Higuchi LM, Richter JM, Nimptsch K, et al. High school diet and risk of Crohn's disease and ulcerative colitis. Inflamm Bowel Dis. 2015;21(10):2311-9.
32. Racine A, Carbonnel F, Chan SSM, Hart AR, Bueno-de-Mesquita HB, Oldenburg B, et al. Dietary patterns and risk of inflammatory bowel disease in Europe. Inflamm Bowel Dis. 2016;22(2):345-54.
33. Gubatan J, Kulkarni CV, Talamantes SM, Temby M, Fardeen T, Sinha SR. Dietary exposures and interventions in inflammatory bowel sisease: current evidence and emerging concepts. Nutrients. 2023;15(3):579.
34. Olendzki BC, Silverstein TD, Persuitte GM, Ma Y, Baldwin KR, Cave D. An anti-inflammatory diet as treatment for inflammatory bowel disease: a case series report. Nutr J. 2014;13(1):5.
35. Chiba M, Abe T, Tsuda H. Lifestyle-related disease in Crohn's disease: relapse prevention by a semi-vegetarian diet. World J Gastroenterol. 2010;16(20):2484-95.
36. Svolos V, Hansen R, Nichols B, Quince C, Ijaz UZ, Papadopoulou RT, et al. Treatment of active Crohn's disease with an ordinary food-based diet that replicates exclusive enteral nutrition. Gastroenterology. 2019;156(5):1354-1367.e6.
37. Levine A, Wine E, Assa A, Boneh RS, Shaoul R, Kori M, et al. Crohn's disease exclusion diet plus partial enteral nutrition induces sustained remission in a randomized controlled trial. Gastroenterology. 2019;157(2):440-50.e8.
38. Konijeti GG, Kim N, Lewis JD, Groven S, Chandrasekaran A, Grandhe S, et al. Efficacy of the autoimmune protocol diet for inflammatory bowel disease. Inflamm Bowel Dis. 2017;23(11):2054-60.
39. Guo Y, Zhang T, Wang Y, Liu R, Chang M, Wang X. Effects of oral vitamin D supplementation on inflammatory bowel disease: a systematic review and meta-analysis. Food Funct. 2021;12(17):7588-606.

40. Valvano M, Magistroni M, Cesaro N, Carlino G, Monaco S, Fabiani S, et al. Effectiveness of vitamin D supplementation on disease course in inflammatory bowel disease patients: systematic review with meta-analysis. Inflamm Bowel Dis. 2024;30(2):281-91.
41. Myint A, Sauk JS, Limketkai BN. The role of vitamin D in inflammatory bowel disease: a guide for clinical practice. Expert Rev Gastroenterol Hepatol. 2020;14(7):539-52.
42. Schäffler H, Herlemann DP, Klinitzke P, Berlin P, Kreikemeyer B, Jaster R, et al. Vitamin D administration leads to a shift of the intestinal bacterial composition in Crohn's disease patients, but not in healthy controls. J Dig Dis. 2018;19(4):225-34.
43. Battistini C, Ballan R, Herkenhoff ME, Saad SMI, Sun J. Vitamin D modulates intestinal microbiota in inflammatory bowel diseases. Int J Mol Sci. 2020;22(1):362.
44. Ala M, Kheyri Z. The rationale for selenium supplementation in inflammatory bowel disease: a mechanism-based point of view. Nutrition. 2021;85:111153.
45. Aguilar-Tablada TC, Navarro-Alarcón M, Granados JQ, Sánchez CS, Rufián-Henares J, Nogueras-Lopez F. Ulcerative colitis and Crohn's disease are associated with decreased serum selenium concentrations and increased cardiovascular risk. Nutrients. 2016;8(12):780.
46. Weisshof R, Chermesh I. Micronutrient deficiencies in inflammatory bowel disease. Curr Opin Clin Nutr Metab Care. 2015;18(6):576-81.
47. Han YM, Yoon H, Lim S, Sung MK, Shin CM, Park YS, et al. Risk factors for vitamin D, zinc, and selenium deficiencies in Korean patients with inflammatory bowel disease. Gut Liver. 2017;11(3):363-9.
48. Cassotta M, Cianciosi D, De Giuseppe R, Navarro-Hortal MD, Diaz YA, Forbes-Hernández TY, et al. Possible role of nutrition in the prevention of inflammatory bowel disease-related colorectal cancer: a focus on human studies. Nutrition. 2023;110:111980.
49. Benameur T, Porro C, Twfieg ME, Benameur N, Panaro MA, Filannino FM, et al. Emerging paradigms in inflammatory disease management: exploring bioactive compounds and the gut microbiota. Brain Sci. 2023;13(8):1226.
50. Chiu HF, Venkatakrishnan K, Golovinskaia O, Wang CK. Gastroprotective effects of polyphenols against various gastro-intestinal disorders: a mini-review with special focus on clinical evidence. Molecules. 2021;26(7):2090.
51. Sadeghi N, Mansoori A, Shayesteh A, Hashemi SJ. The effect of curcumin supplementation on clinical outcomes and inflammatory markers in patients with ulcerative colitis. Phytotherapy Res. 2020;34(5):1123-33.
52. Coqueiro AY, Raizel R, Bonvini A, Tirapegui J, Rogero MM. Probiotics for inflammatory bowel diseases: a promising adjuvant treatment. Int J Food Sci Nutr. 2019;70(1):20-9.
53. Coqueiro AY, Bonvini A, Tirapegui J, Rogero MM. Probiotics supplementation as an alternative method for celiac disease treatment. Int J Probiotics Prebiotics. 2017;12(1):23-32.
54. Bai JC, Fried M, Corazza GR, Schuppan D, Farthing M, Catassi C, et al. World Gastroenterology Organisation global guidelines on celiac disease. J Clin Gastroenterol. 2013;47(2):121-6.
55. Marasco G, Cirota GG, Rossini B, Lungaro L, Di Biase AR, Colecchia A, et al. Probiotics, prebiotics and other dietary supplements for gut microbiota modulation in celiac disease patients. Nutrients. 2020;12(9):2674.
56. Lindfors K, Blomqvist T, Juuti-Uusitalo K, Stenman S, Venäläinen J, Mäki M, et al. Live probiotic Bifidobacterium lactis bacteria inhibit the toxic effects induced by wheat gliadin in epithelial cell culture. Clin Exp Immunol. 2008;152(3):552-8.
57. Laparra JM, Sanz Y. Bifidobacteria inhibit the inflammatory response induced by gliadins in intestinal epithelial cells via modifications of toxic peptide generation during digestion. J Cell Biochem. 2010;109(4):801-7.
58. Laparra JM, Olivares M, Gallina O, Sanz Y. Bifidobacterium longum CECT 7347 modulates immune responses in a gliadin-induced enteropathy animal model. PLoS One. 2012;7(2):e30744.
59. Laparra JM, Olivares M, Sanz Y. Oral administration of Bifidobacterium longum CECT 7347 ameliorates gliadin-induced alterations in liver iron mobilisation. Br J Nutr. 2013;110(10):1828-36.

60. D'Arienzo R, Stefanile R, Maurano F, Mazzarella G, Ricca E, Troncone R, et al. Immunomodulatory effects of Lactobacillus casei administration in a mouse model of gliadin-sensitive enteropathy. Scand J Immunol. 2011;74(4):335-41.
61. Moawad MHE, Alkhawaldeh IM, Naswhan AJ. Efficacy of probiotics supplementation in amelioration of celiac disease symptoms and enhancement of immune system. World J Clin Cases. 2023;11(32):7741-4.
62. Qiao Y, Sun J, Xia S, Tang X, Shi Y, Le G. Effects of resveratrol on gut microbiota and fat storage in a mouse model with high-fat-induced obesity. Food Funct. 2014 Jun;5(6):1241-9. PMID: 24722352.

26

Fitoterápicos

Vanderli Marchiori
Karina Al Assal

PONTOS-CHAVE

- Definição de compostos bioativos.
- Mecanismo de ação esperado.
- Plantas medicinais eficazes e seguras no sistema gastrointestinal.
- Descrição da planta, ação, dose sugerida e modo de prescrição.

INTRODUÇÃO

Os compostos bioativos são substâncias orgânicas extraídas de fontes naturais presentes em alimentos dos reinos vegetal e animal (ver Capítulo 16 – Compostos bioativos derivados da alimentação e saúde mental) que exercem efeitos benéficos na saúde humana quando ingeridos em quantidades significativas. Eles podem ser definidos como nutrientes e/ou não nutrientes que têm ação metabólica ou fisiológica específica. Estudos epidemiológicos têm evidenciado, ainda, que sua ingestão está associada a um menor risco de desenvolvimento de doenças crônicas e se relaciona com menores taxas de mortalidade, bem como com a manutenção e a melhora da saúde celular.

Essas substâncias bioativas são responsáveis pela funcionalidade dos alimentos no organismo, destacando-se entre elas os fitoquímicos (compostos fenólicos, alcaloides, compostos organossulfúricos, fitosteróis e carotenoides), os ácidos graxos poli-insaturados (ômega 3 e ômega 6), as vitaminas antioxidantes (A, C e E), os prebióticos (fibras e oligossacarídeos), os probióticos *Bifidobacterium e Lactobacillus* e a proteína de soja.[1]

Os compostos bioativos de origem vegetal, também chamados fitoquímicos ou metabólitos secundários, geralmente são substâncias sintetizadas pelo sistema de defesa das plantas em resposta a agressões causada por insetos, patógenos ou contra a radiação ultravioleta. Sua presença é influenciada por diversos fatores, entre eles variedade, condições climáticas e do solo, fatores genéticos, estágio de maturação e processos realizados com o alimento-fonte, desde a coleta até o consumo. Além disso, alguns deles são suscetíveis às reações de oxidação ocorridas durante o processamento e estocagem de alimentos, uma vez que podem ser instáveis à exposição a luz, temperatura e ar, que alteram sua concentração e/ou biodisponibilidade se em algum momento o procedimento estiver inadequado. Eles são divididos em polifenóis (ácidos fenólicos, flavonoides, estilbenos e lignanas), glicosinolatos e carotenoides (licopeno, luteína e zeaxantina), e desempenham atividade antioxidante, anti-inflamatória, estimulante do sistema imunológico, equilíbrio hormonal, atividade antibacteriana e antiviral. A Figura 1 apresenta as principais classes de fitoquímicos.

Atualmente, há uma busca incessante por intervenções dietéticas, incluindo o uso de produtos naturais à base de plantas e compostos bioativos. Essa busca se justifica pela crença de que são uma alternativa menos agressiva e com menores efeitos colaterais se comparados às drogas sintéticas que têm a finalidade de atingirem objetivos muitas vezes irreais. É imprescindível, portanto, esclarecer o máximo possível todos os aspectos que envolvem segurança e aplicabilidade real dos fitoquímicos em seus diferentes grupos.

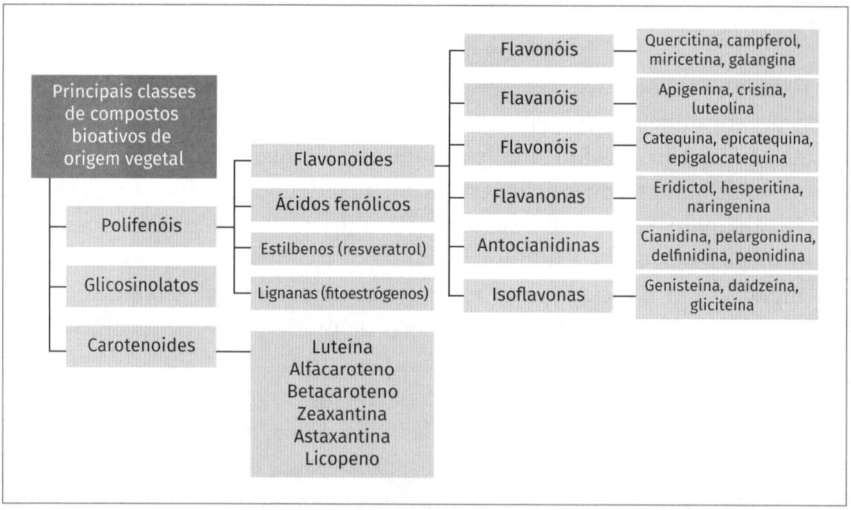

FIGURA 1 Principais classes de compostos bioativos de origem vegetal.
Fonte: adaptada de Dra. Raissa Sansoni, com permissão.

Esses compostos podem, de fato, ser o diferencial no tratamento desses pacientes, mas a forma de consumo e apresentação, bem como a dose correta, provavelmente são os aspectos que garantem eficácia e segurança no uso. Esses compostos podem ser consumidos nos alimentos ou plantas de forma integral, em alimentos enriquecidos ou encapsulados, com os nomes de nutracêuticos ou fitoterápicos.

FITOTERÁPICOS

Entre os fitoterápicos, há alguns cujo uso tem embasamento científico para questões gastrointestinais, podendo fazer parte do tratamento de pacientes e melhorar sinais e sintomas clínicos.

Curcuma longa

- **Nome popular**: cúrcuma, açafrão-da-índia, gengibre amarelo, raiz de açafroeiro.
- **Descrição botânica**: planta rasteira que pertence à família Zingiberacea cujos rizomas amarelos são usados como alimentos e fitoterápicos.
- **Indicações terapêuticas**: possui atividade farmacológica com potencial antioxidante, anti-inflamatório, anticarcinogênico, hipocolesterolêmico, antibacteriano, antiespasmódico, anticoagulante, de cicatrização de feridas e com ação hepatoprotetora.
- **Contraindicações**: gestantes, lactantes e crianças com menos de 4 anos de idade, obstrução do ducto biliar, pacientes com câncer em tratamento com ciclofosfamida e nas semanas que antecedem grandes cirurgias.
- Pacientes que recebem tratamento diário com extratos de cúrcuma devem evitar exposição solar excessiva a fim de reduzir as chances de fenômenos de fotossensibilidade.
- **Principais classes químicas**: curcumina (flavonoide), óleos voláteis (incluindo a tumerona, atlantona e zingiberona), açúcares, proteínas e resinas.

Membro da família dos compostos curcuminoides, a curcumina é um pigmento fenólico de cor amarela obtido a partir da cúrcuma. Inúmeros estudos vêm sendo realizados sobre as propriedades antioxidantes e anti-inflamatórias desse composto; no entanto, poucos avaliaram os efeitos da suplementação de curcumina especificamente no tratamento de inflamações intestinais e síndromes correlatas à síndrome do intestino irritável.

As propriedades anti-inflamatórias de curcumina são atribuídas à sua interferência na cascata do ácido araquidônico e ao bloqueio da ação do fator nuclear kappa B (NF-kappa B) envolvido na regulação das enzimas pró-inflamatórias, incluindo a ciclo-oxigenase (COX-2), a mieloperoxidase (MPO), a 5-lipo-oxigenase (LOX). Os níveis elevados de NF-kappa B nas inflamações intestinais podem induzir a produção de citocinas, resultando em danos na mucosa que, por sua vez, podem regular positivamente a produção desse fator de transcrição, promovendo um ciclo de *feedback* recorrente de inflamação. A inibição do fator nuclear kappa B é considerada um alvo importante para a intervenção nas doenças intestinais, já que os níveis de receptor do tipo *toll* 4 e NF-kappa B em tecido inflamado são suprimidos significativamente pela curcumina na colite. Além disso, depois da administração de curcumina na colite experimental ocorre alteração na resposta imunológica com diminuição da produção de citocinas pró-inflamatórias, como o fator de necrose tumoral alfa (TNF-alfa), interleucinas (IL-1-beta e IL-12) ou o interferon gama (IFN-gama), e aumento da expressão de citocinas anti-inflamatórias.

Assim, com base em várias publicações, a curcumina parece ser promissora para manter a remissão de pacientes com inflamações intestinais diversas, bem como para auxiliar na manutenção de remissão das doenças intestinais. A suplementação com diferentes tipos de antioxidantes, incluindo a curcumina, parece ser uma estratégia positiva para prevenir o estresse oxidativo e melhorar as dores e desconfortos do aparelho digestivo, bem como reduzir o volume de bactérias patogênicas da microbiota em estado de disbiose.

Cynara scolymus (ver também "Combinação *Cynara scolymus* e *Peumus boldus*")

- **Nome popular**: alcachofra
- **Descrição botânica**: planta pertencente à família Asteraceae e originária da região do Mediterrâneo. Trata-se de uma planta herbácea e perene. Ela pode atingir até 1 m de altura e possui caule estriado ou sulcado. Suas folhas são pinatifadas, carnosas, pubescentes, denteadas e grandes, têm a superfície superior marrom-esverdeada e a inferior, branco-acinzentada, coberta por espinhos.[2,3]
- **Indicações terapêuticas**: antidispéptico, antiflatulência, diurético, hepatoprotetor, como auxílio na prevenção da aterosclerose e agente antiobesidade. Também é utilizada no tratamento de dislipidemia mista leve a moderada e como auxiliar nos sintomas da síndrome do intestino irritável.[1,4-7]
- **Contraindicações**: casos de obstrução do ducto biliar, gravidez (não há estudos) e lactação. O uso concomitante com diuréticos em casos de hipertensão arterial ou cardiopatia deve ser realizado sob supervisão médica. A

ocorrência de hipersensibilidade foi relatada e ocorre em razão da presença de lactonas sesquiterpênicas, como a cinaropicrina. Não existem estudos disponíveis para recomendar o uso em menores de 12 anos.[1]

- **Principais classes químicas**: ácidos fenólicos, fenilpropanoides, saponinas, flavonoides, sesquiterpenos, triterpenos, esteroides, ácidos mono e dicafeoilquínico, além do polissacarídeo inulina. A cinarina (ácido monocafeioilquínico) é relatada como princípio ativo da planta.[8,9]
- **Propriedades terapêuticas**: inibe as enzimas digestivas, como lipase do pâncreas, alfa-amilase e alfa-glucosidase; aumenta a secreção biliar; inibe a inflamação e a produção de espécies reativas; melhora a função hepática e a microbiota intestinal, já que é rica em inulina (prebiótico); melhora a lipólise e o metabolismo lipídico; e, de acordo com um estudo pré-clínico e estudos clínicos, reduz a glicemia, demonstrando efeitos inclusive na perda de peso.[7,10] Estudos com ratos revelaram que a administração oral aguda e repetida (duas vezes ao dia por 7 dias) promoveu um aumento significativo no fluxo biliar.[11] Além disso, há estudos que mostram que alguns dos componentes esteroides presentes, como lupeol e taraxastero, regulam o colesterol sanguíneo e podem ter ação inibidora do crescimento tumoral, retardando o crescimento de células cancerígenas.[12,13]

Peumus boldus (ver também "Combinação *Cynara scolymus* e *Peumus boldus*")

- **Nome popular**: boldo-do-chile, boldo-verdadeiro.
- **Descrição botânica**: pertencente à família Monimiaceae, trata-se de um arbusto dioico que atinge cerca de 2 a 3 m de altura. Suas folhas possuem cor verde-acinzentada, as flores são brancas a amarelas e o fruto é carnoso (com apenas uma semente). A planta se adapta especialmente em solos pedregosos, com pouca umidade e alta altitude.[14,15]
- **Indicações terapêuticas**: antibacteriano, antifúngico, anti-inflamatório, antipirético, hepatoprotetor, anticarcinogênico, antioxidante colagogo, colerético. É utilizado nas dispepsias funcionais.[16,17]
- **Contraindicações:** menores de 6 anos; pacientes com histórico de hipersensibilidade e alergia a qualquer um dos seus componentes; casos de obstrução das vias biliares, cálculos biliares, infecções ou câncer de ducto biliar e câncer de pâncreas; pacientes com quadros de afecção grave no fígado, como hepatite viral, cirrose e hepatite tóxica; durante a gravidez, em razão da presença do alcaloide esparteína, que tem atividade octóxica; lactantes, em razão da presença de alcaloides e do risco de neurotoxicidade. Além disso, seu uso não deve ultrapassar 4 semanas.[1]

- **Principais classes químicas**: alcalóides (boldina, N-metilaurotetanina, laurotetanina, coclaurina, isocoridina e outras), flavonoides, cumarina, sesquiterpenos, taninos e óleos essenciais (principalmente ascaridol e cineol).[16,18,19]
- **Propriedades terapêuticas**: apresenta moderada atividade inibitória da lipase pancreática e da xantina oxidase e atividade inibitória mais acentuada da alfa-glucosidase.[20] Além disso, é agonista do receptor X do farnesoide (FXR, do inglês *farnesoid X receptor*), que se desenvolve espontaneamente na esteatose hepática e na hipertrigliceridemia com a resistência à insulina.[21] Há estudos que mostram, ainda, que seu uso pode modular a expressão gênica, incluindo a expressão da adiponectina e seus reguladores nas células 3T3-L1 (adipócitos), mostrando que também há potencial benéfico para tratamentos relacionados a obesidade, doença cardiovascular e síndrome metabólica.[20,22]

Combinação *Cynara scolymus* e *Peumus boldus*

Há, no mercado, produtos combinando os extratos de *Peumus boldus* e *Cynara scolymus* para promover funções do fígado e da vesícula biliar, que são utilizados há vários anos por sua reconhecida ação colerética (aumento do volume de secreção de bile pelo fígado).[20,23,24] O extrato de *Peumus boldus* exibe atividades inibitórias pronunciadas na alfa-glucosidase, enquanto *Cynara scolymus* apresenta atividade inibitória moderada da enzima conversora de angiotensina (ECA), ela é uma proteína de membrana encontrada no endotélio arterial. A ECA é um componente do sistema renina angiotensina e tem a função de converter a angiotensina I em angiotensina II, um hormônio que tem efeito vasoconstritor. Dessa forma, indica um potencial como suplemento dietético.[20] Além disso, essa interação fitoquímica promove contração vesicular, expulsando a bile pelos dutos biliares até o interior do intestino delgado (efeito colagogo).[23] O uso combinado foi proposto também para o tratamento de insuficiência hepática, como laxante e nas perturbações digestivas decorrentes de doenças do fígado.[25] Apesar de o estudo de Guimarães et al. ter avaliado principalmente metodologias analíticas,[2] foi possível observar um aumento de ácido clorogênico com a combinação da alcachofra com o bodo-do-chile.

Para avaliar a toxicidade dessa combinação, foram realizados estudos *in vivo* em coelhos e em ratos Wistar, incluindo animais em período gestacional e em lactação, separados em grupos. Os resultados mostram que o uso concomitante dessas plantas (tintura), juntamente com outras, não causou efeitos tóxicos quando a administração foi feita por via oral, em doses repetidas durante 30 dias em coelhos e ratos e durante 44 dias nas ratas Wistar. A dose utilizada era 10 vezes maior que a preconizada para fins terapêuticos em seres humanos. Assim, essa formulação fitoterápica pode ser considerada relativamente inócua.[26,27]

Outro estudo avaliou os efeitos de um medicamento cuja composição contém alcachofra e boldo combinados com frutos de cardo-de-leite, ervas e raízes de dente-de-leão, com resultados positivos com relação a eficácia, segurança e tolerabilidade no tratamento de distúrbio gastrointestinal funcional em pacientes entre 18 e 71 anos de idade.[28]

Considerando as atividades e interações expostas, é importante destacar que o uso concomitante de *Cynara scolymus* e *Peumus boldus* pode potencializar suas ações, principalmente no que tange aos efeitos digestivos e a sua ação no fluxo biliar, com potenciais efeitos na saúde relacionados a obesidade, doença cardiovascular, síndrome metabólica e câncer, sem promover efeitos tóxicos.

Boswellia serrata

- **Nome popular**: bosvélia, olíbano
- **Descrição botânica**: pertencente à família Burseraceae, é uma árvore ramificada de tamanho médio a grande encontrada em regiões secas e montanhosas na Índia, no norte da África e no Oriente Médio. Na medicina Ayurveda, utiliza-se a resina obtida da casca (tronco e caules) da planta.
- **Indicações terapêuticas**: recentemente, tem sido utilizada pela sua atuação em processos inflamatórios (potente anti-inflamatório). É indicada no tratamento de doenças inflamatórias crônicas, incluindo artrite reumatoide, reumatismo, doenças intestinais crônicas, asma brônquica, osteoartrite e outras inflamações.
- **Contraindicações**: hipersensibilidade ao extrato da *Boswellia*, gravidez e lactação. Na gravidez, literaturas tradicionais relatam que a resina de *Boswellia serrata* tem atividade emenagoga, sendo considerada abortiva em potencial. Além disso, em pacientes com gastrite ou doença de refluxo gastroesofágico preexistente o uso de extratos de *Boswellia serrata* deve ser realizado com acompanhamento profissional, pois refluxo e dor epigástrica podem estar associadas com o uso da planta.
- **Principais classes químicas**: ácidos triterpênicos pentacíclicos, como os ácidos alfa e beta-boswéllico, ácido acetil-beta-boswéllico, ácido 11-ceto-beta-boswéllico (KBA) e ácido 3-acetil-11-ceto-beta-boswéllico (AKBA). No óleo essencial de *Boswellia serrata*, a análise CC-MS (um controle de processos que identifica não somente a quantidade como também a variedade de fitoquímicos), mostrou um total de 29 constituintes, sendo os principais 3-careno (34,74%), beta-ocimeno (13,78%), D-limoneno (8,25%), beta-cariofileno (6,65%) e terpinoleno (5,39%).[29]

- **Propriedades terapêuticas**: possui ação anti-inflamatória, em virtude da presença do ácido 11-ceto-beta-boswéllico e do ácido 3-acetil-11-ceto-beta-boswéllico, que são inibidores seletivos da LOX e têm a capacidade de modular a resposta inflamatória pela inibição de leucotrienos.[30] Estudos mais recentes, no entanto, mudaram o foco para o ácido beta-boswéllico, maior triterpeno da resina da goma da planta, por sua capacidade de modular a resposta inflamatória da catepsina (catG)[31] e da prostaglandina E sintase microssomal (mPGES),[32] que sugerem que o ácido beta-boswéllico possui o papel de maior anti-inflamatório nos efeitos positivos da *Boswellia serrata*.

Um estudo feito por Borelli et al,[33] forneceu evidências de que a *Boswellia serrata* contribui para normalizar tanto a motilidade como as alterações associadas à doença inflamatória intestinal. Os resultados mostraram que o ácido 3-acetil-11-ceto-beta-boswéllico é eficaz para evitar as contrações induzidas pela acetilcolina, sugerindo, assim, que este composto pode ser responsável pela ação antiespasmódica da *Boswellia serrata*. Por sua vez, o estudo de Singh et al. envolvendo pacientes portadores de retocolite ulcerativa graus II e III avaliou o efeito do extrato alcoólico de goma da resina de *Boswellia serrata*, identificando melhora dos sintomas abdominais e da diarreia em 90% dos pacientes tratados com o extrato.[34] Além disso, um estudo duplo-cego, randomizado, grupo-paralelo, realizado com 102 pacientes com doença de Crohn ativa buscou avaliar o efeito do extrato de *Boswellia serrata* sobre esta doença e identificou que 60% dos pacientes que fizeram o uso de *Boswellia serrata* apresentaram remissão. Por fim, Gupta et al. mostraram que a utilização do extrato da *Boswellia* pode ser um tratamento eficaz para retocolite ulcerativa, pois mais de 50% dos pacientes tratados apresentaram melhora dos sintomas e remissão da doença.[32]

Há que se destacar, entretanto, que ainda que haja evidências robustas da atividade anti-inflamatória da *Boswellia serrata*, sua baixa biodisponibilidade e dificuldade de absorção podem diminuir sua eficácia terapêutica.[35]

Zingiber officinale

- **Nome popular**: gengibre.
- **Descrição botânica:** descrita pela primeira vez em 1807, pelo botânico inglês William Roscoe (1753-1813), a planta pertence à família Zingiberaceae, um grupo tropical abundante na Indonésia e na Malásia que engloba mais de 1.200 espécies de plantas incluídas em 53 gêneros. Tem crescimento perenial ereto de 0,6 a 1,2 m de altura. Trata-se de uma planta herbácea e rizomatosa perene, que possui raízes adventícias e folhas dísticas e basilares reduzidas. Possui brácteas florais obovadas, cada uma envolvendo uma só flor curta

pedicelada. A parte utilizada da planta é o rizoma, de sabor picante, onde se encontram as suas propriedades medicinais.

- **Indicações terapêuticas**: ação estimulante, carminativa, antiespasmódica e emenagoga. Atua na melhora de náuseas e enjoos de movimento e gestacional. Estimula a digestão, a função intestinal e a circulação periférica, melhorando cãibras, gripes, asma e bronquite. Por sua ação anti-inflamatória, pode melhorar quadros de dor como na artrite reumatoide.
- **Contraindicações**: indivíduos que fazem uso de anticoagulantes. Além disso, deve ser suspenso quando as pessoas sentem desconforto gástrico com seu uso.
- **Principais classes químicas**: óleos voláteis como sesquiterpenos (zingibereno), gingerol, gingerdiol, gingerdionas, entre outros.

O gengibre é utilizado popularmente como uma planta carminativa e pungente estimulante de apetite. Na Índia, é conhecido como "remédio" e utilizado para problemas digestivos, por conta de sua atividade anti-inflamatória.

O extrato de gengibre, em particular, demonstrou aumentar a diversidade da microbiota intestinal em camundongos com colite e os polissacarídeos também se mostraram eficazes em diminuir citocinas pró-inflamatórias, regulando a inflamação intestinal em camundongos com colite induzida, além de melhorar a barreira intestinal (conforme indicado pela ocludina e pela zonulina).[36] Outro estudo que avaliou o extrato do gengibre em camundongos induzidos com síndrome do intestino irritável com predomínio de diarreia mostrou que o gengibre e o extrato de gengibre podem aliviar a hipersensibilidade intestinal ao inibir a resposta pró-inflamatória. O 6-gingerol foi o principal componente responsável por melhorar os sintomas clínicos.[37]

Rosmarinus officinalis

- **Nome popular**: alecrim.
- **Descrição botânica**: arbusto perene com ramos tetragonais quando jovens que pode atingir até 2 m de altura. Possui um caule lenhoso e muito ramificado; e folhas opostas, desprovidas de pedúnculo, simples, lineares, coriáceas, com pêlos estelares na face inferior, de coloração esbranquiçada e face superior verde escura. As bordas recurvadas das folhas protegem os estômatos na face inferior, que se caracterizam como um grupo de flores hermafroditas saindo da axila das folhas, de coloração esbranquiçada a azul clara. Seus frutos são simples, secos e não se abrem, de cor cinza. A parte medicinal responsável pelos efeitos terapêuticos do alecrim se concentra nas folhas e flores.

- **Indicações terapêuticas**: ação carminativa e antiespasmódica, que relaxa a musculatura visceral e melhora dores abdominais e cólicas. Com efeitos emenagogos (estimula o fluxo menstrual), ativa a circulação sanguínea e tem ação cicatrizante. O óleo essencial do alecrim, em particular, mostrou ter efeito anti-inflamatório principalmente por meio da inibição da transcrição do NF-kappa B e da supressão da cascata do ácido araquidônico. Sua atividade antioxidante também auxilia na prevenção de lesões causadas pelas espécies reativas da inflamação e sua atividade relaxante da musculatura lisa contribui para a melhora de doenças inflamatórias das vias aéreas. Por fim, as avaliações de toxicidade indicam baixa toxicidade.[38]
- **Contraindicações**: gestantes, lactantes e menores de 18 anos, em razão da falta de dados adequados que comprovem a segurança nessas situações. Também é contraindicado para pessoas que apresentam hipersensibilidade aos componentes da formulação. Sabe-se, ainda, que pode alterar o sono se utilizado à noite, antes de dormir. Deve ser utilizado com cautela em hipertensos, diabéticos e portadores de adenomas prostáticos.
- **Principais classes químicas**: óleos voláteis (limoneno, borneol, linalol etc.), flavonoides (apigenina, luteonina etc.), ácido rosmarínico, diterpenos e triterpenos.

Mentha piperita

- **Nome popular**: menta, hortelã.
- **Descrição botânica**: pertencente à família Lamiaceae (antes denominada Labiatae), trata-se de um híbrido originário do cruzamento entre diversas espécies, provavelmente *Mentha spicata L.*, *Mentha aquatica L.*, *Mentha longifolia Huds.* e *Mentha rotundifolia Huds.* É uma planta herbácea estolonífera, aromática, anual, que atinge 30 a 60 cm de altura. Possui folhas oval-lanceoladas e serradas, de cor verde escura a roxa-purpúrea, ligeiramente aveludadas e com haste quadrangular. Sua inflorescência se dá em espiga terminal de flores violáceas, numerosas, curtamente pedunculadas, reunidas em verticilos separados. São utilizados as folhas e os ramos.
- **Indicações terapêuticas**: ação bactericida de amplo aspecto, carminativa e estimulante; e ajuda em cólicas, problemas estomacais e hepáticos. É utilizada em casos de má-digestão, distensão abdominal, cólica intestinal e flatulência. O mentol, presente na planta, é um relaxante muscular que bloqueia os canais de cálcio e se liga a receptores de dor como TRPM8 e TRPA1 no intestino e alivia a dor. Também tem efeito vasodilatador, melhorando a circulação sanguínea do intestino.

- **Contraindicações**: relaxa o esfíncter esofágico, por isso seu uso não é recomendado para quem sofre de refluxo gastroesofágico.
- **Principais classes químicas**: ácidos fenólicos (cafeico, rosmarínico e clorogênico); óleos essenciais (mais de 5%), principalmente mentol (30 a 55% dos óleos) e mentona (14 a 32%); e flavonoides, como apigenina, luteonina e taninos.

Em um estudo randomizado envolvendo pacientes com síndrome do intestino irritável, o óleo essencial de *Mentha piperita* foi testado com liberação no intestino delgado e com liberação ileocolônica, durante 8 semanas. A liberação no intestino delgado reduziu significativamente dor abdominal, desconforto e gravidade dos sintomas, enquanto a suplementação com o óleo essencial com liberação ileocolônica não teve diferença significativa.[39] Além disso, uma metanálise, com o objetivo de avaliar o a eficácia do óleo de *Mentha piperita* nos sintomas da síndrome do intestino irritável concluiu que esse composto foi mais eficaz que o placebo para os sintomas globais da síndrome e para a dor abdominal. As taxas de eventos adversos, no entanto, foram significativamente maiores com o óleo, incluindo sintomas de refluxo ou queimação.[40]

Maytenus Ilicifolia

- **Nome popular**: espinheira-santa.
- **Descrição botânica**: planta arbórea, arbustiva ou subarbustiva, que pode atingir 5 m de altura. Possui folhas simples, inteiras, alternas, coriáceas e brilhantes, com margem inteira ou mais comumente espinescente, e estípulas inconspícuas. Suas inflorescências são axilares, fasciculadas e cimosas. As flores são pequenas, esverdeadas, diclamídeas, dialipétalas e hermafroditas. Apresenta também cinco estames livres e ovário bilocular com disco nectarífero. Os frutos apresentam-se com uma cápsula bivalvar de cor vermelha e sua semente é coberta por arilo carnoso e branco. A parte utilizada da planta são as folhas.
- **Indicações terapêuticas**: antidispéptico, antiácido, protetor e cicatrizante da mucosa gástrica. É indicada para pacientes com gastrite, refluxo e úlcera, pois auxilia na digestão e na cicatrização da parede do estômago. Seu efeito gastroprotetor decorre da inibição dos receptores de histamina H2 nas células parietais (do estômago), inibindo a cascata de sinalização para a secreção ácida.
- **Contraindicações**: pessoas que apresentam hipersensibilidade aos componentes da formulação ou a outras espécies da família *Celastraceae*; durante

a gestação e a lactação, por reduzir a produção do leite materno; e menores de 12 anos de idade. O uso contínuo não deve ultrapassar 6 meses, podendo ser repetido, se necessário, após intervalo de 30 dias. A planta pode estar relacionada ao aparecimento de sintomas como sensação de boca seca, náusea e gastralgia.

- **Principais classes químicas**: terpenos, flavonoides, mucilagens, antocianinas, óleos essenciais e taninos.[41]

Pimpinella anisum

- **Nome popular**: erva-doce.
- **Descrição botânica**: erva aromática anual, ereta, de até 50 cm de altura. Possui folhas compostas de várias formas, fendidas, e flores brancas e dispostas em umbelas. Os frutos são aquênios, de sabor adocicado e cheiro forte. A parte utilizada são as sementes.
- **Indicações terapêuticas**: ação expectorante, antiespasmódica, carminativa, antimicrobiana e galactagoga. Por conta dos óleos voláteis em sua composição, tem ação digestiva, melhora gases e distensão abdominal e promove alívio de cólicas intestinais. Tem ação bem parecida com a do funcho.
- **Contraindicações**: pessoas que apresentam hipersensibilidade aos componentes da formulação. A utilização em crianças com menos de 12 anos de idade, lactantes e gestantes não é recomendada em razão da ausência de dados suficientes para avaliação de segurança. Sabe-se, no entanto, que em gestantes pode ocasionar alterações hormonais. Recomenda-se atenção, pois ela pode interferir na atividade de medicamentos anticoagulantes e provocar fotossensibilização, por isso deve-se evitar forte exposição ao sol com o uso da planta.
- **Principais classes químicas**: óleos voláteis (transanetol, dianetol), cumarinas, flavonoides (rutina, quercetina, isovitexina, luteonina, apigenina e glicosídeos), fenilpropanoide e esteróis.[40]

CONSIDERAÇÕES FINAIS

A utilização de plantas é parte de uma estratégia complementar no tratamento de desequilíbrios gastrointestinais. É importante compreender que, como complementação de outras estratégias, ela não dispensa o acompanhamento médico nem a dietoterapia específica individual. Certamente, a fitoterapia otimizará o tempo e os recursos investidos no tratamento das patologias para as quais são recomendadas.

REFERÊNCIAS BIBLIOGRÁFICAS

1. Agência Nacional de Vigilância Sanitária. Memento fitoterápico: farmacopeia brasileira. 2016. Disponível em: https://www.gov.br/saude/pt-br/composicao/sectics/daf/pnpmf/publicacoes/memento-fitoterapico-da-farmacopeia-brasileira/view. Acesso em: 22 ago 2024.
2. Guimarães ECBT. Desenvolvimento e validação de metodologia analítica para o controle químico da qualidade de fitoterápicos à base de extrato seco de alcachofra. Dissertação (Mestrado). Instituto Nacional de Controle de Qualidade em Saúde, Fundação Oswaldo Cruz; 2007.
3. Lattanzio V, Kroon PA, Linsalata V & Cardinali A. Globe artichoke: A functional food and source of nutraceutical ingredients. *Journal of Functional Foods*. 2009; 1(2), 131–144. https://doi.org/10.1016/j.jff.2009.01.002
4. Marakis G, Walker AF, Middleton RW, Booth JC, Wrigth J, Pike DJ. Artichoke leaf extract reduces mild dyspepsia in an open study. Phytomedicine. 2002;9(8):694-9.
5. Holtmann G, Adam B, Haag S, Collet W, Grunewald E, Windeck T. Efficacy of artichoke leaf extract in the treatment of patients with funcional dyspepsia: a six-week placebo-controlled, double blind, multicenter trial. Aliment Pharmacol Ther. 2003;18(11-12):1099-105.
6. Bundy R, Walker AF, Middleton RW, Wallis C, Simpson HCR. Artichoke leaf extract (Cynara scolymus) reduces plasma cholesterol in otherwise healthy hypercholesterolemic adults: a randomized, double blind placebo controlled trial. Phytomedicine. 2008;15(9):668-75.
7. Mahboubi M. Cynara scolymus (artichoke) and its efficacy in management of obesity. Bull Faculty Pharmacy Cairo University. 2018;56(2):115-20.
8. Jimenez-Escrig A, Dragsted LO, Daneshvar B, Pulido R, Saura-Calixto F. In vitro antioxidant activities of edible artichoke (Cynara scolymus L.) and effect on biomarkers of antioxidants in rats. JAgric Food Chem. 2003;51(18):5540-5.
9. De Falco B, Incerti G, Amato M, Lanzotti V. Artichoke: botanical, agronomical, phytochemical, and pharmacological overview. Phytochemistry Rev. 2015;14(6):993-1018.
10. López-Molina D, Navarro-Martínez MD, Melgarejo FR, Hiner ANP, Chazarra S, Rodríguez-López JN. Molecular properties and prebiotic effect of inulin obtained from artichoke (Cynara scolymus L.). Phytochemistry. 2005;66(12):1476-84.
11. Rodriguez TS, Giménez DG, Vázquez RP. Choleretic activity and biliary elimination of lipids and bile acids induced by an artichoke leaf extract in rats. Phytomedicine. 2002;9(8):687-93.
12. Ovesná Z, Vachálková A, Horváthová K. Taraxasterol and b-sitosterol: new naturally compounds with chemoprotective/chemopreventive effects Minireview. Neoplasma. 2004;51(6):407.
13. Shakeri A, Ahmadian M. Phytochemical studies of some terpene compounds in roots of Cynara scolymus. Int J Farm Allied Sci. 2014;3(10):1065-8.
14. Speisky H, Cassels BK. Boldo and boldine: an emerging case of natural drug development. Pharmacol Res. 1994;29(1):1-12.
15. Mariano XM. Avaliação da composição química do óleo essencial de amostras comerciais de boldo-do-chile (Peumus boldus Molina). Dissertação (Mestrado). Universidade Federal do Estado do Rio de Janeiro; 2015.
16. Schmeda-Hirschmann G, Rodriguez JA, Theoduloz C, Astudillo SL, Feresin GE, Tapia A. Free-radical scavengers and antioxidants from Peumus boldus Mol. ("Boldo"). Free Radic Res. 2003;37(4):447-52.
17. Girardi NS, Passone MA, Garcia D, Nesci A, Etcheverry MG. Microencapsulation of Peumus boldus essential oil and its impact on peanut seed quality preservation. Industrial Crops Products. 2018;114:108-14.
18. Hošťálková A, Opletal L, Kuneš J, Novák Z, Hrabinová M, Chlebek J, et al. Alkaloids from Peumus boldus and their acetylcholinesterase, butyrylcholinesterase and prolyl oligopeptidase inhibition activity. Nat Prod Commun. 2015;10(4):577-80.
19. Fuentes-Barros G, Castro-Saavedra S, Liberona L, Acevedo-Fuentes W, Tirapegui C, Mattar C, et al. Variation of the alkaloid content of Peumus boldus (boldo). Fitoterapia. 2018;127:179-85.

20. Villiger A, Sala F, Suter A, Butterweck V. In vitro inhibitory potential of Cynara scolymus, Silybum marianum, Taraxacum officinale, and Peumus boldus on key enzymes relevant to metabolic syndrome. Phytomedicine. 2015;22(1):138-44.
21. Zagorova M, Prasnicka A, Kadova Z, Dolezelova E, Kazdova L, Cermanova J, et al. Boldine attenuates cholestasis associated with nonalcoholic fatty liver disease in hereditary hypertriglyceridemic rats fed by high-sucrose diet. Physiol Res. 2015;64(Suppl 4):S467-76.
22. Yu B, Cook C, Santanam N. The aporphine alkaloid boldine induces adiponectin expression and regulation in 3T3-L1 cells. J Med Food. 2009;12(5):1074-83.
23. Miszputen SJ. Avaliação ultra-sonográfica da resposta motora da vesícula biliar em adultos assintomáticos após medicação fitoterápica. GED: gastroenterologia endoscopia digestiva, v. 24, n. 4, p. 181-185, 2005.
24. Committee on Herbal Medicinal Products. Assessment report on Peumus boldus Molina, Folium. 2016. Disponível em: https://www.ema.europa.eu/en/medicines/herbal/boldi-folium. Acesso em: 22 ago 2024.
25. Mello JRB, Mello FB, Langeloh A. Toxicidade pré-clínica de fitoterápico contendo Aloe ferox, Quassia amara, Cynara scolymus, Gentiana lútea, Peumus boldus, Rhamnus purshiana, Solanum paniculatum e Valeriana officinalis. Latin Am J Pharmacy. 2009;28(1):183-91.
26. Mello JRB, Mello FB, Langeloh A. Toxicidade pré-clínica de fitoterápico contendo Gentiana lutea, Rheum palmatum, Aloe ferox, Cynara scolymus, Atropa belladona, Peumus boldus e Baccharis trimera em coelhos Nova Zelândia. Lat Am J Pharmacy. 2008;27(5):752-6.
27. Mello JRB, Mello FB, Langeloh A. Estudo de toxicidade pré-clínica de fitoterápico contendo Gentiana lutea, Rheum palmatum, Aloe ferox, Cynara scolymus, Atropa belladona, Peumus boldus e Baccharis trimera. Lat Am J Pharmacy. 2008;27(1):10-6.
28. Bommer S, Klein P, Suter A. A multicentre open clinical trial to assess the tolerability and efficacy of Boldocynara®, a traditional herbal preparation for functional digestive disorders. Planta Med. 2013;79(13):PB11.
29. Namjou A, Rouhi-Broujeni H. Antihyperglycemic, antihyperlipidemic and wound healing of Boswellia serrata on experimentally induced diabetic rats. Abanico vet, Tepic, v. 10, e123, dic. 2020. Disponível em http://www.scielo.org.mx/scielo.php?script=sci_arttext&pid=S2448-61322020000100123&lng=es&nrm=iso. Acesso em 2 set. 2024. Epub 07-Mayo-2021. https://doi.org/10.21929/abavet2020.35.
30. Tausch L, Henkel A, Siemoneit U, Poeckel D, Kather N, Franke L et al. Identification of Human Cathepsin G as a Functional Target of Boswellic Acids from the Anti-inflammatory Remedy Frankincense. J. Immunol. 2009;183, 3433–3442. 10.4049/jimmunol.0803574 [PubMed] [CrossRef] [Google Scholar]
31. Poeckel D, Werz O, Boswellic A. Biological Actions and Molecular Targets, Current Medicinal Chemistry; Volume 13, Issue 28, 2006.
32. Gupta I, Parihar A, Malhotra P, Gupta S, Lüdtke R, Safayhi H, et al. Effects of gum resin of Boswellia serrata in patients with chronic colitis. Planta Med. 2001;67(5):391-5.
33. Borrelli F, Capasso F, Capasso R, Ascione V, Aviello G, Longo R, Izzo AA. Effect of Boswellia serrata on intestinal motility in rodents: inhibition of diarrhoea without constipation. Br J Pharmacol. 2006 Jun;148(4):553-60. Epub 2006 Apr 24. PMID: 16633355; PMCID: PMC1751779.
34. Singh GB, Singh S, Bani S. Alcoholic extract of Salai-guggal ex Boswellia serrata, a new natural source NSAID. Drugs Today. 1996;32(2):109-12.
35. Sengupta K, Kolla JN, Krishnaraju AV, Yalamanchili N, Rao CV, Golakoti T, Raychaudhuri S, Raychaudhuri SP. Cellular and molecular mechanisms of anti-inflammatory effect of Aflapin: a novel Boswellia serrata extract. Mol Cell Biochem. 2011 Aug;354(1-2):189-97. Epub 2011 Apr 11. PMID: 21479939.
36. Hao W, Chen Z, Yuan Q, Ma M, Gao C, Zhou Y, et al. Ginger polysaccharides relieve ulcerative colitis via maintaining intestinal barrier integrity and gut microbiota modulation. Int J Biol Macromol. 2022;219:730-9.

37. Zhang C, Huang Y, Li P, Chen X, Liu F, Hou Q. Ginger relieves intestinal hypersensitivity of diarrhea predominant irritable bowel syndrome by inhibiting proinflammatory reaction. BMC Complement Med Ther. 2020;20(1):279.
38. Borges RS, Ortiz BLS, Pereira ACM, Keita H, Carvalho JCT. Rosmarinus officinalis essential oil: a review of its phytochemistry, anti-inflammatory activity, and mechanisms of action involved. J Ethnopharmacol. 2019;229:29-45.
39. Weerts ZZRM, Masclee AAM, Witteman BJM, Clemens CHM, Winkens B, Brouwers JRBJ, et al. Efficacy and safety of peppermint oil in a randomized, double-blind trial of patients with irritable bowel syndrome. Gastroenterology. 2020;158(1):123-36.
40. Ingrosso MR, Ianiro G, Nee J, Lembo AJ, Moayyedi P, Black CJ, et al. Systematic review and meta-analysis: efficacy of peppermint oil in irritable bowel syndrome. Aliment Pharmacol Ther. 2022;56(6):932-41.
41. Agência Nacional de Vigilância Sanitária. Formulário de fitoterápicos: farmacopeia brasileira. 2. ed. Brasília: Anvisa; 2021. Disponível em: https://www.gov.br/anvisa/pt-br/assuntos/farmacopeia/formulario-fitoterapico/2024-fffb2-1-er-3-atual-final-versao-com-capa-em-word-2-jan-2024.pdf. Acesso em: 04 jul 2024.

Seção 6

Distúrbios da interação intestino-cérebro

27

Síndrome do intestino irritável e outros distúrbios gastrointestinais funcionais

Ricardo Corrêa Barbuti
Luca Atroch Barbuti

PONTOS-CHAVE

- A incidência e a prevalência dos distúrbios gastrointestinais funcionais, como a síndrome do intestino irritável e a dispepsia funcional, vêm aumentando de maneira significativa no mundo todo, estando presentes em 25% dos pacientes que procuram o gastroenterologista.
- Uma característica que parece ser bastante prevalente nesse grupo de doenças é a disbiose intestinal (presença de um conjunto inadequado de microrganismos no trato gastrointestinal), o que pode contribuir para a diminuição de produção de muco, IgA e defensinas, além de aumento na permeabilidade intestinal.
- O aumento na permeabilidade intestinal contribui para a passagem de antígenos bacterianos e alimentares, produtos bacterianos e outros microrganismos para camadas mais profundas da mucosa intestinal, levando a liberação de mediadores inflamatórios pelas células imunes e degranulação de mastócitos, que por sua vez libera substâncias como triptase, serotonina e histamina.
- A fermentação bacteriana de alimentos não digeridos gera diferentes gases que podem provocar distensão abdominal e flatulência, além de alterarem a motilidade intestinal: já parecem claras as relações entre microbiota produtora de metano (CH4), composta por arqueias, e constipação, e entre microbiota produtora de sulfeto de hidrogênio (H2S) e hidrogênio (H2) e diarreia.
- Nessas condições, as citocinas produzidas na submucosa do intestino e substâncias liberadas pela microbiota intestinal podem ganhar os vasos sanguíneos e alcançar o sistema nervoso central, modulando receptores de neurotransmissores e função de micróglia, contribuindo para sintomas como depressão, ansiedade, fadiga crônica, perda ou aumento do apetite.
- Em razão de todos esses processos, são desencadeadas sensibilidade visceral, diarreia, constipação e dor, sintomas comuns a vários distúrbios gastrointestinais funcionais.

INTRODUÇÃO

As doenças gastrointestinais podem ser divididas em dois grandes grupos: um já bastante conhecido e estudado, composto por doenças orgânicas, e outro composto por distúrbios funcionais, que são bastante prevalentes.[1] As doenças orgânicas podem ser definidas como afecções secundárias a notáveis alterações químicas, bioquímicas, hormonais, imunológicas, inflamatórias, infecciosas, anatômicas e degenerativas; portanto, englobam patologias graves e não graves, crônicas e agudas, benignas e malignas, com incidências e prevalências variáveis a depender da afecção e de sua localização, e com um padrão variável também com relação ao sexo dos pacientes acometidos.[2] Por sua vez, os distúrbios funcionais eram definidos, até um passado recente, como aqueles em que não havia lesões orgânicas, sendo atribuídos principalmente a alterações psicoemocionais. Com o avanço do conhecimento sobre o tema, no entanto, reconheceu-se que eles são tão orgânicos quanto as doenças do primeiro grupo, com a diferença de que as alterações constatadas usualmente não podiam ser identificadas com os exames disponíveis na prática clínica diária.

O rol de exames disponíveis, no entanto, muda a cada ano que passa. A investigação de pacientes com distúrbios gastrointestinais funcionais em centros avançados de pesquisa clínica revela, cada vez mais, que é possível um diagnóstico mais objetivo e mais assertivo por meio de exames específicos capazes não somente de ajudar na identificação, mas também de direcionar o tratamento mais adequado. Apesar disso, características como sua natureza sempre benigna e sua tendência à cronicidade se mantêm, muitas vezes associadas a um prejuízo de qualidade de vida ainda pior do que em grande parte das doenças orgânicas. Também permanece um predomínio do sexo feminino, senão em todos, pelo menos na maioria dos distúrbios gastrointestinais funcionais.[3-5]

A incidência e a prevalência desses distúrbios vêm aumentando de maneira significativa no mundo todo, especialmente nos países ocidentais, estando presentes em um a cada quatro pacientes que procuram o gastroenterologista.[3,6,7] Esse cenário com tendência de alta, caráter crônico, grande variedade de apresentações clínicas e prejuízo da qualidade de vida tornou necessária a normatização dos critérios de diagnóstico, tratamento e acompanhamento. Assim, vários especialistas no assunto organizaram e publicaram os chamados "critérios de Roma", nome dado porque a primeira reunião do grupo foi realizada na capital italiana. Esses critérios vêm sendo revistos ao longo dos anos, conforme a velocidade galopante com que o conhecimento sobre o assunto evolui. Em 2016, foi publicada sua quarta versão e já há perpectiva de que a quinta será publicada em breve.[3,6,7]

Os critérios de Roma IV descrevem mais de 30 distúrbios gastrointestinais funcionais.[3] Este capítulo aborda os principais entre eles: síndrome do intestino irritável (SII) e dispepsia funcional (DF).

FISIOPATOLOGIA

A fisiopatologia dos distúrbios gastrointestinais funcionais é bastante complexa, mas parece haver uma variável comum a eles que envolve especificamente alterações no eixo intestino-cérebro. Por conta disso, sua denominação foi modificada para "distúrbios da interação entre cérebro e intestino",[3] com a recomendação específica de que o termo "funcional" seja retirado quando possível, já que pode induzir à simplificação de que as alterações são apenas relacionadas à função do trato gastrointestinal – que não é acurada.[4]

Uma característica que parece ser bastante prevalente nesse grupo de doenças é a disbiose, que envolve a presença, no trato gastrointestinal, de um conjunto inadequado de microrganismos, com repercussões diretas na saúde global dos pacientes.[8] Em comparação, os indivíduos com boa saúde vivem em um regime conhecido como eubiose, em que há um equilíbrio ou a simbiose entre microrganismos bons, microrganismos ruins e o sistema imune da mucosa intestinal, e no qual a microbiota se apresenta estável e com grande diversidade de espécies e gêneros. Na eubiose, os antígenos "bons" são reconhecidos e promovem uma resposta saudável da mucosa intestinal, mantendo a produção de imunoglobulina A (IgA), muco e defensinas, bem como o funcionamento das *tight junctions* epiteliais intestinais, o que garante que a permeabilidade intestinal permaneça intacta.[9] Já na disbiose a percepção da microbiota desequilibrada pelos receptores celulares de reconhecimento de padrão (PRR, do inglês *pattern recognition receptors*) intestinais faz com que a mucosa intestinal comece a agir de forma não saudável, diminuindo a produção de muco, IgA e defensinas, e fazendo com que as *tight junctions* deixem de funcionar de maneira adequada.[9]

A disbiose promove, portanto, um aumento da permeabilidade intestinal (*leaky gut*), permitindo a passagem de antígenos bacterianos e alimentares, produtos bacterianos e outros microrganismos para camadas mais profundas da mucosa intestinal. Como consequência, as células do sistema imune são atraídas para esse local, desencadeando a liberação de centenas de substâncias que, por sua vez, atraem mais células imunológicas, dando início a uma cascata inflamatória.[9] Esse mecanismo parece explicar o aumento da permeabilidade intestinal e o infiltrado mastocítico e eosinofílico encontrados na SII e na DP, respectivamente. Os mastócitos, em especial, apresentam vários receptores capazes de reconhecer antígenos bacterianos e alimentares, os quais, uma vez estimulados, promovem degranulação dessas células. Por sua vez, a degranulação mastocítica promove a liberação de mais de uma centena substâncias, como triptase, serotonina (ou 5-hidroxitriptamina - 5-HT) e histamina, capazes de se ligar a diferentes receptores no tubo digestivo e alterar a motilidade intestinal, sua sensibilidade e sua capacidade secretora.[10-13] Assim, são desencadeadas sensibilidade visceral, diarreia, constipação e dor, sintomas comuns a vários distúrbios gastrointestinais funcionais e a outros distúrbios funcionais extradigestivos. Os mastócitos e eosinófilos são também a base da fisiopatologia de várias doenças alérgicas, como asma, rinite e urticária, e de doenças imunomediadas, como esofagite, gastrite, enterite e colite eosinofílicas. Esses mecanismos comuns fazem com que pacientes com essas afecções tenham maior predisposição para o desenvolvimento dos distúrbios gastrointestinais funcionais e vice-versa.[14-17] Esse processo tem, ainda, repercussões por outras vias. As fibras nervosas aferentes vagais e extravagais captam localmente informações desse desequilíbrio e as transmitem para o sistema nervoso central, responsável por enviar respostas eferentes a esses estímulos. O cérebro (hipotálamo), modulado por esses dados, comunica-se, então, com a hipófise e, a partir dela, com as glândulas adrenais, tireoide, gônadas etc., modificando todos os sistemas.

Essa modulação central parece ser diferente, no entanto, quando são comparados pacientes funcionais e orgânicos. Existem evidências que mostram, por exemplo, que na SII as informações tendem a chegar no giro pré-frontal, enquanto em outras afecções a área estimulada do cérebro é mais posterior. O estímulo em regiões cerebrais não ideais promove uma resposta eferente também inadequada, usualmente por meio do nervo vago, que se comunica diretamente com o tubo digestivo e modula a sensibilidade, secreções e a motilidade intestinais. Assim, pode-se afirmar que há uma participação direta desse mecanismo na fisiopatologia das doenças funcionais.

Além disso, a microbiota exerce efeito direta e indiretamente sobre as células neuroendócrinas intestinais ao promover a produção de vários neurotransmissores e hormônios (incretinas, serotonina, dopamina, ácido gama-aminobutírico - GABA, noradrenalina, colecistocinina - CCK etc.). Esses neurotransmissores e hormônios modulam diretamente o funcionamento do trato gastrointestinal, ou, uma vez absorvidos, podem ser transportados pelo sistema circulatório e alterar as mais variadas funções do corpo, inclusive o sistema nervoso central e a barreira hematoencefálica (BHE).[18] Corroborando essa possibilidade, já foi descrita a presença de mais de 30 hormônios no intestino e sabe-se que cerca de 95% de toda a serotonina presente no organismo humano é encontrada nesse local.[18-20] Existem boas evidências que apontam, ainda, para uma diferença de densidade de células neuroendócrinas encontradas em pacientes com e sem doença funcional, especialmente das células enterocromafins, responsáveis pela produção de serotonina. Sabe-se, ainda, que a capacidade de produção de neurotransmissores e hormônios se altera na presença de inflamação submucosa, o que torna a permeabilidade intestinal um fator importante na fisiopatologia e no tratamento desses distúrbios.[10-13] Nessas condições, as citocinas produzidas na submucosa do intestino podem ganhar os vasos sanguíneos e alcançar a BHE. Assim, elas podem modular a ação do sistema nervoso central e, como consequência, alterar a expressão de receptores como os serotoninérgicos e modular a função da micróglia, promovendo sintomas como depressão, ansiedade, fadiga crônica, perda ou aumento do apetite etc.[21-23]

Outro papel importante desempenhado pela microbiota diz respeito à sua capacidade de metabolizar os carboidratos não digeríveis (fibras) e, como resultado, produzir vários ácidos graxos de cadeia curta (AGCC), com destaque para o butirato, o propionato e o acetato. Essas substâncias, por via hematogênica, podem alcançar o sistema nervoso central e modificar a permeabilidade da BHE e as funções cerebrais, além de interferir diretamente no processo inflamatório intestinal e na função vagal, já que existem receptores para os AGCCs nos axônios do nervo vago. Esses ácidos mudam o pH do cólon, com a possibilidade de alterar a composição da microbiota. Por fim, a fermentação bacteriana de alimentos não digeridos gera diferentes gases que podem provocar distensão abdominal e flatulência, além de alterarem a motilidade intestinal. Nesse sentido, já parecem claras as relações entre microbiota produtora de metano (CH_4), composta por arqueias, e constipação, e entre microbiota produtora de sulfeto de hidrogênio (H_2S) e hidrogênio (H_2) e diarreia. Na SII com predomínio de diarreia (SII-D), o metabolismo de sais biliares é outro fator a ser considerado, já que 20 a 30% dos pacientes com esse diagnóstico podem ter má-absorção desses sais e, assim, desenvolver diarreia.[24-27]

A participação da microbiota na fisiopatologia desses distúrbios também pode envolver seu papel na formação do sistema nervoso central. Paralelamente ao aumento do número e da diversidade bacteriana observado nos primeiros 3 anos de via, ocorre também o desenvolvimento do sistema nervoso, com processos como neurogênese, crescimento dendrítico, mielinização, plasticidade neuronal e desenvolvimento da micróglia e das conexões neuronais. Em algumas fases do desenvolvimento neurológico, nota-se uma influência significativa da microbiota (e de seu desequilíbrio), com destaque para o parto, a introdução alimentar após o fim do aleitamento materno exclusivo, o início da adolescência e o início da senilidade. Existem evidências na literatura de que modificações significativas da microbiota nesses períodos têm impacto destacado sobre o sistema nervoso central que são mais relevantes do que em outras ocasiões, o que pode explicar a associação entre alterações da formação da microbiota e o risco de distúrbios gastrointestinais funcionais.

Merece destaque também, nesse sentido, a capacidade que as informações originadas no intestino, seja por via vagal, hormonal ou mesmo imunológica (linfática), têm de alterar as funções cerebrais. Há uma relação direta da microbiota com alterações cognitivas e psiquiátricas, observando-se notável participação desse mecanismo na fisiopatologia de várias afecções neurológicas e psiquiátricas que, por sua vez, podem modular a intensidade e a frequência de sintomas de pacientes com distúrbios gastrointestinais funcionais.[21,28-36] De maneira semelhante, história de abusos pode estar relacionada com maior predisposição para o desenvolvimento desses distúrbios, destacando a interação entre cérebro e intestino. A literatura aponta que em quase 30% dos pacientes com SII há relato de abuso sexual, físico ou psicológico durante a infância e a adolescência.[3,4]

Outro fator bastante relevante na fisiopatologia dos distúrbios da interação entre cérebo e intestino é a sensibilidade visceral, que em boa parte dos pacientes se encontra alterada. São essenciais nessa alteração os chamados receptores de potencial transitório (TRP, do inglês *transient potential receptor channels*), capazes de responder a diferentes estímulos físicos e químicos. Eles transmitem essas informações para o sistema nervoso central e, assim, modulam a sensibilidade para dor. No esôfago e no intestino, destacam-se os TRPV1 e no estômago, também são importantes os TRPA1 e TRPM8.[37-39]

Por fim, há um grupo particular de distúrbios gastrointestinais funcionais que se desenvolve após quadros infecciosos. Nessas situações, o organismo consegue eliminar o agente infeccioso (bactéria, vírus ou protozoário), mas não consegue resolver o processo inflamatório gerado, o que desencadeia alterações motoras, secretoras e de sensibilidade e, como consequência, promove o distúrbio funcional. A população mais propensa a esse tipo de complicação é composta por mulheres jovens, fumantes, acometidas por processo disentérico grave, usualmente com necessidade de internação e uso de antibióticos, que estejam passando por algum estresse psicológico significativo no período infeccioso. No caso da SII, foi proposto também um mecanismo de autoimunidade em que os agentes infecciosos (bactérias de caráter invasivo, como *Campylobacter, Shigella, Salmonella* etc.) desencadeariam a produção de anticorpos antivinculina, levando a uma diminuição das células coordenadoras da motilidade intestinal (células de Cajal). Esse processo promoveria dismotilidade, maior risco para supercrescimento bacteriano no intestino delgado (SIBO) e, consequentemente, alterações das funções intestinais. Além disso, embora os distúrbios gastrointestinais funcionais usualmente apresentem caráter crônico, nas síndromes pós-infecciosas a evolução no longo prazo parece ser mais favorável, com resolução dos sintomas de dois terços dos pacientes em até 5 anos. A SII pós-infecciosa pode estar relacionada com quase um quinto de todos os pacientes com esse distúrbio.[40-47]

Parecem contribuir para a complexidade desse processo fisiopatológico alguns padrões genéticos específicos cuja influência vem sendo cada vez mais comprovada. Em um futuro próximo, acredita-se que poderá ser possível identificar, a partir desses padrões, qual ou quais mecanismos fisiopatológicos são mais importantes para cada paciente. Assim, poderá ser possível direcionar individualmente um tratamento mais assertivo e estipular um prognóstico mais acurado.[44]

SÍNDROME DO INTESTINO IRRITÁVEL

Diagnóstico

A SII é um dos distúrbios gastrointestinais funcionais mais conhecidos e prevalentes, podendo acometer cerca de 5 a 10% da população ocidental se forem considerados os processos diagnósticos mais modernos, com alta variação nas diferentes populações. Diferente do diagnóstico de outros distúrbios funcionais, que envolvem a exclusão de inúmeras doenças orgânicas, seu diagnóstico é muito mais de inclusão.[7] A definição atual dessa síndrome é:

> [...] dor abdominal que se iniciou há pelo menos 6 meses, está ativa e presente nos últimos 3, acontece pelo menos uma vez por semana, além de ser acompanhada de pelo menos dois fatores de três variáveis: alteração da dor (piorando ou melhorando) com ato evacuatório, alteração da consistência fecal (para mais ou para menos) e alteração do número de evacuações diárias (para mais ou para menos).[48]

O sintoma predominante, portanto, é a dor abdominal, que costuma ser acompanhada de alterações da forma e da consistência fecais, além de sintomas corroborativos, como sensação de desconforto e distensão abdominais. A depender das características das fezes, classificadas de acordo com a escala fecal de Bristol, esse distúrbio pode ser dividido em quatro diferentes subtipos (Figura 1):

- Síndrome do intestino irritável com predomínio de constipação (SII-C): quando mais de 25% das evacuações é composta por fezes Bristol 1 e/ou 2 e menos de 25% das evacuações são de fezes Bristol 6 e/ou 7.
- Síndrome do intestino irritável com predomínio de diarreia (SII-D): quando 25% das dejeções são Bristol 6 e/ou 7 e menos de 25%, Bristol 1 e/ou 2.
- Síndrome do intestino irritável mista (SII-M): quando há mais de 25% de fezes classificadas como Bristol 1 e/ou 2 e mais de 25%, Bristol 6 e/ou 7.

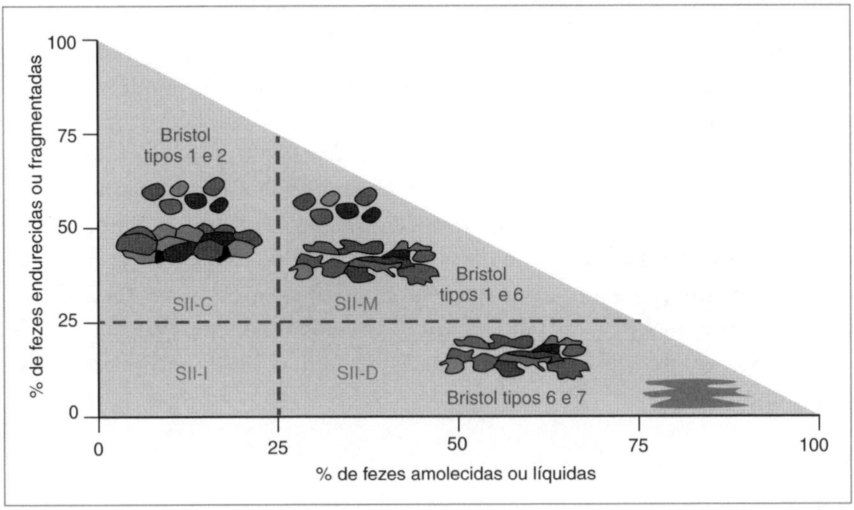

FIGURA 1 Gráfico demonstrando a determinação dos subtipos de apresentação da síndrome do intestino irritável de acordo com os critérios de Roma IV. O parâmetro para diagnóstico é a identificação de movimentos intestinais anormais superior a 25% determinada pela presença de fezes dos tipos 1, 2, 6 e 7 na escala fecal de Bristol.

SII-C: síndrome do intestino irritável com predomínio de constipação; SII-D: síndrome do intestino irritável com predomínio de diarreia; SII-M: síndrome do intestino irritável mista; SII-I: síndrome do intestino irritável indeterminada.

Fonte: adaptada de Mearin et al., 2016.[48]

- Síndrome do intestino irritável indeterminada (SII-I): quando o paciente não apresenta qualquer padrão evacuatório, variando entres fezes mais e menos consistentes.

Diferentemente do que ocorre na diarreia ou na constipação funcionais, nas quais o controle da frequência e da consistência fecal já é suficiente para que os objetivos do tratamento sejam atingidos, nesses pacientes o tratamento visa corrigir a dor e normalizar o hábito intestinal.[48-51] A identificação dos subtipos é importante, portanto, para orientar o tipo de tratamento a ser proposto e o acompanhamento dos resultados da conduta tomada; além de ser aplicada aos ensaios clínicos.[48] A ausência de sinais e/ou sintomas de alarme concomitantes permite um diagnóstico de certeza da SII com acurácia superior a 90%.

Além disso, embora se trate de um diagnóstico de inclusão, é essencial que algumas doenças orgânicas mais prevalentes sejam descartadas, pois podem apresentar sintomas e sinais similares, ou ocorrer simultaneamente. No caso da

SII com predomínio de diarreia, por exemplo, parece bem clara a necessidade de se afastar a possibilidade de intolerâncias alimentares (principalmente lactose e frutose), SIBO, doença celíaca (especialmente em áreas de alta prevalência), bem como protozooses e helmintíases (em locais com condições ruins de saneamento básico). Cada vez mais, deve-se avaliar também a possibilidade da presença de doença inflamatória intestinal (doença de Crohn, retocolite ulcerativa, dentre outras), sempre se levando em consideração anamnese, antecedentes familiares, exame físico e, quando acessível, análise de calprotectina fecal. No caso de constipação, é importante que sejam descartadas causas secundárias e se avalie eventual processo dissinérgico, direcionando a pesquisa de acordo com o histórico pessoal e familiar do paciente, bem como com o exame físico, incluindo toque retal.[51,52]

Tratamento

Uma vez estabelecido o diagnóstico, a abordagem do paciente se inicia pelo esclarecimento ao paciente sobre o caráter benigno, porém crônico da síndrome, seguido da explicação clara da estratégia proposta para o tratamento. As diretrizes mais recentes da American Gastroenterological Association (AGA) (Figura 2) recomendam que nos casos mais leves o tratamento seja iniciado pela orientação dietética comportamental e pelo uso eventual de antiespasmódicos. No Brasil, estão disponíveis a mebeverina, o otilônio, a trimebutina, o pinavério e a escopolamina, com posologias variáveis. Na ausência de reposta adequada à abordagem inicial, recomenda-se iniciar o uso de medicamentos direcionados para o tipo de síndrome (com predomínio de constipação ou de diarreia); no entanto, vários medicamentos propostos para essa abordagem ainda não estão disponíveis no Brasil até a publicação deste texto.

O tratamento não farmacológico pode ser bastante útil, destacando-se condutas como a acupuntura, a hipnoterapia, a terapia cognitivo-comportamental e a psicoterapia. Além disso, sabe-se que, embora os distúrbios gastrointestinais funcionais não sejam causados por alterações de humor, essas alterações podem modular a doença. Assim, o encaminhamento do paciente para acompanhamento psiquiátrico pode ser feito em casos em que há evidência de alterações significativas (cerca de um terço dos pacientes).

O uso de neuromoduladores (antidepressivos, analgésicos viscerais, moduladores do humor e anticonvulsivantes) também pode ser instituído, direcionando-se o tipo de fármaco de acordo com a apresentação da síndrome e características individuais do paciente. Usualmente, são prescritas doses bem menores do que as utilizadas dos mesmos medicamentos nos distúrbios psiquiátricos propriamente ditos. Seu uso se justifica pelo fato de a grande maioria dos neuromoduladores atuar sobre receptores serotoninérgicos, noradrenérgicos, histaminérgicos e colinérgicos, e alguns sobre os receptores gabaérgicos, todos envolvidos no controle motor, secretor e de sensibilidade do trato gastrointestinal, com impacto significativo na SII. É importante, para tanto, que sejam levados em consideração os efeitos adversos dos neuromoduladores. Assim, o uso de antidepressivos tricíclicos é preferível nas formas diarreicas ou mistas; de serotoninérgicos, nas formas constipativas; de medicamentos indutores de sono, em quem tem insônia; de fármacos que aumentam o peso, em que está mais magro; e daqueles que diminuem o peso, em que está acima do peso etc.[53,54]

Por fim, a abordagem dietética parece ser útil em mais de dois terços dos pacientes diagnosticados com SII. Vários padrões de dieta têm sido propostos, mas não há, até o momento, um consenso e evidências científicas robustas para recomendação de uma dieta a todos os pacientes. Além disso, a resposta a essa estratégia é bastante individualizada, o que faz com que a dieta precise ser adequada para cada paciente.

Uma das dietas mais utilizadas nesses casos é a chamada dieta *low*-FODMAP (do inglês *fermentable, oligo-, di-, monosaccharides and polyols*), que se caracteriza pela restrição ao consumo de carboidratos com alto poder fermentativo. De maneira resumida, essa dieta consiste em retirar cinco grupos de alimentos (frutose, lactose, frutanos, galactanos e polióis) por um período inicial de 4 a 8 semanas e, depois desse período, iniciar uma fase de reintrodução gradual de cada alimento, respeitando as sensibilidades individuais. Essa segunda fase dura 6 a 10 semanas e termina com o estabelecimento de uma dieta de longo prazo menos restritiva e mais individualizada. É importante que as fases sejam respeitadas, se trata de uma dieta bastante restritiva, que pode comprometer o paciente nutricionalmente e interferir na microbiota direta e indiretamente, por envolver vários alimentos com caráter prebiótico. Além disso, dietas restritivas têm as desvantagens de serem mais caras, trazerem problemas de socialização e induzirem o aparecimento de afecções psiquiátricas relacionadas com a restrição alimentar, como ARFID (do inglês *avoidant restrictive food intake disorder*), anorexia, bulimia e ortorexia.[55-58]

Essas desvantagens fizeram com que outras dietas venham sendo propostas e estudadas para os pacientes com SII. A dieta mediterrânea, considerada um bom exemplo de padrão alimentar saudável, aparentemente não se correlaciona com bons resultados nessa condição, já que o consumo de vegetais em grande quantidade parece agravar os sintomas da doença ao invés de aliviá-los. Dietas isentas de lactose, por sua vez, têm sido recomendadas a pacientes intolerantes, mas não devem ser instituídas em todos os casos. Observação semelhante pode ser feita com relação à dieta isenta de glúten, que deve ser introduzida em pacientes com doença celíaca, alérgicos ao trigo ou nos casos de intolerância ao trigo de natureza não celíaca – diagnóstico de exclusão (critérios de Salerno) cuja prevalência se mostra bem inferior ao que o efeito placebo desse tipo de dieta pode parecer indicar. Alguns autores relatam, entretanto, que cerca de um terço dos pacientes podem melhorar com dietas pobres em glúten ou trigo, ainda com evidências limitadas se forem consideradas apenas aquelas baseadas em trabalhos bem-conduzidos. De maneira semelhante, uma dieta que vem ganhando mais força, justamente por ser menos restritiva e, portanto, de mais fácil adesão é a dieta proposta pelo National Institute for Health and Care Excellence (NICE), da British Dietetic Association. Essa dieta parece ser mais fácil e mais barata, mas também necessita de mais estudos. Por fim, evidências ainda menores são encontradas para as dietas ayurvédica e da medicina chinesa.[58-63] Maiores detalhes sobre a dietoterapia na SII podem ser encontrados no Capítulo 25 – Dietoterapia e suplementos para o intestino.

A Figura 2 resume as diretrizes da American Gastroenterological Association (AGA) para o tratamento da SII.

DISPEPSIA FUNCIONAL

Diagnóstico

Entre os distúrbios gastrointestinais funcionais, a dispepsia funcional (DF) é a mais prevalente no trato superior.

Ela é definida, de acordo com os critérios de Roma IV, como: "condição clínica que impacta de maneira significativa as atividades diárias do paciente e é caracterizada por uma ou mais dos seguintes sintomas: empachamento pós-prandial, saciedade precoce, dor e/ou queimação epigástricas que não são explicadas após avaliação clínica de rotina". Além disso, como a maioria das afecções desse grupo, é mais comum em mulheres, apresentando prevalência bastante variável.[7,64]

Diferentemente da SII, cujo diagnóstico é muito mais de inclusão, na DF há a necessidade de se descartar as principais causas orgânicas de dispepsia, incluindo helmintíases e protozooses, principalmente no Brasil. Um tipo específico de dispepsia orgânica que merece destaque é aquela associada à infecção por *Helicobacter pylori*, uma bactéria bastante prevalente e que deve ser pesquisada e tratada em todos os casos de dispepsia ainda não esclarecida.[65-67]

Além disso, como todo distúrbio gastrointestinal funcional, o diagnóstico de dispepsia é feito a partir de sintomas iniciados há pelo menos 6 meses. Assim, a depender da frequência das queixas e do tipo de queixa apresentado, pode-se dividir a DF em dois grupos:

Síndrome do desconforto pós-prandial (SDP), que inclui um ou mais dos seguintes critérios, pelo menos três dias por semana:[65]

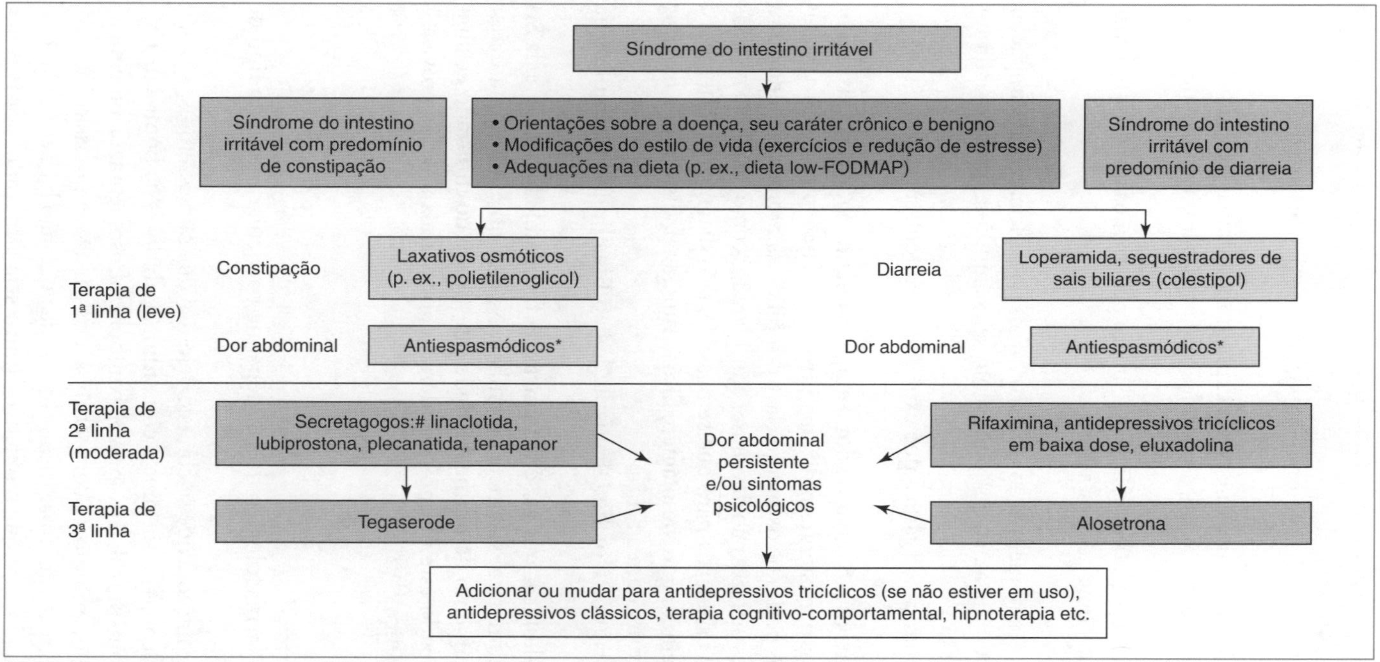

FIGURA 2 Fluxograma para tratamento da síndrome do intestino irritável de acordo com as diretrizes da American Gastroenterological Association (AGA).

* Os antiespasmódicos disponíveis no Brasil são: pinavério, trimebutina, otilônio, mebeverina e escopolamina.

Os secretagagos disponíveis no Brasil são: tegaserode, eluxadolina, colestipol e alosetrona. A alosetrona pode ser substituída pela ondansetrona e o colestipol, pela colestiramina.

Fonte: adaptada de Lembo et al., 2022[50] e Chang et al. 2022.[51]

- Empachamento pós-prandial intenso o suficiente para impactar atividades corriqueiras do dia a dia.
- Saciedade precoce intensa o suficiente para impedir o término de uma refeição habitual.
- Ausência de lesão orgânica que possa explicar os sintomas nos exames disponíveis, incluindo, no Brasil, a realização de protoparasitológico de fezes.

Síndrome da dor epigástrica (SDE), que inclui pelo menos um dos sintomas a seguir, pelo menos uma vez por semana:[65]

- Dor epigástrica (em queimação ou não) intensa o suficiente para impactar nas atividades do dia a dia, que pode tanto ser secundária quanto melhorar com a alimentação.
- Ausência de alteração orgânica que explique os sintomas.

Há casos em que os sintomas de dor e empachamento podem coexistir. Por outro lado, vômitos persistentes indicam outro diagnóstico; pirose não caracteriza dispepsia, mas pode coexistir com ela; e dor biliar e sintomas aliviados com eliminação de gases ou fezes não devem ser considerados como dispépticos. Essas considerações são essenciais para que se possa fazer o diagnóstico diferencial com doença do refluxo gastroesofágico, pirose funcional, distensão e *bloating* funcionais, bem como com a SII.[65]

Os critérios diagnósticos de DF adaptados ao Brasil estão resumidos na Figura 3.

É importante destacar que as semelhanças na fisiopatologia da DF e da SII torna muito comum a coexistência de ambas. Na DF, no entanto, há maior importância do aumento da permeabilidade intestinal e do infiltrado eosinofílico duodenal, sendo este último considerado por muitos um dos prováveis marcadores da doença.[34,68,69]

Tratamento

O tratamento farmacológico da DF depende particularmente do tipo de síndrome presente.

Na SDE, a orientação é que se comece pelo uso de antissecretores, a saber: bloqueadores H2, como famotidina e cimetidina; inibidores da bomba de prótons (IBP), como omeprazol, lansoprazol, pantoprazol, esomeprazol, rabeprazol e dexlansoprazol; ou inibidores competitivos dos canais de potássio (pCAB), como o vonoprazan. A literatura disponível indica que não há necessidade de intensa inibição ácida para que o objetivo clínico seja alcançado, por isso não

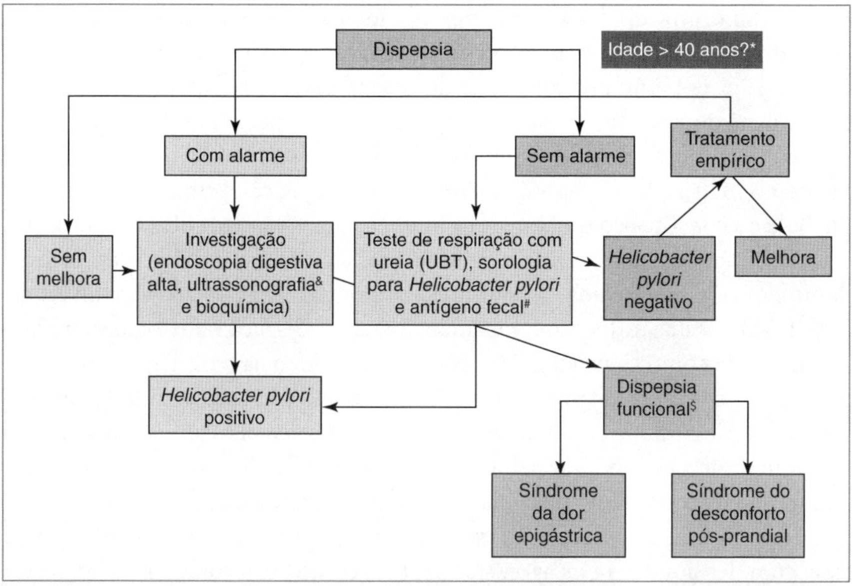

FIGURA 3 Fluxograma para diagnóstico da dispepsia funcional de acordo com os critérios de Roma IV e adaptado conforme o último consenso brasileiro de *Helicobacter pylori*.

* No Brasil, a idade superior a 40 anos deve ser considerada um sinal de alarme, orientando investigação mais detalhada da dispepsia (endoscopia digestiva alta).

\# Na ausência de sinais ou sintomas de alarme, a pesquisa de ***Helicobacter pylori*** deve ser feita por métodos não invasivos (independentes da endoscopia) e, caso positiva, a infecção deve ser tratada. A resolução dos sintomas de forma persistente (mais de 6 a 12 meses) após erradicação de ***H. pylori*** estabelece o diagnóstico de dispepsia associada a ***H. pylori***.

& Embora os critérios de Roma IV não mencionem, no Brasil a realização de ultrassonografia de abdome superior é feita, especialmente, quando há suspeita de doença biliar.[46,65-67]

$ O diagnóstico de dispepsia funcional depende da ausência de ***H. pylori*** ou da ausência de melhora após sua erradicação e depois de afastar outras causas orgânicas, inclusive com parasitológico de fezes negativo.

Fonte: adaptada de Stanghellini et al., 2016[65] e Coelho et al., 2018.[67]

há grande diferença de resposta entre esses medicamentos e não há diferença entre doses plenas e menores dos IBPs. Por outro lado, o vonoprazan representa um grupo novo de antissecretores mais potentes do que os IBPs, mas as evidências ainda são muito limitadas para seu uso na DF, com pouco estudos comparativos com as outras opções e com a possibilidade de influir de forma negativa, retardando o esvaziamento gástrico. Nesse sentido, os IBPs, por seus efeitos imunomoduladores, e os bloqueadores H2, por seus efeitos anti-histamínicos, podem trazer algum benefício extra graças à participação de eosinófilos e mastócitos na fisiopatologia dessa afecção.[46,70-74]

Já na síndrome do desconforto pós-prandial a recomendação é que se inicie o tratamento com procinéticos ou antieméticos, com destaque para o uso dos antagonistas dopaminérgicos, como domperidona, metoclopramida e bromoprida. Uma outra opção que deve ser considerada especialmente em pacientes com concomitância de síndromes constipativas ou quando há retardo do esvaziamento gástrico são os agonistas 5HT4, como a prucaloprida, cuja indicação em bula é a constipação funcional em mulheres, mas mostra eficácia para acelar o esvaziamento gástrico. Outros procinéticos citados em ensaios estrangeiros, como itoprida, mosaprida, acotiamida e cinitaprida, não estão disponíveis no Brasil. Vale destacar que uma metanálise recente destaca a metoclopramida e a cinitaprida como os procinéticos com maior evidência para serem utilizados na DF. O uso crônico de procinéticos, com exceção da prucaloprida, pode promover, eventualmente, efeitos adversos cardíacos relacionados com sua ação dopaminérgica, devendo-se sempre buscar a mínima dose necessária e o menor tempo de tratamento para que esse risco seja minimizado. Medicamentos que atuem sobre a acomodação gástrica também podem ser utilizados nessa fase, com destaque para os agonistas 5HT1a, como buspirona, mirtazapina ou amitriptilina, mas devem ser acrescentados na fase seguinte do tratamento, detalhada mais adiante.[46,65]

Nos casos de associação das síndromes do desconforto pós-prandial e de dor epigástrica, é possível e recomendável a associação de um antissecretor com um procinético.

Não havendo resposta adequada a essas primeiras abordagens medicamentosas, os critérios de Roma IV recomendam uma segunda fase de tratamento, com a associação de um neuromodulador. Vários medicamentos foram estudados para esse fim, mas a maioria dos trabalhos não foi idealmente conduzida. Apesar disso, apresentam nível um pouco maior de evidência os antidepressivos tricíclicos, a mirtazapina e a buspirona, além de estabilizadores do humor como a quetiapina e analgésicos viscerais como a pregabalina. A escolha do neuromodulador deve variar de acordo com o perfil do paciente, incluindo seu ritmo intestinal, qualidade do sono, presença de outras doenças e medicamentos usados em conjunto. De maneira geral, esses medicamentos são utilizados em doses bastante inferiores àquelas ministradas em tratamentos neurológicos e psiquiátricos (Figura 4).[53,54,75,76]

Após essa fase com neuromoduladores, não havendo resposta, os critérios de Roma IV recomendam análise funcional mais específica, quando disponível, com testes de avaliação de esvaziamento e acomodação gástricos, pesquisa de infiltrado eosinofílico e mastocítico em duodeno e/ou estômago, avaliação de sensibilidade visceral etc. (Figura 5). As medicações devem ser direcionadas a partir desses exames, podendo-se lançar mão, inclusive, de medicamentos

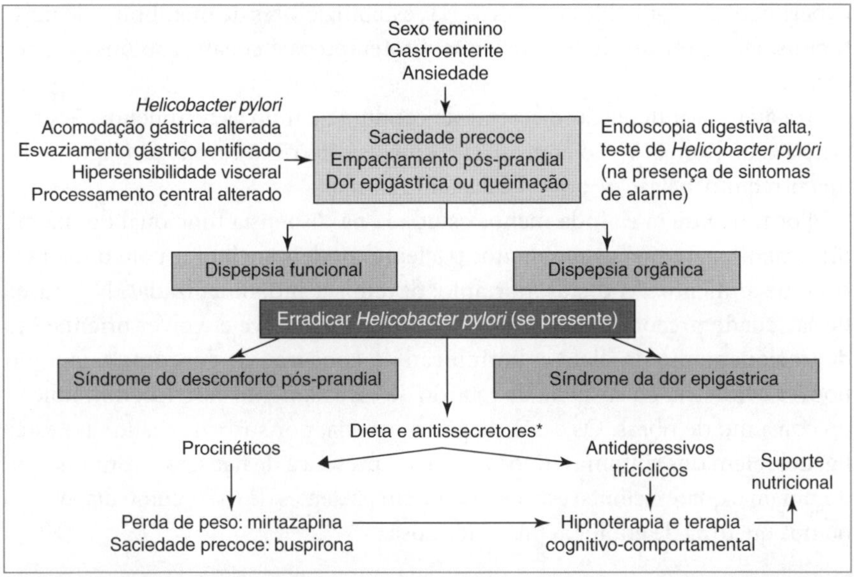

FIGURA 4 Fluxograma de tratamento da dispepsia funcional de acordo com as diretrizes da United European Gastroenterology UEG e da European Society of Neurogastroenterology and Motility ESNM.

* Nessas diretrizes, o uso de antissecretores (especialmente inibidores da bomba de prótons) tem indicação em ambas as síndromes dispépticas, iniciando-se procinéticos e neuromoduladores nas etapas seguintes. Diferentemente, os critérios de Roma IV indicam inibidores da bomba de prótons inicialmente apenas para a síndrome da dor epigástrica.

Fonte: adaptada de Schol et al., 2021.[75]

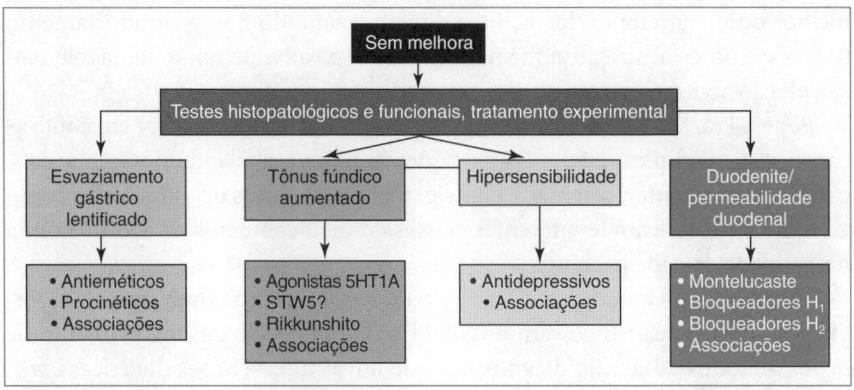

FIGURA 5 Fluxograma das etapas finais de abordagem da dispepsia funcional de acordo com os critérios de Roma IV (após tratamento inicial com antissecretores, procinéticos e neuromoduladores).

Fonte: adaptada de Stanghellini et al., 2016.[65]

experimentais, como bloqueadores H1, estabilizadores de membrana de mastócitos, antagonistas de leucotrienos, fitoterápicos e cepas probióticas específicas.[69,76]

Há algumas diferenças discretas de conduta quando as recomendações dos critérios de Roma IV são comparadas com as diretrizes europeias (Figuras 4 e 5); entretanto, a base de ambas é bastante similar.[75]

Por fim, a dieta é ainda menos estudada na dispepsia funcional do que na SII, embora acredite-se que muitos pacientes podem melhorar com diferentes tipos de alimento. As dietas, portanto, devem ser individualizadas. Nos casos de saciedade precoce e empachamento, o racional deve envolver orientações de fracionamento da dieta e diminuição do consumo de gorduras e, quando houver evidência ou suspeita de retardo de esvaziamento gástrico, diminuição do consumo de fibras. Os casos de gastroparesia, por sua vez, costumam estar ligados, além dos sintomas hipoestênicos, à presença de náuseas e vômitos, que dominam o quadro clínico especialmente em pacientes de risco, como diabéticos, ou nos quadros de etiologia pós-infecciosa.[34,77-79]

CONSIDERAÇÕES FINAIS

Os distúrbios gastrointestinais funcionais, hoje conhecidos como distúrbios da interação entre cérebro e intestino, são condições muito frequentes na população e cuja prevalência vêm aumentando no mundo. O avanço dos estudos nesta área, ao longo dos últimos anos, vem demonstrando alterações fisiopatológicas ("orgânicas") subjacentes a essas condições, principalmente envolvendo diferentes componentes do Eixo Intestino-Cérebro, o que nos ajuda a compreender melhor o impacto tanto dos hábitos de vida, como do nosso comportamento (estresse crônico, restrição alimentar etc.) no desenvolvimento, sintomas clínicos e evolução ao longo do tempo de cada paciente.

Por essa razão, a abordagem tanto da SII como da DF deve levar em conta as características clínicas e fatores associados individuais, adaptando-se a investigação complementar, orientação nutricional e de hábitos de vida, assim como a eventual prescrição de diferentes classes de medicamentos de acordo com a necessidade de cada paciente.

Uma melhor caracterização das alterações de microbioma intestinal implicadas nestes distúrbios vem possibilitando também o desenvolvimento de novos métodos de auxílio diagnóstico e de novas intervenções dietéticas e microbiológicas, que em um futuro próximo podem contribuir para aumentar a efetividade do tratamento dos distúrbios da interação entre cérebro e intestino.

REFERÊNCIAS BIBLIOGRÁFICAS

1. Talley NJ. Diagnosing an irritable bowel: does sex matter? Gastroenterology. 1991;100(3):834-7.
2. Bell V, Wilkinson S, Greco M, Hendrie C, Mills B, Deeley Q. What is the functional/organic distinction actually doing in psychiatry and neurology? Wellcome Open Res. 2020;5:138.
3. Drossman DA, Hasler WL. Rome IV-functional GI disorders: disorders of gut-brain interaction. Gastroenterology. 2016;150(6):1257-61.
4. Drossman DA. Functional gastrointestinal disorders: history, pathophysiology, clinical features and Rome IV. Gastroenterology. 2016;S0016-5085(16)00223-7.
5. Camilleri M, Katzka DA. Genetic epidemiology and pharmacogenetics in irritable bowel syndrome. Am J Physiol Gastrointest Liver Physiol. 2012;302(10):G1075-84.
6. Palsson OS, Whitehead W, Törnblom H, Sperber AD, Simren M. Prevalence of Rome IV functional bowel disorders among adults in the United States, Canada, and the United Kingdom. Gastroenterology. 2020;158(5):1262-1273.e3.
7. Sperber AD, Bangdiwala SI, Drossman DA, Ghoshal UC, Simren M, Tack J, et al. Worldwide prevalence and burden of functional gastrointestinal disorders, results of Rome Foundation Global Study. Gastroenterology. 2021;160(1):99-114.e3.
8. Ford AC, Lacy BE, Talley NJ. Irritable bowel syndrome. N Engl J Med. 2017;376(26):2566-78.
9. Willing BP, Russell SL, Finlay BB. Shifting the balance: antibiotic effects on host-microbiota mutualism. Nat Rev Microbiol. 2011;9(4):233-43.
10. Piche T. Tight junctions and IBS: the link between epithelial permeability, low-grade inflammation, and symptom generation? Neurogastroenterol Motil. 2014;26(3):296-302.
11. Mohajeri MH, Brummer RJM, Rastall RA, Weersma RK, Harmsen HJM, Faas M, et al. The role of the microbiome for human health: from basic science to clinical applications. Eur J Nutr. 2018;57(Suppl 1):1-14.
12. Bercik P, Collins SM, Verdu EF. Microbes and the gut-brain axis. Neurogastroenterol Motil. 2012;24(5):405-13.
13. Khlevner J, Park Y, Margolis KG. Brain-gut axis: clinical implications. Gastroenterol Clin North Am. 2018;47(4):727-39.
14. Deshmukh F, Vasudevan A, Mengalie E. Association between irritable bowel syndrome and asthma: a meta-analysis and systematic review. Ann Gastroenterol. 2019;32(6):570-7.
15. Gwee KA, Lee YY, Suzuki H, Ghoshal UC, Holtmann G, Bai T, et al. Asia-Pacific guidelines for managing functional dyspepsia overlapping with other gastrointestinal symptoms. J Gastroenterol Hepatol. 2023;38(2):197-209.
16. Uranga JA, Martínez V, Abalo R. Mast Cell Regulation and irritable bowel syndrome: effects of food components with potential nutraceutical use. Molecules. 2020;25(18):4314.
17. Walker MM, Talley NJ. The role of duodenal inflammation in functional dyspepsia. J Clin Gastroenterol. 2017;51(1):12-8.
18. Fukui H, Xu X, Miwa H. Role of gut microbiota-gut hormone axis in the pathophysiology of functional gastrointestinal disorders. J Neurogastroenterol Motil. 2018;24(3):367-86.
19. Dongarrà ML, Rizzello V, Muccio L, Fries W, Cascio A, Bonaccorsi I, et al. Mucosal immunology and probiotics. Curr Allergy Asthma Rep. 2013;13(1):19-26.
20. Yousefi B, Eslami M, Ghasemian A, Kokhaei P, Salek Farrokhi A, Darabi N. Probiotics importance and their immunomodulatory properties. J Cell Physiol. 2019;234(6):8008-18.
21. Sharon G, Sampson TR, Geschwind DH, Mazmanian SK. The central nervous system and the gut microbiome. Cell. 2016;167(4):915-32.
22. Sampson TR, Mazmanian SK. Control of brain development, function, and behavior by the microbiome. Cell Host Microbe. 2015;17(5):565-76.
23. Clarke G, Stilling RM, Kennedy PJ, Stanton C, Cryan JF, Dinan TG. Minireview: gut microbiota – the neglected endocrine organ. Mol Endocrinol. 2014;28(8):1221-38.

24. Camilleri M. Bile acid diarrhea: prevalence, pathogenesis, and therapy. Gut Liver. 2015;9(3):332-9.
25. Gasbarrini A, Lauritano EC, Garcovich M, Sparano L, Gasbarrini G. New insights into the pathophysiology of IBS: intestinal microflora, gas production and gut motility. Eur Rev Med Pharmacol Sci. 2008;12 Suppl 1:111-7.
26. Kimura I, Ichimura A, Ohue-Kitano R, Igarashi M. Free fatty acid receptors in health and disease. Physiol Rev. 2020;100(1):171-210.
27. Ahmed H, Leyrolle Q, Koistinen V, Kärkkäinen O, Layé S, Delzenne N, et al. Microbiota-derived metabolites as drivers of gut-brain communication. Gut Microbes. 2022;14(1):2102878.
28. Hoban AE, Stilling RM, Ryan FJ, Shanahan F, Dinan TG, Claesson MJ, et al. Regulation of prefrontal cortex myelination by the microbiota. Transl Psychiatry. 2016;6:e774.
29. Sherwin E, Dinan TG, Cryan JF. Recent developments in understanding the role of the gut microbiota in brain health and disease. Ann N Y Acad Sci. 2018;1420(1):5-25.
30. Zhou L, Foster JA. Psychobiotics and the gut-brain axis: in the pursuit of happiness. Neuropsychiatr Dis Treat. 2015;11:715-23.
31. Codagnone MG, Spichak S, O'Mahony SM, O'Leary OF, Clarke G, Stanton C, et al. Programming bugs: microbiota and the developmental origins of brain health and disease. Biol Psychiatry. 2019;85(2):150-63.
32. Cryan JF, O'Riordan KJ, Cowan CSM, Sandhu KV, Bastiaanssen TFS, Boehme M, et al. The microbiota-gut-brain axis. Physiol Rev. 2019;99(4):1877-2013.
33. Stilling RM, Dinan TG, Cryan JF. Microbial genes, brain & behaviour: epigenetic regulation of the gut-brain axis. Genes Brain Behav. 2014;13(1):69-86.
34. Wammes LJ, Mpairwe H, Elliott AM, Yazdanbakhsh M. Helminth therapy or elimination: epidemiological, immunological, and clinical considerations. Lancet Infect Dis. 2014;14(11):1150-62.
35. Luna RA, Oezguen N, Balderas M, Venkatachalam A, Runge JK, Versalovic J, et al. Distinct microbiome-neuroimmune signatures correlate with functional abdominal pain in children with autism spectrum disorder. Cell Mol Gastroenterol Hepatol. 2017;3(2):218-30.
36. Martin CR, Osadchiy V, Kalani A, Mayer EA. The brain-gut-microbiome axis. Cell Mol Gastroenterol Hepatol. 2018;6(2):133-48.
37. Moran MM, McAlexander MA, Bíró T, Szallasi A. Transient receptor potential channels as therapeutic targets. Nat Rev Drug Discov. 2011;10(8):601-20.
38. Farré R, Tack J. Food and symptom generation in functional gastrointestinal disorders: physiological aspects. Am J Gastroenterol. 2013;108(5):698-706.
39. Zielińska M, Jarmuż A, Wasilewski A, Sałaga M, Fichna J. Role of transient receptor potential channels in intestinal inflammation and visceral pain: novel targets in inflammatory bowel diseases. Inflamm Bowel Dis. 2015;21(2):419-27.
40. Pimentel M, Morales W, Pokkunuri V, Brikos C, Kim SM, Kim SE, et al. Autoimmunity links vinculin to the pathophysiology of chronic functional bowel changes following Campylobacter jejuni infection in a rat model. Dig Dis Sci. 2015;60(5):1195-205.
41. Spiller R, Lam C. An update on post-infectious irritable bowel syndrome: role of genetics, immune activation, serotonin and altered microbiome. J Neurogastroenterol Motil. 2012;18(3):258-68.
42. Futagami S, Itoh T, Sakamoto C. Systematic review with meta-analysis: post-infectious functional dyspepsia. Aliment Pharmacol Ther. 2015;41(2):177-88.
43. Barbara G, Grover M, Bercik P, Corsetti M, Ghoshal UC, Ohman L, et al. Rome Foundation working team report on post-infection irritable bowel syndrome. Gastroenterology. 2019;156(1):46-58.e7.
44. Enck P, Aziz Q, Barbara G, Farmer AD, Fukudo S, Mayer EA, et al. Irritable bowel syndrome. Nat Rev Dis Primers. 2016;2:16014.
45. Enck P, Mazurak N. Dysbiosis in functional bowel disorders. Ann Nutr Metab. 2018;72(4):296-306.
46. Wauters L, Dickman R, Drug V, Mulak A, Serra J, Enck P, et al. United European Gastroenterology (UEG) and European Society for Neurogastroenterology and Motility (ESNM) consensus on functional dyspepsia. United European Gastroenterol J. 2021;9(3):307-31.

47. El-Salhy M, Hatlebakk JG, Hausken T. Diet in irritable bowel syndrome (IBS): interaction with gut microbiota and gut hormones. Nutrients. 2019;11(8):1824.
48. Mearin F, Lacy BE, Chang L, Chey WD, Lembo AJ, Simren M, et al. Bowel disorders. Gastroenterology. 2016;S0016-5085(16)00222-5.
49. Savarino E, Zingone F, Barberio B, Marasco G, Akyuz F, Akpinar H, et al. Functional bowel disorders with diarrhoea: clinical guidelines of the United European Gastroenterology and European Society for Neurogastroenterology and Motility. United European Gastroenterol J. 2022;10(6):556-84.
50. Lembo A, Sultan S, Chang L, Heidelbaugh JJ, Smalley W, Verne GN. AGA clinical practice guideline on the pharmacological management of irritable bowel syndrome with diarrhea. Gastroenterology. 2022;163(1):137-51.
51. Chang L, Sultan S, Lembo A, Verne GN, Smalley W, Heidelbaugh JJ. AGA clinical practice guideline on the pharmacological management of irritable bowel syndrome with constipation. Gastroenterology. 2022;163(1):118-36.
52. Passos MDCF, Alvariz RC, André EA, Barbuti RC, Fillmann HS, Murad-Regadas SM, et al. Diagnosis and management of chronic idiopathic constipation: a narrative review from a brazilian expert task force. Arq Gastroenterol. 2022;59(1):137-44.
53. Sobin WH, Heinrich TW, Drossman DA. Central neuromodulators for treating functional GI disorders: a primer. Am J Gastroenterol. 2017;112(5):693-702.
54. Törnblom H, Drossman DA. Psychopharmacologic therapies for irritable bowel syndrome. Gastroenterol Clin North Am. 2021;50(3):655-69.
55. Spiller R. Impact of diet on symptoms of the irritable bowel syndrome. Nutrients. 2021;13(2):575.
56. Dolan R, Chey WD, Eswaran S. The role of diet in the management of irritable bowel syndrome: a focus on FODMAPs. Expert Rev Gastroenterol Hepatol. 2018;12(6):607-15.
57. Staudacher HM, Gibson PR. Traditional dietary advice, low FODMAP diet, or gluten-free diet for IBS: growing understanding but uncertainties remain. Clin Gastroenterol Hepatol. 2023;21(4):1119-20.
58. Ford AC, Moayyedi P, Chey WD, Harris LA, Lacy BE, Saito YA, et al. American College of Gastroenterology monograph on management of irritable bowel syndrome. Am J Gastroenterol. 2018;113(Suppl 2):1-18.
59. Singh P, Tuck C, Gibson PR, Chey WD. The role of food in the treatment of bowel disorders: focus on irritable bowel syndrome and functional constipation. Am J Gastroenterol. 2022;117(6):947-57.
60. Chen EY, Mahurkar-Joshi S, Liu C, Jaffe N, Labus JS, Dong TS, et al. The association between a Mediterranean diet and symptoms of irritable bowel syndrome. Clin Gastroenterol Hepatol. 2024;22(1):164-72.e6.
61. Aziz I, Whitehead WE, Palsson OS, Törnblom H, Simrén M. An approach to the diagnosis and management of Rome IV functional disorders of chronic constipation. Expert Rev Gastroenterol Hepatol. 2020;14(1):39-46.
62. Black CJ, Staudacher HM, Ford AC. Efficacy of a low FODMAP diet in irritable bowel syndrome: systematic review and network meta-analysis. Gut. 2022;71(6):1117-26.
63. McKenzie YA, Bowyer RK, Leach H, Gulia P, Horobin J, O'Sullivan NA, et al. British Dietetic Association systematic review and evidence-based practice guidelines for the dietary management of irritable bowel syndrome in adults (2016 update). J Hum Nutr Diet. 2016;29(5):549-75.
64. Miwa H, Kusano M, Arisawa T, Oshima T, Kato M, Joh T, et al. Evidence-based clinical practice guidelines for functional dyspepsia. J Gastroenterol. 2015;50(2):125-39.
65. Stanghellini V, Chan FK, Hasler WL, Malagelada JR, Suzuki H, Tack J, et al. Gastroduodenal disorders. Gastroenterology. 2016;150(6):1380-92.
66. Sugano K, Tack J, Kuipers EJ, Graham DY, El-Omar EM, Miura S, et al. Kyoto global consensus report on Helicobacter pylori gastritis. Gut. 2015;64(9):1353-67.
67. Coelho LGV, Marinho JR, Genta R, Ribeiro LT, Passos MDCF, Zaterka S, et al. IVth Brazilian consensus conference on Helicobacter pylori infection. Arq Gastroenterol. 2018;55(2):97-121.
68. Talley NJ. What causes functional gastrointestinal disorders? A proposed disease nodel. Am J Gastroenterol. 2020;115(1):41-8.

69. Wauters L, Talley NJ, Walker MM, Tack J, Vanuytsel T. Novel concepts in the pathophysiology and treatment of functional dyspepsia. Gut. 2020;69(3):591-600.
70. Talley NJ, Burns GL, Hoedt EC, Duncanson K, Keely S. Beyond eosinophilic esophagitis: eosinophils in gastrointestinal disease – new insights, "new" diseases. J Can Assoc Gastroenterol. 2023;6(6): 199-211.
71. Wauters L, Ceulemans M, Frings D, Lambaerts M, Accarie A, Toth J, et al. Proton pump inhibitors reduce duodenal eosinophilia, mast cells, and permeability in patients with functional dyspepsia. Gastroenterology. 2021;160(5):1521-31.e9.
72. Ford AC, Moayyedi P, Black CJ, Yuan Y, Veettil SK, Mahadeva S, et al. Systematic review and network meta-analysis: efficacy of drugs for functional dyspepsia. Aliment Pharmacol Ther. 2021;53(1):8-21.
73. Ota K, Takeuchi T, Kojima Y, Kawaguchi S, Iwatsubo T, Hakoda A, et al. Administration of a standard dose of vonoprazan fumarate delays gastric emptying in Japanese healthy adults: a prospective clinical trial. J Gastroenterol. 2021;56(8):722-31.
74. Asaoka D, Nagahara A, Hojo M, Matsumoto K, Ueyama H, Izumi K, et al. Efficacy of a potassium-competitive acid blocker for improving symptoms in patients with reflux esophagitis, non-erosive reflux disease, and functional dyspepsia. Biomed Rep. 2017;6(2):175-80.
75. Schol J, Wauters L, Dickman R, Drug V, Mulak A, Serra J, et al. United European Gastroenterology (UEG) and European Society for Neurogastroenterology and Motility (ESNM) consensus on gastroparesis. Neurogastroenterol Motil. 2021;33(8):e14237.
76. Stanghellini V, Talley NJ, Chan F, Hasler WL, Malagelada J, Suzuki H, et al. Rome IV: gastroduodenal disorders. Gastroenterology. 2016;150(6):1380-92.
77. Stanghellini V, Tack J. Gastroparesis: separate entity or just a part of dyspepsia? Gut. 2014;63(12): 1972-8.
78. Duncanson KR, Talley NJ, Walker MM, Burrows TL. Food and functional dyspepsia: a systematic review. J Hum Nutr Diet. 2018;31(3):390-407.
79. Duncanson K, Burns G, Pryor J, Keely S, Talley NJ. Mechanisms of food-induced symptom induction and dietary management in functional dyspepsia. Nutrients. 2021;13(4):1109.

28

Distúrbios gastrointestinais funcionais na infância e na adolescência

Mauro Batista de Morais

PONTOS-CHAVE

- Distúrbios gastrointestinais funcionais são caracterizados por sintomas gastrointestinais crônicos ou recorrentes não explicados por alterações estruturais ou bioquímicas. Deve-se ter cuidado e parcimônia, no entanto, com o princípio dos critérios de Roma que recomenda que o diagnóstico seja estabelecido se após "avaliação médica apropriada, as manifestações clínicas não forem explicadas por outra condição médica".
- Todas as faixas etárias podem ser acometidas por distúrbios gastrointestinais funcionais, que são resultantes da interação de fatores biológicos, psicológicos e sociais envolvendo o eixo intestino-cérebro. Mais de um desses distúrbios pode coexistir em um único lactente, criança ou adolescente.
- A presença de distúrbios gastrointestinais funcionais em lactentes pode influenciar a dinâmica familiar e ocasionar problemas emocionais nos pais, bem como depressão materna. Cólica do lactente e choro excessivo associam-se com maior risco de vitimização desses indivíduos, incluindo a síndrome do lactente sacudido (*shaken baby syndrome*).
- Constipação intestinal funcional é o distúrbio gastrointestinal mais prevalente após os 6 meses de idade. O círculo vicioso de dor e medo para evacuar tem um papel significativo na cronificação desse distúrbio. Quando há impactação fecal, é imprescindível a completa desimpactação para que o tratamento seja exitoso.
- A disquesia funcional parece ser consequência da falta coordenação entre a contração dos músculos abdominais (prensa abdominal) e o relaxamento pélvico e esfincteriano no momento da evacuação.
- Na dor abdominal funcional, avaliação minuciosa composta por anamnese completa e detalhado exame físico pode contribuir para a diminuição ou o controle espontâneo. A avaliação laboratorial, por sua vez, pode trazer resultados positivos não relacionados diretamente com o distúrbio.
- Há evidências científicas de que terapia cognitivo-comportamental, hipnoterapia e poucas cepas de probióticos podem ter efeito nos quadros de distúrbios gastrointestinais funcionais.

INTRODUÇÃO

Distúrbios gastrointestinais funcionais são definidos como uma variação combinável de sintomas gastrointestinais crônicos ou recorrentes não explicados por alterações estruturais ou bioquímicas.[1] Eles podem se manifestar desde os primeiros meses de vida até a idade adulta, variando sua forma de apresentação de acordo com a faixa etária. A fisiopatologia desses distúrbios é complexa e sua apresentação clínica é heterogênea. Assim, na prática assistencial envolvendo pacientes adultos,[2] é usual que os sintomas e as sensações dos pacientes não sejam devidamente valorizados, o que motiva uma inibição dos pacientes para expressar seus desconfortos e preocupações. Por outro lado, também se observa em alguns casos a realização de exames complementares e tratamentos desnecessários, inclusive cirurgias.

Outro aspecto que dificulta o entendimento desses distúrbios é a utilização de critérios diagnósticos heterogêneos, que compromete o entendimento e a comparabilidade dos processos fisiopatológicos, diagnósticos e terapêuticos. Por conta disso, pouco se conhecia sobre os distúrbios gastrointestinais funcionais até cerca de 30 anos. Para reduzir esses impactos negativos, um grupo de especialistas de vários países vem discutindo e apresentando propostas para padronizar os critérios diagnósticos desses distúrbios desde 1988, coordenados pela Fundação Roma (denominados, por isso, "critérios de Roma").[3] A faixa etária pediátrica foi incluída em 1999, nos critérios de Roma II.[3] Já na última versão (Roma IV), publicada em 2016,[3] foram criados oito grupos, seis deles envolvendo os distúrbios gastrointestinais funcionais que ocorrem em adultos e dois para a população pediátrica, segundo duas faixas de idade (Quadro 1).[4,5]

QUADRO 1 Grupos de distúrbios gastrointestinais funcionais na criança e no adolescente, de acordo com os critérios de Roma IV

Grupo G: do nascimento aos 4 anos de idade (*neonate/toddler*)	
G1	Regurgitação do lactente
G2	Síndrome da ruminação do lactente
G3	Síndrome dos vômitos
G4	Cólica do lactente
G5	Diarreia funcional
G6	Disquesia do lactente
G7	Constipação intestinal funcional

continua

QUADRO 1 Grupos de distúrbios gastrointestinais funcionais na criança e no adolescente, de acordo com os critérios de Roma IV (*Continuação*)

Grupo H: dos 4 anos de idade ao adolescente (*children/adolescent*)	
H1	Distúrbios com náuseas e vômitos a. Síndrome dos vômitos cíclicos b. Náusea e vômitos funcionais c. Síndrome da ruminação d. Aerofagia
H2	Dor abdominal funcional a. Dispepsia funcional b. Síndrome do intestino irritável c. Enxaqueca abdominal d. Dor abdominal funcional sem outra especificação
H3	Distúrbios funcionais da defecação a. Constipação intestinal funcional b. Incontinência fecal não retentiva

Fonte: adaptado Benninga et al., 2016[4] e Sperber et al., 2021.[6]

Desde 2016, o termo "distúrbios da interação entre cérebro e intestino"[3] vem sendo utilizado para se referir a essas condições, denominação que deve ser adotada em substituição ao termo consagrado "distúrbios gastrointestinal funcionais".[2] Essa modificação se justifica por refletir com mais fidelidade os mecanismos envolvidos na fisiopatologia dos distúrbios, além de neutralizar o estigma associado ao termo "funcional"[2] – afinal, o entendimento de que esses distúrbios se enquadram em uma perspectiva biopsicossocial e ultrapassam os limites das etiologias biomédicas existe há pelo menos duas décadas e os princípios de medicina psicossomática foram desenvolvidos há mais de um século, tendo sido discutidos desde a Grécia Antiga por Cláudio Galeno.[3]

PREVALÊNCIA

De acordo com os critérios de Roma IV, distúrbios gastrointestinais funcionais ocorrem em até 40% da população adulta, associando-se com menor qualidade de vida e com o sexo feminino.[6] Nesses grupos, destacam-se do ponto de vista numérico a constipação intestinal, a dispepsia funcional e a síndrome do intestino irritável.[6]

Em crianças e adolescentes, a prevalência também é elevada.[5,6] Na Tabela 1, são apresentadas as prevalências de distúrbios gastrointestinais funcionais em lactentes e pré-escolares de acordo com dois estudos realizados em consultórios pediátricos utilizando os critérios de Roma IV.[7,8] As prevalências dos diferentes distúrbios isoladamente foram muito semelhantes, assim como a prevalência do percentual de lactentes que apresentava pelo menos um deles (24,7% em comparação com 29,7%).[7,8] Por outro lado, a prevalência da ocorrência de dois ou mais distúrbios gastrointestinais funcionais simultaneamente foi maior no Brasil (15,7%) do que na Europa (4,2%).[7,8] Além disso, na pesquisa feita no Brasil foi evidenciado um número expressivo de lactentes com manifestações clínicas gastrointestinais que não preenchiam os critérios de Roma IV.[8]

TABELA 1 Comparação da prevalência de distúrbios gastrointestinais funcionais reconhecidos pelos critérios de Roma IV do nascimento até os 4 anos de idade em dois estudos

	Europa (Holanda, Itália, Bélgica)[7]		Brasil[8]
	Até 12 meses (n = 1.698)	13-48 meses (n = 1.053)	Até 12 meses (n = 5.080)
Regurgitação do lactente	13,8%	NA	10,0%
Cólica do lactente	4,2%	NA	6,1%
Disquesia funcional	4,0%	NA	3,9%
Constipação intestinal	3,0%	9,7%	7,6%
Diarreia funcional	0,1%	0,6%	0,01%
Síndrome da ruminação	4,3%	0,0%	NP
Síndrome dos vômitos cíclicos	0,7%	1,5%	NP

NA: não se aplica; NP: não pesquisado.
Fonte: elaborada pelo autor.

Já em escolares e adolescentes, uma revisão sistemática envolvendo 17.427 pacientes avaliou a prevalência de distúrbios gastrointestinais funcionais de acordo com os critérios de Roma IV, tendo encontrado ao menos um desses distúrbios em 23% dos pacientes estudados.[9] As condições mais prevalentes foram: constipação funcional (12%), dispepsia funcional (5%) e síndrome do intestino irritável (3%).[9]

Pode-se afirmar, portanto, que os distúrbios gastrointestinais funcionais são frequentes em todas as faixas de idade e que a constipação intestinal funcional é aquela que tem maior prevalência a partir dos 6 meses de vida.

DISTÚRBIOS GASTROINTESTINAIS FUNCIONAIS NO LACTENTE E NO PRÉ-ESCOLAR

A presença de distúrbios gastrointestinais funcionais em lactentes e pré-escolares provoca desconforto e outras consequências em curto e longo prazo.

Suas repercussões ainda podem influenciar a dinâmica familiar, ocasionando problemas emocionais nos pais e depressão materna.

Nessa população, distúrbios desse tipo são motivo de consultas médicas repetidas e se associam a mudanças não justificadas no esquema de alimentação, uso de medicações sem eficácia comprovada, busca de informações de fontes não confiáveis e outros problemas.[10,11] Além disso, o impacto econômico para a assistência médica e o tratamento desses problemas e de suas complicações são um aspecto importante.[10,11] Vale lembrar, ainda, que no primeiro ano de vida as manifestações clínicas dos distúrbios gastrointestinais funcionais são inespecíficas e podem ser causadas por outras doenças, ou, ainda, podem fazer parte do desenvolvimento normal do aparelho digestivo.[12] O Quadro 2 mostra os principais diagnósticos diferenciais dos distúrbios gastrointestinais funcionais no lactente.[12]

QUADRO 2 Diagnósticos diferenciais mais frequentes dos sintomas e sinais gastrointestinais no lactente

Distúrbios gastrointestinais funcionais no lactente
▪ Regurgitação do lactente ▪ Síndrome da ruminação no lactente ▪ Síndrome dos vômitos cíclicos ▪ Cólica do lactente ▪ Diarreia funcional ▪ Disquesia do lactente ▪ Constipação intestinal funcional
Alergia às proteínas do leite de vaca
Doença do refluxo gastroesofágico
Outras doenças agudas e crônicas Infecções virais, doenças cirúrgicas (p. ex., estenose hipertrófica do piloro), vômitos de origem extradigestiva e inúmeras outras
Sinais e sintomas gastrointestinais associados ao desenvolvimento do aparelho digestivo Ocorrem isoladamente ou em conjunto e não preenchem as características para estabelecer um diagnóstico específico (p. ex., ocorrência isolada de flatulência, regurgitações, eructações, dificuldade para evacuar, entre outros)

Fonte: elaborado pelo autor.

A seguir, serão discutidos os distúrbios gastrointestinais funcionais mais prevalentes e característicos dos primeiros meses de vida (regurgitação do lactente, cólica do lactente e disquesia funcional).

Regurgitação do lactente

Na avaliação clínica do lactente, um primeiro aspecto importante é diferenciar regurgitações de vômitos, pois é frequente que essa confusão aumente a ansiedades dos familiares. A regurgitação envolve um aumento do número de relaxamentos do esfíncter esofágico inferior independentes das deglutições. Em geral, esse número diminui paulatinamente ao longo do primeiro ano de vida conforme ocorre a maturação funcional dessa estrutura.[5] O Quadro 3 mostra os critérios de Roma IV para caracterização da regurgitação do lactente.

QUADRO 3 Critérios de Roma IV para o diagnóstico de regurgitação do lactente

Devem estar presentes as duas seguintes características em um lactente sem nenhum outro problema de saúde e idade entre 3 semanas e 12 meses:
▪ ≥ 2 regurgitações/dia durante ≥ 3 semanas*
▪ Ausência de náuseas, hematêmese, aspiração, apneia, déficit de crescimento (*failure to thrive*), dificuldades na alimentação ou para a deglutição e postura anormal

* Após avaliação médica apropriada, as manifestações clínicas não podem ser plenamente explicadas por outra condição médica.

Fonte: adaptado de Benninga et al., 2016.[4]

Em alguns lactentes, pode-se observar um alto número de regurgitações que, quando acompanhdas de choro excessivo, irritabilidade e dificuldade para alimentação, pode ser confundida com esofagite causada pela doença do refluxo gastroesofágico.[5,13] Outra doença que deve ser considerada é a alergia às proteínas do leite de vaca.[14] Na prática, muitas vezes é extremante difícil estabelecer o diagnóstico exato desses pacientes. Assim, é importante sempre manter a observação clínica e avaliar a evolução e o efeito das condutas preconizadas, uma vez que, em geral, os exames subsidiários não contribuem para o diagnóstico diferencial.[5,13-15]

A exemplo de outros distúrbios gastrointestinais funcionais que acometem o lactente, apoio, educação e aconselhamento aos pais associados com orientações nutricionais são muito importantes na conduta.[10,11] O aleitamento materno exclusivo deve ser mantido sempre, enquanto nos casos de aleitamento artificial a prescrição de fórmula infantil espessada proporciona redução das regurgitações. Outro ponto fundamental é a posição do lactente, que deve ser mantido em decúbito dorsal, uma vez que decúbitos ventral e lateral se associam com maior risco de morte súbita.[10,11,13]

Destaca-se, ainda, que inibidores de bomba de prótons não devem ser prescritos antes de se verificar o efeito das medidas básicas e, quando necessário, de se descartar o diagnóstico de alergia à proteína do leite de vaca.[10,11,13,14]

Cólica do lactente

Os critérios de Roma IV têm duas propostas para caracterizar cólica do lactente: uma para a prática assistencial e outra para pesquisa (Quadro 4).[4] Choro excessivo é a principal manifestação desse distúrbio, sendo observada também a presença de agitação ou irritabilidade (em inglês, *fussing*). Essas manifestações constituem as bases para definir cólica do lactente.[4,16] Outras manifestações clínicas que podem ser encontradas são face ruborizada, testa franzida, abdome endurecido, mãos fechadas e coxas fletidas.[4,16] Sua ocorrência é mais comum no final da tarde e no início da noite.

QUADRO 4 Critérios de Roma IV para caracterização de cólica do lactente

Para fins de **assistência clínica**, devem estar presentes todas as três seguintes características:* ▪ Idade < 5 meses para início e término dos sintomas ▪ Períodos prolongados e recorrentes de choro, desconforto ou irritabilidade que, segundo os cuidadores, não tem uma causa evidente (e os cuidadores são incapazes de solucionar ou prevenir os episódios de sintomatologia) ▪ Ganho de peso normal e ausência de febre ou outras doenças
Para fins de **pesquisa clínica**, devem estar presentes as condições estabelecidas para a assistência clínica e também as duas seguintes: ▪ Relato presencial ou telefônico de choro, desconforto ou irritabilidade por mais de 3 horas, em ≥ 3 dias nos últimos 7 dias ▪ Registro prospectivo de choro, desconforto e irritabilidade durante pelo menos 24 horas

* Após avaliação médica apropriada, as manifestações clínicas não podem ser plenamente explicadas por outra condição médica.

Fonte: adaptado de Benninga et al., 2016.[4]

Na avaliação clínica do lactente com suspeita de cólica, é importante lembrar que mães de crianças com esse distúrbio apresentam maior risco de depressão pós-parto e que lactentes com cólica e choro excessivo têm maior chance de serem vítimas de violência física (chacoalhados, esbofeteados ou tentativa de sufocamento).[4,16] Devem ser consideradas também outras causas de choro. Lactentes com cólica apresentam também maior chance de apresentar outras doenças gastrointestinais, enxaqueca e problemas emocionais em fases posteriores da vida.[4,16]

A fisiopatologia específica desse distúrbio ainda não está bem definida. Parece haver um padrão distinto de instalação da microbiota intestinal que se iguala aos de lactentes sem cólica a partir dos 4 a 5 meses de vida.[4,16]

Transmitir segurança e informações sobre a cólica do lactente para os pais são os passos iniciais do tratamento. A segurança dos pais e os conhecimentos de que se trata de um processo transitório, além da possiblidade de receber auxílio do pediatra quando necessário, são aspectos fundamentais na prática pediátrica.[4,10,11,16] O aleitamento materno exclusivo nunca deve ser interrompido.

Para os lactentes em aleitamento natural, um posicionamento recente da European Society for Paediatric Gastroenterology Hepatology and Nutrition (ESPGHAN) reconhece o efeito de apenas duas cepas de probióticos (*Lactobacillus reuteri* DSM 17938 e *Bifidobacterium lactis subsp lactis* BB-12) na redução da duração média diária de choro.[17] Lactentes em aleitamento artificial, por sua vez, podem se beneficiar da substituição da fórmula convencional por fórmula com proteínas parcialmente hidrolisadas, diminuição do teor de lactose e adição de prebióticos (fórmula infantil para desconfortos gastrointestinais).[10,11] Simeticona não tem eficácia.[10,11]

Disquesia do lactente

Disquesia do lactente é um distúrbio gastrointestinal funcional pouco conhecido e que não necessita de tratamento específico. É importante, no entanto, que seja reconhecido pelo profissional de saúde para evitar que seja confundido com constipação intestinal ou outra doença.[4] O Quadro 5 apresenta os critérios de Roma IV para esse diagnóstico.

QUADRO 5 Critérios de Roma IV para diagnóstico de disquesia do lactente

Devem estar presentes as duas condições seguintes antes dos 9 meses de idade:
▪ ≥ 10 minutos de esforço ou choro antes da eliminação de fezes com ou sem sucesso*
▪ Ausência de outros problemas de saúde

* Após avaliação médica apropriada, a manifestação clínica não pode ser plenamente explicada por outra condição médica.

Fonte: adaptado de Benninga et al., 2016.[4]

A orientação dos pais quanto à natureza benigna e transitória desse distúrbio é fundamental. O esforço e o choro que ocorrem antes da evacuação provavelmente são consequência da falta da habilidade de coordenar a contração dos músculos abdominais (prensa abdominal) com o relaxamento pélvico no momento da evacuação.[4]

DISTÚRBIOS GASTROINTESTINAIS FUNCIONAIS NA CRIANÇA E NO ADOLESCENTE

Em crianças e adolescentes, os distúrbios gastrointestinais funcionais são distribuídos em três grupos: distúrbios com náuseas e vômitos, dor abdominal funcional e distúrbios da defecação (Quadro 1).[5] A seguir, serão discutidos os distúrbios da defecação e a dor abdominal funcional, que apresentam maior prevalência.

Distúrbios funcionais da defecação

Constipação intestinal funcional é o distúrbio gastrointestinal funcional mais prevalente a partir dos 6 meses de vida. Nos pacientes atendidos em ambulatórios especializados, é frequente longo histórico mencionando início ainda no primeiro ano de vida. Nessa fase, é mais frequente o aparecimento no segundo semestre e o início muitas vezes é concomitante com a interrupção do aleitamento natural e a introdução dos alimentos complementares não lácteos.[4,5,18-20]

Como todos os outros distúrbios gastrointestinais funcionais, a constipação intestinal funcional é resultante da interação de fatores biológicos, psicológicos e sociais, com envolvimento específico de: fatores genéticos e constitucionais, fator alimentar, alteração na motilidade intestinal e na dinâmica das evacuações, círculo vicioso desencadeado pela dor e pelo medo de evacuar, e fatores emocionais. No Quadro 6, são apresentados os critérios diagnósticos de Roma IV para a constipação intestinal funcional.[4,5]

QUADRO 6 Critérios de Roma IV para constipação intestinal funcional

Lactentes e crianças com menos de 4 anos devem apresentar duas ou mais das seguintes manifestações por período ≥ 1 mês:* ▪ ≤ 2 evacuações/semana ▪ Histórico de retenção excessiva de fezes ▪ Histórico de evacuações com dor e dificuldade ▪ Histórico de fezes com grande calibre ▪ Presença de grande massa fecal no reto
Nas **crianças que já completaram o treinamento esfincteriano**, também devem ser considerados:* ▪ ≥ 1 episódio/semana de incontinência fecal após aquisição do controle esfincteriano ▪ Histórico de eliminação de fezes de grande calibre que podem entupir o vaso sanitário
Crianças com mais de 4 anos e adolescentes devem apresentar duas ou mais das seguintes características (pelo menos 1×/semana) durante o período mínimo de 1 mês, desde que não preencham o critério diagnóstico de síndrome do intestino irritável:*,# ▪ ≤ 2 evacuações/semana no vaso sanitário, quando o desenvolvimento for compatível com a idade de 4 anos ▪ ≥ 1 episódio/semana de incontinência fecal ▪ Histórico de evacuações com dor ou dificuldade ▪ Presença de grande massa fecal no reto ▪ Histórico de eliminação de fezes de grande calibre que podem entupir o vaso sanitário

* Após avaliação médica apropriada, as manifestações clínicas não podem ser plenamente explicadas por outra condição médica.

\# Critério de Roma IV para o diagnóstico da síndrome do intestino irritável deve incluir, durante 2 meses dor abdominal em pelo menos 4 dias do mês associada com mudança nas evacuações (frequência ou formato das fezes). Se o tratamento da constipação intestinal proporcionar normalização do hábito intestinal e desaparecimento da dor abdominal, deve prevalecer o diagnóstico de constipação intestinal funcional.

Fonte: adaptado de Benninga et al., 2016[4] e Hyams et al., 2016.[5]

Acredita-se que o círculo vicioso de dor e medo para evacuar tem um papel importante na cronificação da constipação intestinal funcional na criança e no adolescente (Figura 1); assim, um dos principais objetivos do tratamento da constipação intestinal funcional é interromper esse círculo vicioso.[4,5,18-20]

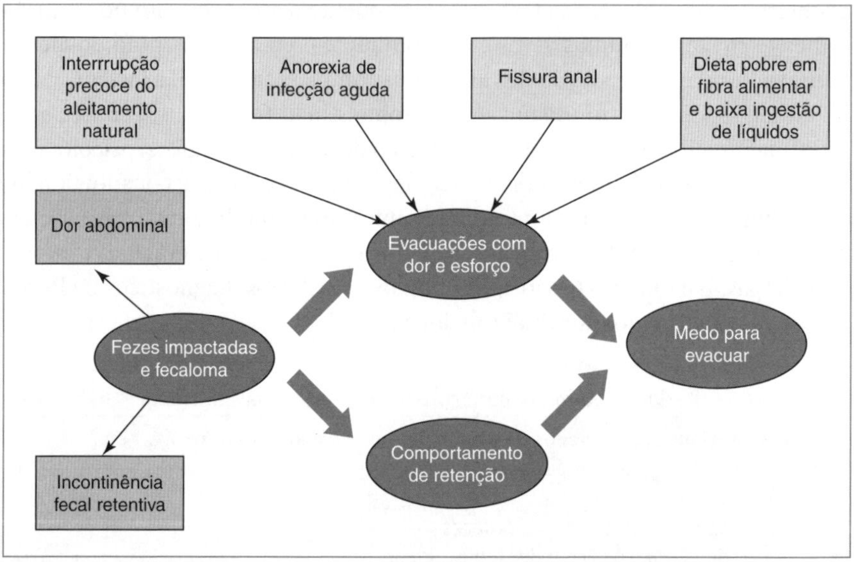

FIGURA 1 Círculo vicioso envolvido no aparecimento e na cronificação da constipação intestinal em pediatria.

Fonte: adaptada de Morais, 2022.[18]

Para o melhor entendimento da constipação intestinal na faixa etária pediátrica, é importante conhecer os conceitos do comportamento de retenção e da incontinência fecal retentiva:[5,6,18-20]

- **Comportamento de retenção**: manobras de contração (cruzando as pernas) realizadas pela criança para evitar a evacuação, podendo levar à exaustão do esfíncter anal externo e da musculatura glútea.
- **Incontinência fecal retentiva (*soiling* ou escape fecal)**: perda involuntária de conteúdo retal fecaloide ou fezes amolecidas em consequência da presença de impactação fecal no reto e no cólon.

Além disso, nas crianças com constipação intestinal, especialmente aquelas com incontinência fecal retentiva, é comum ocorrer ansiedade, depressão, diminuição da autoestima e agressividade.[5,6,18-20]

É importante destacar, ainda, que as manifestações clínicas da constipação intestinal variam de acordo com a faixa etária. Nos lactentes, muitas vezes, essa condição tem início após a introdução do leite de vaca ou dos alimentos complementares, observando-se inicialmente dor e/ou esforço para evacuar e fezes endurecidas na forma de cíbalos. Aumento expressivo no intervalo das evacuações, impactação fecal e distensão abdominal nessa fase requerem redobrada atenção para descartar causas orgânicas de constipação intestinal.[5,6,18-20] Já a partir do segundo ano vida, o comportamento de retenção passa a ser mais facilmente reconhecido. Podem ocorrer aumento da dor e da dificuldade para evacuar, bem como aumento das dimensões e mudança da consistência fecal. Pode-se observar também um aumento no intervalo entre as evacuações. Em uma etapa subsequente, impactação das fezes e incontinência fecal retentiva são manifestações possíveis, além de grandes intervalos entre as evacuações e entupimento do vaso sanitário por fezes muito volumosas. Crianças com constipação intestinal também podem apresentar diminuição do apetite. Dor abdominal não relacionada ao momento da evacuação pode ser a queixa principal de parte dos pacientes. Anormalidades urinárias, como infecção urinária de repetição, enurese noturna e incontinência urinária, também estão associadas com esse distúrbio.[5,6,18-20] Deve-se lembrar que a natureza funcional é responsável por mais de 90% dos casos, mas o profissional deve estar atento para o diagnóstico diferencial de outras doenças que podem exigir tratamento diferentes.

Os princípios do tratamento da constipação intestinal funcional estão bem estabelecidos há várias décadas.[5,6,18-20] Para todos os pacientes, é importante oferecer orientações gerais sobre a doença, a dinâmica da evacuação, dieta e atividade física.[5,6,18-20]

Na primeira consulta, é muito importante definir se o paciente apresenta ou não impactação fecal ou fecaloma (muitas vezes associado com incontinência fecal retentiva). Se houver fezes impactadas, desimpactação ou esvaziamento de fecaloma do reto e/ou cólon são imprescindíveis para que se atinja sucesso no tratamento. A desimpactação pode ser feita por via oral, com a administração de polietilenoglicol (PEG, ou macrogol) 3350 ou 4000 na dose de 1,0 a 1,5 g/kg/dia, por 2 a 5 dias. Se essa substância não estiver disponível, a segunda opção é a utilização de enemas também diariamente, por 3 a 5 dias. Em maiores de 2 anos, os enemas podem ser feitos com soluções fosfatadas.[5,6,18-20] Depois da desimpactação, a dose do polietilenoglicol 3350/4000 deve ser readequada para cada paciente a fim de proporcionar uma evacuação diária sem dor ou dificuldade (usualmente, em torno de 0,8 g/kg/dia). O uso dessa substância deve ser diário e se estender por pelo menos 2 meses, sendo que muitas vezes é necessário que o tratamento seja mais prolongado.[4,5,18-20]

Quando não houver disponibilidade do polietilenoglicol 3350/4000, a segunda opção é a lactulose; no entanto, o leite de magnésia constitui uma alternativa com menor custo e por isso também costuma ser usado. Em função do risco de aspiração, o óleo mineral vem sendo abandonado, mas algumas vezes ainda é a única opção disponível no serviço público. Essa opção é contraindicada para lactentes e pacientes com encefalopatia crônica não progressiva.[4,5,18-20]

Na alimentação, devem ser corrigidos os erros alimentares, em geral envolvendo o aumento do consumo de fibra alimentar e fluidos.[18-20] Atividade física deve ser estimulada e o sedentarismo deve ser evitado.

Quanto à possibilidade de uso de probióticos, apesar de várias pesquisas nesse sentido, não se identificou algum que contribua para o tratamento da constipação intestinal em crianças e adolescentes, mesmo que como coadjuvante.[17]

Estima-se que 50% dos pacientes tratados em ambulatórios especializados estão sem sinais de constipação intestinal após 6 a 12 meses de tratamento, 10% permanecem assintomáticos enquanto usam laxantes e 40% têm sintomas mesmo em tratamento.[20]

Outro distúrbio funcional da defecação que merece atenção é a incontinência fecal não retentiva. Nessa situação, criança com idade superior a 4 anos (em termos de desenvolvimento neuropsicomotor) e sem evidência de impactação fecal evacua em locais inapropriados.[4] A duração do processo deve ser superior a 1 mês e após avaliação médica apropriada o problema não pode ser explicada por outra doença.[4] Esse distúrbio se relaciona com problemas emocionais e tem prognóstico pior do que a incontinência fecal retentiva,[4] sendo conhecido também como encoprese.[18]

Dor abdominal funcional

A exemplo dos demais distúrbios gastrointestinais funcionais, a dor abdominal funcional também é resultante da interação de múltiplos fatores biológicos, psicológicos e sociais e da interação entre o cérebro e o intestino.[1-3,5,6,21,22] No Quadro 7, são apresentados os critérios de Roma IV para caracterização da dor abdominal funcional na criança maior e em adolescentes.

Cada um dos tipos de dor abdominal funcional apresenta particularidades em sua fisiopatologia. No contexto biológico, são valorizados a distensão do intestino (p. ex., nos casos de má-absorção de carboidratos), a inflamação de baixo grau (p. ex., relacionada a disbiose e alergias) e distúrbios da motilidade (p. ex., diminuição da acomodação gástrica).[1-3,21,22] Esses fatores podem ter maior expressão patogênica em indivíduos que apresentam hipersensibilidade visceral e/ou anormalidades no processamento central de estímulos dolorosos. Já no

QUADRO 7 Critérios de Roma IV para dor abdominal funcional

Dispepsia funcional:* dor abdominal em pelo menos 4 dias/mês, durante mais de 2 meses, com: ▪ Empachamento pós-prandial ▪ Saciedade precoce ▪ Dor ou queimação epigástrica não associada com a evacuação Os pacientes são divididos em dois subgrupos: ▪ Síndrome do desconforto pós-prandial: distensão do abdome superior, náusea, eructação excessiva ▪ Síndrome de dor epigástrica: dor intensa localizada no epigástrio que não melhora com a evacuação ou a eliminação de flatos, induzida ou aliviada pela refeição, mas que pode ocorrer em jejum
Síndrome do intestino irritável:* dor abdominal em menos 4 dias/mês, durante mais de 2 meses com as seguintes características: ▪ Relacionada com a evacuação ▪ Mudança na frequência de evacuações ▪ Mudança no aspecto das fezes Se a dor é concomitante com constipação intestinal, deve persistir após controle terapêutico da constipação intestinal para ser atribuída à síndrome do intestino irritável
Enxaqueca abdominal:* dor abdominal em pelo menos 2 episódios nos últimos 6 meses com todas as seguintes características: ▪ Dor paroxística incapacitante na região umbilical, na linha média ou difusa com duração > 1 hora ▪ Padrão individual estereotipado, sendo os episódios intercalados por períodos normais de semanas ou meses ▪ Dois ou mais dos seguintes sintomas: anorexia, náusea, vômito, cefaleia, fotofobia, palidez
Dor abdominal funcional sem outra especificação:* dor abdominal em pelo menos 4 dias/mês, durante mais de 2 meses, obrigatoriamente com as seguintes características: ▪ Dor episódica ou contínua que não se associa com eventos fisiológicos (alimentação, menstruação) ▪ Não preenche os critérios para síndrome do intestino irritável, dispepsia funcional ou enxaqueca abdominal

* Após avaliação médica apropriada, as manifestações clínicas não podem ser plenamente explicadas por outra condição médica.

Fonte: adaptado de Hyams et al., 2016.[5]

campo psicossocial, destacam-se ansiedade, estresse familiar, baixa capacidade de enfrentamento, ganhos secundários, histórico de abuso, entre outros.[1-3,21,22] Outro aspecto importante vincula-se à participação da microbiota intestinal na geração dos distúrbios gastrointestinais funcionais, pois acumulam-se as evidências das importantes interações entre a microbiota intestinal, o intestino e o cérebro. Assim, há uma expectativa de que a modulação da microbiota intestinal com os probióticos possa contribuir no controle da dor abdominal funcional.[1-3,17,21,22]

Na prática clínica, é fundamental destacar a importância da anamnese detalhada que leve em consideração todos os aspectos da sintomatologia e da situação da criança ou adolescente na família, na escola e em seu ambiente social. É muito importante também avaliar os aspectos referentes à alimentação e ao estado nutricional. O exame físico completo é importante não somente para identificar eventuais anormalidades, mas também para aumentar a segurança do paciente e da família de que a queixa foi valorizada e mereceu plena atenção do médico.

Com relação à conduta terapêutica, é fácil compreender que a diversidade dos tipos de dor abdominal funcional dificulta o desenvolvimento de uma abordagem única eficaz. Sabe-se, no entanto, que a avaliação clínica completa e cuidadosa pode diminuir as tensões e apreensões do paciente e da família, proporcionando, com frequência, expressiva redução na sintomatologia em cerca de um terço dos pacientes. Isso explica por que em vários ensaios clínicos estudando distúrbios gastrointestinais funcionais, observa-se uma melhora relevante no grupo que recebe placebo.

Os exames subsidiários, por sua vez. podem contribuir para descartar determinadas doenças a depender das características individuais de cada paciente. Deve-se ter muito cuidado na interpretação dos resultados, por exemplo, nos casos de identificação de parasitose intestinal não relacionada com a dor abdominal e quando há persistência da dor após realização de dieta sem lactose em paciente para o qual exame de laboratório detectou má-absorção de lactose (pode apresentar hipolactasia do tipo adulto assintomática).

Uma revisão da literatura publicada em 2018 avaliou as evidências disponíveis sobre a eficácia de intervenções medicamentosas, dietéticas e psicossocias,[23] tendo constatado benefício com terapia cognitivo-comportamental, hipnoterapia e probióticos.[23] Devem ser consideradas algumas dificuldades para a implementação da terapia cognitivo-comportamental e a hipnose, que exigem uma equipe com experiência difícil de se encontrar em todos os locais, especialmente nos serviços de atenção primária. Com relação aos probióticos, os efeitos clínicos identificados são específicos de cada cepa. Assim, considera-se que uma contribuição no tratamento pode ser proporcionada por *Lactobacillus rhamnosus* GG na síndrome do intestino irritável e por *Lactobacillus reuteri* DSM 17938 na dor abdominal funcional sem outra especificação.[17]

Outra opção que emerge na abordagem desses casos, apesar de ainda não existirem evidências, diz respeito a um possível efeito benéfico de dietas com redução ou isenção de lactose, frutose e outros FODMAP (do inglês *fermentable oligo-, di-, mono-saccharides and polyols*).[24] Essas dietas devem ser avaliadas individualmente para se confirmar se os eventuais benefícios obtidos são realmente dependentes das mudanças na dieta. É importante, ainda, que qualquer dieta estabelecida atenda a todas as necessidades nutricionais para evitar deficiências de macro ou micronutrientes.

Com relação ao uso de medicamentos, a publicação dos critérios de Roma IV apresenta uma discussão sobre o tema, mas os autores alertam para a falta de evidências.[5] Assim, a depender do tipo de dor abdominal funcional, há a possibilidade de prescrição de redutores da secreção ácida gástrica, baixas doses de antidepressivos tricíclicos, procinéticos, óleo de hortelã-pimenta, drogas para redução dos episódios de enxaqueca abdominal, entre outros.[5] Foge ao escopo deste capítulo uma discussão mais aprofundada sobre esse tema, mas destaca-se que, frente à necessidade de prescrever medicações, o médico deve avaliar as necessidades individuais dos paciente e a literatura disponível.

Por fim, com relação ao prognóstico, observa-se que uma parcela dos pacientes pode persistir com sintomas por mais de 5 anos. A presença de manifestações clínicas associadas, como dor lombar, cefaleia, fraqueza e falta de disposição, se associa com maior chance de a dor abdominal persistir na adolescência e na idade adulta. Outros fatores associados com persistência da dor abdominal são históricos familiares de ansiedade, sintomas depressivos, síndrome do intestino irritável e dor abdominal recorrente.[22]

CONSIDERAÇÕES FINAIS

Em resumo, os distúrbios gastrointestinais funcionais podem ocorrer em todas as faixas de idade. De maneira global, eles são decorrentes de múltiplos fatores biológicos, psicológicos e sociais que impactam a interação entre o cérebro e o intestino. Apesar disso, algumas particularidades podem ser caracterizadas na fisiopatologia, indicando mecanismos mais importantes em alguns distúrbios, como: distúrbio da instalação da microbiota na cólica do lactente; falta de desenvolvimento funcional relacionado à motilidade na regurgitação do lactente e na disquesia do lactente; círculo vicioso de dor e medo para evacuar levando a retenção fecal e piora da dor para evacuar nos distúrbios funcionais da defecação; e hipersensibilidade visceral na dor abdominal funcional.

É importante que a avaliação profissional seja detalhada em todos os casos para possibilitar a definição diagnóstica e fortalecer os laços de confiança entre a família e o médico. Alguns desses distúrbios têm evolução autolimitada, mas outros tendem a apresentar evolução crônica e recorrências. Tratamentos específicos devem ser adotados em conformidade com o diagnóstico estabelecido.

REFERÊNCIAS BIBLIOGRÁFICAS

1. Rasquin-Weber A, Hyman PE, Cucchiara S, Fleisher DR, Hyams JS, Milla PJ, et al. Childhood functional gastrointestinal disorders. Gut. 1999;45(Suppl 2):II60-8.
2. Black CJ, Drossman DA, Talley NJ, Ruddy J, Ford AC. Functional gastrointestinal disorders: advances in understanding and management. Lancet. 2020;396(10263):1664-74.
3. Drossman DA. Functional gastrointestinal disorders: history, pathophysiology, clinical features and Rome IV. Gastroenterology. 2016; 19:S0016-5085(16)00223-7.
4. Benninga MA, Faure C, Hyman PE, Roberts ISJ, Schechter NL, Nurko S. Childhood functional gastrointestinal disorders: neonate/toddler. Gastroenterology. 2016;S0016-5085(16)00182-7.
5. Hyams JS, Di Lorenzo C, Saps M, Shulman RJ, Staiano A, Van Tilburg M. Childhood functional gastrointestinal disorders: child/adolescent. Gastroenterology. 2016;S0016-5085(16)00181-5.
6. Sperber AD, Bangdiwala SI, Drossman DA, Ghoshal UC, Simren M, Tack J, et al. Worldwide prevalence and burden of functional gastrointestinal disorders. Gastroenterology. 2021;160(1):99-114.e3.
7. Steutel NF, Zeevenhooven J, Scarpato E, Vandenplas Y, Tabbers MM, Staiano A, et al. Prevalence of functional gastrointestinal disorders in European infants and toddlers. J Pediatr. 2020;221:107-14.
8. Morais MB, Toporovski MS, Tofoli MHC, Barros KV, Silva LR, Ferreira CHT. Prevalence of functional gastrointestinal disorders in Brazilian infants seen in private pediatric practices and their associated factors. J Pediatr Gastroenterol Nutr. 2022;75(1):17-23.
9. Velasco-Benítez CA, Collazos-Saa LI, García-Perdomo HA. A systematic review and meta-analysis in schoolchildren and adolescents with functional gastrointestinal disorders according to Rome IV criteria. Arq Gastroenterol. 2022;59(2):304-13.
10. Vandenplas Y, Hauser B, Salvatore S. Functional gastrointestinal disorders in infancy: impact on the health of the infant and family. Pediatr Gastroenterol Hepatol Nutr. 2019;22(3):207-16.
11. Salvatore S, Abkari A, Cai W, Catto-Smith A, Cruchet S, Gottrand F, et al. Review shows that parental reassurance and nutritional advice help to optimise the management of functional gastrointestinal disorders in infants. Acta Paediatr Int J Paediatr. 2018;107(9):1512-20.
12. Morais MB. Signs and symptoms associated with digestive tract development. J Pediatr (Rio J). 2016;92(3 (Suppl 1):S46-S56.
13. Rosen R, Vandenplas Y, Singendonk M, Cabana M, Dilorenzo C, Gottrand F, et al. Pediatric gastroesophageal reflux clinical practice guidelines: joint recommendations of the North American Society for Pediatric Gastroenterology, Hepatology, and Nutrition and the European Society for Pediatric Gastroenterology, Hepatology, and Nutrition. J Pediatr Gastroenterol Nutr. 2009;49(4):498-547.
14. Vandenplas Y, Broekaert I, Domellöf M, Indrio F, Lapillonne A, Pienar C, et al. An ESPGHAN position paper on the diagnosis, management and prevention of cow's milk allergy. J Pediatr Gastroenterol Nutr. 2024;78(2):386-413.
15. Salvatore S, Agosti M, Baldassarre ME, D'Auria E, Pensabene L, Nosetti L, et al. Cow's milk allergy or gastroesophageal reflux disease: can we solve the dilemma in infants? Nutrients. 2021;13(2):297.
16. Zevenhooven J, Browne PD, L'Hoir MP, Weerth C, Benninga MA. Infant colic: mechanisms and management. Nat Rev Gastroenterol Hepatol. 2018;15(8):479-96.
17. Szajewska H, Canani RB, Domellöf M, Guarino A, Hojsak I, Indrio F, et al. Probiotics for the management of pediatric gastrointestinal disorders: position paper of the ESPGHAN Special Interest Group on gut microbiota and modifications. J Pediatr Gastroenterol Nutr. 2023;76(2):232-47.
18. Morais MB. Constipação intestinal. In: Sociedade Brasileira de Pediatria. Tratado de Pediatria. 5.ed. Barueri: Manole; 2022. p. 1335-43.
19. Vriesman MH, Koppen IJN, Camilleri M, Di Lorenzo C, Benninga MA. Management of functional constipation in children and adults. Nat Rev Gastroenterol Hepatol. 2020;17(1):21-39.
20. Tabbers MM, Dilorenzo C, Berger MY, Faure C, Langendam MW, Nurko S, et al. Evaluation and treatment of functional constipation in infants and children: evidence-based recommendations from ESPGHAN and NASPGHAN. J Pediatr Gastroenterol Nutr. 2014;58(2):258-74.

21. Di Lorenzo C, Colletti RB, Lehmann HP, Boyle JT, Gerson WT, Hyams JS, et al. Chronic abdominal pain in children: a technical report of the American Academy of Pediatrics and the North American Society for Pediatric Gastroenterology, Hepatology and Nutrition. J. Pediatr Gastroenterol Nutr. 2005;40(3):249-61.
22. Korterink J, Devanarayana NM, Rajindrajith S, Vlieger A, Benninga MA. Childhood functional abdominal pain: mechanisms and management. Nat Rev Gastroenterol Hepatol. 2015;12(3):159-71.
23. Abbott RA, Martin AE, Newlove-Delgado TV, Bethel A, Whear RS, Coon JT, et al. Recurrent abdominal pain in children: summary evidence from 3 systematic reviews of treatment effectiveness. J Pediatr Gastroenterol Nutr. 2018;67(1):23-33.
24. Pensabene L, Salvatore S, Turco R, Tarsitano F, Concolino D, Baldassarre ME, et al. Low FODMAPs diet for functional abdominal pain disorders in children: critical review of current knowledge. J Pediatr (Rio J). 2019;95(6):642-56.

29

Supercrescimento bacteriano no intestino delgado (SIBO)

Cristiano Coutinho Rudge Barbosa

PONTOS-CHAVE

- Supercrescimento bacteriano no intestino delgado (SIBO) é um desequilíbrio da microbiota caracterizado pela maior presença de micorganismos no intestino delgado. Em geral, observa-se a presença de condições predisponentes que levam a esse desequilíbrio.
- Os sintomas do supercrescimento bacteriano no intestino delgado são bastante diversos, envolvendo desde dor e distensão abdominal até casos assintomáticos ou com repercussões apenas laboratoriais. Nos casos em que o desequilíbrio é mais avançado, é possível encontrar síndrome disabsortiva e perda ponderal.
- O diagnóstico mais usual é feito por meio do teste respiratório de gases expirados.
- O tratamento estabelecido para essa condição é a antibioticoterapia. Além disso, há publicações que indicam que o uso de fitoterápicos apresenta boas respostas.

INTRODUÇÃO

Supercrescimento bacteriano no intestino delgado é uma condição conhecida mundialmente pela sigla SIBO, oriunda do inglês *small intestinal bacterial overgrowth*. Há um interesse recente pelo tema, mas o conhecimento dessa condição não é novo nas ciências médicas, podendo-se encontrar facilmente artigos publicados sobre o tema desde 1968. O ressurgimento mais recente do interesse pelo tema possivelmente decorre do reconhecimento de que desequilíbrios no microbioma intestinal se associam a inúmeros processos de adoecimento do corpo humano. Além disso, se antes a condição era reconhecida em pacientes em fase de pós-operatório e com alterações estruturais, identificou-se atualmente um aumento substancial de sua ocorrência entre pessoas nunca antes submetidas a procedimentos cirúrgicos.[1]

O American College of Gastroenterology define SIBO como uma síndrome clínica caracterizada por sintomas gastrointestinais que decorre do número excessivo de bactérias no intestino delgado, as quais promovem fermentação excessiva de nutrientes que deveriam ser completamente absorvidos, levando à produção de gases excessivos e sintomas.[1] Dados da literatura demonstram uma prevalência global dessa condição de 33,8% entre pacientes portadores de sintomas gastrointestinais submetidos a investigação diagnóstica.[2]

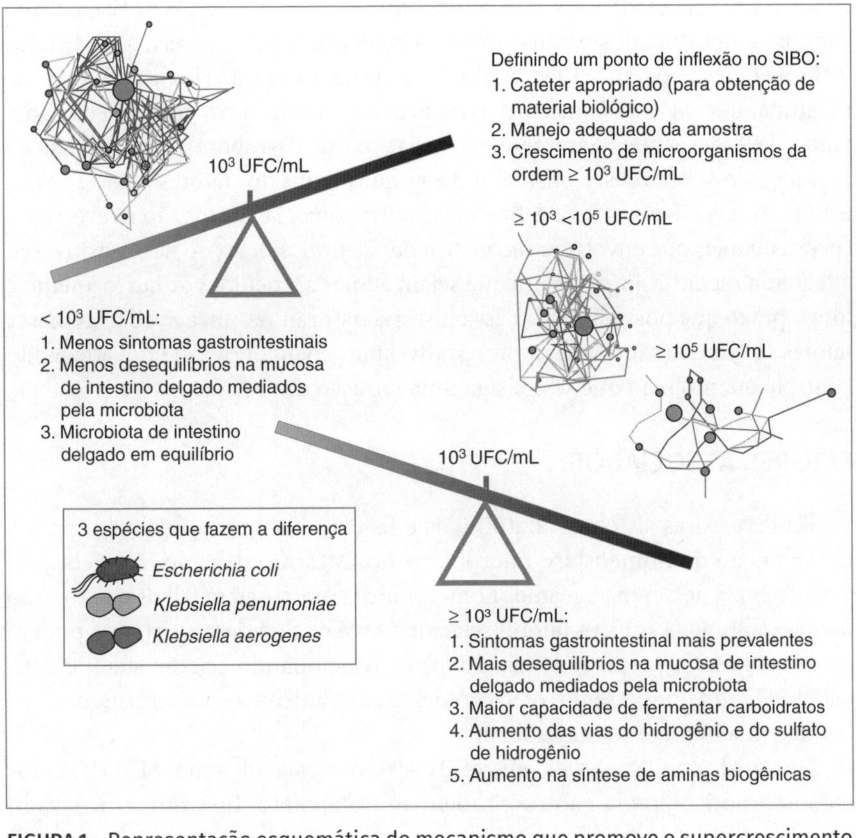

FIGURA 1 Representação esquemática do mecanismo que promove o supercrescimento bacteriano no intestino delgado (SIBO).

Fonte: adaptada de Leite et al., 2024.[3]

A combinação da alta prevalência dessa forma de desequilíbrio da microbiota intestinal com o reconhecimento das repercussões sistêmicas do eixo microbiota-intestino-cérebro justifica a revisão do tema apresentada neste capítulo.

EPIDEMIOLOGIA

Boa parte dos estudos acerca do microbioma intestinal humano deriva de pesquisas envolvendo análise de material fecal, com informações valiosas sobre a composição populacional microbiológica do intestino grosso.[4] De maneira semelhante, um melhor entendimento do microbioma do intestino delgado parece ser fundamental para que se consiga preencher lacunas que existem no conhecimento do SIBO.

Virtualmente, é possível que todos os seres humanos estejam sujeitos a essa condição, mas as evidências até o momento apontam que fatores de risco, como algumas comorbidades, e a ausência ou a inadequação de alguns fatores fisiológicos de defesa podem ser facilitadores para sua instalação (Figura 2). Estima-se, ainda, que 44% dos pacientes com SIBO terão um novo episódio em uma janela de 9 meses após o tratamento inicial,[5] o que corrobora a importância da presença desses fatores. Considerando-se que alguns dos fatores associados ao SIBO são reversíveis (p. ex., deficiências nutricionais) e outros são irreversíveis (p. ex., aqueles que envolvem reconstruções cirúrgicas), faz-se necessário o seu adequado reconhecimento para que sejam adotadas medidas de curto, médio e longo prazo que possam mudar essa história natural. Assim, a avaliação desses fatores subjacentes torna-se imprescindível tanto para que exista um adequado controle quanto para que se consiga uma redução das recidivas.

FATORES ASSOCIADOS

Há diversores sistemas anatômicos e fisiológicos que contribuem para a manutenção da homeostase microbiana no intestino delgado. A quebra ou a ineficiência desses mecanismos homeostáticos representam falhas na proteção do microbioma. Assim, os fatores relacionados à quebra desses sistemas podem ser considerados predisponentes do SIBO, relacionando-se com sua incidência.[6] O Quadro 1 apresenta a relação desses mecanismos com os sistemas que compõem a homeostase microbiana.

De acordo com Rao et al.,[7] entre 30 e 40% dos pacientes com SIBO tratados com antibioticoterapia não respondem ao tratamento. Esse número elevado pode levar a questionamentos sobre o próprio diagnóstico, a adequação do perfil antimicrobiano escolhido ao(s) agente(s) microbiano(s) (possível(is) ou identificado(s)) e/ou a existência de alguma sobreposição diagnóstica. Apesar disso,

QUADRO 1 Mecanismos de proteção (homeostase) microbiana e fatores predisponentes ao SIBO

Sistema anatômico ou fisiológico	Mecanismo de proteção	Fatores predisponentes ao SIBO
Ácido gástrico	Microrganismos ingeridos, em sua maioria, não sobrevivem ao ácido gástrico	Condições de hipocloridria tornam o fluido ineficiente
Enzimas pancreáticas	Podem digerir produtos bacterianos no intestino delgado proximal; uma digestão eficiente deixa menos substratos nutricionais para os microrganismos	Insuficiência pancreática exócrina
Ácidos biliares	Atuam como detergentes sobre as paredes bacterianas	Alterações em mecanismos colecinéticos, como pós-operatório ou hipocinesias biliares
Motilidade do intestino delgado	Remove debris do intestino delgado durante o jejum por meio do complexo migratório motor, que mantém a progressão do conteúdo luminal em sentido aboral entre as refeições e de outros eventos	Fatores anatômicos (congênitos ou adquiridos), como a presença de divertículos, aderências e *status* pós-operatório, que podem permitir a maior estase de secreções digestivas e a manutenção de resíduos alimentares mal-digeridos e microrganismos
Válvula ileocecal	Protege o intestino delgado de movimentos retrógrados da microbiota colônica para o intestino delgado	Patência da válvula facilitando o refluxo de conteúdo colônico para o intestino delgado
Sistema imunológico	Mantém a integridade imunológica da mucosa intestinal, que parece ser um mecanismo protetor contra desequilíbrios da microbiota	Condições com "SIDA", imunodeficiência comum variável e deficiência de imunoglobulina são potenciais fatores de risco

SIBO: supercrescimento bacteriano no intestino delgado.
Fonte: adaptado de Pimentel et al., 2020.[1]

acredita-se que, na verdade, o não reconhecimento ou o inadequado manejo das condições subjacentes pode ser responsável pelo alto índice de falência terapêutica nos pacientes com SIBO. Há dados que sugerem uma maior prevalência de SIBO entre portadores de doenças reumatológicas, predominantemente entre aqueles com esclerose sistêmica, condição em que cerca de 40% dos indivíduos

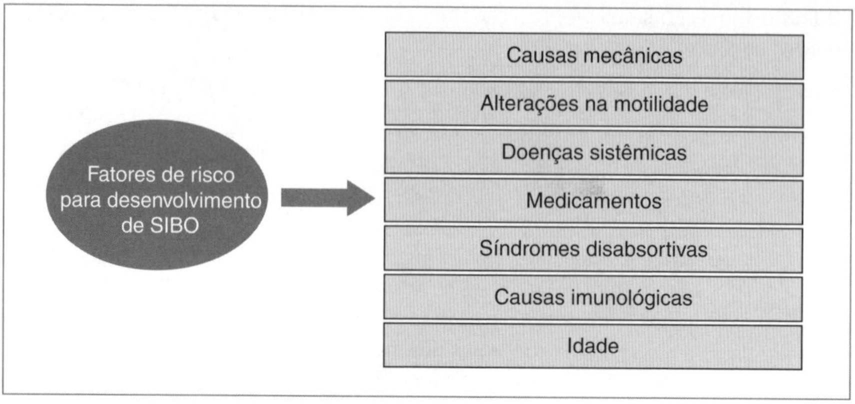

FIGURA 2 Condições associadas à maior incidência de SIBO.
SIBO: supercrescimento bacteriano no intestino delgado.
Fonte: adaptada de Pimentel et al., 2020.[1]

apresentam dismotilidade do trato digestivo;[8] e nas doenças dermatológicas, como a rosácea.[9] Nas doenças neurológicas, como o Parkinson, há uma prevalência de SIBO em até 67% dos pacientes e evidências de que a erradicação do SIBO promoveu melhora nos sintomas motores dos portadores da condição.[10]

AGENTES CAUSAIS

Em 1999, uma avaliação de cultura microbiológica de 63 pacientes portadores de SIBO identificou que os agentes mais isolados foram *Escherichia coli*, *Aeromonas* e *Klebsiella*.[11] Desde então, assumiu-se que esses eram os microrganismos mais prevalentes.

As diretrizes do American College of Gastroenterology, publicadas em 2020, reconheceram, no entanto, que uma parcela relevante dos portadores de SIBO o tinha em consequência da maior presença de microrganismos produtores de gás metano (CH_4), as procariontes arqueias (e não as bactérias eucariontes). A arqueia mais prevalente no trato gastrointestinal humano é a *Methanobrevibacter smithii*, que produz metano. Outro ponto importante: a maior identificação de metano no material fecal desses pacientes trouxe à luz o reconhecimento também de que a maior presença de microrganismos metanogênicos poderia ocorrer ao longo de todo o trato gastrointestinal, e não especificamente no intestino delgado. Esses avanços levaram à proposta da nomenclatura *intestinal methanogenic overgrowth* (IMO, que pode ser traduzida como supercrescimento metanogênico intestinal).

Além dessa mudança, antes da 11ª edição da Classificação Internacional de Doenças (CID-11), não se podia utilizar o termo "doença" para categorizar o

SIBO, mas a inclusão do código K63.822 permitiu sua classificação como uma entidade nosológica. Objetivamente, essa classificação joga luz sobre a condição, facilita o acesso às ferramentas diagnósticas, traz conscientização acerca do problema e permite maior educação tanto para profissionais da saúde quanto para a população em geral.[12]

MANIFESTAÇÕES CLÍNICAS

A diversidade de manifestações clínicas é justamente um dos principais desafios no SIBO. Dados publicados em 2020 indicam que dor abdominal, distensão, gases, flatulência e sensação de inchaço (*bloating*) são os sintomas mais prevalentes, ocorrendo em mais de dois terços dos pacientes.[1] Eles são decorrentes da fermentação patológica de nutrientes que deveriam ser completamente e adequadamente absorvidos no intestino delgado. Além deles, há sintomas que podem se estender para além do trato gastrointestinal, como fadiga, perda de concentração[13] e associação com outras comorbidades predominantes em outros sistemas. Como resultado, o exame físico geralmente não revela alterações maiores, porém pode haver distensão abdominal difusa ou segmentar. Achados laboratoriais compatíveis com síndrome disabsortiva também podem ser identificados em pacientes em estágios mais avançados da condição. Pode haver, ainda, diagnóstico de deficiências de vitamina B12, anemia megaloblástica, deficiência de vitaminas lipossolúveis, hipoalbuminemia, perda de peso e anemia ferropriva.

Merece destaque, ainda, a associação entre SIBO e comorbidades de outros sistemas, fortalecendo o entendimento de que existem eixos entre o intestino e outros órgãos, como intestino-cérebro e intestino-articulações.[2] Esse entendimento se baseia na hipótese de que os subprodutos advindos do metabolismo microbiano podem, direta e indiretamente, impactar a saúde neurocognitiva e a função imunológica. É provável que o maior exemplo dessa interação entre microrganismos intestinais e a saúde neuropsíquica seja o desenvolvimento de encefalopatia hepática. O risco de SIBO é 4,43 vezes maior entre os portadores de cirrose hepática com encefalopatia do que nos portadores de cirrose hepática sem encefalopatia.[14]

DIAGNÓSTICO

A aferição objetiva do número de bactérias no intestino delgado, com cultura quantitativa por amostras obtidas por via endoscópica a partir de suas porções proximais, é definida como o padrão-ouro para o diagnóstico. Bactérias passíveis de crescimento em meio de cultura, com achado de valores de 10^3 UFC/mL em líquido aspirado ou superior, preenchem os critérios atualmente estabelecidos.[15]

O fato de o método envolver um procedimento invasivo acaba o tornando reservado para casos de recorrência ou refratariedade. Ademais, as técnicas para a adequada coleta asséptica, com o equipamento apropriado e de modo padronizado, não são amplamente utilizadas. Aproximadamente 20% das amostras coletadas com cateter padrão sofrem contaminação. A natureza invasiva, mais custosa, a impossibilidade de crescimento de algumas cepas bacterianas sob condições padrão de cultura e as chances de contaminação da amostra representam algumas das limitações desse método,[16] que colocam em debate sua validação como padrão-ouro.

Nesse cenário, o teste respiratório de gases expirados é a modalidade mais utilizada para o diagnóstico do SIBO (Figura 3). Apesar de ser uma metodologia de avaliação indireta, trata-se de um teste simples, não invasivo e que causa baixo desconforto para o paciente, sendo considerado uma estratégia segura na avaliação de problemas gastroenterológicos comuns.[15,17] O objetivo desse teste é avaliar o metabolismo bacteriano por meio da aferição das taxas de hidrogênio e metano sintetizados pela microbiota mediante a fermentação do substrato de carboidrato ingerido (glicose ou lactulose). Esses gases se difundem pela corrente sanguínea e são expirados pelos pulmões.

De acordo com a diretriz do American College of Gastroenterology,[15] o diagnóstico de SIBO é feito quando existe elevação de 20 ppm nas taxas de hidrogênio expirado nos primeiros 90 minutos de monitorização quando comparado com o

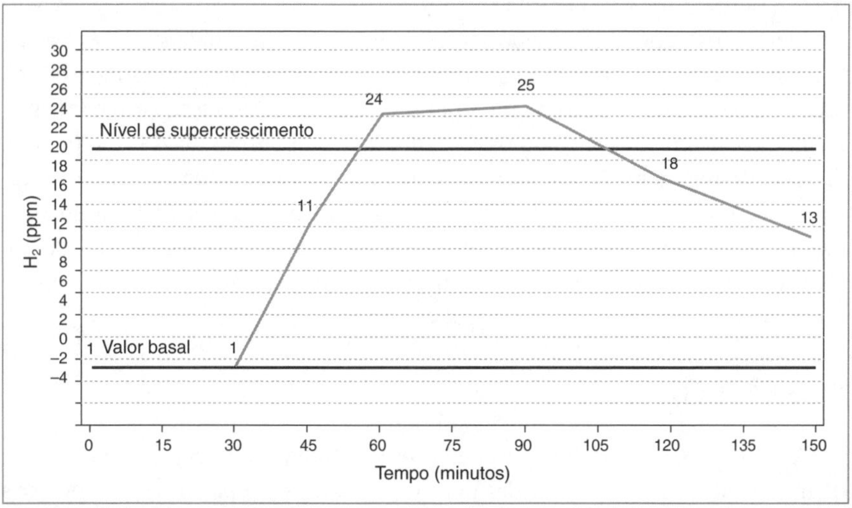

FIGURA 3 Exemplo de resultado gráfico de teste respiratório de hidrogênio expirado demonstrando elevação acima do valor basal aferido nos primeiros 90 minutos de teste.
Fonte: acervo do autor.

valor basal (início do teste). Com relação ao metano, o diagnóstico é feito quando ocorre uma elevação de 10 ppm acima do valor basal de teste em qualquer fase, com tempo total de teste, em geral, de 120 a 150 minutos. No Brasil, até o momento da redação deste capítulo (abril de 2024), não havia disponibilidade do aparelho que detecta as taxas de metano, única metodologia aceita e validada para o diagnóstico de IMO.

Tanto a lactulose quanto a glicose possuem suas vantagens e desvantagens com relação a esse teste e não há consenso sobre qual deve ser o substrato de escolha. Alguns autores sugerem que a glicose funciona como um substrato menos passível de gerar resultados falso-positivos, mas a lactulose é capaz de rastrear todo o trajeto intestinal. A sensibilidade e a especificidade dos testes se mantêm na faixa de 42 a 54,5% quando se utiliza a lactulose como substrato e de 70,6 a 83,2% quando se utiliza a glicose.[18]

No que diz respeito ao metano, o teste respiratório é a única metodologia que permite o diagnóstico de IMO, uma vez que arqueias não crescem em meios de cultura.[17] Apesar disso, por conta da indisponibilidade no território nacional de testes respiratórios que detectam metano, é possível considerar a pesquisa desses microrganismos em exames de fezes específicos que os avaliam e quantificam por material genético utilizando técnicas quantitativas de reação em cadeia da polimerase (PCR, do inglês *polymerase chain reaction*). Ressalta-se que essa não é uma modalidade diagnóstica prevista na literatura científica ou incluída nos últimos consensos.

Há contrapontos, no entanto, ao uso do teste respiratório de gases expirados, principalmente com lactulose. Segundo Massey et al.,[19] não se deve utilizar o teste respiratório utilizando a lactulose como substrato em razão da maior possibilidade de falso-positivos, devendo-se realizar o diagnóstico de SIBO apenas pela metodologia com glicose. Além disso, mesmo diante da positividade do teste com o uso de glicose, os autores sugerem que ainda seja realizada uma contraprova com estudo cintilográfico avaliando o tempo de trânsito orocecal que indica se o teste de fato reproduz a maior fermentação por bactérias presentes no intestino delgado ou se, por um trânsito acelerado, tem-se a representatividade de maior fermentação em intestino grosso, o que configuraria um falso-positivo.[19]

Sulfeto de hidrogênio

Emergiu recentemente a possibilidade de se utilizar o sulfeto de hidrogênio (H_2S) como um novo substrato envolvido na sintomatologia da SIBO. A dinâmica entre os microrganismos e seus respectivos substratos gasosos é apresentada na Figura 4.

A síntese de sulfeto de hidrogênio, bem como a síntese de metano, deriva do consumo de hidrogênio por microrganismos redutores de sulfato, podendo

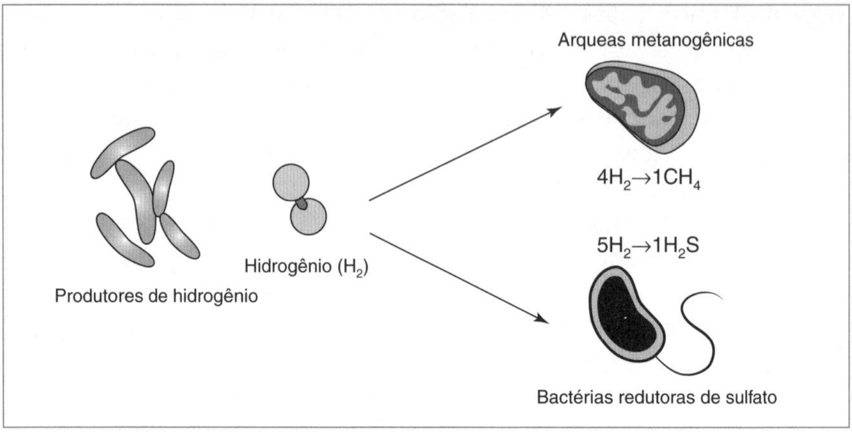

FIGURA 4 Representação esquemática da dinâmica entre os microrganismos e seus respectivos substratos gasosos.

Fonte: adaptada de Pimentel et al., 2020.[1]

preencher uma lacuna no diagnóstico diferencial de SIBO não associado ao metano ou ao hidrogênio. Por suas características hidrogenotróficas, entende-se que esses microrganismos estão envolvidos no consumo de hidrogênio para a síntese tanto de metano quanto de sulfeto de hidrogênio. Assim, o sulfeto de hidrogênio já era reconhecido como um possível elo perdido entre SIBO e o diagnóstico via teste respiratório, sendo encontrado em maiores títulos em portadores de síndrome do intestino irritável na forma diarreica,[20] e já se sabia que a presença de microrganismos produtores de sulfeto de hidrogênio pode gerar um padrão no teste respiratório convencional chamado de *flat-line* (exemplificado na Figura 5). Um teste capaz de aferir juntos o hidrogênio, o metano e o sulfeto de hidrogênio já foi desenvolvido e está disponível no mercado norte-americano (Trio Smart®) (Quadro 2).

A importância do reconhecimento do tipo de gás exalado no teste respiratório reside no fato de que diferentes microrganismos são produtores de diferentes tipos de gases e parecem causar diferentes tipos de manifestação clínica.[21] Sabe-se, por exemplo, que o hidrogênio produzido por diversos microrganismos após a fermentação de diferentes substratos também atua como substrato para outros microrganismos produtores de outros gases (Figura 6). É descrita, ainda, uma maior predominância de microrganismos produtores de metano entre pacientes com constipação e daqueles produtores de sulfeto de hidrogênio e hidrogênio entre os pacientes com mais diarreia. Entre os produtores de sulfeto de hidrogênio, destacam-se gêneros como *Escherichia*, *Klebsiella* e *Proteus*, pertencentes à família das enterobactérias, bem como deltaproteobactérias pertencentes à família *Desulfovibrionaceae*.[3,22]

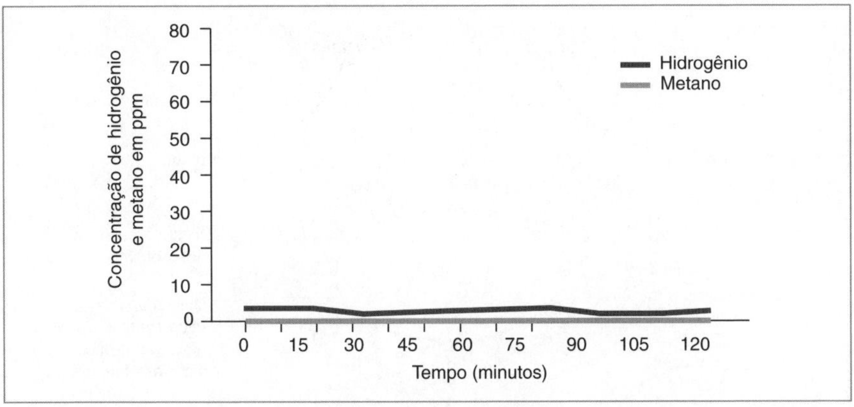

FIGURA 5 Padrão *flat-line* no teste respiratório de gases expirados.

Fonte: retirada de Lim et al., 2023.[17]

QUADRO 2 Modalidades diagnósticas e parâmetros para os diferentes tipos de SIBO

Modalidade diagnóstica	Parâmetro para diagnóstico
Teste respiratório de hidrogênio (H_2) expirado	Elevação ≥ 20 ppm nos primeiros 90 minutos em comparação com o valor basal do teste
Teste respiratório de metano (CH_4) expirado	Valor de 10 ppm em qualquer momento do exame
Teste respiratório de sulfeto de hidrogênio (H_2S) expirado	Valor > 3 ppm em qualquer momento do exame
Aspirado duodenal com cultura	Presença de microrganismos ≥ 10^3 UFC/mL

SIBO: supercrescimento bacteriano no intestino delgado.

Fonte: adaptado de Villanueva-Millan et al., 2022.[21]

TRATAMENTO

De acordo com o North American Consensus (Consenso Norte-americano),[15] o padrão-ouro no tratamento do SIBO é a antibioticoterapia, padronizado para um período total de 14 dias. O tratamento pode ser dividido entre os dois principais perfis existentes de antimicrobianos: com ação local de baixa ou não absorção (rifaximina e neomicina) e com absorção e ação sistêmica. É importante ressaltar que a inespecificidade dos sinais e sintomas faz com que o diagnóstico clínico não ofereça informações sólidas.[13] O Quadro 3 mostra os diferentes percentuais de eficácia obtidos com a antibioticoterapia.

Não há um padrão alimentar definitivo a ser indicado em portadores de SIBO. Há trabalhos, no entanto, ainda com baixos níveis de evidência, que sugerem que dietas mais restritivas, como a dieta *low*-FODMAP (do inglês *fermentable*

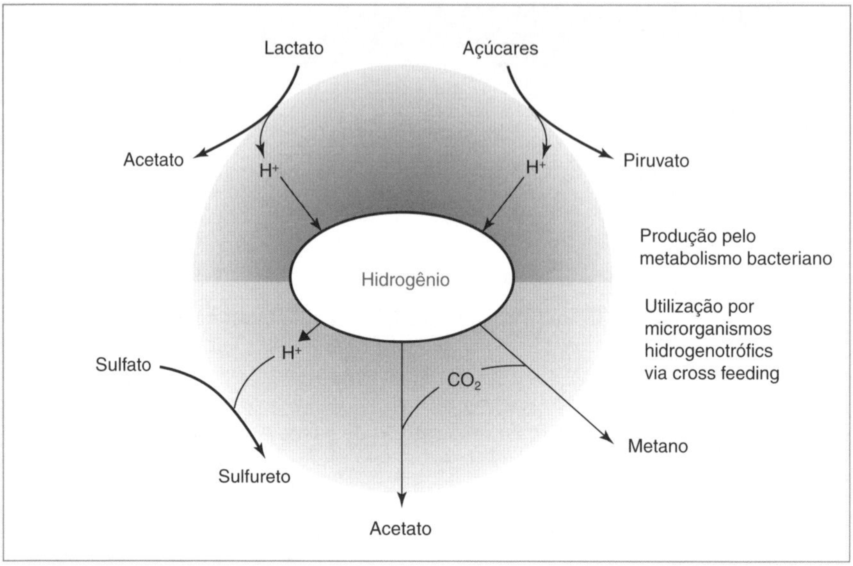

FIGURA 6 Representação esquemática da participação do hidrogênio (H_2) no trato gastrointestinal demonstrando suas origens e seus destinos metabólicos.
Fonte: adaptada de Smith et al., 2019.[23]

QUADRO 3 Esquemas terapêuticos para o SIBO e taxas de eficácia

Antibiótico	Dose	Eficácia documentada em estudos
Não absorvível		
Rifaximina	550 mg, 3×/dia	61-78%
Antibióticos sistêmicos		
Amoxicilina + clavulanato	875 mg, 2×/dia	50%
Ciprofloxacino	500 mg, 2×/dia	43-100%
Doxiciclina	100 mg, 2-4×/dia	(sem aferição de eficácia documentada)
Metronidazol	250 mg, 3×/dia	43-87%
Neomicina	500 mg, 2×/dia	33-55%
Norfloxacino	400 mg, 1×/dia	30-100%
Tetraciclina	250 mg, 4×/dia	87,5%
Sulfametoxazol + trimetoprina	800/160 mg, 2×/dia	95%

SIBO: supercrescimento bacteriano no intestino delgado.
Fonte: adaptado de Pimentel et al., 2020.[1]

oligo-, di-, mono-saccharides and polyols) (ver Capítulo 25 – Dietoterapia e suplementos para o intestino), podem ser adjuvantes no tratamento. Individualizar a conduta e observar para que não haja deficiências nutricionais, mais frequentes em padrões alimentares restritivos mantidos por longos períodos, parece ser uma estratégia apropriada.[24]

Na prática clínica, é possível adotar ajustes no plano alimentar, com orientação especializada de nutricionista, a partir de padrões bem-estabelecidos, como a dieta *low*-FODMAP ou ainda *low*-FODMAP simplificada, em que se excluem apenas os alimentos mais ricos em FODMAP presentes na dieta do paciente e que podem ser gatilhos sintomáticos. Essa estratégia é coerente com as observações da literatura que demonstram que mudanças na composição alimentar são capazes de induzir mudanças na microbiota intestinal.[25]

O transplante de microbiota fecal (ver Capítulo 24 – Transplante de microbiota fecal e *live biotherapeutic products*), apesar de ser uma estratégia promissora, também não é uma modalidade terapêutica validada e estabelecida. Um estudo publicado em 2021 randomizou 55 pessoas diagnosticadas com SIBO em um grupo de tratamento e um grupo placebo. Comparativamente, houve melhora com relação ao grupo placebo no acompanhamento até 6 meses após a intervenção.[26] É fundamental lembrar, no entanto, que o transplante fecal não é uma técnica isenta de riscos. Há casos descritos de infecções intestinais e sistêmicas, inclusive com óbito como desfecho.

Quanto aos probióticos, apesar de não ser consensual entre os autores e não estar incluso nas diretrizes como uma terapêutica validada, há publicações que sugerem que seu uso pode aliviar sintomas ou mesmo aumentar taxas de erradicação de SIBO.[27] Os resultados, no entanto, são conflitantes. Uma revisão literária de 2022 mostrou um estudo em que a suplementação em monoterapia com *Bifidobacterium infantis* 35624 aumentou a síntese de metano (detectada em teste respiratório) e levou à positividade de SIBO em alguns pacientes.[28] Já em outro estudo, o uso por 4 semanas de *Lactobacillus reuterii* DSM 17938 reduziu a síntese de metano, com sua completa negativação.[29] Talvez a resposta seja cada vez mais a individualização, não apenas da cepa probiótica a ser utilizada, mas do perfil de microbiota do indivíduo candidato a recebê-la.

Mais um tratamento que ainda não encontra indicação oficial, mas é sugerido na literatura é o uso de agentes procinéticos nos casos em que se identifica dismotilidade, uma das causas associadas à estase bacteriana ao longo do trato digestivo.[7] Ainda se trata de uma arma terapêutica limitada por conta do custo e da baixa disponibilidade, mas a prucaloprida é uma exceção que pode ser usada com essa finalidade.

Por fim, há trabalhos propondo o uso de fitoterapia no tratamento do SIBO. A Figura 7 apresenta os possíveis mecanismos de atuação de plantas

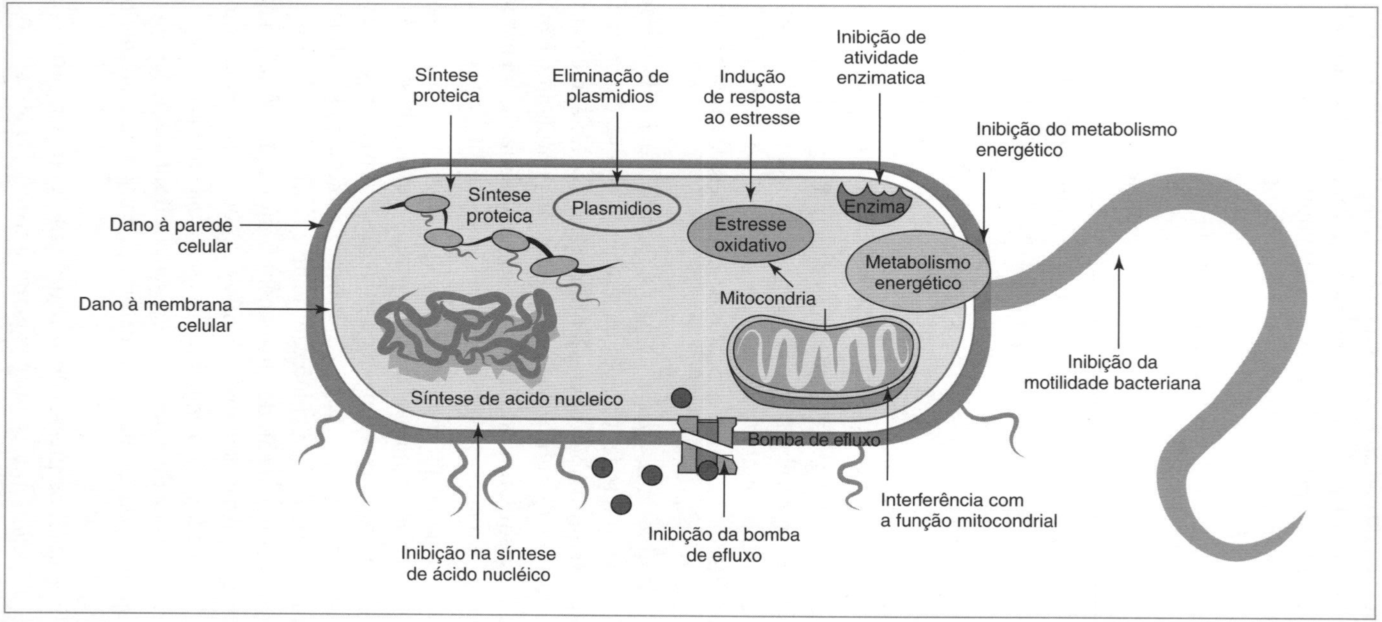

FIGURA 7 Representação esquemática dos mecanismos de atuação dos componentes de plantas no metabolismo de bactérias.

Fonte: adaptada de Liang et al., 2022.[31]

no metabolismo de bactérias, que garantem a elas um efeito antimicrobiano. Um trabalho publicado em 2014[30] comparou a efetividade de fitoterápicos com rifaximina (antibiótico usado como primeira linha no tratamento de SIBO) e concluiu que, na amostra estudada, houve melhores taxas de erradicação com o uso de fitoterápicos. Os produtos utilizados no estudo são padronizados pela indústria, mas os insumos estão descritos no Quadro 4. Espera-se que futuramente sejam avaliadas possibilidades de padronização no tratamento.

QUADRO 4 Fitoterápicos para tratamento de SIBO

Tinospora cordifolia
Equisetum arvense
Pau d'arco
Thymus vulgaris
Artemisia dracunculus
Sida cordifolia
Olea europaea
Dill seed
Rhenum officinale
Artemisia absinthium
Pulsatilla chinensis
Brucea javanica
Picrasma excelsa
Acacia catechu
Hedyotis diffusa
Yarrow leaf
Thymus vulgaris
Origanum vulgare
Salvia offinicinalis
Melissa officinalis
Coptis chinensis
Scutellaria baicalensis
Phellodendron chinense
Zingiber officinale
Glycyrrhiza uralensis

Fonte: adaptado de Chedid et al., 2014.[30]

Independente do tratamento instituído, o SIBO apresenta altas taxas de recidiva, chegando a 44% dos casos em um prazo de 9 meses. Esse dado indica que não há tratamento definitivo, provavelmente pela dificuldade no reconhecimento de quais causas de base associadas podem ser as responsáveis pela perpetuação do quadro.

CONSIDERAÇÕES FINAIS

Com o entendimento cada vez maior acerca da microbiota intestinal e do impacto de seu desequilíbrio em múltiplas condições sistêmicas, rastrear o SIBO em portadores de condições predisponentes com ou sem sintomas gastrointestinais deve se tornar uma prática cada vez mais usual.

Do ponto de vista do tratamento, também ainda há lacunas a serem preenchidas, o que é corroborado pelas altas taxas de recidiva com as rotinas de tratamento propostas. Ainda há uma longa distância a percorrer para se obter todas as respostas, mas espera-se que o interesse da comunidade científica e o maior número de estudos e publicações sobre o tema possam trazer cada vez mais clareza e assertividade sobre essa condição.

REFERÊNCIAS BIBLIOGRÁFICAS

1. Pimentel M, Saad RJ, Long MD, Rao SSC. ACG clinical guideline: small intestinal bacterial overgrowth. Am J Gastroenterol. 2020;115(2):165-78.
2. Efremova I, Maslennikov R, Poluektova E, Vasilieva E, Zharikov Y, Suslov A, et al. Epidemiology of small intestinal bacterial overgrowth. World J Gastroenterol. 2023;29(22):3400-21.
3. Leite G, Rezaie A, Mathur R, Barlow GM, Rashid M, Hosseini A, et al.; REIMAGINE Study Group. Defining small intestinal bacterial overgrowth by culture and high throughput sequencing. Clin Gastroenterol Hepatol. 2024;22(2):259-70.
4. Achufusi TO, Sharma A, Zamora EA, Manocha D. Small intestinal bacterial overgrowth: comprehensive review of diagnosis, prevention, and treatment methods. Cureus. 2020;12(6):e8860.
5. Lauritano EC, Gabrielli M, Scarpellini E, Lupascu A, Novi M, Sottili S, et al. Small intestinal bacterial overgrowth recurrence after antibiotic therapy. Am J Gastroenterol. 2008;103(8):2031-5.
6. Cho YK, Lee J, Paik CN. Prevalence, risk factors, and treatment of small intestinal bacterial overgrowth in children. Clin Exp Pediatr. 2023;66(9):377-83.
7. Rao SSC, Bhagatwala J. Small intestinal bacterial overgrowth: clinical features and therapeutic management. Clin Transl Gastroenterol. 2019;10(10):e00078.
8. Losurdo G, D'Abramo FS, Indellicati G, Lillo C, Ierardi E, Di Leo A. The influence of small intestinal bacterial overgrowth in digestive and extra-intestinal disorders. Int J Mol Sci. 2020;21(10):3531.
9. Weinstock LB, Steinhoff M. Rosacea and small intestinal bacterial overgrowth: prevalence and response to rifaximin. J Am Acad Dermatol. *2013;*68(5):875-6.
10. Dobbs RJ, Charlett, Dobbs SM, Weller C, Ibrahim MAA, Iguodala O, et al. Leukocyte-subset counts in idiopathic parkinsonism provide clues to a pathogenic pathway involving small intestinal bacterial overgrowth: a surveillance study. Gut Pathog. 2012;4(1):12.
11. Bouhnik Y, Alain S, Attar A, Flourié B, Raskine L, Sanson-Le Pors MJ, et al. Bacterial populations contaminating the upper gut in patients with small intestinal bacterial overgrowth syndrome. Am J Gastroenterol. 1999;94(5):1327-31.
12. Holmboe ES, Durning, SJ. Assessing clinical reasoning: moving from in vitro to in vivo. Diagnosis. 2014;1(1):111-7.
13. Skrzydło-Radomańska B, Cukrowska B. How to recognize and treat small intestinal bacterial overgrowth? J Clin Med. 2022;11(20):6017.
14. Xin F, Xiaoqing L, Xin Z, Weiqing C, Yin T, Qingqing Y, et al. Hepatic encephalopathy in cirrhotic patients and risk of small intestinal bacterial overgrowth: a systematic review and meta-analysis. Biomed Res Int. 2022;2022:2469513.

15. Rezaie A, Buresi M, Lembo A, Lin H, McCallum R, Rao S et al. Hydrogen and methane-based breath testing in gastrointestinal disorders: the North American Consensus. Am J Gastroenterol. 2017;112(5):775-84.
16. Bhagatwala J, Rao SS. Small intestinal bacterial and fungal overgrowth. In: Rao SSC, Lee YY, Ghoshal U. Clinical and basic neurogastroenterology and motility. Amsterdam: Elsevier; 2020. p. 343-58.
17. Lim J, Rezaie A. Pros and cons of breath testing for small intestinal bacterial overgrowth and intestinal methanogen overgrowth. Gastroenterol Hepatol (N Y). 2023;19(3):140-6.
18. Losurdo G, Leandro G, Ierardi E, Perri F, Barone M, Principi M, et al. Breath tests for the non-invasive diagnosis of small intestinal bacterial overgrowth: a systematic review with meta-analysis. J Neurogastroenterol Motil. 2020;26(1):16-28.
19. Massey BT, Wald A. Small intestinal bacterial overgrowth syndrome: a guide for the appropriate use of breath testing. Dig Dis Sci. 2021;66(2):338-47.
20. Banik GD, De A, Som S, Jana S, Daschakraborty SB, Chaudhuri S, et al. Hydrogen sulphide in exhaled breath: a potential biomarker for small intestinal bacterial overgrowth in IBS. J Breath Res. 2016;10(2):026010.
21. Villanueva-Millan MJ, Leite G, Wang J, Morales W, Parodi G, Pimentel, ML, et al. Methanogens and hydrogen sulfide producing bacteria guide distinct gut microbe profiles and irritable bowel syndrome subtypes. Am J Gastroenterol. 2022;117(12):2055-66.
22. Murros KE. Hydrogen sulfide produced by gut bacteria may induce Parkinson's disease. Cells. 2022;11(6):978.
23. Smith NW, Shorten PR, Altermann EH, Roy NC, McNabb WC. Hydrogen cross-feeders of the human gastrointestinal tract. Gut Microbes. 2019;10(3):270-88.
24. Souza C, Rocha R, Cotrim HP. Diet and intestinal bacterial overgrowth: is there evidence? World J Clin Cases. 2022;10(15):4713-6.
25. Hansen LBS, Roager HM, Søndertoft NB, Gøbel RJ, Kristensen M, Vallès-Colomer M, et al. A low-gluten diet induces changes in the intestinal microbiome of healthy Danish adults. Nat Commun. 2018;9(1):4630.
26. DeFilipp Z, Bloom PP, Torres Soto M, Mansour MK, Sater MRA, Huntley MH, et al. Drug-resistant E. coli bacteremia transmitted by fecal microbiota transplant. N Engl J Med. 2019;381(21):2043-50.
27. Jin Shi, Feng Gao, Jie Zhang. Effect of combined live probiotics alleviating the gastrointestinal symptoms of functional bowel disorders. Gastroenterol Res Pract. 2020;2020:4181748.
28. Kumar K, Saadi M, Ramsey FV, et al. Effect of Bifidobacterium infantis 35624 (Align) on the lactulose breath test for small intestinal bacterial overgrowth. Dig Dis Sci. 2018;63:989-95.
29. Ojetti V, Petruzziello C, Migneco A, Gnarra M, Gasbarrini A, Franceschi F. Effect of Lactobacillus reuteri (DSM 17938) on methane production in patients affected by functional constipation: a retrospective study. Eur Rev Med Pharmacol Sci. 2017;21(7):1702-8.
30. Chedid V, Dhalla S, Clarke JO, Roland BC, Dunbar KB, Koh J, et al. Herbal therapy is equivalent to rifaximin for the treatment of small intestinal bacterial overgrowth. Glob Adv Health Med. 2014;3(3):16-24.
31. Liang J, Huang X, Ma G. Antimicrobial activities and mechanisms of extract and components of herbs in East Asia. RSC Adv. 2022;**12(45)**:29197-213.
32. Xu F, Li N, Wang C, Xing H, Chen D, Wei Y. Clinical efficacy of fecal microbiota transplantation for patients with small intestinal bacterial overgrowth: a randomized, placebo-controlled clinic study. BMC Gastroenterol. 2021;21(1):54.

30

Microbiota intestinal e doenças inflamatórias intestinais

Didia Bismara Cury
Liana Cristina Bismara Cury
Tomas Navarro-Rodriguez

PONTOS-CHAVE

- As doenças inflamatórias intestinais são representadas pela doença de Crohn e pela retocolite ulcerativa. Essas condições são extremante sérias, pois afetam, na maioria das vezes, a população jovem em fase reprodutiva, comprometendo sua qualidade de vida e os afastando dos bancos escolares e do trabalho.
- O microbioma intestinal desempenha um papel importante na fisiopatologia das doenças inflamatórias intestinais, indicando que alterações na barreira epitelial intestinal podem alterar a homeostase intestinal. Entre os fatores modificadores do microbioma, destacam-se: dieta rica em ácidos graxos e açúcares, medicamentos que aumentam a permeabilidade intestinal (p. ex., uso precoce de antibióticos e anti-inflamatórios) e o estilo de vida do paciente (estresse, ansiedade etc.). Todos parecem contribuir de modo significativo por atuarem no eixo intestino-cérebro.
- O entendimento de como as doenças inflamatórias intestinais ocorrem poderá fornecer novas estratégias terapêuticas, assim como de prevenção de recaídas. O domínio de parte da fisiopatologia da doença de Crohn e da retocolite ulcerativa tem permitido, até o momento, o desenvolvimento de estratégias complementares em sua terapêutica, como o uso de probióticos, o transplante fecal e outros.

INTRODUÇÃO

Doenças inflamatórias intestinais são desordens crônicas do trato gastrointestinal em que se observam períodos de remissão e exacerbação dos sintomas que, por isso, requerem tratamento contínuo dividido em fase de ataque (doença ativa) e fase de manutenção (doença inativa). Retocolite ulcerativa e doença de Crohn são as duas condições representantes desse grupo. Embora possam se manifestar com sintomas semelhantes, dependendo de onde se localizam elas se apresentam como condições bastante distintas. Do ponto de vista imunológico, a doença de Crohn tem um predomínio de resposta do tipo Th1, em que um dos principais orquestradores da resposta inflamatória é o fator de necrose tumoral alfa (TNF-alfa), que quando estimulado sinaliza os caminhos complexos de uma inflamação transmural, podendo comprometer todo o trato digestivo. Em contraste, na retocolite ulcerativa o processo inflamatório ocorre de modo contínuo, geralmente se iniciando no reto e se estendendo a partir daí por todo o cólon, com preponderância de resposta imunológica Th2 e predomínio de síntese das interleucinas (IL) IL-4, IL-5 e IL-13.

Há muito tempo se busca compreender as causas dessas doenças. Com o desenvolvimento de estudos que focam a fisiopatologia, evidenciou-se que não há um fator único por meio do qual ambas ocorrem. Sua etiologia é complexa e multifatorial, englobando componentes genéticos, imunológicos, ambientais, estilo de vida, utilização de medicamentos (p. ex., anti-inflamatórios e antibióticos), dietas processadas e urbanização. Na atualidade, tem sido explorada particularmente a importância do microbioma intestinal, composto por bactérias, fungos e vírus, na resposta inflamatória amplificada que ocorre nesses doentes. A interação desses fatores em indivíduos geneticamente predispostos compõe um complexo multidirecional que ativa o sistema imunológico do intestino e a microbiota intestinal[1,2] (Figura 1).

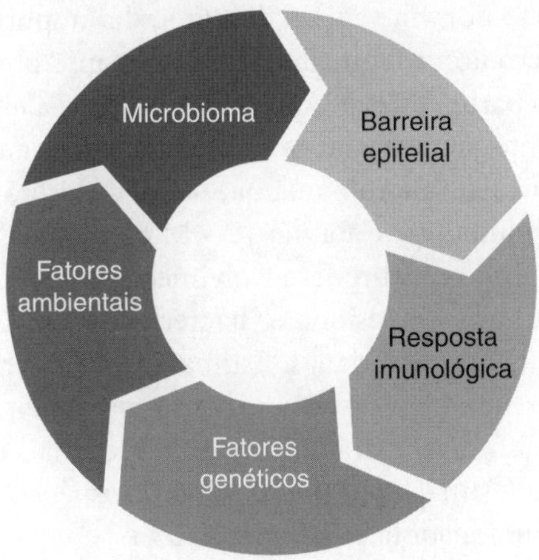

FIGURA 1 Fatores que contribuem na fisiopatologia das doenças inflamatórias intestinais.

Fonte: adaptada de Krela-Kaźmierczak et al., 2022.[8]

Não se sabe, ainda, se a disbiose observada nessas doenças é causa ou consequência do processo inflamatório, mas está claro que o desequilíbrio estrutural e funcional do microbioma intestinal, com diminuição dos organismos com poder anti-inflamatório e multiplicação daqueles com função inflamatória, gera uma resposta exacerbada e amplificada.

Em portadores da doença de Crohn, em particular, há indícios de que ocorre uma interrelação entre os fatores genéticos, como o polimorfismo genético (NOD2 ou CARD15), e as alterações funcionais de base imunológica interligadas à resposta contra os microrganismos, à apoptose celular e à ativação dos linfócitos T, bem como com fatores relacionados à imunossupressão. Essas complexas interações alterariam o microbioma, dando origem a uma resposta inata inapropriada da microbiota intestinal própria do lúmen.[3]

MICROBIOTA INTESTINAL

No início da vida, o intestino é um órgão estéril. Imediatamente após o nascimento, ele passa a ser colonizado por inúmeros microrganismos, em uma sequência que depende de variações individuais e fatores ambientais.[4] Essa nova microbiota é formada por microrganismos (bactérias, fungos, vírus e protozoários) cuja presença no corpo humano é fundamental para uma vida saudável tanto do ponto de vista sistêmico, quanto para a homeostase intestinal.[5]

A formação desse microbioma se inicia desde os primórdios da vida intrauterina e se estende até o nascimento, quando a via de parto exerce um papel significativo. O parto por via vaginal desempenha importante papel no fortalecimento do microbioma, contribuindo com a microbiota de forma mais acentuada do que o parto cesáreo. Após esse evento, o aleitamento materno é outro fator importante, já que favorece a transferência de anticorpos maternos, grandes colaboradores do microbioma que se estabelecerá depois, dos 3 anos de idade até a vida adulta (ver Capítulo 12 – Microbioma da criança e o papel do aleitamento materno no neurodesenvolvimento).

No intestino humano, os residentes bacterianos usuais chegam a atingir montantes de 10^{14} células bacterianas. Estima-se haver aproximadamente mil espécies habitando o aparelho digestivo,[4] com uma menor quantidade que se concentra no aparelho digestivo alto e quantidades mais elevadas encontradas no trato gastrointestinal, com predomínio de espécies dos filos Bacillota, Bacteroidota, Pseudomonadota e Actinomycetota.

Entre as espécies que colonizam o aparelho digestivo, há algumas consideradas nativas, que são encontradas permanentemente, e um grupo que transita temporariamente no lúmen, oscilando em composição e diversidade.[6] Acredita-se que há um equilíbrio entre as espécies residentes permanentes no intestino e o grupo transitório, que se mantém porque as bactérias locais atuam inibindo a proliferação e a colonização das temporárias (patógenas), originando uma competição saudável entre elas e fortalecendo a barreira epitelial intestinal. Participa desse mecanismo a síntese de imunoglobunina A (IgA), que detoxifica os xenobióticos. Estes, por sua vez, contribuem para o desenvolvimento, a maturação e a diferenciação das células intestinais com propriedades imunológicas por meio da manutenção da homeostase, da estimulação do tecido intestinal com a produção de muco e peptídeos antimicrobianos, da conservação de certa esterilidade na camada mais interna do muco com a passagem de bactérias comensais ou patogênicas para o meio interno e da geração de uma simbiose entre hospedeiro e microbiota. Em pessoas saudáveis, há bactérias Gram-negativas e Gram-positivas, com ação anti-inflamatória e na produção de ácidos graxos de cadeia curta, essenciais para o crescimento correto e a diferenciação das células epiteliais; e encontram-se também os lactobacilos *Clostridioides XIVa, IV* e *Roseburia faecis*.[7,8]

Essa colonização, o tipo de dieta, o ciclo êntero-hepático dos sais biliares, a sínteses de vitaminas (em especial A e B12), a motilidade do sistema imunológico intestinal e o próprio sistema imunológico são fundamentais para a homeostase intestinal (eubiose). Por sua vez, a eubiose é essencial para a manutenção da barreira epitelial intestinal, uma barreira física que tem a capacidade de reconhecer os agentes patogênicos ou não, a depender de sua integridade. A permeabilidade intestinal seleciona a entrada e a saída de microrganismos do lúmen, uma vez que distingue os patógenos e induz a secreção de mediadores inflamatórios potentes, como as citocinas e proteínas antimicrobianas. Por conta dessa importante função de condução da homeostase, defeitos nessa barreira reduzem sua tolerância, produzindo uma resposta inflamatória exacerbada e amplificada e acarretando a disbiose intestinal.[9]

DISBIOSE

Nos últimos anos, têm surgido questionamentos sobre se a disbiose (taxa anormal de bactérias benéficas e agressivas) seria o fator estimulador do sistema imunológico entérico induzindo a resposta inflamatória exacerbada em indivíduos predispostos; se a própria doença inflamatória estaria no comando dessa disbiose; ou, ainda, se a associação desses dois mecanismos teriam como resultado a doença inflamatória. Essa questão ainda permanece sem resposta, porém o que se tem certo é que portadores de doenças inflamatórias intestinais apresentam disbiose e, portanto, o estudo do microbioma pode fornecer intervenções terapêuticas efetivas nesse grupo de doenças.[1] Tanto na doença de Crohn quanto na retocolite ulcerativa, a microbiota intestinal apresenta-se alterada e há uma modificação do sistema imunológico que origina uma resposta inflamatória amplificada e persistente.

Cada vez mais, aumentam as evidências do papel da microbiota não apenas na saúde intestinal, mas na saúde humana como um todo. Essa influência decorre do fato de a microbiota estar relacionada a um ecossistema que envolve a qualidade da alimentação, o uso de antibióticos, a presença de estresse contínuo e outros fatores relacionados ao estilo de vida modificado pela industrialização. O padrão alimentar materno e o uso de medicamentos influencia esse ecossistema desde a gestação e nos primeiros anos de vida, sendo seguidos pela retirada precoce do aleitamento materno (antes dos 6 meses de vida) e pela introdução de fórmulas, por um maior saneamento básico, todos eles fatores que contribuem para a alteração da barreira epitelial intestinal, levando à perda da homeostase intestinal.

Entre as possíveis alterações da composição do microbioma, merece destaque a diminuição da estabilidade do número de diferentes espécies e da população bacteriana como um todo. Essas alterações são observadas tanto em fezes como em tecidos de portadores de doença inflamatória em atividade ou em fase de remissão, por meio do aumento das espécies de grupos agressivos (como *Bifidobacterium*), da diminuição dos bons microrganismos (como *Clostridioides*) e do aumento de *Escherichia coli* invasivas. Além disso, há uma redução da filogenética da ordem *Clostridiales*, microrganismos que desempenham um papel protetivo na doença de Crohn por sua capacidade imunomoduladora de estimulação da IL-10. De modo geral, esse desequilíbrio microbiano leva a redução dos níveis intraluminais de butirato, um componente que impede que a parede intestinal se torne porosa. Com as alterações na quantidade desse ácido graxo de cadeia curta, há uma desregulação das *tight junctions* do epitélio intestinal, aumentando a permeabilidade e levando ao aumento da translocação bacteriana, com excessivos estímulos nos receptores de reconhecimento de padrão, principalmente receptores do tipo *toll* (TRL, do inglês *toll-like receptors*). Esses eventos culminam com a secreção de potentes mediadores inflamatórios, como as citocinas pró-inflamatórias, ativando as células T mediadoras[4] (Figuras 2 e 3). Na atualidade, existem extensas evidências mostrando a importância da dieta na modificação da microbiota intestinal e, consequentemente, na resposta imunológica, ativando o sistema imunológico do intestino (Figura 4). Entre os responsáveis por esses eventos de desregulação, têm sido apontados os alimentos industrializados, o uso de antibiótico de forma precoce e a alta ingestão de gorduras e açúcares.[10]

Alguns estudos metagenômicos realizados em portadores de doença de Crohn e retocolite ulcerativa com o objetivo de avaliar os seus microbiomas demonstraram que a disbiose não estaria relacionada apenas à quantidade de bactérias, mas também à qualidade e à composição da microbiota, caracterizando-se principalmente pela redução de *Bacilota* e *Bacteroidota* quando comparados ao grupo saudável. Por outro lado, estudos preliminares desenvolvidos por

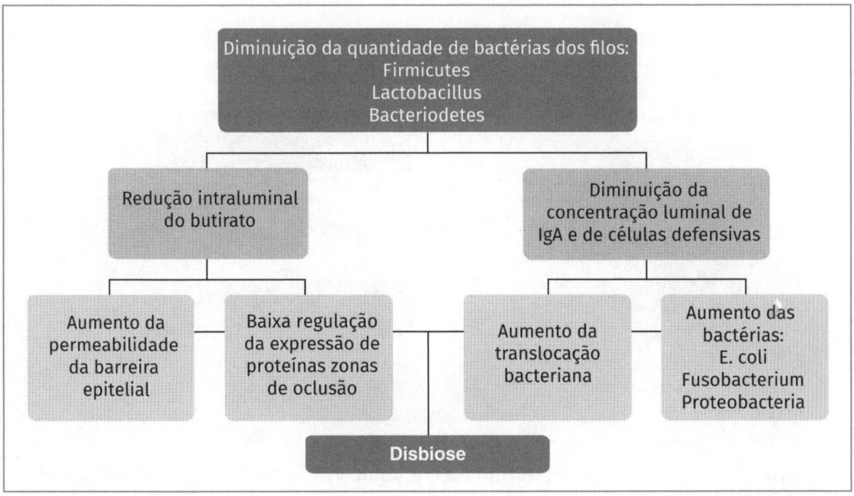

FIGURA 2 Fluxograma da atuação dos mecanismos de disbiose nas doenças inflamatórias.

IgA: imunoglobulina A.
Fonte: adaptada de Comito D, Cascio A, Romano C., 2014.[4]

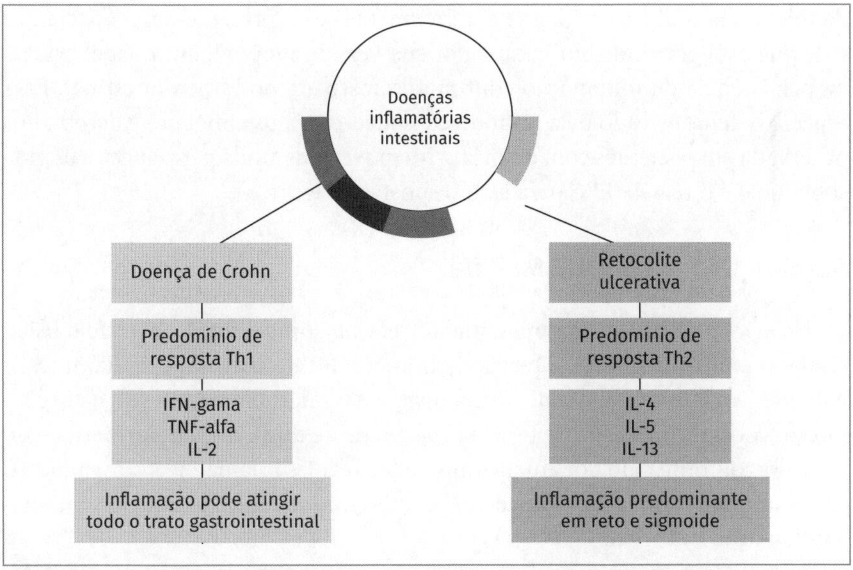

FIGURA 3 Perfis imunológicos nas doenças inflamatórias intestinais.

IFN-gama: interferon-gama; IL: interleucina; Th1: linfócito T helper 1; Th2: linfócito T helper 2; TNF-alfa: fator de necrose tumoral alfa.
Fonte: adaptada de Scott BS, Clara A. Immune And microbial mechanisms in the pathogenesis of inflammatory bowel disease. 2022. UpToDate 2024.

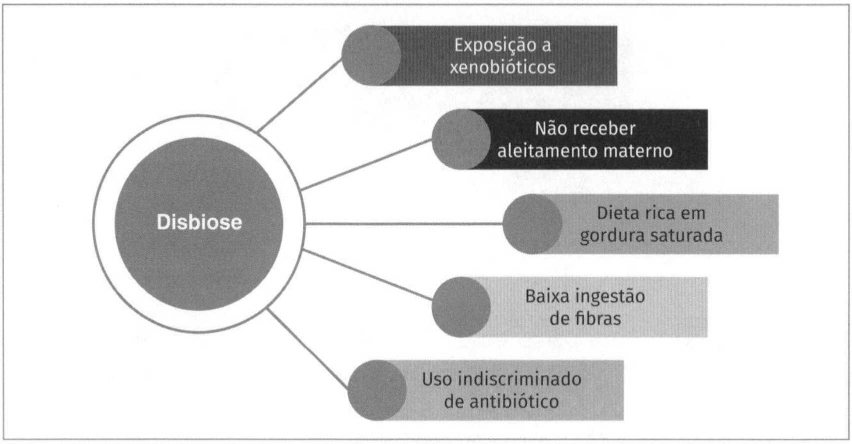

FIGURA 4 Fatores que moldam a função e a composição da microbiota intestinal.
Fonte: adaptada de Scott BS, Clara A. Immune And microbial mechanisms in the pathogenesis of inflammatory bowel disease. 2022. UpToDate 2024.

Prindiville et al. apontam aumento de *Bacteriodes fragilis*, com altas concentrações em pacientes com doença ativa.[11] Não há dúvida de que a chamada perda da tolerância oral (mencionada anteriormente) está presente nesses pacientes e de que esta gera a disbiose, que, por sua vez, desempenha um papel crucial na persistência da inflamação contínua exacerbada no lúmen intestinal. Esse aspecto é demonstrado pela imunorreatividade para os antígenos microbianos observada em pacientes com doença ativa grave, mas ainda permanece a dúvida sobre qual é o real gatilho para essa resposta[12] (Figura 5).

ALTERAÇÕES NA SAÚDE MENTAL

Há evidências de que fatores como estresse, insônia e falta de exercício físico também contribuam para a perda da homeostase da barreira epitelial intestinal, que, por sua vez, altera de forma negativa o microbioma intestinal e o eixo intestino-cérebro. O estresse teria a capacidade de diminuir o fluxo eferente do nervo vago, conhecido por atuar como um eixo anti-inflamatório, aumentado o tônus simpático, inibindo a função das células imunológicas e induzindo, assim, a inflamação intestinal.

A depressão, por sua vez, apresenta-se correlacionada em humanos a níveis elevados de TNF-alfa. Os pacientes com doença inflamatória intestinal apresentam duas a três vezes maiores níveis de ansiedade e depressão que a população geral, sendo que essas condições frequentemente precedem o diagnóstico da doença. Um recente estudo revelou que o uso de antidepressivo

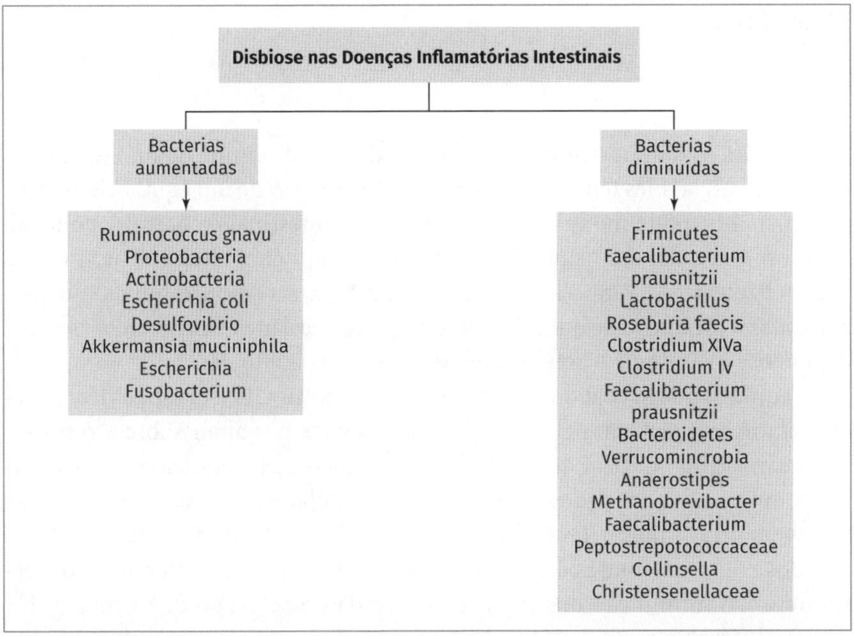

FIGURA 5 Alterações ocorridas na microbiota nas doenças inflamatórias intestinais.
Fonte: adaptada de Krela-Kaźmierczak et al., 2022.[8]

após o diagnóstico de doença inflamatória intestinal se associou a uma menor incidência de atividade inflamatória. Isso se deve ao fato de esses medicamentos atuarem sobre o estresse, que tem participação direta na modulação do microbioma intestinal. Nesse estudo, os antidepressivos contribuíram, ainda, para a diminuição do risco de intervenções cirúrgicas, reforçando mais uma vez a importância dos fatores emocionais no eixo intestino-cérebro.[13]

DIETAS BENÉFICAS PARA A MICROBIOTA INTESTINAL

A dieta tem ganhado destaque como uma condição de risco ou de proteção para o desenvolvimento de doenças inflamatórias. Dieta rica em fibras, particularmente originadas de frutas e vegetais, e a administração de ômega 3 têm sido associadas a diminuição do risco de doença de Crohn; no entanto, esse efeito não tem sido observado em portadores de retocolite ulcerativa. A dieta mediterrânea, por outro lado, parece ser uma boa opção tanto para a retocolite ulcerativa como para a doença de Crohn. A associação de suplementos de vitamina A parece desempenhar, ainda, um poder antioxidante relevante, contribuindo para a redução da inflamação intestinal por proteger os radicais livres.[14]

TERAPÊUTICAS

Probióticos

Probióticos têm sido utilizados tanto na doença de Crohn quanto para retocolite ulcerativa. Eles têm sido associados à promoção de um equilíbrio microbiótico, já que pode modular a permeabilidade intestinal da barreira epitelial, alterar o potencial das células inflamatórias do epitélio, bloquear os sítios de adesão bacteriana, competir com os patógenos para a colonização da mucosa, aumentar a produção de butirato e ácidos graxos de cadeias curtas, alterar o pH da mucosa e diminuir o crescimento das bactérias colônicas.[15]

A administração oral de *Lactobacillus rhamnosus* GG, em específico, parece melhorar os sintomas clínicos desses pacientes por atuar sobre a resposta Th17 e mostrou-se eficaz em portadores de retocolite ulcerativa com *pouchitis* em comparação com pacientes que receberam placebo. Acredita-se que essa linhagem pode inibir o TNF-alfa e até mesmo a apoptose de células epiteliais. Estudos complementares a esse, com um *mix* de espécies bacterianas, observaram uma diminuição dos índices de recaída nesse grupo de doentes.[16] Na doença de Crohn, por outro lado, há poucos dados sobre a sua real eficácia, mas sua aplicação aparece como terapia coadjuvante, associada a outras terapias. Além disso, na indução da remissão clínica utilizam-se *Bifidobacterium longum* com Synergy 1®, *Bifidobacterium longum* isoladamente, *Bifidobacterium breve* e *Lactobacillus casei* com *Plantago ovata*, tendo sido identificada uma melhora dos sintomas.

Há uma carência robusta de evidências da efetividade para essa população, pois os estudos são pequenos, observacionais e sem um grupo de controle. É muito importante, portanto, o desenvolvimento de estudos controlados realizados ao longo do tempo.[17]

Transplante fecal

O primeiro transplante desse tipo foi realizado em um paciente com colite pseudomembranosa refratária ao tratamento convencional, tendo obtido excelentes resultados.[4] Ao longo do tempo, observa-se que após o procedimento ocorre uma modificação significativa na microbiota intestinal do paciente, com aumento de *Bacteroidota* e de *Bacilota* em ambas doenças (doença de Crohn e retocolite ulcerativa).[4] O uso desse método está reservado, no entanto, aos portadores de doença inflamatórias não responsiva ao tratamento convencional.[18]

Outras terapêuticas

Emulsificantes e fibras têm sido utilizados com os objetivos de bloquear a adesão de bactérias ou de componentes bacterianos à barreira epitelial intestinal e aumentar a apoptose bacteriana, defeituosa em portadores de doença inflamatória, por meio da estimulação de fator estimulador de colônias de granulócitos e macrófagos.

CONSIDERAÇÕES FINAIS

Não há dúvida da participação do microbioma intestinal na fisiopatologia das doenças inflamatórias intestinais, principalmente na doença de Crohn, e de que há uma associação de fatores que contribuem para disbiose intestinal nesses indivíduos geneticamente predispostos. É de suma importância a orientação dietética para esses pacientes, assim como medicamentosa (especialmente sobre o uso de antibióticos e anti-inflamatórios), além da redução do estresse e do uso de probióticos em pacientes com retocolite ulcerativa, principalmente com *pouchitis*. Há necessidade de maiores pesquisas, no entanto, que possam evidenciar o papel dos probióticos na doença de Crohn e se a aplicação do transplante fecal em pacientes com falha dos medicamentos disponíveis poderia ser uma alternativa para o fortalecimento dessa microbiota.

Até o momento, uma maior compreensão dos mecanismos que modulam a resposta imunológica inata, tanto para bactérias quanto para antígenos, na fisiopatologia das doenças inflamatórias intestinais já contribuíram de modo substancial para uma melhor abordagem desses pacientes, mudando a história da doença, apesar de ainda não ter esclarecido como a disbiose contribui para o desenvolvimento dessas enfermidades ou se ela é uma consequência de todas as etapas que compõem essas doenças. É certo que esse é um dos pontos-chave que participam do complexo das doenças inflamatórias intestinais.

REFERÊNCIAS BIBLIOGRÁFICAS

1. Shan Y, Lee M, Chang EB. The gut microbiome and inflammatory bowel diseases. Annu Rev Med. 2022;73:455-68.
2. Cury DB, Moss AC. Doenças inflamatórias intestinais. Capítulo 1. 2.ed. Rio de Janeiro: Rubio; 2015.
3. Jostins L, Ripke S, Weersma RK, Duerr RH, McGovern DP, Hui KY, et al. Host-microbe interactions have shaped the genetic architecture of inflammatory bowel disease. Nature. 2012;491(7422):119-24.
4. Comito D, Cascio A, Romano C. Microbiota biodiversity in inflammatory bowel disease. Ital J Pediatr. 2014;40:32.
5. Qin J, Li R, Raes J, Arumugam M, Burgdorf KS, Manichanh C, et al. A human gut microbial gene catalogue established by metagenomic sequencing. Nature. 2010;464(7285):59-65.

6. Li HY, Zhou DD, Gan RY, Huang SY, Zhao CN, Shang A, et al. Effects and mechanisms of probiotics, prebiotics, synbiotics, and postbiotics on metabolic diseases targeting gut microbiota: a narrative review. Nutrients. 2021;13(9):3211.
7. Dominguez-Bello MG, Godoy-Vitorino F, Knight R, Blaser MJ. Role of the microbiome in human development. Gut. 2019;68(6):1108-14.
8. Krela-Kaźmierczak I, Zakerska-Banaszak O, Skrzypczak-Zielińska M, Łykowska-Szuber L, Szymczak-Tomczak A, Zawada A, et al. Where do we stand in the behavioral pathogenesis of inflammatory bowel disease? The Western dietary pattern and microbiota: a narrative review. Nutrients. 2022;14(12):2520.
9. Cury DB, Mizsputen SJ, Versolato C, Miiji LO, Pereira E, Delboni MA, et al. Serum calprotectin levels correlate with biochemical and histological markers of disease activity in TNBS colitis. Cell Immunol. 2013;282(1):66-70.
10. Tamburini B, La Manna MP, La Barbera L, Mohammadnezhad L, Badami GD, Shekarkar Azgomi M, et al. Immunity and nutrition: the right balance in inflammatory bowel disease. Cells. 2022;11(3):455.
11. Prindiville TP, Sheikh RA, Cohen SH, Tang YJ, Cantrell MC, Silva Jr J. Bacteroides fragilis enterotoxin gene sequences in patients with inflammatory bowel disease. Emerg Infect Dis. 2000;6(2):171-4.
12. Elkadri AA, Stempak JM, Walters TD, Lal S, Griffiths AM, Steinhart AH, et al. Serum antibodies associated with complex inflammatory bowel disease. Inflamm Bowel Dis. 2013;19(7):1499-505.
13. Ba DM, Yadav S, Liu G, Leslie DL, Vrana KE, Coates MD. Clinical outcomes associated with antidepressant use in inflammatory bowel disease patients and a matched control cohort. Sci Rep. 2024;14(1):1060.
14. Singh N, Bernstein CN. Environmental risk factors for inflammatory bowel disease. United European Gastroenterol J. 2022;10(10):1047-53.
15. Guarner F, Malagelada JR. Gut flora in health and disease. Lancet. 2003;361(9356):512-9.
16. Kruis W, Frič P, Pokrotnieks J, Lukáš M, Fixa B, Kaščák M, et al. Maintaining remission of ulcerative colitis with the probiotic Escherichia coli Nissle 1917 is as effective as with standard mesalazine. Gut. 2004;53(11):1617-23.
17. Martyniak A, Medyńska-Przęczek A, Wędrychowicz A, Skoczeń S, Tomasik PJ. Prebiotics, probiotics, synbiotics, paraprobiotics and postbiotic compounds in IBD. Biomolecules. 2021;11(12):1903.
18. Kashida H, Yabe H, Yoshida T, Nagai K, Nakayama S, Itoh T. [Sjogren's syndrome in a patient with familial Pelger-Huet anomaly]. Rinsho Ketsueki. 1985;26(8):1306-10.

31

Alergias e sensibilidades alimentares

Sylvia Maria Nicolau Campos

⊕ PONTOS-CHAVE

- Aumento da prevalência das alergias alimentares associado ao estilo de vida e excesso de consumo dos industrializados.
- The big nine food allergens e as manifestações das alergias alimentares.
- MIcrobiota e o sistema imunológico intestinal como pontos de alerta para o desenvolvimento das alergias.
- Suporte para a barreira epitelial intestinal como ponto crucial para o tratamento das alergias alimentares.

INTRODUÇÃO

As alergias alimentares são amplamente reconhecidas como um problema de saúde pública em crescimento, representando uma "segunda onda" da "epidemia de alergia" – a "primeira onda" ocorreu com a asma nas últimas décadas do século XX. Evidências atuais sugerem que elas são comuns, afetando cerca de 10% das crianças em alguns países, e têm aumentado em prevalência nas últimas décadas. Esse aumento tem afetado preferencialmente regiões industrializadas, mas há evidência crescente do aumento da prevalência em países em desenvolvimento, que ocorre de maneira proporcional ao crescimento econômico.[1]

Embora qualquer proteína alimentar possa provocar reações alérgicas em indivíduos predispostos, um número limitado delas é responsável pela maioria das reações em indivíduos com alergia alimentar. Os principais alimentos associados a essas alergias são chamados de "*the big nine food allergens*" (em português, "nove grandes alérgenos alimentares"), a saber: leite de vaca, ovo, amendoim, castanhas, peixes, crustáceos, trigo, soja e gergelim,[2] sendo que o gergelim foi incluído recentemente pela agência Food and Drug Administration (FDA), dos EUA.

Virtualmente todas as crianças que têm alergia ao leite de vaca a manifestam ainda no primeiro ano de vida e nesse grupo aproximadamente 80% desenvolvem tolerância clínica até o quinto ano de vida. Em crianças com idade entre 5 e 6 anos, é comum a presença de anticorpos circulantes para antígenos da dieta, que tendem a baixar de concentração ou desaparecer com o tempo. Já em adultos, embora a alergia seja menos comum, sua prevalência tem aumentado nos últimos anos.[1,2] Um trabalho publicado em 2009 mostrou que nos EUA, em um período de 2 meses, houve 20.281 visitas às emergências, 2.333 episódios de anafilaxia e 520 hospitalizações decorrentes de reações alérgicas provocadas por alimentos. Para essa população, os crustáceos foram os principais desencadeadores, seguidos por ovo, frutas e amendoim, enquanto para pré-escolares e escolares as castanhas apareceram em primeiro lugar.[3] No Brasil, os achados relacionados às alergias alimentares em crianças indicam que o leite de vaca é o principal agente, podendo-se especular que isso se deve ao fato de ser o primeiro alimento a ser adicionado à dieta no período de desmame e por apresentar grande potencial antigênico em virtude de sua composição.[2] Na prática clínica, aqueles que mais afetam as crianças são leite de vaca, ovo, soja, amendoim e castanhas; e os adultos são castanhas, peixes e crustáceos.[1]

A determinação da prevalência das alergias alimentares usando o teste de provocação oral, que é o padrão-ouro, é um recurso intensivo que limita a disponibilidade de dados de alta qualidade, como enfatizado em um estudo publicado em 2013, por Susan Prescott e colaboradores.[4] Esse trabalho avaliou 83 países membros da World Allergy Organization e seis países (n = 51) não membros, e em quase metade não havia dados sobre a prevalência de alergias alimentares, em quase 25% os dados eram originados de relatos de pacientes e parentes, e somente 10% tinham dados baseados no teste padrão-ouro.[4] A escassez de dados robustos é agravada, ainda, pelas definições inconsistentes e metodologias usadas nos vários estudos. Atualmente, a maioria dos dados é baseada em autorrelatos, que geralmente superestimam as alergias alimentares porque é comum que pacientes e parentes confundam sintomas que são de outras condições (p. ex., intoxicação alimentar, deficiência de enzimas, dermatite de contato ou aversões alimentares) com as de alergias.[5]

CONCEITO E CLASSIFICAÇÃO

Por muitos anos, o termo "alergia" foi usado como sinônimo de hipersensibilidade mediada por IgE (ou imediata), que se associa a reações anafiláticas potencialmente graves e ameaçadoras da vida. As observações clínicas têm mostrado, no entanto, que muitas alergias não têm esse mecanismo como desencadeador. Dessa maneira, um grupo de representantes da European Academy of Allergy and Clinical Immunology (EAACI) publicou em 2001 uma revisão da nomenclatura das alergias,[7] que tem sido mantida até os dias atuais.[2,8]

A nomenclatura proposta por esses estudiosos é baseada no mecanismo que inicia a reação adversa causadora dos sinais e sintomas clínicos.[7] Quando mecanismos imunológicos estão envolvidos, o termo apropriado é "alergia alimentar" e quando a IgE tem papel de destaque, deve ser utilizada a expressão "alergia alimentar mediada por IgE". As reações mediadas por células ou outros subtipos de imunoglobulinas (como a IgG) devem ser chamadas de hipersensibilidade alimentar não mediada por IgE e todas as outras reações consideradas como intolerância alimentar devem ser referidas como hipersensibilidade alimentar não alérgica, causadas, na maioria das vezes, por erros inatos do metabolismo, como ocorre na deficiência de lactase.[2,7] De acordo com a publicação de 2018 do *Consenso brasileiro de alergia alimentar*, existem ainda aquelas consideradas como reações alérgicas mistas. Nesse grupo, estão incluídas as manifestações decorrentes de mecanismos mediados por IgE, por linfócitos Th1 e por citocinas pró-inflamatórias, como ocorre na esofagite, na gastrite e na gastroenterite eosinofílica, na dermatite atópica, na asma e na hemossiderose.[2]

O mecanismo fisiopatológico das alergias varia de acordo com o alérgeno e envolve a ativação contínua de células, resultando na produção de diferentes tipos de imunoglobulinas específicas ao alérgeno. Esses diferentes mecanismos relacionados à indução de reações alérgicas são responsáveis pelo aparecimento dos diferentes sinais e sintomas clínicos.

FISIOPATOGENIA E MANIFESTAÇÕES CLÍNICAS

Durante os estados fisiológicos, além de realizar as funções de digestão e absorção, a mucosa gastrointestinal também constitui uma barreira protetora composta por muco, ácido, enzimas, sais biliares, *tight junctions* das células epiteliais, IgA secretória, microbiota e constituintes imunológicos inatos e adaptativos. Essa barreira é capaz de destruir diversos tipos de antígenos e manter o estado de tolerância da mucosa para a maioria dos alimentos com os quais se tem contato pela dieta. Alterações nessa barreira, provocadas por reações inflamatórias, e a imaturidade no desenvolvimento de seus componentes, que aumenta sua permeabilidade, vêm sendo apontadas como os principais mecanismos para explicar a incidência mais alta de alergias alimentares em lactentes e crianças.[8,9]

A introdução precoce de alimentos na dieta de crianças parece ser crucial na indução de alergia alimentar. Nos primeiros meses de vida do lactente, o aleitamento materno fornece substâncias importantes para a modulação do sistema imunológico e ao mesmo tempo estimula a maturação de sua mucosa intestinal. Ao substituir o leite materno por alimentos artificiais, a chance de desenvolvimento de alergia aumenta, já que a imaturidade funcional da mucosa favorece a absorção de macromoléculas e estimula uma resposta fora do contexto de tolerância, o que culmina no desenvolvimento das manifestações clínicas.[10] Nesse sentido, Teixeira[11] observou que animais neonatos expostos à proteína de amendoim por via oral durante a primeira semana de vida e depois expostos a uma dieta de desafio contendo a semente do amendoim na vida adulta se tornam alérgicos, apresentando altos títulos de anticorpos antiproteína de amendoim, e desenvolvem uma inflamação intestinal crônica.

Há outros casos em que a predisposição às alergias pode ser determinada mesmo durante a gestação. As interações entre mãe, placenta e feto são atualmente foco de pesquisas que objetivam a prevenção de doenças alérgicas, já que se identificou que a manifestação de alergia materna durante a gestação aumenta as chances de desenvolvimento de alergia em sua prole.[12] Acredita-se que seja possível que os fatores genéticos, ambientais, nutricionais e imunológicos que atuam durante toda a gravidez determinem na prole uma propensão ou não à sensibilização alérgica e à subsequente doença alérgica. Alguns estudos discutem que a exposição a alérgenos tem o poder de influenciar a própria produção de IgG da mãe, que, por sua vez, modularia o contato do alérgeno com o feto, resultando em sensibilização primária de células T ou indução de tolerância.

Outra situação que parece resultar em sensibilização a um novo alimento é a sua introdução durante um contexto inflamatório, seja ele alérgico ou infeccioso (parasitoses ou viroses). Paschoal et al.[13] estudaram os fatores que influenciam a indução de alergia a uma nova proteína submetendo camundongos ao protocolo de alergia e indução de inflamação intestinal antígeno-específico e, em diferentes períodos do protocolo, realizando a exposição oral à ovalbumina (OVA) nesses animais. O grupo de camundongos que passou pela exposição oral à ovalbumina antes do início da dieta de desafio com amendoim (portanto, com mucosa intestinal preservada) apresentou títulos de anticorpos antiamendoim semelhantes aos de animais tolerantes, enquanto os grupos de animais que passaram por essa exposição nas semanas 1, 2, 3 e 4 da dieta de desafio contendo amendoim (portanto, com inflamação intestinal aguda e crônica) apresentaram níveis de IgG semelhantes aos da imunização (sensibilização) de controles alérgicos. Quando os animais do primeiro grupo (exposição oral à ovalbumina antes da dieta de desafio) foram inoculados com a ovalbumina por via subcutânea, eles continuaram apresentando baixos títulos de IgG circulante, demonstrando que se tornaram tolerantes a essa proteína, apesar de terem altos títulos de IgG antiamendoim. Em comparação, os demais grupos apresentaram títulos de IgG antiovalbumina compatíveis com a sensibilização sistêmica para essa proteína.[13] Esses dados mostram que a administração oral de ovalbumina em animais sensibilizados ao amendoim antes da indução da inflamação resultou em tolerância imunológica à ovalbumina, enquanto a apresentação da nova proteína em contexto inflamatório levou à indução de alergia alimentar à segunda proteína.[13]

De maneira similar, é possível observar na prática clínica que indivíduos portadores de desordem alérgica apresentam significativamente maior risco de desenvolvimento de outras alergias. Esse fato é observado especialmente em crianças alérgicas ao leite de vaca, que muitas vezes desenvolvem alergia a múltiplas proteínas, como as encontradas no leite de cabra, no extrato de soja, no ovo e em algumas frutas.

Embora tenha havido grandes avanços na compreensão do sistema imunológico da mucosa intestinal, a patogênese precisa da maioria das reações de hipersensibilidade alimentar ainda precisa ser melhor elucidada.[2,8,9] Essas reações podem ser classificadas de acordo com o mecanismo imunológico em: mediadas por IgE, reações mistas e não mediadas por IgE (Quadro 1).[2]

QUADRO 1 Classificação das reações imunomediadas a alimentos de acordo com os sistemas e órgãos afetados

Tipo de reação/ momento dos sintomas	Mediadas por IgE (início agudo)	Mediadas por IgE e por células (início tardio)	Não mediadas por IgE (início tardio)
Trato gastrointestinal	Síndrome de alergia oral, gastroenteropatia	Esofagite eosinofílica, gastroenterite eosinofílica	Proctite, proctocolite, enterocolite, doença celíaca
Pele	Urticária, angioedema, anafilaxia	Dermatite atópica	Dermatite herpetiforme
Sistema respiratório	Rinite, conjuntivite, broncoespasmo (asma), anafilaxia com hipotensão e choque	Asma	Hemossiderose pulmonar induzida por alimento (síndrome de Heiner) – com infiltrado pulmonar recorrente, acúmulo de ferro na circulação, hemorragia gastrointestinal e anemia ferropriva Manifestações respiratórias associadas à alergia ao leite de vaca não mediada por IgE (IgG específica), nesse contexto são: rinite e sinusite

Fonte: adaptado de Solé et al., 2018.[2]

O mecanismo fisiopatológico das alergias mediadas por IgE envolve ativação de mastócitos e células fagocíticas da lâmina própria e da placa de Peyer no tecido Linfoide associado ao intestino (GALT, do inglês *gut-associated lymphoid tissue*). O reconhecimento e a apresentação de antígenos nessa mucosa promovem a ativação de linfócitos Th2, que, por sua vez, secretam citocinas que estimulam os linfócitos B a se diferenciarem e secretarem IgE. Contatos subsequentes com o mesmo antígeno alimentar e sua ligação com pelo menos duas moléculas de IgE próximas determinam a liberação de mediadores vasoativos por mastócitos e basófilos (prostaglandinas, leucotrienos e histamina) que vão induzir as manifestações clínicas (Quadro 2).[2]

QUADRO 2 Tipos de reações imunomediadas a alimentos e sintomas gastrointestinais relacionados

	Mediadas por IgE (início agudo)	Mediadas por IgE e por células (início tardio)	Não mediadas por IgE (início tardio)
Principais alérgenos	Antígenos alimentares como leite de vaca, ovo, amendoim e crustáceos	Antígenos alimentares como crustáceos, ovo e sementes	**Lactentes:** leite de vaca (usualmente desaparece em 1 ano) **Crianças pós-desmame e adultos**: leite de vaca, ovos, soja e glúten
Sinais e sintomas	Aparecimento agudo de náusea, vômito, dor abdominal, diarreia, prurido de lábios, língua ou palato	Variam de acordo com o local, a profundidade e a gravidade da infiltração eosinofílica Principais: dermatite atópica, esofagite e enterocolite eosinofílica Podem se apresentar tardiamente	**Lactentes**: proctite e colite alérgicas (mais frequentes), hematoquezia com ou sem diarreia, vômito, baixo peso ponderal e irritabilidade **Crianças pós-desmame**: má-absorção, diarreia, déficit de crescimento e distensão abdominal **Adultos**: enterocolite com diarreia, perda de peso e astenia; e em alguns casos constipação, anemia e osteoporose

continua

QUADRO 2 Tipos de reações imunomediadas a alimentos e sintomas gastrointestinais relacionados (*Continuação*)

	Mediadas por IgE (início agudo)	Mediadas por IgE e por células (início tardio)	Não mediadas por IgE (início tardio)
Características	Atinge qualquer faixa etária, sendo mais frequente em pacientes pediátricos	Curso clínico variável, podendo ser necessário tratamento com corticosteroide	Usualmente desaparece aos 2-3 anos de idade **Alergia ao glúten (doença celíaca)** se associa ao HLA-DQ2 ou DQ8 e é uma doença permanente

Fonte: adaptado de Solé et al., 2018.[2]

Por sua vez, as hipersensibilidades alimentares não mediadas por IgE envolvem reações citotóxicas mediadas por imunocomplexos IgG-antígeno e reações mediadas por células, mecanismo mais importante. A principal célula envolvida na indução dessas alergias parece ser o linfócito Th1, que uma vez ativado produz citocinas pró-inflamatórias capazes de estimular a ativação de outras células e, em alguns casos, a produção de IgG antígeno-específico. Essa IgG pode seguir dois caminhos: em um deles, ela se liga aos epítopos proteicos antigênicos e forma imunocomplexos que podem cair na circulação ou na linfa e se depositar em diferentes tecidos, causando inflamação de forma mais direta; e no outro o complexo IgG-antígeno pode se ligar a receptores de IgG (FCR-gama) de mastócitos e basófilos, que irão secretar seu conteúdo e induzir inflamação local e/ou sistêmica. A compreensão deste segundo mecanismo parece ser a peça que falta para entender as sensibilidades alimentares tardias (após 24 horas de contato) presentes em condições clínicas como a síndrome do intestino irritável.[14]

As manifestações da alergia alimentar tardia (DTH, do inglês *delayed-type hypersensitivity*), mediadas por células ou por IgG, são mais difíceis de correlacionar com um antígeno em particular, pois podem ocorrer dias após a ingestão do alérgeno. Esse tipo de alergia pode ser observado em humanos envolvendo alimentos como o leite de vaca, o ovo e as oleaginosas, como o amendoim. Os resultados de Teixeira,[11] que mostram que animais experimentais alérgicos ao amendoim, após a ingestão da semente, desenvolvem uma inflamação intestinal crônica ao longo do tempo comprovam a ocorrência de reações tardias ao amendoim.[11]

DIAGNÓSTICO

Um diagnóstico preciso é essencial para o manejo correto das alergias alimentares. Conhecer a história detalhada é importante para determinar a relação temporal entre a ingestão e o aparecimento dos sinais e sintomas, o tipo de sintomas, os alérgenos alimentares que podem estar envolvidos e o risco de atopia.[9] Na prática clínica de investigação das alergias, são utilizadas ferramentas como os questionários, que permitem avaliar qual o sistema mais afetado, quando e de que forma se iniciaram os sintomas, e o registro alimentar, que permite associar dados do consumo da mesma proteína com a ocorrência de sintomas específicos em momentos distintos. O questionário desenvolvido pelo National Institute of Allergy and Infectious Diseases dos EUA e adaptado para alguns países, como o Brasil, é um exemplo de ferramenta que tem se mostrado útil nessa investigação.[15,16]

A alergia alimentar mediada por IgE é até agora o tipo de doença mais investigado, pois há um conhecimento geral satisfatório sobre seus mecanismos e instrumentos diagnósticos confiáveis. Os exames laboratoriais mais indicados para avaliar um quadro clínico mediado por IgE são o teste cutâneo (SPT, do inglês *skin prick test*), realizado no antebraço, e o teste radioalergoabsorbente (RAST, do inglês *radioallergosorbent test*), também conhecido como ImmunoCAP™ ISAC, realizado em amostras sanguíneas para mensurar IgE específica para os alimentos.[16]

Um estudo publicado em 2012 avaliou a representatividade do teste cutâneo e sua relação com outros testes diagnósticos, em especial a dosagem de IgE sérica, em indivíduos com alergia alimentar. Para tanto, foram avaliados 36 indivíduos alérgicos a quiuí e 27 alérgicos a outros alimentos, mas tolerantes ao quiuí. Do total da amostra, 35 indivíduos apresentavam história clínica de síndrome da alergia oral e apenas um apresentava urticária como principal manifestação clínica. Durante o teste, observou-se que os indivíduos tolerantes ao quiuí, mas sensibilizados para pólen ou profilina, apresentaram teste cutâneo negativo e apenas um paciente que era alérgico a látex mostrou uma positividade fraca, possivelmente como consequência da reação cruzada entre proteínas alergênicas (por conta de uma semelhança estrutural entre as frações proteicas do quiuí e do látex). O estudo ainda mostrou que alguns indivíduos com IgE positiva para o quiuí não tiveram teste cutâneo positivo. Esses resultados indicam que, embora o teste cutâneo seja interessante, a história clínica ainda é mais importante no diagnóstico das alergias e esse teste não deveria ser utilizado de maneira isolada para predizer um quadro alérgico.[17]

Atualmente, o método ImmunoCAP™ ISAC tem sido considerado o mais eficiente e de maior especificidade por apresentar menor chance de positividade por reação cruzada entre as proteínas avaliadas. Ele permite a detecção e a determinação semiquantitativa de IgE específica contra 118 componentes moleculares alergênicos de 51 diferentes fontes alergênicas, incluindo os mais clinicamente relevantes, os tradicionalmente envolvidos em reações cruzadas e até os raros, potencialmente anafiláticos. O resultado desse teste fornece um painel de sensibilização de IgE do paciente, acusa a presença de sensibilidade para alérgenos de reatividade cruzada e otimiza o esclarecimento de situações particulares, como a alergia alimentar e ao látex. Sua principal vantagem é permitir avaliar o acompanhamento de uma conduta para definir se será necessária ou não a aplicação do teste de provocação oral (TPO). Suas principais desvantagens são a falta de padronização para todos os antígenos, seu custo e o tempo necessário para se obter os resultados.[18]

Em meados de 2012, a American Academy of Allergy, Asthma and Immunology (AAAAI) e a European Academy of Allergy and Clinical Immunolgy publicaram um consenso sobre o uso do teste de provocação oral duplo-cego e controlado por placebo (DBPCFC, do inglês *double-blind, placebo-controlled food challenge*) como padrão-ouro para o diagnóstico das alergias alimentares.[1] Esse teste consiste na administração do alérgeno ao paciente, em um ambiente controlado e padronizado, e sua realização é complexa já que requer grandes recursos de saúde (médicos, enfermeiros e instalações hospitalares). Ele é útil para confirmar ou excluir o diagnóstico de alergia alimentar (tanto IgE como não IgE mediada), avaliar a tolerabilidade de um alimento em crianças com alergia alimentar prévia e/ou identificar o limite de responsividade. Outras indicações para o teste de provocação oral são testar determinado alimento em pacientes alérgicos que nunca tiveram contato prévio com o alimento e/ou testar a reatividade cruzada entre alimentos nunca introduzidos na dieta.[19]

Crianças com uma história recente de anafilaxia (nos 12 meses anteriores) e níveis detectáveis de IgE específica para um alimento suspeito devem ser excluídas do teste. Também não devem ser submetidos ao teste pacientes afetados por doença atípica que possa interferir na avaliação ou se estiverem tomando medicamentos que possam interferir na avaliação ou na sua segurança.[19] É importante lembrar que os níveis de IgE total também podem estar aumentados em outras doenças, como mononucleose infecciosa, doenças autoimunes e até nos casos de reações a fármacos. Por isso, a interpretação da análise na presença de IgE total alta precisa ser minuciosa.

Por fim, no que diz respeito à eficácia dos exames para identificação dos quadros não mediados por IgE o problema é maior, já que os testes existentes têm baixa eficácia e pouca validação científica. Ainda assim, nesses casos os testes mais indicados são: pesquisa de eosinófilos em sangue, tecido e fezes; pesquisa de neutrófilos, especialmente para o diagnóstico de enterocolite;

pesquisa de IgG e IgA (pouco preditivos); biópsia; e, quando realmente necessário, teste de provocação alimentar.[16]

A grande maioria dos trabalhos são contundentes ao afirmar que os testes de IgG específicos para proteínas alimentares não são validados e sensíveis o suficiente para serem utilizados como método de diagnóstico das sensibilidades tardias. As principais críticas acerca desses testes se referem à falta de padronização de antígenos, do próprio método e dos valores de referência. Além disso, os poucos trabalhos publicados têm um "n" insatisfatório para se concluir se é um teste seguro. A principal explicação para esse fato é que a IgG específica para alimentos pode ser detectada em estados de tolerância de mucosa para proteínas alimentares. É necessário, portanto, saber o limite entre o que é fisiológico (tolerância) e o que é patológico (alergia), uma definição dificultada por todas as limitações do método. Nesse sentido, é importante destacar que em crianças e adultos saudáveis sem história clínica de sensibilidades tardias (indivíduos tolerantes) é comum se observar um aumento de anticorpos da subclasse IgG4 associado com mecanismos de indução de tolerância.

Um dos poucos trabalhos sobre esse tema com metodologia bem delineada foi publicado em 2010. Nesse ensaio randomizado, cruzado e duplo-cego, os autores avaliaram o papel da dieta de restrição com base nos anticorpos IgG contra antígenos alimentares encontrados no curso das crises de enxaqueca de 30 pacientes. Depois de submeter esses indivíduos ao teste de IgG para alimentos, as proteínas alimentares com alta positividade foram retiradas por um período de 6 semanas, de forma individualizada. Ao final dessa etapa, eles ficaram 2 semanas livres de dieta e foram submetidos, então, ao tratamento oposto (dieta de provocação seguida de dieta de eliminação ou vice-versa). Com relação ao início da investigação, o número de dias com dor de cabeça diminuiu de forma significativa, de $10,55 \pm 4,4$ para 7,5 3,7 ($p < 0,001$), e o número de crises caiu de $9,0 \pm 4,4$ para 6,2 3,8 ($p < 0,001$) no período da dieta de eliminação. Esse foi o primeiro e um dos únicos estudos randomizados e cruzados que mostrou que a restrição alimentar baseada em anticorpos IgG para alimentos foi eficaz na redução das crises de enxaqueca.[20] Como não existem dados suficientes que mostrem relação do aumento de IgG com outros sinais e sintomas de sensibilidade tardia, recomenda-se cautela ao utilizar e basear o diagnóstico apenas nesse teste sem considerar a história clínica, pois existe risco de exclusões alimentares desnecessárias e desproteção da microbiota intestinal.

PAPEL DA MICROBIOTA

Em 1989, com a observação epidemiológica de que crianças de famílias maiores tinham taxas mais baixas de rinite alérgica e eczema, foi proposto que a microbiota teria um papel no risco de alergia ("hipótese da higiene"). A hipótese é que a infecção na primeira infância, resultante do contato com irmãos ou adquirido no pré-natal (pelo contato materno com irmãos mais velhos), protege contra alergia.[21] Esse pensamento evoluiu nas últimas décadas, envolvendo a sugestão de que o aumento da incidência de doenças alérgicas pode não ser especificamente decorrente das alterações provocadas por infecções, mas do ambiente em que o indivíduo está inserido (estresse, uso excessivo de antibacterianos e antiparasitários, alterações do sono etc.) e da dieta e do estilo de vida "ocidentais", em que a exposição da microbiota humana é diferente das gerações anteriores. Estudos observacionais que dão suporte a essa ideia incluem aqueles que mostram que exposições maternas pré-natais a animais de estimação, nascimento por parto vaginal (em comparação com cesárea), infância em ambientes rurais e a exposição infantil a animais de estimação são fatores associados à redução do risco de alergia. Já a "hipótese dos velhos amigos" e a "hipótese da biodiversidade" postulam que o aumento das alergias é consequência da perda de relações comensais com parasitas e bactérias que anteriormente exerceram efeitos benéficos na evolução humana.[22]

Hoskinson et al.,[22] estudando uma coorte de crianças recém-nascidas (n = 855), mostraram que existem influências e características do microbioma uniformemente associadas a quatro diagnósticos distintos de alergia aos 5 anos de idade: dermatite atópica (n = 367), asma (n = 165), alergia alimentar (n = 136) e rinite alérgica (n = 187). Em um subconjunto com perfil metagenômico e metabolômico (n = 589) determinado por sequenciamento *shotgun*, observou-se que a alteração na maturação da microbiota durante o primeiro ano de vida foi crucial para o desenvolvimento de alergias na infância (p = 0,000014 para dermatite atópica, p = 0,0073 para asma; p = 0,00083 para alergia alimentar e p = 0,0021 para rinite alérgica). A partir desses achados, foi possível identificar um conjunto básico de desequilibrios funcionais e metabólicos caracterizados por: comprometimento da integridade da mucosa intestinal; elevação do potencial oxidativo; diminuição da fermentação secundária e da produção de butirato; e aumento dos traços de aminas biogênicas na mucosa intestinal desses bebês. Essas características podem ser consideradas mediadores significativos entre a maturação desequilibrada da microbiota e os diagnósticos de alergia feitos aos 5 anos de idade. Dessa forma, a maturação da microbiota, seu papel no estímulo à regulação imunológica (linfócitos T regulatórios CD4+CD25+FOXP3+) e a geração de tolerância de mucosa devem passar a ser o foco de pesquisas para identificar, prever, prevenir e tratar de forma adequada as doenças alérgicas.

TRATAMENTO

Tratamento nutricional

A base do tratamento da alergia alimentar é essencialmente nutricional e se apoia em dois grandes pilares: exclusão dos alérgenos alimentares envolvidos com utilização de fórmulas ou dietas hipoalergênicas em crianças;[16,23] e modulação da permeabilidade intestinal e da disbiose que normalmente acompanham esses pacientes, com o objetivo de recuperar a tolerância da mucosa.[22]

A nutrição adequada dessa maneira deve garantir o funcionamento e a homeostasia da mucosa intestinal, pois utiliza alimentos capazes de garantir a viabilidade dessa mucosa e exclui, nos períodos de crise, os alimentos ricos em histamina e tiramina resistentes à cocção, que podem provocar reações gastrointestinais,[23] sem retirar os alimentos aos quais os indivíduos são tolerantes.[10,13] Em casos de lactentes alérgicos, o aleitamento materno exclusivo é incentivado e as mães são submetidas a uma dieta de exclusão da substância alergênica para o controle das manifestações clínicas que acometem a criança. Um questionamento importante sobre as alergias em crianças envolve a utilização de fórmulas hidrolisadas no tratamento das alergias alimentares. Um estudo revisou a utilização das fórmulas comercialmente disponíveis em todo o mundo e mostrou que, apesar de a maioria das crianças (90%) ter apresentado tolerância às fórmulas com proteína do leite de vaca extensivamente hidrolisadas, elas ainda mantêm níveis de antigenicidade. As fórmulas com proteína hidrolisada de arroz têm sido usadas, então, como uma alternativa para os alérgicos às proteínas do leite de vaca e à soja, além de constituir uma alternativa nutricional adequada, evitando restrições dietéticas.[23]

Outro aspecto que merece destaque é a possibilidade de ingestão acidental. Nesses casos, indica-se primeiro que o consumo do alimento envolvido ou de preparações que contenham o alimento seja interrompido e que seja instituído tratamento para o alívio dos sintomas. Os casos mais graves devem ser mantidos sob observação médica e nutricional contínua até o alívio dos sintomas, e quando há evolução com edema de glote e/ou choque anafilático, os pacientes devem ser hospitalizados. Em geral, os pacientes são liberados com prescrição de anti-histamínicos por via oral ou, nas manifestações mais extensas, um curso rápido de corticosteroides por via oral pode ser necessário.[16]

A visão mais integrativa do tratamento de alergias engloba melhorar todo o sistema gastrointestinal com o intuito de promover a recuperação da permeabilidade e da composição da microbiota, já que seus desequilíbrios influenciam a entrada de macromoléculas no tecido linfoide associado ao intestino, com consequente estímulo inflamatório. Nesse sentido, deve-se fornecer, por meio da nutrição, ao menos suporte digestivo e suporte para reparo da barreira intestinal e da microbiota.

A digestão adequada de proteínas diminui a presença de macromoléculas no lúmen intestinal e, consequentemente, reduz a ocorrência de alergia, visto que frações menores de proteínas, em geral, atuam como um estímulo imunológico menor. Assim, a identificação da presença de hipocloridria e a correção do ácido clorídrico (HCl) são fundamentais. Em estudo usando camundongos Balb/c, Untersmayr et al.[24] mostraram que o uso de antiácidos concomitante à ingestão de proteínas alergênicas induziu a produção significativa de IgE específica para as proteínas testadas, por interferir na sua digestão em nível gástrico. Esses resultados embasam a fermentação e a germinação como métodos para melhorar a digestibilidade de proteínas (em especial de grãos e sementes), sugerindo o uso de ervas fitoterápicas com ação digestiva e anti-inflamatória, como gengibre, alecrim e cúrcuma, para maior estímulo do ácido clorídrico e de enzimas digestivas e para reparo da mucosa.[23] Na prática clínica, essas ervas podem ser usadas como temperos, como infusões ou na forma de extrato seco, quando se deseja maior concentração de seus compostos bioativos. O importante é alterná-las e mantê-las na rotina diária.

Por sua vez, compostos bioativos e fitoterápicos têm a capacidade de promover um aumento da expressão das proteínas das *tight juctions* (atuam no controle da permeabilidade intestinal) e das zonulinas (conjunto de proteínas que estabiliza as *tight juctions*) e fazem a modulação da microbiota, aumentando o perfil de bactérias benéficas no intestino. Considerando-se que o aumento da permeabilidade (*leaky gut*) e a disbiose têm papel significativo no surgimento de algumas doenças, como as autoimunes[25] e as alergias, o uso dessas substâncias pode ser interessante.

Em estudo analisando o efeito da *Boswellia serrata* na preservação da barreira epitelial intestinal, Cantazaro et al.[26] mostraram que culturas de um trecho de células do epitélio intestinal estimuladas por lipopolissacarídeos experimentavam uma perda das proteínas das *tight juctions* e da força elétrica transepitelial, o que aumentava a permeabilidade desse epitélio. Quando essa cultura foi tratada com extrato de *Boswellia* ou com o composto bioativo isolado da *Boswellia* (ácido acetilceto-beta-boswéllico), o efeito foi de preservação da barreira, com manutenção da expressão das proteínas das *tight junctions* e consequente preservação da permeabilidade.

Outro composto bioativo interessante para a preservação dessa barreira é a quercetina. Suzuki et al.[27] avaliaram sua capacidade de melhorar a barreira epitelial intestinal por meio de seu efeito sobre a expressão de claudina, ocludinas e zonulinas (proteínas da barreira) em células Caco-2. Eles demonstraram que as culturas de células que tinham a presença da quercetina, embora não tivessem modificado os níveis de ocludina e zonulina, apresentaram aumento da resistência elétrica do epitélio e da claudina-4, ambos responsáveis pela diminuição da permeabilidade intestinal, a depender da dose. A quercetina foi considerada um bom reparador da barreira. Por fim, também são bons moduladores da barreira intestinal cúrcuma, ômega 3, vitamina D, zinco e vitaminas do complexo B.[23] Na prática clínica, mesmo que os valores desses nutrientes/nutracêuticos estejam adequados na circulação, seu uso é interessante nos casos em que a dieta não alcança os níveis desejados de ingestão. Essa suplementação possibilita uma recuperação mais rápida da mucosa intestinal.

Alguns estudos têm mostrado, ainda, melhora clínica de pacientes com alergia alimentar após uso de probióticos. Uma metanálise publicada em 2018 mostrou que a administração de *Lactobacillus rhamnosus* GG para crianças alérgicas ao leite de vaca resultou em indução de tolerância para a proteína alergênica. O fato de que houve alívio dos principais sintomas associados ao quadro clínico, mesmo por mecanismos que eles não souberam explicar, os fez concluir que a suplementação pode ser benéfica para essa população. Os probióticos também possuem a capacidade de diminuir colite e a translocação de endotoxinas como os lipopolissacarídeos; de auxiliar na redistribuição de ocludinas, zonulina-1 e claudinas (importantes para a manutenção das *tight junctions*) e até melhorar a diarreia em crianças com alterações gastrointestinais.[28] Tem sido demonstrado, por fim, que bebês com alergias apresentam números significativamente menores de *Bifidobacterium* em amostras fecais em comparação com bebês saudáveis. A prevenção e o tratamento de alergias por meio da suplementação com bactérias probióticas parece, portanto, ser uma abordagem promissora. Os efeitos dos probióticos são mediados principalmente pelo sistema imunológico inato (receptores do tipo *toll*), pela produção de citocinas reguladoras (IL-10 e fator de transformação do crescimento beta – TGF-beta, do inglês *transforming growth factor*) e pelo aumento das respostas intestinais de IgA.[29] Os resultados variam, no entanto, a depender da cepa probiótica, da dose, do momento e da matriz alimentar utilizada, por isso o papel dessa estratégia na prevenção e no tratamento das alergias ainda requer mais estudos.[23]

Tratamento medicamentoso e imunoterapia oral

Após a confirmação do diagnóstico de alergia e a exclusão do antígeno alimentar da dieta, se os sintomas ainda não forem aliviados, pode-se recomendar o uso de alguns medicamentos para melhora do quadro clínico. Nesse contexto, vários fármacos e a imunoterapia oral podem fornecer alívio para certas manifestações clínicas.[16]

Antes mesmo dos experimentos clássicos de Prausnitz demonstrarem que um fator de transferência, como a IgE, estava envolvido na patogênese das alergias alimentares, alguns médicos iniciaram experimentos com abordagens terapêuticas para tratá-las. O primeiro relato de sucesso na utilização da imunoterapia oral foi publicado em 1908 e descrito como um tratamento de sucesso para crianças com anafilaxia induzida por ovo. Nessa época, poucos detalhes eram divulgados sobre como proceder com o tratamento e mesmo anos depois ela ainda permaneceu como uma incógnita.[1] Essa técnica, também conhecida como dessensibilização oral ou vacinação, é um tipo de tratamento para alergia a diferentes proteínas alimentares que envolve o consumo diário de uma pequena quantidade da proteína alergênica, gradualmente aumentada até se atingir uma dose completa do alimento. Essa dessenbilização pode ser feita por via oral ou sublingual. A dosagem é controlada por médicos, sendo que o tempo para se atingir a dose completa varia de acordo com cada protocolo, com os alérgenos envolvidos e com a gravidade de cada caso. O método pode alterar a resposta alérgica à proteína pelo sistema imunológico, permitindo que o indivíduo passe a ingerir a proteína sem ter reações adversas e tem sido apontado como um promissor tratamento para as alergias alimentares.[2,16]

Com relação aos medicamentos, os anti-histamínicos normalmente aliviam parcialmente os sintomas da síndrome da alergia oral e os sintomas cutâneos decorrentes de reações mediadas por IgE, contudo não são capazes de bloquear as manifestações sistêmicas. Seu usonem sempre é recomendado, pois pode mascarar sintomas gastrointestinais. Em comparação, os corticosteroides sistêmicos são geralmente eficazes no tratamento de doenças crônicas mediadas por IgE ou mistas (p. ex., dermatite atópica e asma) ou das doenças não mediadas por IgE (p. ex., esofagite, gastroenterite eosinofílica alérgica ou doença celíaca), mas podem provocar diversos efeitos colaterais.[2,16]

Outras estratégias terapêuticas que vêm sendo avaliadas incluem formas de bloquear a IgE ou sua síntese interrompendo a cascata de ativação da célula Th2. Por exemplo, o tratamento com anticorpo monoclonal anti-IgE humana (omalizumabe) virtualmente elimina a IgE e diminui notavelmente a expressão do receptor de IgE em basófilos. Esse agente reduziu os sintomas de rinite alérgica e a necessidade de corticosteroides em pacientes com asma crônica, além de inibir as reações asmáticas agudas e crônicas induzidas por alérgenos.[16]

Já em alergias alimentares mediadas por IgE cujas manifestações clínicas envolvam órgãos que não o trato gastrointestinal, o tratamento empregado deve ser o mesmo utilizado quando alérgenos não alimentares desencadeiam os sintomas, assim asma, urticária, dermatite atópica e rinite devem ser tratadas como rotina.[2,16]

Na prática clínica, os melhores resultados do tratamento acontecem quando se associa dieta de exclusão; modulação da permeabilidade intestinal com nutrientes, nutracêuticos e fitoterápicos; e uso de medicamentos (caso os sintomas persistam). O olhar do profissional de saúde precisa estar ampliado para recuperar a barreira intestinal e favorecer o resgate da tolerância da mucosa à proteína alergênica. Só assim existirá alguma chance de o indivíduo voltar a consumir o alimento sem apresentar sinais e sintomas.

A anafilaxia, por sua vez, deve ser tratada imediatamente, o que exige um elevado índice de suspeita e o rápido estabelecimento do diagnóstico. Uma vez que surge a suspeita, deve-se injetar epinefrina aquosa, em uma solução de 1:1.000, por via intramuscular ou subcutânea, em dose de 0,2 a 0,5 mL para adultos e 0,01 mL/kg para crianças. A dose pode ser repetida depois de 15 a 30 minutos se houver necessidade.[16]

CONSIDERAÇÕES FINAIS

As alergias alimentares são uma preocupação crescente na sociedade atual. Enquanto muitos indivíduos são capazes de tolerar as proteínas presentes nos diferentes alimentos, outros podem manifestar reações graves e até fatais para os mesmos estímulos antigênicos. A literatura científica atual discute que é essencial entender a gravidade dessas condições e estar consciente dos alimentos que podem conter alérgenos comuns, como os "The Big Nine Food Allergens". Além disso, tem sido apontado que a microbiota e o tecido imunológico do trato gastrointestinal, representam pontos importantes para modulação, visando o controle e o tratamento eficaz dessas diferentes condições. Na prática clínica, observamos que os maiores resultados acontecem quando somamos a exclusão do alérgeno feita de forma correta (e com corretas substituições alimentares), com a modulação precisa da permeabilidade intestinal e correção de sua disbiose.

REFERÊNCIAS BIBLIOGRÁFICAS

1. Sampson HA. Food allergy: past, presente and future. Allergology Int. 2016;65(4):363-9.
2. Solé D, Silva LR, Cocco RR, Ferreira CT, Sarni RO, Oliveira LC, et al. Consenso brasileiro sobre alergia alimentar: 2018 – parte 1 – etiopatogenia, clínica e diagnóstico. Documento conjunto elaborado pela Sociedade Brasileira de Pediatria e Associação Brasileira de Alergia e Imunologia. Arq Asma Alerg Imunol. 2018;2(1):7-38.
3. Sicherer SH, Leung DY. Advances in allergic skin disease, anaphylaxis, and hypersensitivity reactions to foods, drugs, and insects in 2008. J Allergy Clin Immunol. 2009;123(2):319-27.
4. Prescott S. Early-life enviromental determinants of allergic diseases and the wider pandemic of inflammatory noncommunicable diseases. Curr Perspectives. 2013;131(1):23-30.
5. Loh W, Tang MLK. The epidemiology of food allergy in the global context. Int J Envir Res Public Health. 2018;15(9):2043-50.
6. Mastrorilli C, Arasi S, Barni S, Caimmi D, Chiera F, Comberiati P, et al. IgE-mediated and non-IgE mediates fish allergy in pediatric age: a holistic approach – a consensus by diagnosrtic commision of the italian Society of pediatric allergy and Immunology. Medicina (Kaunas). 2023;59(9):1651-69.
7. Johansson SG, Hourihane JO, Bousquet J, Bruijnzeel-Koomen C, Dreborg S, Haahtela T, et al. A revised nomenclature for allergy. Allergy. 2001;(56):813-24.
8. Hon E, Gupta SK. Gastrointestinal food allergies and Intolerances. Gastroenterol Clin N Am. 2021;50(1):41-57.

9. Mansueto P, Montalto G, Pacor ML, Esposito-Pellitteri M, Ditta V, Lo Bianco C, et al. Food allergy in gastroenterologic diseases: review of literature. World J Gastroenterol. 2006;12(48):7744-52.
10. Campos SMN, Oliveira VL, Lessa L, Vita M, Conceição M, Andrade LAB, et al. Maternal immunomodulation of the offspring's immunological system. Immunobiology. 2014;219(11):813-21.
11. Teixeira GAPB. Um modelo murino de inflamação intestinal crônica: tolerância e imunização oral – antigenicidade versus temporalidade. Tese (Doutorado). Rio de Janeiro: Universidade Federal Fluminense; 2003.
12. Fujimura T, Lum SZC, Nagata Y, Kawamoto S, Oyoshi MK. Influences of maternal factors over offspring allergies and the application for food allergy. Front Immunol. 2019;10:1933-59.
13. Paschoal PO, Campos SMN, Pedruzzi MMB, Garrido V, Bisso M, Antunes DMF, et al. Food allergy/hypersitivity: antigenicity or timing? Immunobiology. 2009;214(4):269-78.
14. Uzunismail H. May the activation of mast cells by IgG-food antigen complexes be the missing piece of IBS puzzle? Gastroenterol Hepatol. 2020;11(1):47-50.
15. Lyra NRS, Motta MEFA, Rocha AR, Solé DP, Decio M, Rizzo J, et al. Adverse reactions to food and food allergy: development and reproducibility of a questionnarie for clinical diagnosis. J Allergy (Cairo). 2013;2013:920679-85.
16. Solé D, Silva LR, Cocco RR, Ferreira CT, Sarni RO, Oliveira LC, et al. Consenso brasileiro sobre alergia alimentar: 2018 – parte 2 – diagnóstico, tratamento e prevenção. Documento conjunto elaborado pela Sociedade Brasileira de Pediatria e Associação Brasileira de Alergia e Imunologia. Arq Asma Alerg Imunol. 2018; 2(1):39-82.
17. Asero R. Allergy to kiwi: is componente-resolved diagnosis in routine clinical practice really impossible? Eur Ann Allergy Clin Immunol. 2012;44(2):42-7.
18. Van Hage M, Hamsten C, Valenta, R. ImmunoCAP assays: pros and cons in allergology. J Allergy Clin Immunol. 2017;140(4):974-7.
19. Calvani M, Bianchi A, Reginelli C, Paresso M, Testa A. Oral food challenge. Medicina (Kaunas). 2019;55(10):651-67.
20. Alpay K, Ertas M, Orhan EK, Ustay DK, Lieners C, Baykan B. Diet restriction in migraine, based on IgG against foods: a clinical double-blind, randomised, cross-over trial. Cephalalgia. 2010;30(7):829-37.
21. Strachan DP. Hay fever, hygiene, and household size. BMJ. 1989;299(6710):1259-60.
22. Hoskinson C, Dai DLY, Del Bel KL, Becker AB, Moares TJ, Mandhane PJ, et al. Delayed gut microbiota maturation in the first year of life is a hallmark of pediatric alergic disease. Nature Communic. 2023;14(1):4785-978.
23. Heine RG. Food allergy prevention and treatment by targeted nutrition. Ann Nutr Metab. 2018;72 Suppl 3:33-45.
24. Untersmayr E, Schöll I, Swoboda I, Beil WJ, Förster-Waldl E, Walter F, et al. Antiacids medication inhibits digestion of dietary proteins and causes food allergy: a fish allergy model in Balb/c mice. J Allergy Clin Immunol. 2003;112(3):616-23.
25. Lerner A, Mathias T. Changes in intestinal tight junction permeability associated with industrial food aditives explain the rising incidence of autoimmune disease. Autoimmunity. 2015;14(6):479-89.
26. Cantazaro D, Rancan S, Orso G, Dall'Acqua S, Brun P, Giron MC, et al. Boswellia serrata preserves intestinal epitelial barrier from oxidative and inflammatory damage. PLoS One. 2015;10(5):e0125375.
27. Suzuki T, Hara H. Quercetin enhances intestinal epitelial barrier function through the assembly of zonula ocludens-2, occludin and claudin-1 and the expression of claudin-4 in Caco-2 cells. J Nutr. 2009;139(5):965-74.
28. Tan-Lim CSC, Esteban-Ipac NAR. Probiotics as treatment for food allergies among pediatric patients: a meta-analysis. World Allergy Org J. 2018;11(1):25-38.
29. Rautava S, Collado MC, Salminen S, Isolauri E. Probiotics modulate host-microbe interaction in the placenta and fetal gut: a randomized, double-blind, placebo-controlled trial. Neonatology. 2012;102(3):178-84.

32

Intolerância à histamina

Cristiano Coutinho Rudge Barbosa
Juliana Carneiro de Castro

PONTOS-CHAVE

- A intolerância à histamina decorre da incapacidade de degradação da histamina em quantidades normais ou baixas advindas da dieta, por uma deficiência ou ineficiência da enzima diamina oxidase (DAO).
- Pode-se caracterizar por uma situação transitória ou de base genética.
- Manifestação sintomática em até 4 horas após consumo do alimento com maior carga de histamina.
- Tratamento padrão ouro: dieta com baixo teor de histamina, dividida em 3 fases e uso adjuvante de enzima DAO suplementada e possibilidade de uso de antihistamínicos para controle sintomático agudo.
- É importante buscar as causas secundárias ou condições sobrepostas, como disbiose intestinal e SIBO (super crescimento bacteriano no intestino delgado).

INTRODUÇÃO

A intolerância à histamina ainda não é reconhecida como uma condição nosológica, mas pode ser definida como a inabilidade de alguns indivíduos para metabolizar a histamina presente no intestino, resultando em uma sensibilidade a níveis normais ou mesmo baixos de histamina nos alimentos. Dados de literatura estimam uma prevalência dessa condição em 1 a 3% na população mundial; no entanto, é provável que esse número seja revisto com um maior reconhecimento da condição e uma maior acurácia na metodologia diagnóstica.[1]

HISTAMINA

A histamina é uma molécula pertencente ao grupo das aminas biogênicas que advém da síntese do aminoácido histidina pela enzima histidina descarboxilase (Figura 1).

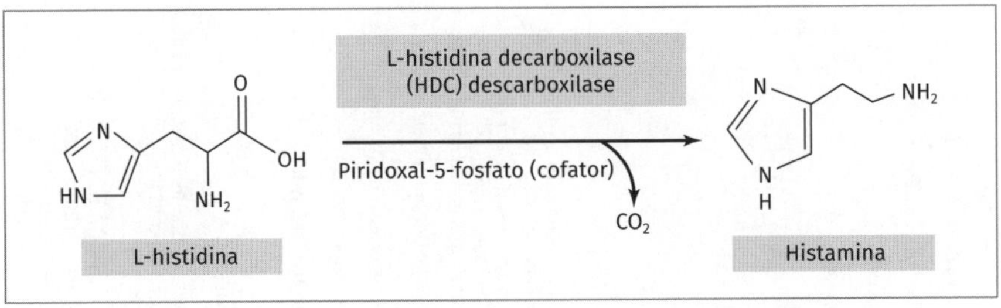

FIGURA 1 Síntese da histamina pelo seu aminoácido precursor histidina.
Fonte: adaptada de Comas-Basté et al., 2020.[1]

Descrita pela primeira vez por Dale e Landlaw em 1910, a histamina ainda permanece como um desafio. Com o tempo e os avanços nos estudos, mais atributos vêm sendo identificados e seu papel no corpo humano se mostra fundamental, tendo sido identificadas múltiplas funções que configuram a histamina como uma mediadora da comunicação entre os sistemas nervoso, imunológico e endocrinológico (Figura 2).[2]

A síntese dessa moléculo no corpo humano é feita principalmente por mastócitos e basófilos, mas também ocorre em outras células, como plaquetas, neurônios histaminérgicos e células enterocromafins (Figura 3). Ela é armazenada, então, em vesículas intracelulares e liberada conforme a demanda metabólica.[3] Suas funções no metabolismo são decorrentes da ação agonista que exerce sobre os receptores H_1, H_2, H_3 e H_4, presentes também em diferentes células de diversos tecidos e órgãos (Figura 4).

Sua afinidade pelos quatro tipos de receptores isolados não é semelhante. Observam-se uma menor afinidade pelos receptores dos tipos 1 e 2 e uma maior afinidade pelos receptores dos tipos 3 e 4. A Figura 5 apresenta de maneira didática as principais funções exercidas pela histamina ao interagir com cada um de seus receptores, enquanto no Quadro 1 cada receptor é correlacionado com suas principais funções biológicas. Sua distribuição universal e as múltiplas funções metabólicas que exerce[5] demonstram que a histamina é indispensável ao metabolismo humano.

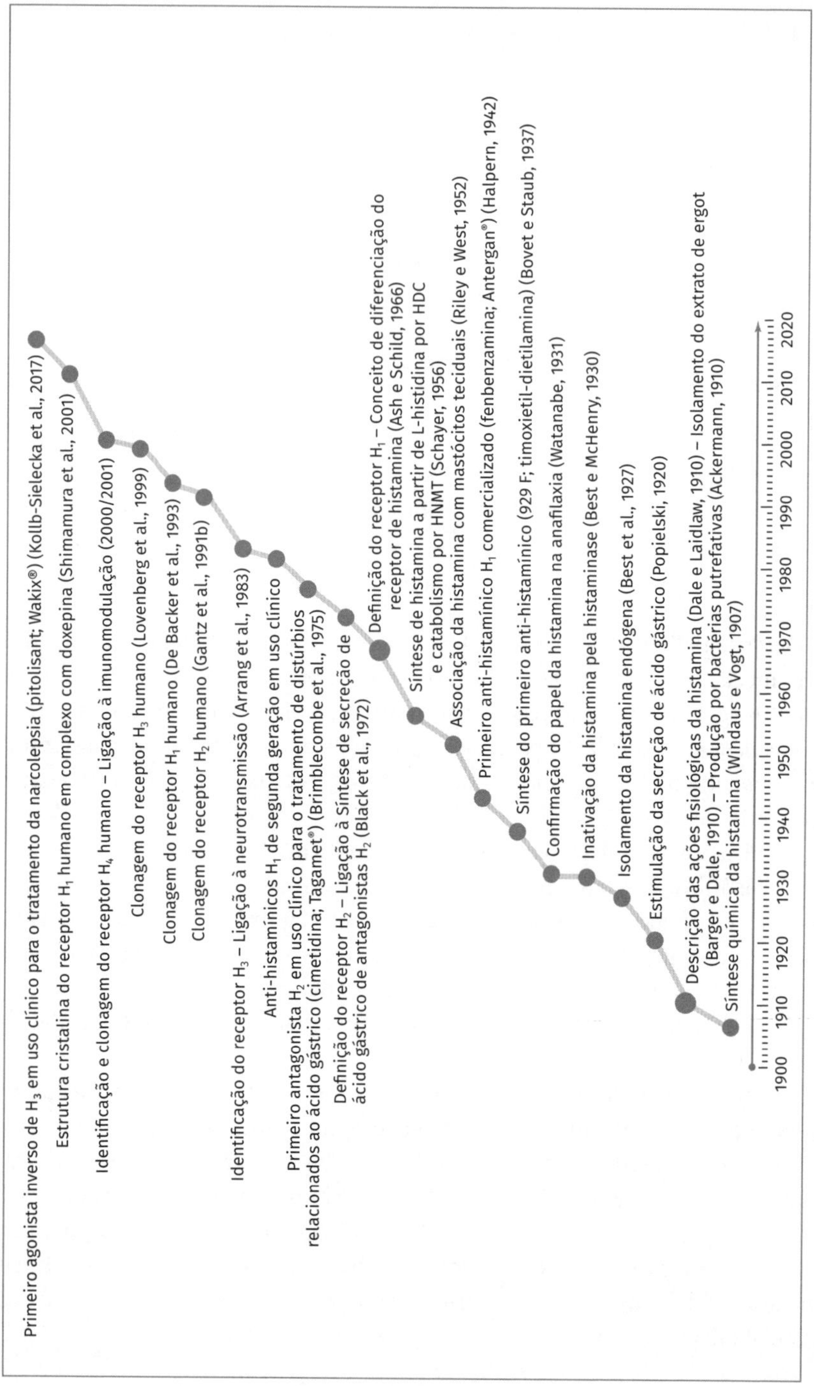

FIGURA 2 Linha do tempo das principais conquistas na pesquisa sobre a histamina.

Fonte: adaptada de Tiligada e Ennis, 2020.[2]

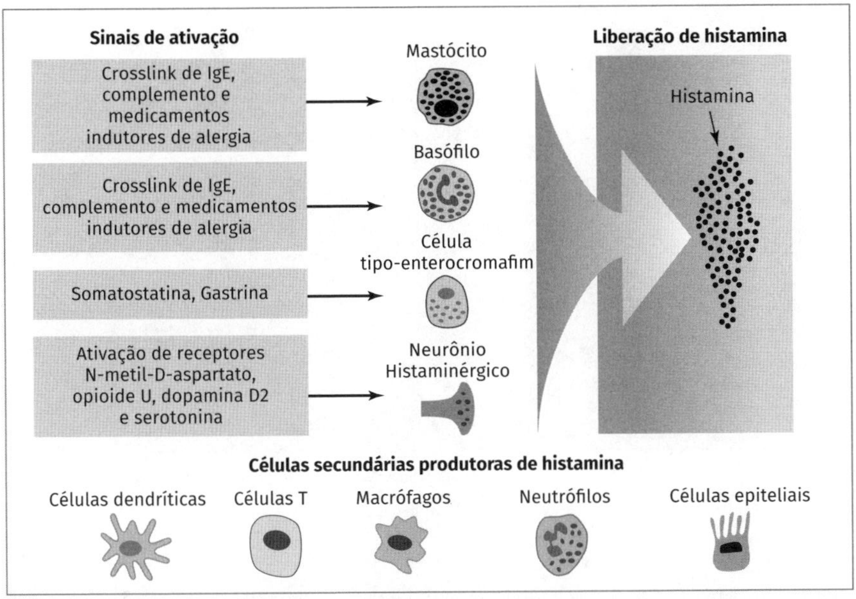

FIGURA 3 Células produtoras de histamina no corpo humano.

Fonte: adaptada de Huang et al., 2018.[3]

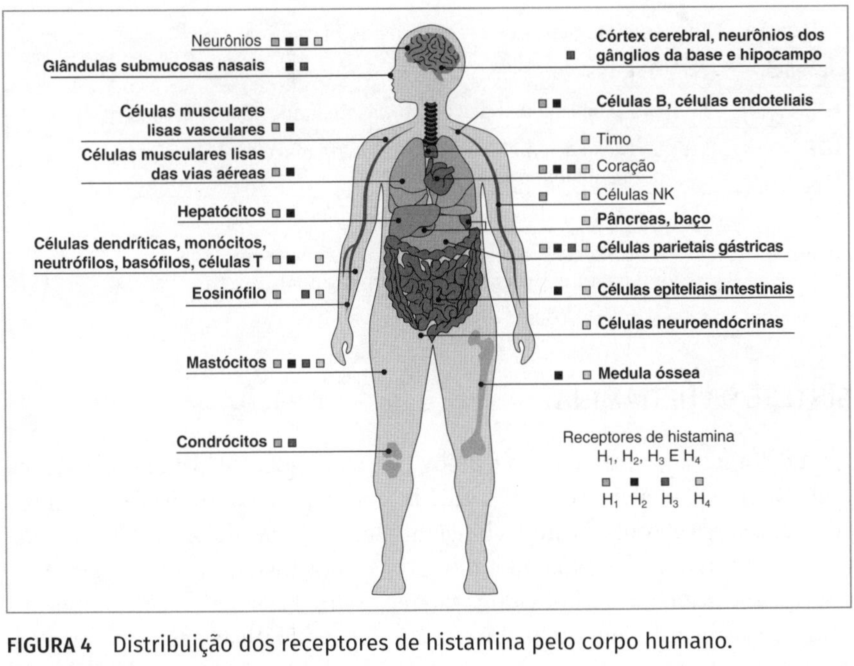

FIGURA 4 Distribuição dos receptores de histamina pelo corpo humano.

Fonte: adaptada de Smolinska et al., 2022.[4]

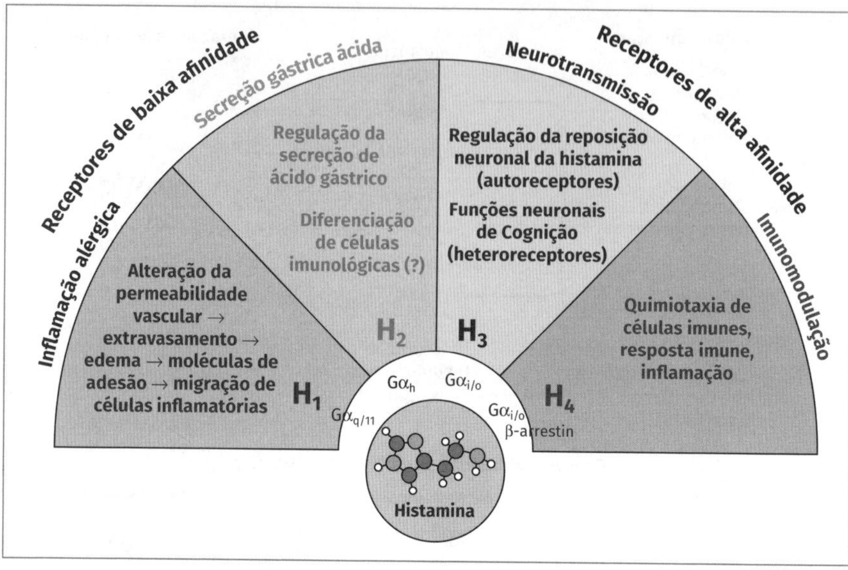

FIGURA 5 Principais funções exercidas pela histamina a partir da interação com seus diferentes receptores.

Fonte: adaptada de Tiligada e Ennis, 2020.[2]

QUADRO 1 Funções biológicas dos receptores de histamina

Receptor	Funções biológicas
H1R	Migração celular, nocicepção, vasodilatação e broncoconstrição
H2R	Secreção ácida gástrica, produção de muco nas vias aéreas, permeabilidade vascular
H3R	Atuação em doenças de base neuroinflamatória
H4R	Processos alérgicos e inflamatórios (regulação de cascata inflamatória pela ativação de mastócitos)

Fonte: adaptada de Thangam et al., 2018.[6]

SÍNTESE DA HISTAMINA

A delimitação entre os níveis fisiológico e patológico de histamina pode ser muito tênue. Para além dessa dificuldade, enquanto o consumo de alimentos com uma carga elevada da amina biogênica, não passível de metabolização por nenhum indivíduo, caracteriza a intoxicação por histamina, existe também uma condição em que os indivíduos são incapazes de degradar a histamina em decorrência de uma deficiência (quantitativa ou qualitativa) da enzima responsável no território intestinal, denominada intolerância à histamina (Quadro 2).

QUADRO 2 Cenários possíveis em relação ao consumo de alimentos que contenham histamina

Cenário	Descrição
Indivíduos saudáveis	Proporcionalidade entre histamina ingerida, degradada e absorvida
Intoxicação por histamina	Desproporcionalidade entre a carga de histamina ingerida (alta) e a capacidade do indivíduo de degradá-la
Intolerância à histamina	Desproporcionalidade entre a carga de histamina ingerida (normal) e a incapacidade do indivíduo de degradá-la

Fonte: adaptada de Comas-Basté et al., 2020.[1]

Sobre esse tema, um importante artigo escrito por Maintz e Novak e publicado em 2007[7] apresenta informações preciosas, tendo se tornado referência para todas as publicações subsequentes sobre a intolerância à histamina até a data de publicação deste livro.

Dependendo da localização, diferentes vias metabólicas realizam a degradação da histamina, incluindo a "diaminação" por ação da enzima diamina oxidase (DAO) e a "metilação" por ação da enzima histamina N-metil transferase (Figura 6).[8] A expressão da enzima diamina oxidase é restrita a tecidos do intestino delgado, do cólon, da placenta e dos rins, sendo responsável pela degradação da histamina presente nos alimentos. A degradação inadequada da histamina e, em consequência, sua maior absorção sistêmica por via intestinal (Figura 7) são a base fisiopatológica das manifestações clínicas encontradas em

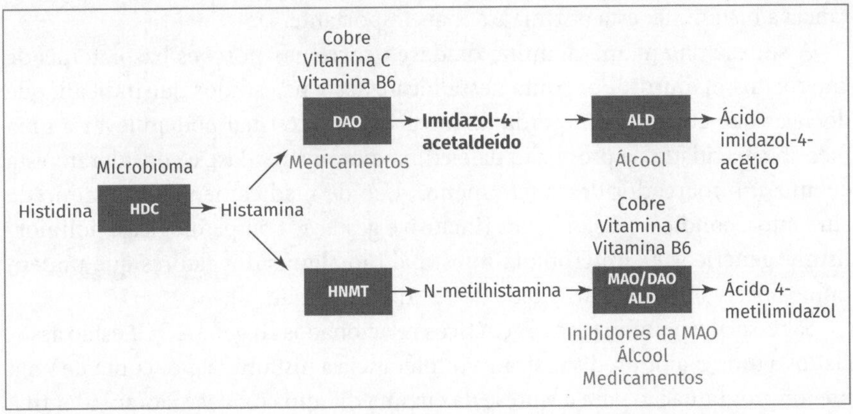

FIGURA 6 Representação das vias metabólicas da histamina. O aminoácido histidina é degradado e se transforma em metabólitos inativos por intermédio das enzimas diamina oxidase (DAO) e histamina N-metil transferase (HNMT).

Fonte: adaptada de Hrubisko et al., 2021.[8]

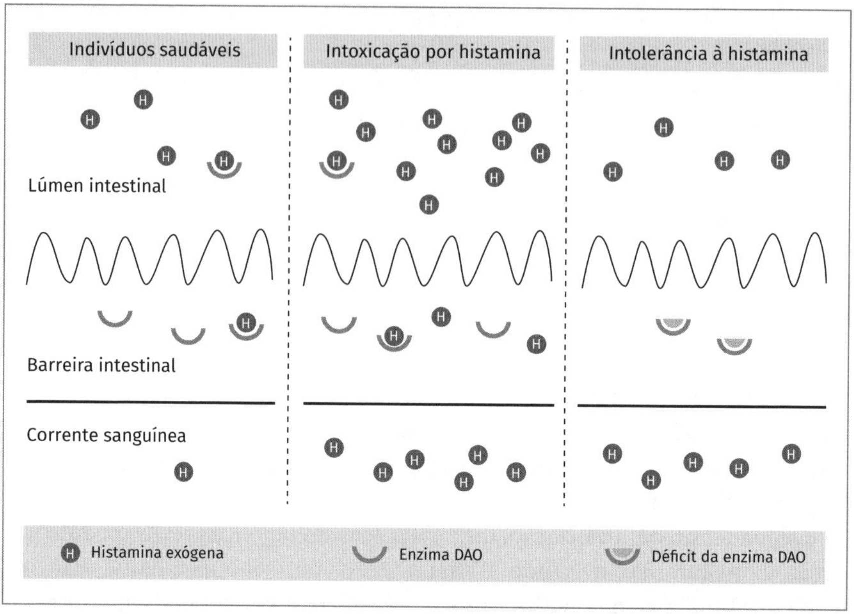

FIGURA 7 Representação esquemática da degradação intestinal da histamina pela enzima diamina oxidase (DAO) em indivíduos saudáveis (A), na intoxicação por histamina (B) e na intolerância à histamina (C).

Fonte: adaptada de Comas-Basté et al., 2020.[1]

portadores da intolerância à histamina. Assim, sob o ponto de vista da intolerância à histamina, esta enzima é a mais importante.[9]

A síntese da enzima diamina oxidase ocorre nas porções basolaterais de enterócitos maduros. Por conta dessa localização, há estudos que indicam que doenças que cursam com perda da integridade intestinal podem levar a uma menor capacidade de produção da enzima diamina oxidase e consideram esta enzima um marcador desse fenômeno.[9] Uso de medicamentos, consumo de alimentos, condições fisiológicas (inclusive gestação) ou patológicas, polimorfismos genéticos e a microbiota intestinal são alguns dos fatores que podem influenciar a síntese e a atividade dessa enzima (Figura 8).

Sabe-se que polimorfismos genéticos relacionados ao gene *AOC1* estão associados a uma maior predisposição à intolerância à histamina, por conta de uma menor programação para a síntese da enzima diamina oxidase. Foram identificados quatro desses polimorfismos genéticos. É necessário pontuar, no entanto, que nem todo portador terá manifestações clínicas de intolerância à histamina, tendo sido reconhecidos portadores assintomáticos.[8] Algumas possíveis causas adjacentes a essa condição são apresentadas na Figura 9.

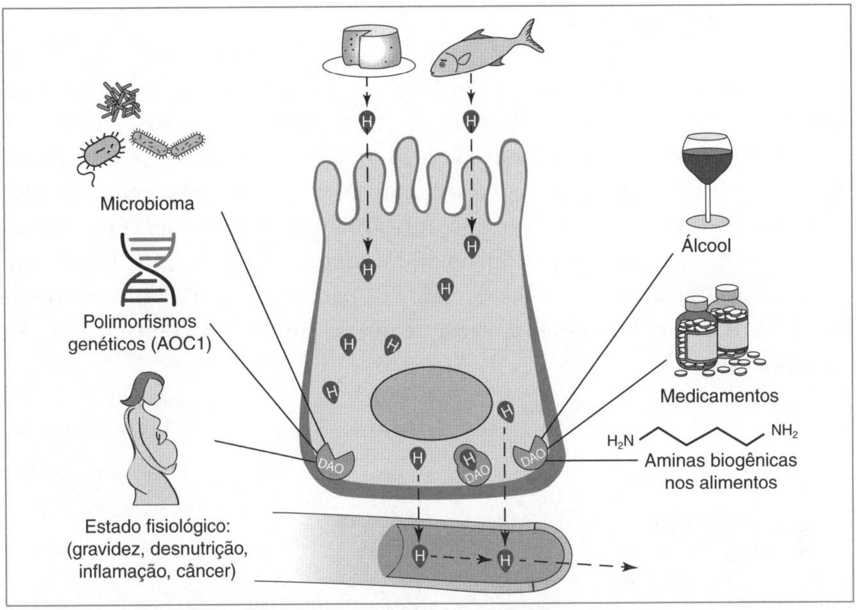

FIGURA 8 Representação esquemática da expressão da enzima diamina oxidase (DAO) nas porções basolaterais dos enterócitos e diferentes fatores que podem interferir em sua síntese.

Fonte: adaptada de Hrubisko et al., 2021.[8]

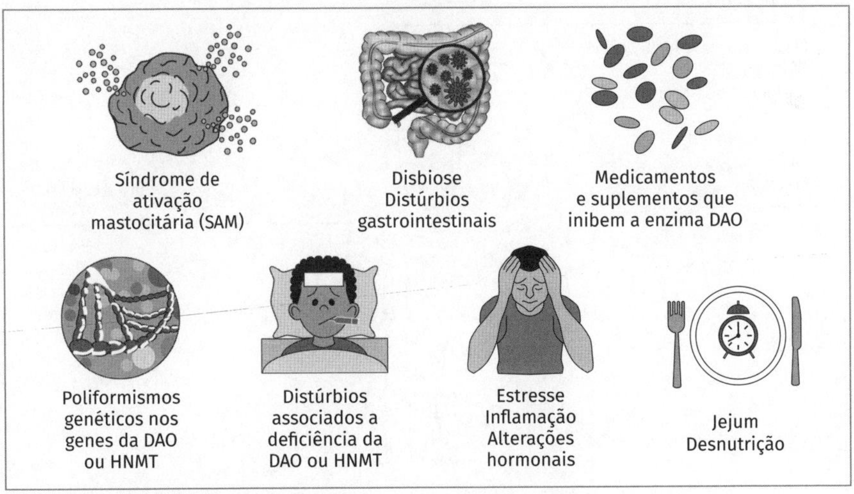

FIGURA 9 Causas adjacentes à intolerância à histamina.

DAO: enzimas diamina oxidase; HNMT: histamina N-metil transferase.

Fonte: elaborada pelos autores.

MANIFESTAÇÕES CLÍNICAS

Os sintomas da intolerância à histamina podem ser observados em todos os locais em que houver receptores para histamina (Figura 10) – afirmação que pode parecer exagerada, mas é verdadeira. A distribuição universal desses receptores em múltiplos órgãos e sistemas justifica, portanto, seus sintomas difusos e inespecíficos. Existe, no entanto, uma maior frequência de sintomas gastrointestinais, sendo a percepção de *bloating* a mais frequente. Essa manifestação está presente em cerca de 92% dos pacientes, seguida por plenitude pós-prandial, dor abdominal, diarreia e constipação, que ocorrem em 55 a 73% dos indivíduos.[1]

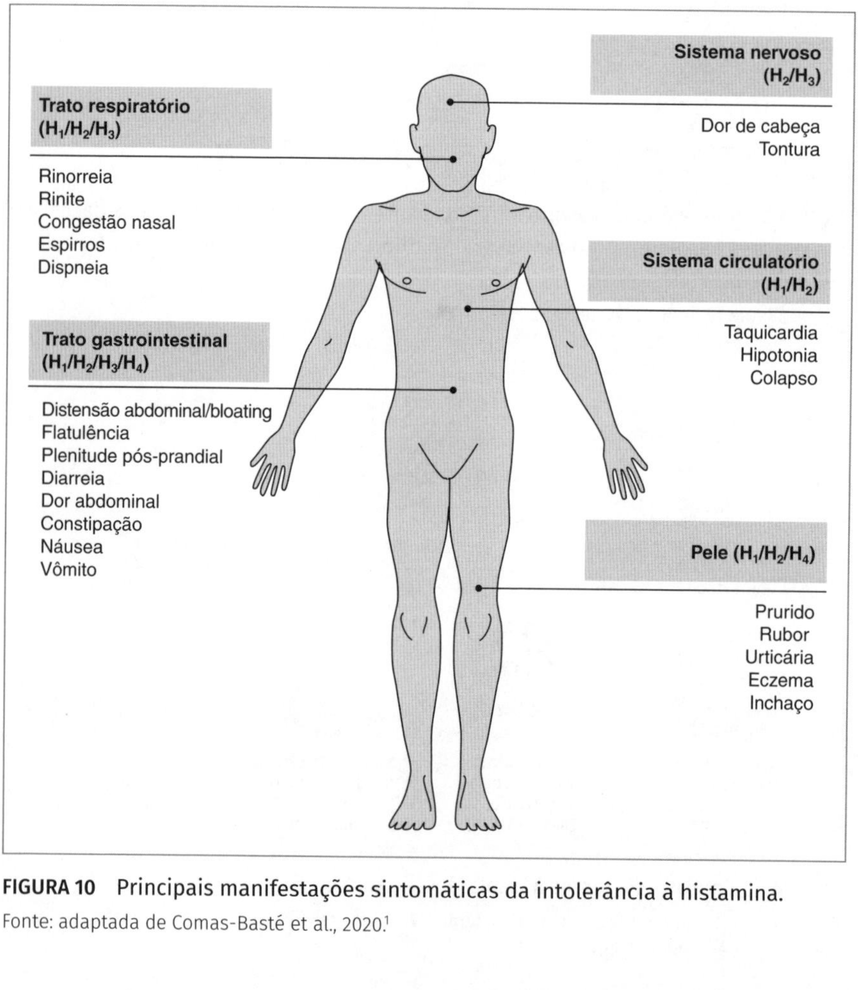

FIGURA 10 Principais manifestações sintomáticas da intolerância à histamina.
Fonte: adaptada de Comas-Basté et al., 2020.[1]

DIAGNÓSTICO

A proposta diagnóstica nos casos de intolerância à histamina se baseia, predominantemente, nas manifestações clínicas. Assim, a combinação de critérios diagnósticos em vigência associa dados clínicos de sintomas típicos com a exclusão de outras desordens possivelmente relacionadas, que podem cursar com elevação na histamina sérica e, possivelmente, causar sintomas semelhantes.[1]

Consideram-se critérios diagnósticos positivos para intolerância à histamina a presença de dois ou mais sintomas complexos que se manifestem em até 4 horas após o consumo de alimentos com maior carga de histamina na ausência de critérios diagnósticos para alergias mediadas por IgE, mastocitose sistêmica ou uso de medicamentos que interfiram no metabolismo da histamina (Quadro 3).[8]

QUADRO 3 Resumo dos critérios diagnósticos

Diagnóstico clínico (considerar os fatores de exclusão e inclusão)
Melhora clínica com dieta baixa em histamina (podendo ou não utilizar anti-histamínicos e ensima DAO)
Dosagem da enzima DAO sérica
Avaliação dos polimorfismos genéticos
Dosagem de histamina (ou seus metabólitos) fecais

Fonte: elaborado pelos autores.

Estabelecendo-se a suspeita diagnóstica, há um plano terapêutico que deve ser instituído e também atua como teste diagnóstico (Figura 11). Esse plano envolve a exclusão de alimentos com maior teor de histamina, o uso de anti-histamínicos e a suplementação de enzima diamina oxidase com posterior observação da resposta clínica. Caso haja melhora sintomática, considera-se o diagnóstico positivo e complementa-se a avaliação com exames adicionais; caso não haja melhora, torna-se necessária uma revisão diagnóstica.

Atualmente, há três exames que podem trazer informações adicionais ao diagnóstico:

- Dosagem sérica da enzima diamina oxidase: valores abaixo de 10 UI/mL são sugestivos do diagnóstico. A dosagem intestinal ainda não está disponível.[10,11]
- Avaliação de polimorfismos genéticos.
- Dosagem de histamina fecal (ou de seus metabólitos)[1]: ponto de corte delimitado pelo laboratório executor do exame, sem dado estabelecido na literatura.

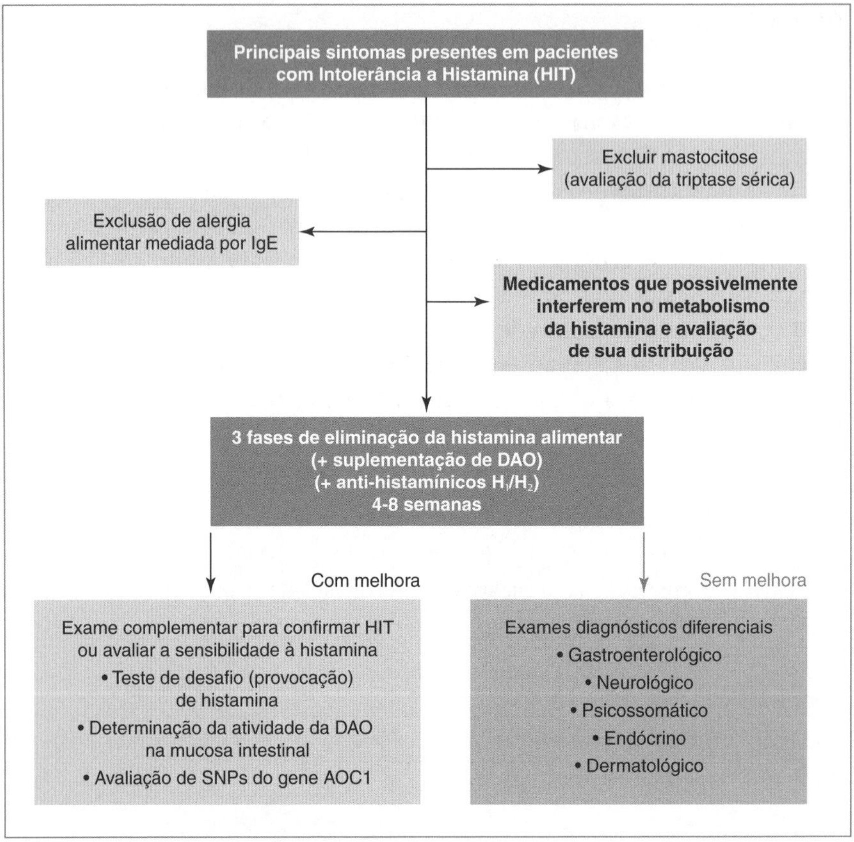

FIGURA 11 Abordagem diagnóstica e terapêutica em paciente com suspeita de intolerância à histamina.

Fonte: adaptada de Hrubisko et al., 2021.[8]

Também é possível fazer uso de anti-histamínicos, mas não há na literatura sugestões de dose, tempo de tratamento ou droga de escolha. Sugere-se, assim, que seja feito por tempo limitado e em situações pontuais, por exemplo, crises sintomáticas associadas ao consumo de alimentos com maior carga de histamina.[8] O Quadro 4 lista alguns dos medicamentos disponíveis atualmente no mercado nacional.

É importante buscar causas subjacentes ou condições sobrepostas, como disbiose intestinal e síndrome do supercrescimento bacteriano no intestino delgado (SIBO, do inglês *small intestinal bacterial overgrowth*).

QUADRO 4 Medicamentos disponíveis atualmente no Brasil

Bilastina
Levocetirizina
Hidroxizina
Prometazina
Ebastina
Loratadina
Desloratadina
Fexofenadina
Cetotifeno

Fonte: elaborado pelos autores.

MANEJO CLÍNICO

A exemplo da histamina, as aminas biogênicas são bases orgânicas de baixo peso molecular que se formam durante processos fermentativos quando espécies microbianas descarboxilam aminoácidos. Usualmente, a presença de quantidades pequenas de aminas biogênicas nos alimentos é bem-tolerada e não causa efeitos adversos à saúde humana, pois elas estão associadas a diversas funções biológicas. Já em altas concentrações ou nos casos em que o mecanismo natural de catabolismo de uma ou mais aminas estiver prejudicado, essas substâncias podem constituir um potencial risco à saúde humana.[12]

As aminas biogênicas estão presentes em células vegetais, microbianas e animais, podendo ser detectadas em alimentos crus e fermentados. Sua presença é observada principalmente nos alimentos de origem animal, como peixes, carnes, ovos, queijos e alimentos fermentados, e nos alimentos frescos há baixas concentrações (ou até não detectadas). As mais encontradas são: histamina, tiramina, triptamina, fenetilamina, cadaverina, putrescina, espermina e espermidina, sintetizadas pelos aminoácidos precursores histidina, tirosina, triptofano, fenilalanina, lisina e ornitina, respectivamente (Figura 12).[13,14]

A formação de aminas biogênicas em alimentos requer a disponibilidade de aminoácidos livres, a presença de microrganismos que contenham descarboxilase e condições que permitam o crescimento bacteriano e a atividade da descarboxilase. As espécies de bactérias Gram-positivas e Gram-negativas reconhecidas por produzirem histamina em alimentos são apresentadas na Figura 13. Os aminoácidos livres podem estar presentes no próprio alimento ou ser liberados por proteólise durante o processamento ou o armazenamento.[8,15] Essas substâncias são termoestáveis, ou seja, não são degradados por completo por

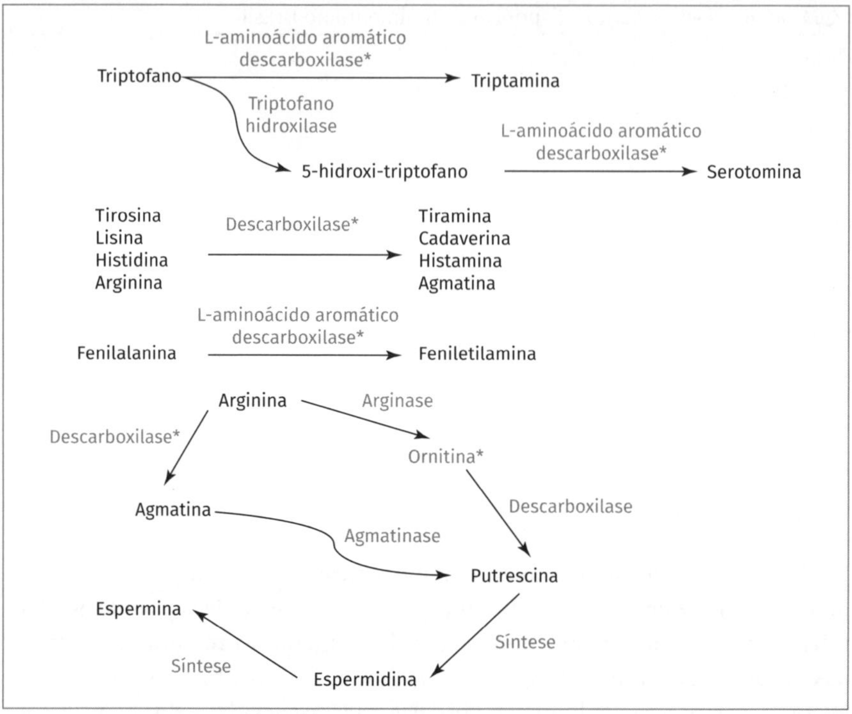

FIGURA 12 Vias de formação das aminas biogênicas.

*A reação de descarboxilação libera dióxido de carbono (CO_2) como subproduto.
Fonte: adaptada de Sivamaruthi et al., 2021.[14]

tratamento térmico.[8,13] Apesar disso, quanto mais fresco for o alimento, menor será a formação de aminas biogênicas.

A porta de entrada da histamina dietética no corpo humano é o epitélio intestinal. A enzima diamina oxidase é a principal enzima extracelular para a degradação intestinal da histamina e de outras aminas biogênicas provenientes de alimentos ou geradas pela microbiota intestinal.[1] Assim, a histamina costuma estar aumentada na mucosa de pacientes com distúrbios gastrointestinais, sendo associada ao aumento da ativação dos mastócitos e à sensibilização dos neurônios nociceptivos e entéricos, que levam a uma piora nos sintomas.[17] A presença de outras aminas biogênicas, em especial putrescina, cadaverina e tiramina, pode comprometer a degradação intestinal da histamina pela competição enzimática com a diamina oxidase, favorecendo seu acúmulo.[8,18] Outros fatores que podem levar a um aumento da sensibilidade à histamina são álcool, certos medicamentos, outras aminas biogênicas e a insuficiência de cofatores enzimáticos da diamina oxidase como cobre, vitamina C e vitamina B6.[1,7]

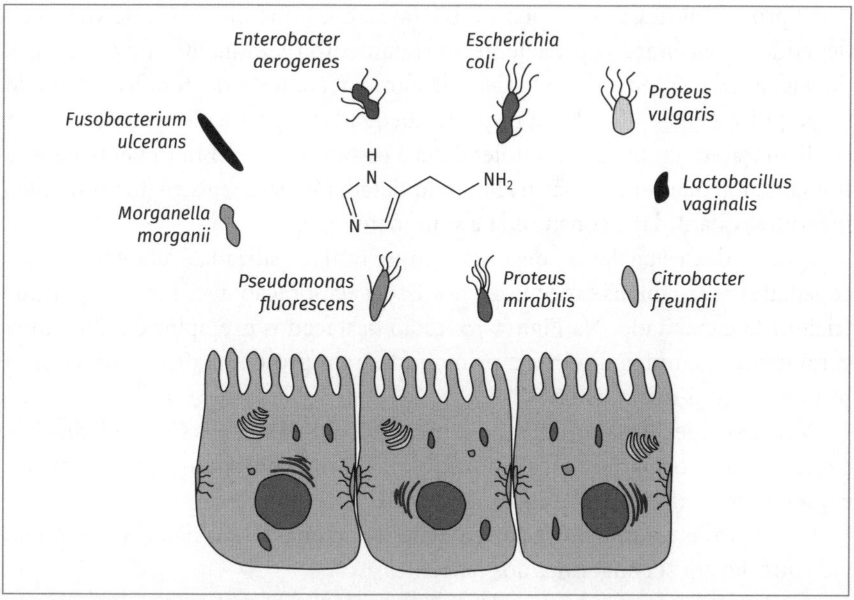

FIGURA 13 Espécies bacterianas envolvidas na produção de histamina em alimentos.
Fonte: adaptada de Fiorani et al., 2023.[16]

MANEJO DIETÉTICO

É praticamente impossível realizar uma dieta totalmente livre de histamina, já que o conteúdo das aminas biogênicas nos alimentos é modificado de acordo com sua origem, frescor, tipo de alimento, pH, teor de sal, conteúdo de proteínas, processamento e armazenamento, não havendo nenhuma lista padronizada com o teor dessas aminas biogênicas nos alimentos.[7,8] O padrão-ouro para o manejo desses pacientes é instituir, então, uma dieta baixa em histamina com o objetivo de aliviar os sintomas e melhorar a qualidade de vida dos pacientes. Intervenções dietéticas reduzindo o teor de FODMAP também podem ser uma estratégia adjuvante na intolerância à histamina. Há evidências de que os oligossacarídeos, dissacarídeos, monossacarídeos e polióis fermentáveis (FODMAP, do inglês *fermentable oligo-, di-, mono-saccharides and polyols*) modulam a ativação imunológica e de que a histamina pode ser um importante mediador fisiopatológico desse processo.[19]

A dieta baixa em histamina consiste em reduzir a ingestão de alimentos ricos em histamina e/ou outras aminas biogênicas, liberadores de histamina e inibidores da enzima diamina oxidase.[20,21] Até o momento, no entanto, não existe uma lista validada de alimentos a serem excluídos na dieta baixa em histamina, o que pode confundir os pacientes e dificultar a adesão à dieta, tornando-se um desafio.[8]

O protocolo dessa dieta possui três fases, com duração bastante variada a depender da aceitação do paciente ao tratamento (geralmente, 4 a 6 semanas para as duas primeiras fases): dieta de eliminação, teste de desafio e dieta de longo prazo (Figura 14). Uma resposta adequada ao protocolo representa uma confirmação diagnóstica da intolerância à histamina.[8,13,20] Em todas as fases, é fundamental manter um diário alimentar detalhado para registro dos alimentos ingeridos, quantidade consumida e sintomatologia.

A dieta desses pacientes deve ser sempre individualizada e adaptada às necessidades nutricionais específicas, por isso a elaboração deve ser feita por nutricionista capacitado. Na Figura 15, estão destacados exemplos de alimentos geralmente excluídos durante a primeira fase do protocolo de acordo com as principais listas disponíveis.

Medidas específicas de higiene e conservação dos alimentos são fundamentais para se evitar a formação de histamina e outras aminas durante o armazenamento e o preparo, conforme detalhado no Quadro 5.

O Quadro 6 resume outras orientações relacionadas aos hábitos e estilo de vida que devem ser sugeridas aos pacientes.

A intensidade e a frequência dos sintomas depende muito da quantidade de alimentos ingeridos, por isso sugere-se considerar um rodízio dos alimentos tolerados ao longo dos dias com o intuito de tornar a dieta o menos restritiva possível após a reintrodução dos alimentos. Outra possibilidade é testar

1 **Fase 1 – Dieta de eliminação (10-14 dias)**

- Mudança na composição da dieta: exclusão dos alimentos que são gatilhos potenciais (alimentos com quantidades aumentadas de histamina e/ou outras aminas biogênicas, liberadores de histamina e inibidores da enzima diamina oxidase), com o objetivo de reduzir os sintomas a seu nível mínimo.
- Otimização de nutrientes.

2 **Fase 2 – Teste de desafio (até 6 semanas)**

- Reintrodução gradual dos alimentos levando em consideração as preferências alimentares do paciente.
- Avaliação da sensibilidade individual à histamina ingerida.

3 **Fase 3 – Dieta de longo prazo**

- Recomendações nutricionais individualizadas com base na sensibilidade do paciente à histamina ingerida, levando em consideração os fatores de risco exógenos, com o objetivo de manter a qualidade de vida por meio de uma dieta contínua e equilibrada.

FIGURA 14 Protocolo da dieta baixa em amina, composto por três fases.
Fonte: adaptada de Hrubisko et al. 2021.[8]

novamente os alimentos mal-tolerados após alguns meses para verificar de maneira mais acurada sua tolerância. Usualmente, os sintomas relacionados à intolerância a histamina surgem em até 4 horas após o consumo,[8] mas em alguns casos eles podem ocorrer após períodos maiores. O limite de tolerância aos alimentos é muito individual e sofre influência de fatores diversos, como dieta inadequada, estresse, microbiota alterada, carências nutricionais, sono, fumo,

Alimentos que contêm histamina

- Tomate, berinjela, abacate, espinafre
- Vinagre, vinagre balsâmico, vegetais em conserva
- Carne processada, defumada e seca
- Peixes não frescos, peixes enlatados
- Embutidos
- Queijos maturados, queijos processados e queijos azuis
- Molho de soja, molho inglês
- Extrato de levedura
- Alimentos e bebidas fermentados

Liberadores de histamina

- Álcool (etanol) e seu produto de degradação
- Morango
- Nozes
- Frutos do mar, crustáceos
- Chocolate, cacau
- Tomate, ketchup, suco de tomate
- Frutas cítricas
- Cogumelos, fungos e algas
- Algumas substâncias ativas e aditivos em medicamentos, suplementos e alimentos

Outras aminas biogênicas

- Abacaxi
- Banana
- Pera
- Amendoim
- Toranja
- Framboesa
- Leguminosas (lentilhas, feijões, soja, grão-de-bico)
- KIWI
- Laranja
- Mamão
- Gérmen de trigo

Inibidores da diamina oxidase

- Álcool
- Algumas aminas biogênicas
- Alguns medicamentos e suplementos
- Teobromina
- Chá-mate, chá preto
- Cacau

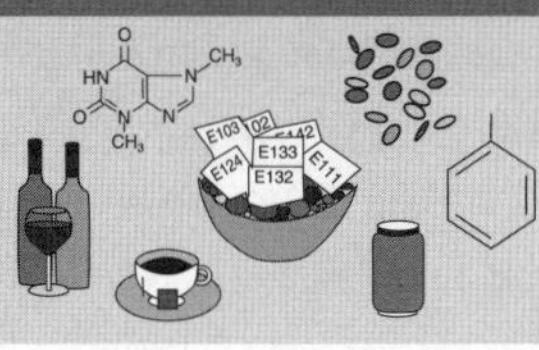

FIGURA 15 Alimentos que contêm histamina, liberadores de histamina, outras aminas biogênicas e inibidores da enzima DAO.

Fonte: adaptada de Comas-Basté et al., 2020;[1] site SIGHI;[22] e Sánchez-Perez et al., 2021.[23]

mofo, poluentes, excesso de atividade física, uso de medicamentos, alergias e intolerâncias alimentares, contaminação alimentar, entre outros. Os alimentos e suas quantidades ingeridas associados ao início dos sintomas também pode variar consideravelmente entre os indivíduos.

Se não houver melhora dos sintomas com esse protocolo, é importante pesquisar outras intolerâncias que possam estar associadas, como a leptinas, salicilato e oxalatos. Outro fator que se deve levar em consideração é que o teor de

QUADRO 5 Medidas de higiene, conservação e consumo adequado de alimentos na dieta baixa em histamina

Comprar alimentos orgânicos, novos, frescos e de época
No supermercado, escolher primeiro os alimentos secos (que não necessitam de refrigeração), depois os congelados e, por último, os resfriados
Transportar os alimentos em bolsa térmica
Preferir embalagens opacas ou escuras, preferencialmente embaladas a vácuo
Não comprar alimentos vendidos a granel
Evitar alimentos enlatados ou em conserva
Evitar alimentos ultraprocessados
Armazenar os alimentos na geladeira em recipientes de vidro bem-fechados
Iniciar o preparo de alimentos congelados quando ainda estiverem frios (não deixar atingir a temperatura ambiente)
Resfriar rapidamente as sobras de alimentos/preparações e mantê-las em geladeira por 12 a 24 horas (para períodos mais longos, congelar)
Descongelar alimentos ou preparações em banho-maria ou no micro-ondas
Manter a área de preparo dos alimentos e os utensílios bem-higienizados

Fonte: elaborado pelos autores.

QUADRO 6 Orientações de estilo de vida para pacientes intolerantes à histamina

▪ Manter um diário alimentar durante todo o protocolo
▪ Mastigar bem os alimentos
▪ Fracionar as refeições e estabelecer horários para se alimentar (cuidado com jejum prolongado, pois o jejum pode estimular a liberação de histamina pelos mastócitos)
▪ Ler o rótulo dos alimentos a fim de evitar aditivos químicos e alimentos ultraprocessados
▪ Ter um sono reparador
▪ Reduzir o estresse
▪ Praticar atividade física regularmente

Fonte: desenvolvido pelos autores.

histamina e outras aminas nos alimentos também pode variar muito conforme seu frescor, armazenamento, processo de cozimento. Assim, em alguns momentos um alimento que foi bem-tolerado pode não ser, e vice-versa.[6]

Em paralelo ao plano alimentar, é possível suplementar a enzima diamina oxidase como conduta adicional. Seu uso é documentado e promove uma melhora clínica sintomática.[21,24,25] A European Food Safety Authority (EFSA) recomenda doses de 4,2 mg, que contêm 0,3 mg de extrato de rim de porco, administradas em no máximo 3 cápsulas/dia (0,9 mg/dia do princípio ativo). No Brasil, está disponível a forma vegana desse suplemento, extraída de *Lathyrus sativus*. Ambas devem seguir as mesmas recomendações de manipulação magistral de cápsulas gastrorresistentes e uso 20 minutos antes das refeições.

Pode-se associar, ainda, suplementos alimentares que auxiliam no controle dos sintomas (Figura 16), sempre respeitando doses e tolerância individuais. Para tanto, é importante iniciar com doses baixas e aumentar progressivamente. Deve-se ter cuidado com os excipientes usados nas formulações, já que podem conter diversos aditivos químicos e alergênicos.

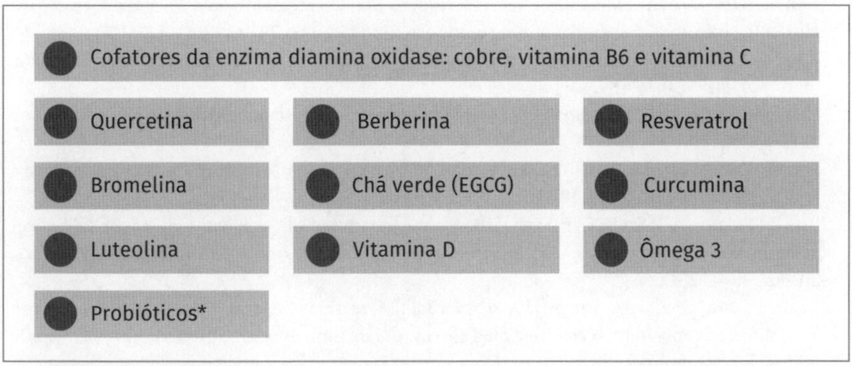

FIGURA 16 Exemplos de suplementos alimentares que podem ser utilizados como adjuvantes no tratamento da intolerância à histamina.

*Cepas que não produzam histidina descarboxilase.
EGCG: epigalocatequina galato.
Fonte: elaborada pelos autores.

CONSIDERAÇÕES FINAIS

A intolerância à histamina consiste em uma incapacidade de degradar quantidades normais ou baixas de histamina advindas da dieta decorrente de uma deficiência ou ineficiência da enzima diamina oxidase. Ela pode surgir como uma condição transitória (p. ex., secundária ao uso de medicamento) ou ter base genética (polimorfismos do gene *AOC1*). Seu diagnóstico é clínico, feito a partir da manifestação sintomática em até 4 horas após o consumo de alimento com carga maior de histamina.

O tratamento padrão-ouro consiste em instituir uma dieta com baixo teor de histamina por meio de um protocolo que se inicia com a exclusão dos alimentos seguida pela reintrodução gradual e posterior definição da dieta de longo prazo melhor tolerada pelo paciente. Também podem ser adjuvantes o uso de suplementos contendo a enzima diamina oxidase e anti-histamínicos para controle sintomáico agudo.

O manejo adequado envolve uma abordagem multidisciplinar, com estratégias personalizadas para cada indivíduo, considerando a singularidade de suas respostas ao tratamento. A pesquisa contínua é imperativa para desvendar os mecanismos subjacentes da intolerância à histamina e desenvolvimento de novas abordagens terapêuticas.

REFERÊNCIAS BIBLIOGRÁFICAS

1. Comas-Basté O, Sánchez-Pérez S, Veciana-Nogués MT, Latorre-Moratalla M, Vidal-Carou MC. Histamine intolerance: the current state of the art. Biomolecules. 2020;10(8):1181.
2. Tiligada E, Ennis M. Histamine pharmacology: from Sir Henry Dale to the 21st century. Br J Pharmacol. 2020;177(3):469-89.
3. Huang H, Li Y, Liang J, Finkelman FD. Molecular regulation of histamine synthesis. Front Immunol. 2018;9:1392.
4. Smolinska S, Winiarska E, Globinska A, Jutel M. Histamine: a mediator of intestinal disorders: a review. Metabolites. 2022;12(10):895.
5. Igaz P, Fitzimons CP, Szalai C, Falus A. Histamine genomics in silico: polymorphisms of the human genes involved in the synthesis, action and degradation of histamine. Am J Pharmacogenomics. 2020;2(1):67-72.
6. Thangam EB, Jemima EA, Singh H, Baig MS, Khan M, Mathias CB, et al. The role of histamine and histamine receptors in mast cell-mediated allergy and inflammation: the hunt for new therapeutic targets. Front Immunol. 2018;9:1873.
7. Maintz L, Novak N. Histamine and histamine intolerance. Am J Clin Nutr. 2007;85(5):1185-96.
8. Hrubisko M, Danis R, Huorka M, Wawruch M. Histamine intolerance: the more we know the less we know – a review. Nutrients. 2021;13:2228.
9. Van Odijk J, Weisheit A, Arvidsson M, Miron N, Nwaru B, Ekerljung L. The use of DAO as a marker for histamine intolerance: measurements and determinants in a large random population-based survey. Nutrients. 2023;15(13):2887.
10. Linsalata M, Riezzo G, Clemente C, D'Attoma B, Russo F. Noninvasive biomarkers of gut barrier function in patients suffering from diarrhea predominant-IBS: an update. Dis Markers. 2020;2020:2886268.
11. Schnedl WJ, Enko D. Histamine intolerance originates in the gut. Nutrients. 2021;13(4):1262.
12. Turna S, Chung N, McIntyre L. A review of biogenic amines in fermented foods: occurrence and health effects. Heliyon. 2024;10(2):e24501.
13. Sánchez-Pérez S, Comas-Basté O, Rabell-González J, Veciana-Nogués MT, Latorre-Moratalla ML, Vidal-Carou MC. Biogenic amines in plant-origin foods: are they frequently underestimated in low-histamine diets? Foods. 2018;7(12):205.

14. Sivamaruthi BS, Kesika P, Chaiyasut C. A narrative review on biogenic amines in fermented fish and meat products. J Food Sci Technol. 2021;58(5):1623-39.
15. Zhao Y, Zhang X, Jin H, Chen L, Ji J, Zhang Z. Histamine intolerance: a kind of pseudoallergic reaction. Biomolecules. 2022;12(3):454.
16. Fiorani M, DelVecchio LE, Dargenio P, Kaitsas F, Rozera T, Porcari S, et al. Histamine-producing bacteria and their role in gastrointestinal disorders. Expert Rev Gastroenterol Hepatol. 2023;17(7):709-18.
17. Sánchez-Pérez S, Comas-Basté O, Duelo A, Veciana-Nogués MT, Berlanga M, Latorre-Moratalla ML, et al. Intestinal dysbiosis in patients with histamine intolerance. Nutrients. 2022;14(9):1774.
18. Martin ISM, Brachero S, Vilar EG. Histamine intolerance and dietary management: a complete review. Allergol Immunopathol (Madr). 2016;44(5):475-83.
19. Fabisiak A, Włodarczyk J, Fabisiak N, Storr M, Fichna J. Targeting histamine receptors in irritable bowel syndrome: a critical appraisal. J Neurogastroenterol Motil. 2017;23(3):341-8.
20. Reese I, Ballmer-Webe B, Beyer K, Fuchs T, Kleine-Tebbe J, Klimek L, et al. German guideline for the management of adverse reactions to ingested histamine. Allergo J Int. 2017;26(2):72-9.
21. Schnedl WJ, Schenk M, Lackner S, Enko D, Mangge H, Forster F. Diamine oxidase supplementation improves symptoms in patients with histamine intolerance. Food Sci Biotechnol. 2019;28(6):1779-84.
22. Swiss Interest Group Histamine Intolerance (SIGUI). Swiss: Heinz Lamprecht 15/01/2024 Disponível em: https://www.mastzellaktivierung.info/downloads/foodlist/21_FoodList_EN_alphabetic_with-Categ.pdf. Acesso em: 26 jun 2024.
23. Sánchez-Pérez S, Comas-Basté O, Veciana-Nogués MT, Latorre-Moratalla ML, Vidal-Carou MC. Low-histamine diets: is the exclusion of foods justified by their histamine content? Nutrients. 2021;13(5):1395.
24. Okutan G, Sánchez-Niño GM, Lora AT, Oliva SL, Martín ISM. Exogenous supplementation with DAO enzyme in women with fibromyalgia: a double-blind placebo-controlled clinical trial. J Clin Med. 2023;12(20):6449.
25. Kettner L, Seitl I, Fischer L. Toward oral supplementation of diamine oxidase for the treatment of histamine intolerance. Nutrients. 2022;14(13):2621.

Seção 7

Alterações do microbioma intestinal nos transtornos neuropsiquiátricos

33

Microbiota no transtorno do espectro autista e no transtorno de déficit de atenção e hiperatividade

Gabriela Viegas Stump
Gabriele Correa

PONTOS-CHAVE

- O transtorno do espectro autista (TEA) se associa a problemas clínicos, em especial imunológicos e gastrointestinais, que se correlacionam com sintomas comportamentais e cognitivos.
- O tratamento dos distúrbios gastrointestinais no TEA pode reduzir a necessidade de uso de psicofármacos.
- Menor diversidade, aumento de bactérias do filo Pseudomonadota e colonização por *Clostridium* são achados comuns em pessoas com TEA. Esses microrganismos podem produzir exotoxinas e metabólitos associados a respostas neuroinflamatórias e alterações comportamentais.
- A seletividade alimentar pode exacerbar sintomas gastrointestinais e modificar a microbiota intestinal, afetando sua homeostase e potencializando a disbiose.
- Crianças em uso de psicoestimulantes apresentam alteração da diversidade beta, redução da diversidade alfa enzimática e menor homogeneidade de cepas.
- Alterações no padrão dietético são comuns em pessoas com TEA e com transtorno de déficit de atenção e hiperatividade (TDAH), reponsáveis por promover alterações na microbiota e, como consequência, piora dos sintomas dos transtornos.

INTRODUÇÃO

O transtorno do espectro autista (TEA) e o transtorno de déficit de atenção e hiperatividade (TDAH) são distúrbios do neurodesenvolvimento, cujos sintomas têm início na infância. Evidências crescentes mostram que alterações da microbiota intestinal podem estar relacionadas tanto à fisiopatologia destes transtornos quanto aos diversos sintomas associados e às comorbidades que impactam negativamente o comportamento das criança. Sendo assim, um olhar cuidadoso para as características indicativas de disbiose intestinal pode direcionar intervenções que levam a uma melhora da qualidade de vida.

TRANSTORNO DO ESPECTRO AUTISTA

O transtorno do espectro autista (TEA) é uma alteração do neurodesenvolvimento cujas manifestações iniciais surgem nos primeiros 3 anos de vida, podendo se apresentar como um atraso nas aquisições ou regressões em marcos específicos do desenvolvimento. Suas características mais comuns são as alterações na comunicação social, que vão desde uma diminuição do interesse em sociabilidade até a dificuldade na qualidade da habilidade social, observando-se falhas na busca, na compreensão e na manutenção das relações sociais; o uso inadequado de gestos sociais e expressões faciais, bem como percepção e interpretação inadequadas dessas formas de expressão; e diminuição na capacidade de imitação, no desenvolvimento do brincar imaginativo (como o faz de conta), no compartilhamento das brincadeiras e nos interesses esperados para a idade.

Além dos sintomas mencionados, que são considerados obrigatórios para o diagnóstico, é preciso que haja também ao menos duas características que se agrupam entre os sintomas de comportamentos restritos e repetitivos, entre as seguintes: interesses restritos e fixos anormais em intensidade e foco; movimentos, falas e uso de objetos de forma estereotipada; adesão a rotinas; inflexibilidade; insistência na mesmice, com padrões estereotipados de comportamento; e alterações sensoriais que podem ser de aumento de busca ou esquiva de determinados estímulos.[1]

Epidemiologia e fatores de risco

Estima-se que aproximadamente 1% da população mundial pode apresentar o TEA com graus diversos de gravidade estratificados por níveis de suporte, que vão desde crianças com baixíssima necessidade de auxílio (e que poderão ser adultos plenamente independentes) até aqueles que terão necessidade de auxílio ao longo de toda a vida.

A etiologia desse transtorno não é plenamente conhecida, mas sabe-se que tanto fatores genéticos como ambientais têm um papel importante na sua fisiopatologia. Sabe-se, no entanto, que pessoas do sexo masculino são quatro vezes mais acometidas e que o transtorno tem uma herdabilidade estimada em 50%, sendo que em aproximadamente 20% dos casos é possível identificar uma alteração genética conhecida.[2] Entre os fatores de risco ambientais, atualmente são bem-estabelecidos o uso de ácido valproico na gestação, idades materna e/ou paterna avançadas, diabetes gestacional, estado nutricional materno inadequado, exposição a toxinas ambientais (metais pesados, pesticidas, poluição do ar e disruptores endócrinos exógenos), infecção grave na gestação, prematuridade extrema e baixo peso ao nascer. Parte desses fatores pode causar neuroinflamação, estresse oxidativo e alteração na homeostase de neurotransmissores e de sistemas bioquímicos responsáveis pela regulação de padrão de metilação, bem como pode levar a alterações na microbiota intestinal que, por sua vez, interferem nesses processos, exemplificando uma interação complexa entre fatores genéticos, ambientais e epigenéticos.[3]

Todos esses fatores ambientais já conhecidos contribuem para a ocorrência de alterações no neurodesenvolvimento, pois interferem nos processos de sinaptogênese, migração e maturação neuronal que ocorrem a partir da oitava semana de gestação. Estudos neuroanatômicos e neurofuncionais mostram que pessoas com TEA apresentam alterações no número, no tamanho e na densidade de neurônios. Estudos de neuroimagem demonstram que a conectividade entre diversas áreas cerebrais já se apresenta afetada nesses indivíduos aos 6 meses de vida, havendo correlação entre esses achados e a gravidade do transtorno. Neuroquimicamente, foram documentadas alterações em diversos sistemas de neurotransmissores, incluindo GABAérgico, serotoninérgico, dopaminérgico e colinérgico, com um desequilíbrio predominantemente pró-excitatório.[4]

Outra característica notável é a existência de comorbidades clínicas e psiquiátricas nos pacientes com TEA. Aproximadamente 70% das pessoas diagnosticadas com esse transtorno terão um segundo diagnóstico psiquiátrico ao longo da vida, sendo os mais frequentes transtorno de déficit de atenção e hiperatividade (TDAH), ansiedade, transtornos de humor, transtorno obsessivo-compulsivo e distúrbios do sono.[5] Entre os problemas clínicos mais importantes estão os imunológicos e gastrointestinais, com evidências crescentes de que alterações do microbioma intestinal compõem a fisiopatologia de todas essas condições de saúde.[6]

Distúrbios gastrointestinais e microbioma intestinal

A relação entre o microbioma intestinal e o cérebro é um fator-chave na modulação da função cerebral e do comportamento social. Embora não esteja claro se esse fator faz parte da etiologia do TEA, sabe-se que alterações gerais da microbiota e anormalidades na fisiologia gastrointestinal são frequentes em pessoas com autismo, podendo afetar até 91% das crianças e levar a uma piora dos sintomas do transtorno.[7]

A presença de sintomas gastrointestinais está significativamente correlacionada com o grau de comprometimento comportamental e cognitivo, podendo até mesmo se sobrepor aos sintomas principais do TEA. O diagnóstico de dor e desconforto, no entanto, é um desafio na prática clínica, pois esses indivíduos podem ter pouca ou nenhuma habilidade de comunicação para expressar esses incômodos. Assim, uma piora inexplicável de comportamentos não verbais como agitação, ansiedade, agressividade, automutilação, privação de sono, recusa alimentar e hiperresponsividade sensorial, bem como atraso no crescimento ou perda de peso, devem alertar os profissionais para essa possibilidade.

Diversos mecanismos fisiopatológicos e fatores patogênicos são compartilhados entre o TEA e distúrbios gastrointestinais, como inflamação intestinal com ou sem autoimunidade, alergias alimentares mediadas por IgE e/ou por células, distúrbios relacionados ao glúten (doença celíaca, alergia ao trigo, sensibilidade ao glúten não celíaca), hipersensibilidade visceral associada à dor abdominal funcional, disautonomia associada à dismotilidade do trato gastrointestinal e refluxo gastroesofágico.[8] Por conta disso, a identificação e o tratamento dos distúrbios gastrointestinais subjacentes, com consequente melhora da dor e do desconforto associado, pode diminuir a necessidade de medicamentos voltados à melhora comportamental. Evidências crescentes sugerem que o microbioma intestinal tem a capacidade de afetar a permeabilidade intestinal e da barreira hematoencefálica, a função imunológica da mucosa, e a motilidade e a sensibilidade intestinal, desempenhando um papel crítico nos sintomas gastrointestinais e no comprometimento comportamental em pessoas com TEA.[9]

A depender da vulnerabilidade genética do indivíduo, os fatores gastrointestinais podem contribuir também para a disfunção cerebral e a neuroinflamação. Estudos caso-controle de microbioma intestinal no TEA têm observado uma menor diversidade beta, com elevação de bactérias do filo Pseudomonadota, principal grupo de bactérias Gram-negativas e que inclui muitos patógenos oportunistas. Essas bactérias são produtoras de lipopolissacarídeo, endotoxina encontrada em níveis elevados em autistas e conhecida como um potente ativador da resposta imunológica. O aumento da permeabilidade intestinal pode promover a migração do lipopolissacarídeo para o sangue e, subsequentemente, para o cérebro, causando a ativação de vias transcricionais (receptores do tipo *toll* – TLR4, gene *MyD88*, fator de transcrição nuclear kappa B – NF-kappa B) em macrófagos e induzindo a produção de citocinas pró-inflamatórias, como fator de necrose tumoral (TNF-alfa), proteína quimiotática de monócitos (MCP-1, do inglês *monocyte chemotatic protein*) e interleucinas (IL-1, IL-6 e IL-1-beta). Essas respostas imunológicas inatas aberrantes contra lipopolissacarídeo podem predispor crianças com TEA a um aumento da reatividade imunológica a proteínas dietéticas comuns.[9] Outro foco de estudo exaustivo no TEA é a colonização intestinal por *Clostridium*. Algumas espécies de bactérias desse gênero produzem exotoxinas, propionato e p-cresol. O excesso de propionato pode impactar a função do sistema nervoso central (SNC) e causar respostas neuroinflamatórias e alterações comportamentais, enquanto o p-cresol pode levar a redução da glutationa e foi proposto, por alguns autores, como um possível biomarcador urinário para o transtorno.[10]

Padrão alimentar e microbiota

Problemas alimentares são tão comuns em pessoas com TEA que a regulação de manifestações inadequadas relacionadas à dieta em crianças com o transtorno é enfatizada no *Manual Diagnóstico e Estatístico de Transtornos Mentais* (DSM-5), mesmo não sendo um critério diagnóstico.[1] Mudanças no comportamento alimentar e social podem aumentar o risco de má-nutrição, tanto por excesso quanto por falta de nutrientes. Alimentação repetitiva e restrita, questões sensoriais, baixa atividade física e rigidez comportamental são fatores que contribuem para um estado nutricional alterado.

A seletividade alimentar, por exemplo, é um problema alimentar que pode exacerbar ou determinar sintomas gastrointestinais, além de contribuir para uma menor diversidade taxonômica da microbiota e, consequentemente, modificar a consistência das fezes.[11] Crianças autistas que apresentam seletividade alimentar tendem a apresentar mais constipação intestinal, o que pode ser explicado pelo baixo teor de frutas, legumes e verduras na alimentação, com redução geral do consumo de fibra dietética. A falta de fibras e carboidratos acessíveis à microbiota diminui a produção de ácidos graxos de cadeia curta (AGCC), como butirato, propionato, acetato e valerato, que exercem múltiplas funções fisiológicas no intestino e estão envolvidos na manutenção da sua homeostase por meio da indução da função de barreira epitelial e da renovação das células epiteliais intestinais. Esses ácidos graxos também influenciam epigeneticamente funções imunológicas (macrófagos, neutrófilos, células dendríticas, células T e células B) envolvidas na rede de tolerância imunológica. O butirato, em particular, promove uma resposta anti-inflamatória por meio da diferenciação de células T regulatórias, reduzindo a inflamação intestinal local e a permeabilidade intestinal como consequência da estimulação da expressão de *tight junctions* e da síntese de mucina. Há que se considerar, por outro lado, que apesar dos múltiplos benefícios de uma ingestão adequada, o excesso de fibra – muitas vezes adicionada de forma suplementar em dietas seletivas – pode aumentar a produção de propionato e, assim, impactar a função SNC ao cruzar as barreiras epitelial intestinal e hematoencefálica, atingindo o cérebro e causando respostas neuroinflamatórias e alterações comportamentais.[12]

Os fatores que impactam na seletividade alimentar são múltiplos e incluem alterações genéticas, morfofisiológicas, nutricionais e psicológicas; além de fatores sociodemográficos e ambientais. Diversas publicações relacionam sintomas gastrointestinais como motivos para a rejeição ou restrição alimentar, sendo os mais comuns refluxo gastroesofágico, constipação crônica, retardo no esvaziamento gástrico e dispepsia funcional. Dessa forma, é importante considerar a possibilidade de a seletividade alimentar não ser um distúrbio puramente comportamental, podendo estar associada a alguma anormalidade fisiológica. Em concomitância com os sintomas elencados, uma dieta restrita e inflamatória afeta a homeostase da microbiota intestinal e potencializa a disbiose. Esse cenário, por sua vez, ocasiona a produção de toxinas e compostos neuroativos, pode aumentar a quantidade de peptídeos imunogênicos derivados de uma digestão inadequada e contribuir para uma resposta imunológica inflamatória, reduzindo, por fim, a resposta a antígenos dietéticos.[7]

Alergias e hipersensibilidades alimentares também são muito prevalentes na população autista. Apesar dos mecanismos exatos que ligam essas condições ao TEA não serem totalmente compreendidos, sabe-se que um microbioma intestinal em equilíbrio desempenha um papel importante na alergia alimentar, já que possui papel fundamental na regulação da homeostase intestinal e na imunidade. A disbiose pode prejudicar a função da barreira intestinal, levando à passagem de proteínas alimentares.[13] Por sua vez, os mastócitos, cruciais na fisiopatologia da alergia alimentar, secretam mediadores inflamatórios e vasoativos estimulando, assim, os neurônios entéricos e aumentando a permeabilidade da barreira hematoencefálica. A associação desse mecanismo com a liberação de hormônio adrenocorticotrófico estimulada pelo hipotálamo, do peptídeo neurotensina, de interleucina e do fator de necrose tumoral estimula a proliferação e a ativação da micróglia, levando a alterações de conectividade cerebral e neuroinflamação, fenômenos já documentados no TEA.[14] Estudos recentes apontam para a importância de cuidar da microbiota intestinal por meio de diferentes intervenções dietéticas em pacientes pediátricos com alergia alimentar. Na primeira infância, uma alimentação saudável e limitada em produtos industrializados, com consumo frequente de frutas e vegetais e um perfil de ácidos graxos ricos em ômega 3, foi associada a menor risco de desenvolvimento de alergias alimentares.[15] Ácidos graxos saturados devem ser evitados, já que podem estimular os receptores *toll-like* 4 e contribuir para a inflamação sistêmica. Essa dieta produz metabólitos imunorreguladores que interagem com as células imunológicas do hospedeiro para promover a não responsividade a antígenos luminais inócuos, promovendo efeitos pró-tolerogênicos.[12]

Considerando todos esses mecanismos de interferência da microbiota (Figura 1) sobre os sintomas do TEA e o fato de não existir conduta medicamentosa específica para o tratamento desse transtorno, ficando o uso de psicofármacos restrito ao manejo de comportamentos disruptivos e ao tratamento de comorbidades, o padrão alimentar merece especial atenção nesses pacientes (Figura 2).

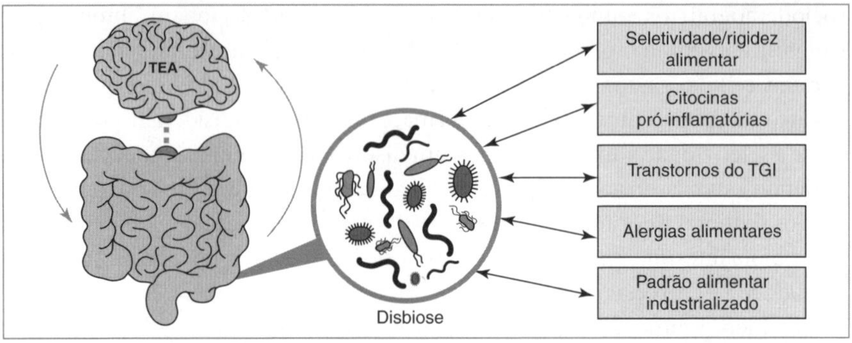

FIGURA 1 Representação esquemática da interação entre intestino e cérebro no transtorno do espectro autista (TEA). As alterações no microbioma podem contribuir para alterações no padrão dietético, aumento de citocinas pró-inflamatórias, distúrbios gastrointestinais e alergias alimentares; da mesma forma, essas alterações podem modificar o microbioma.
TGI: trato gastrointestinal.
Fonte: elaborada pelas autoras.

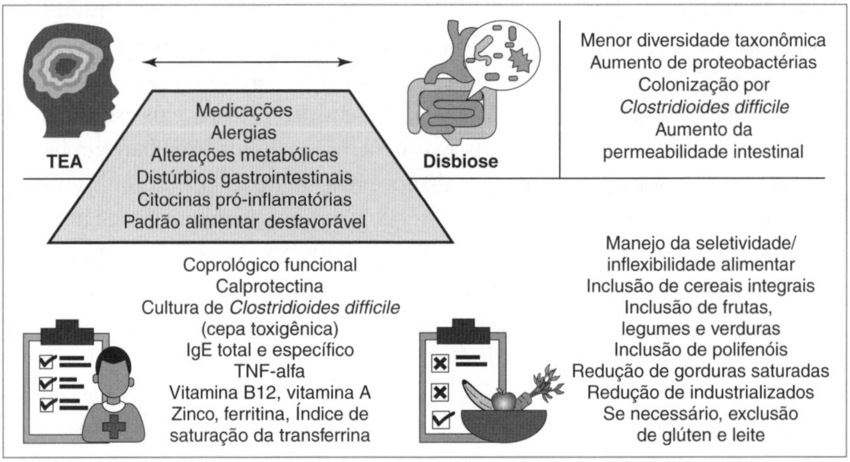

FIGURA 2 Resumo prático sobre as alterações que impactam na microbiota no transtorno do espectro autista (TEA). Diversos fatores podem impactar na microbiota da pessoa com transtorno do espectro autista: uso de medicações, alterações metabólicas próprias do transtorno, distúrbios gastrointestinais e aumento de citocinas inflamatórias, que podem estar também ligados a um padrão alimentar desfavorável. Dessa forma, a investigação através de exames laboratoriais pode ajudar a entender padrões de desnutrição e alterações metabólicas para um melhor manejo da disbiose. A inclusão de alimentos ricos em fibras e polifenóis, a redução de gorduras saturadas e industrializadas e, em alguns casos, a exclusão de glúten e leite animal podem contribuir para maior diversidade taxonômica e redução da disbiose.
Fonte: elaborada pelas autoras.

TRANSTORNO DE DÉFICIT DE ATENÇÃO E HIPERATIVIDADE AH

O transtorno de déficit de atenção e hiperatividade (TDAH) é um transtorno do neurodesenvolvimento que acomete aproximadamente 5,9% das crianças. Esse quadro se caracteriza por um padrão de atenção e hiperatividade e/ou impulsividade não compatível com o esperado para a idade, que persiste por mais de 6 meses e ocorre em mais de um local ou ocasião, bem como que cause prejuízo. O início dos sintomas ocorre entre a primeira infância e a idade pré-escolar.

Sabe-se que existem fatores genéticos envolvidos nesse transtorno, representados na maioria dos casos por alterações poligênicas, e que fatores ambientais também costumam estar presentes, causando alteração nos processos biológicos do neurodesenvolvimento e ocasionando, assim, o desenvolvimento do quadro. Entre esses fatores de risco, alguns ocorrem durante a gestação e periparto, como o uso de paracetamol e ácido valproico; a maior exposição a ftalatos e à poluição do ar; condições maternas como estresse, obesidade, hipertensão e pré-eclâmpsia; e problemas gestacionais como baixo peso ao nascer e prematuridade extrema. Já nas crianças com TDAH observou-se maior exposição a chumbo e organofosforados, bem como menores níveis séricos de ferritina e ômega 3. Além disso, crianças que foram infectadas por enterovírus, que sofreram abuso sexual ou negligência física, pertencentes a famílias com menor renda e que vivenciam desajuste parental grave, bem como psicopatologia e criminalidade parental, têm maiores chances de terem o diagnóstico de TDAH.[16]

Foram observadas também maiores frequências de algumas patologias clínicas, como rinite, asma e dermatite atópica, e outras de doenças como diabetes melito tipo 2 (DM2), obesidade, algumas condições autoimunes (retocolite ulcerativa, tireoidite e espondilite anquilosante), psoríase e distúrbios do sono nos pacientes diagnosticados com TDAH.[16] Discute-se se essas associações se devem a um compartilhamento de fatores de risco genéticos e/ou ambientais ou se o estilo de vida de pessoas com TDAH – que mais frequentemente são desorganizadas, com menos rotina, mais impulsivos e, assim, mais propensos a terem hábitos menos saudáveis – poderia mediar essa maior co-ocorrência. Apesar de ainda não haver resposta clara para essa questão, atualmente tem-se aventado a hipótese de que essas comorbidades compartilham alterações do microbioma intestinal, pelo fato de a disbiose intestinal ocorrer em todos esses quadros. Essa hipótese não exclui as anteriores, e representa, provavelmente, mais um fator nesse sistema complexo de interrelações.[17]

Microbiota

Estudos recentes apontam que o microbioma intestinal pode participar dos mecanismos fisiopatológicos que levam aos sintomas de TDAH. O microbioma interfere no sistema de neurotransmissão catecolaminérgica, influenciando suas vias metabólicas e a expressão dos genes que codificam transportadores de neurotransmissores, e pode contribuir com os mecanismos de neuroinflamação e estresse oxidativo presentes nesse transtorno.

Alterações nesse ecossistema podem estar relacionadas, ainda, com a cronodisrupção frequentemente associada ao transtorno.[18] Redução na qualidade do sono, atrasos de fase circadiana e um cronotipo noturno podem estar correlacionados com a gravidade dos sintomas do TDAH e promover disbiose, impactando a produção de serotonina, melatonina e cortisol, envolvidos na regulação circadiana. A expressão dos hormônios e peptídeos secretados pelo intestino é modulada pelos relógios circadianos, com influências sobre a motilidade, a secreção luminal e o muco, desempenhando um papel importante na regulação do comportamento alimentar e da microbiota. Estudos em modelos animais apontam que as células caliciformes e a expressão de proteínas das *tight junctions* foram significativamente reduzidas pela privação de sono. A existência de uma comunicação bidirecional entre os ritmos circadianos e a microbiota intestinal parece plausível, mas ainda faltam estudos sobre essa relação no TDAH.[17]

Por fim, a diferença na abundância de espécies bacterianas entre pessoas com TDAH e indivíduos neurotípicos pode estar relacionada tanto à fisiopatologia quanto ao padrão alimentar dessas populações. Padrões alimentares como dietas ricas em açúcar e gorduras, por exemplo, foram associados ao TDAH e também podem levar à disbiose. O aumento de *Sutterella stercoricanis*, por sua vez, foi correlacionado com o consumo de leite, oleaginosas e sementes leguminosas em pessoas com o transtorno, tendo se correlacionado positivamente a abundância dessa espécie com os sintomas de TDAH.[19]

Interação entre a microbiota intestinal e o metabolismo de fármacos

Além da importante influência da microbiota na patogênese dos transtornos do neurodesenvolvimento, existe uma via de mão dupla em que a medicação interfere na microbiota e esta interfere na resposta aos psicofármacos. No TDAH, em particular, esse fenômeno pode ser observado com o uso de psicoestimulantes.

Embora a maior parte da metabolização dessas drogas ocorra no fígado, muitas interações entre um medicamento e o expossoma ocorrem no intestino, podendo modular sua biodisponibilidade e sua meia-vida. Um estudo mostrou, por exemplo, que a metabolização do metilfenidato pela enzima carboxilesterase 1 pode ser inibida por alguns ácidos biliares secundários e por maiores concentrações séricas de ácidos graxos poli-insaturados.[20] Como a microbiota pode interferir na produção de ambos, essa pode ser uma das formas pela qual a microbiota modifica a resposta ao fármaco.

Por sua vez, uma investigação que avaliou a microbiota de crianças em uso de psicoestimulantes e comparou com crianças não medicadas observou alteração da diversidade beta, menor diversidade alfa enzimática e redução de homogeneidade de cepas, com menor abundância de *Bacetoroides stercoris* CL09T03C01, bem como maiores níveis plasmáticos de molécula solúvel de adesão intracelular 1 (sICAM-1, do inglês *soluble intercellular adhesion molecule*) e molécula solúvel de adesão vascular (sVCAM-1, do inglês *soluble vascular adhesion molecule*), ambas consideradas marcadores inflamatórios.[21] Já a microbiota intestinal de adultos em uso de psicoestimulantes não difere daquela de adultos que não usam, mas não se pode excluir a hipótese de que isso ocorre em razão do uso prévio de medicação e não da ausência de interferência na microbiota do adulto.[21] Há que se destacar, ainda, que alguns dos poucos achados disponíveis variam de acordo com a metodologia utilizada para avaliação da microbiota.

Apesar de se tratar de uma área pouco estudada e com descobertas ainda recentes, certamente a integração de conhecimentos do microbioma, da metabolômica, da genômica e da interrelação desses fatores com o ambiente trazem perspectivas promissoras para a melhora da funcionalidade e da qualidade de vida de pessoas acometidas por esses transtornos. Mais estudos poderão trazer novos entendimentos e indicar sua aplicabilidade clínica.

INTERVENÇÕES NUTRICIONAIS

Recentemente, várias intervenções nutricionais vêm ganhando espaço no tratamento de pessoas com TEA, como a dieta sem glúten e leite, a dieta cetogênica e a dieta do carboidrato específico. Alguns estudos observaram associação do consumo de glúten e proteínas do leite animal com a exacerbação de sintomas gastrointestinais e uma piora comportamental, o que pode indicar que a exclusão dessas proteínas em um subgrupo de pessoas autistas com sintomas gastrointestinais seria benéfica. Os estudos sobre o tema, no entanto, ainda são incipientes e seu impacto na microbiota ainda precisa ser elucidado.[8,12] Além disso, aumentar a diversidade alimentar com a inclusão de frutas, vegetais e outros alimentos ricos em fibras, principalmente em crianças seletivas ou com padrão alimentar restrito, é importante pra a promoção de uma maior diversidade taxonômica microbiana e melhora os sintomas gastrointestinais.[11]

Outro aspecto a ser considerado são as alergias alimentares, condições com alta prevalência em pessoas com TEA e que têm impacto na microbiota. Já se observou que o aumento na diversidade da dieta ofertada para crianças de até 9 meses reduz o risco de desenvolvimento dessas alergias.[15] Além disso, o rastreio para alergias mediadas por IgE e por células é extremamente importante nessa população, sempre lembrando que a comunicação dos sintomas muitas vezes é prejudicada pelas próprias características do transtorno.

No que diz respeito ao TDAH, sabe-se que uma dieta pouco saudável, incluindo, por exemplo, o consumo elevado de gordura e açúcar, pode alterar a composição da microbiota intestinal e levar a um desequilíbrio da população microbiana, condição que pode ser especialmente impactante na piora dos sintomas. Há estudos que indicam que uma dieta com características mediterrâneas e a suplementação de micronutrientes e ômega 3 parecem ter efeitos benéficos tanto na composição da microbiota de indivíduos com TDAH como no manejo dos seus sintomas, mas os resultados ainda são considerados preliminares (Figura 3).[18,19]

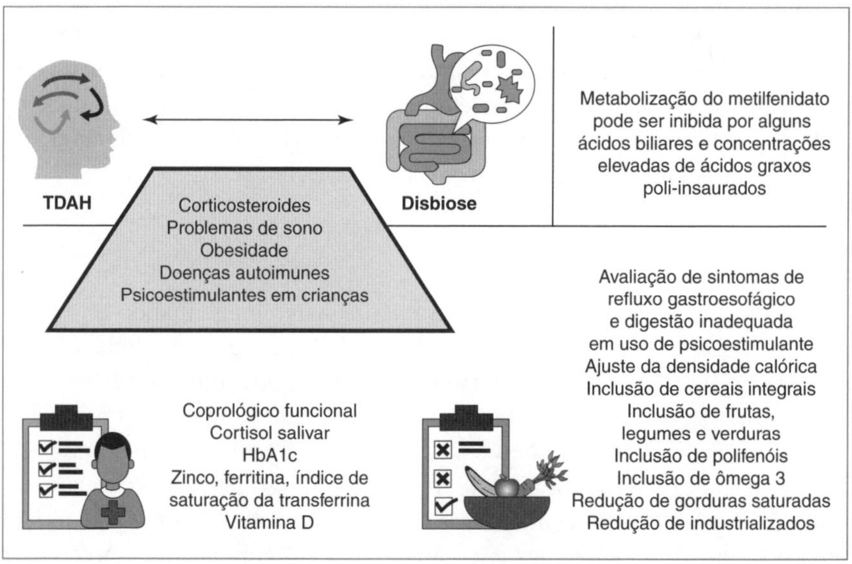

FIGURA 3 Resumo prático do transtorno de déficit de atenção e hiperatividade (TDAH).
Fonte: elaborada pelas autoras.

CONSIDERAÇÕES FINAIS

Embora muito do conhecimento sobre a interação da microbiota e esses transtornos sejam incipientes, carecendo ainda de respostas e direcionamentos de intervenções mais específicas, é importante que padrões alimentares inadequados e comorbidades clínicas gastrointestinais sejam investigados e encaminhados para uma intervenção nutricional adequada como parte dos cuidados clínicos destes pacientes.

REFERÊNCIAS BIBLIOGRÁFICAS

1. American Psychiatric Association. Diagnostic and statistical manual of mental disorders. 5. ed. Washington: American Psychiatric Association; 2013.
2. Zeidan J, Fombonne E, Scorah J, Ibrahim A, Durkin MS, Saxena S, et al. Global prevalence of autism: a systematic review update. Autism Res. 2022;15(5):778-90.
3. Cheroni C, Caporale N, Testa G. Autism spectrum disorder at the crossroad between genes and environment: contributions, convergences, and interactions in ASD developmental pathophysiology. Mol Autism. 2020;11(1):69.
4. Wang L, Wang B, Wu C, Wang J, Sun M. Autism spectrum disorder: neurodevelopmental risk factors, biological mechanism, and precision therapy. Int J Mol Sci. 2023;24(3):1819.
5. Hossain MM, Khan N, Sultana A, Ma P, McKyer ELJ, Ahmed HU, et al. Prevalence of comorbid psychiatric disorders among people with autism spectrum disorder: an umbrella review of systematic reviews and meta-analyses. Psychiatry Res. 2020;287:112922.
6. Ahmed GK, Ramadan HKA, Elbeh K, Haridy NA. Bridging the gap: associations between gut microbiota and psychiatric disorders. Middle East Curr Psychiatry. 2024;31:2.
7. Valenzuela-Zamora AF, Ramírez-Valenzuela DG, Ramos-Jimenez A. Food selectivity and its implications associated with gastrointestinal disorders in children with autism spectrum disorders. Nutrients. 2022;14(13):2660.
8. Wasilewska J, Klukowski M. Gastrointestinal symptoms and autism spectrum disorder: links and risks – a possible new overlap syndrome. Pediatric Health Med Ther. 2015;6:153-66.
9. Feitong L, Li J, Wu F, Zheng H,Peng Q, Zhou J. Altered composition and function of intestinal microbiota in autism spectrum disorders: a systematic review. Transl Psychiatry. 2019;9(1):43.
10. Kandeel WA, Meguid NA, Bjørklund G, Eid EM, Farid M, Mohamed SK, et al. Impact of Clostridium bacteria in children with autism spectrum disorder and their anthropometric measurements. J Mol Neurosci. 2020;70(6):897-907.
11. Yap CX, Henders AK, Alvares GA, Wood DLA, Krause L, Tyson GW, et al. Autism-related dietary preferences mediate autism-gut microbiome associations. Cell. 2021;184(24):5916-31.
12. Ristori MV, Quagliariello A, Reddel S, Ianiro G, Vicari S, Gasbarrini A, et al. Autism, gastrointestinal symptoms and modulation of gut microbiota by nutritional interventions. Nutrients. 2019;11(11):2812.
13. Di Vincenzo F, Del Gaudio A, Petito V, Lopetuso LR, Scaldaferri F. Gut microbiota, intestinal permeability, and systemic inflammation: a narrative review. Intern Emerg Med. 2023;19(2):279-93.
14. Kovacheva E, Gevezova M, Maes M, Sarafian V. Mast cells in autism spectrum disorder: the enigma to be solved? Int J Mol Sci. 2024;25(5):2651.
15. Venter C, Maslin K, Holloway JW, Silveira LJ, Fleischer DM, Dean T, et al. Different measures of diet diversity during infancy and the association with childhood food allergy in a UK birth cohort study. J Allergy Clin Immunol Pract. 2020;8(6):2017-26.

16. Faraone SV, Banaschewski T, Coghill D, Zheng Y, Biederman J, Bellgrove MA, et al. The World Federation of ADHD International Consensus Statement: 208 evidence-based conclusions about the disorder. Neurosci Biobehav Rev. 2021;128:789-818.
17. Codoñer-Franch P, Gombert M, Martínez-Raga J, Cenit MC. Circadian disruption and mental health: the chronotherapeutic potential of microbiome-based and dietary strategies. Int J Mol Sci. 2023;24(8):7579.
18. Checa-Ros A, Jeréz-Calero A, Molina-Carballo A, Campoy C, Muñoz-Hoyos A. Current evidence on the role of the gut microbiome in ADHD pathophysiology and therapeutic implications. Nutrients. 2021;13(1):249.
19. Wang LJ, Yang CY, Chou WJ, Lee MJ, Chou MC, Kuo HC, et al. Gut microbiota and dietary patterns in children with attention-deficit/hyperactivity disorder. Eur Child Adolesc Psychiatry. 2020;29(3): 287-97.
20. Kaddurah-Daouk R, Hankemeier T, Scholl EH, Baillie R, Harms A, Stage C, et al. Pharmacometabolomics informs about pharmacokinetic profile of methylphenidate. CPT Pharmachometrics Sys Pharmacol. 2018;7(8):523-33.
21. Stiernborg M, Debelius JW, Yang LL, Skott E, Millischer V, Giacobini M, et al. Bacterial gut microbiome differences in adults with ADHD and in children with ADHD on psychostimulant medication. Brain Behav Immun. 2023;110;310-21.

34

Transtornos ansiosos, de humor e psicóticos

Rafael Latorraca
Marcus Vinicius Zanetti

PONTOS-CHAVE

- Relação bidirecional do eixo microbiota-intestino-cérebro nos transtornos mentais.
- O papel do estresse e da inflamação crônica de baixo grau nos transtornos mentais.
- Achados específicos do eixo microbiota-intestino-cérebro para os transtornos ansiosos, de humor e psicóticos.
- Possibilidades de intervenção no eixo microbiota-intestino-cérebro para tratamento desses transtornos.

INTRODUÇÃO

Os transtornos depressivos são a principal causa de incapacidade global, afetando 322 milhões de pessoas no mundo (4,4% da população).[1] Os transtornos de ansiedade aparecem em sexto nessa lista, impactando 3,6% da população mundial.[1,2] O espectro bipolar, que inclui os tipos I e II do transtorno bipolar e outros quadros bipolares com critérios diagnósticos limítrofes, tem uma prevalência na vida estimada em 2,4% e é responsável por 9,2 milhões de anos vividos com incapacidade no mundo.[3] Já a esquizofrenia, transtorno psicótico mais conhecido, tem uma prevalência de cerca de 1%, sendo responsável por mais de 12 milhões de anos de vida ajustados por incapacidade.[4]

Além de grande parte de todos esses pacientes não responderem adequadamente ao tratamento habitual, muitos experimentam efeitos colaterais desagradáveis que podem levar à descontinuação das medicações, tornando imperativa a busca por novas abordagens terapêuticas. Nesse sentido, nas últimas duas décadas, o reconhecimento do eixo microbiota-intestino-cérebro (EMIC) como um sistema de comunicação bidirecional entre o trato gastrointestinal e o sistema nervoso central (SNC) abriu novas perspectivas para compreender e tratar transtornos mentais, com cada vez mais estudos indicando que a microbiota intestinal pode influenciar significativamente a saúde mental.[5] Assim, as comorbidades e correlações genéticas entre doenças do trato gastrointestinal e transtornos psiquiátricos têm sido amplamente relatadas, sendo o EMIC a base biológica dessa relação.

Estudos recentes têm encontrado determinantes genéticos pleiotrópicos entre doenças do trato gastrointestinal e transtornos psiquiátricos extensivamente distribuídos ao longo do genoma que não apenas corroboram a existência de uma base genética compartilhada subjacente ao EMIC, mas também têm importantes implicações para a intervenção e os alvos de tratamento dessas doenças.[6] Acrescenta-se a isso o fato de a recíproca dessa relação também vir se mostrando verdadeira, com a microbiota intestinal demonstrando ser capaz de influenciar o funcionamento do SNC, incluindo a neurotransmissão (ver Capítulo 8 – Modulação da neurotransmissão pela microbiota intestinal) e a resposta ao estresse.

RESPOSTA AO ESTRESSE

O estresse resulta em efeitos pró-inflamatórios no EMIC como a ativação do sistema nervoso simpático, a supressão das propriedades anti-inflamatórias do nervo vago e prejuízos à homeostase epitelial ao ponto de levar à disbiose.[7-9] O estresse agudo, em particular, pode provocar um aumento duradouro nas citocinas pró-inflamatórias, mesmo durante o período crítico de rebote e recuperação parassimpática.[10] Já o estresse crônico impede essa recuperação, contribuindo para uma carga alostática prejudicial.[11]

Estudos em modelos animais têm demonstrado, ainda, que o estresse pode alterar a composição da microbiota intestinal e que o estresse crônico está particularmente associado à depressão por meio de um processo que inclui aumento de marcadores inflamatórios e redução na produção de neurotrofinas, o que termina afetando negativamente a plasticidade neuronal.[12,13] Além disso, alterações desses mecanismos têm sido associadas com uma atividade inflamatória cerebral elevada em condições psiquiátricas graves, como depressão, comportamento suicida e esquizofrenia, conforme demonstrado em populações humanas por técnicas de neuroimagem molecular.[14,15]

Especificamente no caso do estresse prolongado, o SNC influencia o sistema nervoso entérico, direta ou indiretamente, pela estimulação do eixo hipotálamo-hipófise-adrenal, gerando diminuição do tônus parassimpático, aumento da atividade simpática e hiperestimulação do sistema endocanabinoide.[16-18] O resultado é uma diminuição na secreção de muco e fluidos digestivos, com aumento da permeabilidade intestinal e mudança no pH luminal, culminando na diminuição de bactérias benéficas como *Lactobacillus* e *Ruminococcaceae*.[12,16-18] O aumento da permeabilidade intestinal combinado com a redução das bactérias benéficas tende a aumentar o tônus do sistema imunológico, o que favorece um estado pró--inflamatório sistêmico. Com isso, há uma diminuição do efeito modulatório do butirato e dos metabólitos da degradação do triptofano na micróglia, que resulta em uma hiperestimulação de astrócitos e citocinas inflamatórias no SNC. Toda essa neuroinflamação interfere na via da quinurenina e no ciclo da tetra-hidrobiopterina (BH4), provocando aumento da produção de quinolinato, um agonista de receptores N-metil-D-aspartato (NMDA) glutamatérgicos, e diminuição da produção de monoaminas, que, por sua vez, pode diminuir a liberação de neurotrofinas, prejudicar a plasticidade sináptica e agravar sintomas depressivos.[13,19]

Com relação à influência da microbiota intestinal na resiliência ao estresse e seus possíveis mecanismos, diversos estudos apontam que a homeostase da microbiota intestinal está intimamente envolvida na regulação psicológica, emocional e cognitiva do hospedeiro em resposta a eventos estressantes. Estudos em animais indicam que a disbiose intestinal está associada a maior suscetibilidade ao desamparo aprendido em ratos e que o estresse crônico por derrota social causou anedonia significativa em camundongos, com mudanças claras na diversidade e na composição microbiana, como *Bacteroides* spp. Esse tipo de estresse crônico afeta o eixo hipotálamo-hipófise-adrenal (HPA), resultando em inibição parassimpática, diminuição na secreção de muco e fluidos digestivos, aumento da permeabilidade da barreira intestinal e do tônus imunológico, o que, por sua vez, impacta a composição microbiana. Bacteroides spp., sendo um grupo chave no microbioma, refletem essas mudanças no ambiente intestinal ao ajustar sua abundância e função, contribuindo para a disbiose observada e influenciando a suscetibilidade a condições como anedonia e desamparo aprendido. Já a colonização cruzada de microbiota em camundongos Balb/c e NIH Swiss resultou em uma troca entre fenótipos semelhantes à ansiedade e fenótipos resilientes. Dessa forma, os efeitos do microbioma intestinal sobre a conectividade funcional cerebral, a barreira hematoencefálica, o sistema imunológico inato e adaptativo, bem como a regulação epigenética observada em estudos pré-clínicos e clínicos, enfatizam a importância da microbiota nos mecanismos fisiológicos relacionados à resiliência ao estresse.[20] Destaca-se, ainda, que um estudo observou uma correlação entre histórico de adversidades precoces na infância e níveis de quatro metabólitos intestinais dentro da via do glutamato (5-oxoprolina, malato, urato e éster metílico de glutamato gama), alterações na conectividade funcional cerebral (principalmente dentro das redes sensoriomotora, de saliência e executiva central) e níveis de estresse percebido, ansiedade e depressão.[21]

Pode-se afirmar, portanto, que os efeitos do estresse crônico na homeostase intestinal são bem documentados em modelos pré-clínicos e estão alinhados com achados em humanos, e que existe um *continuum* fisiopatológico entre o estresse crônico e transtornos psiquiátricos, em que alterações na microbiota intestinal e inflamação sistêmica são peças centrais.

TRANSTORNOS MENTAIS

O comportamento também impacta a microbiota por meio das escolhas alimentares e dos hábitos de vida. Transtornos mentais graves e traços desadaptativos de personalidade foram associados a hábitos alimentares menos saudáveis,[22,23] gerando um círculo vicioso desadaptativo. Indivíduos com transtornos mentais graves também tendem a manifestar ansiedade crônica, distúrbios do sono e uso de substâncias, além de serem frequentemente sedentários e fazerem uso de diferentes medicamentos. Por tudo isso, não surpreende que diferentes transtornos mentais graves compartilhem um padrão de microbiota caracterizado por redução na abundância de bactérias benéficas, como as produtoras de ácidos graxos de cadeia curta (AGCCs), e um enriquecimento de bactérias com potencial pró-inflamatório.[24,25] Além disso, nessas condições foram documentados níveis aumentados de marcadores de permeabilidade intestinal, incluindo lipopolissacarídeos (LPS) circulantes.[24]

Os mais bem-estudados nesse sentido são o transtorno depressivo maior (TDM), o transtorno bipolar e a esquizofrenia. Em pacientes com essas condições, foram identificadas diferenças significativas em três gêneros bacterianos em comparação com controles saudáveis (maior abundância de *Eggerthella* e *Lactobacillus* e menor abundância de *Coprococcus*) e níveis mais elevados de bactérias associadas ao metabolismo de glutamato e GABA. Variações significativas apareceram em mais de 20% dos estudos que comparavam pessoas com distúrbios mentais e indivíduos saudáveis. A Figura 1 mostra padrões específicos de microbiota encontrados em pacientes com esquizofrenia, transtorno bipolar e TDM.

Merece destaque, ainda, o estudo de uma coorte de gêmeos monozigóticos e dizigóticos com discordância com relação a transtornos mentais cujo objetivo foi identificar variações nos gêneros bacterianos e nos metabólitos circulantes. Entre os gêmeos diagnosticados com transtornos mentais, observou-se um aumento na prevalência do gênero *Parabacteroides*, reconhecido por sua capacidade de aumentar a produção de AGCCs. Essa elevação sugere um possível mecanismo compensatório. Além disso, algumas espécies de *Parabacteroides* têm sido vinculadas à síntese de metabólitos como o GABA e os indóis, cujas irregularidades nas respectivas vias de sinalização estão associadas a quadros de depressão e ansiedade.[27]

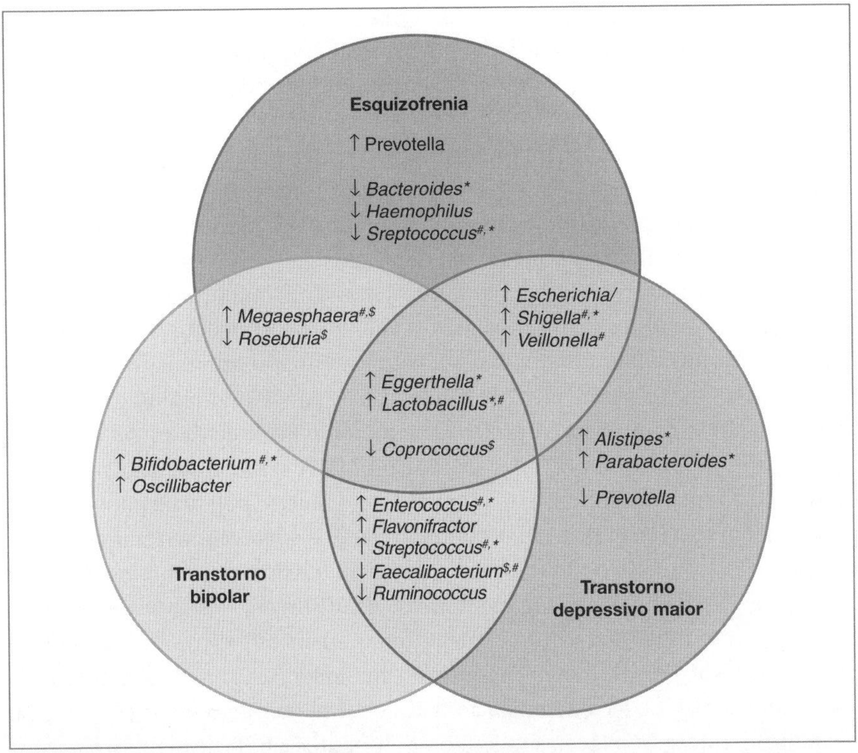

FIGURA 1 Representação gráfica dos gêneros com alterações específicas identificadas em pacientes com esquizofrenia, transtorno bipolar e depressão maior, sugerindo uma interação entre a microbiota intestinal e a saúde mental. Algumas alterações são compartilhadas (áreas de intersecção) entre os distúrbios, indicando a presença de padrões comuns de desequilíbrio bacteriano.

$: gêneros bacterianos relacionados à produção de butirato; #: gêneros bacterianos relacionados ao metabolismo do ácido láctico; *: gêneros bacterianos com influência no metabolismo de glutamato e ácido gama-aminobutírico (GABA).

Fonte: adaptada de McGuinness et al., 2022.[26]

Transtornos ansiosos

Embora publicações específicas associando o EMIC a transtornos ansiosos ainda sejam mais escassas do que aquelas envolvendo outros transtornos mentais, como o depressivo maior e o bipolar, uma relevante revisão sistemática de 2022 encontrou menor prevalência de oito gêneros bacterianos nos pacientes com transtornos ansiosos em comparação com controles saudáveis: *Bacteroides*, *Faecalibacterium*, *Eubacterium*, *Lachnospira*, *Butyricicoccus*,

Sutterella, Bacteroidetes, Ruminococcus gnavus e *Fusobacterium*. Além disso, tanto pacientes com ansiedade quanto aqueles com depressão apresentaram uma menor prevalência de *Ruminococcus* (produtor de butirato) em comparação com o grupo controle.[28]

Outro estudo cujo objetivo foi investigar o papel da microbiota intestinal na modulação de comportamentos relevantes para o transtorno de ansiedade social (TAS) analisou os efeitos do transplante da microbiota fecal de pacientes com esse transtorno em camundongos com depleção da microbiota por antibioticoterapia. Embora esses camundongos apresentassem comportamentos normais em uma série de testes delineados para avaliar comportamentos semelhantes à depressão e à ansiedade geral, eles demonstraram uma sensibilidade aumentada específica ao medo social, além de mudanças na função imunológica central e periférica, bem como na expressão de ocitocina no núcleo da estria terminal, demonstrando uma possível relação entre o EMIC e o medo social. Esses achados posicionam a microbiota como um alvo terapêutico potencial para o TAS.[29]

Também têm relevância nesse contexto estudos envolvendo o transtorno de estresse pós-traumático (TEPT), que, apesar de ter sido retirado dos transtornos de ansiedade no *Manual Diagnóstico e Estatístisco de Transtornos Mentais* (DSM-5), tem uma intersecção com sintomas ansiosos e estresse. Uma coorte prospectiva de 191 mulheres encontrou uma associação inversa entre níveis de sintomas de TEPT e aderência ao padrão alimentar da dieta mediterrânea, principalmente com relação à ingestão de alimentos à base de plantas. Em contrapartida, foram identificadas espécies bacterianas protetoras associadas a uma menor ocorrência de sintomas de TEPT após exposição a traumas, como as espécies *Eubacterium eligens* e *Akkermansia muciniphila*. Além disso, as vias microbianas envolvidas na biossíntese do pantotenato (vitamina B5) e coenzima A foram identificadas como potencialmente protetoras contra esse transtorno, com contribuição principalmente das mesmas espécies bacterianas identificadas como benéficas pelo estudo.[30] Além disso, com base na hereditariedade do microbioma, estudos de associação genômica ampla no genoma humano e no microbioma intestinal (mbGWAS) revelaram importantes interações entre hospedeiro e microbioma. Foi identificada, por exemplo, uma associação positiva entre *Bacteroides eggerthii* e *Bacteroides thetaiotaomicron* e TEPT (OR: 1,11; IC 95%: 1,03-1,20; $p = 0{,}007$; OR: 1,11; IC 95%: 1,01-1,23; $p = 0{,}03$). Esses achados permaneceram estáveis quando foram aplicados modelos estatísticos e análises de sensibilidade.[31]

Por fim, um estudo de 2022 utilizou o sequenciamento completo do gene *16S rRNA* para caracterizar as mudanças longitudinais na microbiota intestinal e sua influência no estado mental de trabalhadores da saúde de linha de frente no contexto da pandemia de Covid-19. Os eventos estressantes foram capazes de provocar disbiose intestinal por pelo menos meio ano, além de depressão, ansiedade e estresse significativos. As bactérias associadas a uma melhor saúde mental foram principalmente *Faecalibacterium* spp. e *Eubacterium eligens* do grupo spp. com efeitos anti-inflamatórios. Já o modelo de previsão do estudo indicou que a baixa abundância da bactéria não cultivada do grupo *Eubacterium hallii* e a alta abundância de *Bacteroides eggerthii* no dia 0 (imediatamente após 2 meses de trabalho de linha de frente) foram determinantes significativos para o reaparecimento de sintomas de estresse pós-traumático nesses trabalhadores.[45]

Transtornos depressivos

Estudos caso-controle iniciais, como os de Naseribafrouei et al.[45] e Jiang et al.,[30] mostraram um aumento na abundância de Bacteroidota e uma diminuição em bactérias produtoras de butirato, como *Faecalibacterium* e membros da família *Lachnospiraceae*, em pacientes com TDM. Além disso, experimentos com transplante de microbiota fecal demonstraram que a microbiota de indivíduos com TDM pode induzir comportamentos depressivos e ansiosos em roedores, sugerindo um papel funcional da microbiota na modulação do humor e do comportamento.[35,36]

Nesse contexto, uma revisão realizada em 2022 reuniu as evidências sobre alterações da microbiota em pacientes com TDM. Os resultados apontaram para maior abundância de *Alistipes*, *Bacteroides*, *Parabacteroides*, *Roseburia*, *Oscillibacter*, *Clostridium*, *Blautia* e *Phascolarctobacterium* e uma menor abundância de *Escherichia*/*Shigella*, *Dialister*, *Faecalibacterium*, *Prevotella* e *Ruminococcus* quando esses pacientes foram comparados com os controles saudáveis.[28] Corroborando alguns desses achados, outra revisão também de 2022 comparou pacientes com TDM com casos de esquizofrenia, transtorno bipolar e controles saudáveis. O TDM foi associado com o mesmo padrão de menor abundância dos gêneros *Coprococcus*, *Faecalibacterium*, *Ruminococcus* e *Prevotella*, mas o achado específico que diferenciou esse transtorno de todos os outros grupos foi a diminuição de *Prevotella* e o aumento da abundância de *Alistipes* e *Parabacteroides*, ambos relacionados ao metabolismo do GABA e glutamato.[26]

Em um estudo em particular, Valles-Colomer[37] desenvolveu 56 módulos intestino-cérebro (GBM, do inglês *gut-brain modules*) em duas coortes populacionais, uma belga (n = 1.054) e uma holandesa (n = 1.063), com validação cruzada. Esses módulos se baseavam na metagenômica dos microrganismos e foram projetados para avaliar a possibilidade de as bactérias da microbiota intestinal produzirem ou descartarem moléculas com potencial neuroativo. Embora esse estudo não tenha encontrado uma associação da depressão com mudanças na diversidade da microbiota intestinal, ele identificou uma menor presença de bactérias produtoras de butirato, como *Coprococcus* e *Dialister*, em indivíduos com depressão mesmo após o controle com o uso de antidepressivos. Além disso, a presença de *Bacteroides*, que já foi associada a doenças inflamatórias intestinais como a doença de Crohn, foi associada tanto ao diagnóstico de depressão quanto a menores índices de qualidade de vida. Este estudo também identificou mudanças na capacidade da microbiota intestinal dos indivíduos com depressão de sintetizar e degradar moléculas neuroativas. Esses indivíduos apresentaram um aumento na capacidade de síntese de GABA (principal neurotransmissor inibitório) e uma diminuição na degradação do glutamato (principal neurotransmissor excitatório). Houve, ainda, uma correlação positiva entre o GBM relacionado à capacidade de síntese de ácido 3,4-di-hidroxifenilacético (DOPAC), um metabólito da dopamina, e medidas de funcionamento social, o que indica a possibilidade de a microbiota intestinal influenciar a neuroquímica ao ponto de modular o comportamento e o bem-estar social.[37]

Já com relação à pesquisa de assinaturas metabólicas no TDM, um estudo publicado em 2023 identificou o envolvimento de 124 metabólitos abrangendo as vias do metabolismo energético e lipídico em pacientes com o transtorno, incluindo citrato e piruvato, componentes do ciclo do ácido tricarboxílico. As alterações observadas nesses metabólitos, especialmente as lipoproteínas, foram consistentes com a composição diferencial da microbiota intestinal pertencente à ordem Clostridiales e aos filos Pseudomonadota e Bacteroidota. O estudo identificou, ainda, que o metabolismo energético está perturbado em indivíduos com TDM e que a interação entre o microbioma intestinal e o metaboloma sanguíneo pode desempenhar um papel no metabolismo lipídico nesses pacientes.[38] Entre os metabólitos modulados pela dieta e associados à depressão, uma análise de mais de 13 mil participantes de cinco coortes europeias encontrou níveis baixos de hipurato como possível via etiopatogênica. Sabe-se, no entanto, que diferentes tratamentos para depressão são capazes de reverter esse processo e aumentar os níveis de hipurato.[38]

Os metabólitos mais estudados na relação do metaboloma com o TDM são os AGCCs, metabólitos do triptofano (como os indóis), endocanabinoides, ácidos biliares secundários, lactato, vitaminas do complexo B, colina, estroboloma e outros aminoácidos como o glutamato, o GABA e a fenilalanina.

Virtualmente todos os tipos celulares apresentam pelo menos um tipo de receptores de AGCCs, que incluem os receptores de ácidos graxos livres-2 e 3 (FFAR2 e FFAR3, do inglês *free fatty acid receptor*), os receptores acoplados à proteína G (GPCR) e outros.[39] Dois mecanismos merecem destaque no efeito antidepressivo dos AGCCs: regulação epigenética e ação imunomoduladora/anti-inflamatória. Esses ácidos graxos atuam como inibidores de histona desacetilases (HDAC), desempenhando um papel fundamental na metilação do DNA, na modificação de histonas e na reestruturação da cromatina para alterar a expressão gênica. Eles também estão relacionados com uma regulação sistêmica da inflamação e com o perfil de citocinas, pois são capazes de atravessar a barreira hematoencefálica, influenciando positivamente sua integridade. No cérebro, eles ativam vários mecanismos relacionados à modulação dos níveis de fatores neurotróficos, neurotransmissores e neurogênese, e reduzem a neuroinflamação e a disfunção glial.[39]

O triptofano, por sua vez, é um aminoácido essencial que permite a produção de múltiplos metabólitos pela microbiota intestinal e promove muitos efeitos bioativos no corpo, com destaque para serotonina, quinurenina, triptamina e indóis com ações neuroendócrinas e imunomodulatórias. Um desequilíbrio entre a via da quinurenina mediada pela enzima indolamina 2,3-dioxigenase (IDO) e a síntese de serotonina, por exemplo, pode ser um evento crítico do TDM. Um estado de neuroinflamação e menores níveis de butirato, que atua diminuindo a expressão da indolamina 2,3-dioxigenase, leva a um aumento na atividade dessa enzima e, consequentemente, à produção aumentada de alguns metabólitos neurotóxicos como 3-hidroxiquinurenina, ácido quinolínico e uma diminuição na síntese de serotonina.[39]

Já os ácidos biliares secundários atuam como reguladores-chave da composição da microbiota intestinal. A microbiota intestinal metaboliza os ácidos biliares primários em secundários e estes atuam como moléculas sinalizadoras ligando-se, principalmente, ao receptor X do farnesoide (FXR, do inglês *farnesoid X receptor*) e ao receptor de ácidos biliares acoplado à proteína G-1 (GPBAR-1, do inglês *G protein-coupled bile acid receptor 1*, também conhecido como TGR-5). Essa ligação pode ocorrer no cérebro, após os ácidos biliares secundários atravessarem a barreira hematoencefálica ou com os receptores intestinais, o que resulta na liberação do fator de crescimento fibroblástico 19 (FGF-19, do inglês *fibroblast growth factor 19*) e do peptídeo 1 semelhante ao glucagon (GLP-1, do inglês *glucagon-like peptide-1*), levando à sinalização indireta para o cérebro. Uma superexpressão do FXR hipocampal parece causar sintomas semelhantes à depressão e níveis reduzidos de fatores neurotróficos derivados do cérebro (BDNF, do inglês *brain derived neutrophic factors*) em ratos.[39]

O lactato também pode exercer efeitos antidepressivos potenciais no cérebro por vários mecanismos. Um deles está relacionado à sua capacidade de reverter os efeitos do estresse na indução de comportamento semelhante à depressão, principalmente apoiando a neurogênese hipocampal, e também de aumentar a resiliência ao estresse e diminuir a evitação social e a ansiedade ao restaurar os níveis e a atividade dos inibidores de histona desacetilase no hipocampo.[39] Evidências recentes vêm documentando, ainda, um efeito potencialmente neuroprotetor do lactato, mesmo quando produzido por probióticos, resultante da limitação de produção de espécies reativas de oxigênio nas mitocôndrias, que pode levar a uma atividade disfuncional das células T reguladoras.[40] O exercício físico pode ser um elo poderoso entre o lactato e os efeitos antidepressivos, influenciando não apenas a produção de lactato muscular, mas também o eixo intestino-cérebro.[39]

A síntese de vitaminas pela microbiota também parece estar associada ao TDM, como B1 (tiamina), B2 (riboflavina), B3 (niacina), B6 (piridoxina), B7/8 (biotina), B9 (folato) e B12. A disbiose intestinal frequentemente encontrada em pacientes com esse transtorno prejudica a síntese dessas vitaminas e pode ter como consequência o agravamento dos sintomas depressivos.[39]

A colina, por sua vez, pode ser transformada em uma ampla variedade de metabólitos relevantes, como trimetilamina (TMA), betaína, fosfocolina e acetilcolina. A microbiota intestinal desempenha um papel crítico no seu metabolismo, com destaque para a produção de TMA que, em seguida, é transformada em N-óxido de trimetilamina (TMAO) no fígado. Além disso, algumas bactérias são capazes de usar betaína, com efeitos favoráveis relacionados ao aumento da produção de AGCCs e à restauração das populações microbianas intestinais. Tanto a colina quanto a betaína são consideradas biomarcadores centrais do desempenho cognitivo. A betaína, em particular, foi identificada como uma terapia adjuvante inovadora para melhorar os efeitos antidepressivos da cetamina, ao mesmo tempo que previne alguns de seus principais efeitos adversos.[39] A Figura 2 representa os principais efeitos da desregulação metabólica na depressão e suas consequências.

O estroboloma, por fim, diz respeito a um conjunto de bactérias capazes de metabolizar e modular os níveis de estrogênio no corpo. Essas bactérias produzem e secretam a enzima beta-glucuronidase, que desfaz a conjugação do estrogênio e aumenta a biodisponibilidade de sua forma ativa. Além disso, alguns microrganismos degradam polifenóis dietéticos indigestíveis para sintetizar compostos semelhantes ao estrogênio com potência estrogênica variada. Assim, em homens e em mulheres pós-menopausa, a diversidade e as funções da microbiota intestinal influenciam os níveis de estrogênios não ovarianos por meio da circulação êntero-hepática. Os níveis de estradiol na mulher têm particular relevância no transtorno disfórico pré-menstrual (TDPM), na depressão pós-parto e na depressão na perimenopausa. O uso de estradiol, mas não de progesterona, parece ser eficaz no tratamento do transtorno disfórico pré-menstrual, da depressão pós-parto e da depressão perimenopausal moderada/grave. Esses benefícios podem decorrer dos efeitos neuroprotetores dos estrogênios ao mediar algumas ações neuroplásticas no hipocampo e regular os níveis de receptores de serotonina. Nesse contexto, a ingestão de certos componentes dietéticos, como

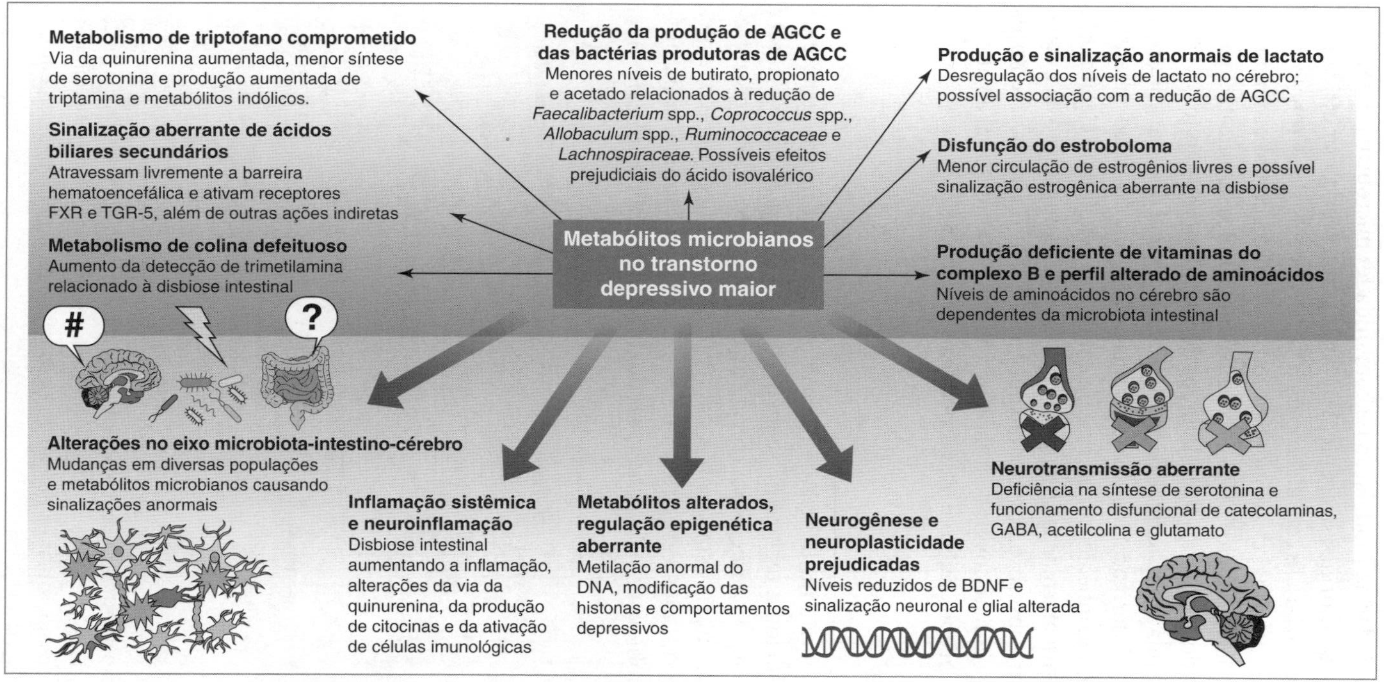

FIGURA 2 Representação esquemática dos efeitos da desregulação dos metabólitos microbianos associados ao transtorno depressivo maior. Uma desregulação notável de AGCC, lactato, ácidos biliares secundários, metabólitos de colina, vitaminas, aminoácidos, estrogênio e metabólitos de triptofano estão potencialmente envolvidos na patogênese desse transtorno. Alguns dos mecanismos envolvem alterações no eixo microbiota-intestino-cérebro , neuroinflamação sistêmica e local, alterações epigenéticas afetando múltiplas regiões cerebrais, neurogênese e neuroplasticidade prejudicadas, bem como uma neurotransmissão aberrante.

AGCC: ácidos graxos de cadeia curta; BDNF: fatores neurotróficos derivados do cérebro; GABA: ácido gama-aminobutírico.
Fonte: adaptada de Ortega et al., 2022.[39]

polifenóis, pode ajudar na modulação de comunidades microbianas benéficas e na ativação do receptor de estrogênio, fazendo das intervenções nutricionais uma estratégia potencial a se considerar para o fortalecimento do estroboloma.[39]

A microbiota intestinal desempenha um papel fundamental também no metabolismo do glutamato, do GABA e da fenilalanina, todos significativamente alterados nos fluidos corporais de indivíduos deprimidos (ver Capítulo 8).[39]

Em contrapartida, a capacidade da microbiota intestinal de atuar como um modulador-chave da farmacocinética e da farmacodinâmica dos antidepressivos também tem sido reconhecida, conforme discutido em detalhes no Capítulo 42 – Influência dos psicofármacos. Enquanto mudanças na composição da microbiota influenciam a absorção, o metabolismo e a atividade do medicamento, os fármacos neuropsiquiátricos podem moldar a microbiota intestinal ao alterar a abundância de grupos microbianos específicos (Figura 3).[41]

Esquizofrenia

Um estudo sobre a influência da microbiota intestinal na patogênese da esquizofrenia utilizou a técnica de sequenciamento do gene *16S rRNA* para analisar as diferenças na microbiota fecal entre 63 pacientes com esquizofrenia, dos quais a maioria estava sob tratamento antipsicótico, e 65 controles saudáveis. Os resultados revelaram que pacientes com esquizofrenia possuíam uma microbiota com diversidade reduzida e uma composição alterada,

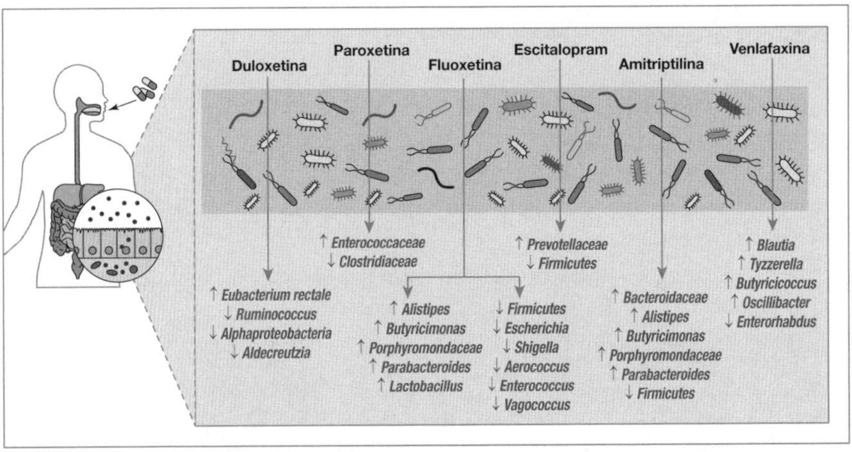

FIGURA 3 Ilustração da interação entre antidepressivos e microbiota intestinal. A ingestão de antidepressivos influencia a composição da microbiota intestinal, aumentando e diminuindo grupos microbianos de maneira específica para cada medicamento.

Fonte: adaptada de Varesi et al., 2023.[41]

caracterizada por maior abundância das famílias *Veillonellaceae*, *Prevotellaceae*, *Bacteroidaceae* e *Coriobacteriaceae*, e menor presença de famílias produtoras de butirato, como *Lachnospiraceae*, *Ruminococcaceae* e *Enterobacteriaceae*. Além disso, um perfil microbiano específico (*Aerococcaceae*, *Bifidobacteriaceae*, *Brucellaceae*, *Pasteurellaceae* e *Rikenellaceae*) possibilitou a discriminação de pacientes com esquizofrenia de controles saudáveis com uma área sob a curva ROC de 0,769.[35]

Esse estudo também avaliou transplantes de microbiota fecal de cinco pacientes selecionados para ratos livres de germes. Os ratos apresentaram alterações nos níveis de neurotransmissores no hipocampo, especificamente uma redução de glutamato e um aumento de glutamina e GABA, além de comportamentos análogos aos modelos animais de esquizofrenia, relacionados à hipofunção glutamatérgica. De forma notável, observou-se ainda que a gravidade dos sintomas psicóticos correlacionou-se, positiva ou negativamente, com a abundância das famílias bacterianas *Veillonellaceae*, *Bacteroidaceae*, *Streptococcaceae*, *Lachnospiraceae* e *Ruminococcaceae*, sugerindo um possível vínculo causal entre a composição da microbiota e a manifestação clínica da doença.[35]

Esses resultados são consistentes com pesquisas anteriores que indicam a capacidade da microbiota intestinal de modular o balanço entre GABA e glutamato no SNC. A implicação desses achados é de grande relevância, pois sugere que a microbiota intestinal pode desempenhar um papel na neurobiologia da esquizofrenia, despontando como um campo promissor de pesquisa na esquizofrenia e potencialmente abrindo novas vias para intervenções terapêuticas.[42]

Além desse estudo, uma revisão de 2022 avaliou os padrões de microbiota intestinal na esquizofrenia, no TDM e no transtorno bipolar em comparação com controles saudáveis. O achado específico da esquizofrenia que a diferenciou de todos os outros grupos foi o aumento na abundância de *Prevotella*, em consonância com os achados de Zheng et al.,[35] e diminuição de *Haemophilus*, *Bacteroides* e *Streptococcus*, todos relacionados ao metabolismo do GABA e do glutamato.[26]

Por fim, um estudo mais recente identificou uma correlação substancial das alterações do microbioma intestinal entre pacientes diagnosticados com esquizofrenia, controles saudáveis e pacientes com resistência ao tratamento.[43] Foram notadas associações específicas entre diversas espécies bacterianas e vias metabólicas, principalmente no que tange à resistência ao tratamento e à exposição à clozapina, sugerindo que o microbioma intestinal pode desempenhar um papel na resistência aos antipsicóticos. Esses resultados apontam para novas direções na pesquisa e nas abordagens terapêuticas. Estudos futuros devem incluir variáveis relacionadas a medicamentos e estilo de vida para aprimorar a construção e a interpretação de seus resultados.[43]

Transtorno bipolar

Estudos iniciais caso-controle investigaram a microbiota intestinal de pacientes com transtorno bipolar e resultaram em achados diversos e, às vezes, contraditórios, particularmente com relação à diversidade e à composição da microbiota fecal. Variáveis como o tabagismo e o uso de medicamentos psicotrópicos foram considerados como potenciais fatores de confusão. Em três das investigações mais amplas (com 72 a 115 pacientes e 45 a 77 controles), duas apontaram para uma diminuição de bactérias produtoras de butirato, especificamente do gênero *Faecalibacterium*, e um aumento no filo Bacteroidota em indivíduos com transtorno bipolar.[44,45] Um terceiro estudo, no entanto, não identificou mudanças significativas.[46] É notável que estudos semelhantes voltados para transtornos depressivos também relataram redução de *Faecalibacterium* e incremento de Bacteroidota.[33,34]

Já uma revisão de 2022 indicou uma modificação da composição da microbiota intestinal de pacientes com transtorno bipolar associada à disbiose e à progressão da doença. Uma maior abundância de *Coriobacteriaceae* foi associada a níveis elevados de colesterol, um aumento no nível de *Lactobacillus* teve relação significativa com o desenvolvimento de obesidade associada à bipolaridade e uma menor abundância de *Faecalibacterium* também apresentou associação com comorbidades. Também foi relevante a abundância de *Clostridiaceae*, gênero envolvido na fermentação de carboidratos que leva à produção de AGCCs que se apresentava quatro vezes menor do que no grupo controle.[47]

Outra revisão publicada em 2022 comparou pacientes com transtorno bipolar com casos de TDM, esquizofrenia e controles saudáveis. Os achados específicos do transtorno bipolar que o diferenciaram de todos os outros grupos foi aumento na abundância de *Bifidobacterium*, relacionado à produção de ácido lático e ao metabolismo de glutamato e de GABA e também do gênero *Oscillibacter*.[26]

Dados ainda mais recentes apontam que as diferenças na microbiota intestinal podem refletir, em parte, as manifestações clínicas do transtorno bipolar, incluindo seus tipos e fases. Foi observada, por exemplo, uma variação na diversidade bacteriana entre as fases eutímica e depressiva, o que afeta o gene do relógio circadiano *ARNTL*, apesar das limitações de tamanho amostral (n = 32) e possíveis influências dietéticas. Essas mudanças microbianas são consideradas contribuintes para a etiologia do transtorno bipolar. Nos episódios depressivos caracterizados por melancolia, por outro lado, há maior resposta de IgA para *Citrobacter koseri* em comparação com indivíduos saudáveis ou deprimidos não melancólicos. Outro estudo identificou uma correlação inversa entre a diversidade alfa microbiana e a duração de episódios depressivos do transtorno bipolar, com aumento de *Coriobacteriia* (gênero do filo Actinomycetota) e redução de

Ruminococcaceae e *Faecalibacterium*.[48] Além disso, estudos que compararam a microbiota intestinal nos tipos I e II do transtorno bipolar com o TDM revelaram diferenças marcantes entre as doenças. Pacientes com transtorno bipolar tipo I apresentaram respostas IgM mais elevadas para *Morganella morganii* do que aqueles com TDM e transtorno bipolar tipo II. Foi identificada, ainda, uma maior abundância de *Collinsella* em pacientes com transtorno bipolar tipo II comparados aos do tipo I. Apesar de os resultados serem importantes, é importante considerar que o tamanho amostral era pequeno e que pode ter havido influência de fatores como medicação (Figura 3).[48]

A análise da microbiota intestinal também tem se mostrado promissora para diferenciar o transtorno bipolar de outros transtornos psiquiátricos. *Prevotella* e *Ruminococcaceae* UCG-002, por exemplo, são mais prevalentes em pacientes com TDM do que em transtorno bipolar. Enquanto o TDM está relacionado com alterações na família *Bacteroidaceae* e desequilíbrios na família *Lachnospiraceae*, alterações em *Prevotellaceae* e *Ruminococcaceae* associam-se ao transtorno bipolar. Além disso, *Fusobacteriaceae*, *Escherichia blattae* DSM 4481 e *Klebsiella oxytoca* estão significativamente aumentadas no transtorno bipolar, e *Bifidobacterium longum* subsp. *infantis* ATCC 15697 = JCM 1222 aparece significativamente reduzida na comparação com pacientes diagnosticados com TDM.[48] Essas constatações reforçam a hipótese de existir um perfil de microbiota intestinal alterado em pacientes com transtorno bipolar e a possibilidade de que as variações na microbiota intestinal estejam correlacionadas com as manifestações clínicas do transtorno (Figura 3). Ademais, o estudo detalhado da microbiota poderá trazer biomarcadores úteis para o diagnóstico clínico.[48]

Com base nessa hipótese, um estudo publicado em 2024 conseguiu estabelecer uma acurácia diagnóstica razoável entre o TDM e o transtorno bipolar ao combinar marcadores metabolômicos em amostras de sangue com informações relatadas pelos pacientes em um questionário *online*. A ceramida d18:0/24:1 foi o biomarcador mais forte, com área sob a curva da característica de operação do receptor (AUROC) de 0,73 (0,06; $p < 0{,}001$) no período de 1 ano de acompanhamento.[49] A Figura 4 apresenta as principais alterações da microbiota intestinal encontradas no transtorno bipolar, de acordo com a fase da doença, tipo 1 ou tipo 2, além das semelhanças compartilhadas com esquizofrenia e TDM.

POSSIBILIDADES DE INTERVENÇÃO

Diversas linhas de tratamento podem influenciar positivamente o EMIC nos transtornos psiquiátricos, incluindo dieta, prebióticos, probióticos, simbióticos, intervenções no sono, manejo do estresse, redução do consumo de substâncias tóxicas e até transplante de microbiota fecal.[41,47]

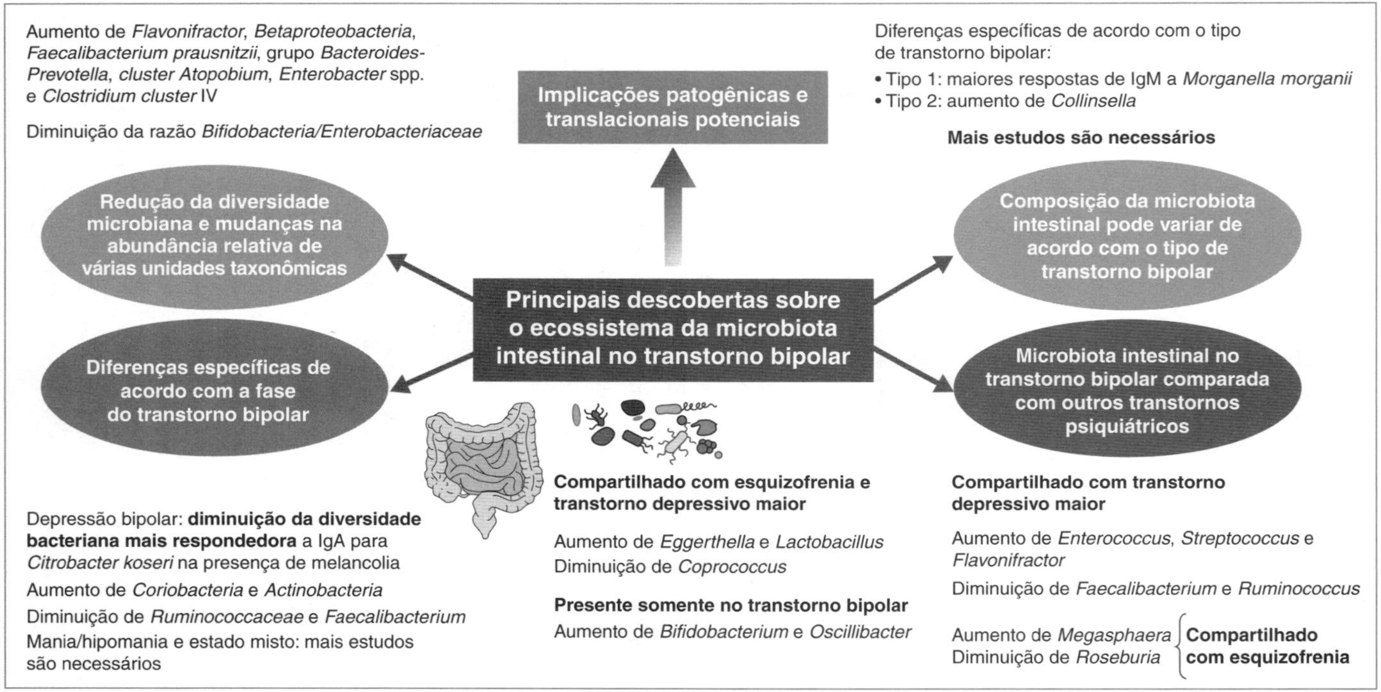

FIGURA 4 Representação esquemática dos principais achados sobre o ecossistema da microbiota intestinal no transtorno bipolar. Observam-se uma diminuição na variedade de microrganismos e alterações na proporção de diversos grupos bacterianos, potencialmente relacionadas ao desenvolvimento da doença. Variações na composição da microbiota também já foram notadas conforme o tipo do transtorno e seus sintomas, especialmente nas fases hipomaníaca e maníaca e na distinção entre transtorno bipolar tipo 1 e tipo 2. Também podem haver padrões de microbiota intestinal que caracterizam diferentes transtornos psiquiátricos.

Fonte: adaptada de Ortega et al., 2023.[48]

Sobre a possibilidade de técnicas de intervenção mente-corpo impactarem positivamente o microbioma intestinal, um importante estudo analisou a sequência do gene *16S rRNA* em amostras fecais de 56 monges budistas tibetanos e residentes vizinhos. Uma maior abundância de *Prevotella* e *Bacteroides* foi associada ao grupo de meditação e, de acordo com o tamanho de efeito por análise linear discriminante, um maior nível de dois gêneros bacterianos benéficos (*Megamonas* e *Faecalibacterium*) foi significativo no grupo de meditação. Análises preditivas funcionais mostraram ainda que várias vias, incluindo biossíntese de glicanos e metabolismo e biossíntese de LPS, foram significativamente enriquecidas no grupo de meditação. Além disso, os níveis plasmáticos de fatores de risco clínicos foram significativamente reduzidos no grupo de meditação, incluindo colesterol total e apolipoproteína B. Por fim, o perfil da microbiota nos monges foi associado a uma redução do risco de ansiedade, depressão e doenças cardiovasculares, bem como poderia aprimorar a função imunológica. No geral, esses resultados sugerem que a meditação desempenha um papel positivo nas condições psicossomáticas e no bem-estar.[50]

A dieta, no entanto, é o principal fator modificável que influencia o microbioma intestinal. Nesse campo, diferentes tipos de estudo são convergentes com relação à noção de que um padrão alimentar baseado na dieta mediterrânea (ver Capítulo 13 – Impactos dos padrões e estratégias nutricionais na microbiota intestinal) e suas variantes apresentam um efeito positivo tanto preventivo como terapêutico no humor, na ansiedade, na cognição e no sono por diferentes mecanismos, sendo um dos principais a regulação positiva do EMIC.[51,52] Trata-se de um padrão alimentar baseado em alimentos minimamente processados (mas que podem ser frescos ou congelados) e ricos em fibras, micronutrientes (vitaminas e minerais), compostos bioativos e gorduras benéficas (como as poli-insaturadas ômega 3 e as monoinsaturadas), muitos dos quais possuem ação prebiótica. Os prebióticos, em particular, são substratos utilizados seletivamente por microrganismos do hospedeiro que conferem benefícios para a saúde que têm emergido como potenciais moduladores da saúde mental por meio da influência sobre a microbiota intestinal e, consequentemente, em todo o EMIC, por meio da produção de neurotransmissores, da resposta imunológica e da neuroinflamação. Diversos estudos em modelos animais com prebióticos têm indicado efeitos antidepressivos e ansiolíticos, potencialmente por meio da modulação da microbiota intestinal e da produção de metabólitos bacterianos como os AGCCs.[53] Um estudo realizado em humanos, duplo-cego, randomizado e controlado por placebo, por exemplo, demonstrou que a ingestão de prebióticos (Bimuno®-galacto-oligossacarídeos) por 3 semanas resultou em redução tanto da concentração do cortisol salivar quanto da vigilância atencional para informações negativas em voluntários saudáveis.[54] Por sua vez, uma revisão sistemática com metanálise de 2023 avaliou a associação entre a ingestão de fibras e os desfechos depressão e ansiedade em 181.405 participantes de 23 estudos observacionais e ensaios clínicos controlados. Nos estudos transversais, foi observada associação inversa entre ingestão de fibras e depressão (-0,11; IC 95%: -0,16 a -0,05) e entre ingestão de fibras e ansiedade (-0,25; IC 95%: -0,38 a -0,12). Em estudos longitudinais, também houve uma associação inversa entre a ingestão de fibras e o desfecho depressão (-0,07; IC 95%: -0,11 a -0,04). Embora nenhuma diferença tenha sido encontrada nos ensaios clínicos controlados com suplementação de fibra para depressão ou ansiedade, as evidências positivas dos estudos observacionais sugerem que mais ensaios clínicos randomizados usando uma ampla gama de fibras (como se encontra em dietas como a mediterrânea) são necessários em populações clínicas.[55]

Nesse sentido, o estudo Gut Feelings[56] foi o primeiro ensaio clínico controlado e randomizado a investigar os efeitos de uma dieta rica em prebióticos e suplementação com um probiótico de múltiplas linhagens na saúde mental. Foram analisados 119 adultos com moderado sofrimento psicológico e dieta habitual com baixo teor de fibras prebióticas por de 8 semanas. O desfecho primário analisado foi a pontuação total no questionário Profile of Mood States Short Form, que fornece uma medida de sofrimento psicológico (incluindo emoções negativas e positivas) na última semana. Sintomas ansiosos e depressivos, assim como medidas de estresse, sono, fadiga e bem-estar constituíram desfechos secundários do estudo. O estudo teve quatro braços de intervenção: suplemento probiótico e dieta habitual (grupo probiótico); dieta rica em prebióticos e suplemento placebo (grupo dieta prebiótica); suplemento probiótico e dieta rica em prebióticos (grupo simbiótico); e suplemento placebo e dieta habitual (grupo placebo). Apenas o grupo de dieta prebiótica demonstrou melhora do desfecho primário sofrimento psicológico e a dieta prebiótica melhorou também ansiedade e sono.[56]

Um interesse crescente tem sido observado também no estudo e no uso de formulações probióticas para o tratamento de diferentes transtornos mentais. Uma descrição das principais espécies e linhagens de probióticos com evidência de ação sobre a saúde mental pode ser encontrada no Capítulo 23 – Probióticos e posbióticos. A despeito da existência de estudos mostrando resultados promissores com o uso de probióticos na melhora de sintomas ansiosos e depressivos – particularmente em indivíduos com TDM –, outros estudos não encontraram benefício. Há, ainda, limitações que demandam cautela na indicação de probióticos como uma ferramenta terapêutica no tratamento da ansiedade e da depressão. Um fator importante diz respeito ao fato de muitos estudos terem se baseado apenas em intensidade de sintomas autorrelatados em indivíduos sem diagnóstico psiquiátrico estabelecido. Soma-se a isso o fato de uma grande variabilidade de formulações probióticas ter sido estudada, gerando baixa possibilidade de comparação entre os estudos e dificuldades de identificação das espécies e linhagens probióticas mais adequadas. Além disso, algumas intervenções foram realizadas com uma combinação de probióticos com outros nutracêuticos, limitando a interpretação dos resultados.[52,57] Por fim, ainda há relativamente poucos estudos de intervenção com probióticos no transtorno bipolar e na esquizofrenia, com resultados conflitantes.[57]

Já com relação ao transplante de microbiota fecal (ver Capítulo 24 – Transplante de microbiota fecal e *live biotherapeutic products*), procedimento bem-estabelecido atualmente apenas para infecções por *Clostridioides difficile* resistente, alguns estudos e séries de casos sobre seu uso no TDM já foram publicados, assim como relatos de caso de pacientes com transtorno bipolar. Os resultados obtidos são promissores.[52,58]

CONSIDERAÇÕES FINAIS

A relevância da microbiota intestinal nos transtornos ansiosos, de humor e psicóticos tem sido cada vez mais reconhecida e pesquisada, tanto com relação a possíveis padrões diagnósticos quanto com relação à fisiopatologia, à gravidade dos sintomas e às intervenções terapêuticas. A microbiota é influenciada pela genética e por uma série de fatores associadas ao estilo de vida, como padrão do sono, dieta, atividade física, uso de substâncias tóxicas como tabaco e álcool, uso de medicamentos como os psicotrópicos, nível de estresse e até discriminação social. Isso torna necessárias tanto a análise desses fatores em pesquisas sobre o EMIC nos transtornos psiquiátricos quanto a atuação nesses aspectos nas atividades assistenciais desses pacientes.[39,59]

Estudos caso-controle, revisões sistemáticas e metanálises sugerem que a redução na abundância de *Coprococcus* e o aumento nas taxas de *Eggerthella* e *Lactobacillus* são características comuns do microbioma intestinal no TDM, no transtorno bipolar e na esquizofrenia. Além disso, recentemente uma coorte de gêmeos monozigóticos e dizigóticos discordantes para transtornos mentais observou uma prevalência aumentada do gênero *Parabacteroides* nos gêmeos afetados.[27] A conhecida capacidade desse gênero de elevar a produção de AGCCs sugere que esse aumento pode representar um mecanismo compensatório. Além disso, diferentes espécies de *Parabacteroides* estão associadas à produção de metabólitos como o GABA e indóis, cujas disfunções nas vias de sinalização foram relacionadas a condições como depressão e ansiedade.[27]

A maioria das pesquisas sobre microbioma intestinal disponíveis até o momento concentrou-se nas bactérias intestinais (ou seja, no bacterioma intestinal), particularmente do cólon, e pouco se sabe ainda sobre as interações envolvendo os outros microrganismos presentes no microbioma intestinal, como arqueias, protozoários, fungos e vírus, e particularmente sobre o intestino delgado. Considerando que a maior parte da digestão e da absorção de nutrientes ocorre no intestino delgado, a composição do microbioma do intestino delgado pode ser extremamente importante para a saúde humana. Compreender a contribuição e a função desses outros microrganismos para o EMIC poderá ajudar no desenvolvimento tanto de métodos diagnósticos em psiquiatria baseados no microbioma intestinal como de terapias específicas para cada transtorno mental.[25]

REFERÊNCIAS BIBLIOGRÁFICAS

1. World Health Organization. Depression and other common mental disorders: global health estimates. 2017. Disponível em: https://apps.who.int/iris/bitstream/handle/10665/254610/WHO-MSD-MER-2017.2-eng.pdf. Acesso em: 21 jun 2024.
2. Global Burden of Disease Study 2013 Collaborators. Global, regional, and national incidence, prevalence, and years lived with disability for 301 acute and chronic diseases and injuries in 188 countries, 1990-2013: a systematic analysis for the Global Burden of Disease Study 2013. Lancet. 2015;386(9995):743-800.
3. Jain A, Mitra P. Bipolar disorder. 2023 Feb 20. In: StatPearls Internet. Treasure Island (FL): StatPearls Publishing; 2024.
4. Solmi M, Seitidis G, Mavridis D, Correll CU, Dragioti E, Guimond S, et al. Incidence, prevalence, and global burden of schizophrenia: data, with critical appraisal, from the Global Burden of Disease (GBD) 2019. Mol Psychiatry. 2023;28(12):5319-27.
5. Rogers GB, Keating DJ, Young RL, Wong ML, Licinio J, Wesselingh S. From gut dysbiosis to altered brain function and mental illness: mechanisms and pathways. Mol Psychiatry. 2016;21(6):738-48.
6. Gong W, Guo P, Li Y, Liu L, Yan R, Liu S, et al. Role of the gut-brain axis in the shared genetic etiology between gastrointestinal tract diseases and psychiatric disorders: a genome-wide pleiotropic analysis. JAMA Psychiatry. 2023;80(4):360-70.
7. Taché, Yvette F and Bruno Bonaz. "Corticotropin-releasing factor receptors and stress-related alterations of gut motor function." The Journal of clinical investigation 117 1 (2007):33-40.
8. Wood SK and Woods JH. Corticotropin-releasing factor receptor-1: a therapeutic target for cardiac autonomic disturbances. Expert Opin. Ther. Targets 11. 2017;1401-1413.
9. Bonaz B, Sinniger V and Pellissier S. Anti-inflammatory properties of the vagus nerve: potential therapeutic implications of vagus nerve stimulation. J. Physiol. 2016; 594, 5781-5790.
10. Marsland, A, Walsh C, Lockwood K and John-Henderson NA. The effects of acute psychological stress on circulating and stimulated inflammatory markers: a systematic review and meta-analysis. Brain Behav. 2017; Immun. 64, 208-219.
11. McEwen BS. Central effects of stress hormones in health and disease: understanding the protective and damaging effects of stress and stress mediators. Eur. J. Pharmacol. 2008; 583, 174-185.
12. Van de Wouw M, Boehme M, Lyte JM, Wiley N, Strain C, O'Sullivan O, et al. Short-chain fatty acids: microbial metabolites that alleviate stress-induced brain-gut axis alterations. J Physiol. 2018;596(20):4923-44.
13. Gerhard DM, Ross DA. Reshaping the depressed brain: a focus on synaptic health. Biol Psychiatry. 2018;84(11):e73-5.
14. Holmes SE, Hinz R, Conen S, Gregory CJ, Matthews JC, Anton-Rodriguez JM, Gerhard A, Talbot PS. Elevated Translocator Protein in Anterior Cingulate in Major Depression and a Role for Inflammation in Suicidal Thinking: A Positron Emission Tomography Study. Biol Psychiatry. 2018; 83(1): 61-69.

15. Marques TR, Ashok AH, Pillinger T, Veronese M, Turkheimer FE, Dazzan P, et al. Neuroinflammation in schizophrenia: meta-analysis of in vivo microglial imaging studies. Psychol Med. 2019;49(13):2186-96.
16. Sharkey KA, Wiley JW. The role of the endocannabinoid system in the brain-gut axis. Gastroenterol. 2016;151(2):252-66.
17. Morena M, Patel S, Bains JS, Hill MN. Neurobiological interactions between stress and the endocannabinoid system. Neuropsychopharmacol. 2016;41(1):80-102.
18. Deussing JM, Chen A. The corticotropin-releasing factor family: physiology of the stress response. Physiol Rev. 2018;98(4):2225-86.
19. Vancassel S, Capuron L, Castanon N. Brain kynurenine and BH4 pathways: relevance to the pathophysiology and treatment of inflammation-driven depressive symptoms. Front Neurosci. 2018;12:499.
20. Wang J, Zhou T, Liu F, Huang Y, Xiao Z, Qian Y, et al. Influence of gut microbiota on resilience and its possible mechanisms. Int J Biol Sci. 2023;19(8):2588-98.
21. Coley EJL, Mayer EA, Osadchiy V, Chen Z, Subramanyam V, Zhang Y, et al. Early life adversity predicts brain-gut alterations associated with increased stress and mood. Neurobiol Stress. 2021;15:100348.
22. Teasdale SB, Ward PB, Samaras K, Firth J, Stubbs B, Tripodi E, et al. Dietary intake of people with severe mental illness: systematic review and meta-analysis. Br J Psychiatry. 2019;214(5):251-9.
23. Esposito CM, Ceresa A, Buoli M. The association between personality traits and dietary choices: a systematic review. Adv Nutr. 2021;12(4):1149-59.
24. Borkent J, Ioannou M, Laman JD, Haarman BCM, Sommer IEC. Role of the gut microbiome in three major psychiatric disorders. Psychol Med. 2022;52(7):1222-42.
25. McGuinness AJ, Loughman A, Foster JA, Jacka F. Mood disorders: the gut bacteriome and beyond. Biol Psychiatry. 2024;95(4):319-28.
26. McGuinness AJ, Davis JA, Dawson SL, Loughman A, Collier F, O'Hely M, et al. A systematic review of gut microbiota composition in observational studies of major depressive disorder, bipolar disorder and schizophrenia. Mol Psychiatry. 2022;27(4):1920-35.
27. Delanote J, Rojo AC, Wells PM, Steves CJ, Ertaylan G. Systematic identification of the role of gut microbiota in mental disorders: a TwinsUK cohort study. Sci Rep. 2024;14(1):3626.
28. Andrioaie IM, Duhaniuc A, Nastase EV, Iancu LS, Luncă C, Trofin F, et al. The role of the gut microbiome in psychiatric disorders. Microorganisms. 2022;10(12):2436.
29. Ritz NL, Brocka M, Butler MI, Cowan CSM, Barrera-Bugueño C, Turkington CJR, et al. Social anxiety disorder-associated gut microbiota increases social fear. Proc Natl Acad Sci U S A. 2024;121(1):e2308706120.
30. Jiang H, Ling Z, Zhang Y, Mao H, Ma Z, Yin Y, Wang W, Tang W, Tan Z, Shi J, Li L, Ruan B. Altered fecal microbiota composition in patients with major depressive disorder. Brain Behav Immun. 2015; 48:186-94.
31. Ke S, Wang XW, Ratanatharathorn A, Huang T, Roberts AL, Grodstein F, et al. Association of probable post-traumatic stress disorder with dietary pattern and gut microbiome in a cohort of women. Nat Mental Health. 2023;1:900-13.
32. Gao F, Guo R, Ma Q, Li Y, Wang W, Fan Y, et al. Stressful events induce long-term gut microbiota dysbiosis and associated post-traumatic stress symptoms in healthcare workers fighting against COVID-19. J Affect Disord. 2022;303:187-95.
33. Vasileva SS, Yang Y, Baker A, Siskind D, Gratten J, Eyles D. Associations of the gut microbiome with treatment resistance in schizophrenia. JAMA Psychiatry. 2024;81(3):292-302.
34. Evans SJ, Bassis CM, Hein R, Assari S, Flowers SA, Kelly MB, Young VB, Ellingrod VE, McInnis MG. The gut microbiome composition associates with bipolar disorder and illness severity. J Psychiatr Rs 2017;87:23-29.
35. Zheng P, Zeng B, Liu M, Chen J, Pan J, Han Y, et al. The gut microbiome from patients with schizophrenia modulates the glutamate-glutamine-GABA cycle and schizophrenia-relevant behaviors in mice. Sci Adv. 2019;5(2):eaau8317.

36. Kelly JR, Borre Y, O' Brien C, Patterson E, El Aidy S, Deane J, Kennedy PJ, Beers S, Scott K, Moloney G, Hoban AE, Scott L, Fitzgerald P, Ross P, Stanton C, Clarke G, Cryan JF, Dinan TG. Transferring the blues: Depression-associated gut microbiota induces neurobehavioural changes in the rat. J Psychiatr Res 2016; 82: 109-18.
37. Valles-Colomer M, Falony G, Darzi Y, Tigchelaar EF, Wang J, Tito RY, et al. The neuroactive potential of the human gut microbiota in quality of life and depression. Nat Microbiol. 2019;4(4):623-32.
38. van der Spek A, Stewart ID, Kühnel B, Pietzner M, Alshehri T, Gauß F, et al. Circulating metabolites modulated by diet are associated with depression. Mol Psychiatry. 2023;28(9):3874-87.
39. Ortega MA, Alvarez-Mon MA, García-Montero C, Fraile-Martinez O, Guijarro LG, Lahera G, et al. Gut microbiota metabolites in major depressive disorder-deep insights into their pathophysiological role and potential translational applications. Metabolites. 2022;12(1):50.
40. Sanmarco LM, Rone JM, Polonio CM, Lahore GF, Giovannoni F, Ferrara K, et al. Lactate limits CNS autoimmunity by stabilizing HIF-1α in dendritic cells. Nature. 2023; 620(7975): 881-9.
41. Varesi A, Campagnoli LIM, Chirumbolo S, Candiano B, Carrara A, Ricevuti G, et al. The brain-gut-microbiota interplay in depression: a key to design innovative therapeutic approaches. Pharmacol Res. 2023;192:106799.
42. Olson CA, Vuong HE, Yano JM, Liang QY, Nusbaum DJ, Hsiao EY. The Gut Microbiota Mediates the Anti-Seizure Effects of the Ketogenic Diet. Cell. 2018; 173(7): 728-1741.e13.
43. Hu S, Li A, Huang T, Lai J, Li J, Sublette ME, Lu H, Lu Q, Du Y, Hu Z, Ng CH, Zhang H, Lu J, Mou T, Lu S, Wang D, Duan J, Hu J, Huang M, Wei N, Zhou W, Ruan L, Li MD, Xu Y. Gut Microbiota Changes in Patients with Bipolar Depression. Adv Sci (Weinh). 2019;6(14):1900752.
44. Coello K, Hansen TH, Sørensen N, Munkholm K, Kessing LV, Pedersen O, Vinberg M. Gut microbiota composition in patients with newly diagnosed bipolar disorder and their unaffected first-degree relatives. Brain Behav Immun. 2019;75:112-118.
45. Naseribafrouei A, Hestad K, Avershina E, Sekelja M, Linløkken A, Wilson R, Rudi K. Correlation between the human fecal microbiota and depression. Neurogastroenterol Motil. 2014; 26(8):1155-62.
46. Xiao L, Liu S, Wu Y, Huang Y, Tao S, Liu Y, Tang Y, Xie M, Ma Q, Yin Y, Dai M, Zhang M, Llamocca E, Gui H, Wang Q. The interactions between host genome and gut microbiome increase the risk of psychiatric disorders: Mendelian randomization and biological annotation. Brain Behav Immun. 2023 Oct;113:389-400. Epub 2023 Aug 8. Erratum in: Brain Behav Immun. 2024 Feb;116:422. PMID: 37557965.
47. Góralczyk-Bińkowska A, Szmajda-Krygier D, Kozłowska E. The microbiota-gut-brain axis in psychiatric disorders. Int J Mol Sci. 2022;23(19):11245.
48. Ortega MA, Álvarez-Mon MA, García-Montero C, Fraile-Martínez Ó, Monserrat J, Martinez-Rozas L, et al. Microbiota-gut-brain axis mechanisms in the complex network of bipolar disorders: potential clinical implications and translational opportunities. Mol Psychiatry. 2023;28(7):2645-73.
49. Tomasik J, Harrison SJ, Rustogi N, Olmert T, Barton-Owen G, Han SYS, et al. Metabolomic biomarker signatures for bipolar and unipolar depression. JAMA Psychiatry. 2024;81(1):101-6.
50. Sun Y, Ju P, Xue T, Ali U, Cui D, Chen J. Alteration of faecal microbiota balance related to long-term deep meditation. Gen Psychiatr. 2023;36(1):e100893.
51. Horn J, Mayer DE, Chen S, Mayer EA. Role of diet and its effects on the gut microbiome in the pathophysiology of mental disorders. Transl Psychiatry. 2022;12(1):164.
52. Ross FC, Mayer DE, Gupta A, Gill CIR, Del Rio D, Cryan JF, et al. Existing and future strategies to manipulate the gut microbiota with diet as a potential adjuvant treatment for psychiatric disorders. Biol Psychiatry. 2024;95(4):348-60.
53. Abildgaard A, Elfving B, Hokland M, Wegener G, & Lund S. Probiotic treatment reduces depressive -like behaviour in rats independently of diet. Psychoneuroendocrinology. 2017;79,40-48.
54. Schmidt K, Cowen PJ, Harmer CJ, Tzortzis G, Errington S, & Burnet PW. Prebiotic intake reduces the waking cortisol response and alters emotional bias in healthy volunteers. Psychopharmacology. 2015; 232(10), 1793-1801. https://doi.org/10.1007/s00213-014-3810-0

55. Aslam H, Lotfaliany M, So D, Berding K, Berk M, Rocks T, et al. Fiber intake and fiber intervention in depression and anxiety: a systematic review and meta-analysis of observational studies and randomized controlled trials. Nutr Rev. 2023;nuad143.
56. Freijy TM, Cribb L, Oliver G, Metri NJ, Opie RS, Jacka FN, Hawrelak JA, Rucklidge JJ, Ng CH, Sarris J. Effects of a high-prebiotic diet versus probiotic supplements versus synbiotics on adult mental health: The "Gut Feelings" randomised controlled trial. Front Neurosci. 2023; Feb 6;16:1097278. PMID: 36815026; PMCID: PMC9940791.
57. Ribera C, Sánchez-Ortí JV, Clarke G, Marx W, Mörkl S, Balanzá-Martínez V. Probiotic, prebiotic, synbiotic and fermented food supplementation in psychiatric disorders: a systematic review of clinical trials. Neurosci Biobehav Rev. 2024;158:105561.
58. Parker G, Spoelma MJ, Rhodes N. Faecal microbiota transplantation for bipolar disorder: a detailed case study. Bipolar Disord. 2022;24(5):559-63.
59. Dong TS, Gee GC, Beltran-Sanchez H, Wang M, Osadchiy V, Kilpatrick LA, et al. How discrimination gets under the skin: biological determinants of discrimination associated with dysregulation of the brain-gut microbiome system and psychological symptoms. Biol Psychiatry. 2023;94(3):203-14.

35

Transtornos alimentares

Adriana Trejger Kachani
Táki Athanássios Cordás

PONTOS-CHAVE

- Os transtornos alimentares impactam a saúde intestinal, mas por serem uma classe grande de transtornos mentais, podem ter influências diversas na microbiota.
- Na anorexia nervosa, de maneira geral, a baixa ingestão de alimentos altera a quantidade de bactérias envolvidas no sistema enteroendócrino, mas a microbiota se apresenta diferente nos diversos subtipos da doença. Nesse cenário, um aumento de bactérias Gram-negativas pode levar à disbiose, o que contribui para manter a doença.
- Indivíduos com bulimia nervosa e transtorno da compulsão alimentar têm a microbiota alterada em decorrência de más escolhas alimentares durante as compulsões.
- O uso e o abuso de laxantes na bulimia nervosa pode impactar gravemente a microbiota.
- O uso de medicação psiquiátrica pode ser iatrogênico para a microbiota.
- O uso de probióticos no tratamento de transtornos alimentares deve ser melhor estudado, considerando cepas específicas.
- Incentivar uma alimentação variada e rica em vegetais é, no momento, o tratamento mais indicado para melhorar a microbiota de indivíduos com transtornos alimentares.

INTRODUÇÃO

Os transtornos alimentares são caracterizados por uma perturbação persistente na alimentação ou no comportamento relacionado à alimentação que resulta no consumo ou na absorção alterada de alimentos e compromete a saúde física ou o funcionamento psicossocial. Dentro desse grupo, já foram descritos critérios diagnósticos para anorexia nervosa, bulimia nervosa, transtorno de compulsão alimentar, pica, transtorno de ruminação e transtorno alimentar restritivo/evitativo.[1] Sabe-se que eles são mais frequentes em mulheres, mas os estudos epidemiológicos nessa área ainda são escassos e são dificultados por erros diagnósticos, quadros parciais e migrações diagnósticas. Paralelamente, muitos dos pacientes não se consideram doentes, o que prejudica as estimativas populacionais.[2]

A etiologia desses transtornos está relacionada à interação entre fatores ambientais, psicológicos e fisiológicos, que muitas vezes são também mantenedores do comportamento alimentar inadequado. Assim, quanto maior for a compreensão da relação entre esses fatores, maior e melhor serão sua prevenção e tratamento.[2]

Como tudo que ingerimos (ou não ingerimos) influencia a composição da microbiota intestinal e a produção de metabólitos por esses microrganismos, é possível afirmar que os transtornos alimentares podem impactar diretamente a saúde do intestino. É importante destacar, no entanto, que a relação desses transtornos com a alimentação é muito diversa tanto no que diz respeito ao comportamento alimentar quanto com relação às possíveis comorbidades, com diferentes impactos também sobre a microbiota.

De um total de oito tipos de transtorno descritos no *Manual Diagnóstico e Estatístico de Transtornos Mentais* (DSM-5),[1] este capítulo aborda os três mais bem-estudados: anorexia nervosa, bulimia nervosa e transtorno de compulsão alimentar.

TRANSTORNOS ALIMENTARES

Anorexia nervosa

A anorexia nervosa tem três características essenciais: restrição persistente da ingestão calórica, medo patológico de ganhar peso com consequente comportamento para que isso não ocorra e perturbação na percepção do peso e da forma física que mantém o ciclo de comportamentos inadequados para alcançar o peso desejado. Todos esses fatores promovem uma restrição da ingestão calórica que leva a um peso corporal significativamente baixo para idade e gênero, critério diagnóstico para a doença. A semi-inanição e os comportamentos muitas vezes purgativos associados podem resultar em condições médicas graves e potencialmente fatais.[1]

Entre todos os prejuízos da doença, alguns mais graves que outros, a dieta restritiva impacta na microbiota e na arquitetura intestinal, em especial em sua superfície.[3] Componentes como fibras, gorduras poli-insaturadas e probióticos, cujo consumo promove uma microbiota saudável, costumam ser restritos na alimentação desses pacientes, com destaque para os dois últimos. A falta de gorduras da família dos ômegas e a restrição aos derivados de leite, que poderiam fornecer probióticos, fazem com que bactérias comensais percam espaço para as Gram-negativas. Como resultado, microrganismos como *Bifidobacterium* spp., *Lactobacillus* spp., *Enterococcus* spp., *Escherichia* spp. e *Streptococcus* spp., reconhecidamente importantes para a homeostase intestinal, ficam reduzidos. Nesse ambiente, bactérias Gram-negativas crescem em maior número e produzem lipopolissacarídeos, envolvidos no processo inflamatório, que podem frequentemente ativar o sistema enteroendócrino, agindo sobre os peptídeos sinalizadores da fome e da saciedade. Hormônios como grelina, leptina e neuropeptídeo Y (NPY) desregulados alteram, então, o comportamento alimentar.[3] Paralelamente, graças a uma adaptação fisiológica à desnutrição, crescem arqueias da espécie *Methanobrevibacter smithii*, capazes de obter energia a partir de dietas hipocalóricas. Essas bactérias ajudam na eficiência da fermentação bacteriana, mas ao mesmo tempo causam constipação. Todo esse prejuízo à microbiota intestinal leva, por fim, a disbiose e inflamação, que podem levar a sintomas gastrointestinais como gases, distensão abdominal, alteração no trânsito intestinal, entre outros. Esse cenário tende a intensificar a restrição alimentar, piorando ainda mais a microbiota e fechando um círculo vicioso que contribui para a manutenção da doença.[4] Uma discussão mais detalhada da influência do microbioma intestinal na neurotransmissão e na regulação do comportamento alimentar pode ser encontrada no Capítulo 10 – Regulação da resposta metabólica e comportamento alimentar pelo intestino.

Outra consequência importante envolve a regulação pela microbiota da biodisponibilidade de macronutrientes e, consequentemente, do aproveitamento energético. Isso significa que pacientes com ingestão alimentar inadequada a ponto de prejudicar a microbiota aproveitam o consumo alimentar de forma diferente daqueles que se alimentam bem. Em pacientes com anorexia nervosa, esse aproveitamento é muito pequeno, o que contribui para o baixo peso e a manutenção da doença.[5] Como se não bastasse, os ácidos graxos de cadeia curta (AGCC), produzidos a partir da fermentação de fibras (carboidratos complexos encontrados nas plantas e que são resistentes à ação das enzimas digestivas humanas) da dieta, modulam a glicemia e a deposição de lipídios. A baixa ingestão de carboidratos complexos nesse contexto restringe essa modulação, levando a uma disfunção metabólica.[6]

Por fim, sabe-se que a restrição alimentar leva também a um retardamento do esvaziamento gástrico e, consequentemente, a uma diminuição do trânsito intestinal, o que resulta em saciedade precoce e sensação de inchaço que reforçam o comportamento restritivo de pacientes com anorexia nervosa.[7] A diminuição do trânsito intestinal aumenta a constipação, diminui a produção de AGCCs e altera o microbioma já desfavorável.[3]

É importante salientar que esses impactos sobre a microbiota diferem entre os pacientes com anorexia nervosa subtipo restritiva e aqueles com o subtipo purgativo, mas em ambos os casos o reganho de peso promove uma melhora na variedade de microrganismos. A inflamação e a disbiose estabelecidas, no entanto, permanecem.[4,8]

Bulimia nervosa

Os aspectos essenciais da bulimia nervosa são episódios recorrentes de compulsão alimentar seguidos de comportamentos compensatórios inapropriados para impedir o ganho de peso, como vômitos autoinduzidos, uso de medicamentos (laxantes, diuréticos ou outros), jejum ou exercício em excesso.

A autoavaliação de pacientes com bulimia nervosa é indevidamente influenciada pela forma e pelo peso corporal, e isso geralmente faz com que se engajem em dietas inadequadas e restritivas para controlar tais aspectos. Nesse quadro, sintomas gastrointestinais costumam aparecer.[1]

As compulsões alimentares presentes nesse transtorno usualmente envolvem alimentos que os pacientes costumam restringir em suas dietas e são justamente as escolhas alimentares nesses episódios de compulsão que costumam se relacionar com as alterações em seu microbioma. As alterações de microbiota em decorrência de compulsões alimentares são discutidas mais adiante, no tópico "Transtorno de compulsão alimentar".[9]

É importante destacar, por fim, que pacientes com bulimia nervosa, a fim de controlarem o peso, costumam abusar de laxantes ou ao menos usá-los em uma frequência maior do que a população em geral. A prevalência de uso costuma ser entre 18 e 75% dos pacientes, enquanto na população em geral o abuso relatado é de 4,18%.[10] Segundo os autores do estudo que apontou esses valores, o uso indiscriminado de laxantes pode, entre outros problemas, ulcerar e inflamar a mucosa intestinal, dar a sensação de inchaço, desencadear perda de ação da inervação intrínseca, promover o descontrole do trânsito intestinal e levar a má-absorção de água e nutrientes. Vários desses sintomas levariam a períodos alternados de constipação e diarreia, Fazendo com que pacientes que abusam de laxantes, em particular, possam tornar-se dependentes de seu uso para estimular os movimentos intestinais. Assim, eles mantêm o quadro de abuso de laxantes,[10] a alteração do microbioma e a inflamação intestinal.

Transtorno de compulsão alimentar

A característica essencial do transtorno de compulsão alimentar é a recorrência de episódios de compulsão alimentar, em média pelo menos uma vez por semana. Esses episódios têm um período curto de duração, envolvem uma quantidade maior do alimento do que a maioria das pessoas consumiria e chegam até o desconforto abdominal, causando sensação de falta de controle e sofrimento marcante. Diferente do observado na bulimia nervosa, não há comportamento compensatório nesses casos, por isso esse comportamento permite o diagnóstico diferencial entre as duas doenças.[1]

Apesar do tipo de alimento consumido durante a compulsão ser diferente entre indivíduos, os relatos usualmente envolvem alimentos "fáceis" de se obter e consumir, ricos em carboidratos, com alto índice glicêmico, de alta palatibilidade e facilmente ingeríveis. A busca por alimentos com essas características leva ao consumo aumentado de gorduras, especialmente saturadas e trans, e reduz o consumo de fibras, vitaminas e minerais.[11]

Estudos comparando o microbioma de indivíduos obesos com aqueles acometidos pelo transtorno de compulsão alimentar mostraram diferenças. A diferença no comportamento alimentar entre os dois grupos e, especialmente, os tipos de alimento escolhidos por eles explicam essas diferenças. Pacientes com obesidade (sem transtorno de compulsão alimentar) costumam ter uma alimentação mais constante e, como não têm compulsão alimentar, nem sempre consomem alimentos com calorias vazias. Assim, seu peso aumentado pode ser decorrente do grande volume de energia consumido ao longo dos dias. Essa característica da dieta pode explicar a alta prevalência de bactérias *Intestinimonas* em pacientes com transtorno de compulsão alimentar, já que essas bactérias conseguem metabolizar produtos tóxicos derivados de alimentos ultraprocessados, mais consumidos durante as compulsões.[4,9]

TRATAMENTO DA MICROBIOTA

A microbiota tem a capacidade de modular os sistemas comportamentais, neuronais e imunológicos, por isso manipular sua composição e diversidade pode ser uma estratégia útil para alterar a história natural dos transtornos alimentares. Nesse sentido, muitos trabalhos têm sido realizados nos últimos anos com foco na modulação intestinal feita com probióticos, simbióticos e até posbióticos. Os resultados são animadores, mas em geral a população participante desses estudos é de pacientes com transtornos ansiosos.

Nesse contexto, uma metanálise recente listou todos os artigos a respeito da abordagem terapêutica da microbiota de indivíduos com transtornos alimentares e lembrou que transtornos ansiosos são particularmente comórbidos aos alimentares, justificando assim a possibilidade de os resultados obtidos a partir de pacientes com transtornos ansiosos serem utilizados também para o grupo dos transtornos alimentares.[4] De acordo com esses autores, é interessante sempre priorizar probióticos e simbióticos com cepas variadas, especialmente de *Lactobacillus* e *Bificobacterium*, nas intertvenções junto a esses pacientes.[4] Há outros autores, no entanto, que citam o transplante fecal e o uso de probióticos com cepas individualizadas e específicas para transtornos alimentares como tratamento promissor e insistem em maiores pesquisas nesse campo.[3] Especificamente nos casos de pacientes com transtornos alimentares que fazem uso abusivo de laxantes ou de drogas que provoquem diarreia ou constipação, em que a microbiota é gravemente danificada, o uso de probióticos pode melhorar o equilíbrio bacteriano intestinal e, assim, colaborar para o controle da absorção e da motilidade gastrointestinais.[12]

A medida mais importante para o tratamento de pacientes com transtornos alimentares é restaurar uma boa alimentação da forma mais rápida possível,[3] com uma dieta rica em fibras, gorduras poli-insaturadas e fitoquímicos. Como o quadro envolve dificuldade de fazer boas escolhas alimentares e resistência a certos alimentos, é interessante também insistir em vegetais (usualmente bem aceitos), que são ricos em fibras. Esses nutrientes são carboidratos não digeríveis com diferentes estruturas químicas, solubilidade em água, viscosidade e fermentabilidade. As fibras solúveis, por exemplo, costumam ser mais fermentativas, produzindo como metabólito AGCCs (em especial o butirato), considerados prebióticos por sua capacidade de induzir o crescimento de microrganismos benéficos ao hospedeiro. Os AGCCs aumentam o número de intrleucina (IL-10) e células T, diminuindo a inflamação sistêmica e promovendo a integridade intestinal, pois evitam a translocação de lipopolissacarídeos, que são resíduos de bactérias Gram-negativas.[13,14]

No longo prazo, também é importante o uso de medicamentos psiquiátricos, cuja influência na composição da microbiota intestinal apenas começa a ser compreendida. As medicações da classe dos inibidores seletivos de recaptura de serotonina (ISRS), geralmente usadas no tratamento de transtornos alimentares (com possíveis associações), têm demonstrado ação anti-inflamatória e outros efeitos benéficos em casos de doenças intestinais, mas alguns autores questionam se seu uso contínuo não pode ter efeito contrário, com consequências adversas ainda sendo estudadas.[15] Uma discussão aprofundada do impacto dos psicofármacos na microbiota intestinal pode ser encontrada no Capítulo 38 – Influência dos psicofármacos na microbiota intestinal.

CONSIDERAÇÕES FINAIS

Os transtornos alimentares são caracterizados por uma perturbação persistente na alimentação ou no comportamento relacionado à alimentação que resulta no consumo ou na absorção alterada de alimentos e compromete a saúde física ou o funcionamento psicossocial.

Essa ingestão (ou a falta dela) influencia a modulação intestinal e a manutenção da microbiota, fazendo com que os transtornos alimentares impactem diretamente a saúde do intestino. Por ser uma classe grande de doenças, a influência desses transtornos na microbiota é diversa, mas em todos os casos a presença de inflamação e disbiose contribuem para a manutenção da doença.

Há que se destacar, no entanto, que apesar de existirem vários estudos apontando para disbiose em pacientes com anorexia nervosa, trabalhos a respeito de bulimia nervosa e transtorno de compulsão alimentar são escassos.

A medida inicial mais importante no manejo desses pacientes é restaurar uma boa alimentação da forma mais rápida possível. O tratamento com probióticos, por sua vez, é promissor, sendo seu sucesso dependente das cepas escolhidas. A preferência é para as cepas de bactérias comensais, produtoras de AGCCs. O butirato, em particular, reforça a barreira intestinal, aumentando a capacidade absortiva dos nutrientes da dieta, o que melhoraria a desnutrição e/ou fome oculta característica dos transtornos alimentares. Mais trabalhos ainda precisam ser concluídos nesse campo, mas, enquanto isso não ocorre, a ingestão de alimentos ricos em fibras, como vegetais, que são bem aceitos por pacientes com transtornos alimentares, devem ser estimulados. As fibras são consideradas prebióticos por serem capazes de induzir o crescimento de microrganismos benéficos ao hospedeiro. Assim, a realimentação adequada dentro de uma reeducação alimentar é fundamental para a modulação intestinal e o controle da doença.

REFERÊNCIAS BIBLIOGRÁFICAS

1. American Psychiatric Association. Diagnostic and statistical manual of mental disorders. 5. ed. Washington: American Psychiatric Association; 2013.
2. Gonzalez MO, Cordás TA, Aratangy EW, Kotait MS. Anorexia nervosa. In: Kachani AT, Cordás TA (eds.). Nutrição em psiquiatria. 2. ed. Santana de Parnaíba: Manole; 2021. p. 174-85.
3. Terry SM, Barnett JA, Gibson DL. A critical analysis of eating disorders and the gut microbiome. J Eat Disord. 2022;10(1):154.
4. Navarro-Tapia E, Almeida-Toledano L, Sebastiani G, Serra-Delgado M, García-Algar Ó, Andreu-Fernández V. Effects of microbiota imbalance in anxiety and eating disorders: probiotics as novel therapeutic approaches. Int J Mol Sci. 2021;22(5):2351.
5. Oliphant K, Allen-Vercoe E. Macronutrient metabolism by the human gut microbiome: major fermentation by-products and their impact on host health. Microbiome. 2019;7(1):91.
6. Carbone EA, D'Amato P, Vicchio G, De Fazio P, Segura-Garcia C. A systematic review on the role of microbiota in the pathogenesis and treatment of eating disorders. Eur Psychiatry. 2020; 64(1):e2.
7. Norris ML, Harrison ME, Isserlin L, Robinson A, Feder S, Sampson M. Gastrointestinal complications associated with anorexia nervosa: a systematic review. Int J Eat Disord. 2016;49(3):216-37.
8. Mack I, Cuntz U, Grämer C, Niedermaier S, Pohl C, Schwiertz A, et al. Weight gain in anorexia nervosa does not ameliorate the faecal microbiota, branched chain fatty acid profiles and gastrointestinal complaints. Sci Rep. 2016;6:26752.

9. Leyrolle Q, Cserjesi R, Mulders MDGH, Zamariola G, Hiel S, Gianfrancesco MA, et al. Specific gut microbial, biological, and psychiatric profiling related to binge eating disorders: a cross-sectional study in obese patients. Clin Nutr. 2021;40(4):2035-44.
10. Roerig JL, Steffen KJ, Mitchell JE, Zunker C. Laxative abuse: epidemiology, diagnosis and management. Drugs. 2010;70(12):1487-503.
11. Pisciolaro F, Azevedo AP. Transtorno de compulsão alimentar. In: Kachani AT, Cordás TA (eds.). Nutrição em psiquiatria. 2. ed. Santana de Parnaíba: Manole; 2021. p. 198-210.
12. Daskal M, Quaresma MVLS. Eixo intestino-cérebro e alimentação. In: Kachani AT, Cordás TA (eds.). Nutrição em psiquiatria. 2. ed. Santana de Parnaíba: Manole; 2021. p. 138-49.
13. Merra G, Noce A, Marrone G, Cintoni M, Tarsitano MG, Capacci A, et al. Influence of Mediterranean diet on human gut microbiota. Nutrients. 2020;13(1):7.
14. Bean A, Clinger E, Hao L. Effect of diet and dietary components on the composition of the gut microbiota. Nutrients. 2021;13:2795.
15. Hatamnejad MR, Ghavami SB, Shirvani M, Ahmadabad MA, Shahrokh S, Farmani M, et al. Selective serotonin reuptake inhibitors and inflammatory bowel disease: beneficial or malpractice. Front Immunol. 2022;13:980189.

36

Transtornos neurodegenerativos

Ana Valéria Ramirez
Leandro da Costa Lane Valiengo
Marcus Vinicius Zanetti

PONTOS-CHAVE

- Estima-se que a prevalência global de demências cresça de 55 milhões de casos em 2019 para 139 milhões de casos em 2050, sendo a doença de Alzheimer o transtorno neurodegenerativo mais comum, seguida pela demência vascular e pela doença por corpúsculos de Lewy.
- A neurobiologia dos transtornos neurodegenerativos é caracterizada por neuroinflamação, disfunção de barreira hematoencefálica, microangiopatia cerebral e acúmulo de proteínas neuropatológicas, como beta-amiloide, proteína Tau hiperfosforilada e alfa-sinucleína.
- Evidências recentes sobre doenças neurodegenerativas, como a doença de Alzheimer e a doença de Parkinson, apontam para a ocorrência de alterações no microbioma intestinal destes pacientes, incluindo tanto padrões de microbiota intestinal diferentes daqueles observados em indivíduos não afetados, como alteração no perfil de ácidos biliares e evidências de aumento de permeabilidade de barreias tanto intestinal como hematoencefálica.
- Estudos post-mortem encontraram lipopolissacarídeos presentes no cérebro de indivíduos com doença de Alzheimer, colocalizados com beta-amiloide 1-40/42 em placas amiloides e ao redor dos vasos sanguíneos.
- Anormalidades na produção intestinal de alfa-sinucleína têm sido relatadas na doença de Parkinson.
- Na doença de Alzheimer, um padrão de microbiota intestinal caracterizado por redução de diversidade microbiana, diminuição na abundância de bactérias produtoras de ácidos graxos de cadeia curta e Lactobacillus, e aumento na abundância de gêneros pró-inflamatórios vem sendo documentado. Já na doença de Parkinson observa-se um aumento nas taxas de bactérias produtoras de ácidos graxos de cadeia curta em comparação com indivíduos sem a doença e que se correlaciona com idade de início mais precoce.

INTRODUÇÃO

Os transtornos neurodegenerativos estão aumentando a cada ano. Em razão do crescimento populacional e do aumento da expectativa de vida, estima-se que a prevalência global de demências cresça de 55 milhões de casos em 2019 para 139 milhões de casos em 2050.[1] Os transtornos mais comuns desse grupo consistem em quadros demenciais, caracterizados por uma perda adquirida de funções ou uma mudança de comportamento envolvendo disfunção cortical. A demência mais comum é a doença de Alzheimer (60 a 80% dos casos), seguida de demência vascular e da demência por corpúsculos de Lewy.[1] Um estudo no Reino Unido mostrou um custo de 25 bilhões de libras esterlinas em 2021 e estimou uma projeção de 47 bilhões em 30 anos.[1] Assim, estima-se que o custo anual das demências deve dobrar até 2050. No Brasil, em particular, o crescimento e o envelhecimento populacional resultaram em um aumento da carga de doença de Alzheimer e outras demências.

Os quadros demenciais são incuráveis e promovem perda funcional prematura nas pessoas acometidas. Entre os vários fatores de risco conhecidos envolvidos, merecem destaque os cardiovasculares (hipertensão, tabagismo, diabetes e obesidade), hábitos alimentares inadequados (p. ex., consumo de alimentos ultraprocessados), sedentarismo, baixo nível educacional, hipoacusia, uso de álcool, poluição atmosférica, isolamento social e depressão.[2] Sabe-se, atualmente, que a doença de Alzheimer tem como base o acúmulo de proteína beta-amiloide no tecido cerebral e o aumento de proteína Tau no líquido cefalorraquidiano (LCR). Outra doença neurodegenerativa que pode causar demência é a doença de Parkinson (DP),[3] o segundo quadro neurodegenerativo mais comum no mundo. Sua neurobiologia envolve acúmulo de alfa-sinucleína. Boa parte da neurobiologia conhecida dos quadros demenciais é caracterizada por neuroinflamação, com disfunção de barreira hematoencefálica (BHE), microangiopatia cerebral e acúmulo de proteínas neuropatológicas, como beta-amiloide, proteína Tau hiperfosforilada e alfa-sinucleína.[3]

Existem várias pesquisas sendo feitas sobre a relação da neuroinflamação com alteração intestinal nos quadros de doenças neurodegenerativas. Estudos em modelos animais com ratos demonstram, por exemplo, que alterações da microbiota intestinal (disbiose) levam a neuroinflamação por meio da ativação da micróglia. Em algum desses estudos, modelos de DP ou de doença de Alzheimer em ratos demonstraram que disfunções intestinais levavam a disbiose, ativação da micróglia com acúmulo de alfa-sinucleína (nos modelos de DP) ou placas beta-amiloides (nos modelos de doença de Alzheimer) no cérebro.[4]

FISIOPATOBIOLOGIA E NEUROBIOLOGIA DA NEURODEGENERAÇÃO

O microbioma intestinal é dinâmico e sabe-se que desempenha papel essencial em vários processos fisiológicos, como manutenção da homeostase metabólica, imunomodulação e regulação da neurotransmissão e do comportamento. Diferentes estudos sugerem, ainda, um papel central da microbiota nos processos de neurodesenvolvimento, neuroinflamação e envelhecimento cerebrais, impactando a resposta ao estresse, o humor e a cognição.[5,6]

Evidências recentes sobre doenças neurodegenerativas, como doença de Alzheimer e DP, apontam para a ocorrência de alterações tanto na composição como na função da microbiota intestinal e mudanças no equilíbrio entre a produção de substâncias microbianas com ações potencialmente neurotóxicas, inflamatórias ou neuroprotetoras, que, ao caírem na circulação sistêmica e atravessarem a BHE, podem interferir em processos como a neurotransmissão, a neurogênese, a sinaptogênese, contribuindo para a neuroinflamação e a neurodegeneração.[5,7] Mudanças na permeabilidade intestinal decorrentes da facilidade de translocação de bactérias patogênicas, endotoxinas e metabólitos para a circulação sanguínea podem levar o paciente a desenvolver uma inflamação sistêmica crônica, com consequências também no sistema nervoso central (SNC). Outros sintomas associados à motilidade intestinal, como constipação, diarreia, dor abdominal, podem estar presentes e reduzir a qualidade de vida, agravando o estado neurológico desses pacientes.[8,9] Evidências recentes sugerem, nesse sentido, que a disfunção intestinal é um sintoma não motor consistentemente associado à DP, podendo preceder os sintomas motores em décadas. A constipação é a queixa gastrointestinal mais comum e a segunda queixa não motora mais comum, atrás apenas da hiposmia. Sabe-se que a motilidade intestinal é amplamente controlada pelo sistema nervoso entérico, mas ainda não há consenso sobre se na DP a constipação associada ocorre como resultado de neurodegeneração no sistema nervoso entérico, central ou ambos, ou ainda como consequência inteiramente de outro processo.[3] Essas prováveis associações e relações tornaram o eixo intestino-cérebro um alvo em potencial para a prevenção e o tratamento das doenças neurodegenerativas por meio de intervenções que modulam a microbiota intestinal, como o uso de probióticos, prebióticos, antibióticos, dieta e transplante de microbiota fecal.[5,6,10] Ainda são necessários, no entanto, estudos clínicos mais abrangentes para confirmar a eficácia e a segurança dessas abordagens.

Em um estudo recente e inovador com o objetivo de compreender o envolvimento da microbiota intestinal do paciente na fisiologia e no comportamento do hospedeiro com doença de Alzheimer, os autores transplantaram microbiota fecal de pacientes com Alzheimer e controles saudáveis de mesma idade em ratos adultos jovens com depleção de microbiota. Nos ratos que receberam transplante de pacientes com doença de Alzheimer, foram encontradas deficiências em comportamentos dependentes da neurogênese no hipocampo adulto, um processo essencial para certas memórias, funções cognitivas e humor. Notavelmente, a gravidade das deficiências se correlacionou com os escores cognitivos clínicos dos pacientes doadores. Alterações discretas no metaboloma fecal e hipocampal dos ratos também foram evidentes. O estudo demonstrou, ainda, que os sintomas de Alzheimer podem ser transferidos para um organismo jovem e saudável pela microbiota intestinal, confirmando um papel potencialmente causal da microbiota intestinal nessa doença e destacando a neurogênese no hipocampo como um processo celular central convergente que regula fatores circulatórios sistêmicos e mediados pelo intestino na doença de Alzheimer.[11]

BARREIRA HEMATOENCEFÁLICA

A barreira hematoencefálica (BHE) é uma membrana contínua formada por uma monocamada hermeticamente fechada de células endoteliais. Sua principal função é a manutenção do microambiente do cérebro, mantendo componentes neurotóxicos, patógenos e sangue circulante fora dele. As primeiras pistas sobre a disfunção dessa barreira vieram de estudos realizados em modelos animais genéticos da doença de Alzheimer com patologia beta-amiloide ou Tau. Naquela época, acreditava-se que a disfunção da BHE estava associada à patologia beta-amiloide ou Tau;[12] no entanto, observou-se que a quebra da barreira e a desregulação vascular também estavam presentes também em pacientes com doença de Alzheimer pré-clínica e em estágio inicial antes do declínio cognitivo ou da patologia beta-amiloide ou Tau. Esses resultados sugeriram que a quebra da BHE que aparecia na fase inicial da doença de Alzheimer não poderia ser totalmente explicada como consequência da patologia beta-amiloide ou Tau (por suas formas de placas, emaranhados e oligômeros).[12]

Nos últimos anos, evidências emergentes corroboraram as contribuições da neuroinflamação para a patogênese da doença de Alzheimer. As associações entre a quebra da BHE e a neuroinflamação foram exploradas em vários estudos, que demonstraram aumento de permeabilidade de BHE relacionado a neuroinflamação, ativação microglial e liberação elevada de citocinas inflamatórias. Os astrócitos secretam fatores nutricionais que interagem reciprocamente com as células endoteliais e ajudam a sustentar a BHE. Foi relatado que as vias de transdução de sinal nos pericitos – células localizadas na membrana basal dos microvasos sanguíneos e que envolvem células endoteliais, astrócitos e neurônios[13,14] – estão envolvidas na permeabilidade da BHE, na angiogênese e na neuroinflamação. Na doença de Alzheimer, existem várias evidências de alteração da BHE, como:

- Estudos de neuroimagem funcional demonstraram aumento da permeabilidade tanto em pacientes com doença de Alzheimer como naqueles com comprometimento cognitivo leve, visto de forma mais intensa com o aumento da idade, principalmente na região do hipocampo (estrutura importante no início da patologia da doença de Alzheimer).
- Vários estudos utilizaram tecido cerebral *post-mortem* de pacientes com doença de Alzheimer para identificar infiltração cerebral por células circulantes e revelaram a infiltração de macrófagos periféricos. Acredita-se que o aumento das atividades das respostas imunológicas inatas no cérebro e a interrupção da BHE facilitam a entrada de macrófagos periféricos no cérebro.
- Biomarcadores de disfunção da BHE foram identificados no LCR nas últimas décadas. A proporção entre a albumina do LCR e os níveis de albumina sérica (o quociente de albumina, Q-Alb), por exemplo, é frequentemente usada para avaliar a integridade da BHE.[14]

Diversos metabólitos microbianos, incluindo ácidos graxos de cadeia curta (AGCCs), ácidos biliares secundários, trimetilamina e produtos da degradação do triptofano, atuam regulando a permeabilidade tanto da barreira intestinal como da BHE, sendo importantes na regulação da resposta imunológica tanto sistêmica como cerebral.[15] Isso tem motivado o estudo do eixo intestino-cérebro nos transtornos neurodegenerativos, cujos resultados sugerem que alterações do microbioma intestinal podem desempenhar um papel relevante na disfunção de BHE observada nessas condições.

Componentes estruturais da membrana microbiana, que atuam como padrões moleculares associados a microrganismos (MAMP, do inglês *microbe-associated molecular patterns*), ligam-se a diferentes receptores do sistema imunológico, em especial os receptores do tipo *toll* (TLR, do inglês *toll-like receptors*). As moléculas mais extensivamente estudadas dessa classe são os lipopolissacarídeos (LPS), presentes na membrana celular das bactérias Gram-negativas. Os MAMP ou mesmo microrganismos intactos podem cair na circulação sistêmica e agir diretamente no SNC, ligando-se aos receptores do tipo *toll* expressos em diferentes células neuronais, incluindo micróglia, astrócitos, oligodendrócitos e neurônios.[16] Aumento de permeabilidade intestinal e estados de disbiose intestinal podem produzir translocação microbiana e excesso de exposição a esses padrões moleculares, levando a um aumento na produção de citocinas pró-inflamatórias (como as interleucinas IL-1-alfa, IL-1-beta e IL-6, e o fator de necrose tumoral alfa – TNF-alfa) por diferentes células imunológicas tanto intestinais como no SNC, o que, em última instância, acarretará inflamação sistêmica e neuroinflamação.[16]

Uma controvérsia que permanece é se a disfunção da BHE é causa ou consequência da patologia beta-amiloide. Como uma das principais características patogênicas da doença de Alzheimer, a patologia beta-amiloide atraiu enorme atenção nas últimas décadas. Acredita-se que a beta-amiloide desencadeie hiperfosforilação de proteína Tau, ativação microglial, estresse oxidativo, perda sináptica e neuroinflamação. A quebra da BHE foi inicialmente identificada em modelos animais genéticos da doença de Alzheimer com patologia beta-amiloide. Observou-se que a proteína beta-amiloide se acumula ao redor da vasculatura cerebral em 90% dos casos de doença de Alzheimer, uma condição chamada angiopatia amiloide cerebral. Essa deposição de beta-amiloide contribui para alterações de expressão em proteínas relacionadas a *tight junctions*, receptores como produtos finais de glicação avançada e metaloproteinases de matriz, todos com papéis vitais na integridade da BHE.[13,14] É interessante destacar que marcadores de permeabilidade intestinal aumentada, incluindo níveis elevados de LPS circulantes, foram documentados em transtornos mentais graves como a depressão maior, transtorno bipolar e esquizofrenia, associadas a um risco aumentado para o desenvolvimento de demências, e na própria doença de Alzheimer.[17,18] Estudos *post-mortem* detectaram também a presença de LPS no cérebro de indivíduos com doença de Alzheimer, colocalizados com beta-amiloide 1-40/42 em placas amiloides e ao redor dos vasos sanguíneos.[17] Por sua vez, a disfunção da BHE também aumenta a patologia beta-amiloide. Foi relatado, por exemplo, que a interrupção da BHE exacerbou a patologia da doença de Alzheimer ao inibir a glicoproteína P e a proteína de resistência ao câncer de mama em um modelo de camundongo transgênico de doença de Alzheimer.

O papel da disfunção da BHE e da neuroinflamação na patogênese da doença de Alzheimer é complexo, mas interligado. Depois de serem ativados, a micróglia e os astrócitos produzem citocinas pró-inflamatórias, como interleucina 1-beta, interleucina-18 e fator de necrose tumoral alfa. As citocinas pró-inflamatórias resultam em células endoteliais que regulam positivamente a expressão de MMP-9, que se acredita degradar as *tight junctions* e a matriz extracelular. O sistema de complemento também desempenha um papel crítico na disfunção da BHE. A ativação dos receptores C3a nas células do endotélio cerebral causa aumento da permeabilidade da BHE que dependia dos níveis intracelulares de cálcio em um modelo de envelhecimento. O aumento do cálcio intracelular perturba as *tight junctions* baseadas em caderina endotelial vascular, resultando em aumento da permeabilidade da BHE. Essa disfunção da BHE leva à possibilidade da entrada de células do sistema imunológico periférico no SNC. Em modelos animais de doença de Alzheimer, foi visto grande aumento de neutrófilos na região do hipocampo desses animais.[14]

Ácidos biliares e cérebro

É cada vez mais evidente que a sinalização dos ácidos biliares é bidirecional no eixo intestino-cérebro, sinalizando o estado metabólico e contribuindo para a homeostase do colesterol no cérebro. Distúrbios nessas vias têm sido implicados em várias doenças neurodegenerativas, indicando que elas podem representar um importante alvo terapêutico. Nesse sentido, discutem-se as condições da síntese de ácidos biliares primários e secundários específicos, bem como a forma como a regulação do conjunto de ácidos biliares pode diferir entre o intestino e o cérebro, e como se dá essa interação entre ácidos biliares, microbioma intestinal e seus efeitos. O que se observou até o momento foram os efeitos modulatórios sobre o eixo hipotálamo-hipófise-adrenal, a neurotransmissão glutamatérgica e GABAérgica, a permeabilidade da BHE, a apoptose e o metabolismo mitocondrial.[7]

As vias de sinalização dos ácidos biliares representam um mecanismo potencial pelo qual comorbidades, como a síndrome metabólica, podem ser consideradas fatores de risco independente em estudos epidemiológicos, contribuindo para a neurodegeneração. Assim, múltiplos alvos farmacológicos já desenvolvidos para aplicação em doenças hepáticas podem ser potencialmente reaproveitados para aplicação em neurodegeneração. Eles incluem ação central dentro do SNC ou aproveitamento das vias periféricas de ácido biliar para afetar uma alteração indiretamente. Assim, mais trabalhos devem determinar como se dá a contribuição relativa dos ácidos biliares a fim de desenvolver uma nova categoria de medicamentos para o tratamento dessas doenças.[7]

Até o momento, uma alteração no perfil de ácidos biliares primários e secundários foi observada em pacientes com doença de Alzheimer, com aumento nos níveis do ácido biliar secundário (produzido por bactérias intestinais) ácido deoxicólico, que se associou com declínio cognitivo.[19] Curiosamente, estudos pré-clínicos observaram aumento de permeabilidade tanto intestinal como de BHE associado ao ácido deoxicólico.[15]

N-óxido de trimetilamina

A trimetilamina é um metabólito produzido por bactérias intestinais a partir da colina e da carnitina da dieta, presentes em maiores concentrações em alimentos de origem animal, como carnes, peixes e ovos. Esse metabólito é posteriormente oxidado em N-óxido de trimetilamina (TMAO) no fígado do hospedeiro. Ambos, trimetilamina e TMAO, parecem influenciar a permeabilidade da BHE, mas de forma nem sempre linear. Enquanto a trimetilamina exerce um efeito deletério sobre a integridade da BHE independentemente de sua concentração, o TMAO parece exercer um efeito bifásico.[20] Em concentrações fisiológicas, ele diminui a permeabilidade da BHE e previne lesão induzida por LPS, e em concentrações elevadas aumenta a permeabilidade da BHE.[20]

O TMAO é um composto intrigante que parece desempenhar um papel na intersecção entre o intestino, o envelhecimento e as doenças do sistema nervoso. Estudos mostram que os níveis de TMAO podem aumentar em adultos mais velhos, pacientes com doença de Alzheimer e DP, bem como em indivíduos com sequelas cognitivas de acidente vascular cerebral. Ele também pode acelerar o envelhecimento celular, causando danos mitocondriais, formação de superóxidos e geração de fatores pró-inflamatórios.[5,8,21]

Seus níveis plasmáticos se associam a doença cerebrovascular de pequenos vasos (microangiopatia e infarto lacunar), mas não de grandes vasos.[22,23] Além disso, apesar de níveis elevados de TMAO terem sido associados a doença cardiovascular, estudos avaliando a relação entre seus níveis plasmáticos e declínio cognitivo possuem resultados conflitantes, o que pode ser atríbuido - pelo menos em parte - ao fato de os estudos clínicos em geral não avaliarem concomitantemente os níveis de trimetilamina e a relação entre trimetilamina e TMAO.[20,24]

PADRÕES DE ALTERAÇÃO DO MICROBIOMA INTESTINAL EM TRANSTORNOS NEURODEGENERATIVOS

A literatura sugere haver uma tendência da microbiota intestinal a um ambiente estável e equilibrado que decorre da concorrência pela inibição, pela regulação do hospedeiro e pelos nutrientes adequados. A forte influência de fatores ambientais e de estilo de vida, no entanto, podem levar à disbiose, termo utilizado para definir uma desregulação patológica no microbioma intestinal e que está associada a uma variedade de doenças crônicas (desde distúrbios gastrointestinais até doenças cardiovasculares e neuropsiquiátricas). Esse achado torna a condição de disbiose um alvo terapêutico muito atraente em situações patológicas.[6,8]

Vários estudos caso-controle têm sido realizados para se avaliar se e como o padrão de microbiota intestinal de indivíduos portadores de doenças neurodegenerativas diferem daquele de uma população saudável, sendo a doença de Alzheimer e a DP as condições mais estudadas até o momento.

Uma revisão sistemática e metanálise recente, por exemplo, identificou que a doença de Alzheimer está associada a menores índices de diversidade da microbiota, além de uma tendência a menor abundância de bactérias produtoras de AGCCs (famílias *Ruminococcaceae* e *Lachnospiraceae*) e maior abundância da família *Enterobacteriaceae*,[25] bactérias Gram-negativas que, em condições de desequilíbrio e disfunção de barreiras intestinal e hematoencefálica, têm o potencial de produzir inflamação sistêmica e neuroinflamação. Esse padrão é o mesmo observado de forma inespecífica em pacientes com diferentes transtornos mentais graves (transtornos do humor e esquizofrenia, ver Capítulo 34 – Transtornos ansiosos, do humor e psicóticos) e que estão associados a um risco aumentado para o desenvolvimento de demências. A exceção dessa associação diz respeito aos *Lactobacillus*: enquanto indivíduos adultos não idosos com transtornos mentais graves apresentam uma tendência a aumento de *Lactobacillus*, em indivíduos idosos com queixas cognitivas subjetivas e/ou com doença de Alzheimer os estudos têm documentado uma redução na abundância de *Lactobacillus*.[25] As reduções nos níveis de *Lactobacillus* têm sido consideradas um fenômeno da microbiota intestinal associado ao envelhecimento[26] e podem representar uma perda de capacidade funcional do microbioma intestinal. Assim, evidências recentes vêm documentando um efeito potencialmente neuroprotetor do lactato, mesmo aquele produzido por probióticos, em razão da limitação de produção de espécies reativas de oxigênio nas mitocôndrias que pode levar a uma atividade disfuncional das células T reguladoras.[27]

Com relação à DP, um estudo de grande escala baseado nos bancos de dados de três estudos populacionais (MiBioGen Consortium, Framingham Heart Study e International Parkinson's Disease Genomics Consortium) que totalizaram dezenas de milhares de pacientes avaliados, encontrou que níveis elevados de cinco bactérias produtoras de AGCCs tinham sequências de DNA descritas como *Lachnospiraceae*UCG010, *Ruminococcaceae*UCG002, *Clostridium sensustricto1*, *Eubacterium hallii* e *Bacillales* se associaram a maior risco para o desenvolvimento da doença, enquanto os níveis de três bactérias produtoras de AGCCs, como *Roseburia* e *Ruminococcaceae*UCG002 correlacionaram-se com idade de início mais precoce da DP.[28] Essa investigação também identificou que a predisposição genética para DP estava associada a uma composição alterada da microbiota intestinal e a maiores níveis de *Bifidobacterium*, geneticamente determinados, que se correlacionaram com menor risco de DP.[28]

Outra característica intestinal da DP que tem sido amplamente relatada é a presença de anormalidades entéricas na produção de alfa-sinucleína. Essa proteína é expressa como um componente normal do sistema nervoso entérico e pode ser detectada no tecido intestinal em uma grande percentagem de humanos neurologicamente intactos, com níveis potencialmente aumentados com a idade. Numerosos estudos indicam, no entanto, que alfa-sinucleína é detectada com mais frequência e em níveis mais elevados nos intestinos de pacientes com

DP do que em controles saudáveis da mesma idade. Isso é significativo, pois a superexpressão de alfa-sinucleína é conhecida por produzir agregação de alfa-sinucleína nos intestinos e cérebros de camundongos e humanos. Estudos que avaliaram alfa-sinucleína entérica em pacientes com DP relataram a detecção de alfa-sinucleína fosforilada em 61,6% das amostras de doença de Parkinson e de corpos/neurites de Lewy em 72,4 a 100% das amostras de DP, em comparação com a detecção em apenas 0 a 33% dos controles saudáveis. Isso sugeriria que a sinucleinopatia intestinal é um indicador relativamente sensível e específico da patologia da DP. Por sua vez, um estudo em ratos demonstrou que a alfa-sinucleína pode ser transportada retrogradamente pelo nervo vago do trato gastrointestinal para o tronco cerebral por um mecanismo dependente de microtúbulos.[29]

PERSPECTIVAS TERAPÊUTICAS

Hábitos de vida saudáveis, incluindo a aderência a padrões alimentares baseados na dieta mediterrânea e suas variantes (ver Capítulo 13 – Impactos dos padrões e estratégias nutricionais na microbiota intestinal), bem como ser física e cognitivamente ativo, estão associados a menor risco de desenvolvimento de demências ao longo da vida, o que se atribui, pelo menos em parte, ao efeito positivo da dieta mediterrânea e da atividade física sobre o microbioma intestinal.[30]

Estudos clínicos vêm documentando um benefício da dieta mediterrânea e da intervenção mediterrânea-DASH para atraso neurodegenerativo (MIND), assim como da suplementação de compostos bioativos (como polifenóis), na redução de declínio cognitivo em idosos cognitivamente saudáveis.[31] Além disso, relatos de caso do uso de transplante de microbiota fecal em pacientes com doença de Alzheimer, assim como pequenos estudos controlados de terapia com probióticos em indivíduos com comprometimento cognitivo leve e doença de Alzheimer, têm demonstrado resultados promissores das intervenções focadas no microbioma intestinal.[31,32] Os resultados ainda são preliminares, por isso é importante aguardar a confirmação por estudos maiores, com amostras representativas de pacientes com declínio cognitivo e doença de Alzheimer.

CONSIDERAÇÕES FINAIS

Os transtornos neurodegenerativos, como a doença de Alzheimer, a demência vascular, a doença por corpúsculos de Lewy e a DP, representam graves problemas de saúde pública atualmente e envolvem grandes desafios para a sociedade. Evidências de diferentes naturezas apontam para um papel central do microbioma intestinal e do eixo intestino-cérebro em diferentes aspectos da fisiopatologia do declínio cognitivo associado ao envelhecimento e do desenvolvimento dessas condições, incluindo neuroinflamação, disfunção de BHE e acúmulo de proteínas neuropatológicas no SNC. Os mecanismos parecem ser vários.

Novas pesquisas prospectivas e experimentais utilizando ferramentas e diretrizes mais robustas parecem promissoras para melhorar o entendimento acerca das funcionalidades da microbiota intestinal na saúde mental e cerebral e para o desenvolvimento de intervenções baseadas na modificação dessa microbiota intestinal.

REFERÊNCIAS BIBLIOGRÁFICAS

1. Alzheimer's Disease International. [citado em 14 abr 2024]. Disponível em: https://www.alzint.org/about/dementia-facts-figures/dementia-statistics.
2. Livingston G, Huntley J, Sommerlad A, Ames D, Ballard C, Banerjee S, et al. Dementia prevention, intervention, and care: 2020 report of the Lancet Commission. Lancet. 2020;396(10248):413-46.
3. Garcia-Ptacek S, Kramberger MG. Parkinson disease and dementia. J Geriatr Psychiatry Neurol. 2016;29(5):261-70.
4. Mulak A. Bile acids as key modulators of the brain-gut-microbiota axis in Alzheimer's disease. J Alzheimers Dis. 2021;84(2):461-77.
5. Boehme M, Guzzetta KE, Wasén C, Cox LM. The gut microbiota is an emerging target for improving brain health during ageing. Gut Microbiome (Camb). 2023;4:E2.
6. Souzedo FB, Bizarro L, Pereira APA. O eixo intestino-cérebro e sintomas depressivos: uma revisão sistemática dos ensaios clínicos randomizados com probióticos. J Bras Psiquiatr. 2020;69(4):269-76.
7. Hurley MJ, Bates R, Macnaughtan J, Schapira AHV. Bile acids and neurological disease. Pharmacol Ther. 2022;240:108311.
8. Cuartero MI, García-Culebras A, Nieto-Vaquero C, Fraga E, Torres-López C, Pradillo J, et al. The role of gut microbiota in cerebrovascular disease and related dementia. Br J Pharmacol. 2024;181(6):816-39.
9. Bonaz B, Bazin T, Pellissier S. The vagus nerve at the interface of the microbiota-gut-brain axis. Front Neurosci. 2018;12:49.
10. McGuinness AJ, Davis JA, Dawson SL, Loughman A, Collier F, O'Hely M, et al. A systematic review of gut microbiota composition in observational studies of major depressive disorder, bipolar disorder and schizophrenia. Mol Psychiatry. 2022;27(4):1920-35.
11. Grabrucker S, Marizzoni M, Silajdžić E, Lopizzo N, Mombelli E, Nicolas S, et al. Microbiota from Alzheimer's patients induce deficits in cognition and hippocampal neurogenesis. Brain. 2023;146(12):4916-34.
12. Hoyles L, Pontifex MG, Rodriguez-Ramiro I, Anis-Alavi MA, Jelane KS, Snelling T, et al. Regulation of blood-brain barrier integrity by microbiome-associated methylamines and cognition by trimethylamine N-oxide. Microbiome. 2021;9(1):235.
13. Sun M, Ma K, Wen J, Wang G, Zhang C, Li Q, et al. A review of the brain-gut-microbiome axis and the potential role of microbiota in Alzheimer's disease. J Alzheimers Dis. 2020;73(3):849-65.
14. Cai Z, Qiao P-F, Wan C-Q, Cai M, Zhou N-K, Li Q. Role of blood-brain barrier in Alzheimer's disease. J Alzheimers Dis. 2018;63(4):1223-34.
15. Aburto MR, Cryan JF. Gastrointestinal and brain barriers: unlocking gates of communication across the microbiota-gut-brain axis. Nat Rev Gastroenterol Hepatol. 2024;21(4):222-47.
16. Mayer EA, Nance K, Chen S. The gut-brain axis. Annu Rev Med. 2022;73:439-53.
17. Kowalski K, Mulak A. Brain-gut-microbiota axis in Alzheimer's disease. J Neurogastroenterol Motil. 2019;25(1):48-60.

18. Borkent J, Ioannou M, Laman JD, Haarman BCM, Sommer IEC. Role of the gut microbiome in three major psychiatric disorders. Psychol Med. 2022;52(7):1222-42.
19. MahmoudianDehkordi S, Arnold M, Nho K, Ahmad S, Jia W, Xie G, et al.; Alzheimer's Disease Neuroimaging Initiative; Alzheimer Disease Metabolomics Consortium. Altered bile acid profile associates with cognitive impairment in Alzheimer's disease: an emerging role for gut microbiome. Alzheimers Dement. 2019;15(1):76-92.
20. Hoyles L, Pontifex MG, Rodriguez-Ramiro I, Anis-Alavi MA, Jelane KS, Snelling T, et al. Regulation of blood-brain barrier integrity by microbiome-associated methylamines and cognition by trimethylamine N-oxide. Microbiome. 2021;9(1):235.
21. Zhang L, Yu F, Xia J. Trimethylamine N-oxide: role in cell senescence and age-related diseases. Eur J Nutr. 2023;62(2):525-41.
22. Xu J, Cheng A, Song B, Zhao M, Xue J, Wang A, et al. Trimethylamine N-oxide and stroke recurrence depends on ischemic stroke subtypes. Stroke. 2022;53(4):1207-15.
23. Kijpaisalratana N, Ament Z, Bevers MB, Bhave VM, Garcia Guarniz AL, Couch CA, et al. Trimethylamine N-oxide and white matter hyperintensity volume among patients with acute ischemic stroke. JAMA Netw Open. 2023;6(8):e2330446.
24. Connell E, Le Gall G, Pontifex MG, Sami S, Cryan JF, Clarke G, et al. Microbial-derived metabolites as a risk factor of age-related cognitive decline and dementia. Mol Neurodegener. 2022;17(1):43.
25. Chen G, Zhou X, Zhu Y, Shi W, Kong L. Gut microbiome characteristics in subjective cognitive decline, mild cognitive impairment and Alzheimer's disease: a systematic review and meta-analysis. Eur J Neurol. 2023;30(11):3568-80.
26. Cryan JF, O'Riordan KJ, Cowan CSM, Sandhu KV, Bastiaanssen TFS, Boehme M, et al. The microbiota-gut-brain axis. Physiol Rev. 2019;99(4):1877-2013.
27. Sanmarco LM, Rone JM, Polonio CM, Lahore GF, Giovannoni F, Ferrara K, et al. Lactate limits CNS autoimmunity by stabilizing HIF-1α in dendritic cells. Nature. 2023;620(7975):881-9.
28. Jiang L, Li JC, Tang BS, Guo JF. Associations between gut microbiota and Parkinson disease: a bidirectional Mendelian randomization analysis. Eur J Neurol. 2023;30(11):3471-7.
29. Holmqvist S, Chutna O, Bousset L, Aldrin-Kirk P, Li W, Björklund T, et al. Direct evidence of Parkinson pathology spread from the gastrointestinal tract to the brain in rats. Acta Neuropathol 2014;128(6):805-20.
30. Zhou J, Tang M, Li W, Fang R, Tang C, Wang Q. Diet and physical activity influence the composition of gut microbiota, benefit on Alzheimer's disease. Food Sci Hum Wellness. 2024;13(2):541-55.
31. Ross FC, Mayer DE, Gupta A, Gill CIR, Del Rio D, Cryan JF, et al. Existing and future strategies to manipulate the gut microbiota with diet as a potential adjuvant treatment for psychiatric disorders. Biol Psychiatry. 2024;95(4):348-60.
32. Nassar ST, Tasha T, Desai A, Bajgain A, Ali A, Dutta C, et al. Fecal microbiota transplantation role in the treatment of Alzheimer's disease: a systematic review. Cureus. 2022;14(10):e29968.

37

Esclerose múltipla

Rafael Paternò Castello Dias Carneiro
Bruno Cassis Antunes Rodrigues

PONTOS-CHAVE

- A relação entre esclerose múltipla e microbiota intestinal tem recebido crescente atenção na pesquisa médica.
- A microbiota intestinal desempenha um papel crucial na regulação do sistema imunológico, logo disfunções nessa relação podem influenciar o desenvolvimento e a evolução da esclerose múltipla.
- A modulação da microbiota intestinal por meio de probióticos, prebióticos e dieta pode ser uma estratégia promissora no manejo e no tratamento complementar da esclerose múltipla.
- A compreensão mais aprofundada da interação entre a microbiota intestinal e a esclerose múltipla pode abrir novas perspectivas para terapias personalizadas para os pacientes.

INTRODUÇÃO

A esclerose múltipla (EM) é uma doença neurológica inflamatória e degenerativa, crônica e incurável que afeta o sistema nervoso central (SNC) e representa a principal causa não traumática de incapacidade neurológica em adultos jovens. A idade média de diagnóstico é de cerca de 30 anos. Os sintomas mais comuns são neurite óptica, diplopia, alterações da sensibilidade, fraqueza dos membros, ataxia da marcha, disfunção esfincteriana e disfunção cognitiva. Em 2016, havia aproximadamente 2,2 milhões de pessoas vivendo com EM.

Sua etiologia exata permanece desconhecida, mas acredita-se que envolva uma interação complexa entre suscetibilidade genética e fatores ambientais. Os fatores de risco identificados incluem infecções (p. ex., vírus Epstein-Barr), tabagismo, falta de exposição solar, dieta inadequada e obesidade.[1] O diagnóstico é clínico, feito com base nos critérios de McDonald modificados em 2017,[2] e consiste na demonstração de disseminação temporal e espacial do processo patológico por meio de sintomas clínicos, evidências radiológicas, marcadores bioquímicos ou uma combinação deles.

A ocorrência de um surto é o principal marco clínico da doença, caracterizando-se por um novo sintoma neurológico focal, usualmente de apresentação aguda ou subaguda, com duração superior a 24 horas e ausência de febre ou infecções. Esses eventos estão presentes no curso clínico de 85 a 90% dos pacientes e contribuem para o acúmulo de incapacidades no longo prazo e prejuízos importantes para a qualidade de vida no curto prazo. O quadro de pacientes que têm curso de doença caracterizado por surtos intercalados com períodos de remissão clínica é classificado como esclerose múltipla remitente recorrente (EMRR). Em contraponto a esses surtos, a progressão nesta doença se caracteriza por uma piora lenta e gradual dos sintomas, habitualmente percebida ao longo de meses. Em uma minoria dos casos, esta pode ser a manifestação inicial da EM, sendo classificados como primariamente progressivos (EMPP). Em uma evolução possível dos pacientes com forma RR - uma parte deles caminhará para essa forma, uma parte não – mais frequente do que a EMPP –, pacientes com curso inicial definido como EMRR podem evoluir após anos da manifestação inicial com uma piora insidiosa de sintomas, caracterizando a forma secundariamente progressiva da doença (EMSP). Os surtos podem coexistir com as formas progressivas, porém são normalmente menos frequentes nessas apresentações.[2]

O tratamento da EM é habitualmente segmentado de acordo com o que está sendo tratado. Tratamento de surto, tratamento para prevenção de surtos e tratamento das sequelas dos surtos são feitos com estratégias e medicações completamente diferentes. Os surtos são usualmente manejados com pulsoterapia com corticosteroides, mais frequentemente pela via endovenosa. Podem ser empregados também tratamentos adicionais como a plasmaférese e, em situações excepcionais, a imunoglobulina humana. O tratamento modificador de doença, por outro lado, tem o objetivo principal de prevenir surtos e reduzir a incapacidade de longo prazo. O Quadro 1 apresenta as principais drogas modificadoras de doença (DMD) disponíveis no Brasil para tratamento da EM, sua disponibilidade de cobertura nas redes pública e privada, as indicações terapêuticas de cada de cada droga e estudos pivotais de referência.

Apesar de sua complexidade e da dificuldade de elucidar a patologia, sabe-se atualmente que a doença envolve quatro processos interdependentes:

- Ativação de linfócitos autorreativos, particularmente células T CD4+ e CD8+: desempenha um papel central na patogênese, levando a inflamação e dano tecidual.

QUADRO 1 Tratamentos modificadores de doença para esclerose múltipla e cobertura no Brasil

Medicamento (nome comercial)	Cobertura pelo SUS	Cobertura pelo rol da ANS	Indicação terapêutica	Estudo pivotal
Interferon beta-1a	Sim	Sim	EMRR	PRISMS
Interferon beta-1b	Sim	Sim	EMRR	IFNB Multiple Sclerosis Group
Glatiramer	Sim	Sim	EMRR	GAIT
Natalizumabe	Sim	Sim	EMRR	AFFIRM
Fingolimode	Sim	Não	EMRR	FREEDOMS
Teriflunomida	Sim	Não	EMRR	TEMSO
Fumarato de cimetila	Sim	Não	EMRR	DEFINE/CONFIRM
Cladribina	Sim	Não	EMRR	CLARITY
Ocrelizumabe	Não	Sim	EMRR, EMSP ativa, EMPP	OPERA I e OPERA II, ORATORIO
Ofatumumabe	Não	Sim	EMRR	ASCLEPIOS I e ASCLEPIOS II
Alentuzumabe	Sim	Sim	EMRR	CARE-MS I e CARE- MS II
Siponimode	Não	Não	EMSP ativa	EXPAND

ANS: Agência Nacional de Saúde Suplementar; EMPP: esclerose múltipla primariamente progressiva; EMRR: esclerose múltipla remitente recorrente; EMSP: esclerose múltipla secundariamente progressiva; SUS: Sistema Único de Saúde.

Fonte: Desidério CS et al., 2024.[48]

- Invasão imunológica do SNC: envolve a quebra das barreiras hematoencefálica e hematoliquórica, permitindo que as células imunológicas periféricas entrem no SNC e causem danos.
- Imunorregulação (como os mecanismos das células T reguladoras – Treg e das células reguladoras tipo 1 produtoras de interleucina 10 – Tr1): desempenham um papel na supressão da resposta autoimune e na resolução da inflamação.
- Neurodegeneração progressiva: a progressão da inflamação do SNC impulsiona a neurodegeneração progressiva que caracteriza a fase progressiva da doença.[3]

O Quadro 2 resume os principais mecanismos imunológicos e potenciais interações com o eixo intestino-cérebro e com a microbiota intestinal presentes na EM.

QUADRO 2 Interações entre microbiota intestinal e o processo inflamatório

Processo inflamatório	Potenciais interações com a microbiota intestinal
Ativação de linfócitos autorreativos	Disbiose intestinal pode promover ativação imunológica sistêmica, exacerbando a resposta autoimune
Invasão imunológica do sistema nervoso central	Alterações na microbiota intestinal podem influenciar a permeabilidade da barreira intestinal, afetando também a integridade da barreira hematoencefálica (BHE)
Imunorregulação	A composição da microbiota intestinal pode modular a função das células T reguladoras e a produção de citocinas anti-inflamatórias, afetando a regulação da resposta imunológica
Progressão da inflamação do sistema nervoso central e esclerose múltipla	A interação entre a microbiota intestinal e o sistema imunológico pode modular a inflamação crônica do sistema nervoso central, promovendo a progressão da doença

Fonte: Correale J, Hohlfeld R, Baranzini SE, 2022.6

O microbioma intestinal, entre outras funções, tem um papel regulador da resposta inflamatória e na manutenção da homeostase imunológica corporal. Mudanças na resposta imunológica e inflamação sistêmica, como nas doenças autoimunes, estão associadas a desequilíbrios na relação entre o hospedeiro e sua microbiota (disbiose). Assim, a disbiose e sua relação com a resposta do sistema imunológico e o estresse oxidativo, fatores importantes na EM, contribuem para a neurodegeneração, a desmielinização e a inflamação crônica.[4]

SEROTONINA E MICROBIOTA

A serotonina desempenha funções cruciais no intestino, com influência no peristaltismo, na secreção de muco e na vasodilatação; no cérebro, como neurotransmissor, afetando comportamento e cognição; e, junto com seus metabólitos, na regulação imunológica por meio de sua ação sobre receptores expressos em células imunológicas. Por sua vez, a microbiota intestinal influencia fortemente a produção de serotonina por meio dos metabólitos bacterianos.[5] Estudos em animais demonstraram que camundongos mantidos em ambiente estéril apresentavam níveis plasmáticos mais elevados de triptofano e níveis mais baixos de serotonina do que animais mantidos em condições livres de patógenos específicos; no entanto, esses níveis se normalizam após a colonização, associando-se a um aumento na expressão da triptofano hidroxilase 1. Pode-se afirmar, portanto, que a microbiota intestinal pode modular a quantidade de serotonina sintetizada pelas células enterocromafins, influenciando a expressão de enzimas relacionadas à síntese de serotonina, como a triptofano hidroxilase 1 e sendo responsável por cerca de 90% da sua produção.[6] Além disso, a administração de ácidos graxos de cadeia curta (AGCCs), metabólitos derivados de fibra alimentar, aumenta os níveis intestinais de serotonina em camundongos sem afetar os níveis dos transportadores de serotonina. Já os inibidores da triptofano hidroxilase bloqueiam a capacidade da microbiota de produzir serotonina, sugerindo que a microbiota intestinal depende da atividade da triptofano hidroxilase do hospedeiro para regular positivamente a produção de serotonina na periferia.

Algumas bactérias, como *Corynebacterium*, *Streptococcus* e *Escherichia coli*, podem sintetizar triptofano por meio da triptofano sintase. Além disso, metabólitos produzidos por bactérias como *Clostridium* podem aumentar os níveis de serotonina, sugerindo que membros nativos da microbiota também podem contribuir diretamente para os níveis de serotonina do hospedeiro.[7]

SEROTONINA E NEUROINFLAMAÇÃO

Receptores de serotonina são encontrados em quase todos os tipos de células do sistema imunológico e há evidências que indicam que a serotonina intestinal influencia os sistemas imunológicos inato e adaptativo. Níveis aumentados de serotonina no intestino atenuam a gravidade da encefalomielite autoimune experimental (EAE) – modelo animal para estudo de EM – em camundongos, reduzindo a produção de interferon-gama (IFN-gama) e a proliferação de células T. Sabe-se que a expressão de receptores 5-HT1A em células T CD4+ está aumentada em pacientes com EM e que a serotonina suprime a liberação de interleucina 17 (IL-17) e IFN-gama, ambos associados à fisiopatologia da EM.[8] A serotonina também regula positivamente genes associados à polarização de macrófagos e suprime citocinas pró-inflamatórias induzidas por lipopolissacarídeos (LPS) por meio da ativação de receptores 5-HT2B e 5-HT7 em monócitos. Outro efeito é a ativação *in vitro* de receptores 5-HT4 em astrócitos, inibindo a indução mediada por interferon-gama do complexo principal de histocompatibilidade (MHC) classe II e de moléculas coestimuladoras. Esses efeitos interferem na resposta imunológica dos astrócitos no SNC.[6]

A N-acetilserotonina, um dos metabólitos da serotonina, possui propriedades antioxidantes, anti-inflamatórias e neuroprotetoras. Já amelatonina mostrou melhora na EAE e interfere na diferenciação de células T humanas e de camundongos ao induzir a expressão do fator repressor de transcrição Nfil3, bloqueando a diferenciação de células Th17 e promovendo a diferenciação de células Tr1 protetoras por meio da ativação da sinalização e da transcrição de Erk1/2 do promotor de interleucina 10 (IL-10) ROR-alfa.[9]

Assim, evidências de estudos em animais e em humanos mostram que a serotonina altera a função imunológica, direcionando sua disponibilidade por meio da microbiota intestinal, com potencial regulatório sobre a inflamação no SNC.

AÇÃO DA SEROTONINA NO SISTEMA NERVOSO CENTRAL

A serotonina é uma molécula altamente carregada que não pode se difundir passivamente através das membranas celulares e necessita de um mecanismo de transporte para atravessar a barreira hematoencefálica (BHE).[10] Esse mecanismo de transporte ainda não foi identificado, assim, não há evidências atuais mostrando que a modulação da produção periférica de serotonina pela microbiota influencie os níveis de serotonina no SNC.

Evidências sugerem, no entanto, que a microbiota intestinal pode influenciar os níveis dos principais neurotransmissores centrais de outras formas (ver Capítulo 8 – Modulação da neurotransmissão pela microbiota intestinal). O aumento dos níveis de triptofano na circulação, que pode resultar da redução da síntese de serotonina no intestino mediada pela microbiota ou da síntese de triptofano por espécies bacterianas, pode levar ao aumento da neurotransmissão mediada por serotonina. O triptofano pode atravessar a BHE por ação do transportador de aminoácidos cognato do tipo L, o que permite a produção local de serotonina no SNC. Além disso, os metabólitos bacterianos derivados do triptofano podem influenciar a inflamação do SNC por meio do fator de transcrição receptor de hidrocarboneto de arila (AhR, do inglês *aryl hydrocarbon receptor*), que demonstrou integrar sinais ambientais, dietéticos, microbianos e metabólicos para regular a ativação microglial.[11]

Finalmente, alguns estudos em ratos demonstraram que as vesículas extracelulares liberadas por *Akkermansia muciniphila* podem aumentar os níveis de serotonina no hipocampo e também no cólon. O efeito central desse aumento se relaciona à capacidade dessas vesículas de cruzarem a BHE ou estarem ligadas a vias específicas de transdução de sinal.[12]

Essas observações indicam que a microbiota pode influenciar os níveis de serotonina no SNC com implicações funcionais. São necessários mais trabalhos para confirmar essa hipótese e verificar se esses efeitos são importantes na neuroinflamação.

MATURAÇÃO LINFOCITÁRIA

A microbiota intestinal desempenha um papel importante na regulação da maturação e da atividade dos linfócitos.[13] Essas células são fundamentais para manter a integridade da barreira intestinal e prevenir a translocação microbiana para outros locais do corpo. A disposição do muco, a composição e a função das células são específicas em diferentes regiões do intestino, com linfócitos pró-inflamatórios predominantes no intestino delgado e linfócitos anti-inflamatórios predominantes no cólon. Os sinais da microbiota desencadeiam interações complexas entre células dendríticas, macrófagos e linfócitos. Assim, a quebra da homeostase intestinal em decorrência da disbiose pode levar a respostas imunológicas sistêmicas desreguladas (Figura 1).[6]

Espécies bacterianas comensais específicas podem modular as células T CD4+ no tecido linfoide associado ao intestino (GALT, do inglês *gut-associated lymphoid tissue*), levando à produção de células T pró-inflamatórias, como células Th1 ou Th17. Em camundongos livres de germes resistentes à EAE, as células Th17 são indetectáveis, mas a colonização com bactérias filamentosas segmentadas (SFB, do inglês *segmented filamentous bacteria*) promove a diferenciação e a expansão de células Th17, muitas delas específicas para antígenos dessas bactérias, restaurando assim a suscetibilidade à EAE. Em pacientes com EMRR, os níveis de células pró-inflamatórias $IL\text{-}22^{+}IL17^{+}$ aumentam na mucosa do intestino delgado em associação com cepas de *Streptococcus*.[14] Nesse sentido, um estudo de 2017 demonstrou que espécies bacterianas especificamente associadas à EM podem promover processos inflamatórios. *Akkermansia municiphila* e *Acinetobacter calcoaceticus*, ambos aumentados em pacientes com EM, induziram respostas pró-inflamatórias em células mononucleares do sangue periférico humano.

Outras espécies associadas à mucosa na microbiota que também podem desencadear respostas pró-inflamatórias das células Th17 são como *Escherichia coli*, *Bifidobacterium adolescentis*, *Staphylococcus aureus* e *Candida albicans*.[15] Cada uma dessas espécies induz uma resposta única de células epiteliais e Th17, dependendo do grupo taxonômico do microrganismo colonizador e do estado de ativação das células T, determinado pelo ambiente circundante de citocinas e pela base genética do hospedeiro. Após sua ativação nos gânglios linfáticos mesentéricos, as células Th17 podem migrar para o SNC diretamente, pela circulação sistêmica ou pela recirculação após o tráfego para o tecido intestinal.[16]

Células T reguladoras

As células T reguladoras exercem função anti-inflamatória e seu equilíbrio com as células T pró-inflamatórias determina o perfil das respostas imunológicas. No intestino, em particular, as células T reguladoras induzidas pelo intestino (iTreg) desempenham papéis importantes. Elas são expostas a antígenos no cólon, onde se expandem e se diferenciam na presença de bactérias comensais e de seus metabólitos. Diferentes componentes da microbiota sua produção, a exemplo de *Clostridium* e membros dos gêneros *Escherichia*, *Bacteroides*, *Lactobacillus* e

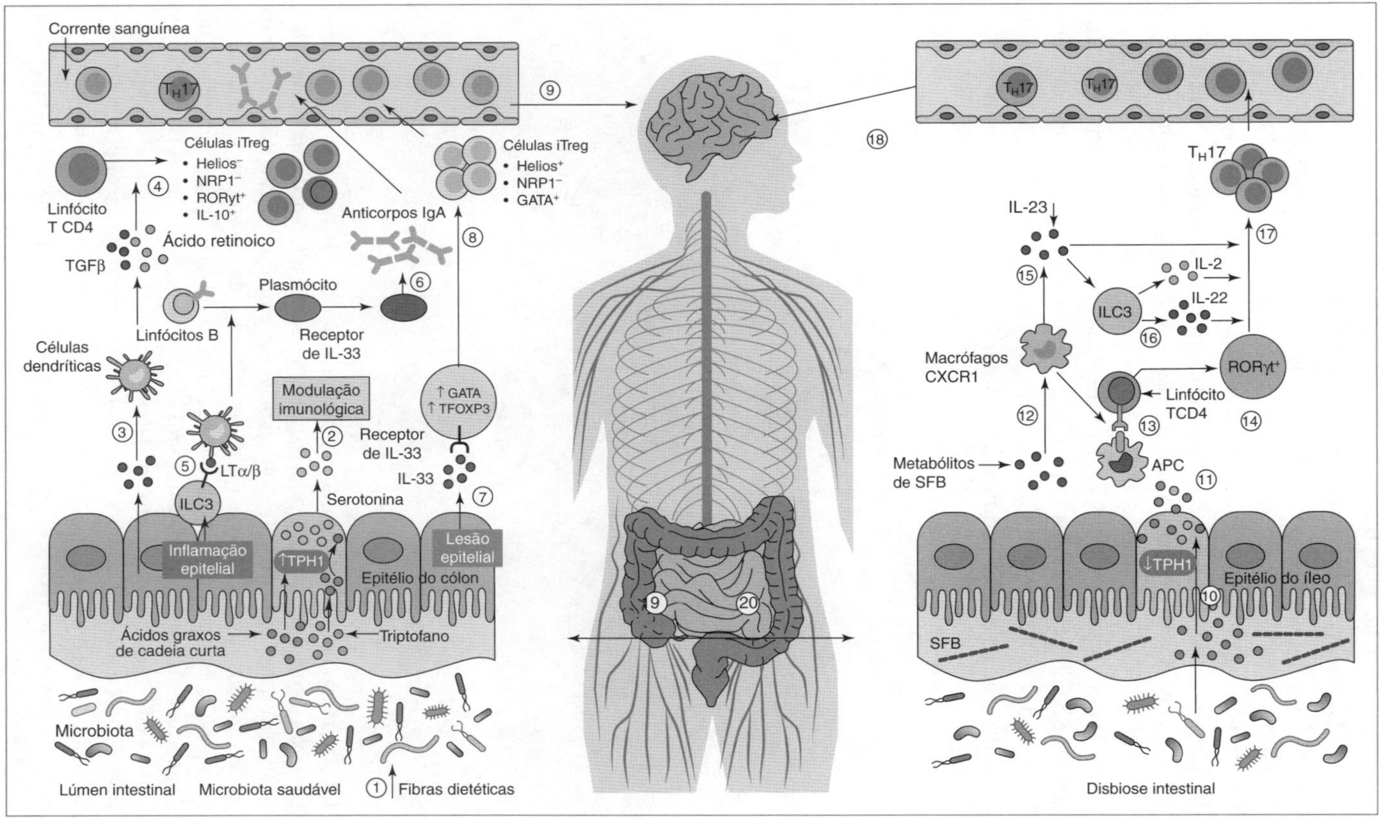

FIGURA 1 A microbiota intestinal e a neuroinflamação

Fonte: adaptada de Correale et al., 2022.[6]

Streptococcus. Os metabólitos bacterianos, por sua vez, promovem a diferenciação de células T CD4+ em células iTreg, que agem sobre as células dendríticas CD103+ da mucosa. Como consequência, as células dendríticas do cólon produzem fatores polarizadores, como o fator de transformação do crescimento beta (TGF-beta) e ácido retinoico, suprimindo a expressão de citocinas pró-inflamatórias.[17]

Evidências em estudos animais corroboram essa relação. A administração de polissacarídeo A derivado de *Bacteroides fragilis* a camundongos, por exemplo, induziu a produção de células T reguladoras CD4+, FOXP3+ e CD39+ específicas de tecido, que protegeram os animais contra a inflamação do SNC. Os pacientes com EM apresentam baixos níveis de células T reguladoras FOXP3+ e CD39+, que teriam capacidade supressora de células T pró-inflamatórias produtoras de interleucina 17 (IL-17) *in vitro.*[18]

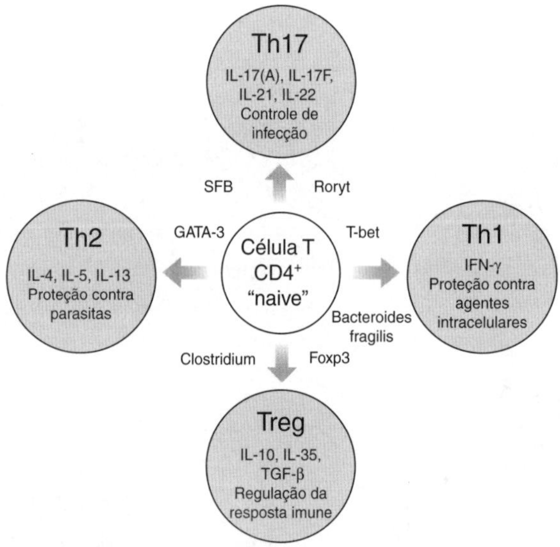

FIGURA 2 A microbiota intestinal e a neuroinflamação. Bactérias comensais induzem diferenciação de células T CD4⁺. As células TCD4⁺ podem-se diferenciar em quatro tipos principais: Th1, Th2, Treg e Th17. Essa diferenciação requer a indução de um fator de transcrição único para cada linhagem. Uma vez diferenciada, cada linhagem secreta um conjunto de citocinas, conforme mostrado na figura. As células Th1 desempenham um papel importante na eliminação de patógenos intracelulares, enquanto as Th2 funcionam no controle da infecção parasitária. O papel principal do Th17 é controle de infecção e dos Tregs é regular a resposta imunológica. O tipo de espécie de bactéria que demonstrou induzir uma via específica de diferenciação de células T está indicado na figura.

SFB: bactérias filamentosas segmentadas, do inglês Segmented filamentous bacteria.
Fonte: adaptada de Wu, 2012.[19]

Células MAIT

As células T invariantes associadas à mucosa (MAIT, do inglês *mucosal-associated invariant T cells*) são células imunológicas inatas que respondem a antígenos bacterianos cuja desregulação tem sido implicada em doenças autoimunes. Sua ausência em ratos livres de germes sugere uma função associada à microbiota intestinal.

Uma vez ativadas, essas células produzem citocinas relacionadas à inflamação e à morte celular, como fator de necrose tumoral, IFN-gama, interleucina 17A e granzima. Em pacientes com EM, as MAIT são recrutadas para o SNC e persistem durante anos, passando a produzir fatores pró-inflamatórios nesse sistema após sua ativação.[20]

Células B e imunoglobulinas

Os plasmócitos, células derivadas dos linfócitos B, secretam a imunoglobulina A (IgA) em superfícies mucosas, como o trato gastrointestinal, para proteger contra bactérias e, assim, manter a homeostase. Um estudo com ratos mostrou que os linfócitos B IgA+ derivados do intestino são mobilizados a partir do intestino e atenuam a inflamação no SNC, sugerindo o papel dessas células nas doenças autoimunes.[18]

Outro estudo caracterizou as células B produtoras de IgA no intestino, no sangue, no líquido cefalorraquidiano (LCR) e no tecido cerebral de pacientes com EM ativa e outras doenças neuroinflamatórias.[22] Em pacientes com EM, o revestimento de IgA das bactérias intestinais diferiu daquele dos controles, levantando a possibilidade de que as bactérias associadas à EM sejam potentes indutores de IgA. Os níveis dessas células no LCR foram mais elevados durante as recidivas do que durante a remissão clínica e elas demonstraram ter função anti-inflamatória no SNC.[21] Esses dados identificaram a relação entre as células B e a microbiota intestinal como um novo caminho para o estudo da EM.

Translocação bacteriana

Originalmente, pensava-se que a interação entre a microbiota intestinal e o sistema imunológico ocorria principalmente como resultado de produtos e fragmentos bacterianos que atravessavam a barreira epitelial intestinal e alcançavam o tecido linfoide vizinho associado ao intestino. A utilização de técnicas modernas para a detecção de bactérias mostrou, no entanto, que bactérias translocadas e viáveis estão presentes em tecidos não mucosos saudáveis, desafiando a visão tradicional de que mamíferos saudáveis são estéreis em locais não mucosos. Além disso, bactérias comensais translocadas foram detectadas em locais extraintestinais em diversas doenças autoimunes e tumores.[23]

Ainda não se sabe se as bactérias comensais vivas se translocam para os tecidos linfoides distais do intestino ou para o SNC na EM. Considerando a possibilidade de translocação de bactérias para o SNC, observou-se que em camundongos com EAE a permeabilidade intestinal aumenta antes do início e com a progressão da doença. Essa função de barreira interrompida tem sido associada a alterações na estrutura da mucosa, incluindo aumento da profundidade das criptas e da espessura da mucosa do jejuno e do íleo e superexpressão da zonulina 1, alterações que levaram ao aumento das respostas pró-inflamatórias impulsionadas por células Th1 e Th17 na lâmina própria, nas placas de Peyer e nos linfonodos.[24]

Sabe-se, ainda, que algumas bactérias podem atravessar a BHE intacta pelas interações de componentes de sua parede celular, como o ácido lipoteicoico (LTA), com o endotélio cerebral. As células endoteliais cerebrais, por sua vez, expressam receptores do tipo *toll* (TLR, do inglês *toll-like receptors*) e podem responder diretamente à presença de componentes da parede celular bacteriana, bem como induzir outros tipos de células a liberarem mediadores pró-inflamatórios que modulam a função da BHE. A colonização de camundongos adultos livres de germes com microbiota intestinal diminui a permeabilidade dessa barreira por conta do aumento da expressão das *tight junctions*. Esses achados indicam que a interferência entre a microbiota intestinal e o sistema imunológico pode afetar o endotélio cerebral, com potencial para iniciar e/ou manter processos patológicos no SNC.[25] O tratamento de ratos livres de germes com AGCCs, por outro lado, pode suprimir a permeabilidade intestinal e restaurar a integridade da BHE. O butirato, em particular, é conhecido por ter um papel significativo na regulação da integridade da barreira epitelial, influenciando a expressão de proteínas das *tight junctions*, aumentando a transresistência elétrica epitelial e alterando a secreção de citocinas.[26] Existe a possibilidade, portanto, de esses processos tornarem-se alvos terapêuticos para a terapia da EM.

IMUNOLOGIA DO SISTEMA NERVOSO CENTRAL E MICROBIOTA

A microbiota intestinal tem a capacidade de influenciar o desenvolvimento e a maturação microglial, relacionando-se com funções das células mieloides como fagocitose, apresentação de antígenos e produção de citocinas e espécies reativas de oxigênio. A principal população de células do SNC durante grande parte da fase fetal é justamente da micróglia.

Experimentos conduzidos em camundongos livres de germes durante o início da embriogênese e no nascimento mostraram que a contagem total de microgliais não difere daquela em camundongos-controle convencionalmente colonizados, mas a maturação da micróglia é interrompida no grupo livre de germes.[27] Os animais livres de germes apresentam predominância de micróglia imatura na substância cinzenta e branca do córtex, no corpo caloso, no hipocampo, no bulbo olfatório e no cerebelo, um fenótipo associado a respostas imunológicas prejudicadas no SNC. Essas anormalidades morfológicas e de expressão genética observadas na micróglia em animais livres de germes foram normalizadas pela administração de AGCCs. As evidências sugerem que alterações na produção de AGCCs pelas bactérias intestinais, que podem resultar de fibra alimentar insuficiente ou de baixos níveis de bactérias produtoras, têm a capacidade de influenciar a micróglia durante o desenvolvimento pós-natal inicial. Como a micróglia tem vida longa, as influências no início da vida e no seu desenvolvimento podem levar a modificações em longo prazo que têm implicações para doenças neurológicas.[6]

MICROBIOTA E ESCLEROSE MÚLTIPLA

Um conjunto robusto de evidências de estudos em ratos e humanos indica que o microbioma desempenha um papel importante na patogênese da EM. Esse achado sugere que intervenções para modular a microbiota intestinal e corrigir a disbiose têm potencial terapêutico na doença.

As primeiras indicações de que as bactérias podem influenciar a autoimunidade do SNC surgiram de observações em camundongos transgênicos com células T reativas contra mielina. Eles desenvolveram EAE espontânea em condições não estéreis, mas não em ambientes livres de patógenos específicos, sugerindo que bactérias patogênicas externas podem desencadear doenças autoimunes neurológicas.[28] Estudos posteriores mostraram que o tratamento com antibióticos reduziu os níveis de células Th17 mesentéricas, resultando na diminuição da gravidade da encefalomielite.[29]

Em outro trabalho, o tratamento com antibióticos protegeu contra a EAE induzida, sugerindo uma regulação negativa dos mecanismos pró-inflamatórios ou uma regulação positiva dos mecanismos anti-inflamatórios. Trabalhos subsequentes identificaram *Bacteroides fragilis* como bactérias protetoras, que exercem efeito benéfico liberando o polissacarídeo capsular A, ativando células T reguladoras via sinalização do receptor tipo *toll* 2 e, assim, suprimindo a EAE.[30]

A modulação da EAE induzida ativamente pelo tratamento antibiótico nesses estudos iniciais tem várias limitações. A indução ativa da encefalomielite afeta a flora intestinal comensal de maneiras imprevisíveis e não fisiológicas. O tratamento antibiótico, por sua vez, reduz a microbiota de forma incompleta e transitória. Além disso, os antibióticos podem ter efeitos fora do alvo que complicam a interpretação dos dados.[31] Alguns desses problemas podem ser superados usando modelos livres de germes; no entanto, o uso de ratos livres de germes é mais vantajoso quando combinado com modelos de doenças autoimunes espontâneas, permitindo a investigação do papel da microbiota também no desencadeamento dessas doenças.

Estudos em pessoas que vivem com esclerose múltipla

Estudos em humanos apresentam limitações importantes, com sub-representação de bactérias associadas ao epitélio e à camada mucosa, bem como eliminação de anaeróbicos obrigatórios no processo de coleta.[32] A avaliação de amostras por biópsia poderia, por sua vez, trazer melhores informações, mas envolve problemas éticos importantes.

Os primeiros estudos em pessoas que vivem com EM foram coortes pequenas e heterogêneas. As informações obtidas mostraram que *Akkermansia*, *Prevotella* e *Methanobrevibacter* estão alterados em pacientes com EM, fornecendo a primeira evidência de que componentes da microbiota intestinal humana podem contribuir para a autoimunidade específica.[33]

Um estudo posterior envolveu 34 gêmeos monozigóticos discordantes quanto à doença. A análise da composição microbiana intestinal revelou um aumento de alguns gêneros bacterianos, como *Akkermansia*, nos indivíduos com EM em comparação com seus gêmeos saudáveis. Além disso, quando bactérias fecais dos participantes foram introduzidas em um modelo de EAE espontânea transgênica livre de germes, a incidência da doença espontânea foi significativamente maior entre os que receberam bactérias dos participantes com EM em comparação com aqueles que receberam bactérias de gêmeos saudáveis.[34] Vários outros estudos também identificaram *Akkermansia* como um gênero bacteriano mais abundante no microbioma associado à EM. Essas bactérias podem induzir respostas pró-inflamatórias tanto *in vitro* quanto *in vivo*. Apesar disso, outros modelos de EAE, outras cepas (como a BWH-H3) e outras espécies de *Akkermansia* parecem contribuir para um ciclo protetor, aumentando no pico da doença e induzindo células dendríticas a produzir citocinas que estimulam a diferenciação de células T reguladoras, melhorando assim a doença.[35] Juntos, esses dados sugerem que as espécies *de Akkermansia* podem interagir com o sistema imunológico do hospedeiro de maneiras aparentemente opostas. Essas observações podem ser atribuídas a uma intricada rede reguladora envolvendo grupos taxonômicos diversos, seus metabólitos e o ambiente celular local, incluindo o meio de citocinas.

É importante destacar, ainda, que as alterações no microbioma na EM podem preceder e/ou seguir o início da doença, o que indica uma possível associação entre diferentes estágios e/ou fenótipos da EM e diferentes comunidades microbianas intestinais. Foi identificada, por exemplo, associação entre a EMPP e reduções em *Butyricococcus*, um gênero formador de esporos conhecido por produzir AGCCs com efeitos anti-inflamatórios por meio da indução de células T reguladoras. Além disso, a EMPP foi associada a aumento dos níveis de *Enterobacteriaceae* e *Clostridium*, bem como a uma diminuição dos níveis de *Blautea* e *Agathobaculum*. Um aumento na *Akkermansia*, observado em todas as formas de EM, foi associado a pontuações mais baixas de incapacidade clínica.[35]

Análises metagenômicas revelaram, por fim, um aumento na presença de genes microbianos envolvidos no reparo de incompatibilidades de DNA na EMSP em comparação com a EMRR. Esses estudos também indicaram uma oxidação fecal excessiva de enxofre, sugerindo um aumento na oxidação do DNA intestinal, o que pode contribuir para a neuroinflamação crônica e para a neurodegeneração na EMSP.[35]

POSSIBILIDADES TERAPÊUTICAS

Dieta

Alterações dietéticas alteram a microbiota intestinal em curto prazo, mas não persistem por mais de alguns dias. Assim, pode-se afirmar que padrões alimentares de longo prazo são responsáveis pela formação da microbiota, mas ainda não há dados precisos sobre o tempo necessário para uma intervenção dietética levar a alterações permanentes na microbiota. Na EM, foram propostas diversas intervenções dietéticas que poderiam reduzir a inflamação e promover a melhora clínica, como dieta cetogênica, dieta paleolítica (e versões modificadas), jejum intermitente, entre outras.[6]

Estudos iniciais da terapia com dieta cetogênica para EM sugeriram que trata-se de opção segura e viável que pode ser neuroprotetora e modificadora da doença. Essa dieta induziu um elevado grau de biodiversidade na microbiota intestinal de indivíduos saudáveis.[36]

A dieta Wahls, por sua vez, é uma modificação da dieta paleolítica que envolve alto consumo de vegetais ricos em enxofre e de folhas verdes; ingestão moderada de carne e peixe, incluindo carnes orgânicas (fígado e rim), bem como de algas marinhas, alimentos fermentados e levedura nutricional; e exclusão de grãos e laticínios. Essa dieta e o protocolo Swank (dieta pobre em gorduras saturadas) foram testados como intervenção na EMRR em um ensaio clínico randomizado de braço paralelo.[37] Ambas as dietas foram associadas a reduções marginais, mas clinicamente significativas, na fadiga e a melhoras na qualidade de vida. Nenhuma delas, no entanto, foi associada a alterações significativas nos testes de mobilidade.

A dieta anti-inflamatória é baseada em frutas, vegetais, proteínas magras, nozes, sementes e gorduras saudáveis. Uma versão modificada dessa dieta foi investigada em 100 pacientes com EMRR para investigar seus efeitos sobre a fadiga, a qualidade de vida e os marcadores inflamatórios. A intervenção com a dieta foi associada a uma melhora significativa nas pontuações em escala modificada de impacto da fadiga e nos componentes físicos e mentais da escala de qualidade de vida da EM. O ensaio também produziu evidências de um aumento modesto, mas estatisticamente significativo, nos níveis séricos do anti-inflamatório IL-4.[38]

O jejum intermitente, por fim, envolve períodos de jejum que duram mais do que a noite e refeições restritas a intervalos específicos, com ou sem restrição calórica. Estudos pré-clínicos demonstraram efeitos profundos do jejum intermitente e da alimentação com restrição de tempo na microbiota intestinal e no metabolismo do hospedeiro, com um número limitado de ensaios controlados em humanos que produziram resultados semelhantes.[39] Os efeitos dessas alterações da microbiota na EM ainda não foram investigados.

Alterar os hábitos alimentares e/ou a frequência da ingestão alimentar é uma intervenção viável e de baixo custo, com potenciais benefícios na EM; contudo, intervenções dietéticas são notoriamente difíceis de serem aplicadas e poucos ensaios foram realizados até o momento. Por conta disso, ainda há necessidade de estudos clínicos maiores e rigorosos.

Probióticos

Estudos *in vitro* e em modelos animais sugeriram múltiplos mecanismos pelos quais os probióticos poderiam mediar efeitos benéficos, incluindo a indução de peptídeos antimicrobianos nas células hospedeiras, a liberação de fatores antimicrobianos das bactérias probióticas, a supressão da proliferação de células imunológicas e o aumento da função da barreira intestinal.

Evidências com modelos animais sugerem que os probióticos podem mitigar a EAE ao promover a secreção de interleucina 10 (IL-10) e TGF-beta das células do sistema imunológico, a expansão das populações de células T reguladoras nos órgãos linfoides relacionados ao intestino e no SNC e uma redução concomitante nos níveis de fator de necrose tumoral e IFN-gama.[6] Apesar desses dados pré-clínicos promissores, nenhuma evidência forte demonstrou benefício dos probióticos na EM ou em qualquer outra doença. Em um estudo com pacientes com EM, no entanto, a administração de probióticos aumentou a abundância de vários grupos taxonômicos que são conhecidos por estarem esgotados na EM, como espécies de *Lactobacillus*, e diminuiu a abundância de outros que foram previamente associados à EM, incluindo *Akkermansia* e *Blautia*.[40] Esses resultados precisam ser considerados com cautela porque o número de pacientes incluídos foi pequeno, o tempo de acompanhamento foi curto e as medidas de resultados foram limitadas.

Ao contrário dos modelos animais, as dietas humanas, os antecedentes genéticos e as composições do microbioma são altamente heterogêneos, por isso o grau de colonização por probióticos varia consideravelmente entre indivíduos e leva a respostas diferentes a uma mesma intervenção.[41] Assim, embora o uso de probióticos possa ter um efeito sinérgico com as atuais terapias modificadoras da doença para a EM, são necessários ensaios clínicos randomizados e cegos em grande escala para determinar se o seu uso é benéfico e viável.

Ácidos graxos de cadeia curta e outros metabólitos

Ácidos graxos de cadeia curta são ácidos graxos saturados com comprimento de cadeia de um a seis átomos de carbono. Eles são os principais metabólitos produzidos pela microbiota intestinal comensal a partir da fermentação da fibra alimentar, sendo o acetato, o propionato e o butirato os mais abundantes no corpo humano e os mais importantes no cólon. No intestino humano, as bactérias Bacteroidota secretam altos níveis de acetato e propionato, enquanto as bactérias do filo Bacillota secretam principalmente butirato.

De maneira geral, os AGCCs são importantes fontes de energia não apenas para a microbiota intestinal, mas também para as células epiteliais intestinais. Um conjunto crescente de evidências indica, ainda, que eles têm um papel fundamental na comunicação cruzada entre microbiota, intestino e cérebro.[42]

Seus efeitos sobre o sistema imunológico do hospedeiro são diversos. Um mecanismo importante desses efeitos é a inibição das histonas desacetilases (HDAC), que leva a efeitos anti-inflamatórios em macrófagos e células dendríticas, e a aumento da produção de células T reguladoras. Em camundongos com EAE, por exemplo, a administração de propionato melhorou o curso da doença, aumentando o número de células T reguladoras. Já a administração de butirato a camundongos livres de germes aumentou o número de células T reguladoras na lâmina própria do cólon e induziu a secreção de interleucina 10 (IL-10) por células dendríticas e macrófagos.[43]

Além dos ácidos AGCCs, o metabolismo bacteriano do triptofano, mediado pela enzima triptofanase, também gera vários metabólitos que influenciam a imunidade sistêmica, incluindo triptamina, ácido indol-3-acético, 3-metilindol, indol-3-aldeído e indoxil-3-sulfato. Essas moléculas podem se ligar ao fator de transcrição induzível pelo ligante fator de transcrição receptor de AhR, que é expresso por células imunológicas, células epiteliais e astrócitos, e desencadear uma resposta transcricional com diversas consequências imunológicas. A ativação desse fator de transcrição pode promover a geração de células T reguladoras ou células Th17 a depender do ligante atuante e do microambiente da célula imunológica.[44] Com base nesse conhecimento, a suplementação dietética com metabólitos de triptofano torna-se uma possível abordagem terapêutica. Em camundongos com EAE, essa suplementação dietética melhorou os sintomas da doença. Um outro metabólito que poderia ter potencial terapêutico é o polissacarídeo A derivado do *Bacteroides fragilis*. Essa molécula promove a produção de células T reguladoras e a sua administração melhorou a EAEa em camundongos.[45] Mais estudos são necessários para determinar se seu uso pode ser benéfico na EM.

Transplante de microbiota fecal

O transplante de microbiota fecal é um procedimento no qual o conteúdo fecal de um doador saudável é introduzido em um paciente (geralmente por colonoscopia) após ele ter recebido uma alta dose de antibióticos de amplo espectro. Esse procedimento simples ganhou força com base nas demonstrações de que é eficaz contra a infecção *por Clostridioides difficile*. Em um ensaio clínico randomizado, o transplante de microbiota fecal evitou recaídas da infecção *por Clostridioides difficile* em 90% dos pacientes, enquanto a vancomicina preveniu recaídas em apenas 27%.[46] Posteriormente, esse procedimento passou a ser considerado para utilização em doenças nas quais a disbiose contribui para a patogênese. Um número limitado de estudos em humanos foi realizado ou está em curso, e apenas experiências em animais foram realizadas para algumas doenças. Preocupações com a reprodutibilidade e segurança são fatores limitantes para o desenvolvimento desse procedimento promissor. Particularmente com relação aos distúrbios neurológicos, ainda são necessários maiores estudos para elucidar melhor os efeitos do transplante de microbiota fecal.

Uma abordagem desenvolvida mais recentemente que se baseia no racional desse procedimento é a entrega de comunidades bacterianas racionalmente concebidas em vez de conteúdos fecais indefinidos. Em princípio, essas comunidades semeariam a colonização do intestino do receptor e reiniciariam o "diálogo" entre a microbiota e o sistema imunológico. A concepção dessas comunidades bacterianas requer a identificação de funções-chave que estão em falta e o desenvolvimento de um ecossistema autossustentável de microrganismos que restabeleça tais funções, estimule uma maior colonização e, em última análise, restaure um microbioma saudável. Essa abordagem tem a vantagem de ser mais receptiva às práticas de fabricação padronizadas, superando desafios de reprodutibilidade, segurança e escalabilidade que se impõem ao transplante de microbiota fecal.[47]

CONSIDERAÇÕES FINAIS

Muitos estudos em modelos animais e doenças humanas demonstraram que alterações na composição do microbioma intestinal podem afetar a fisiologia e a neuroinflamação do SNC, com impacto na EM e em um amplo espectro de diferentes condições. A atividade neurológica e imunológica no SNC pode ser influenciada por metabólitos derivados da microbiota ou por sinais sistêmicos derivados da microbiota. Há que se destacar, no entanto, que apesar das evidências crescentes ainda há lacunas consideráveis na compreensão dos mecanismos exatos envolvidos na comunicação entre o intestino e o cérebro durante a saúde e a doença. São necessários, portanto, mais estudos para determinar como as alterações nessas interações começam e são sustentadas ao longo do tempo.

Nesse contexto, modelos animais são essenciais para obter informações mecanicistas sobre o papel do microbioma nas doenças do SNC, mas estudos em coortes humanas suficientemente grandes são cruciais para a identificação de bactérias prejudiciais e benéficas. Esses estudos devem incluir a caracterização da microbiota e uma combinação de análises genômicas, proteômicas e metabolômicas para identificar produtos da microbiota intestinal que estão envolvidos na doença, as vias de sinalização que afetam para regular as funções imunológicas do hospedeiro e os metabólitos bacterianos que afetam especificamente o SNC. Essas avaliações serão críticas não apenas para a compreensão da etiologia da neuroinflamação, mas também para identificar biomarcadores diagnósticos e desenvolver novas abordagens de tratamento nas quais a composição da microbiota intestinal seja modulada para restaurar a homeostase das células imunológicas em doenças do SNC imunomediadas.

Foram identificadas, até o momento, várias estratégias terapêuticas possíveis destinadas a alterar a microbiota intestinal, incluindo probióticos, modificações dietéticas, transplante de microbiota fecal e suplementação com metabólitos bacterianos, como AGCCs. São necessários ensaios clínicos controlados dessas abordagens para determinar se os seus efeitos na microbiota intestinal são benéficos na EM. Independentemente da estratégia terapêutica testada, os estudos devem incluir grandes coortes de pacientes cuidadosamente fenotipados, incluindo caracterização da genética do hospedeiro, hábitos alimentares, uso de medicamentos e doenças comórbidas, que são comparados com indivíduos cuidadosamente pareados sem a doença. Se os estudos forem bem concebidos e conduzidos, os resultados deverão informar se a modificação da microbiota intestinal pode ser adicionada à caixa de ferramentas terapêuticas para a EM.

REFERÊNCIAS BIBLIOGRÁFICAS

1. McGinley MP, Goldschmidt CH, Rae-Grant AD. Diagnosis and treatment of multiple sclerosis. JAMA. 2021;325(8):765-79.
2. Thompson AJ, Banwell BL, Barkhof F, Carroll WM, Coetzee T, Comi G, et al. Diagnosis of multiple sclerosis: 2017 revisions of the McDonald criteria. Lancet Neurol. 2018;17(2):162-73.
3. Charabati M, Wheeler MA, Weiner HL, Quintana FJ. Multiple sclerosis: neuroimmune crosstalk and therapeutic targeting. Cell. 2023;186(7):1309-27.
4. Buga AM, Padureanu V, Riza AL, Oancea CN, Albu CV, Nica AD. The gut-brain axis as a therapeutic target in multiple sclerosis. Cells. 2023;12(14):1872.
5. Mawe GM, Hoffman JM. Serotonin signalling in the gut: functions, dysfunctions and therapeutic targets. Nat Rev Gastroenterol Hepatol. 2013;10(8):473-86.
6. Correale J, Hohlfeld R, Baranzini SE. The role of the gut microbiota in multiple sclerosis. Nat Rev Neurol. 2022;18(9):544-58.
7. Israelyan N, Margolis KG. Serotonin as a link between the gut-brain-microbiome axis in autism spectrum disorders. Pharmacol Res. 2018;132:1-6.
8. Sacramento PM, Monteiro C, Dias ASO, Kasahara TM, Ferreira TB, Hygino J, et al. Serotonin decreases the production of Th1/Th17 cytokines and elevates the frequency of regulatory CD4+ T-cell subsets in multiple sclerosis patients. Eur J Immunol. 2018;48(8):1376-88.
9. Farez MF, Mascanfroni ID, Méndez-Huergo SP, Yeste A, Murugaiyan G, Garo LP, et al. Melatonin contributes to the seasonality of multiple sclerosis relapses. Cell. 2015;162(6):1338-52.
10. Nakatani Y, Sato-Suzuki I, Tsujino N, Nakasato A, Seki Y, Fumoto M, et al. Augmented brain 5-HT crosses the blood-brain barrier through the 5-HT transporter in rat. Eur J Neurosci. 2008;27(9):2466-72.
11. Rothhammer V, Quintana FJ. The aryl hydrocarbon receptor: an environmental sensor integrating immune responses in health and disease. Nat Rev Immunol. 2019;19(3):184-97.
12. Yaghoubfar R, Behrouzi A, Ashrafian F, Shahryari A, Moradi HR, Choopani S, Hadifar S, Vaziri F, Nojoumi SA, Fateh A, Khatami S, Siadat SD. Modulation of serotonin signaling/metabolism by Akkermansia muciniphila and its extracellular vesicles through the gut-brain axis in mice. Sci Rep. 2020 Dec 17;10(1):22119.
13. Honda K, Littman DR. The microbiota in adaptive immune homeostasis and disease. Nature. 2016;535(7610):75-84.
14. Cosorich I, Dalla-Costa G, Sorini C, Ferrarese R, Messina MJ, Dolpady J, et al. High frequency of intestinal TH17 cells correlates with microbiota alterations and disease activity in multiple sclerosis. Sci Adv. 2017;3(7):e1700492.
15. Tan TG, Sefik E, Geva-Zatorsky N, Kua L, Naskar D, Teng F, et al. Identifying species of symbiont bacteria from the human gut that, alone, can induce intestinal Th17 cells in mice. Proc Natl Acad Sci U S A. 2016;113(50):E8141-E8150.
16. Blander JM, Longman RS, Iliev ID, Sonnenberg GF, Artis D. Regulation of inflammation by microbiota interactions with the host. Nat Immunol. 2017 Jul 19;18(8):851-860.
17. Smith PM, Howitt MR, Panikov N, Michaud M, Gallini CA, Bohlooly-Y M, et al. The microbial metabolites, short-chain fatty acids, regulate colonic Treg cell homeostasis. Science. 2013;341(6145): 569-73.
18. Fletcher JM, Lonergan R, Costelloe L, Kinsella K, Moran B, O'Farrelly C, et al. CD39+Foxp3+ regulatory T cells suppress pathogenic Th17 cells and are impaired in multiple sclerosis. J Immunol. 2009;183(11):7602-10.
19. Wu HJ, Wu E. The role of gut microbiota in immune homeostasis and autoimmunity. Gut Microbes. 2012;3(1):4-14.
20. Carnero Contentti E, Farez MF, Correale J. Mucosal-Associated Invariant T Cell Features and TCR Repertoire Characteristics During the Course of Multiple Sclerosis. Front Immunol. 2019 Nov 20;10:2690.

21. Rojas OL, Pröbstel AK, Porfilio EA, Wang AA, Charabati M, Sun T, et al. Recirculating intestinal IgA-producing cells regulate neuroinflammation via IL-10. Cell. 2019;176(3):610-24.e18.
22. Pröbstel AK, Zhou X, Baumann R, Wischnewski S, Kutza M, Rojas OL, Sellrie K, Bischof A, Kim K, Ramesh A, Dandekar R, Greenfield AL, Schubert RD, Bisanz JE, Vistnes S, Khaleghi K, Landefeld J, Kirkish G, Liesche-Starnecker F, Ramaglia V, Singh S, Tran EB, Barba P, Zorn K, Oechtering J, Forsberg K, Shiow LR, Henry RG, Graves J, Cree BAC, Hauser SL, Kuhle J, Gelfand JM, Andersen PM, Schlegel J, Turnbaugh PJ, Seeberger PH, Gommerman JL, Wilson MR, Schirmer L, Baranzini SE. Gut microbiota-specific IgA+ B cells traffic to the CNS in active multiple sclerosis. Sci Immunol. 2020 Nov 20;5(53):eabc7191.
23. McPherson AC, Pandey SP, Bender MJ, Meisel M. Systemic immunoregulatory consequences of gut commensal translocation. Trends Immunol. 2021;42(2):137-50.
24. Nouri M, Bredberg A, Westrom B, Lavasani S. Intestinal barrier dysfunction develops at the onset of experimental autoimmune encephalomyelitis, and can be induced by adoptive transfer of auto -reactive T cells. PLoS One. 2014;9(9):e106335.
25. Braniste T, Tiginyanu I, Horvath T, Raevschi S, Cebotari S, Lux M, et al. Viability and proliferation of endothelial cells upon exposure to GaN nanoparticles. Beilstein J Nanotechnol. 2016;7:1330-7.
26. Zheng L, Kelly CJ, Battista KD, Schaefer R, Lanis JM, Alexeev EE, Wang RX, Onyiah JC, Kominsky DJ, Colgan SP. Microbial-Derived Butyrate Promotes Epithelial Barrier Function through IL-10 Receptor-Dependent Repression of Claudin-2. J Immunol. 2017 Oct 15;199(8):2976-2984.
27. Erny D, Angelis ALH, Jaitin D, Wieghofer P, Staszewski O, David E, et al. Host microbiota constantly control maturation and function of microglia in the CNS. Nat Neurosci. 2015;18(7):965-77.
28. Goverman J, Woods A, Larson L, Weiner LP, Hood L, Zaller DM. Transgenic mice that express a myelin basic protein-specific T cell receptor develop spontaneous autoimmunity. Cell. 1993;72(4): 551-60.
29. Yokote H, Miyake S, Croxford JL, Oki S, Mizusawa H, Yamamura T. NKT cell-dependent amelioration of a mouse model of multiple sclerosis by altering gut flora. Am J Pathol. 2008 Dec;173(6):1714-23.
30. Wang Y, Kasper LH. The role of microbiome in central nervous system disorders. Brain Behav Immun. 2014;38:1-12.
31. Mahr B, Wekerle T. Murine models of transplantation tolerance through mixed chimerism: advances and roadblocks. Clin Exp Immunol. 2017;189(2):181-9.
32. Donaldson GP, Lee SM, Mazmanian SK. Gut biogeography of the bacterial microbiota. Nat Rev Microbiol. 2016;14(1):20-32.
33. Pröbstel AK, Baranzini SE. The Role of the Gut Microbiome in Multiple Sclerosis Risk and Progression: Towards Characterization of the "MS Microbiome". Neurotherapeutics. 2018 Jan;15(1):126-134.
34. Berer K, Gerdes LA, Cekanaviciute E, Jia X, Xiao L, Xia Z, et al. Gut microbiota from multiple sclerosis patients enables spontaneous autoimmune encephalomyelitis in mice. Proc Natl Acad Sci U S A. 2017;114(40):10719-24.
35. Cox LM, Maghzi AH, Liu S, Tankou SK, Dhang FH, Willocq V, et al. Gut microbiome in progressive multiple sclerosis. Ann Neurol. 2021;89(6):1195-211.
36. Barone M, Turroni S, Rampelli S, Soverini M, D'Amico F, Biagi E, et al. Gut microbiome response to a modern Paleolithic diet in a Western lifestyle context. PLoS One. 2019;14(8):e0220619.
37. Wahls TL, Titcomb TJ, Bisht B, Eyck PT, Rubenstein LM, Carr LJ, et al. Impact of the Swank and Wahls elimination dietary interventions on fatigue and quality of life in relapsing-remitting multiple sclerosis: the WAVES randomized parallel-arm clinical trial. Mult Scler J Exp Transl Clin. 2021;7(3):20552173211035399.
38. Mousavi-Shirazi-Fard Z, Mazloom Z, Izadi S, Fararouei M. The effects of modified anti-inflammatory diet on fatigue, quality of life, and inflammatory biomarkers in relapsing-remitting multiple sclerosis patients: a randomized clinical trial. Int J Neurosci. 2021;131(7):657-65.
39. Frank J, Gupta A, Osadchiy V, Mayer EA. Brain-gut-microbiome interactions and intermittent fasting in obesity. Nutrients. 2021;13(2):584.

40. Tankou SK, Regev K, Healy BC, Tjon E, Laghi L, Cox LM, et al. A probiotic modulates the microbiome and immunity in multiple sclerosis. Ann Neurol. 2018;83(6):1147-61.
41. Suez J, Zmora N, Segal E, Elinav E. The pros, cons, and many unknowns of probiotics. Nat Med. 2019;25(5):716-29.
42. Haase S, Haghikia A, Gold R, Linker RA. Dietary fatty acids and susceptibility to multiple sclerosis. Mult Scler. 2018;24(1):12-6.
43. Furusawa Y, Obata Y, Fukuda S, Endo TA, Nakato G, Takahashi D, Nakanishi Y, Uetake C, Kato K, Kato T, Takahashi M, Fukuda NN, Murakami S, Miyauchi E, Hino S, Atarashi K, Onawa S, Fujimura Y, Lockett T, Clarke JM, Topping DL, Tomita M, Hori S, Ohara O, Morita T, Koseki H, Kikuchi J, Honda K, Hase K, Ohno H. Commensal microbe-derived butyrate induces the differentiation of colonic regulatory T cells. Nature. 2013 Dec 19;504(7480):446-50.
44. Denison MS, Soshilov AA, He G, DeGroot DE, Zhao B. Exactly the same but different: promiscuity and diversity in the molecular mechanisms of action of the aryl hydrocarbon (dioxin) receptor. Toxicol Sci. 2011;124(1):1-22.
45. Round JL, Mazmanian SK. Inducible Foxp3+ regulatory T-cell development by a commensal bacterium of the intestinal microbiota. Proc Natl Acad Sci U S A. 2010;107(27):12204-9.
46. Cammarota G, Masucci L, Ianiro G, Bibbò S, Dinoi G, Costamagna G, et al. Randomised clinical trial: faecal microbiota transplantation by colonoscopy vs. vancomycin for the treatment of recurrent Clostridium difficile infection. Aliment Pharmacol Ther. 2015;41(9):835-43.
47. Stein RR, Tanoue T, Szabady RL, Bhattarai SK, Olle B, Norman JM, Suda W, Oshima K, Hattori M, Gerber GK, Sander C, Honda K, Bucci V. Computer-guided design of optimal microbial consortia for immune system modulation. Elife. 2018 Apr 17;7:e30916.
48. Desidério CS, Pessoa-Gonçalves YM, Trevisan RO, Dias-Sousa MA, Bovi WG, Rodrigues WF, da Silva MV, Júnior VR, Oliveira CJF. Mapping the Therapeutic Options for Multiple Sclerosis in Brazil: A Comprehensive Analysis. Sclerosis 2024;(2)13-41.

38

Influência dos psicofármacos na microbiota intestinal

Thiago Fernando da Silva

⊕ PONTOS-CHAVE

- Há diversas evidências que apontam que os transtornos psiquiátricos estão associados com alterações da microbiota intestinal.
- A microbiota intestinal sofre influência de inúmeros fatores. Um dos mecanismos envolvidos é a exposição aos xenobióticos, compostos químicos estranhos a um determinado sistema biológico que podem incluir toxinas, poluentes ambientais, aditivos alimentares, xantinas, drogas de abuso e os psicofármacos.
- O estudo da relação entre as bactérias da microbiota intestinal e medicamentos foi denominado na literatura científica como farmacomicrobiômica e quando aplicado ao campo da psiquiatria, psicofarmacomicrobiômica. Esse campo de estudos pode ajudar a melhorar a qualidade dos tratamentos atuais, em termos de eficácia e análise de efeitos colaterais.
- Uma das implicações clínicas mais estudadas nos psicofármacos é o desenvolvimento de intervenções nutricionais a fim de prevenir e tratar a disbiose induzida por seu uso.

INTRODUÇÃO

No passado, os transtornos neuropsiquiátricos eram considerados disfunções primárias do sistema nervoso central (SNC), negligenciando-se o fato de que o funcionamento desse sistema é fortemente influenciado pelo *status* metabólico e imunológico do organismo como um todo.[1] Nos últimos anos, no entanto, consolidaram-se diversas evidências robustas sobre a relação próxima entre a microbiota intestinal e o funcionamento cerebral, tanto por sinalização direta quanto indireta, envolvendo transmissores químicos, conexão neuronal direta e atuação do sistema imunológico.[2]

Há evidências que apontam que diversos transtornos psiquiátricos, como quadros ansiosos e depressivos, e até mesmo quadros relacionados com alterações do neurodesenvolvimento, como transtorno do espectro autista (TEA), estão associados com alterações da microbiota intestinal.[3] Essa mudança de perspectiva acerca do papel da microbiota altera profundamente o conhecimento sobre os transtornos psiquiátricos, com potencial de modificar tanto o conhecimento fisiopatológico quanto as intervenções terapêuticas.

Entre os inúmeros fatores que influenciam a microbiota intestinal, encontra-se a exposição aos xenobióticos (do grego "*xenos*", que significa "estranho"), que são compostos químicos estranhos a um determinado sistema biológico. Com relação à microbiota intestinal, podem ser considerados xenobióticos: toxinas, poluentes ambientais, aditivos alimentares, xantinas, drogas de abuso e os psicofármacos.[1] Esses compostos têm o potencial de alterar a composição e o funcionamento da microbiota intestinal, sendo ativamente metabolizados por bactérias.[4] A Figura 1 apresenta os diferentes xenobióticos que podem influenciar a microbiota intestinal.

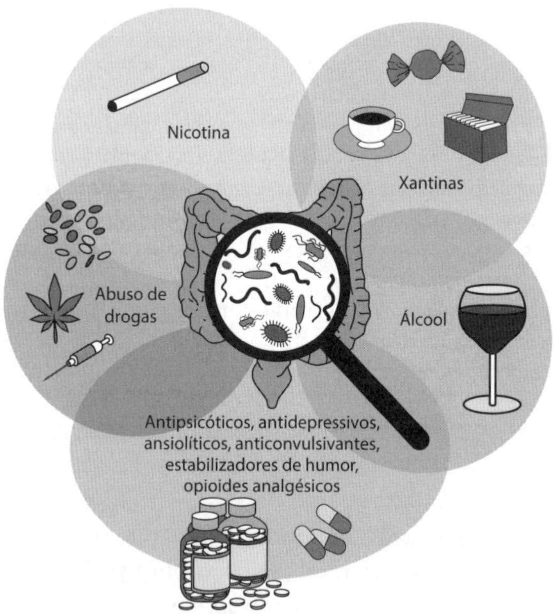

FIGURA 1 Xenobióticos com potencial para alterar a microbiota intestinal.
Fonte: adaptada de Cussotto et al., 2019.[5]

Corrobora esse mecanismo a longa lista de relatos na literatura científica sobre os efeitos psiquiátricos de medicamentos antibióticos, com potencial de exacerbar ou até mesmo induzir sintomas psiquiátricos em pacientes sem um histórico prévio de transtornos desse tipo.[6] Além disso, cerca de 25% dos medicamentos tem potencial de inibir o crescimento de bactérias da microbiota intestinal, com uma grande proporção de antipsicóticos entre eles.[7] As alterações da microbiota intestinal produzidas por medicamentos antipsicóticos podem alterar tanto sua eficácia quanto sua tolerabilidade[8] e, de maneira adicional, as bactérias podem modificar o metabolismo do medicamento, também alterando sua eficácia e tolerabilidade.[9] A fim de verificar essa situação, um estudo conduzido em animais identificou uma relação direta entre mudanças da microbiota intestinal e uma redução da biodisponibilidade de olanzapina.[10]

Os mecanismos envolvidos nessas interações são múltiplos. As bactérias da microbiota intestinal podem converter pró-medicamentos em compostos ativos,[11] inativar medicamentos,[12] influenciar sua recirculação êntero-hepática por meio da ação de beta-D-glucuronidases[13] e afetar sua absorção de maneira secundária por meio de ácidos biliares e bloqueio de glicoproteínas P intestinais.[14] Ademais, elas possuem a capacidade de afetar diretamente a tolerabilidade de medicamentos ao gerar metabólitos tóxicos por meio de enzimas bacterianas.[15]

A área de estudo sobre a relação das bactérias da microbiota intestinal e os medicamentos foi denominado na literatura científica como farmacomicrobiômica.[16] Entre outras possibilidades, busca-se identificar alvos modificáveis de intervenção a fim de melhorar a eficácia e a tolerabilidade dos tratamentos já existentes. Esse estudo aplicado ao campo da psiquiatria é denominado psicofarmacomicrobiômica e pode ajudar a melhorar a qualidade dos tratamentos atuais, levando em consideração a alta variabilidade de resposta aos medicamentos entre indivíduos, além da grande preocupação com relação aos efeitos colaterais dos psicofármacos.[17] As evidências existentes de todos esses mecanismos são indiretas, de um estudo de base populacional que indica que o uso de antibióticos (capazes de modificar a microbiota intestinal) esteve associado com um aumento de prescrições de psicofármacos, como antidepressivos, antipsicóticos e estabilizadores de humor e aumento de internações por transtornos psiquiátricos.[18]

Este capítulo foca especificamente a influência dos psicofármacos na microbiota intestinal e aborda as diferentes implicações clínicas que esses achados trazem.

ANTIDEPRESSIVOS

Os antidepressivos são medicamentos utilizados na prática clínica para o tratamento de diversos transtornos psiquiátricos, como transtorno depressivo maior, transtorno de ansiedade generalizada, transtorno de ansiedade social, transtorno obsessivo-compulsivo e outros.[19] As várias classificações existentes para esses medicamentos fogem ao escopo deste capítulo.

Com relação ao transtorno depressivo maior, há diversos estudos observacionais que examinaram a microbiota intestinal dos pacientes.[20] De uma maneira geral, encontrou-se uma alta prevalência de espécies pró-inflamatórias, como *Desulfovibrio* e membros da família *Enterobacteriaceae*, e uma baixa prevalência de bactérias produtoras de ácidos graxos de cadeia curta (AGCCs), como *Faecalibacterium*.[21] Evidenciou-se também que os filos bacterianos mais afetados são Bacillota, Actinomycetota e Bacteroidota, com um aumento da relação Bacillota/Bacteroidota.[22] Também há estudos relatando que o uso de probióticos ou simbióticos podem melhorar os sintomas depressivos e ansiosos em alguns pacientes.[23] De maneira adicional, uma dieta baseada em compostos vegetais demonstrou melhora de sintomas depressivos ao alterar a função da microbiota intestinal.[24]

A investigação da relação entre o uso de antidepressivos e a microbiota intestinal permanece em constante expansão, mas não há um consenso sobre quais efeitos específicos dessas drogas podem afetar a ecologia da microbiota intestinal.[5] Em uma coorte de indivíduos idosos, por exemplo, o uso de antidepressivos apresentou forte associação com mudanças na composição da microbiota.[25] Um outro estudo com diferente metodologia, de base populacional, avaliou a composição da microbiota intestinal e identificou que antidepressivos estiveram diretamente correlacionados com determinados perfis de composição da microbiota.[26]

Por fim, é interessante destacar que a "era dos antidepressivos" teve início com o uso de isoniazida, um composto que possui atividade antimicrobiana contra *Mycobacterium tuberculosis* e atualmente é utilizado para o tratamento da tuberculose.[27]

Estudos *in vitro*

Há inúmeros estudos *in vitro* que investigaram a ação antimicrobiana de antidepressivos contra várias cepas bacterianas.

Sobre os antidepressivos tricíclicos em particular, até o momento há apenas estudos *in vitro* realizados. Ao analisar a ação da amitriptilina, por exemplo, contra 253 cepas bacterianas (72 Gram-positivas e 181 Gram-negativas), um estudo identificou que 185 cepas foram inibidas por diferentes doses, sendo as bactérias mais afetadas *Staphylococcus* spp., *Bacillus* spp. e *Vibrio cholerae*. Nesse grupo de medicamentos, há também outras moléculas que já apresentaram efeitos semelhantes. Por sua vez, a imipramina foi capaz de inibir o crescimento da *Escherichia coli* e *Yersinia enterocolitica* pela interferência com o mecanismo de replicação de plasmídeos.[28]

Há diversos outros estudos *in vitro* que examinaram os inibidores seletivos de recaptação da serotonina (ISRS). Esses medicamentos demonstraram ser capazes de afetar a fisiologia normal de algumas bactérias, inibindo as moléculas de superfície em estafilococos e a motilidade do tipo *swarming* em espécies de *Proteus*.[5,29] Nesse grupo, a sertralina é o medicamento que possui maior potencial antimicrobiano. Essa molécula inibe o crescimento de *Staphylococcus aureus*, *Escherichia coli* e *Pseudomonas aeruginosa*, além de apresentar um efeito sinérgico em combinação com antibióticos.[30] As implicações clínicas dessa ação são muito importantes, já que há um crescimento de patógenos resistentes a múltiplos medicamentos e diversas estratégias têm sido desenvolvidas a fim de aumentar a eficácia e diminuir a toxicidade dos regimes de tratamento.

Estudos em seres humanos

A publicação de estudos sobre a relação entre psicofármacos e a microbiota intestinal em populações clínicas é crescente; no entanto há dificuldade na interpretação desses estudos em virtude de inconsistências metodológicas e vieses de publicação.

Uma revisão sistemática e metanálise recente[31] incluiu estudos longitudinais existentes sobre o assunto e buscou responder se os psicofármacos modificam a microbiota intestinal e se a composição da microbiota intestinal afeta a eficácia e a tolerabilidade de psicofármacos. Essas duas questões são fundamentais.

Dos seis estudos longitudinais analisados, quatro investigaram o escitalopram, um investigou a vortioxetina e um investigou diversos antidepressivos. Cinco desses estudos observaram a diversidade alfa antes e após o tratamento com os antidepressivos. Foi apontado um aumento não significativo na diversidade alfa após o tratamento com os antidepressivos, com evidência de grande heterogeneidade. Quatro estudos também analisaram a diversidade beta, tendo-se observado uma diferença significativa após o tratamento com antidepressivos. Como limitação metodológica, nenhum dos estudos incluiu pacientes obesos, crianças ou adolescentes e também não apontou diferença entre o sexo dos participantes. O tempo de acompanhamento foi curto, de 1,5 a 6 meses. Além disso, quatro estudos descreveram a taxonomia da microbiota intestinal após tratamento. Dois estudos identificaram mudanças significativas de filo, classe e família, com dados convergentes de aumento da abundância de *Christensenellaceae* após tratamento.

Já com relação aos desfechos clínicos, dois estudos longitudinais com escitalopram analisaram dados da diversidade alfa antes e após o tratamento. Estimou-se que pacientes que remitiram do quadro depressivo após o uso do escitalopram apresentaram uma maior diversidade alfa antes do tratamento quando comparados com o grupo em que não houve remissão do quadro.[32,33]

Três estudos longitudinais apresentaram, por sua vez, dados acerca da relação taxonômica da microbiota intestinal e da resposta ao tratamento com antidepressivos.[32-34] Dois dos três estudos mostraram que características de base e mudanças no padrão taxônomico foram associados com a resposta ao tratamento antidepressivo.[32,34] Outro estudo, por sua vez, analisou as diferenças taxonômicas entre a microbiota de pacientes respondedores e resistentes ao tratamento antidepressivo.[35] O filo Pseudomonadota e a família *Peptostreptococcaceae* estiveram presentes em maior abundância no grupo de pacientes resistentes ao tratamento, enquanto o filo Actinomycetota esteve presente em maior abundância nos pacientes respondedores ao tratamento. Esse estudo indica que a disbiose é um aspecto essencial do transtorno depressivo maior e que há diferenças na microbiota de pacientes respondedores e resistentes ao tratamento.

Por fim, em um estudo de coorte com pacientes idosos com quadro depressivo foi demonstrado que a composição da microbiota intestinal pode ser utilizada como um preditor de resposta ao tratamento. Uma maior abundância de *Faecalibacterium*, *Roseburia* e *Agathobacter* em comparação com *Lachnoclostridium* na fase inicial do tratamento foi associada com remissão dos sintomas depressivos.[36]

A microbiota intestinal é capaz de alterar, por via enzimática, a bioatividade, a biodisponibilidade ou a toxicidade de drogas antidepressivas, com potencial de alterar a eficácia do tratamento e o perfil de efeitos colaterais.[8] Há indicativos de que determinados patobiontes (bactérias que habitualmente não causam danos à saúde, porém, em algumas situações, como o desequilíbrio na microbiota intestinal, possuem um potencial de induzir processos inflamatórios), como *Streptococcus salivarius*, *Bacteroides uniformis*, *Bacteroides thetaiotaomicron* e *Escherichia coli* IAI1, aumentam o bioacúmulo da duloxetina, o que pode reduzir sua biodisponibilidade e sua eficácia.[37] Também com relação à duloxetina, outro estudo demonstrou que a interação com *Ruminococcus flavefaciens* atenuou os efeitos antidepressivos do medicamento.

O Quadro 1 exemplifica as alterações da composição da microbiota intestinal após tratamento com diversos antidepressivos.

QUADRO 1 Alterações da composição da microbiota intestinal após tratamento com diversos antidepressivos

Antidepressivo	Diminuição	Aumento
Paroxetina	Bacillota, Clostridia UCG-014, Clostridiales, Gastranaerophilales, Clostridia UCG-014, *Clostridiaceae*, *Clostridium sensu stricto* 1, *Acetatifactor*, *Papillibacter*	Bacteroidota, *Enterococcaceae*, *Erysipelatoclostridium*, *Faecalibaculum*, *Enterococcus*, *Frisingicoccus*, *Lachnospiraceae* UCG-001, *Anaerotroncus*, *Paludicola*, *Eubacterium ramulus*, *Streptococcus salivarius*
Escitalopram	Bacillota, *Escherichia coli*, *Lacticaseibacillus rhamnosus*, *Pseudomonas aeruginosa*, *Klebsiella pseumoniae*, *Proteus mirabilis*, *Enterobacter cloacae*, *Ruminococcus flavefaciens*, *Adlercreutzia equolifaciens*	Bacteroidota, *Bilophila*, *Desulfovibrio*, *Christensenellaceae*_R-7_group, *Eubacterium_ruminantium*_group, *Fusobacterium*
Venlafaxina	*Escherichia coli*, *Lacticaseibacillus rhamnosus*, *Pseudomonas aeruginosa*, *Ruminococcus flavefaciens*, *Adlercreutzia equolifaciens*	Dados não disponíveis
Desipramina	*Ruminococcus*, *Akkermansia muciniphila*, *Escherichia coli*, *Ruminococcus flavefaciens*	*Lactobacillaceae*, *Lactobacillus*, *Dorea*

Fonte: adaptado de Liu et al., 2023.[22]

ANTIPSICÓTICOS

Os antipsicóticos são medicamentos amplamente utilizados no tratamento de transtornos psiquiátricos. Uma grande preocupação cerca o uso dessa classe de fármacos é decorrente do aumento considerável de prescrições nos últimos anos, principalmente em adolescentes entre 15 e 19 anos.[38]

Há indícios de que os distúrbios metabólicos observados durante o curso de tratamento com essas drogas podem ser causados por mudanças desfavoráveis na composição da microbiota intestinal, responsável pela regulação da atividade metabólica, desencadeadas pelas propriedades antimicrobianas desse grupo de psicofármacos.[39] Os possíveis efeitos adversos incluem aumento de peso, dislipidemia, hipertensão arterial sistêmica e resistência aumentada à insulina,[40] todos fatores de risco importantes para doenças cardiovasculares. É interessante destacar que, de uma maneira geral, pacientes com transtornos psiquiátricos graves apresentam uma redução da expectativa de vida de 10 a 20 anos, principalmente pelo aumento de morbidade e mortalidade cardiometabólica.[41]

Em um estudo sobre o efeito na microbiota intestinal de drogas não antibióticas utilizadas em humanos, encontrou-se que quase um quarto dos medicamentos possuem ação antimicrobiana, com grande participação dos antipsicóticos.[7]

Estudos *in vitro*

Com relação aos antipsicóticos típicos, há apenas estudos *in vitro* que analisaram a influência sobre a microbiota intestinal. A tioridazina, em particular, possui atividade antimicrobiana *in vitro* contra *Staphylococcus aureus*, *Enterococcus* resistentes à vancomicina, *Mycobacterium tuberculosis*, *Pseudomonas aeruginosa* e *Mycobacterium avium*.[5] A clorpromazina, outro antipsicótico típico, possui ação antimicrobiana significativa contra *Staphylococcus aureus* e *Escherichia coli*.[5]

Por sua vez, com relação aos antipsicóticos atípicos, há maior evidência em relação à olanzapina. Um estudo demonstrou que esse medicamento foi capaz de inibir completamente o crescimento de *Escherichia coli* em concentrações superiores a 537 mcg/mL.[42] Esse estudo demonstrou também, por meio de experimentos com roedores, que o uso de olanzapina é responsável por uma mudança da microbiota intestinal desses animais para um perfil que induziu ganho de peso, o que podendo ser uma explicação translacional para o ganho de peso observado com o uso desse medicamento em seres humanos.

Estudos em seres humanos

Há alguns estudos longitudinais em seres humanos que buscam avaliar o impacto dos antipsicóticos na microbiota intestinal. Uma revisão sistemática e metanálise recente[31] que incluiu estudos longitudinais identificou oito sobre o assunto, com três deles investigando o uso de risperidona, um sobre a amissulprida, um sobre a olanzapina, dois sobre a quetiapina e um sobre uma variedade de antipsicóticos. Apenas um desses estudos incluiu participantes obesos,[43] o que impediu uma análise de subgrupos baseada no peso. Além disso, nenhum dos estudos descreveu dados analisáveis relacionados ao gênero dos participantes ou incluiu participantes em uso de polifarmácia, o que dificulta a interpretação dos dados para pacientes tratados em ambientes clínicos, em que o uso concomitante de diversos psicofármacos é comum. Quatro estudos descreveram a diversidade beta antes e após o tratamento com antipsicóticos, e o conjunto dos dados indicou que não houve diferença após o tratamento. Todos os oito estudos descreveram, ainda, dados sobre a taxonomia da microbiota intestinal, com sete deles demonstrando alterações significativas de filo, classe e família após o tratamento.

Os resultados mais consistentes foram um aumento de Gammaproteobacteria, *Bifidobacteria*, *Lactobacillus* e *Klebsiella* após o tratamento. Entre esses estudos, três descreveram análises funcionais do microbioma após o tratamento,[43-45] com descrição de mudanças em 12 ciclos funcionais microbianos, incluindo aqueles envolvidos no metabolismo de AGCCs.

Com relação aos desfechos clínicos, dois estudos demonstraram que características da microbiota intestinal de base, incluindo abundância de espécies de bactérias pertencentes às famílias *Ruminococcaceae* e *Lachnospiraceae*, foram associadas com melhor resposta ao tratamento com antipsicóticos.[44,47] Um estudo demonstrou que alterações da microbiota intestinal após o tratamento com antipsicóticos foram associadas com resposta ao tratamento.[46] Esse estudo investigou a risperidona e foi conduzido em uma coorte de adolescentes e adultos jovens durante seu primeiro episódio psicótico. O Quadro 2 exemplifica as alterações da composição da microbiota intestinal após tratamento com diversos antipsicóticos.

De maneira geral, os estudos longitudinais indicam, ainda, que o tratamento com antipsicóticos aumenta a diversidade alfa nos pacientes.[31] Uma diversidade alfa baixa já foi associada com desfechos negativos em transtornos psiquiátricos, incluindo transtornos do humor e transtornos psicóticos, e uma metanálise

QUADRO 2 Alterações da composição da microbiota intestinal após tratamento com diversos antipsicóticos

Antipsicótico	Diminuição	Aumento
Risperidona	*Alistipes, Lactobacillus, Akkermansia*	*Bacteroides, Allobaculum, Turicibacter, Aneroplasma*
Olanzapina	*Escherichia coli NC10, Ruminococcus bromii*	Dados não disponíveis
Tioridazina	MRSA, *Enterococcus* spp., *Mycobacterium tuberculosis, Pseudomonas aeruginosa, Mycobacterium avium, Plasmodium falciparum, Trypanosoma* spp., *Salmonella enterica serovar Typhimurium 74*	Dados não disponíveis
Aripiprazol	Dados não disponíveis	*Prevotella, Victivallis, Desulfovibrionaceae, Clostridium, Ruminiclostridium, Intestinibacter, Eubacterium coprostanoligenes*

MRSA: *Staphylococcus aureus* resistente à meticilina.
Fonte: adaptado de Misera et al., 2023.[47]

demonstrou que pacientes com transtornos psiquiátricos apresentam um diversidade alfa baixa quando comparados com grupos de controle sem transtornos psiquiátricos.[48] Uma hipótese possível é que o uso de antipsicóticos, ao aumentar e normalizar a diversidade da microbiota intestinal, faça com que a composição dessa microbiota aproxime-se daquela de indivíduos sem transtornos psiquiátricos.

OUTROS PSICOFÁRMACOS

A maioria dos estudos sobre a influência dos psicofármacos na microbiota intestinal se concentra nos antidepressivos e antipsicóticos, havendo ainda poucos estudos sobre outras classes de medicamentos.

A cetamina é um exemplo de antagonista não competitivo NMDA (N-metil-D-aspartato), com rápido início de ação com efeito antidepressivo. Estudos *in vitro* indicaram que a cetamina possui atividades antimicrobianas contra seis diferentes espécies de bactérias: *Staphylococcus aureus*, *Staphylococcus epidermidis*, *Enterococcus faecalis*, *Streptococcus pyogenes*, *Pseudomonas aeruginosa* e *Escherichia coli*.[49]

Há também evidências oriundas principalmente de estudos com ratos com relação aos anticonvulsivantes e estabilizadores de humor. Um estudo analisou a administração de lítio e valproato em ratos e identificou que houve aumento da diversidade de bactérias, e o lítio foi associado a um aumento da abundância relativa de *Ruminococcaceae* e redução da abundância de *Bacteroides*, enquanto o uso de valproato foi associado a um aumento da abundância relativa de *Ruminococcaceae* e redução da abundância de *S24-7 uncultbact*.[50]

IMPLICAÇÕES CLÍNICAS

As implicações clínicas do conjunto desses estudos devem ser ressaltadas. Cada vez há mais evidências de que a microbiota intestinal afeta e é afetada por inúmeros compostos químicos, e essa relação bidirecional chama especial atenção com relação aos psicofármacos. Houve uma mudança de paradigma de que os psicofármacos atuassem apenas no funcionamento cerebral e já há diversas evidências da sua ação sistêmica. No momento, no entanto, há limitações para a aplicação clínica imediata desses conhecimentos.

Um dos desafios encontrados é traduzir os achados desses estudos para a prática clínica. Novos trabalhos devem investigar, por exemplo, se as alterações da microbiota intestinal associadas ao uso dos psicofármacos são mecanismos complementares da ação desses medicamentos e qual seu papel nos efeitos colaterais observados na prática clínica. Ademais, são necessários mais estudos que investiguem a questão da polifarmácia e os efeitos complexos que as interações medicamentosas podem ocasionar na microbiota intestinal, em termos farmacocinéticos e farmacodinâmicos. Pode-se especular, assim, que no futuro a análise de microbiota intestinal será rotina na prática clínica a fim de fornecer dados tanto para estudo da eficácia quanto dos efeitos colaterais dos psicofármacos.

Além disso, como o uso de psicofármacos pode inibir o crescimento de certas bactérias no intestino, afetando seu balanço dinâmico até mesmo com risco de disbiose, uma das implicações clínicas mais estudadas é o desenvolvimento de intervenções nutricionais a fim de modular esse equilíbrio.[51] Essa ideia não é nova, já que é muito estudado na literatura científica o uso de probióticos para manejo de disbiose induzida por antibióticos, por exemplo. Nesse sentido, em um estudo de 12 semanas envolvendo pacientes com diagnóstico de esquizofrenia ou transtorno esquizoafetivo tratados com olanzapina, foi evidenciado que, após 4 semanas de tratamento, pacientes que fizeram uso conjunto da olanzapina com probiótico contendo *Bifidobacterium*, *Lactobacillus* e *Enterococcus* apresentaram menor ganho de peso quando comparados com aqueles que não fizeram uso do probiótico.[52]

O uso de prebióticos também é um alvo de modulação nutricional a ser considerado. Um estudo com ratos analisou a administração conjunta de olanzapina com um prebiótico (galacto-oligossacarídeo) e identificou que essa combinação foi capaz de atenuar, de maneira significativa, o ganho de peso induzido pela olanzapina.[53] A fermentação desse prebiótico por cepas bacterianas produz compostos como acetato, butirato e propionato, envolvidos de forma direta no funcionamento saudável do organismo.[54]

CONSIDERAÇÕES FINAIS

A mudança de paradigma observada na psiquiatria nos últimos anos acerca da natureza biológica dos transtornos psiquiátricos, englobando o conhecimento cada vez mais robusto sobre a relação entre a microbiota intestinal e o funcionamento do SNC, poderá resultar em um tratamento mais individualizado dos transtornos psiquiátricos, alinhado às ideias da medicina de precisão.

Identificar as inúmeras maneiras como a microbiota intestinal é modulada, incluindo a exposição a psicofármacos, é um tema que cada vez mais ganha relevância no cenário científico mundial. A antiga concepção reducionista de que os transtornos psiquiátricos são apenas disfunções primárias do SNC não deve prosperar, e são necessários mais estudos clínicos a fim de revelar e descrever os mecanismos envolvidos, com impacto clínico direto para os pacientes portadores de transtornos psiquiátricos, que ainda padecem de grande sofrimento apesar dos tratamentos atuais.

REFERÊNCIAS BIBLIOGRÁFICAS

1. Michaelis L, Berg L, Maier L. Confounder or confederate? The interactions between drugs and the gut microbiome in psychiatric and neurological diseases. Biol Psychiatry. 2024;95(4):361-9.
2. Morais LH, Schreiber HL, Mazmanian SK. The gut microbiota-brain axis in behaviour and brain disorders. Nat Rev Microbiol. 2021;19(4):241-55.
3. Rogers GB, Keating DJ, Young RL, Wong ML, Licinio J, Wesselingh S. From gut dysbiosis to altered brain function and mental illness: mechanisms and pathways. Mol Psychiatry. 2016;21(6): 738-48.
4. Lindell AE, Zimmermann-Kogadeeva M, Patil KR. Multimodal interactions of drugs, natural compounds and pollutants with the gut microbiota. Nat Rev Microbiol. 2022;20(7):431-43.
5. Cussotto S, Clarke G, Dinan TG, Cryan JF. Psychotropics and the microbiome: a chamber of secrets... Psychopharmacology (Berl). 2019;236(5):1411-32.
6. Sternbach H, State R. Antibiotics: neuropsychiatric effects and psychotropic interactions. Harv Rev Psychiatry. 1997;5(4):214-26.
7. Maier L, Pruteanu M, Kuhn M, Zeller G, Telzerow A, Anderson EE, et al. Extensive impact of non-antibiotic drugs on human gut bacteria. Nature. 2018;555(7698):623-8.
8. Weersma RK, Zhernakova A, Fu J. Interaction between drugs and the gut microbiome. Gut. 2020;69(8):1510-9.
9. Saad R, Rizkallah MR, Aziz RK. Gut pharmacomicrobiomics: the tip of an iceberg of complex interactions between drugs and gut-associated microbes. Gut Pathog. 2012;4(1):16.
10. Cussotto S, Walsh J, Golubeva AV, Zhdanov AV, Strain CR, Fouhy F, et al. The gut microbiome influences the bioavailability of olanzapine in rats. EBioMedicine. 2021;66:103307.
11. Khan AKA, Guthrie G, Johnston HH, Truelove SC, Williamson DH. Tissue and bacterial splitting of sulphasalazine. Clin Sci (Lond). 1983;64(3):349-54.
12. Haiser HJ, Gootenberg DB, Chatman K, Sirasani G, Balskus EP, Turnbaugh PJ. Predicting and manipulating cardiac drug inactivation by the human gut bacterium Eggerthella lenta. Science. 2013;341(6143):295-8.
13. Taylor MR, Flannigan KL, Rahim H, Mohamud A, Lewis IA, Hirota SA, et al. Vancomycin relieves mycophenolate mofetil-induced gastrointestinal toxicity by eliminating gut bacterial β-glucuronidase activity. Sci Adv. 2019;5(8):eaax2358.
14. Foley SE, Tuohy C, Dunford M, Grey MJ, De Luca H, Cawley C, et al. Gut microbiota regulation of P-glycoprotein in the intestinal epithelium in maintenance of homeostasis. Microbiome. 2021;9(1):183.
15. Cheng KW, Tseng CH, Tzeng CC, Leu YL, Cheng TC, Wang JY, et al. Pharmacological inhibition of bacterial β-glucuronidase prevents irinotecan-induced diarrhea without impairing its antitumor efficacy in vivo. Pharmacol Res. 2019;139:41-9.
16. Lam KN, Alexander M, Turnbaugh PJ. Precision medicine goes microscopic: engineering the microbiome to improve drug outcomes. Cell Host Microbe. 2019;26(1):22-34.
17. Manchia M, Pisanu C, Squassina A, Carpiniello B. Challenges and future prospects of precision medicine in psychiatry. Pharmacogenomics Pers Med. 2020;13:127-40.
18. Köhler-Forsberg O, Petersen L, Gasse C, Mortensen PB, Dalsgaard S, Yolken RH, et al. A nationwide study in Denmark of the association between treated infections and the subsequent risk of treated mental disorders in children and adolescents. JAMA Psychiatry. 2019;76(3):271-9.
19. Delgado PL. How antidepressants help depression: mechanisms of action and clinical response. J Clin Psychiatry. 2004;65 Suppl 4:25-30.
20. Dong Z, Shen X, Hao Y, Li J, Xu H, Yin L, et al. Gut microbiome: a potential indicator for predicting treatment outcomes in major depressive disorder. Front Neurosci. 2022;16:813075.
21. Simpson CA, Diaz-Arteche C, Eliby D, Schwartz OS, Simmons JG, Cowan CSM. The gut microbiota in anxiety and depression: a systematic review. Clin Psychol Rev. 2021;83:101943.

22. Liu L, Wang H, Chen X, Zhang Y, Zhang H, Xie P. Gut microbiota and its metabolites in depression: from pathogenesis to treatment. EBioMedicine. 2023;90:104527.
23. Alli SR, Gorbovskaya I, Liu JCW, Kolla NJ, Brown L, Müller DJ. The gut microbiome in depression and potential benefit of prebiotics, probiotics and synbiotics: a systematic review of clinical trials and observational studies. Int J Mol Sci. 2022;23(9):4494.
24. Horn J, Mayer DE, Chen S, Mayer EA. Role of diet and its effects on the gut microbiome in the pathophysiology of mental disorders. Transl Psychiatry. 2022;12(1):164.
25. Ticinesi A, Milani C, Lauretani F, Nouvenne A, Mancabelli L, Lugli GA, et al. Gut microbiota composition is associated with polypharmacy in elderly hospitalized patients. Sci Rep. 2017;7(1): 11102.
26. Falony G, Joossens M, Vieira-Silva S, Wang J, Darzi Y, Faust K, et al. Population-level analysis of gut microbiome variation. Science. 2016;352(6285):560-4.
27. Lei B, Wei CJ, Tu SC. Action mechanism of antitubercular isoniazid: activation by Mycobacterium tuberculosis KatG, isolation, and characterization of inha inhibitor. J Biol Chem. 2000;275(4): 2520-6.
28. Csiszar K, Molnar J. Mechanism of action of tricyclic drugs on Escherichia coli and Yersinia enterocolitica plasmid maintenance and replication. Anticancer Res. 1992;12(6B):2267-72.
29. Muñoz-Criado S, Muñoz-Bellido JL, Alonso-Manzanares MA, Gutiérrez-Zufiaurre MN, García-Rodríguez JA. Psychotropic drugs inhibit swarming in Proteus spp. and related genera. Clin Microbiol Infect. 1998;4(8):447-9.
30. Ayaz M, Subhan F, Ahmed J, Khan AU, Ullah F, Ullah I, et al. Sertraline enhances the activity of antimicrobial agents against pathogens of clinical relevance. J Biol Res Thessalon Greece. 2015;22(1):4.
31. Minichino A, Preston T, Fanshawe JB, Fusar-Poli P, McGuire P, Burnet PWJ, et al. Psycho-pharmacomicrobiomics: a systematic review and meta-analysis. Biol Psychiatry. 2024;95(7):611-28.
32. Bharwani A, Bala A, Surette M, Bienenstock J, Vigod SN, Taylor VH. Gut microbiome patterns associated with treatment response in patients with major depressive disorder: changements du microbiote intestinal associés à la réponse au traitement chez des patients souffrant de trouble dépressif majeur. Can J Psychiatry. 2020;65(4):278-80.
33. Liśkiewicz P, Kaczmarczyk M, Misiak B, Wroński M, Bąba-Kubiś A, Skonieczna-Żydecka K, et al. Analysis of gut microbiota and intestinal integrity markers of inpatients with major depressive disorder. Prog Neuropsychopharmacol Biol Psychiatry. 2021;106:110076.
34. Ye X, Wang D, Zhu H, Wang D, Li J, Tang Y, et al. Gut microbiota changes in patients with major depressive disorder treated with vortioxetine. Front Psychiatry. 2021;12:641491.
35. Fontana A, Manchia M, Panebianco C, Paribello P, Arzedi C, Cossu E, et al. Exploring the role of gut microbiota in major depressive disorder and in treatment resistance to antidepressants. Biomedicines. 2020;8(9):311.
36. Lee SM, Dong TS, Krause-Sorio B, Siddarth P, Milillo MM, Lagishetty V, et al. The intestinal microbiota as a predictor for antidepressant treatment outcome in geriatric depression: a prospective pilot study. Int Psychogeriatr. 2022;34(1):33-45.
37. Klünemann M, Andrejev S, Blasche S, Mateus A, Phapale P, Devendran S, et al. Bioaccumulation of therapeutic drugs by human gut bacteria. Nature. 2021;597(7877):533-8.
38. Kalverdijk LJ, Bachmann CJ, Aagaard L, Burcu M, Glaeske G, Hoffmann F, et al. A multi-national comparison of antipsychotic drug use in children and adolescents, 2005-2012. Child Adolesc Psychiatry Ment Health. 2017;11:55.
39. Skonieczna-Żydecka K, Łoniewski I, Misera A, Stachowska E, Maciejewska D, Marlicz W, et al. Second-generation antipsychotics and metabolism alterations: a systematic review of the role of the gut microbiome. Psychopharmacology (Berl). 2019;236(5):1491-512.
40. De Hert M, Vancampfort D, Correll CU, Mercken V, Peuskens J, Sweers K, et al. Guidelines for screening and monitoring of cardiometabolic risk in schizophrenia: systematic evaluation. Br J Psychiatry J Ment Sci. 2011;199(2):99-105.

41. Chang CK, Hayes RD, Perera G, Broadbent MTM, Fernandes AC, Lee WE, et al. Life expectancy at birth for people with serious mental illness and other major disorders from a secondary mental health care case register in London. PLoS One. 2011;6(5):e19590.
42. Morgan AP, Crowley JJ, Nonneman RJ, Quackenbush CR, Miller CN, Ryan AK, et al. The antipsychotic olanzapine interacts with the gut microbiome to cause weight gain in mouse. PLoS One. 2014;9(12):e115225.
43. Pełka-Wysiecka J, Kaczmarczyk M, Bąba-Kubiś A, Liśkiewicz P, Wroński M, Skonieczna-Żydecka K, et al. Analysis of gut microbiota and their metabolic potential in patients with schizophrenia treated with olanzapine: results from a six-week observational prospective cohort study. J Clin Med. 2019;8(10):1605.
44. Hu S, Li A, Huang T, Lai J, Li J, Sublette ME, et al. Gut microbiota changes in patients with bipolar depression. Adv Sci (Weinh). 2019;6(14):1900752.
45. Zheng J, Lin Z, Ko CY, Xu JH, Lin Y, Wang J. Analysis of gut microbiota in patients with exacerbated symptoms of schizophrenia following therapy with amisulpride: a pilot study. Behav Neurol. 2022;2022:4262094.
46. Yuan X, Wang Y, Li X, Jiang J, Kang Y, Pang L, et al. Gut microbial biomarkers for the treatment response in first-episode, drug-naïve schizophrenia: a 24-week follow-up study. Transl Psychiatry. 2021;11(1):422.
47. Misera A, Łoniewski I, Palma J, Kulaszyńska M, Czarnecka W, Kaczmarczyk M, et al. Clinical significance of microbiota changes under the influence of psychotropic drugs: an updated narrative review. Front Microbiol. 2023;14:1125022.
48. Nikolova VL, Smith MRB, Hall LJ, Cleare AJ, Stone JM, Young AH. Perturbations in gut microbiota composition in psychiatric disorders: a review and meta-analysis. JAMA Psychiatry. 2021;78(12):1343-54.
49. Begec Z, Yucel A, Yakupogullari Y, Erdogan MA, Duman Y, Durmus M, et al. The antimicrobial effects of ketamine combined with propofol: an in vitro study. Braz J Anesthesiol Elsevier. 2013;63(6):461-5.
50. Cussotto S, Strain CR, Fouhy F, Strain RG, Peterson VL, Clarke G, et al. Differential effects of psychotropic drugs on microbiome composition and gastrointestinal function. Psychopharmacology (Berl). 2019;236(5):1671-85.
51. Chait YA, Mottawea W, Tompkins TA, Hammami R. Nutritional and therapeutic approaches for protecting human gut microbiota from psychotropic treatments. Prog Neuropsychopharmacol Biol Psychiatry. 2021;108:110182.
52. Yang Y, Long Y, Kang D, Liu C, Xiao J, Wu R, et al. Effect of Bifidobacterium on olanzapine-induced body weight and appetite changes in patients with psychosis. Psychopharmacology (Berl). 2021;238(9):2449-57.
53. Kao ACC, Spitzer S, Anthony DC, Lennox B, Burnet PWJ. Prebiotic attenuation of olanzapine-induced weight gain in rats: analysis of central and peripheral biomarkers and gut microbiota. Transl Psychiatry. 2018;8(1):66.
54. den Besten G, van Eunen K, Groen AK, Venema K, Reijngoud DJ, Bakker BM. The role of short-chain fatty acids in the interplay between diet, gut microbiota, and host energy metabolism. J Lipid Res. 2013;54(9):2325-40.

Índice remissivo